电子设计与实践

基于STM32的嵌入式系统设计与实践

钟佩思　徐东方　刘　梅　编著

電子工業出版社
Publishing House of Electronics Industry
北京•BEIJING

内 容 简 介

本书基于 STM32F103 基本型微控制器，由浅入深地介绍了 STM32 嵌入式系统设计的基本流程与应用要点，系统讲解了每一个外设的功能及其使用方法，使读者能够轻松掌握 STM32 嵌入式系统设计与实践中的各种硬件和软件设计知识。全书分为四部分：第一部分为入门篇，讲解了 STM32 微控制器整体架构和软件设计方法；第二部分为基础篇，针对系统设计基础知识和基本外设的应用进行了讲解；第三部分为提高篇，对数据处理、总线接口和通信技术进行了讲解；第四部分为综合篇，通过 4 个综合设计实例来巩固前 9 章所介绍的知识。

本书逻辑清晰，内容全面，适合 STM32 初学者、从事嵌入式系统设计的工程技术人员阅读使用，也可作为高等学校相关专业的教学用书。

图书在版编目（CIP）数据

基于 STM32 的嵌入式系统设计与实践 / 钟佩思，徐东方，刘梅编著．—北京：电子工业出版社，2021.1
（电子设计与实践）

ISBN 978-7-121-40376-7

Ⅰ．①基… Ⅱ．①钟… ②徐… ③刘… Ⅲ．①微控制器－系统设计 Ⅳ．①TP332.3

中国版本图书馆 CIP 数据核字（2021）第 006398 号

责任编辑：张　剑　　　　特约编辑：田学清
印　　刷：北京天宇星印刷厂
装　　订：北京天宇星印刷厂
出版发行：电子工业出版社
　　　　　北京市海淀区万寿路 173 信箱　　邮编：100036
开　　本：787×1092　1/16　印张：28.75　字数：789 千字
版　　次：2021 年 1 月第 1 版
印　　次：2024 年 12 月第 8 次印刷
定　　价：98.00 元

凡所购买电子工业出版社图书有缺损问题，请向购买书店调换。若书店售缺，请与本社发行部联系，联系及邮购电话：（010）88254888，88258888。

质量投诉请发邮件至 zlts@phei.com.cn，盗版侵权举报请发邮件到 dbqq@phei.com.cn。

本书咨询联系方式：zhang@phei.com.cn。

前　言

STM32 系列微控制器是 ST Microelectronics 公司为用户提供的具有高性能、高兼容度、低功耗、实时处理能力和数字信号处理能力的 32 位闪存微控制器产品，它内置 ARM Cortex-M 内核，支持 ARM Thumb-2 指令集，一上市就迅速占领了中低端单片机市场。STM32 的诞生完美地适应了当前市场需求，近年来逐渐成为应用最为广泛的微控制器之一。

本书以 STM32F103 基本型微控制器为基础，用新颖的思路、简单的逻辑讲解每个外设的功能及其使用方法，使读者能够轻松掌握 STM32 嵌入式系统设计与实践中的各种知识。

重点内容

全书共 10 章，分为四部分。入门篇包括第 1～3 章，讲解 STM32 的整体架构和软件设计方法；基础篇包括第 4～7 章，讲解系统设计基础、系统时钟、中断和基本外设的应用；提高篇包括第 8～9 章，讲解数据的访问、读/写与转换、总线接口与通信技术；综合篇包括第 10 章，讲解嵌入式系统综合设计实例。

在入门篇中，第 1 章详细介绍了嵌入式系统和 STM32 微控制器的基本概念，并介绍了 STM32 芯片的结构、从存储区映射到寄存器、寄存器的封装与读/写操作；第 2 章基于对 STM32 寄存器的封装，介绍了 STM32 标准函数库的产生与开发过程，并通过基于 CMSIS 标准的软件架构详细讲解了 STM32 标准函数库的文件结构与用途；第 3 章比较了目前主流的 STM32 开发工具，并详细讲解了 Keil MDK 开发工具从下载、安装到调试仿真等各方面知识，为后面的实践开发应用奠定了基础。

在基础篇中，第 4 章介绍了嵌入式系统设计所必备的 C 语言基础知识，并讲解了 STM32 基础知识储备，使读者对系统开发实践有一个初步的认识；第 5 章详细讲解了 STM32 系统设计中重要的 GPIO 端口和外部中断等知识，介绍了 sys 通用文件的编写与应用，并把所学知识应用到多个实践例程中；第 6 章全面介绍了 STM32 定时器/计数器，包括 TIMx 定时器、RTC 定时器、SysTick 定时器和看门狗定时器等，并利用 SysTick 定时器编写了实现精准延时的 delay 通用文件，在此基础上讲解了独立看门狗、窗口看门狗和 TIMx 的应用等实践例程；第 7 章介绍了通信的基本概念与知识，为后面学习接口通信等知识奠定了基础，并详细讲解了 USART 串口通信，实现了 USART1 接发通信的设计与实践。

在提高篇中，第 8 章主要讲解了数据的转换与读/写访问，包括 ADC、DAC、FSMC、DMA 和 FLASH 等的相关操作知识，并由浅入深地介绍了 FSMC 驱动 LCD、A/D 转换、D/A 转换、DMA 数据传输和 FLASH 读/写操作等实践例程；第 9 章详细介绍了 STM32 上较为复杂的总线接口和通信技术，包括 I^2C、SPI、I^2S、CAN 和 SDIO 接口等，并详细讲解了 I^2C 双向通信、SPI 读/写串行 FLASH、CAN 总线通信和 SD 卡读/写操作等实践例程。

在综合篇中，第 10 章通过典型实例对 STM32 微控制器的功能结构进行进一步的理解和应用，所选例程均包括基本的逻辑电路和相关的程序代码，可方便地应用到实际产品的开发中，在内容安排上遵循由浅入深、由易到难的原则，体现了不同阶段的学习要求。

主要特色

书中每一章的讲解都很详细且连贯，并且配有实例。通过实例设计，读者可以在开发实践中验证、巩固所学到的知识，具有非常强的实用性。本书具有以下几个特色。

【内容全面】书中全面介绍了从 STM32 结构框架到软件设计，再到硬件调试等各个环节的基本知识，并详细讲解了 STM32 中每个外设的功能和使用方法，使读者能更加全面地掌握 STM32 嵌入式系统设计的基本知识和技巧。

【条理清晰】书中对 STM32 嵌入式系统设计的各方面知识进行了详细且合理的安排与划分，层层递进，并且每个外设的介绍都遵循从寄存器到库函数，再到实践应用的基本流程，使读者能够循序渐进，知其然，并且知其所以然。

【内容连贯】书中每一章节内容的讲解都与前一章节有着密切的联系，并能够为下一章节的介绍做好铺垫与准备，每个简单的例程在后面的实践中都会多次被应用和拓展，知识讲解由浅入深，实例由简单到综合。

【实例丰富】书中对 STM32 中每一部分知识的介绍都会附有应用实例，以帮助读者在实践中不断巩固和提高自己学到的知识。

本书由钟佩思、徐东方、刘梅编著，参加本书编写的还有张幸兰、管殿柱、李文秋、管玥、钟鹏程、王岩和刘鹏伟。为便于读者学习，特提供与本书配套的电子资料包，内含相关的官方参考资料、STM32 标准函数库和所有实践例程的源代码等，请访问华信教育资源网（https://www.hxedu.com.cn）下载相关资源。在本书的编写过程中，不仅参考了一些国内外相关文献著作和资料，还参考并引用了 ST 公司提供的技术资料和产品手册，在此向相关文献作者表示由衷的感谢。

由于作者水平有限，书中难免有疏漏和不足之处，敬请读者批评指正（联系方式：pszhong@163.com）。

编著者

目　录

入　门　篇

基　础　篇

提 高 篇

综 合 篇

入 门 篇

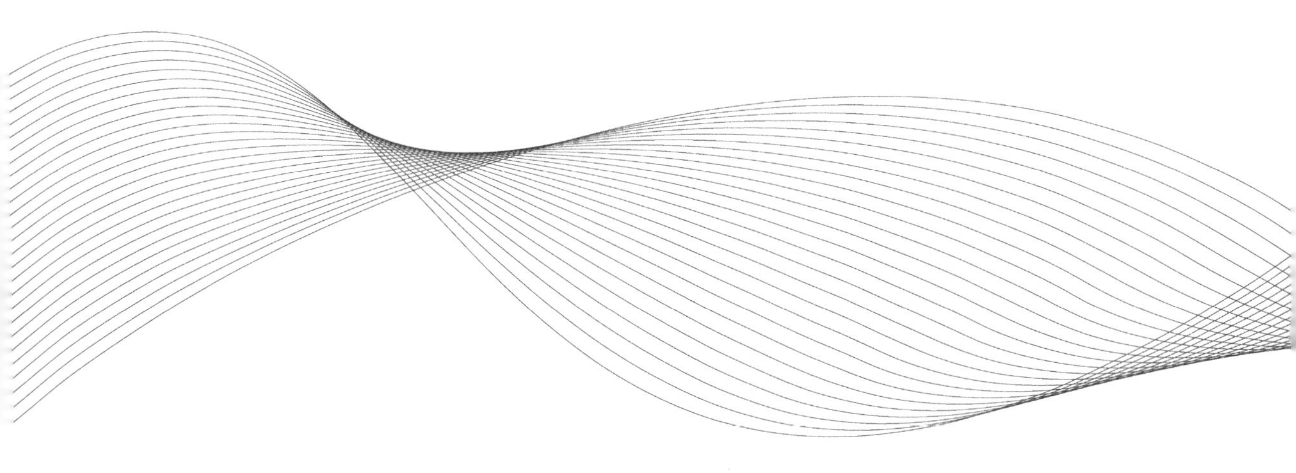

第 1 章

嵌入式系统与 STM32 微控制器

随着计算机技术的不断发展，各类智能控制系统和智能应用已经在日常生活中随处可见。小到日常所用的智能手表、饮水机、电视机机顶盒，大到天网监控系统、北斗卫星导航系统和智能交通控制系统等都集成了大量的嵌入式系统。从 1971 年第一块单片机诞生以来，嵌入式系统得到了越来越广泛的应用。20 世纪 80 年代，MCS-51 系列单片机的出现和 C51 程序设计语言的成熟，使得嵌入式系统在智能仪表和自动控制等领域得到了广泛应用。随后，ARM 公司推出了 Cortex 系列内核，基于该系列内核的各种微控制器逐渐成为嵌入式系统设计的首选芯片，促使嵌入式系统的应用从自动控制领域进一步扩展到各种各样的智能控制领域中。

1.1 嵌入式系统

1.1.1 嵌入式系统概述

1. 嵌入式系统简介

嵌入式系统（Embedded System）也称为嵌入式计算机系统，是一种完全嵌入受控器件内部，为特定应用而设计的专用计算机系统。根据英国电气工程师学会（Institution of Electrical Engineers）的定义，嵌入式系统是指用于控制、监视或辅助操作机器和设备的装置。当前国内普遍认可的嵌入式系统的定义为“以应用为中心，以计算机技术为基础，软硬件可裁剪，满足应用系统对功能、可靠性、成本、体积、功耗等严格要求的专用计算机系统”。

与个人计算机系统这样的通用计算机系统不同，嵌入式系统通常执行带有特定要求的预先定义好的任务。因此，用户可以对它进行优化，尽量减小其尺寸，以降低成本。嵌入式系统通常能够进行大量生产，大幅度地节约了单个嵌入式系统的生产成本。

嵌入式系统的核心由一个或几个预先编程好的用来执行少数几项任务的微控制器或单片机组成。与通用计算机中运行的软件不同，嵌入式系统中的软件通常是暂时不变的，所以这些软件被称为固件。嵌入式系统的架构主要由处理器、存储器、输入/输出（I/O）端口和软件四部分组成，但是对于不同的应用系统，其嵌入式系统也不尽相同。一般而言，处理器是由 ARM 微控制器、DSP、FPGA 或传统的

51 单片机等可编程器件组成的，通过软件实现相应的控制或数据处理功能。

根据体系结构不同，嵌入式系统主要可以分为冯·诺依曼结构（也称普林斯顿结构）和哈佛结构，如图 1.1 所示。冯·诺依曼结构的主要特点为单一存储、统一编址和分时复用；哈佛结构的主要特点为程序与数据分开存储、独立编址、采用两倍带宽。哈佛结构比冯·诺依曼结构具有更高的数据处理速度。

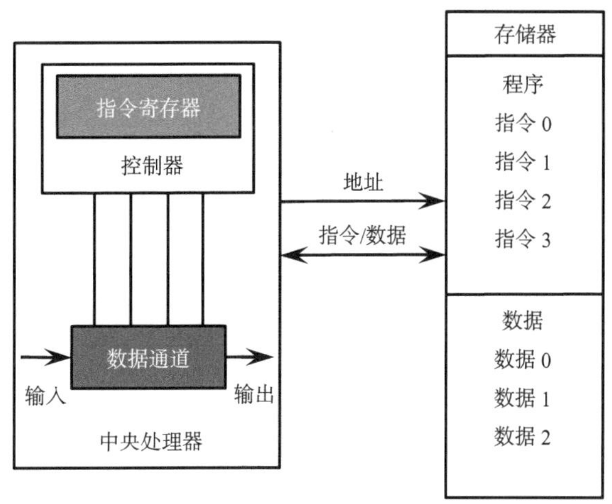

（a）冯·诺依曼结构

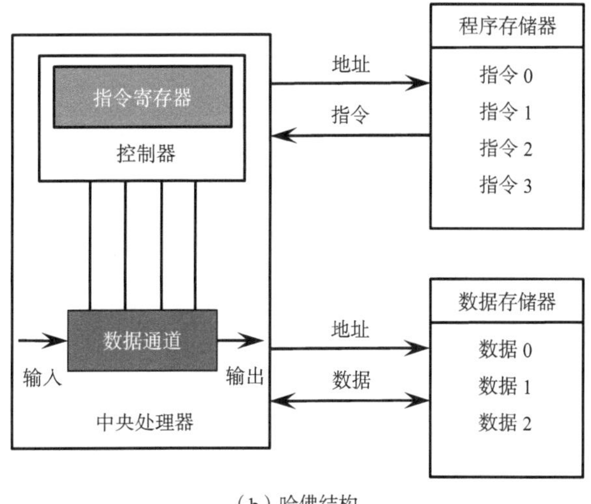

（b）哈佛结构

图 1.1　嵌入式系统的体系结构

2. 嵌入式系统的特点

嵌入式系统主要有以下几个重要的特点。

（1）系统内核小。由于嵌入式系统一般应用于相对小型的电子装置，系统资源有限，所以其内核比传统的操作系统内核要小得多。

（2）系统精简。嵌入式系统一般未对系统软件和应用软件进行明显的区分，不要求其功能设计和实现过于复杂，这样不仅有利于控制系统成本，还有利于实现系统安全。

（3）专用性强。嵌入式系统的个性化很强，其中的软件系统和硬件的结合非常紧密，通常需要针对硬件进行系统的移植，即使在同一品牌、同一系列的产品中也需要根据系统硬件的变化和增减进行相应的调整。

（4）实时性高。高实时性的系统软件（OS）是嵌入式系统的基本要求，并且软件要求进行固态存储，以提高速度，软件代码也要求有较高的质量和可靠性。

（5）实时多任务操作系统。随着计算机技术的不断发展，采用实时多任务操作系统（Real Time multi-tasking Operating System，RTOS）逐渐成为嵌入式系统开发的主流。选择合适的 RTOS 开发平台能够更加合理地调度多任务，利用系统资源、系统函数和专家库函数接口，保证程序执行的实时性、可靠性，并减少开发时间，保障系统质量。

（6）需要专门的开发工具和环境。嵌入式系统的开发需要专门的开发工具和环境，由于其本身不具备自主开发能力，因此即使设计完成以后也不能对其中的程序功能进行修改，必须有专门的开发工具和环境才能进行开发。

1.1.2 嵌入式系统的发展与应用领域

1. 嵌入式系统的发展

嵌入式系统的发展大致经历了以下三个阶段。

（1）以嵌入式微控制器为基础的初级嵌入式系统。

（2）以嵌入式操作系统为基础的中级嵌入式系统。

（3）以 Internet 和 RTOS 为基础的高级嵌入式系统。

嵌入式技术与 Internet 技术的结合正在推动着嵌入式系统的飞速发展，为嵌入式系统市场展现出了美好的前景，也对嵌入式系统的生产厂商提出了新的挑战。未来嵌入式系统的发展趋势如下。

（1）嵌入式系统的开发成为一项系统工程，开发厂商不仅需要提供嵌入式系统的软硬件，还需要提供强大的硬件开发工具和软件支持包。

（2）网络化、信息化的要求随着 Internet 技术的成熟和带宽的提高而变得日益突出，电话、手机、冰箱、微波炉等设备的功能和结构会变得更加复杂，网络互联将成为必然趋势。

（3）系统内核更加精简，关键算法得到优化，系统功耗和软硬件成本进一步降低。

（4）为了适应网络发展的要求，未来的嵌入式系统必然要求其硬件提供各种网络通信接口，同时系统要提供相应的通信组网协议软件和物理层驱动软件；系统内核支持网络模块，甚至可以在设备上嵌入 Web 浏览器，真正实现随时随地使用各种设备上网。

（5）提供更加友好的多媒体人机交互界面。

2. 嵌入式系统的应用领域

（1）工业控制领域。基于嵌入式系统的工业自动化设备正在飞速发展，目前已经有大量的 8 位、16 位、32 位嵌入式微控制器投入使用。传统的低端型嵌入式微控制器往往采用 8 位单片机，随着 Internet

技术的不断发展，对于当前的工业控制产品而言，16 位、32 位和 64 位嵌入式微控制器逐渐成为工业控制设备的核心，在未来几年内必将获得长足的发展。

（2）交通管理领域。在车辆导航、流量控制、信息监测和汽车服务等领域，嵌入式系统已经得到了广泛应用，内嵌 GPS 模块、GSM 模块的移动定位终端已经在各种运输行业获得了成功。目前 GPS 设备已经进入了普通百姓的生活。

（3）信息家电领域。信息家电是嵌入式系统重要的应用领域，冰箱、空调等的网络化、智能化将引领人们的生活步入一个崭新的空间。即使家里没有人，也可以通过电话和网络等对家电进行远程控制。

（4）智能管理与服务领域。在水、电、煤气表的远程自动抄表，安全防火、防盗等系统中引入嵌入式系统，用它代替传统的人工检查，使系统具有更高、更准确和更安全的性能。目前嵌入式系统在服务领域（如远程点菜器等）中已经展现出了优势。

（5）POS 网络与电子商务领域。随着嵌入式系统的不断发展，公共交通无接触智能卡发行系统、自动售货机、各种智能 ATM 终端将会全面进入人们的生活，未来手持一卡就可以行遍天下。

（6）环境工程与自然领域。在环境恶劣、地况复杂的地区采用嵌入式系统，能够实现自然环境的无人监测，如水文资料的实时监测、防洪体系和水土质量监测、堤坝安全监测、地震监测、实时气象信息监测、水源和空气污染监测等。

（7）国防与航天领域。嵌入式系统的发展使机器人在微型化、高智能等方面的优势更加明显，同时大幅降低了机器人的成本，使其在国防与航天等特殊领域的应用更加广泛。

1.2　STM32 微控制器

近年来，STM32 微控制器在嵌入式系统中的应用越来越广泛，熟练掌握基于 STM32 的嵌入式系统开发与设计具有极为重要的现实意义。

1.2.1　STM32 微控制器的诞生

STM32 微控制器是指由意法半导体（ST Microelectronics，ST）公司开发的 32 位闪存微控制器产品，这是 ST 公司第一个基于 ARM Cortex-M 内核的微控制器。STM32 微控制器具有易于开发、性能高、兼容性好、功耗低、实时处理能力和数字信号处理能力强等优点，它的出现使得当前微控制器的性价比水平提升到了一个新高度。

在过去的数年里，51 单片机因其结构简单、易开发等优点，一直被广泛使用，是嵌入式系统中一款经典的单片机。如今嵌入式产品的竞争日益激烈，相应地对微控制器性能的要求也越来越高。面对这些新要求和新挑战，51 单片机显得有些“力不从心”。因此，一款功能更多、功耗更低、实时处理能力和数字信号处理能力更强的微控制器，将会更好地适应当今的市场需求。

正是基于这样的市场需求，ARM 公司率先推出了一款基于 ARMv7 架构的 32 位 ARM Cortex-M 微控制器内核。Cortex-M 系列内核支持两种运行模式，即线程模式（Thread Mode）与处理模式（Handler Mode）。这两种模式都有各自独立的堆栈，使得内核更加支持实时操作系统，并且 Cortex-M 系列内核支持 Thumb-2 指令集。Thumb-2 指令集是专为 C/C++编译器而设计的，因此基于 Cortex-M 系列内核的微控制器的开发和应用可以在 C 语言环境中完成。

继 Cortex-M 系列内核诞生之后，ST 公司积极响应当今嵌入式产品市场的新要求和新挑战，推出了基于 Cortex-M 系列内核的 STM32 微控制器。它具有出色的微控制器内核和完善的系统结构设计，以及易于开发、性能高、兼容性好、功耗低、实时处理能力和数字信号处理能力强等优点，这使得 STM32 微控制器一上市就迅速占领了中低端微控制器市场。它不仅完美地适应了当前市场的需求，还使得 ST 公司在低价位和高性能两条产品主线上取得了巨大进步。

1.2.2 STM32 微控制器的分类、命名规则与选型

1. STM32 微控制器的分类

为了满足市场需求，STM32 微控制器具有多种产品系列，其内核型号大致可以分为 Cortex-M0、Cortex-M3、Cortex-M4 和 Cortex-M7 几种类型。STM32 微控制器的分类如表 1.1 所示。

表 1.1 STM32 微控制器的分类

内核型号	产品系列	规格描述
Cortex-M0	STM32-F0	入门级
	STM32-L0	超低功耗型
Cortex-M3	STM32-F1	基本型
	STM32-F2	高性能型
	STM32-L1	超低功耗型
Cortex-M4	STM32-F3	混合信号型
	STM32-F4	高性能型
	STM32-L4	超低功耗型
Cortex-M7	STM32-F7	高性能型

下面简要介绍几款较为常用的 STM32 微控制器。

（1）STM32-L1 系列超低功耗型微控制器。该系列微控制器基于 Cortex-M3 内核，工作频率为 32MHz，在性能、存储器容量和引脚数量等方面扩展了超低功耗型产品系列，最低功耗模式电流消耗为 0.27μA/MHz，动态运行模式电流消耗为 230μA/MHz。

（2）STM32-F1 系列基本型微控制器。该系列微控制器最大化地集成了高性能与低功耗特性，主要包含 5 个产品线，它们之间的引脚、外设和软件均相互兼容。其中 STM32-F103 系列微控制器属于增强型系列，具有高达 1MB 的片上内存，还具有电动机控制、USB 和 CAN 模块，性价比较高，市场占有率非常高。

（3）STM32-F2 系列高性能型微控制器。该系列微控制器利用了创新的自适应实时内存（ART）加

速器和多层总线矩阵技术，具有 1MB 片上内存、128KB 以太网 MAC 的 SRAM、USB2.0HS OTG、摄像头接口，以及高度集成化的硬件加密支持和外部存储器接口。

（4）STM32-F4 系列高性能型微控制器。该系列微控制器将实时控制功能与信号处理功能完美地结合在一起，并保留了 STM32-F2 系列引脚的兼容性，具有更大容量的 SRAM，也改进了一些外设，如全双工 I^{2}S 总线和更快的 ADC 等。

2．STM32 微控制器的命名规则

以 STM32F103ZET6 微控制器为例，讲解一下 STM32 微控制器的命名规则。STM32 微控制器的命名规则如图 1.2 所示。如果想要更加具体地了解 STM32 微控制器的命名规则，则可以查阅《STMCU 选型手册》。

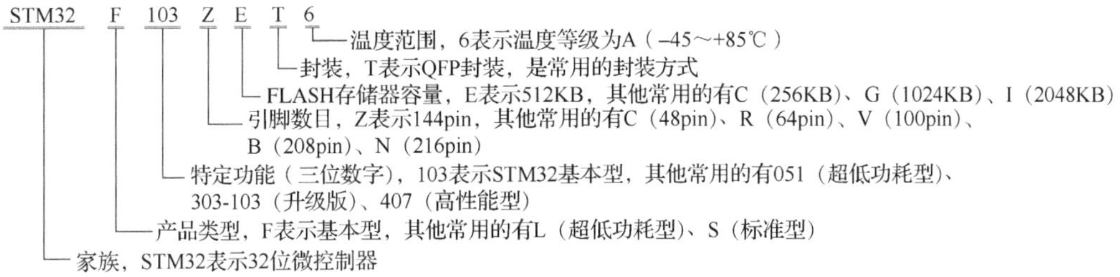

STM32　F　103　Z　E　T　6

6——温度范围，6表示温度等级为A（–45～+85℃）

T——封装，T表示QFP封装，是常用的封装方式

E——FLASH存储器容量，E表示512KB，其他常用的有C（256KB）、G（1024KB）、I（2048KB）

Z——引脚数目，Z表示144pin，其他常用的有C（48pin）、R（64pin）、V（100pin）、B（208pin）、N（216pin）

103——特定功能（三位数字），103表示STM32基本型，其他常用的有051（超低功耗型）、303-103（升级版）、407（高性能型）

F——产品类型，F表示基本型，其他常用的有L（超低功耗型）、S（标准型）

STM32——家族，STM32表示32位微控制器

图 1.2　STM32 微控制器的命名规则

3．STM32 微控制器的选型

通过前面的介绍，我们已经大致了解了 STM32 微控制器的分类和命名规则。在此基础上，根据实际情况的具体需求，可以大致确定所要选用的 STM32 微控制器的内核型号和产品系列。例如，一般的工程应用的数据运算量不是特别大，基于 Cortex-M3 内核的 STM32-F1 系列微控制器即可满足要求；如果需要进行大量的数据运算，且对实时控制和数字信号处理能力要求很高，或者需要外接 RGB 大屏幕，则推荐选择基于 Cortex-M4 内核的 STM32-F4 系列微控制器。

在明确了产品系列之后，可以进一步选择产品线。以基于 Cortex-M3 内核的 STM32-F1 系列微控制器为例，如果仅需要用到电动机控制或消费类电子控制功能，则选择 STM32F100 或 STM32F101 系列微控制器即可；如果还需要用到 USB 通信、CAN 总线等模块，则推荐选用 STM32F103 系列微控制器，这也是目前市场上应用最广泛的微控制器系列之一；如果对网络通信要求较高，则可以选用 STM32F105 或 STM32F107 系列微控制器。对于同一个产品系列，不同的产品线采用的内核是相同的，但核外的片上外设存在差异。具体选型情况要视实际的应用场合而定。

确定好产品线之后，即可选择具体的型号。参照 STM32 微控制器的命名规则，可以先确定微控制器的引脚数目。引脚多的微控制器的功能相对多一些，当然价格也贵一些，具体要根据实际应用中的功能需求进行选择，一般够用就好。确定好了引脚数目之后再选择 FLASH 存储器容量的大小。对于 STM32 微控制器而言，具有相同引脚数目的微控制器会有不同的 FLASH 存储器容量可供选择，它也要根据实际需要进行选择，程序大就选择容量大的 FLASH 存储器，一般也是够用即可。到这里，根据实际的应用需求，确定了所需的微控制器的具体型号，下一步的工作就是开发相应的应用。

1.3 STM32 寄存器简介

STM32 系统的开发方法通常有两种，即寄存器开发和库函数开发，其中寄存器开发是基础，库函数开发是在寄存器开发的基础上发展而来的一种易于学习和编程的开发方法。虽然库函数开发方法容易学习，编程简单迅速，但是它毕竟是在寄存器开发的基础上发展而来的，因此想要掌握库函数开发，必须先对 STM32 寄存器的配置有一个基本的认识和了解。下面将主要以 STM32F103ZET6 芯片为例，介绍 STM32 寄存器。

1.3.1 STM32 芯片的结构

常见的 STM32 芯片是已经封装好的成品，能够看到的只有芯片的外观和芯片四周伸出的引脚，图 1.3 展示了 STM32F103ZET6 芯片的外观与引脚分布。该芯片为 144 引脚（LQFP144）封装，芯片上的小圆点位置表示引脚 1 位置，从引脚 1 位置开始，所有引脚按逆时针顺序排列。STM32F103ZET6 芯片包括 7 个 16 位的通用输入输出（GPIO）端口，依次称为 PA、PB、PC、PD、PE、PF 和 PG。在芯片的设计过程中，为不同的引脚定义了不同的功能，并且几乎每个 GPIO 端口都复用了其他功能（PG8 和 PG15 例外），STM32F103ZET6 芯片的引脚功能定义见附录 A。

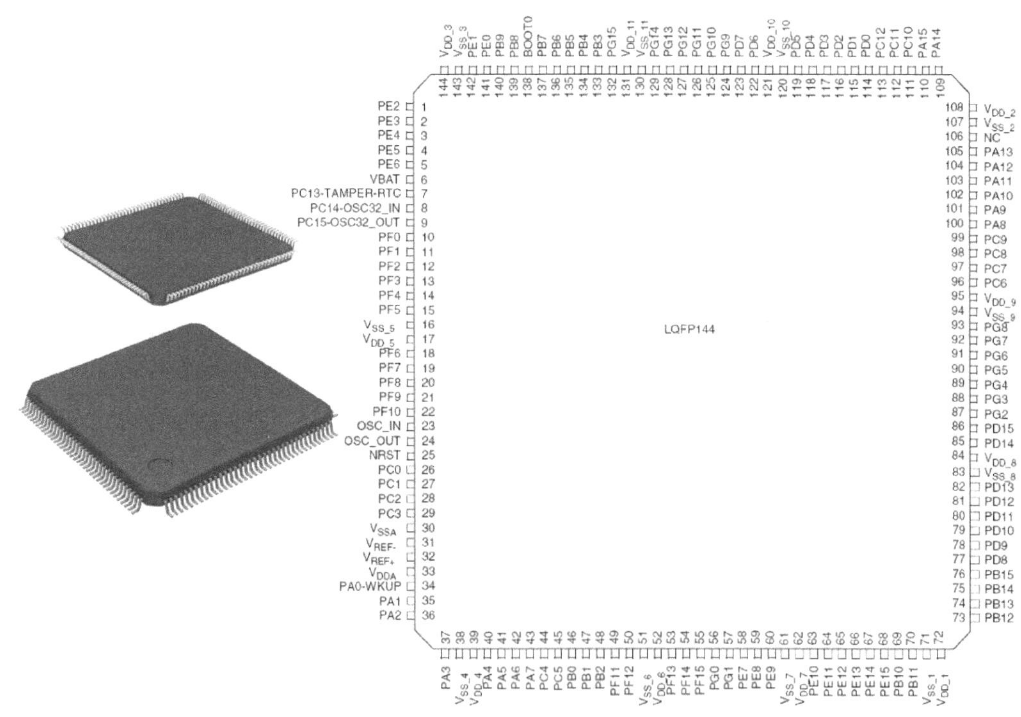

图 1.3　STM32F103ZET6 芯片的外观与引脚分布

仅从芯片外部是无法捕捉到芯片的内部结构的，那么 STM32 芯片内部究竟包含着什么呢？其实它与常见的计算机主机很相似，计算机主机主要由 CPU 和主板、显卡、内存、硬盘等外设组成，类似地，STM32 芯片也是由内核和片上外设组成的。例如，STM32F103 系列芯片的 CPU 即 Cortex-M3 内核，除了内核，还设有 GPIO、USART（串口）、ADC、I^2C、SPI 等模块，这些即片上外设。内核与片上外设之间通过各种总线连接，形成一个相互协调的统一整体。STM32F103 系列芯片内部系统结构框图如图 1.4 所示。

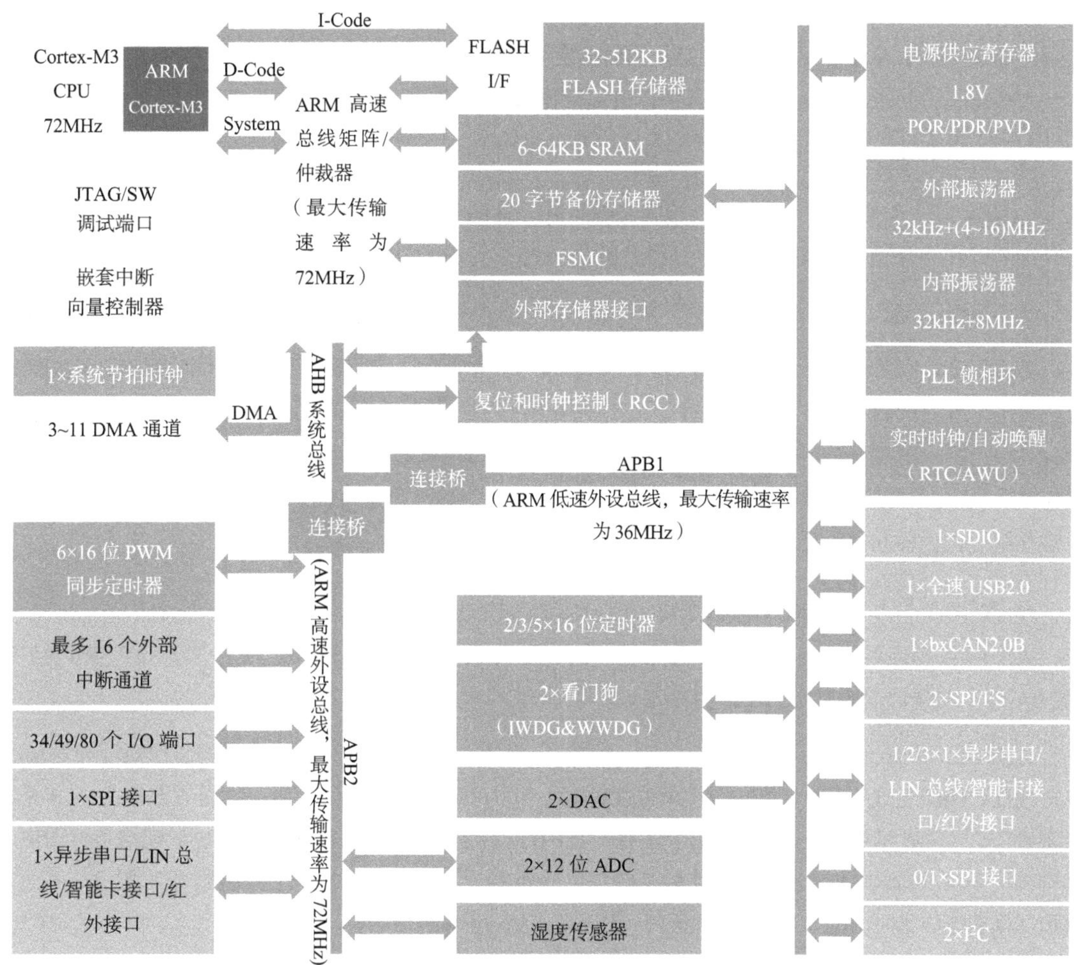

图 1.4　STM32F103 系列芯片内部系统结构框图

STM32 芯片主体系统由驱动单元和被动单元构成，驱动单元主要包括内核 D-Code 总线、System 总线、通用 DMA（Direct Memory Access，直接内存存取）总线等；被动单元主要包括 AHB 到 APB 的连接桥（用于连接所有的 APB 设备）、内部 FLASH 存储器、内部 SRAM 和 FSMC 等。其中，各种总线是指令和数据的传输通道，也是连接内核与各种片上外设的纽带，主要包括 I-Code 总线、D-Code 总线、System 总线、DMA 总线、AHB 总线和 APB 总线。下面具体讲解一下图 1.4 中的这几条总线。

1. I-Code 总线

I-Code 总线连接内核与内部 FLASH 存储器的指令接口，可实现指令的预取功能，是基于 AHB-Lite 总线协议的 32 位总线，读取指令以字的长度执行。开发时，编写好的程序经过编译之后会变成单片机能够识别的一条条指令，而这些指令一般会被存放在内部 FLASH 存储器中，内核想要读取这些指令从而执行程序就必须通过 I-Code 总线来完成。

2．D-Code 总线

D-Code 总线连接内核与内部 FLASH 存储器的数据接口，可实现数据访问功能，也是基于 AHB-Lite 总线协议的 32 位总线。在编程开发时，用到的数据有常量和变量两种，在存储过程中，常量会被放到内部 FLASH 存储器中，而全局变量和局部变量会被存放到内部 SRAM 中。当在执行指令的过程中，内核需要访问内部 FLASH 存储器中存放的数据时，必须通过 D-Code 总线来读取。

3．System 总线

System 总线即系统总线，连接内核和总线矩阵。System 总线通过总线矩阵可以访问外设寄存器，通常说的寄存器开发，即编程读/写寄存器，就是通过 System 总线来完成的。

4．DMA 总线

DMA 总线实现 DMA 的 AHB 主控接口到总线接口的连接，主要用来访问和传输数据，这些数据可以是某个外设的数据寄存器中的，可以是 SRAM 中的，也可以是内部 FLASH 存储器中的。因为内部 FLASH 存储器中的数据既可以通过 D-Code 总线访问，也可以通过 DMA 总线访问，为了避免访问冲突，在读取数据时需要通过总线矩阵来进行仲裁，最终决定通过哪条总线来读取数据。总线矩阵的作用正是仲裁协调内核和 DMA 之间的访问，此仲裁利用轮换算法。

5．AHB 总线和 APB 总线

AHB（Advanced High Performance Bus）和 APB（Advanced Peripheral Bus）是 ARM 公司推出的 AMBA 片上总线规范的主要总线结构。

AHB 是 Advanced High Performance Bus 的缩写，可译为高级高性能总线，它通过总线矩阵与 System 总线相连，允许 DMA 访问，主要用于高性能模块（如 CPU、DMA 和 DSP 等）之间的连接。AHB 系统由主模块、从模块和基础结构三部分组成，整个 AHB 总线上的传输由主模块发出，由从模块负责回应，基础结构则由仲裁器（Arbiter）、主模块到从模块的多路器、从模块到主模块的多路器、译码器（Decoder）、虚拟从模块（Dummy Slave）、虚拟主模块（Dummy Master）组成。

APB 是 Advanced Peripheral Bus 的缩写，是一种外围总线，它主要用于低带宽的周边外设之间的连接，如 UART、1284 等。它的总线架构不像 AHB 支持多个主模块，在 APB 中唯一的主模块就是 APB 桥，再往下，由于不同的外设需要的时钟（高速时钟和低速时钟）不同，APB 总线分为低速外设总线 APB1 和高速外设总线 APB2，其上分别挂载着不同的外设。APB1 操作速率限于 36MHz，APB2 操作于全速（最高为 72MHz）；APB1 负责 DA、USB、SPI、I^2C、CAN、USART2～5 和普通 TIMx，APB2 负责 AD、I/O、USART1 和高级 TIMx。

这些总线通过相互协调，将芯片的内核与内部 FLASH 存储器、SRAM、FSMC 和各种片上外设连接起来，形成一个相互配合、统一调配的整体，从而构成了强大的 STM32 芯片。

1.3.2 从存储区映射到寄存器

1．存储区映射与寄存器映射

尽管拥有多条总线，STM32 芯片内部的存储区仍然是一个大小为 4GB 的线性地址空间。FLASH、

SRAM、FSMC 和各种片上外设等部件通过存储区的地址分配，共同排列在这个 4GB 的地址空间中。在编程开发时，通过在存储区中的位置地址找到它们，进而通过指令操作它们。给存储区分配地址的过程称为存储区映射，如果给存储区再分配一个地址就叫存储区重映射。

对于这个 4GB 的地址空间，ARM 公司已经将它平均划分成了 8 块，每块 512MB，分别规定了不同的用途。STM32 存储区映射方案如图 1.5 所示。

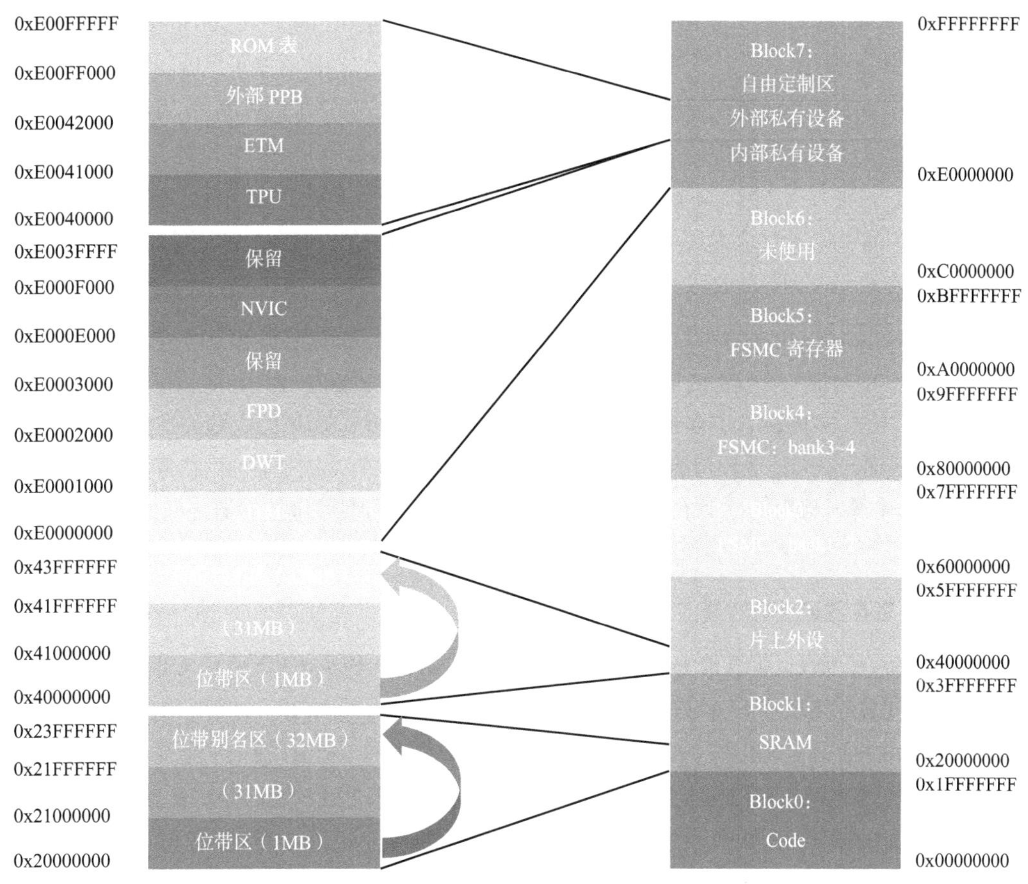

图 1.5　STM32 存储区映射方案

在上述 8 块中，Block0 被划分为代码区，主要用于装载和执行指令代码，其起始地址为 0x00000000。在代码区中，0x00000000～0x0007FFFF 的地址范围为 FLASH、系统存储器和 SRAM 的别名区；对于 STM32F103ZET6 单片机而言，0x08000000～0x0807FFFF 的地址范围划分为内部 FLASH 存储器，共为 512KB，属于大容量片上闪存，通过 I-Code 总线与内核连接，主要用于装载和存储指令代码；0x1FFFF000～0x1FFFF7FF 的地址范围划分为系统存储器，存储着芯片出厂时即烧写好的 isp 自举程序（Bootloader），用户无法改动，这部分程序会在串口下载时用到；0x1FFFF800～0x1FFFF80F 的地址范围用于配置读/写保护、BOR 级别、软硬件看门狗和部件处于待机或停止模式下的复位，当芯片不小心锁住之后，可以从 RAM 里启动，以修改这部分相应的位；其余地址范围为预留空间。

Block1 被划分为 SRAM 区，其起始地址为 0x20000000，所有的内部 SRAM 都位于底部的位带区。

SRAM 主要用于存放各类局部变量和全局变量，也可以用来装载和执行指令代码，但是这样做会使得内核不得不通过 System 总线来读取指令，从而会产生额外的 CPU 等待周期，因此在 SRAM 中装载和执行指令代码要比在 FLASH 中缓慢。

Block2 被划分为片上外设区，其起始地址为 0x40000000，所有片上外设的存储映射地址必须位于外设位带区。其中，APB1 总线外设的地址范围为 0x40000000～0x400077FF，APB2 总线外设的地址范围为 0x40010000～0x40013FFF，AHB 总线外设的地址范围为 0x40018000～0x5003FFFF。在这些区域中，每 4 个字节共 32 位作为一个单元，每个单元对应不同的功能，控制这些单元就能够驱动外设进行相应的工作。先找到每个单元的起始地址（具体如何找，后面会进行详细的讲解），当找到所需单元的起始地址之后，就可以通过 C 语言的指针操作方法来访问这些单元，从而驱动外设进行相应的工作。但是如果每次都通过这种方式访问，不仅费时费力，还容易出错，为了解决这个问题，可以根据每个单元功能的不同，以功能为名给这个内存单元取一个别名，这个别名就是寄存器，这个给已经分配好地址、有特定功能的内存单元取别名的过程就叫作寄存器映射。

Block3～Block6 共 2GB 的存储区空间是用来拓展外部 SRAM 和外设的；Block7 是 Cortex-M3 内核的内部外设区，其中内部私有设备的地址范围为 0xE0000000～0xE003FFFF；外部私有设备的地址范围为 0xE0040000～0xE00FFFFF；其余地址范围为自由定制区，自由定制区的一部分是为生产商将来对 Cortex-M3 内核增加特殊功能而预留的。所有使用 Cortex-M3 内核的微控制器的内核寄存器都处于同一地址位置，这就使得所编写的代码在以 Cortex-M3 为内核的不同型号微控制器之间的移植变得更加容易。

2. STM32 寄存器寻址与解读

Block2 作为片上外设区，其地址范围主要依据 APB1、APB2 和 AHB 三条总线进行划分，根据外设速度不同，不同总线挂载着不同的外设，APB1 总线挂载低速外设，APB2 总线和 AHB 总线挂载高速外设。相应总线的最低地址称为该总线的基地址，在这三条总线中，APB1 总线的地址最低，片上外设地址从这里开始，因此该总线基地址也称为片上外设基地址。三条总线的基地址如表 1.2 所示，其中相对片上外设基地址的偏移是指该总线基地址与片上外设基地址 0x40000000 之间的差值。

表 1.2　三条总线的基地址

总 线 名 称	总线基地址	相对片上外设基地址的偏移
APB1	0x40000000	0x00000000
APB2	0x40010000	0x00010000
AHB	0x40018000	0x00018000

三条总线上分别挂载着不同的外设，每个外设都有自己的地址范围，特定外设的首个地址称为该外设的基地址，也称为该外设的起始地址。在该特定外设的地址范围中，分布着该外设的寄存器，每个寄存器为 32 位，占 4 个字节，从该外设的基地址开始，按顺序排列，寄存器的地址是以寄存器相对于其外设基地址的偏移地址来描述的。通过编程访问这些寄存器，就可以驱动外设完成相应的工作。这里以 GPIO 端口为例，讲解如何解读外设的基地址及其寄存器，其他外设的基地址和寄存器的具体说明可以查阅《STM32F10x 中文参考手册》。GPIO 端口是通用输入输出端口的简称，其基本功能是控制 STM32

引脚输出高电平或低电平，属于高速外设，挂载在 APB2 总线上。GPIO 端口基地址如表 1.3 所示。

STM32F103ZET6 单片机的 GPIO 端口分为 7 组，即 GPIOA～GPIOG，每组端口都分别有一套相同功能寄存器，即两个 32 位配置寄存器（GPIOx_CRL 和 GPIOx_CRH）、两个 32 位数据寄存器（GPIOx_IDR 和 GPIOx_ODR）、一个 32 位置位/复位寄存器（GPIOx_BSRR）、一个 16 位复位寄存器（GPIOx_BRR）和一个 32 位配置锁定寄存器（GPIOx_LCKR）。这里以 GPIOA 端口为例，展示一下 GPIO 端口中的寄存器。GPIOA 端口的寄存器地址列表如表 1.4 所示。

表 1.3　GPIO 端口基地址

外 设 名 称	外设基地址	相对 APB2 总线地址的偏移
GPIOA	0x40010800	0x00000800
GPIOB	0x40010C00	0x00000C00
GPIOC	0x40011000	0x00001000
GPIOD	0x40011400	0x00001400
GPIOE	0x40011800	0x00001800
GPIOF	0x40011C00	0x00001C00
GPIOG	0x40012000	0x00002000

表 1.4　GPIOA 端口的寄存器地址列表

寄存器名称	寄存器地址	相对 GPIOA 端口基地址的偏移
端口配置低寄存器（GPIOA_CRL）	0x40010800	0x00000000
端口配置高寄存器（GPIOA_CRH）	0x40010804	0x00000004
端口输入数据寄存器（GPIOA_IDR）	0x40010808	0x00000008
端口输出数据寄存器（GPIOA_ODR）	0x4001080C	0x0000000C
端口置位/复位寄存器（GPIOA_BSRR）	0x40010810	0x00000010
端口复位寄存器（GPIOA_BRR）	0x40010814	0x00000014
端口配置锁定寄存器（GPIOA_LCKR）	0x40010818	0x00000018

关于 STM32 外设寄存器的详细说明可以查阅《STM32F10x 中文参考手册》，这里仅以端口置位/复位寄存器（GPIOx_BSRR）为例，介绍一下应该如何解读寄存器的说明。端口置位/复位寄存器的详细说明如图 1.6 所示。

由图 1.6 可以看出，寄存器说明首先给出了该寄存器的名称，即“端口置位/复位寄存器（GPIOx_BSRR，x=A,B,…,G）”，其中，“x=A,B,…,G”表示该寄存器名称中的“x”可以为 A～G，说明这个寄存器适用于 GPIOA～GPIOG 7 组端口中的任意一组，即每组 GPIO 端口都有一个这样的端口置位/复位寄存器。

紧跟着寄存器名称的是该寄存器的地址偏移，是指该寄存器相对于其外设基地址的偏移，这个偏移量可以用来计算该寄存器的地址。前面也提到过，寄存器的地址是以寄存器相对于其外设基地址的偏移地址来描述的。本寄存器的偏移地址为 0x10，从《STM32F10x 中文参考手册》中可以查到 GPIOA 端口外设的基地址为 0x40010800，因此可以算出 GPIOA 端口置位/复位寄存器 GPIOA_BSRR 的地址为

0x40010800+0x10=0x40010810。同理，根据 GPIOB 端口的外设基地址为 0x40010C00，也可算出 GPIOB_BSRR 的地址为 0x40010C10，其他 GPIO 端口寄存器地址的计算方法以此类推。

端口置位/复位寄存器（GPIOx_BSRR，x=A,B,…,G）

地址偏移：0x10

复位值：0x00000000

31	30	29	28	27	26	25	24	23	22	21	20	19	18	17	16
BR15	BR14	BR13	BR12	BR11	BR10	BR9	BR8	BR7	BR6	BR5	BR4	BR3	BR2	BR1	BR0
w	w	w	w	w	w	w	w	w	w	w	w	w	w	w	w

15	14	13	12	11	10	9	8	7	6	5	4	3	2	1	0
BS15	BS14	BS13	BS12	BS11	BS10	BS9	BS8	BS7	BS6	BS5	BS4	BS3	BS2	BS1	BS0
w	w	w	w	w	w	w	w	w	w	w	w	w	w	w	w

位	说明
位 31:16	**BRy**：清除端口x的位y（y=0,1,…,15）(Port x Reset bit y)。 这些位只能写入并只能以字（16位）的形式操作。 0：对对应的ODRy位不产生影响。 1：清除对应的ODRy位为0。 注：如果同时设置了BSy和BRy的对应位，则BSy位起作用。
位 15:0	**BSy**：设置端口x的位y（y=0,1,…,15）(Port x Set bit y)。 这些位只能写入并只能以字(16位)的形式操作。 0：对对应的ODRy位不产生影响。 1：设置对应的ODRy位为1。

图 1.6　端口置位/复位寄存器的详细说明

寄存器在复位之后每一位的值将转变为初始态，这个初始态的数值由复位值决定，这里的复位值为 0x00000000，表示该寄存器在复位之后，所有位都清零。复位值下面紧跟着的是该寄存器的位表，列出它的 0～31 位的名称和读写权限：表上方的数字表示位编号，表中是对应位的名称，表下方是对应位的读写权限，其中 w 表示只写，r 表示只读，rw 表示可读可写。该寄存器中的所有位权限都是 w，所以只有写的权限，如果要读本寄存器，则无法保证能够读取到它的真正内容。当然也有一些寄存器的位权限为 r，这些寄存器一般用于表示 STM32 外设的某种工作状态，由 STM32 硬件自动更改，这样就可以通过读取这些寄存器位来判断外设的工作状态。

寄存器位表下面是对位功能的介绍，这是寄存器说明中最为重要的部分，它详细说明了寄存器每一位的功能，按照功能介绍对相应的位进行操作，即可实现相应的功能。图 1.6 中的位功能介绍表明该寄存器有两种寄存器位，分别为 BRy 和 BSy，其中 y 的值可以是 0～15，这里的 0～15 表示端口的引脚号，如 BR0、BS0 用于控制 GPIOx 的第 0 个引脚，而 BR1、BS1 则用于控制 GPIOx 的第 1 个引脚。

根据位功能介绍中的描述，对 BRy 引脚的介绍是“0：对对应的 ODRy 位不产生影响。1：清除对应 ODRy 位为 0”，对 BSy 引脚的介绍是“0：对对应的 ODRy 位不产生影响。1：设置对应 ODRy 位为 1”。其中 ODRy 是指端口输出数据寄存器（GPIOx_ODR）中相应的寄存器位，通过查阅《STM32F10x 中文参考手册》可以知道，当 ODRy 位为 1 时，对应的引脚 y 输出高电平；当 ODRy 位为 0 时，对应的引脚 y 输出低电平。这里对 GPIOx_ODR 寄存器不再详述，读者可以自行查阅《STM32F10x 中文参考手册》。通过位功能介绍可以知道，当对 BR0 写入 0 时，不会影响对应的 ODR0 位，所以对应 GPIOx 的第 0 个引脚电平不会发生改变；当对 BR0 写入 1 时，对应的第 0 个引脚会输出低电平。同样，当对 BS0 写入 0 时，不会影响对应的 ODR0 位，对应的第 0 个引脚电平不会发生改变；当对 BS0 写入 1 时，对应的第 0 个引脚会输出高电平。由此可以看出，BRy 和 BSy 这两种寄存器位的功能效果是相反的。

前面的介绍已经说明了如何根据端口置位/复位寄存器说明来计算该寄存器的地址和如何解读该寄

存器的功能。实际上，虽然不同寄存器的地址和功能不相同，但是计算寄存器的地址和解读寄存器功能的方法大致相同，读者可以根据《STM32F10x 中文参考手册》自行解读，这里不再详述。

1.3.3　寄存器的封装与读/写操作

1. 寄存器的封装过程

前面已经讲过，当找到所需要的配置寄存器的起始地址后，就可以通过 C 语言的指针操作方法来访问相应的位置，进而根据寄存器的功能来驱动外设进行相应的工作。当然，面对 STM32 强大的功能，在进行复杂操作的过程中，反复寻找各种寄存器的地址和不断进行各种指针操作仍然会浪费宝贵的开发时间。幸运的是，在 STM32 标准函数库中，已经通过 C 语言对这部分烦琐的工作进行了封装，具体封装过程如下。

（1）对总线和外设基地址进行封装。

```
/* 片上外设基地址 */
#define  PERIPH_BASE    ((unsigned int)0x40000000)
/* 总线基地址 */
#define APB1PERIPH_BASE   PERIPH_BASE
#define APB2PERIPH_BASE   (PERIPH_BASE + 0x00010000)
/* GPIO 端口外设基地址 */
#define GPIOA_BASE     (AHB1PERIPH_BASE + 0x0800)
#define GPIOB_BAAE     (AHB1PERIPH_BASE + 0x0C00)
#define GPIOC_BASE     (AHB1PERIPH_BASE + 0x1000)
#define GPIOD_BAAE     (AHB1PERIPH_BASE + 0x1400)
#define GPIOE_BASE     (AHB1PERIPH_BASE + 0x1800)
#define GPIOF_BAAE     (AHB1PERIPH_BASE + 0x1C00)
#define GPIOG_BASE     (AHB1PERIPH_BASE + 0x2000)
/* 寄存器基地址，以 GPIOA 端口为例 */
#define GPIOA_CRL   (GPIOA_BASE + 0x00)
#define GPIOA_CRH   (GPIOA_BASE + 0x04)
#define GPIOA_IDR   (GPIOA_BASE + 0x08)
#define GPIOA_ODR   (GPIOA_BASE + 0x0C)
#define GPIOA_BSRR  (GPIOA_BASE + 0x10)
#define GPIOA_BRR   (GPIOA_BASE + 0x14)
#define GPIOA_LCKR  (GPIOA_BASE + 0x18)
```

上述程序代码首先定义了片上外设基地址 PERIPH_BASE，并在此基础上加入各个总线的地址偏移，从而得到 APB1 和 APB2 总线的基地址 APB1PERIPH_BASE、APB2PERIPH_BASE；其次在 APB2 总线基地址上加入外设的地址偏移，得到 GPIOA ~ CPIOG 的外设基地址；最后在外设基地址上加入各寄存器的地址偏移，就得到了特定的寄存器基地址，通过指针读/写即可修改相应的寄存器位。

（2）对寄存器列表进行封装。通过上面的方法定义地址还是略显烦琐，如 GPIOA～GPIOG 的每组端口都有一套功能相同的寄存器，它们只是地址不一样，却要为每个寄存器定义地址。为了更方便地访问寄存器，在 STM32 标准函数库中引入结构体的方法对寄存器进行封装。

```
typedef unsigned       int uint32_t;    //无符号 32 位变量
typedef unsigned short  int uint16_t;    //无符号 16 位变量
/* GPIO 端口寄存器列表 */
typedef struct{
uint32_t CRL;       //GPIO 端口配置低寄存器     地址偏移：0x00
```

```
uint32_t CRH;       //GPIO 端口配置高寄存器     地址偏移：0x04
uint32_t IDR;       //GPIO 端口输入数据寄存器   地址偏移：0x08
uint32_t ODR;       //GPIO 端口输出数据寄存器   地址偏移：0x0C
uint32_t BSRR;      //GPIO 端口置位/复位寄存器  地址偏移：0x00
uint32_t BRR;       //GPIO 端口复位寄存器       地址偏移：0x04
uint32_t LCKR;      //GPIO 端口配置锁定寄存器   地址偏移：0x08
}GPIO_TypeDef;
#define GPIOA_LCKR  (GPIOA_BASE + 0x18)
```

上述程序代码用 typedef 关键字声明了名为 GPIO_TypeDef 的结构体类型，结构体有 7 个成员变量，变量名正好对应寄存器的名字，其中 32 位变量占用 4 个字节，16 位变量占用 2 个字节。由于结构体内变量的存储空间是连续的，如果这个结构体的首地址为 0x40010C00（也是第 1 个成员变量 CRL 的地址），那么结构体中第 2 个成员变量 CRH 的地址为 0x40010C00+0x04，加上的这个 0x04 代表 CRL 所占用的 4 个字节地址的偏移量，其他成员变量的地址以此类推。这样，成员变量之间的偏移就与 GPIO 外设定义的寄存器地址偏移一一对应，只要给结构体设置好首地址，就能把结构体内成员的地址确定下来，之后就能以结构体指针的形式访问寄存器了。

```
GPIO_TypeDef * GPIOx      //定义一个 GPIO_TypeDef 结构体指针
GPIOx = GPIOA_BASE;       //把指针地址设置为宏 GPIOA_BASE 地址
GPIOx->ODR = 0xFFFF;
uint32_t a;
a = GPIOx->IDR;           //将 GPIOA_IDR 寄存器中的值读取到变量 a 中
```

为了使编程更加方便，直接使用宏将 GPIO_TypeDef 类型的指针定义好，每个指针指向各个 GPIO 端口的首地址，由此就可以直接用该宏访问相应的寄存器了。

```
/* 使用 GPIO_TypeDef 把地址强制转换成指针 */
#define GPIOA            ((GPIO_TypeDef *) GPIOA_BASE)
#define GPIOB            ((GPIO_TypeDef *) GPIOB_BASE)
#define GPIOC            ((GPIO_TypeDef *) GPIOC_BASE)
#define GPIOD            ((GPIO_TypeDef *) GPIOD_BASE)
#define GPIOE            ((GPIO_TypeDef *) GPIOE_BASE)
#define GPIOF            ((GPIO_TypeDef *) GPIOF_BASE)
#define GPIOG            ((GPIO_TypeDef *) GPIOG_BASE)
/* 使用定义好的宏直接访问 */
/* 访问 GPIOA 端口的寄存器 */
GPIOA->BSRRL = 0XFFFF;       //通过指针访问并修改 GPIOA_BSRRL 寄存器
GPIOA->CRL = 0xFFFFFFF;      //修改 GPIOA_CRL 寄存器
GPIOA->ODR = 0xFFFFFFF;      //修改 GPIOA_ODR 寄存器
uint32_t a;
a = GPIOA->IDR;              //将 GPIOA_IDR 寄存器中的值读取到变量 a 中
```

这里仅以 GPIO 这个外设为例，讲解 C 语言对寄存器的封装，其他外设寄存器的封装过程与此类似，这部分工作已经由 STM32 标准函数库完成，这里只需要了解即可。

2．修改寄存器位与位带操作

在了解了 STM32 寄存器的封装过程之后，就能够利用 C 语言对相应的寄存器赋值，并执行具体的操作。

（1）修改寄存器位的方法。在实际应用过程中，常常要求只修改该寄存器某几位的值，而其他寄存器位不变，这个时候就需要用到 C 语言的位操作方法。

① 把变量的某位清零。此处以变量 a 代表寄存器，并假设寄存器中已有数值，此时需要把变量 a 的某一位清零，而其他位不变，具体操作方法如下。

```
usigned char a = 0x9F;  //定义变量 a = 10011111b（二进制数）
/* 对 a 的 bit2 清零 */
a &= ~(1<<2);
```

在上述程序代码中，括号中的 1 左移两位可以得二进制数 00000100b，按位取反后即可得到 11111011b，所得的二进制数与 a 进行“与”运算，最终得到的 a 的值为 10011011b，这样就实现了 a 的 bit2 被清零，而其他位不变。

② 把变量的某几个连续位清零。由于在寄存器中有时会有连续几个寄存器位用于控制某个功能，现假设需要把寄存器的某几个连续位清零，而其他位不变，具体操作方法如下。

```
usigned char a = 0x9F,b = 0xF7;  //定义变量 a = 10011111b，b = 11110111b
/* 对 a 的 bit2、bit3 清零 */
a &= ~(3<<2);
/* 对 b 的 bit4、bit5、bit6 清零 */
b &= ~(7<<4);
```

在上述程序代码中，括号中的 3 左移两位可以得二进制数 00001100b，按位取反后即可得到 11110011b，所得的二进制数与 a 进行“与”运算，最终得到的 a 的值为 10010011b，这样，就实现了 a 的 bit2 和 bit3 被清零，而其他位不变；同理，括号中的 7 左移四位可以得二进制数 01110000 b，按位取反后即可得到 10001111b，所得的二进制数与 b 进行“与”运算，最终得到的 b 的值为 10000111b，这样就实现了 b 的 bit4、bit5 和 bit6 被清零，而其他位不变。

③ 对变量的某几位进行赋值。在实际应用中，有时还需要对寄存器中的某几位进行赋值，而其他位不变，从而实现所需要的功能，具体操作方法如下。

```
usigned char a = 0x83  //定义变量 a = 10000011b
/* 将 a 的 bit2、bit4 赋值为 1 */
a |= (5<<3);
```

在上述程序代码中，括号中的 5 左移三位可以得二进制数 00010100 b，与 a 进行“或”运算，最终得到的 a 的值为 10010111b，这样就实现了 a 的 bit2 和 bit4 被赋值，而其他位不变。

④ 对变量的某位取反。在某些情况下，需要对寄存器的某位进行取反操作，而其他位不变，具体操作方法如下。

```
usigned char a = 0x83  //定义变量 a = 10000011b
/* 将 bit6 取反 */
a ^= (1<<6);
```

在上述程序代码中，括号中的 1 左移 6 位可以得二进制数 01000000 b，与 a 进行“异或”运算，最终得到的 a 的值为 11000011b，这样就实现了 a 的 bit6 被取反，而其他位不变。

（2）位带操作简介。从修改寄存器位的方法可以看出，STM32 不能像传统 51 单片机那样可以简单地对端口中的某一位进行置位或复位操作，但是能够通过“与”“或”等逻辑指令来实现寄存器或存储区的位操作。通过逻辑运算进行的位操作实际上是一个“读—修改—写”的过程，在实现单个位操作的过程中会耗费数个时钟周期，并且会增加代码量。

为了克服这一限制，Cortex-M3 内核引入了一种称为位带的操作技术，在不引入特殊指令的前提下，实现了 SRAM 区和片上外设区两个区域的位操作。Cortex-M3 内核的可位寻址区域由位带区（SRAM 起始的 1MB 空间和片上外设区起始的 1MB 空间）和两个大小为 32MB 的位带别名区组成，前面在介绍 STM32 存储区映射时也曾涉及。位带存储映射如图 1.7 所示。

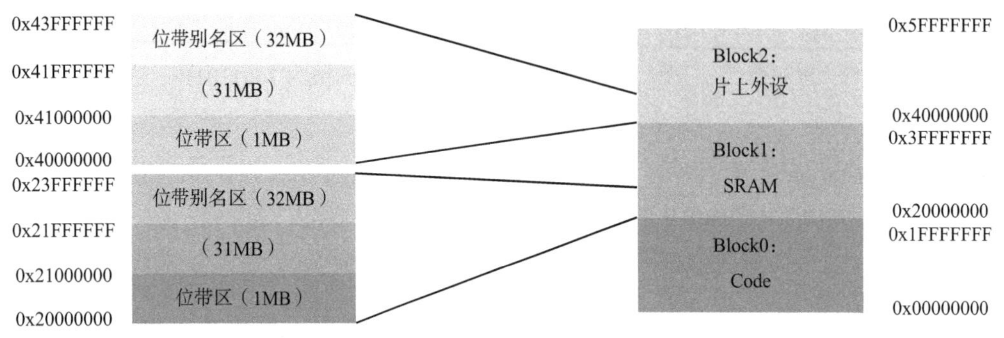

图 1.7　位带存储映射

位带技术将位带区的每一位映射到对应的位带别名区，只要对位带别名区进行字操作就可以实现对真实内存的位操作，这将允许在不加入任何特殊指令的前提下实现位操作，同时避免了复杂的布尔运算，保持了 Cortex-M3 内核尺寸的小巧性。在实际应用中，当对一个 SRAM 或外设寄存器进行位操作时，需要计算与该位对应的位带别名区中的地址，可使用以下的映射公式进行计算（其中位序号的取值范围为 0～7）。

① 位带别名区地址=位带别名区基地址+位带别名区偏移地址。

② 位带别名区偏移地址=(位带区偏移地址 × 8 +位序号) × 4。

位带区与位带别名区的映射对应关系如图 1.8 所示。STM32 的系统总线是 32 位的，按照 4 字节进行访问时的效率最高，因此位带区上的每一位在位带别名区上都会有 4 字节，即 32 位与之对应，这也是为什么每个位带区 1MB 的空间映射到位带别名区需要有 32MB 空间的原因。如图 1.8 所示，0x22000000 是 SRAM 位带别名区的起始地址，假如需要求 SRAM 位带区中 0x20000000 字节上 bit7 在位带别名区中对应的地址，则根据映射公式需要先求得相应的位带别名区偏移地址，0x20000000 字节相对于位带区基地址的偏移量为 0x00，bit7 的位序号为 7，位带别名区偏移地址为(0 × 32+7) × 4=28，即 0x1C，所以可以求出对应的位带别名区地址为 0x22000000+0x1C=0x2200001C。同样，对于外设寄存器的位带别名区地址的计算也是如此。

计算出位在位带别名区中所对应的地址后，就能够通过对位带别名区的字操作实现对位带区的位操作。片上外设的位带区覆盖了全部的片上外设的寄存器，可以通过宏为寄存器的位定义一个位带别名区地址，从而实现寄存器的位操作。这里仅对 GPIOA 中的端口输入数据寄存器 IDR 和端口输出数据寄存器 ODR 的位带操作步骤进行演示，其他寄存器的位带操作与之类似。

从《STM32F10x 中文参考手册》中可以查到 IDR 和 ODR 两个寄存器对应 GPIO 基地址的偏移量分别为 0x08 和 0x0C。

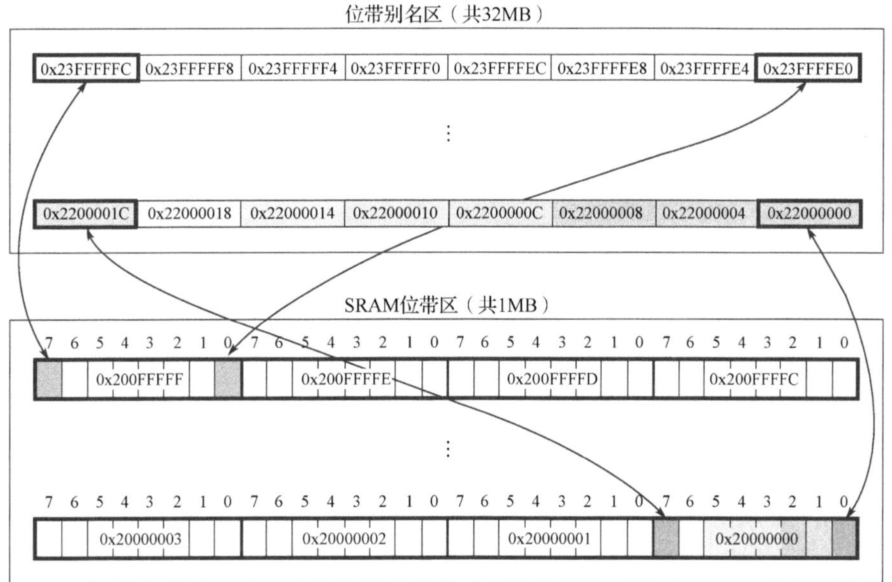

图 1.8　位带区与位带别名区的映射对应关系

① 地址映射操作。

```
/* GPIOA IDR 和 ODR 寄存器地址映射 */
#define GPIOA_IDR_Addr   (GPIOA_BASE + 0x08)    //0x40010808
#define GPIOA_IDR_Addr   (GPIOA_BASE + 0x0C)    //0x4001080C
```

② 输入输出位操作。

```
/* 单独操作 GPIOA 的某一个 I/O 端口，n 取 0～15，表示具体哪一个 I/O 端口 */
#define PAin(n)    (GPIOA_IDR_Addr,n)          //输入
#define PAout(n)   (GPIOA_ODR_Addr,n)          //输出
```

这样就能直接通过对 PAin(n)或 PAout(n)进行赋值实现 GPIOA 中某一 I/O 端口的输入/输出位操作，如在主函数中输入“PAout(2)=0;”表示 PA2 端口输出低电平；在主函数中输入“PAout(5)=1;”表示 PA5 端口输出高电平。

第 2 章

STM32 标准库函数

虽然可以用寄存器的方式开发 STM32，如在第 1 章中所演示的修改寄存器位的操作就属于直接采用寄存器进行开发的方式，但是在复杂的嵌入式系统设计和开发过程中，由于 STM32 的寄存器是 32 位的，每次配置都需要参照《STM32F10x 中文参考手册》中的寄存器说明，对每个寄存器位写入特定参数，因此在配置的时候非常容易出错，而且代码很不好理解，不便于维护。在寄存器开发的基础上发展而来的库函数开发方式能够有效地克服这些缺点，编程简单迅速。因此，在了解 STM32 寄存器的基础上熟练掌握库函数开发方式对于复杂嵌入式系统设计是十分必要的。

2.1 库函数开发概述

2.1.1 STM32 标准函数库概述

STM32 标准函数库也称为固件库，它是 ST 公司为嵌入式系统开发者访问 STM32 底层硬件而提供的一个中间函数接口，即 API（Application Program Interface），由程序、数据结构和宏组成，还包括微控制器所有外设的性能特征、驱动描述和应用实例。在 STM32 标准函数库中，每个外设驱动都由一组函数组成，这组函数覆盖了外设驱动的所有功能。我们可以将 STM32 标准函数库中的函数视为对寄存器复杂配置过程高度封装后所形成的函数接口，通过调用这些函数接口即可实现对 STM32 寄存器的配置，从而达到控制的目的。

STM32 标准函数库覆盖了从 GPIO 端口到定时器，再到 CAN、I^2C、SPI、UART 和 ADC 等所有的标准外设，对应的函数源代码只使用了基本的 C 编程知识，非常易于理解和使用，并且方便进行二次开发和应用。库函数开发与寄存器开发的对比图如图 2.1 所示。实际上，STM32 标准函数库中的函数只是建立在寄存器与应用程序之间的程序代码，向下对相关的寄存器进行配置，向上为应用程序提供配置寄存器的标准函数接口。STM32 标准函数库的函数构建已由 ST 公司完成，这里不再详述。在使用库函数开发应用程序时，只要调用相应的函数接口即可实现对寄存器的配置，不需要探求底层硬件细节即可灵活规范地使用每个外设。

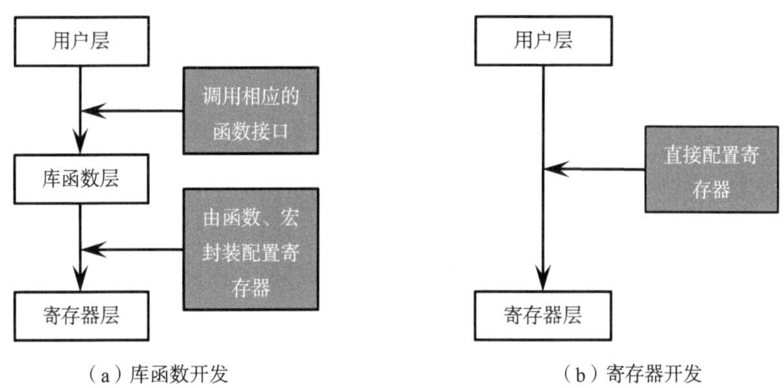

图 2.1　库函数开发与寄存器开发的对比图

2.1.2　库函数开发的优势

在传统 8 位单片机的开发过程中，通常通过直接配置芯片的寄存器来控制芯片的工作方式。在配置过程中，常常需要查阅寄存器表，由此确定所需要使用的寄存器配置位，以及是置 0 还是置 1。虽然这些都是很琐碎、机械的工作，但是因为 8 位单片机的资源比较有限，寄存器相对来说比较简单，所以可以用直接配置寄存器的方式进行开发，而且采用这种方式进行开发，参数设置更加直观，程序运行时对 CPU 资源的占用也会相对少一些。

STM32 的外设资源丰富，与传统 8 位单片机相比，STM32 的寄存器无论是在数量上还是在复杂度上都有大幅度提升。如果 STM32 采用直接配置寄存器的开发方式，则查阅寄存器表会相当困难，而且面对众多的寄存器位，在配置过程中也很容易出错，这会造成编程速度慢、程序维护复杂等问题，并且程序的维护成本也会很高。库函数开发方式提供了完备的寄存器配置标准函数接口，使开发者仅通过调用相关函数接口就能实现烦琐的寄存器配置，简单易学、编程速度快、程序可读性高，并降低了程序的维护成本，很好地解决了上述问题。

虽然采用寄存器开发方式能够让参数配置更加直观，而且相对于库函数开发方式，通过直接配置寄存器所生成的代码量会相对少一些，资源占用也会更少一些，但因为 STM32 较传统 8 位单片机而言有充足的 CPU 资源，权衡库函数开发的优势与不足，在一般情况下，可以牺牲一点 CPU 资源，选择更加便捷的库函数开发方式。一般只有对代码运行时间要求极为苛刻的项目，如需要频繁调用中断服务函数等，才会选用直接配置寄存器的方式进行系统的开发工作。

自从库函数出现以来，STM32 标准函数库中各种标准函数的构建也在不断完善，开发者对于 STM32 标准函数库的认识也在不断加深，越来越多的开发者倾向于用库函数进行开发。虽然目前 STM32F1 系列和 STM32F4 系列各有一套自己的函数库，但是它们大部分是相互兼容的，在采用库函数进行开发时，STM32F1 系列和 STM32F4 系列之间进行程序移植，只需要进行小修改即可。如果采用寄存器进行开发，则二者之间的程序移植是非常困难的。

当然，采用库函数开发并不是完全不涉及寄存器，前面也提到过，虽然库函数开发简单易学、编程速度快、程序可读性高，但是它是在寄存器开发的基础上发展而来的，因此想要学好库函数开发，必须先对 STM32 的寄存器配置有一个基本的认识和了解。二者是相辅相成的，通过认识寄存器可以更好地掌握库函数开发，通过学习库函数开发也可以进一步了解寄存器。

2.2 库文件及其层次关系

2.2.1 CMSIS 标准软件架构

基于 Cortex-M3 内核的芯片虽然所采用的内核是相同的，但核外的片上外设之间存在差异，而这些差异会导致软件在同内核、不同外设的芯片上移植困难。为了解决不同的芯片厂商所生产的 Cortex 系列微控制器软件的兼容性问题，ARM 公司与 ST 公司、Atmel 公司、Keil 公司等诸多芯片和软件厂商制定了 CMSIS 标准（Cortex Microcontroller Software Interface Standard）。

所谓 CMSIS 标准，是指建立一个硬件抽象层，基于 CMSIS 标准的软件架构（见图 2.2）主要分为用户应用层、CMSIS 层（包含操作系统和 CMSIS 核心层两部分）和硬件寄存器层三层。CMSIS 层起着承上启下的作用，一方面它对硬件寄存器层进行统一实现，屏蔽了不同厂商对 Cortex-M 系列微控制器核内外设寄存器的不同定义；另一方面它为操作系统和用户应用层提供接口，简化了应用程序开发难度。因此，CMSIS 层的实现相对复杂，CMSIS 核心层主要分为以下 3 部分。

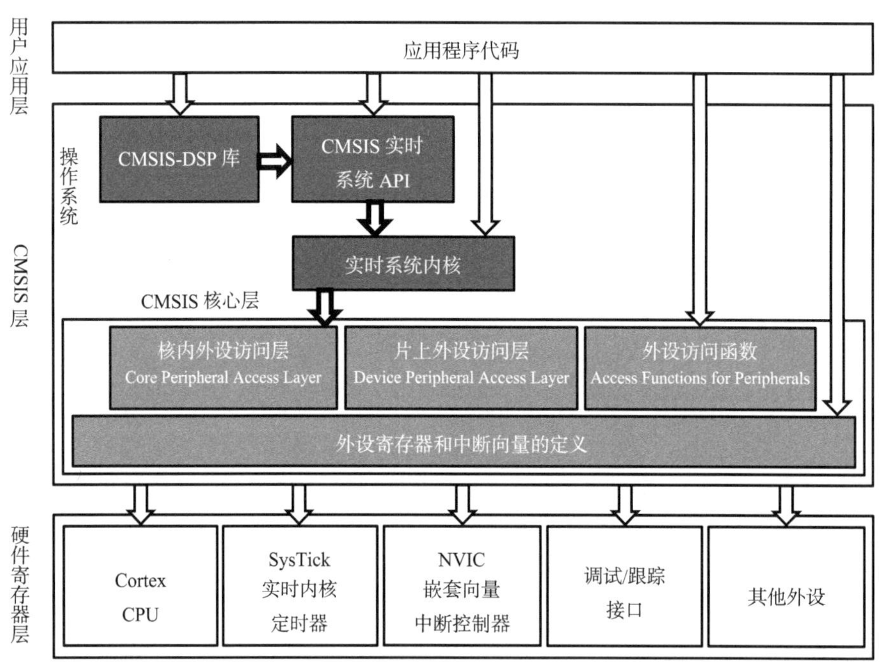

图 2.2 基于 CMSIS 标准的软件架构

（1）核内外设访问层（Core Peripheral Access Layer，CPAL）。该层主要由 ARM 公司负责实现，包括对内核寄存器名称、地址的定义，对 NVIC（嵌套向量中断控制器）、调试子系统访问接口的定义和对特殊用途寄存器访问接口（如 CONTROL，xPSR 等）的定义等。

（2）片上外设访问层（Device Peripheral Access Layer，DPAL）。该层由芯片厂商负责实现，与核内外设访问层类似，主要负责对硬件寄存器地址和外设访问接口进行定义。该层可调用核内外设访问层提供的接口函数，同时根据设备特性对异常向量表进行扩展，以处理相应外设的中断请求。

（3）外设访问函数（Access Functions for Peripherals，AFP）。该层由芯片厂商负责实现，主要用于提供访问片上外设的访问函数，这一部分是可选的。

对于一个 Cortex-M 系列微控制系统而言，CMSIS 标准提供了与芯片厂商无关的硬件抽象层，既可以为接口外设、实时操作系统提供简单的处理器软件接口，又可以屏蔽不同硬件之间的差异，这对软件的移植具有极大的帮助。STM32 标准函数库是按照这个标准来建立的。

2.2.2　库目录和文件简介

STM32 标准函数库可以从 ST 公司的官网上下载。下面介绍目前最新的 3.5.0 库文件。将下载的 STM32 标准函数库解压后，打开 STM32F10x_StdPeriph_Lib_V3.5.0 文件夹，可以看到 STM32 标准函数库中的各文件夹，如图 2.3 所示。

_htmresc 文件夹包含 ST 与 CMSIS 的图标，这些一般用不到；Libraries 文件夹包含驱动库的源代码和启动文件，所要使用的库函数就在这个文件夹中，在使用库函数进行开发时，需要把 Libraries 目录下的库函数文件添加到相应的工程中，因此这个文件夹十分重要；Project 文件夹包含用驱动库写的各种例子和工程模板，内容非常全面，为每个外设写好的例程具有非常重要的参考价值；Utilities 文件夹包含基于 ST 官方评估开发板的各种例程，这些例程在实际的嵌入式系统开发过程中一般用不到；stm32f10x_stdperiph_lib_um.chm 是 STM32 标准函数库使用的英文帮助文档，这是一个已经编译好的 HTML 文件，主要讲述每个库函数的使用方法，具有非常重要的参考价值。

图 2.3　STM32 标准函数库

在库文件中，Libraries 文件夹是开发过程中一定会用到的，打开 Libraries 文件夹，可以看到关于内核与外设的库文件分别存放在 CMSIS 文件夹和 STM32F10x_StdPeriph_Driver 文件夹中。下面简要介绍开发过程中用到的主要文件。

1. CMSIS 文件夹

CMSIS 文件夹中的主要文件及其位置关系如图 2.4 所示。

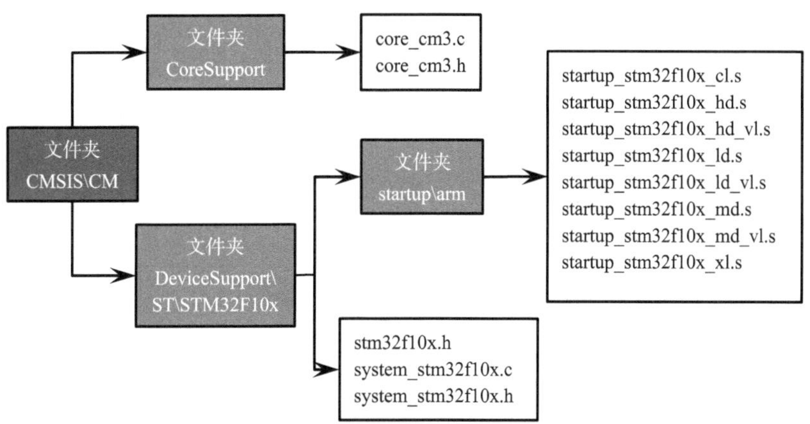

图 2.4　CMSIS 文件夹中的主要文件及其位置关系

（1）内核相关文件。CoreSupport 文件夹中有 core_cm3.c 和 core_cm3.h 两个文件。core_cm3.c 文件是实现操作内核外部寄存器的函数，而 core_cm3.h 头文件用于实现内核寄存器的映射，与 DeviceSupport 文件夹中的外设头文件 stm32f10x.h 相对应，其区别在于 core_cm3.h 针对的是内核外设，而 stm32f10x.h 针对的是片上外设。另外，core_cm3.h 头文件还包含 stdint.h 头文件，这是一个 ANSIC 文件，独立于微控制器之外。它位于 RVMDK 软件的安装目录下，其主要作用是提供一些类型定义，这些类型定义用于屏蔽在不同芯片平台上出现的诸如 int 的大小是 16 位还是 32 位的差异。stdint.h 头文件中的类型定义如下。在开发设计过程中，所使用的数据类型均应以 stdint.h 头文件中定义的为准。

```
/* exact-width signed integer types */
typedef   signed          char int8_t;
typedef   signed short     int int16_t;
typedef   signed           int int32_t;
typedef   signed        __INT64 int64_t;
/* exact-width unsigned integer types */
typedef unsigned          char uint8_t;
typedef unsigned short     int uint16_t;
typedef unsigned           int uint32_t;
typedef unsigned        __INT64 uint64_t;
```

（2）STM32 启动文件。由图 2.4 可以看出，STM32 的启动文件放在 arm 文件夹中，这个文件夹中有很多启动文件。不同型号的单片机所使用的启动文件也不一样。STM32 启动文件说明如表 2.1 所示。

表 2.1　STM32 启动文件说明

启动文件	区　别	适用产品
startup_stm32f10x_ld.s	ld：10w-density 小容量，基础型，适用 FLASH 存储器容量为 16～32KB	STM32F101××系列 STM32F102××系列 STM32F103××系列
startup_stm32f10x_md.s	md：medium-density 中容量，基础型，适用 FLASH 存储器容量为 64～128KB	
startup_stm32f10x_hd.s	hd：high-density 大容量，基础型，适用 FLASH 存储器容量为 256～512KB	
startup_stm32f10x_xl.s	xl：超大容量，基础型，适用 FLASH 存储器容量为 512～1024KB	
startup_stm32f10x_cl.s	cl：connectivity line devices，互联型	STM32F105××系列 STM32F107××系列
startup_stm32f10x_ld_vl.s	vl：value line devices，超值型，小容量，适用 FLASH 存储器容量为 16～32KB	STM32F100××系列
startup_stm32f10x_md_vl.s	vl：value line devices，超值型，中容量，适用 FLASH 存储器容量为 64～128KB	
startup_stm32f10x_hd_vl.s	vl：value line devices，超值型，大容量，适用 FLASH 存储器容量为 256～512KB	

STM32F103ZET6 单片机芯片的内部 FLASH 存储器容量为 512KB，属于基础型中的大容量产品，所以启动文件应该选择 startup_stm32f10x_hd.s。

（3）STM32 专用文件。stm32f10x.h 头文件包含 STM32F10×全系列所有外设寄存器的定义（寄存器的基地址和布局等）、位定义、中断向量表和存储空间的地址映射等，是一个非常重要的头文件，在内核中与之相对应的头文件是 core_cm3.h。system_stm32f10x.c 文件和 system_stm32f10x.h 头文件是 STM32F10×系列微控制器的专用系统文件，其中 system_stm32f10x.c 文件主要对片上的 RCC 外设进行操作，用于实现 STM32 的时钟配置。系统在上电之后，首先会执行由汇编语言编写的启动文件，启动文件中的复位函数所调用的 Systeminit 函数（用来初始化微控制器）就是在 system_stm32f10x.c 文件中定义的，调用完之后，STM32F103 系列芯片的系统时钟频率会被初始化成 72MHz。在实际应用中如果需要对系统时钟进行重新配置，则可以参考这个函数重写，为了维持 STM32 标准函数库的完整性，建议不要直接在这个文件里修改时钟配置函数。

2．STM32F10x_StdPeriph_Driver 文件夹

Libraries 目录下的 STM32F10x_StdPeriph_Driver 文件夹中包含 inc（include 的缩写）和 src（source 的缩写）两个文件夹，其中所包含的是不属于 CMSIS 文件夹的片上外设相关文件。src 文件夹中包含每个外设的驱动源文件，而 inc 文件夹中包含相对应的头文件，这些是 ST 公司针对每个 STM32 外设所编写的库函数文件，是 STM32 标准函数库的主要内容，其重要性不言而喻。

每个外设对应一个.c 后缀的驱动源文件和一个.h 后缀的头文件，这些外设文件分别统称为 stm32f10x_ppp.c 文件和 stm32f10x_ppp.h 文件，其中 ppp 表示外设名称。例如，对于 ADC 外设，在 src 文件夹中有一个 stm32f10x_adc.c 驱动源文件，而在 inc 文件夹中有一个 stm32f10x_adc.h 头文件与之相对应。若开发的工程用到了 STM32 内部的 ADC，则至少要把这两个文件添加到工程中。src 文件夹和 inc 文件夹中的所有驱动源文件和头文件如图 2.5 所示，从中可以看出，除了 stm32f10x_ppp.c 文件和 stm32f10x_ppp.h 文件，这两个文件夹中还有一个很特别的 misc.c 文件和与之对应的 misc.h 头文件。这个文件包含外设对内核中的 NVIC 的访问函数，在配置中断时，必须把这个文件添加到工程中。

图 2.5　src 文件夹和 inc 文件夹中的所有驱动源文件和头文件

3．库工程模板

在文件目录 STM32F10x_StdPeriph_Lib_V3.5.0\Project\STM32F10x_StdPeriph_Template 下，存放了一个官方的库工程模板。当使用库函数建立一个完整的工程时，需要添加该目录下的 stm32f10x_it.c 文

件、system_stm32f10x.c 文件和 stm32f10x_conf.h 头文件。

stm32f10x_it.c 文件是专门用来编写中断服务函数的。该文件已经定义好了一些系统异常中断（特殊中断）的接口，而其他普通中断服务函数可以在开发过程中自行添加。在编写中断服务函数时，其函数接口并不是随意定义的，相关接口可以在汇编启动文件中找到，这部分内容在学习中断时再详细介绍。

system_stm32f10x.c 文件在前面已经介绍过了，它包含 STM32 芯片上电后初始化系统时钟和扩展外部存储器所用的函数。在实际应用中如果需要修改系统时钟频率，可以参照该文件重写时钟配置函数。为了保持 STM32 标准函数库的完整性，建议不要直接在这个文件中修改时钟配置函数。

stm32f10x_conf.h 头文件包含所有片上外设的头文件，它被包含在 stm32f10x.h 头文件中。如果没有 stm32f10x_conf.h 头文件，在使用库函数编程时，用到某个外设的驱动库，就必须把该外设的头文件包含进来。如果用了很多外设，则需要分别将每个外设对应的头文件都包含进来，这不仅影响代码的美观性，也不好管理。stm32f10x_conf.h 头文件很好地实现了片上外设头文件的统一管理，因此应用程序只要包含这个头文件即可。由于这个头文件被包含在 stm32f10x.h 头文件中，所以最终只需要包含 stm32f10x.h 头文件即可。stm32f10x_conf.h 头文件中的程序代码如下。

```
    /* Uncomment/Comment the line below to enable/disable peripheral header file
inclusion */
    #include "stm32f10x_adc.h"
    #include "stm32f10x_bkp.h"
    #include "stm32f10x_can.h"
    #include "stm32f10x_cec.h"
    #include "stm32f10x_crc.h"
    #include "stm32f10x_dac.h"
    #include "stm32f10x_dbgmcu.h"
    #include "stm32f10x_dma.h"
    #include "stm32f10x_exti.h"
    #include "stm32f10x_flash.h"
    #include "stm32f10x_fsmc.h"
    #include "stm32f10x_gpio.h"
    #include "stm32f10x_i2c.h"
    #include "stm32f10x_iwdg.h"
    #include "stm32f10x_pwr.h"
    #include "stm32f10x_rcc.h"
    #include "stm32f10x_rtc.h"
    #include "stm32f10x_sdio.h"
    #include "stm32f10x_spi.h"
    #include "stm32f10x_tim.h"
    #include "stm32f10x_usart.h"
    #include "stm32f10x_wwdg.h"
    #include "misc.h"
```

在默认情况下，所有头文件都被包含，但在开发过程中可以把不用的头文件注释掉，只留下需要的即可。

stm32f10x_conf.h 头文件还可以配置是否使用断言编译选项，程序代码如下。

```
    #ifdef  USE_FULL_ASSERT
    /**
      * @brief  The assert_param macro is used for function's parameters check.
      * @param  expr: If expr is false, it calls assert_failed function which reports
      * the name of the source file and the source line number of the call
```

```
      * that failed. If expr is true, it returns no value.
      * @retval None
      */
      #define  assert_param(expr)  ((expr)  ?  (void)0  :  assert_failed((uint8_t
*)_FILE_, _LINE_))
    /* Exported functions ------------------------------------------------------- */
      void assert_failed(uint8_t* file, uint32_t line);
    #else
      #define assert_param(expr)  ((void)0)
    #endif /* USE_FULL_ASSERT */
```

STM32 标准函数库中的函数一般会包含输入参数的检查，即代码中的 assert_param 宏。当参数不符合要求时，会调用 assert_failed 函数，这个函数默认是空的。

在实际开发中使用断言编译选项时，先通过定义 USE_FULL_ASSERT 宏来使能断言，然后定义 assert_failed 函数，通常会让它调用 printf 函数，以输出错误说明。在使能断言后，程序在运行时会对函数的输入参数进行检查，当通过测试可以发布时，会通过取消 USE_FULL_ASSERT 宏来去掉断言功能，使程序全速运行。

4．库文件之间的相互关系

将库文件对应到基于 CMSIS 标准的软件架构上，其层次关系如图 2.6 所示。

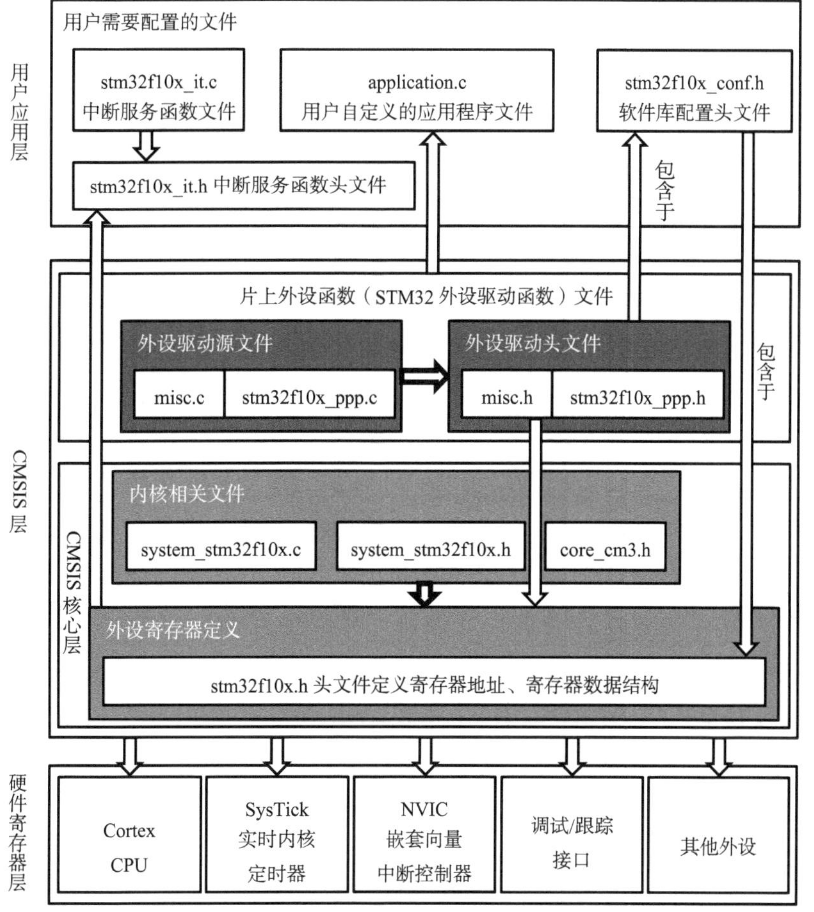

图 2.6　库文件之间的层次关系

根据前面对主要库文件及其作用的简要介绍，我们已大致了解了 STM32 标准函数库，下面将从整体上来把握该库中各个文件之间的相互关系。在基于 CMSIS 标准的软件架构的库文件层次关系中，位于用户应用层的几个文件需要针对不同的应用场合进行配置和修改。在编程时需要把位于 CMSIS 层的文件包含进工程中，除了个别应用场合在修改系统时钟频率时，可以对 system_stm32f10x.c 文件进行适当改动（最好另外重写时钟配置函数），为了保持 STM32 标准函数库的完整性，建议不修改 CMSIS 层中的其他文件。

2.2.3 如何使用官方资料

由 2.2.2 节的介绍可知，库函数是指 STM32 标准函数库文件中编写好的驱动外设的函数接口。只要调用这些库函数，就可以实现 STM32 寄存器的配置。在实际开发过程中，可以不知道库函数驱动外设的具体实现过程，但是在调用函数时必须知道所使用的函数的功能、可传入参数及其意义和函数的返回值，如何才能记住这么多函数呢？其实，并不需要耗费精力去记住这些函数，在开发过程中只要会查阅就可以了，所以学会查阅官方帮助文档是很有必要的。

事实上，目前人们所能接触到的所有关于 STM32 的嵌入式系统设计与开发教程，都来自 STM32 官方资料。这些官方资料是所有关于 STM32 知识的源头，几乎包含了开发过程中所有可能遇到的问题。通过查阅这些官方资料，不仅能够更加顺利地进行嵌入式系统的设计与开发，还能够进一步深入、全面地了解 STM32。下面讲解开发过程中较为常用的官方资料及其使用。

（1）《STM32F10x 中文参考手册》。《STM32F10x 中文参考手册》翻译自 STM32 英文参考手册 *STM32 Reference Manual*，该手册全方位地介绍了 STM32 芯片的各种片上外设，把 STM32 的时钟、存储器架构、各种外设、寄存器都描述得清清楚楚。当对 STM32 的外设感到困惑时，可以查阅该手册。如果以直接配置寄存器的方式进行系统设计与开发，则查阅该手册的寄存器部分的频率会相当高。采用这种开发方式比采用库函数开发方式的效率要低很多。

（2）《Cortex-M3 权威指南》。《Cortex-M3 权威指南》由 ARM 公司提供，是针对 Cortex-M3 内核的经典官方资料，它详细讲解了 Cortex-M 内核的架构和特性。如果需要深入了解 Cortex-M 内核的相关知识，那么这个文档应该是首选参考资料。

（3）《Cortex-M3 内核编程手册》。《Cortex-M3 内核编程手册》由 ST 公司提供，主要介绍 STM32 内核寄存器的相关知识，如系统定时器、NVIC 等核内外设寄存器。这部分内容是对《STM32F10x 中文参考手册》没有涉及的内核部分所进行的补充。但是相对来说，《Cortex-M3 内核编程手册》对内核架构和特性方面的介绍不如《Cortex-M3 权威指南》详细，当需要学习 Cortex-M 内核编程时，这两个官方资料可以相互配合使用。

（4）《STM32 规格书》。《STM32 规格书》相当于 STM32 的数据手册，它包含 STM32 芯片所有的引脚功能说明、存储器架构和芯片外设架构说明。当在设计开发过程中使用 STM32 的其他外设时，需要用到《STM32 规格书》，通过它能够查阅所使用的外设具体应该对应 STM32 中的哪个引脚。

（5）stm32f10x_stdperiph_lib_um.cbm。stm32f10x_stdperiph_lib_um.cbm 是本章提到的 STM32F10x_StdPeriph_Lib_V3.5.0 文件夹中的库帮助文档。在使用库函数设计嵌入式系统时，可以先通过查阅该文档来了解 STM32 标准函数库提供的外设、函数原型或库函数的调用的方法，这会使开发过程更为顺畅。

当然也可以直接查阅 STM32 标准函数库的源码，库帮助文档的说明是根据源码生成的，所以直接查看源码也可以了解函数功能。

库帮助文档如图 2.7 所示。逐层打开库帮助文档中的目录标签 Modules\STM32F10x_StdPeriph_Driver，可看到标签下有很多外设驱动文件，如 MISC、ADC、BKP 和 CAN 等，这些驱动文件中介绍了每个库函数的使用方法。

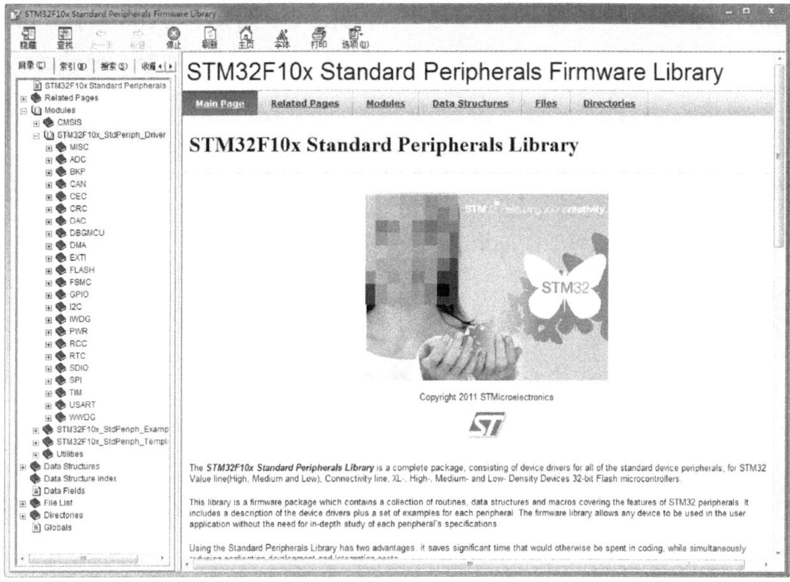

图 2.7　库帮助文档

以查阅 GPIO 端口的位设置函数 GPIO_SetBits 为例，打开标签 GPIO\GPIO_Private_Functions\Functions\GPIO_SetBits，可以看到如图 2.8 所示的库帮助文档的函数说明。通过阅读这个函数说明，即使不去看它的程序源代码，也能够知道它所实现的功能和具体的使用方法。

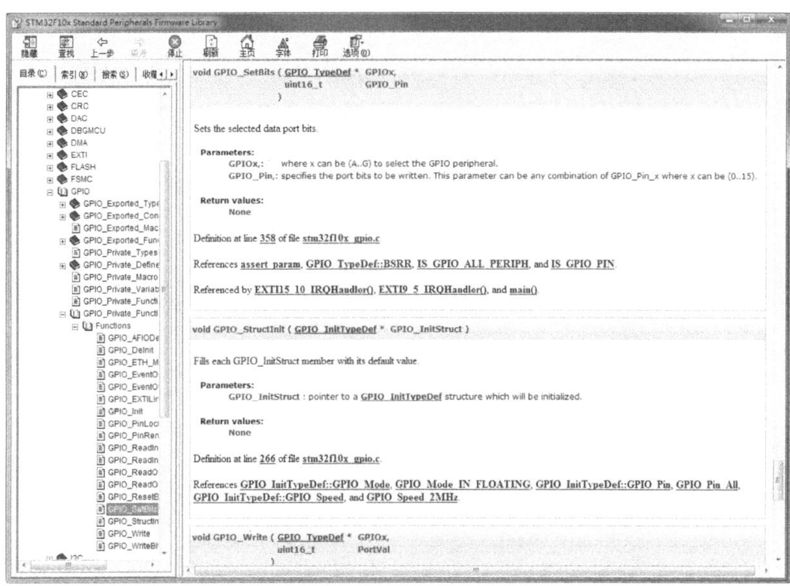

图 2.8　库帮助文档的函数说明

从图 2.8 中可以看出，GPIO_SetBits 函数的原型为 void GPIO_SetBits（GPIO_TypeDef*GPIOx, uint16_t GPIO_Pin），其功能是通过输入一个类型为 GPIO_TypeDef 的指针参数 GPIOx 选定要控制的 GPIO 端口，其中 x 可以取 A～G 中的任何一个，由此选择所控制的 GPIO 端口；再通过输入 GPIO_Pin 宏指定要写入的端口位，此参数可以是 GPIO_Pin_x 的任意组合，其中 x 的值可以是 0～15。调用的函数没有返回值，通过输入相应的参数即可实现对端口位的置位操作。

GPIO_SetBits 函数中的两个传入参数属于结构体指针，以图 2.8 中的 GPIO_TypeDef 为例，如果开发者在函数调用过程中不了解某个参数类型要表达的意思，可以通过单击函数原型中带下画线的“GPIO_TypeDef”直接获得该类型的具体声明，操作非常简单方便。在后面的嵌入式系统设计过程中，也会简要介绍经常用到的 STM32 库函数，以保证开发者能够顺利地进行系统程序设计。但是若要详细地了解某个库函数的信息，则建议开发者查阅“stm32f10x_stdperiph_lib_um.cbm”库帮助文档。

通过解读库函数说明，我们会发现每个函数及其数据类型都符合“见名知义”的原则，可以看出 STM32 标准函数库的编写十分美观，使用库函数设计和开发 STM32 嵌入式系统不仅简单迅速，而且可读性非常强。

第 3 章

STM32 开发工具概述

通过对 STM32 库函数开发的学习，很多开发者已经迫不及待地想要进入 STM32 嵌入式系统设计的实践操作环节了。但是在实际的系统程序设计之前，必须先选择一款合适的开发工具才行。随着计算机技术的不断发展，ARM7 和 ARM9 内核在微控制器领域的应用越来越深入，也涌现出了众多的开发工具，以支持这些 CPU 的开发工作。新一代基于 Cortex-M3 内核的微控制器的诞生使各种开发工具纷纷更新，以支持 Thumb-2 指令集，呈现出繁荣的景象。本章将简要介绍几种主要的 STM32 开发工具，并详细介绍 Keil MDK 的安装与使用方法，包括具体的安装步骤、库函数工程模板的创建、Keil MDK 软件仿真和程序下载等。

3.1 多种多样的开发工具

3.1.1 开发工具的类别与选择

在设计和开发 STM32 嵌入式系统之前，开发者应先选择一款合适的开发工具。随着微控制器的不断发展，涌现出了众多的开发工具，以支持各种微控制器的系统设计与开发工作。新一代基于 Cortex-M3 内核的微控制器促使大部分的开发工具开始支持 Thumb-2 指令集，使微控制器的开发应用可以更加方便地在 C 语言环境中完成。当前应用较为广泛的开发工具主要有 GCC、Greenhills、Keil、IAR 和 Tasking 等，这些开发工具都很容易获取，并且有些还是免费且开源的。

目前众多的微控制器开发工具百花齐放，各有所长，很难分出优劣。在选用开发工具时，一般建议选用芯片厂商推荐的开发工具。但是由于开发工具种类众多，除了芯片厂商推荐的开发工具，开发者也可以有其他选择。当前的开发工具主要可以分为两大类，一类是免费且开源的，具有“大众”性质的开发工具；另一类是收费的，具有“专业”性质的商业开发工具。

现阶段，免费开发工具的主要代表是基于 GCC 或 GNU 编译器的开发工具，这两种编译器是完全免费且开源的，可以免费下载，并在任何场合都可以放心地使用。目前 GCC 编译器已经被整合到众多的商业集成开发环境（IDE）和调试工具中，因此，涌现出了许多价廉的开发工具和评估开发板。GCC 编译器的可靠性与稳定性较好，但是相对商业平台而言，它生成代码的效率要低一些，而且基于 GCC 编译器的开发工具在使用过程中遇到问题时，无法获得直接的技术支持，这容易导致嵌入式系统的开发进度受阻。

ARM Real View 是 ARM 公司自行推出的产品，它作为商业开发工具而备受关注。它的功能强大，在所有开发工具中具有压倒性的优势，但是它高昂的价格也令许多嵌入式系统开发者望而却步。

Real View 编译器是 ARM Real View IDE 系列组件之一，起初只在片上操作系统领域应用较多，没有为微控制器的开发提供很好的支持。但是在 2006 年 2 月，Real View 编译器被整合进了 Keil MDK，形成了一种微控制器开发工具（ARM Microcontroller Development Kit，ARM MDK），从而在微控制器开发领域大展风采。Real View 编译器编译的代码小、性能高，经过不断的发展与优化，已经成为当前业界最优秀的编译器之一。

Keil MDK 是一款完全为基于 ARM 内核的微控制器而打造的开发工具，它的功能更加完善，并为开发者提供了完善的工具集，易于使用。因此，后面均以 Keil MDK 为基础对 STM32 嵌入式系统的设计与实践进行讲解。除了 Keil MDK 开发工具，瑞典 IAR 公司的 Embedded Workbench for ARM 集成开发工具和法国 Raisonance 公司的 RKit-ARM 开发环境等也是不错的选择。

一般而言，简单的嵌入式系统设计不一定要选用商业开发工具，但如果要想实现系统开发的标准化，则选用商业开发工具是值得的，因为选用商业开发工具可以得到更好、更专业的技术支持，从而缩短系统的开发周期。

3.1.2　Keil MDK 的性能优势

Keil MDK 是由德国 KEIL 公司开发的，是 ARM 公司目前最新推出的针对各种嵌入式微控制器的软件开发工具。目前 Keil MDK 的最新版本为 MDK5.29，该版本集成了业内领先的技术，包括 μVision5 集成开发环境与 Real View 编译器等。

Keil MDK 支持 ARM7、ARM9 和最新的 Cortex-M 系列内核微控制器，支持自动配置启动代码，集成 FLASH 编程模块、强大的 Simulation 设备模拟和性能分析等单元，出众的性价比使得 Keil MDK 开发工具迅速成为 ARM 软件开发工具的标准。目前，Keil MDK 在我国 ARM 开发工具市场的占有率在 90%以上。Keil MDK 主要能够为开发者提供以下开发优势。

（1）启动代码生成向导。启动代码和系统硬件结合紧密，只有使用汇编语言才能编写，因此成为许多开发者难以跨越的门槛。Keil MDK 的 μVision5 工具可以自动生成完善的启动代码，并提供图形化的窗口，方便修改。无论是对于初学者还是对于有经验的开发者而言，都能大大节省开发时间，提高系统设计效率。

（2）设备模拟器。Keil MDK 的设备模拟器可以仿真整个目标硬件，如快速指令集仿真、外部信号和 I/O 端口仿真、中断过程仿真、片内外围设备仿真等。这使开发者在没有硬件的情况下也能进行完整的软件设计开发与调试工作，软硬件开发可以同步进行，大大缩短了开发周期。

（3）性能分析器。Keil MDK 的性能分析器可辅助开发者查看代码覆盖情况、程序运行时间、函数调用次数等高端控制功能，帮助开发者轻松地进行代码优化，提高嵌入式系统设计开发的质量。

（4）Real View 编译器。Keil MDK 的 Real View 编译器与 ARM 公司以前的工具包 ADS 相比，其代码尺寸比 ADS1.2 编译器的代码尺寸小 10%，其代码性能也比 ADS1.2 编译器的代码性能提高了至少 20%。

（5）ULINK2/Pro 仿真器和 FLASH 编程模块。Keil MDK 无须寻求第三方编程软硬件的支持，通过配套的 ULINK2 仿真器与 FLASH 编程工具，可以轻松地实现 CPU 片内 FLASH 和外扩 FLASH 烧写，并支持用户自行添加 FLASH 编程算法，而且支持 FLASH 的整片删除、扇区删除、编程前自动删除和编程后自动校验等功能。

（6）Cortex 系列内核。Cortex 系列内核具备高性能和低成本等优点，是 ARM 公司最新推出的微控制器内核，是单片机应用的热点和主流。而 Keil MDK 是第一款支持 Cortex 系列内核开发的开发工具，并为开发者提供了完善的工具集，因此，可以用它设计与开发基于 Cortex-M3 内核的 STM32 嵌入式系统。

（7）提供专业的本地化技术支持和服务。Keil MDK 的国内用户可以享受专业的本地化技术支持和服务，如电话、E-mail、论坛和中文技术文档等，这将为开发者设计出更有竞争力的产品提供更多的助力。

此外，Keil MDK 还具有自己的实时操作系统（RTOS），即 RTX。传统的 8 位或 16 位单片机往往不适合使用实时操作系统，但 Cortex-M3 内核除了为用户提供更强劲的性能、更高的性价比，还具备对小型操作系统的良好支持，因此在设计和开发 STM32 嵌入式系统时，开发者可以在 Keil MDK 上使用 RTOS。使用 RTOS 可以为工程组织提供良好的结构，并提高代码的重复使用率，使程序调试更加容易，项目管理更加简单。

3.2 Keil MDK 的安装与使用

3.2.1 如何安装 Keil MDK

1. 获取 Keil MDK 安装包

Keil MDK 的安装包可以到 KEIL 官网上下载，官网中的 Keil MDK 下载界面如图 3.1 所示。单击“MDK-Arm”，进入个人信息填写界面，完善个人信息之后即可下载安装包。这里下载的 Keil MDK 版本是 MDK-ARM V5.26，如果有更新的版本，开发者也可以使用更新的版本。

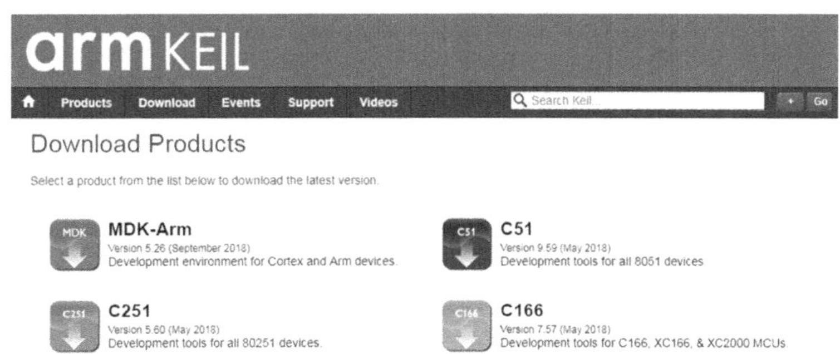

图 3.1　官网中的 Keil MDK 下载界面

2. 具体安装步骤

（1）下载好安装包后，双击打开，即可安装 Keil MDK。Keil MDK 初始安装界面如图 3.2 所示。在弹出的初始安装对话框中单击“Next”按钮，进入软件使用条款界面。

（2）在软件使用条款界面勾选“I agree to all the terms of the preceding License Agreement”复选框（见图 3.3），再次单击“Next”按钮，进入安装路径选择界面。

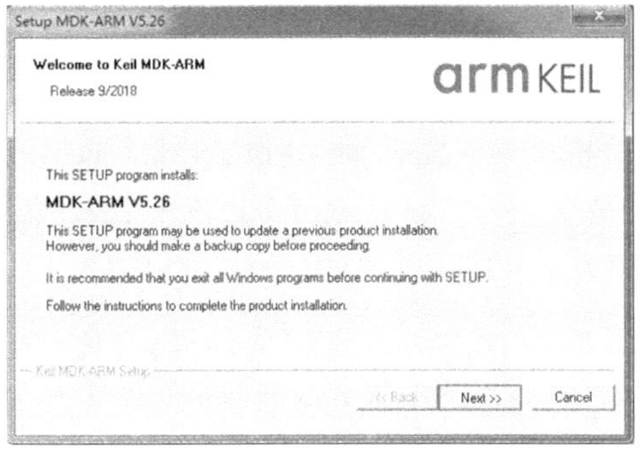

图 3.2　Keil MDK 初始安装界面

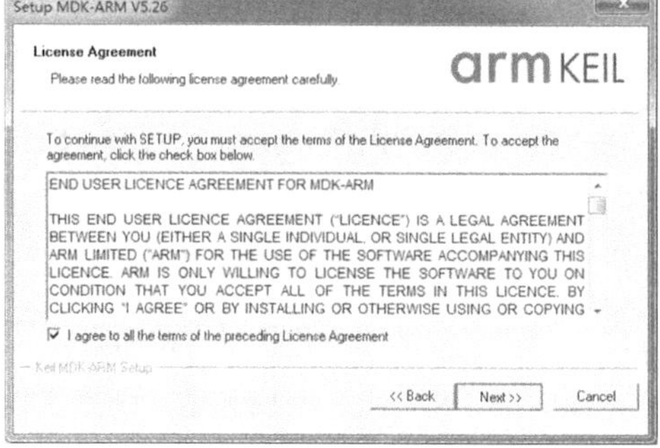

图 3.3　软件使用条款界面

（3）在安装路径选择界面选择合适的安装路径，并单击“Next”按钮，如图 3.4 所示。

> 注意　路径名一定不能带有中文，并且安装目录不能与 51 单片机的 Keil 或 Keil4 冲突，三者的目录必须分开。

（4）填写用户信息界面（见图 3.5）。个人用户根据自己的情况填写即可，填完之后单击“Next”按钮即正式开始软件的安装。

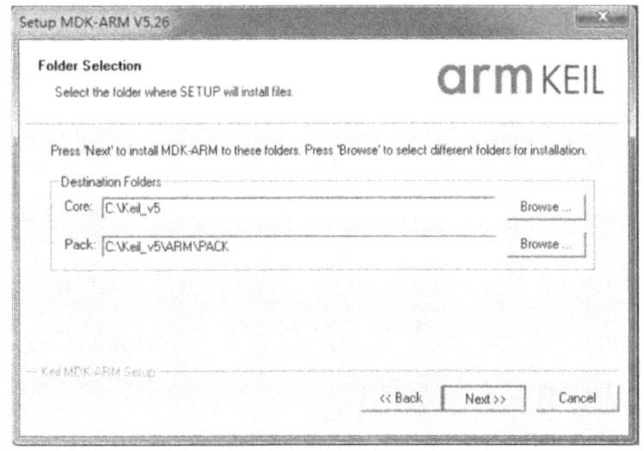

图 3.4　安装路径选择界面

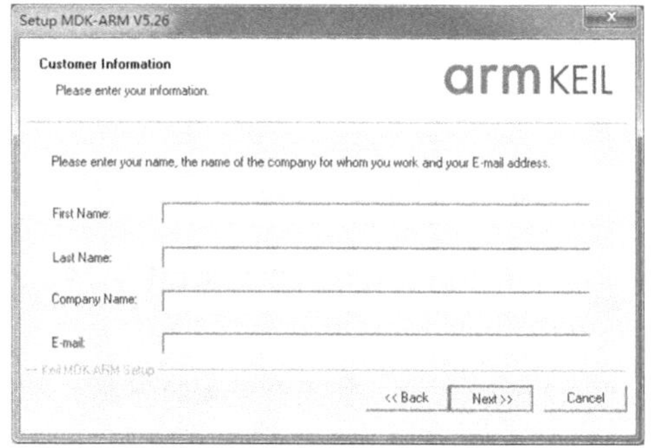

图 3.5　填写用户信息界面

（5）当进度条滚到最右端时，弹出安装完成界面（见图 3.6），单击“Finish”按钮即可完成安装。

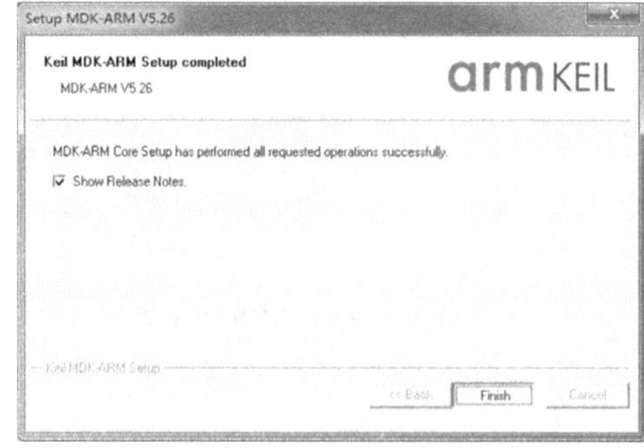

图 3.6　安装完成界面

3. 安装 STM32 芯片包

Keil MDK5 不像 Keil MDK4 那样自带了很多厂商的 MCU 芯片包，而是需要自己安装相应芯片的支持包。单击“Finish”按钮，关掉 KEIL5 安装完成界面后即弹出 MCU 芯片包的安装界面，如图 3.7 所示。Keil MDK 会自动下载各种厂商的 MCU 芯片包，如果此时计算机没有连接网络或网速较慢，则会出现报错，不过这是没有影响的，可以直接关掉它，手动下载所需要的 MCU 芯片包再进行安装。这里建议开发者选择手动安装所需要的 MCU 芯片包。STM32 系列的芯片包可以在 KEIL 官网上下载。

STM32 系列的芯片包下载界面如图 3.8 所示。在官网中找到 STM32 系列的芯片包，选择相应的系列下载到本地计算机中，具体下载哪个系列需要参照所使用单片机，用什么就下载什么，没必要安装全部的芯片包。下载完成后，双击打开，进行安装即可。

> 注意 MCU 芯片包的安装路径必须与 Keil MDK 的安装路径一致。安装完成之后，在 Keil MDK 的 Pack Installer 中就可以看到所安装的 MCU 芯片包了。在开始开发嵌入式系统时，选择对应的单片机型号即可。

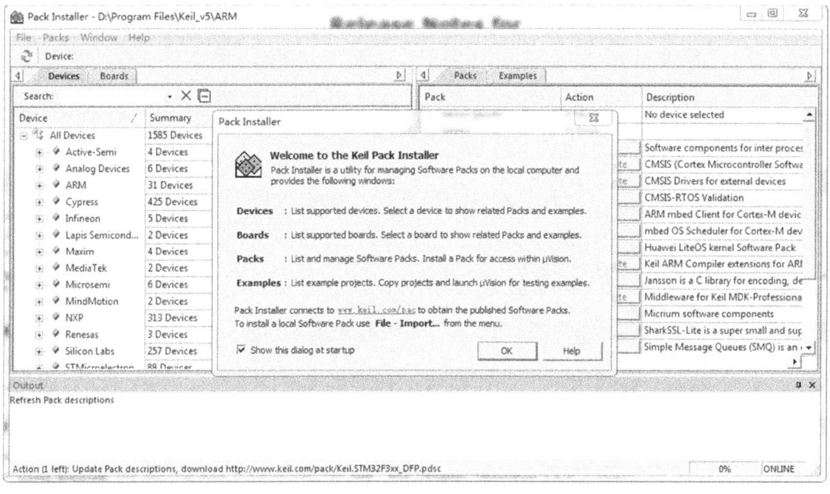

图 3.7 MCU 芯片包的安装界面

- STMicroelectronics STM32F0 Series Device Support, Drivers and — BSP DFP 2.0.0
- STMicroelectronics STM32F1 Series Device Support, Drivers and — BSP DFP 2.3.0
- STMicroelectronics STM32F2 Series Device Support, Drivers and — BSP DFP 2.9.0
- STMicroelectronics STM32F3 Series Device Support and Examples — BSP DFP 2.1.0
- STMicroelectronics STM32F4 Series Device Support, Drivers and — BSP DFP 2.13.0
- STMicroelectronics STM32F7 Series Device Support, Drivers and — BSP DFP 2.11.0
- STMicroelectronics STM32G0 Series Device Support — DFP 1.0.0
- STMicroelectronics STM32H7 Series Device Support and Examples — BSP DFP 2.2.0
- STMicroelectronics STM32L0 Series Device Support, Drivers and — BSP DFP 2.0.0
- STMicroelectronics STM32L1 Series Device Support and Examples — BSP DFP 1.2.0
- STMicroelectronics STM32L4 Series Device Support, Drivers and — BSP DFP 2.2.0
- STMicroelectronics STM32W1 Series Device Support and Examples — DFP 1.0.0

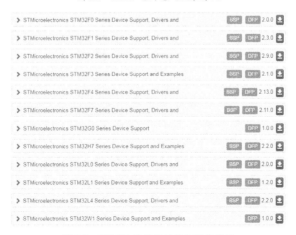

图 3.8 STM32 系列的芯片包下载界面

> 说明 本书内容所涉及的 Keil MDK 软件仅供教学使用，Keil MDK 软件作为一款商业开发工具并不是免费的，前面安装的 Keil MDK 软件默认为试用版，只能编译不超过 32KB 的代码。如果要编译的程序代码超过 32KB 或想要用作商业用途，则必须购买正版软件，以获得使用权。

3.2.2 创建库函数工程模板

现在有了开发工具，基于第 2 章对 STM32 标准函数库的学习，就可以利用所安装的 Keil MDK 软件建立 STM32 嵌入式系统的工程了。利用 STM32 标准函数库新建工程的步骤比较烦琐，通常的做法是，先使用 STM32 标准函数库建立一个空的工程作为通用工程模板，当设计和开发实际的 STM32 嵌入式系统时，直接复制这个通用工程模板即可。在通用工程模板的基础上进行修改和开发，可提高系统开发的效率。

1. 建立工程框架

为了使工程目录更加清晰，先在本地计算机上新建一个“通用工程模板”文件夹，再在该文件夹中新建三个文件夹，分别命名为 Project、Libraries 和 Guide。其中 Project 文件夹用于存放工程文件；Libraries 文件夹用于存放 STM32 库文件；Guide 文件夹用于存放程序说明 TXT 文件，这个说明文件需要由开发者自行编写。在 Libraries 文件夹中新建两个文件夹，命名为 CMSIS 和 STM32F10x_Driver，分别用于存放内核与外设的库文件。

创建完所需要的文件夹之后，打开 Keil MDK 软件，单击菜单：Project\New μVision Project…，把目录定位到刚才建立的“通用工程模板\Project”文件夹之下，先将工程命名为“Template”，之后单击“保存”按钮。“Template”仅作为所创建的通用工程模板的名称，在以后设计和开发实际的嵌入式系统时，为了方便区分，可以将“Template”改为相应工程应用的英文名称。

单击“保存”按钮之后，会弹出一个芯片型号选择界面（见图 3.9），需要选择对应的芯片型号。本书主要以 STM32F103ZET6 单片机为例讲解 STM32 嵌入式系统的设计与实践，因此，选择 STMicroelectronics\STM32F1 Series\STM32F103\STM32F103ZE。如果使用的是其他系列的芯片，只需要选择相应的型号就可以了。

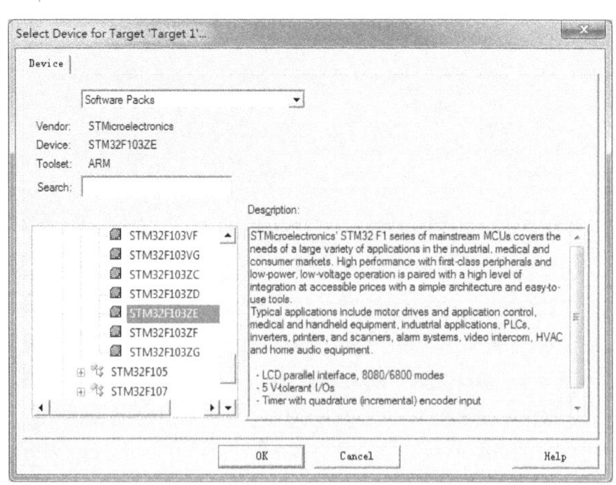

图 3.9 芯片型号选择界面

在 Keil MDK5 软件中，只有安装了对应的芯片包才会显示相应的芯片型号，因此，在使用 Keil MDK5 软件设计嵌入式系统时，一定要先安装好与自己硬件相对应的芯片包，否则将无法选择正确的芯片型号。

单击“OK”按钮之后，Keil MDK5 软件会弹出一个“Manage Run-Time Environment”对话框，这是 Keil MDK5 软件新增的一个功能。在这个对话框中，可以添加需要的组件，从而方便构建开发环境。这里不做过多介绍，直接单击“Cancel”按钮，进入工程初步建立的界面。到这里，只是建立了一个框架，还需要进一步添加对应的启动代码和文件等。

现在看一下之前建立的 Project 文件夹，就会发现多了两个文件夹和两个文件，分别为 Template.uvoptx 文件和 Template.uvprojx 文件、Listings 文件夹和 Objects 文件夹。Template.uvprojx 文件是工程文件，非常关键，不可以删除；而 Listings 文件夹和 Objects 文件夹是 Keil MDK5 软件自动生成的文件夹，分别用于存放在编译过程中产生的中间文件。按照表 3.1 所示的通用工程模板文件清单，将第 2 章介绍的 STM32 标准函数库中的相应文件复制到刚才建立的“通用工程模板”对应的文件夹目录下，主要文件位置可以参照第 2 章中的图 2.4。

表 3.1　通用工程模板文件清单

<table>
<tr><th>名　称</th><th colspan="2">所存放的文件</th></tr>
<tr><td>Guide</td><td colspan="2">Guide.txt</td></tr>
<tr><td rowspan="4">Libraries</td><td rowspan="2">CMSIS 文件夹</td><td>内核外设寄存器头文件 core_cm3.h
内核外设寄存器源文件 core_cm3.c</td></tr>
<tr><td>启动文件 startup_stm32f10x_hd.s（STM32 启动文件说明如表 2.1 所示）</td></tr>
<tr><td rowspan="2">STM32F10x_Driver 文件夹</td><td>inc 文件夹及其所有片上外设驱动头文件</td></tr>
<tr><td>src 文件夹及其所有片上外设驱动源文件</td></tr>
<tr><td rowspan="4">Project</td><td>Listings 文件夹</td><td>暂时为空</td></tr>
<tr><td>Objects 文件夹</td><td>暂时为空</td></tr>
<tr><td colspan="2">stm32f10x.h，system_stm32f10x.c，system_stm32f10x.h</td></tr>
<tr><td colspan="2">main.c，stm32f10x_conf.h，stm32f10x_it.c，stm32f10x_it.h
（位于 STM32 标准函数库的 STM32F10x_StdPeriph_Template 文件夹中）</td></tr>
</table>

2．添加文件

将 STM32 标准函数库中的文件复制到对应的文件夹后，初始的工程框架就基本完成了，接下来需要通过 Keil MDK5 将这些文件加入工程中。右击“Target1”，选择“Manage Project Items”选项（见图 3.10）进入项目分组管理界面（见图 3.11）。

（1）在“Project Targets”一栏中，将“Target1”先修改为“Template”。同样，在设计和开发实际的嵌入式系统时，可以将“Template”改为相应的工程应用的英文名称。

（2）在“Groups”一栏中单击 ✕ 按钮，删除 Source Group1，然后单击 ⬚ 按钮新建四个 Groups，分别命名为 Project、CMSIS、STM32F10x_Driver 和 Guide。

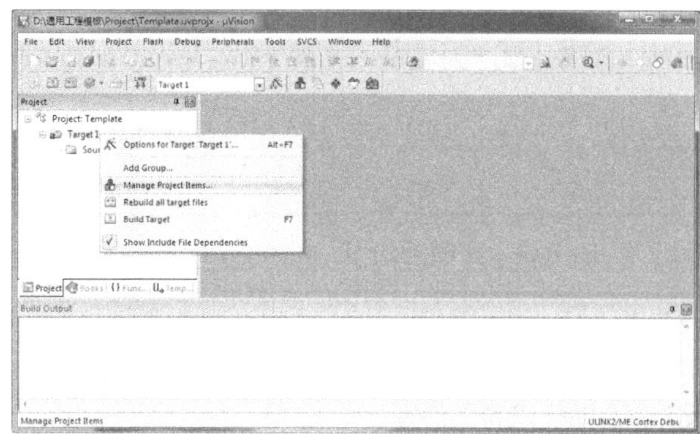

图 3.10 选择“Manage Project Items”选项

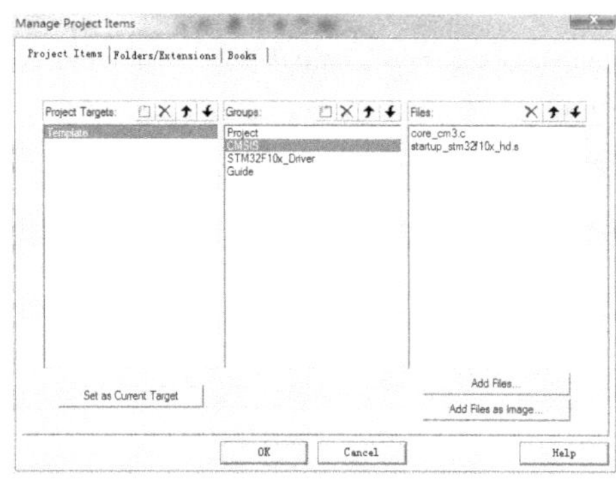

图 3.11 项目分组管理界面

（3）在 Project、CMSIS、STM32F10x_Driver 和 Guide 四个 Groups 中添加程序设计所需要的文件。

① 选中“Groups”一栏中的 Project，然后单击右下角的“Add Files”按钮，定位到前面建立的“通用工程模板”目录下的 Project 文件夹中，选中其中的 main.c、stm32f10x_it.c 和 system_stm32f10x.c 文件，单击“Add”按钮添加到 Project 组所对应的 Files 栏中，之后单击“Close”按钮，完成 Project 组中所需要文件的添加。

② 选中“Groups”一栏中的 CMSIS，然后单击右下角的“Add Files”按钮，定位到前面建立的“通用工程模板”目录下的 CMSIS 文件夹中，选中其中的 core_cm3.c 和 startup_stm32f10x_hd.s 文件，单击“Add”按钮添加到 CMSIS 组所对应的 Files 栏中，之后单击“Close”按钮。

注意 在默认添加时，文件类型为.c。在添加 startup_stm32f10x_hd.s 启动文件时，需要将文件类型改为“All files”，才能看到这个启动文件。

③ 用同样的方法为 STM32F10x_Driver 组添加“通用工程模板”目录下的 STM32F10x_Driver\src 文件夹中的所有驱动源文件。

说明 在实际的 STM32 嵌入式系统设计过程中，如果只用到了其中的某个外设，可以不添加没有用到的外设的库文件。例如，只用 GPIO，可以只添加 stm32f10x_gpio.c，而其他文件可以不用添加。全部添加进来是为了方便在后面的程序设计中使用，不用每次都添加。当然这样的坏处是工程太大，编译起来速度会较慢。在工程建立过程中，用户可以自行选择。

④ 采用同样的方法将“通用工程模板”目录下 Guide 文件夹中由开发者自己编写的 Guide.txt 文件添加到 Guide 中。

经过前面的操作，STM32 嵌入式系统设计所需要的文件就添加到工程中了，单击“OK”按钮，回到工程主界面，如图 3.12 所示。现在就可以在主界面的 Project 中看到之前所添加的文件了。

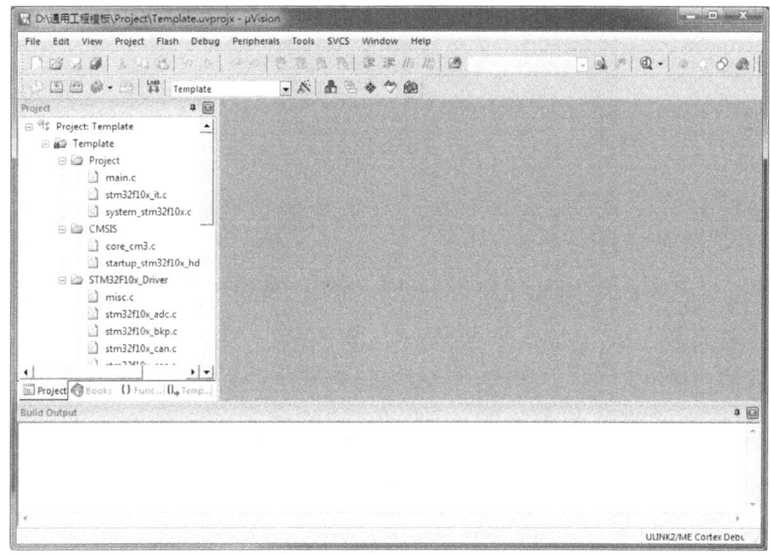

图 3.12　工程主界面

3. 配置魔术棒选项卡

在工程中添加完程序设计所需的文件之后，并不能直接编译，因为此时的工程还找不到它所对应的程序头文件，需要告诉 Keil MDK 软件在哪些路径下能够搜索到工程所需要的头文件，即头文件目录。任何一个工程都需要把其引用的所有头文件路径包含进来，这部分工作是在魔术棒选项卡的配置界面中进行的。

在工程主界面中，单击按钮，进入魔术棒选项卡的配置界面，如图 3.13 所示。魔术棒选项卡的配置十分重要，它不仅限于为工程添加头文件路径，许多用户的串口用不了 printf 函数、编译有问题或下载有问题等，都是因为魔术棒选项卡的配置出了问题。魔术棒选项卡在编译、调试和下载等方面的配置方法会在后面的应用中详细讲解，现在先介绍如何通过魔术棒选项卡来为常见的工程添加需要的头文件目录和程序设计过程中常用的一些必要的配置方法。

（1）在魔术棒选项卡配置界面中的 Target 选项卡中，先将芯片和外部晶振设置为 8.0MHz（STM32 标准函数库默认采用的是 8.0MHz 的晶振，也可以根据实际应用要求对芯片和外部晶振进行修改），再勾选“Use MicroLIB”复选框，这样在设计串口驱动程序时，就可以使用 printf 函数了。

（2）Output 选项卡界面如图 3.14 所示。在 Output 选项卡中，把输出文件夹定位到“通用工程模板”目录下的 Project\Objects 文件夹中，事实上这个文件夹是 Keil MDK 软件的默认选项，用于存放在编译过程中产生的调试信息、预览信息和封装库等文件。如果想要更改输出文件夹，则可以通过该方法把输出文件夹定位到其他文件夹中。如果想在编译过程中生成.hex 文件（.hex 文件为程序设计完成后下载到单片机上进行硬件调试的文件），则需要勾选“Create HEX File”复选框。

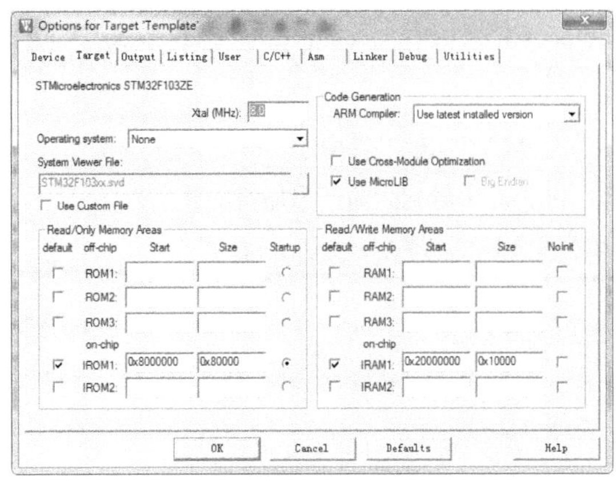

图 3.13　魔术棒选项卡的配置界面

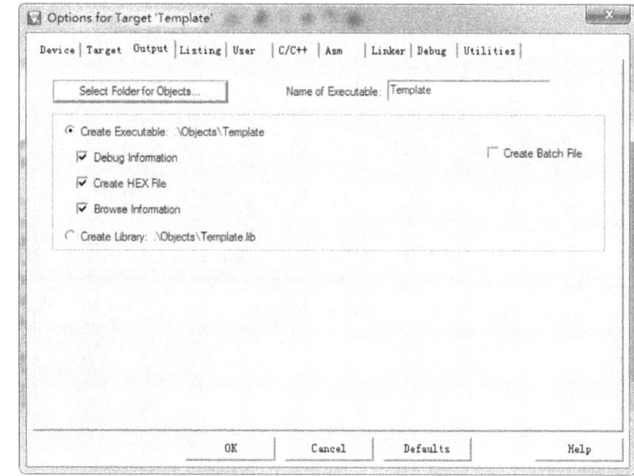

图 3.14　Output 选项卡界面

（3）在 Listing 选项卡中，把输出文件夹定位到“通用工程模板”目录下的 Project\Listings 文件夹中，事实上这个文件夹也是 Keil MDK 的默认选项，用于存放在编译过程中产生的 C/汇编/链接的列表清单等文件。若要更改输出文件夹，则可以用该方法选择其他文件夹。

（4）在 C/C++选项卡中，添加编译器编译时需要查找的头文件目录和处理宏，具体步骤如下。

① 添加头文件路径。C/C++选项卡添加头文件界面如图 3.15 所示。单击“Setup Compiler Include Paths”一栏最右边的按钮，会弹出一个添加路径的对话框，单击按钮，将通用工程模板中包含头文件的三个目录添加进去。在以后的嵌入式系统设计中，也需要用同样的方法将编写的头文件目录添加进来。

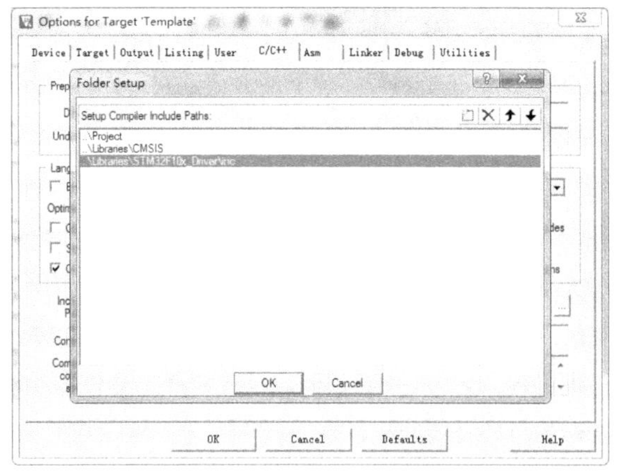

图 3.15　C/C++选项卡添加头文件界面

> 注意 Keil MDK 只会在一级目录中查找头文件，因此头文件路径一定要定位到最后一级子目录，然后单击“OK”按钮即可。如果头文件路径添加有误，则编译时会报错“找不到头文件”。

② 添加宏。3.50 版本的 STM32 标准函数库在配置和选择外设时是通过宏定义来选择的，所以需要配置一个全局的宏定义变量。继续定位到 C/C++选项卡，填写“STM32F10X_HD, USE_STDPERIPH_DRIVER”到“Define”输入框中（见图 3.16）。切记，两个标识符中间是逗号不是句号。STM32F10X_HD 宏的作用是告诉 STM32 标准函数库，所使用的 STM32 芯片类型是大容量的，使 STM32 标准函数库能

够根据选定的芯片型号进行配置。如果选用的 STM32 芯片类型是中容量的，那么需要将 STM32F10X_HD 修改为 STM32F10X_MD；如果选用的 STM32 芯片类型是小容量的，则需要将 STM32F10x_HD 修改为 STM32F10X_LD。USE_STDPERIPH_ DRIVER 宏的作用是让 stm32f10x.h 包含 stm32fl0x_conf.h 头文件。填写完毕后，单击“OK”按钮，退出魔术棒选项卡配置界面。

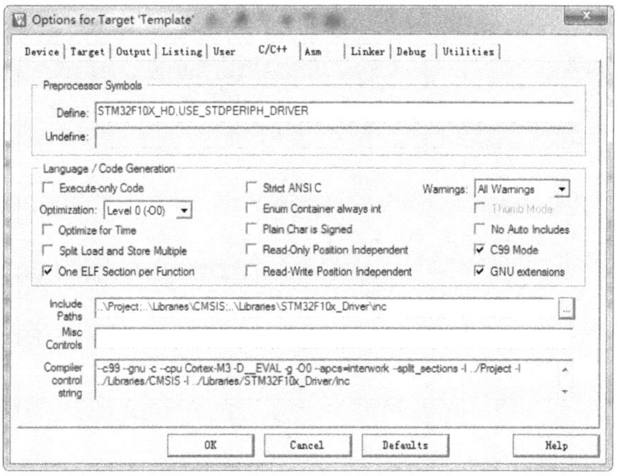

图 3.16　C/C++选项卡添加宏

到这里，库函数通用工程模板基本上就创建完成了。在编译之前，还需要编写一段主程序。打开工程 Project 中的 main.c 文件，并将其中的代码复制到 main.c 中覆盖原有代码，这是一段实现单片机 GPIOA 端口的 PA2 和 PA3 引脚反复交替置位、复位的简单程序，代码细节将在后面的实例设计中进行讲解。

注意：覆盖原有代码后，代码最后一行的后面必须加上一个回车符，否则在编译过程中会有警告。

```
#include "stm32f10x.h"

void Delay(uint32_t count)                                  //定义简单的延时函数
{
    u32 i = 0;
    for(;i<count;i++);
}
int main(void)
{
    GPIO_InitTypeDef  GPIO_InitStructure;
    RCC_APB2PeriphClockCmd(RCC_APB2Periph_GPIOA,ENABLE); //使能 PA 引脚时钟
    GPIO_InitStructure.GPIO_Pin = GPIO_Pin_2|GPIO_Pin_3; //PA2、PA3 引脚配置
    GPIO_InitStructure.GPIO_Mode = GPIO_Mode_Out_PP;     //推挽输出
    GPIO_InitStructure.GPIO_Speed = GPIO_Speed_50MHz;    //I/O 端口速率为 50Hz
    GPIO_Init(GPIOA, &GPIO_InitStructure);               //初始化 GPIOA 端口
    GPIO_SetBits(GPIOA,GPIO_Pin_2);                      //PA2 引脚置位
    GPIO_SetBits(GPIOA,GPIO_Pin_3);                      //PA3 引脚置位
    while(1)
    {
        GPIO_ResetBits(GPIOA,GPIO_Pin_2);                //PA2 引脚复位
        GPIO_SetBits(GPIOA,GPIO_Pin_3);                  //PA3 引脚置位
        Delay(500000);                                   //延时
        GPIO_SetBits(GPIOA,GPIO_Pin_2);                  //PA2 引脚置位
```

```
        GPIO_ResetBits(GPIOA,GPIO_Pin_3);                  //PA3 引脚复位
        Delay(500000);                                     //延时
    }
}
```

现在就可以单击 按钮进行工程编译了，工程编译结果如图 3.17 所示。从图 3.17 中可以看出，程序代码编译零错误零警告。

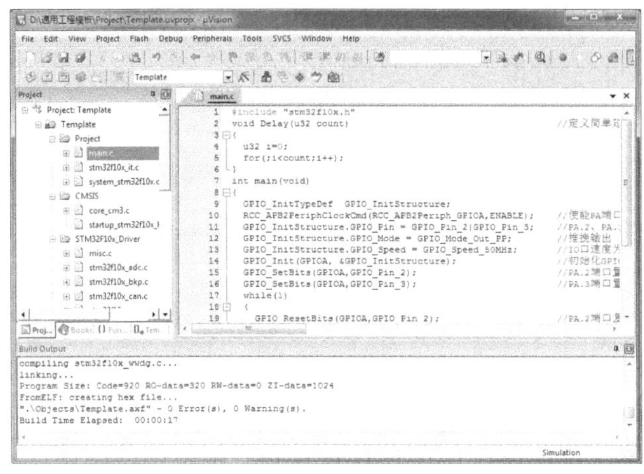

图 3.17　工程编译结果

3.2.3　Keil MDK 软件仿真

上一节介绍了如何利用 STM32 标准函数库在 Keil MDK 软件下创建 STM32 嵌入式系统工程模板，并讲解了如何进行编译，以验证程序代码的正确性。本节将进一步介绍如何利用 Keil MDK 软件对程序代码进行软件仿真。

Keil MDK 的一个强大功能是能够对整个目标硬件进行仿真。在 Keil MDK 软件仿真中，可以查看很多与硬件相关的寄存器，观察这些寄存器，能够知道编写的代码是不是真正有效。通过软件仿真，可以在程序下载到 STM32 芯片之前发现很多可能出现的问题，这样最大的好处是能很方便地检查程序存在的缺陷，避免频繁下载程序来查找错误，从而延长了 STM32 的 FLASH 使用寿命（STM32 的 FLASH 使用寿命≥1 万次）。当然，软件仿真也不是万能的，有很多问题必须通过在线调试才可以发现。

先打开所创建的通用工程模板中的 main.c 文件，然后打开魔术棒选项卡，确认前面的设置没有发生变动之后，再单击 Debug 选项卡。Debug 选项卡仿真调试设置如图 3.18 所示。选择“Use Simulator”单选按钮，使用软件仿真；勾选“Run to main()”复选框，跳过汇编代码，直接跳转到 main 函数开始仿真；设置下方的 Dialog DLL，分别为 DARMSTM.DLL 和 TARMSTM.DLL，Parameter 设置为 -pSTM32F103ZE，用于设置支持 STM32F103ZE 的软硬件仿真，这样就可以通过“Peripherals”选项选择对应外设的对话框来观察软硬件仿真结果。单击“OK”按钮完成设置。

接下来，返回工程主界面，单击“开始/停止仿真”按钮 ，开始仿真。

> 注意：如果在仿真之前没有编译过工程，需要先编译一遍，否则单击“开始/停止仿真”按钮后会显示缺少 Template.axf 文件。

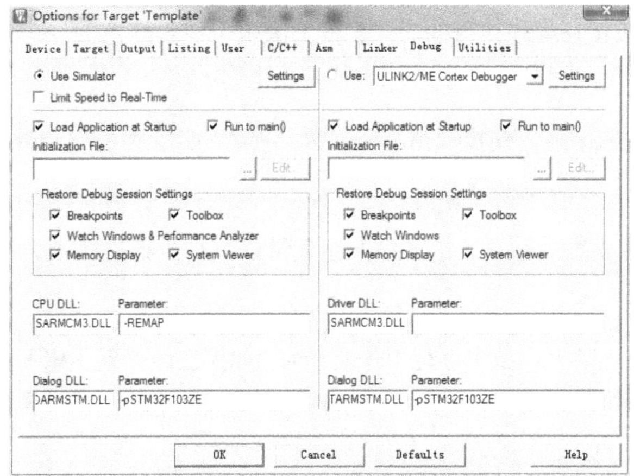

图 3.18　Debug 选项卡仿真调试设置

Keil MDK 软件仿真界面如图 3.19 所示，由图可以发现，仿真界面比工程主界面多了一个工具栏，这就是 Keil MDK 软件的 Debug 工具栏，这个工具栏在仿真时是非常重要的。

下面简要介绍一下 Debug 工具栏相关按钮的功能。Debug 工具栏及其按钮功能如图 3.20 所示。

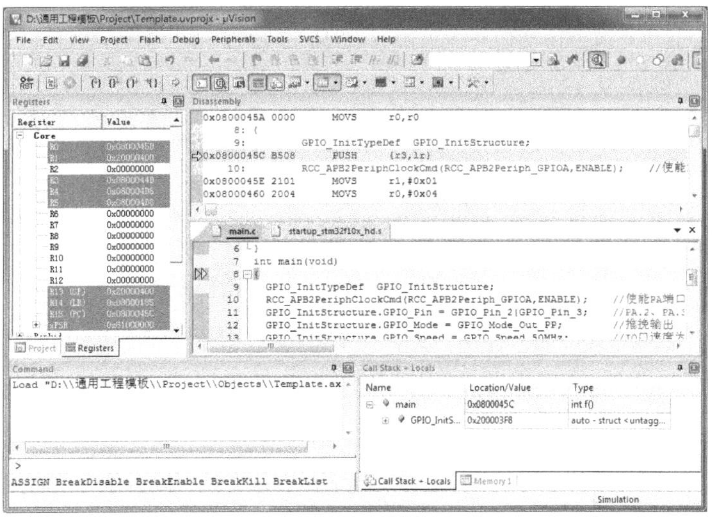

图 3.19　Keil MDK 软件仿真界面

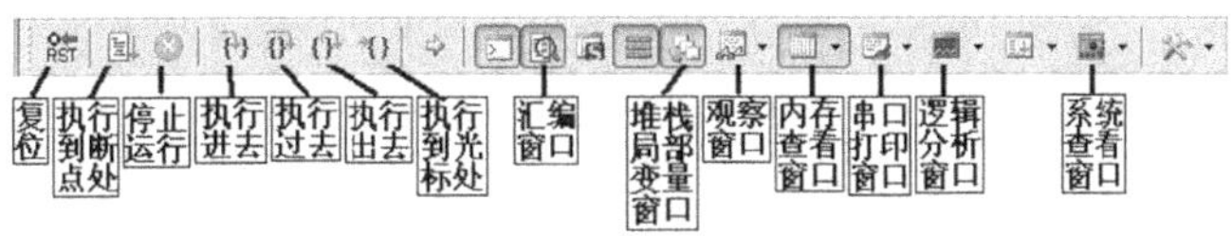

图 3.20　Debug 工具栏及其按钮功能

（1）复位。该按钮的功能等同于 STM32 硬件上的复位按钮，单击一次该按钮相当于实现了一次硬复位，按下该按钮后，代码会重新从头开始执行。

（2）执行到断点处。该按钮用来快速执行到所设置的断点处。有时候并不需要查看每一步是如何执行的，而是快速执行到程序的某个地方来查看结果，这时就可以在这个地方设置一个断点，单击该按钮就可以快速将程序执行到这个地方。

（3）停止运行。该按钮在程序执行的时候会变为有效（成为红色），单击该按钮可以使程序停止，进入单步调试状态。

（4）执行进去。该按钮用来实现执行到某个函数中去的功能。在没有函数的情况下，该按钮等同于“执行过去”按钮。

（5）执行过去。在有函数的地方，单击该按钮就可以单步执行这个函数，而不会进入这个函数里执行。

（6）执行出去。当进入某个函数中进行单步调试时，如果已经得到了想要的结果或不需要再继续执行该函数的剩余部分，就可以单击该按钮，一步执行完函数余下的部分，并跳出函数回到函数被调用的位置。

（7）执行到光标处。该按钮可以使程序迅速地运行到光标位置，这和执行到断点处的按钮功能类似。但是二者也有区别，断点可以有多个，但是光标所处的位置只有一个。

（8）汇编窗口。单击该按钮可以查看汇编代码，这在分析程序时很有用。

（9）观察窗口。单击该按钮会弹出一个显示变量的窗口，在该窗口中可以查看各种变量值。

（10）内存查看窗口。单击该按钮会弹出一个内存查看窗口，输入要查看的内存地址，观察内存的变化情况。

（11）串口打印窗口。单击该按钮会弹出一个类似串口调试助手界面的窗口，该窗口显示从串口中打印出的内容。

（12）逻辑分析窗口：单击该按钮会弹出一个逻辑分析窗口，单击“SETUP”按钮新建一些 I/O 端口，这些 I/O 端口的电平变化情况能够以多种形式显示出来，比较直观。

Debug 工具栏上的其他按钮较少使用，这里不再详述。以上介绍的按钮也不是每次都能用到，根据程序调试时需要查看的内容决定具体使用哪些按钮。

下面讲解具体的仿真过程。首先，把光标放到 main.c 的第 15 行最左边的灰色区域上，单击鼠标左键，可以看到在第 15 行的左边出现了一个红点，这表示在这个位置设置了一个断点（也可以通过单击鼠标右键弹出的菜单来设置断点），再次单击鼠标左键则取消断点。其次，单击“执行到断点处”按钮 ，将程序执行到该断点处（见图 3.21），可以看到程序在仿真过程中，执行到所设置的断点处即停止。

这里先不着急往下执行，单击菜单栏的“Peripherals”选项，在该选项下可以查看很多 STM32 外设的动态执行情况，通过选择对应的选项即可查看相应外设的运行动态，如通过单击“General Purpose I/O\GPIOA”查看 GPIOA 端口的动态执行情况。单击“General Purpose I/O\GPIOA”之后会在调试仿真界面之外弹出一个专门查看 GPIOA 端口运行情况的界面，如图 3.22 所示。从图 3.22 可以看出，所有与 GPIOA 端口相关的寄存器全部都显示出来了，还显示了 GPIOA 端口中每个引脚的输入/输出状态。GPIO 端口输入/输出状态的相关内容将在第 5 章进行详细讲解。

继续单击“执行过去” 按钮，分别执行完 PA2 引脚置位程序和 PA3 引脚置位程序后，得到了如图 3.23 所示的 GPIOA 端口设置动态情况。通过图 3.23 与图 3.22 的对比，尤其是相应寄存器位变化的对比，能够知道端口置位程序究竟执行了哪些操作。通过查看 GPIOA 端口的各个寄存器的设置状态，可以判断所写的代码是否存在问题。只有寄存器的设置正确了，才有可能在硬件上正确地执行。这种方法也适用于其他外设设置的动态情况查看，这里不再详述。

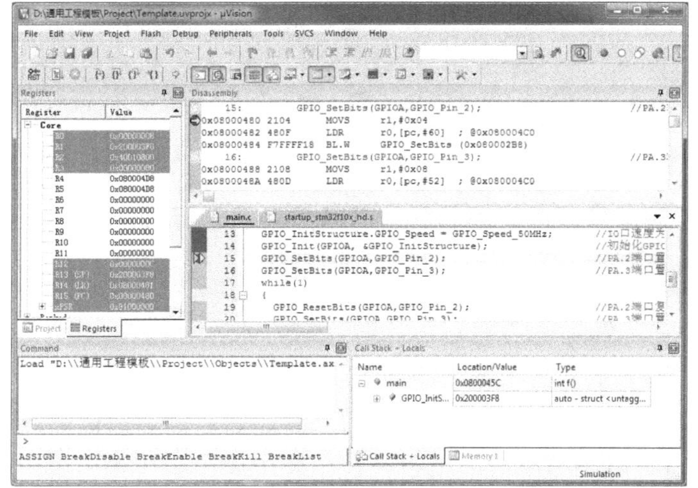

图 3.21　程序执行到断点处

图 3.22　GPIOA 端口情况查看界面

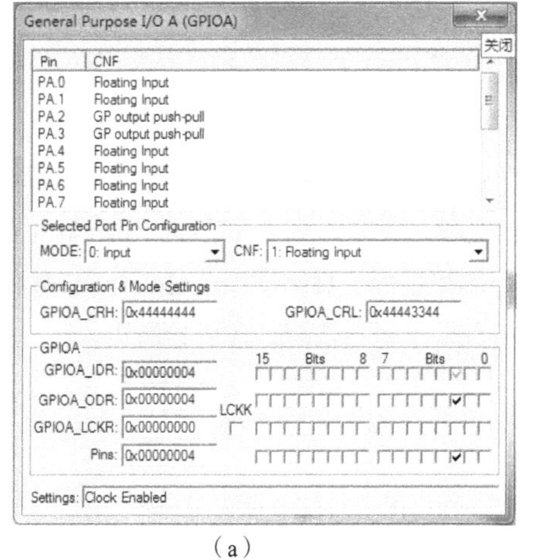

（a）

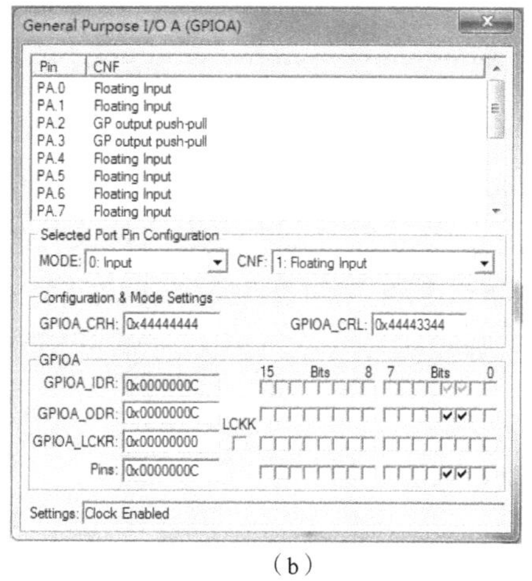

（b）

图 3.23　GPIOA 端口设置动态情况

继续单击按钮，一步步执行，就会在 while 循环中看到，PA2 引脚和 PA3 引脚反复交替置位、复位的设置情况，这说明编写的程序代码可以达到预期的目的。

此外，还可以通过单击逻辑分析窗口中的“SETUP”按钮新建 PA2 引脚和 PA3 引脚，以直观地查看循环过程中两个端口引脚的电平变化情况。单击按钮弹出逻辑分析窗口之后，再单击窗口中的“SETUP”按钮，进入逻辑分析设置界面，如图 3.24 所示。通过单击按钮新建两个端口，分别命名为 PORTA.2 和 PORTA.3。命名后，系统会自动将其名字更改为(PORTA&0x00000004)>>2 和(PORTA&0x00000008)>>3 形式，同时设置界面下方的参数也会随之改变，两个端口的“Display Type”选项均改为 Bit。单击“Close”按钮，设置完毕。

回到调试仿真界面，把之前设置的断点都去掉，并单击“复位”按钮，回到程序的起始仿真位置。单击“执行到断点处”按钮，进行仿真调试。由于没有设置任何断点，所以在这次调试中，程序会一直执行下去，这时候从逻辑分析窗口中会输出循环过程中 PA2 和 PA3 两个引脚的电平变化情况，如图 3.25 所示。通过调节窗口中 Zoom 的 In（放大）或 Out（缩小）可以调整窗口中视图范围的大小，由此获得合适的显示图像。PA2 和 PA3 两个引脚的电平波形变化情况也验证了所编写的程序代码能够获得预期的结果。

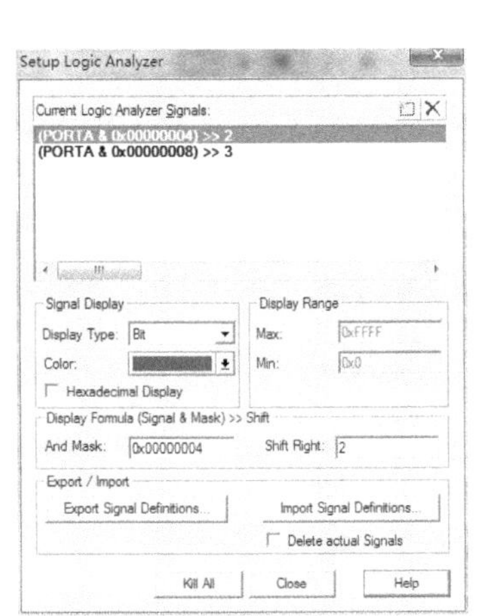

图 3.24 逻辑分析设置界面

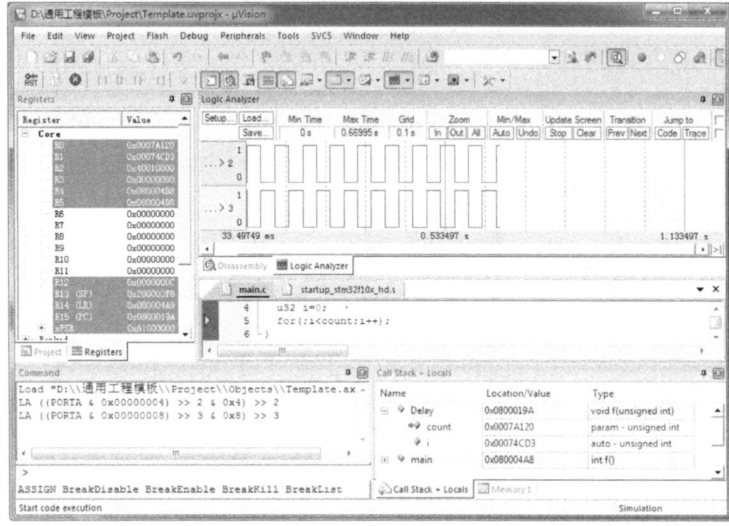

图 3.25 逻辑分析窗口显示 I/O 端口电平

Keil MDK 软件仿真类型还有很多，如快速指令集仿真、外部信号和 I/O 端口仿真、中断过程仿真和串口通信仿真等，几乎可以覆盖整个目标硬件的调试过程，其主要的设置过程与所讲解的实践例程类似，这里不再详述，读者可以根据自己的应用实例参照例程进行仿真调试。在 Keil MDK 软件仿真调试中验证了代码的正确性之后，就可以将程序代码下载到硬件上进行实际的应用检验了。

3.3 STM32 的程序下载

STM32 的程序下载方法有很多，主要有 USB 下载、串口下载（ISP 下载）、JTAG 下载和 SWD 下载等。其中，常用的下载方法是串口下载。但是串口只能下载程序，无法实时跟踪调试。虽然可以通过 Keil MDK 进行软件仿真调试，但是当工程比较大时，难免会存在一些难以发现的漏洞，仅通过软件仿真调试，很难及时找出程序中存在的错误。而通过 JTAG 或 SWD 下载程序，可以通过调试工具（如 JLINK 等）对程序进行实时跟踪，从而能够及时发现软件仿真调试中未能发现的漏洞，使嵌入式系统设计过程事半功倍。

3.3.1 利用串口下载程序

利用串口实现 STM32 的程序代码下载，需要串口下载软件的支持，常用的软件是 ST 官方为 Cortex-M3 串口对 STM32 烧写程序而推出的 FLASH_Loader_Demonstrator。首先从网上下载软件安装包，这里使用 FLASH_Loader_Demonstrator_v1.3_Setup 版本；其次双击打开，单击“Next”按钮并选择“Yes”即可进行用户名和公司名称的填写，之后一直单击“Next”按钮即可完成安装。

以 STM32F103ZET6 单片机为例，使用串口下载程序时，首先需要将系统 BOOT 模式设置为从系统存储器启动，即需要将硬件 BOOT1 接地，BOOT0 与电源 3.3V 连接。在这种模式下，当 STM32 系统复位后，不会执行用户代码程序，所以每次下载完程序后，BOOT0 必须重新接地才能从 FLASH 开始运行。STM32 系统 BOOT 模式如表 3.2 所示。

表 3.2 STM32 系统 BOOT 模式

BOOT 模式选择引脚		启动模式	说明
BOOT1	BOOT0		
X	0	主 FLASH 存储器	主 FLASH 存储器被选为启动区域
0	1	系统存储器	系统存储器被选为启动区域
1	1	内置 SRAM	内置 SRAM 被选为启动区域

设置完启动模式之后，将 STM32 系统手动复位，并通过串口与计算机相连，之后在计算机控制面板上的设备管理器上查看 STM32 的串口号（见图 3.26），本例中 STM32 使用的串口为 COM7。如果之前没有安装 CH340 串口驱动，需要先安装 CH340 串口驱动，否则可能在设备管理器中看不到 STM32 的串口号。

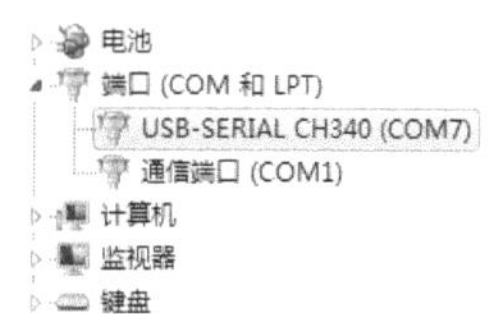

图 3.26 设备管理器串口查看

其次双击 FLASH_Loader_Demonstrator 图标，打开串口下载配置界面（见图 3.27）。如果安装完之后桌面未添加软件图标，则直接在"开始"菜单中搜索，然后发送到桌面即可。在串口下载的配置界面中，将串口名称换成 STM32 对应的串口，波特率设置为 115 200，其他选项默认即可。

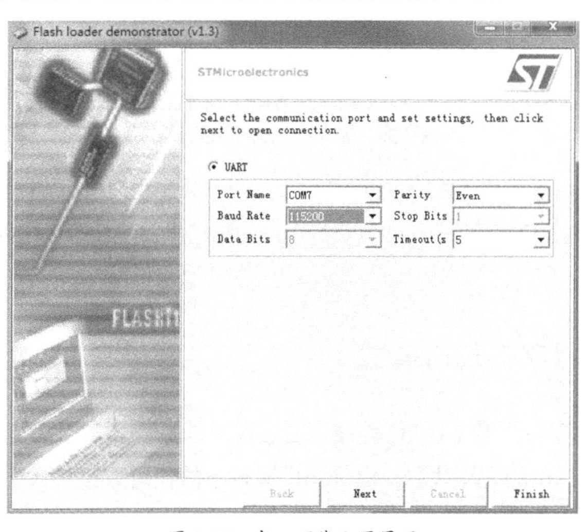

图 3.27 串口下载配置界面

再次单击"Next"按钮，FLASH_Loader_Demonstrator 软件将会自动识别所使用芯片的 FLASH 型号，如图 3.28 所示。继续单击"Next"按钮，直到出现选择.hex 文件路径的界面，如图 3.29 所示。单击"Download to device"单选按钮，选择需要下载的.hex 文件路径。

最后单击"Next"按钮即可下载程序。完成串口程序下载界面如图 3.30 所示。程序下载完成之后，单击"Finish"按钮，完成串口程序下载任务。

图 3.28　自动识别所使用芯片的 FLASH 型号

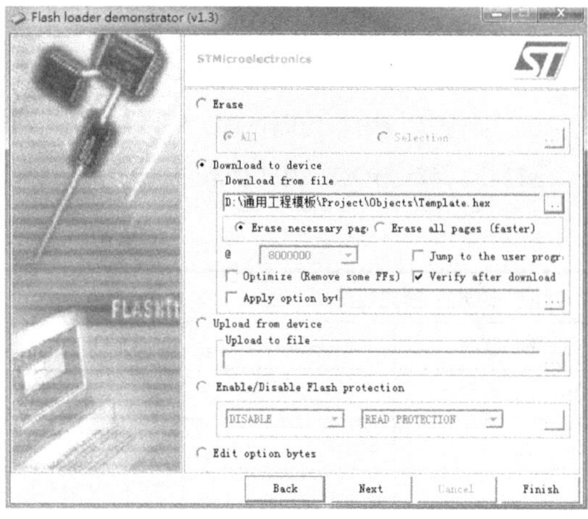

图 3.29　选择.hex 文件路径的界面

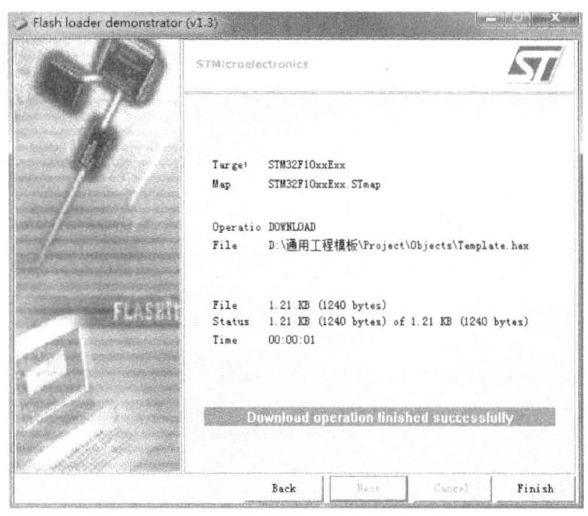

图 3.30　完成串口程序下载界面

上述内容就是利用串口下载 STM32 程序的全过程。在下载完程序之后，一定要记得将 BOOT0 重新接地，这样才能使单片机从 FLASH 开始运行，以执行用户代码程序，从而可以在硬件上查看所编写的程序代码是否有效。

3.3.2　JTAG/SWD 程序下载与调试

前面介绍了如何利用串口下载 STM32 程序。通过在硬件上进行实际运行可以验证所编写程序代码的正确性，这适用于比较简单的程序代码。但是如果所编写的代码量比较大，难免存在一些漏洞，则有必要通过硬件调试来解决问题。利用串口只能下载代码，并不能实时跟踪调试，而利用调试工具（如 J-LINK、ULINK、ST-Link 等）可以实时跟踪程序，从而及时发现程序中的错误，提高嵌入式系统开发的效率。

下面以 J-LINK V8 为例，讲解如何在线调试 STM32。J-LINK V8 能够支持 JTAG 和 SWD 两种模式，STM32 也支持 JTAG 和 SWD 两种模式。所以，调试方法有两种。这两种调试方法的过程非常相似，区别在于采用 JTAG 调试时，占用的 I/O 线比较多；而采用 SWD 调试时，只需要两根 I/O 线即可。

同样，使用 J-LINK V8 之前也需要安装 J-LINK V8 驱动。

> 注意　在安装完 J-LINK V8 驱动之后，会弹出一个第三方软件应用选择窗口，选中 Keil MDK 软件，即允许 Keil MDK 使用 J-LINK，再单击“OK”按钮就可以了。

安装完驱动后，连接 J-LINK V8，并把 JTAG 接口插到 STM32 上，打开前面建立的通用工程模板，单击“魔术棒”按钮，打开 Debug 选项卡，选择 J-LINK 仿真工具（见图 3.31）。在右上方选择仿真工具为 J-LINK/J-TRACE Cortex，如果 JTAG 工具为 ULINK，则仿真工具需要选择为 ULINK Debugger；如果 JTAG 工具为 ST-Link，则仿真工具需要选择为 ST-Link Debugger。

在图 3.31 中还勾选了“Run to main()”复选框，该复选框被选中后，只要单击仿真就会直接运行到 main 函数。如果没选择该复选框，则会先执行 startup_stm32f10x_hd.s 文件的 Reset_Handler，再跳转到 main 函数。单击“Settings”按钮（注意，如果 JLINK 固件比较老旧，则可能会提示升级固件，单击“确认”按钮升级即可，但是升级期间一定不能断网或断开 J-LINK 连接），设置 J-LINK 参数，如图 3.32 所示。

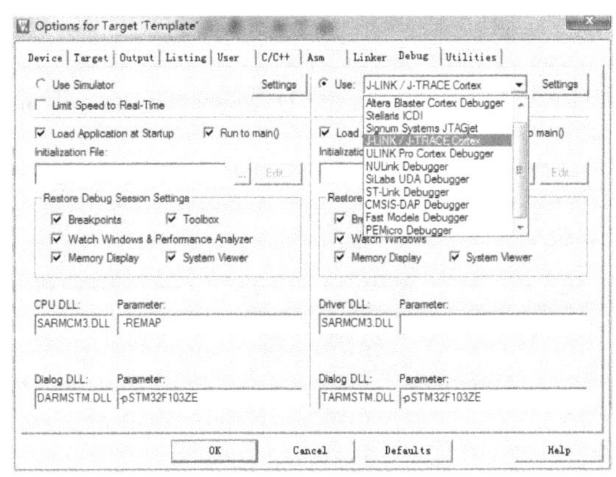

图 3.31　选择 J-LINK 仿真工具

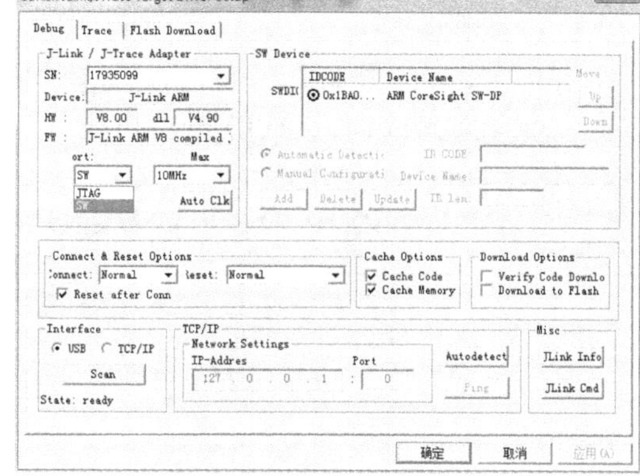

图 3.32　设置 J-LINK 参数

在图 3.32 中，使用 J-LINK V8 的 SWD 模式调试，因为 JTAG 模式需要占用比 SWD 模式更多的 I/O 端口，而在实际的工程应用中，这些 I/O 端口可能会被其他外设用到，从而容易造成部分外设无法使用。所以，建议在进行硬件调试时，选择 SWD 模式；如果非要选用 JTAG 模式，则只需要将 ort 选项设置为 JTAG 即可。在 Max 选项中，单击“Auto Clk”按钮，自动设置 SWD 的调试速度为 10MHz。如果所使用的 USB 数据线比较差，在调试过程中可能会出现问题，可以通过降低调试速度来解决问题。单击“确定”按钮完成 J-LINK 参数设置。

接下来还需要在 Utilities 选项卡中设置下载时的目标编程器，直接勾选“Use Debug Driver”复选框。与之前的软件调试一样，选择 J-LINK 对目标器件的 FLASH 进行编程，然后单击“Settings”按钮，进入 FLASH 算法设置界面，如图 3.33 所示。

Keil MDK 会根据新建工程时所选择的目标器件，自动设置 FLASH 算法。使用的 STM32F103ZET6 单片机的 FLASH 容量为 512KB，所以在“Programming Algorithm”选区中默认 512KB 型号的 STM32F10x High-density FLASH 算法。另外，如果没有 FLASH 算法，则可以通过单击“Add”按钮自行添加。最后，选中“Reset and Run”复选框，实现在编程后自动运行，其他默认设置即可。设置完成之后单击“确定”按钮，完成 FLASH 算法设置。

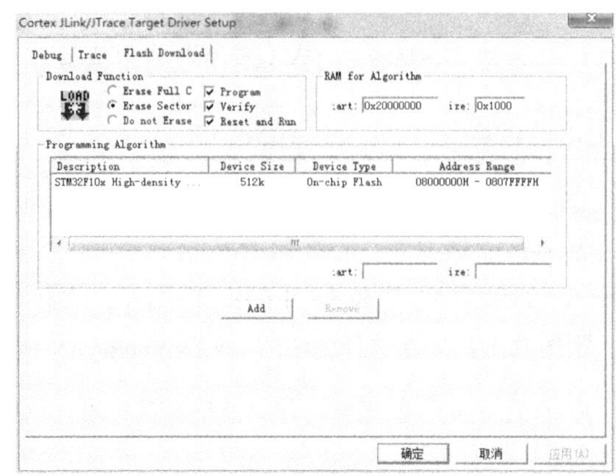

图 3.33　FLASH 算法设置界面

在全部设置完之后，单击“OK”按钮，回到工程主界面，之后再编译工程。如果需要下载程序，则只需要单击图标即可将程序下载到 STM32 中，非常方便。

下面简要讲解如何通过 JTAG 或 SWD 实现程序的在线调试。单击图标开始对 STM32 进行仿真。J-LINK 在线调试如图 3.34 所示。

> STM32 上的 BOOT0 和 BOOT1 都要接地，否则代码下载后不会自动运行。

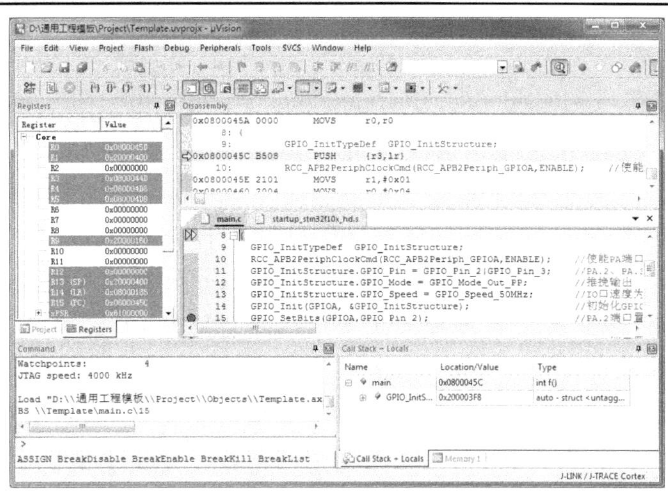

图 3.34　J-LINK 在线调试

因为勾选了“Run to main()”复选框，所以程序直接就运行到了 main 函数的入口处，把光标放到 main.c 的第 15 行最左边的灰色区域上，左击该区域，设置一个断点，单击“执行到断点处”按钮，程序会执行到该断点处，之后用 3.2.3 节中所介绍的软件仿真的方法开始调试操作。这次是真正地在硬件上运行，其调试结果更加可信。

ULINK 或 ST-Link 工具的在线调试方法与 J-LINK 的在线调试方法类似，只是在魔术棒选项卡的配置上稍有不同，这里不再详述，可以根据自己的工具自行尝试不同程序代码的在线调试和下载等操作。

基　础　篇

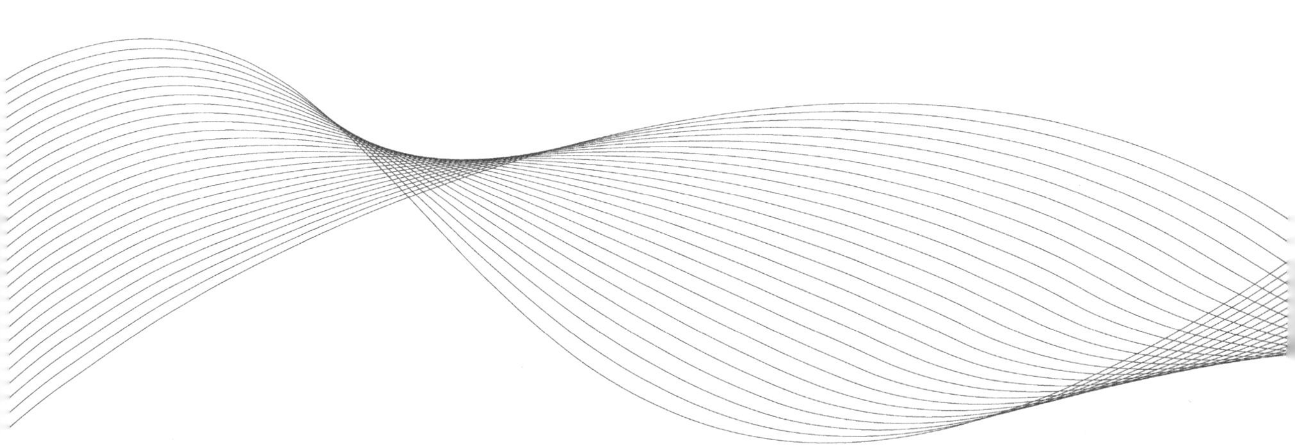

第 4 章

嵌入式系统设计基础

通过前 3 章的学习，已经初步掌握了使用库函数设计 STM32 嵌入式系统的基本流程，但是这些内容只是 STM32 嵌入式系统设计的入门知识，对于如何利用 STM32 实现想要的功能，还需要进一步的实践与学习。本章将讲解 STM32 嵌入式系统设计所必需的基础知识，主要包括 C 语言的基本应用、STM32 基础知识储备等。通过对这些基础知识的学习，可以方便开发者更加灵活、有条理地开发 STM32 嵌入式系统，从而为后面的编程实践奠定良好的基础。

4.1　C 语言的基本应用

C 语言是 STM32 嵌入式系统开发中的必备基础知识，虽然在系统开发过程中，不需要完全精通 C 语言，但是需要熟练掌握其基础操作，这样才能在以后的程序设计过程中更加得心应手。C 语言知识博大精深，本节只对 C 语言基础操作进行简要介绍，以更好地进行后期的 STM32 嵌入式系统的设计和开发工作。如果读者的 C 语言基础知识比较扎实，则可以略过这一节的知识。

4.1.1　面向 STM32 的基本操作

1．位操作

C 语言的位操作就是对基本类型变量在位级别进行的操作，C 语言支持与、或、异或、取反、左移和右移六种位操作。C 语言基本位操作如表 4.1 所示。

表 4.1　C 语言基本位操作

运 算 符	含　义	运 算 符	含　义
&	按位与	~	按位取反
|	按位或	<<	左移
^	按位异或	>>	右移

位操作在 STM32 嵌入式系统设计中的应用主要在于对某些寄存器位的修改，如把寄存器中的某位或某几位清零、对寄存器某几位赋值、对寄存器某几位取反等，这部分内容在 1.3.3 节已经进行了相关

的介绍，这里不再详述。

2．define 宏定义

define 是 C 语言中的预处理命令，使用 define 进行宏定义，可以提高源代码的可读性，为编程提供方便。

define 宏定义的常见格式如下。

```
#define 标识符 字符串
```

标识符为定义的宏名，字符串可以是常数、表达式或格式串等。例如：

```
#define SYSCLK_FREQ_72MHz 72000000
```

上面的程序代码定义了标识符 SYSCLK_FREQ_72MHz 的值为 72000000。define 宏定义的其他知识，如宏定义带参数等，在这里不再详述。

3．ifdef 条件编译

在单片机的程序开发过程中，当满足某条件时，则对某一组语句进行编译；当不满足某条件时，则编译另一组语句，此时常用的编程方法即 ifdef 条件编译。

ifdef 条件编译的常见格式如下。

```
#ifdef 标识符
    程序段 1
#else
    程序段 2
#endif
```

使用 ifdef 条件编译时，如果标识符已经被定义（一般用 define 宏命令进行定义）过，则对程序段 1 进行编译，否则编译程序段 2。其中#else 部分可以去掉，即

```
#ifdef 标识符
    程序段 1
#endif
```

上述条件编译在 STM32 嵌入式系统设计中用得较多，在 stm32f10x.h 头文件中经常看到这样的语句，如：

```
#ifdef STM32F10X_HD
  ADC1_2_IRQn              = 18,
  USB_HP_CAN1_TX_IRQn      = 19,
    ...                                //大容量芯片需要的一些变量定义
#endif
```

上述的 STM32F10X_HD 是通过#define 定义的。关于 ifdef 条件编译的内容就介绍到这里，学会如何使用就可以了。

4．extern 变量声明

C 语言的 extern 变量声明可以置于变量或函数之前，用于表示某变量或函数的定义位于其他文件中，提示编译器遇到此变量或函数时，需要在其他文件中寻找对应的定义。

extern 声明变量或函数可以有很多次，但是变量或函数的定义却只有一次。

在 STM32 标准函数库文件中会经常见到 extern 后面接同一个变量或函数，这个语句只是声明该变量或函数在其他文件中已经被定义了，而且它的定义有且只有一个，肯定可以在某个文件中找到该变量或函数的定义语句。下面通过一个例子说明一下 extern 变量声明的使用方法。

首先在 main.c 中定义一个全局变量 id，id 的初始化是在 main.c 中进行的，程序代码如下。

```
uint_8 id;                //定义只允许一次
main()
{
    id=1;
    printf("d%",id);      //id=1
    test();
    printf("d%",id);      //id=2
}
```

如果希望在 test.c 的 test(void)函数中使用变量 id,则需要在 test.c 中声明变量 id 是在外部定义的。如果不声明，变量 id 的作用域到不了 test.c 中，这会导致在 test.c 中无法使用变量 id。test.c 中的代码如下。

```
extern u8 id;             //声明变量 id 是在外部定义的，该声明可以在很多个文件中进行
void test(void){
    id=2;
}
```

由于在 test.c 中声明了变量 id 在外部定义，因此 test.c 可以使用变量 id。

5. typedef 类型别名

当在程序设计过程中需要为现有类型创建一个新名字时，即需要定义类型别名时，则会用 typedef。typedef 可以简化变量的定义。typedef 在嵌入式系统设计中用得较多的是定义结构体的类型别名和枚举类型。

```
struct _GPIO
{
    __IO uint32_t CRL;
    __IO uint32_t CRH;
    ui
};
```

上述程序代码定义了一个结构体变量 GPIO，在此基础上，定义变量的方式如下。

```
struct _GPIO GPIOA;       //定义结构体变量 GPIOA
```

但是，在 STM32 嵌入式系统设计过程中有很多这样的结构体变量需要定义，显得很烦琐。为了简化变量的定义方式，可以为结构体定义一个别名 GPIO_TypeDef，这样就可以在其他地方通过别名 GPIO_TypeDef 定义结构体变量了。定义方法如下。

```
typedef struct
{
    __IO uint32_t CRL;
    __IO uint32_t CRH;
    __
} GPIO_TypeDef;
```

Typedef 为结构体定义一个别名 GPIO_TypeDef，可以方便地通过 GPIO_TypeDef 定义结构体变量。例如：

```
GPIO_TypeDef _GPIOA,_GPIOB;        //定义结构体变量 GPIOA、GPIOB
```

4.1.2 结构体的使用解析

1. 结构体与结构体指针

本节将简要讲解 C 语言的结构体。在 STM32 标准函数库中，有很多地方使用了结构体和结构体指针，这可能会让很多初学者感到困扰，其实结构体并没有多么复杂。声明结构体类型如下：

```
struct 结构体名{
    成员列表;
}变量名列表;
```

在声明结构体时，需要列出它包含的所有成员，成员列表包括每个成员的类型和名字。

结构体声明主要由三部分组成，即结构体名、成员列表和变量列表。而结构体变量可以在结构体声明时定义，当然也可以在声明之后定义。例如，在声明结构体时定义结构体变量：

```
struct _GPIO
{
    __IO uint32_t CRL;
    __IO uint32_t CRH;
    ui
}GPIOA,GPIOB;
```

如果在声明结构体之后定义，则在声明结构体时可以不需要加变量名列表，如：

```
struct _GPIO
{
    __IO uint32_t CRL;
    __IO uint32_t CRH;
    ui
}
```

在声明结构体之后，定义结构体变量所采用的方法如下。

```
struct 结构体名 结构体变量列表;
```

例如：

```
struct _GPIO GPIOA;          //定义结构体变量 GPIOA
```

结构体成员变量的引用方法如下。

```
结构体变量名.成员名;
```

如果要引用 GPIOA 中的成员 CRL，其方法如下。

```
usart1.BaudRate;
GPIOA.CRL;
```

结构体指针变量的定义也是一样的，与其他变量没有区别。例如：

```
struct _GPIO *GPIOA;         //定义结构体指针变量 GPIOA
```

结构体指针成员变量引用方法是通过“->”符号实现的，如要访问 GPIOA 结构体指针指向的结构体的成员变量 CRL，其方法如下。

```
GPIOA->CRL;
```

通过前面的讲解，已经初步掌握了结构体和结构体指针的使用方法。但是，为什么在嵌入式系统开发过程中需要使用结构体与结构体指针呢？使用结构体可以带来什么好处呢？下面通过一个实例简要介绍一下结构体的作用。

在 STM32 嵌入式系统开发与设计过程中，会经常遇到初始化一个外设的情况，以串口为例，它的初始化状态主要是由属性决定的，如串口号、波特率、极性和模式等。对于这种情况，在没有学习结构体之前，一般会通过定义下面的函数来实现。

```
void USART_Init(u8 usartx,u32 BaudRate,u8 parity,u8 mode);
```

这种方式的确是有效的，而且在一些场合也是可取的。但是试想，在 STM32 嵌入式系统的开发过程中，如果再往这个函数中加入一个定义“字长”的属性参数，那么必然要去修改前面所定义的函数，即在括号中加入“字长”这个属性参数。函数定义会被修改为

```
void USART_Init (u8 usartx,u32 BaudRate, u8 parity,u8 mode,u8 wordlength );
```

修改一两次还好，但是如果这个函数的属性参数是随着开发过程的深入而不断增多的，则必须不断地修改函数定义，势必会在程序设计过程中带来很多不必要的麻烦。如果使用结构体就能很好地解决这个问题。通过结构体，只要改变结构体的成员变量，就可以实现前面修改属性参数的目的，从而避免了反复修改函数定义的麻烦。

结构体就是将多个变量组合成一个有机的整体，对于串口而言，BaudRate、usartx、parity、mode 和 wordlength 等参数是一个有机的整体，它们都是用来设置串口参数的，所以可以通过定义一个结构体将它们组合在一起。事实上，STM32 标准函数库就是这样定义的。

```
typedef struct
{
    uint32_t USART_BaudRate;
    uint16_t USART_WordLength;
    uint16_t USART_StopBits;
    uint16_t USART_Parity;
    uint16_t USART_Mode;
    uint16_t USART_HardwareFlowControl;
} USART_InitTypeDef;
```

这样，在初始化串口时，属性参数就可以是 USART_InitTypeDef 类型的变量或指针变量。

```
void USART_Init(USART_TypeDef* USARTx, USART_InitTypeDef* USART_InitStruct);
```

因此，只需要修改结构体中的成员变量，就可以往结构体中加入新成员变量，从而不用修改函数定义就能够达到与添加函数属性参数同样的目的。这样做的好处是，无论在什么时候增加或减少成员变量，都不需要修改函数定义。所以，在以后的嵌入式系统设计过程中，如果遇到某几个变量是用来描述同一个对象的，则可以考虑将这些变量定义在一个结构体中，这样不仅可以为程序设计带来方便，还能够提高代码的可读性，不会让人感觉变量定义混乱。

当然结构体的作用还远不止这些，这里只是举一个简单的例子，通过常用的场景，帮助读者理解结构体的优势。后面还会进一步讲解结构体的其他知识。

2. 结构体与寄存器

前面介绍了结构体和结构体指针的使用方法，并简要讲解了结构体的作用。通过前面的实例可以发现，在实际的系统设计过程中，通过修改结构体成员变量的值就可以达到操作对应寄存器的目的，那么在 STM32 中，结构体究竟是如何与寄存器地址对应起来的呢？

首先回顾一下在 51 单片机中是怎么做的，在 51 单片机的开发中经常会引用一个 reg51.h 头文件，而这个 reg51.h 头文件实现了将外设名称与寄存器联系起来的作用。例如：

```
sfr P0 = 0x80;
```

sfr 是一种扩充数据类型，占用一个内存单元，值域为 0～255，利用它可以访问 51 单片机内部的所有特殊功能寄存器。上述代码通过“sfr P0 = 0x80”这一语句定义“P0”为 P0 端口在片内的寄存器。向地址为 0x80 的寄存器设值的方法为

```
P0 = value;
```

其实，STM32 中的做法与 51 单片机中的做法很类似，但是因为 STM32 中的寄存器数量众多，如果以这样的方式逐一列出，则会耗费很大的篇幅，既不方便嵌入式系统的开发，也会显得过于杂乱无序。所以 STM32 采用的方式是通过结构体将寄存器组织在一起，并把结构体与地址逐一对应起来，从而在修改结构体成员变量的数值时，可以达到操作对应寄存器的目的，这些对应工作都是在 stm32f10x.h 文件中完成的。

下面以 GPIOA 的几个寄存器为例进一步进行讲解。由 1.3 节对寄存器的相关介绍可知，STM32 中的寄存器都是 32 位的，每个寄存器占用 4 个地址，因此 GPIOA 的 7 个寄存器一共占用 28 个地址，其地址偏移范围为 0x00～0x1B，这个地址偏移是相对 GPIOA 的基地址而言的。打开 stm32f10x.h 头文件，找到 GPIO_TypeDef 的定义，内容如下。

```
typedef struct
{
    __IO uint32_t CRL;
    __IO uint32_t CRH;
    __IO uint32_t IDR;
    __IO uint32_t ODR;
    __IO uint32_t BSRR;
    __IO uint32_t BRR;
    __IO uint32_t LCKR;
} GPIO_TypeDef
```

然后往下定位到：

```
#define GPIOA ((GPIO_TypeDef *) GPIOA_BASE)
```

从上述代码可以看出，GPIOA 将 GPIOA_BASE 强制转换为 GPIO_TypeDef 指针。这段程序的意思是，将 GPIOA 指向地址 GPIOA_BASE，而 GPIOA_BASE 存放的数据类型为 GPIO_TypeDef。双击“GPIOA_BASE”打开之后，右击“Go to definition of ”，就可以查看 GPIOA_BASE（GPIOA 基地址）的宏定义：

```
#define GPIOA_BASE (APB2PERIPH_BASE + 0x0800)
```

还可以通过同样的方法找到 APB2PERIPH_BASE（APB2 总线外设基地址）的宏定义：

```
#define APB2PERIPH_BASE (PERIPH_BASE + 0x10000)
```

再进一步，找到顶层 PERIPH_BASE（片上外设基地址）的宏定义：

```
#define PERIPH_BASE ((uint32_t)0x40000000)
```

可以推算出 GPIOA 的基地址为

GPIOA_BASE = 0x40000000+0x10000+0x0800=0x40010800

这与 1.3 节介绍的 GPIOA 的基地址完全吻合。同样，也可以推算出其他外设的基地址。掌握了外设基地址的计算方法，计算外设上相应寄存器的地址就不是什么难题了。寄存器的偏移地址即对应该外设基地址的地址偏移量，所以可以推算出每个寄存器的地址。以 GPIOA 为例：

GPIOA 的寄存器地址=GPIOA 基地址+寄存器相对 GPIOA 基地址的偏移量

那么，在结构体中如何实现这些寄存器与地址的逐一对应呢？这里涉及结构体的一个特征，即结构体内变量的存储空间是连续的。由于 GPIOA 是指向 GPIO_TypeDef 类型的指针，而且 GPIO_TypeDef 是结构体，所以可以推算出 GPIOA 成员变量所对应地址，如表 4.2 所示。

表 4.2　GPIOA 成员变量所对应的地址

GPIOA 成员变量	偏 移 地 址	基地址+偏移地址=实际地址
GPIOA->CRH	0x04	0x40010800+0x04=0x40010804
GPIOA->IDR	0x08	0x40010800+0x08=0x40010808
GPIOA->ODR	0x0C	0x40010800+0x0C=0x4001080C
GPIOA->BSRR	0x10	0x40010800+0x10=0x40010810
GPIOA->BRR	0x14	0x40010800+0x14=0x40010814
GPIOA->LCKR	0x18	0x40010800+0x18=0x40010818

把 GPIO_TypeDef 定义中的成员变量顺序和 GPIOx 寄存器地址映射顺序进行对比，可以发现，它们的顺序是完全一致的。如果不一致，则会导致地址混乱。这也是在 STM32 标准函数库中定义 GPIOA->BRR=value 的原因，其实质是对地址为 0x40010814 的寄存器 GPIOA_BRR 进行置位。可以看出，这和 51 单片机中定义“P0=value;”，即对地址为 0x80 的 P0 寄存器进行置位的原因是一样的。

我们不难发现，上述内容其实在 1.3.3 节中介绍 STM32 寄存器封装过程的时候就已经涉及了，这里只是从结构体的角度出发，介绍如何通过封装后的结构体和定义去寻求所需寄存器的地址，以此探求在 STM32 标准函数库中，结构体与寄存器地址的逐一对应关系，从而对 STM32 嵌入式系统设计中结构体的使用有更加深入的认识。

4.2　STM32 基础知识储备

第 1 章已经讲解了 STM32 芯片的系统架构和主要总线，但是当时主要是为介绍 STM32 寄存器做铺垫，如果开发者需要更加全面地了解这部分知识，可以查阅《STM32F10x 中文参考手册》。本节将会在 STM32 系统架构的基础上，进一步讲解 STM32 的端口复用和重映射、嵌套向量中断控制器和时钟系统等相关知识，为后面的嵌入式系统设计做准备。

4.2.1　端口复用和重映射功能

1．端口复用功能

STM32 有很多内置外设，这些外设的外部功能引脚是与 GPIO 端口进行复用的，当一个 GPIO 端口作为内置外设的功能引脚使用时，称为复用。关于 STM32 端口复用的知识在《STM32F10x 中文参考手册》中的复用功能 I/O 和调试配置部分有详细讲解，对于 STM32F103ZET6 具体哪个 GPIO 端口可以复用为哪些内置外设的功能引脚，在本书的附录 A 中有明确的标注。

在 STM32 中端口复用的案例众多，这里不再详述，仅以 STM32 中的 USART 串口为例，对这部分知识进行讲解。对于 STM32F103ZET6 单片机而言，通过查阅《STM32F10x 中文参考手册》可以知道，USART1 的引脚所对应的 GPIO 端口为 PA9 和 PA10（见表 4.3）。PA9 和 PA10 的默认功能是通用 I/O 端口，所以当 PA9 和 PA10 引脚作为 USART1 的 TX 和 RX 功能引脚使用时，就是端口复用。

表 4.3　USART1 复用功能

复 用 功 能	对应 GPIO 端口
USART1_TX	PA9
USART1_RX	PA10

对于 USART1 而言，复用端口初始化主要有以下几个步骤。

（1）GPIO 端口时钟使能。使用端口复用自然要使能相应 GPIO 端口的时钟，即

```
RCC_APB2PeriphClockCmd(RCC_APB2Periph_GPIOA, ENABLE);
```

（2）复用的外设时钟使能。如果需要将引脚 PA9 和 PA10 复用为串口，则需要使能串口时钟，即

```
RCC_APB2PeriphClockCmd(RCC_APB2Periph_USART1, ENABLE);
```

（3）GPIO 端口模式配置。当 I/O 端口复用为内置外设功能引脚时，必须设置 GPIO 端口模式。GPIO 端口模式的相关知识将会在第 5 章进行详细讲解。在复用功能下 GPIO 端口模式应该如何对应，可以通过查阅《STM32F10x 中文参考手册》获得。USART1 复用端口的模式配置如表 4.4 所示，表中的全双工模式与半双工同步模式是指两种不同的通信模式，该部分知识将在第 7 章进行详细讲解。

表 4.4　USART 复用端口的模式配置

USART 引脚	功能引脚配置	GPIO 模式配置
USARTx_TX	全双工模式	推挽复用输出
	半双工同步模式	推挽复用输出
USARTx_RX	全双工模式	浮空输入或带上拉输入
	半双工同步模式	未用，可作为通用 I/O 端口

从表 4.4 可以看出，如果要配置全双工模式的 USART1，那么 TX 引脚，即 PA9 引脚需要配置为推挽复用输出模式，而 RX 引脚，即 PA10 引脚需要配置为浮空输入或带上拉输入模式。具体内容如下。

```
/*USART1_TX  PA9 复用推挽输出*/
GPIO_InitStructure.GPIO_Pin = GPIO_Pin_9;                //PA9
GPIO_InitStructure.GPIO_Speed = GPIO_Speed_50MHz;        //I/O 端口速率为 50Hz
```

```
GPIO_InitStructure.GPIO_Mode = GPIO_Mode_AF_PP;          //复用推挽输出
GPIO_Init(GPIOA, &GPIO_InitStructure);
//USART1_RX  PA10 浮空输入
GPIO_InitStructure.GPIO_Pin = GPIO_Pin_10;               //PA10
GPIO_InitStructure.GPIO_Mode = GPIO_Mode_IN_FLOATING;  //浮空输入
GPIO_Init(GPIOA, &GPIO_InitStructure);
```

上述代码实现了 PA9 引脚为推挽复用输出模式、PA10 引脚为浮空输入模式的配置，这部分知识将在第 5 章进行详细讲解。

经过前面三个步骤即可完成全双工模式的 USART1 的初始化过程，其他端口复用的初始化过程与之类似，这里不再详述。在使用复用功能时，至少需要使能两个时钟，即 GPIO 端口时钟和复用外设时钟，还要初始化 GPIO 端口和复用外设功能。

2. 端口重映射功能

STM32 有很多内置外设，每个内置外设都有若干个引脚，一般这些引脚的输出端口是固定不变的。但为了让开发者可以更好地安排引脚的走向和功能，在 STM32 中引入了端口重映射（Remap）概念，即一个外设的引脚除了具有默认的端口引脚，还可以通过设置重映射寄存器的方式，把这个外设的引脚映射到其他端口引脚上。简单来讲，端口重映射就是把某个引脚的外设功能映射到另一个端口引脚上，但这并不是随便映射的，具体对应关系在《STM32F10x 中文参考手册》中的复用功能 I/O 和调试配置部分有详细讲解，下面同样以 USART1 为例进行说明。

表 4.5 所示是 USART1 复用功能重映射表，从表中可以看出，在默认情况下，USART1 复用的时候，其引脚位对应为 PA9 和 PA10，也可以将 TX 和 RX 重新映射到引脚 PB6 和 PB7 上。

表 4.5 USART1 复用功能重映射表

复 用 功 能	USART1_REMAP=0	USART1_REMAP=1
USART1_TX	PA9	PB6
USART1_RX	PA10	PB7

在进行端口重映射时，不仅要使能在复用功能中所介绍的两个时钟，还要使能 AFIO 时钟，之后还需要调用重映射函数。具体步骤如下。

（1）使能 GPIOB 时钟。

```
RCC_APB2PeriphClockCmd(RCC_APB2Periph_GPIOB, ENABLE);
```

（2）使能 USART1 时钟。

```
RCC_APB2PeriphClockCmd(RCC_APB2Periph_USART1, ENABLE);
```

（3）使能 AFIO 时钟。

```
RCC_APB2PeriphClockCmd(RCC_APB2Periph_AFIO, ENABLE);
```

（4）开启重映射。

```
GPIO_PinRemapConfig(GPIO_Remap_USART1, ENABLE);
```

这样就将 USART1 的 TX 和 RX 功能引脚重映射到引脚 PB6 和 PB7 上面了。至于有哪些功能可以重映射，除了查阅《STM32F10x 中文参考手册》，还可以通过 GPIO_PinRemapConfig 函数查看第一个属性参数的取值范围来获得。重映射标识符取值的宏定义放在 stm32f10x_gpio.h 文件中，从这些宏定义中，也可以获取关于片内外设功能引脚的端口重映射信息，具体内容如下。

```
#define GPIO_Remap_SPI1              ((uint32_t)0x00000001)
#define GPIO_Remap_I2C1              ((uint32_t)0x00000002)
#define GPIO_Remap_USART1            ((uint32_t)0x00000004)
#define GPIO_Remap_USART2            ((uint32_t)0x00000008)
#define GPIO_PartialRemap_USART3     ((uint32_t)0x00140010)
#define GPIO_FullRemap_USART3        ((uint32_t)0x00140030)
#define GPIO_PartialRemap_TIM1       ((uint32_t)0x00160040)
#define GPIO_FullRemap_TIM1          ((uint32_t)0x001600C0)
#define GPIO_PartialRemap1_TIM2      ((uint32_t)0x00180100)
#define GPIO_PartialRemap2_TIM2      ((uint32_t)0x00180200)
#define GPIO_FullRemap_TIM2          ((uint32_t)0x00180300)
#define GPIO_PartialRemap_TIM3       ((uint32_t)0x001A0800)
#define GPIO_FullRemap_TIM3          ((uint32_t)0x001A0C00)
#define GPIO_Remap_TIM4              ((uint32_t)0x00001000)
…
#define GPIO_Remap_MISC             ((uint32_t)0x80002000)
```

从上述程序代码可以看出，许多片内外设和 USART1 一样，都只有一种重映射，但也有许多片内外设存在部分重映射和完全重映射两种，如 USART3、TIM1、TIM2 等。部分重映射是指外设的部分功能引脚和默认的一样，另一部分功能引脚则可以重新映射到其他端口引脚上。完全重映射是指所有功能引脚都能够重新映射到其他端口引脚上。以 USART3 为例，通过查阅《STM32F10x 中文参考手册》可以获得 USART3 复用功能重映射，如表 4.6 所示。

表 4.6　USART3 复用功能重映射

复用功能	USART3_REMAP[1:0]=00（没有重映射）	USART3_REMAP[1:0]=01（部分重映射）	USART3_REMAP[1:0]=11（全部重映射）
USART3_TX	PB10	PC10	PD8
USART3_RX	PB11	PC11	PD9
USART3_CK	PB12	PC12	PD10
USART3_CTS	PB13		PD11
USART3_RTS	PB14		PD12

当 USART3 采用部分重映射时，将 PB10、PB11 和 PB12 引脚所对应的 TX、RX 和 CK 功能引脚重映射到 PC10、PC11 和 PC12 引脚上。而 PB13 与 PB14 引脚所对应的 CTS 与 RTS 功能引脚和没有重映射情况是一样的。当 USART3 采用完全重映射时，TX、RX 和 CK 功能引脚会被重映射到 PD8、PD9 和 PD10 引脚上，并且 CTS 和 RTS 功能引脚也会重映射到 PD11 和 PD12 引脚上。如果需要使用 USART3 的部分重映射，则调用重映射函数的方法如下。

```
GPIO_PinRemapConfig(GPIO_PartialRemap_USART3,ENABLE);
```

同样，如果需要使用 USART3 的全部重映射，则调用重映射函数的方法如下。

```
GPIO_PinRemapConfig(GPIO_FullRemap_USART3,ENABLE);
```

这里只简要介绍了 STM32 端口复用和重映射的相关知识，以方便开发者了解这部分知识，对于其他众多的端口复用与重映射案例，在以后的嵌入式系统设计中用到时再进行讲解。

4.2.2 嵌套向量中断控制器简介

中断是指内部或外部事件使 CPU 暂停当前程序，转去执行中断服务程序的一种工作机制，由中断源、中断控制和中断响应等几部分组成。

（1）中断源：中断请求的来源；

（2）中断控制：中断的允许/禁止，中断优先级与优先级嵌套；

（3）中断响应：保护断点，转去执行中断服务程序。

Cortex-M3 内核可以支持 256 个中断，其中包括 16 个内核中断和 240 个外部中断（也称可屏蔽中断），并能够设置 256 级可编程的中断优先级。STM32 采用 Cortex-M3 内核，但没有使用 Cortex-M3 内核的全部中断功能，只用了其中一部分。

STM32 最多能够支持 84 个中断，包括 16 个内核中断和 68 个外部中断，并且具有 16 级可编程的中断优先级，其中 68 个外部中断是在嵌入式系统设计中经常使用的。但并不是所有的 STM32 都具备全部的 68 个外部中断，如 STM32F103 系列只包含 60 个中断；STM32F107 系列包含 68 个中断。详细的内部中断和外部中断清单可以通过查阅《STM32F10x 中文参考手册》获得，也可以在 STM32 标准函数库文件里的 stm32f10x.h 头文件中查到。

STM32 中断系统包括中断源、中断通道、中断屏蔽、中断优先级、嵌套向量中断控制器和中断服务程序等。在学习 STM32 中断系统之前，必须先明确嵌套向量中断控制器（Nested Vectored Interrupt Controller，NVIC）的概念，NVIC 控制着整个芯片的中断相关功能，是 Cortex-M3 内核中的外设之一，并与 Cortex-M3 内核紧密耦合。

不同的芯片厂商在设计芯片时，会对 Cortex-M3 内核中的 NVIC 进行裁剪，把不需要的部分去掉，所以 STM32 中的 NVIC 只是 Cortex-M3 内核中的 NVIC 的一个子集，这也是 STM32 没能完全使用 Cortex-M3 内核中断功能的原因。

1. NVIC 寄存器简介

STM32 标准函数库中的 core_cm3.h 头文件对 NVIC 结构体的定义如下。

```
typedef struct
{
  __IO uint32_t ISER[8];                    //中断使能寄存器
     uint32_t RESERVED0[24];
  __IO uint32_t ICER[8];                    //中断清除寄存器
     uint32_t RSERVED1[24];
  __IO uint32_t ISPR[8];                    //中断使能挂起寄存器
     uint32_t RESERVED2[24];
  __IO uint32_t ICPR[8];                    //中断清除挂起寄存器
     uint32_t RESERVED3[24];
  __IO uint32_t IABR[8];                    //中断有效位寄存器
     uint32_t RESERVED4[56];
```

```
    __IO uint8_t  IP[240];                             //中断优先级寄存器（8 位）
        uint32_t RESERVED5[644];
    __O  uint32_t STIR;                                //软件触发中断寄存器
} NVIC_Type;
```

由上述程序代码不难发现，NVIC 结构体为一些寄存器预留了很多位，这是为了方便在以后的系统设计过程中对其功能进行扩展。STM32 的中断就是在这些 NVIC 寄存器的控制和管理下有序执行的，只有了解这些中断寄存器，才能方便地使用 STM32 的中断。下面简要介绍几个主要的寄存器。

（1）ISER[8]。ISER 的全称为 Interrupt Set Enable Registers，即中断使能寄存器组。Cortex-M3 内核所支持的 256 个中断就是用这里的 8 个 32 位寄存器来控制的，寄存器中的每一位都可以使能一个中断。但 STM32F103 系列的外部中断只有 60 个，所以 STM32F103 系列的嵌入式系统设计只能用到 ISER[0]和 ISER[1]中的前 60 位。ISER[0]中的 bit0～31 分别对应中断 0～31，ISER[1]中的 bit0～27 对应中断 32～59，需要使能哪个中断，就将相应的 ISER 寄存器位置 1。

（2）ICER[8]。ICER 的全称为 Interrupt Clear Enable Registers，即中断清除寄存器组。ICER 与 ISER 的功能恰好相反，可以用来清除某个中断的使能。ICER 寄存器位与每个中断的对应关系和 ISER 寄存器位是一样的。这里专门设置一个 ICER 来清除中断位，而不是向 ISER 写 0 来清除，因为 NVIC 寄存器都是写 1 有效、写 0 无效的，具体原理可参阅《Cortex-M3 权威指南》中的 NVIC 中断控制部分。

（3）ISPR[8]。ISPR 的全称为 Interrupt Set Pending Registers，即中断使能挂起寄存器组。ISPR 寄存器位与每个中断的对应关系和 ISER 寄存器位一样，通过对相应的寄存器位置 1，可以将正在进行的中断挂起，进而执行同级或更高级别的中断。同样，对其写 0 是无效的。

（4）ICPR[8]。ICPR 的全称为 Interrupt Clear Pending Registers，即中断清除挂起寄存器组。ICPR 寄存器位与每个中断的对应关系和 ISER 寄存器位一样，通过对相应的寄存器位置 1，使挂起的中断重新挂接，写 0 无效。

（5）IABR[8]。IABR 的全称为 Interrupt Active Bit Registers，即中断有效位寄存器组。IABR 寄存器位与每个中断的对应关系同样和 ISER 寄存器位是一样的，如果对应的寄存器位置 1，则表示该位所对应的中断正在被执行。IABR 是一个只读寄存器，通过它可以知道当前在执行的中断是哪一个。在中断执行完毕之后由硬件自动清零。

（6）IP[240]。IP 的全称为 Interrupt Priority Registers，即中断优先级寄存器组。STM32 的中断分组与 IP 寄存器组密切相关，IP 寄存器组由 240 个 8 位寄存器组成，每个外部中断占用 8 位，共可以表示 240 个外部中断。而 STM32F103 系列单片机只用到了前 60 位，即 IP[59]～IP[0]分别对应外部中断 59～0。当然，每个外部中断所占用的 8 位也没有全部使用，STM32 具有 16 级可编程的中断优先级，因此在设置中断优先级时，只需要使用 4 位就足够了。这里使用的是寄存器的高 4 位，这 4 位又分为抢占优先级和响应优先级（也称子优先级），抢占优先级在前，响应优先级在后，并且这两个优先级各占几位还需要根据 SCB->AIRCR 中的中断分组设置来决定。

下面简要介绍 STM32 的中断分组。STM32 将中断分为 5 组，即组 0～4，该分组的设置是由 SCB->AIRCR 寄存器的 bit10～8 定义的。AIRCR 中断分组设置如表 4.7 所示。

表 4.7　AIRCR 中断分组设置

组　　别	AIRCR[10:8]	bit[7:4]分配情况	分 配 结 果
0	111	0:4	0 位抢占优先级，4 位响应优先级
1	110	1:3	1 位抢占优先级，3 位响应优先级
2	101	2:2	2 位抢占优先级，2 位响应优先级
3	100	3:1	3 位抢占优先级，1 位响应优先级
4	011	4:0	4 位抢占优先级，0 位响应优先级

通过表 4.7 可以清楚地看到组 0～4 对应的配置关系。

（1）第 0 组。所有 4 位都用来配置响应优先级，即不同的中断有 16 种不同的响应优先级。

（2）第 1 组。高 1 位用来配置抢占优先级，低 3 位用来配置响应优先级，即有 2 种不同的抢占优先级（0～1 级），有 8 种不同的响应优先级（0～7 级）。

（3）第 2 组。高 2 位用来配置抢占优先级，低 2 位用来配置响应优先级，即有 4 种不同的抢占优先级（0～3 级），有 4 种不同的响应优先级（0～3 级）。

（4）第 3 组。高 3 位用来配置抢占优先级，低 1 位用来配置响应优先级，即有 8 种不同的抢占优先级（0～7 级），有 2 种不同的响应优先级（0～1 级）。

（5）第 4 组。所有 4 位都用来配置抢占优先级，即不同的中断有 16 种不同的抢占优先级，没有响应优先级属性。

以组 3 为例，将中断优先级组设置到第 3 组时，60 个外部中断的中断优先级寄存器高 4 位中的高 3 位均为抢占优先级，而低 1 位为响应优先级。每个中断都可以设置抢占优先级为 0～7，响应优先级为 1 或 0。抢占优先级的级别高于响应优先级的级别，二者的数值越小，其优先级越高。

当两个中断的抢占优先级和响应优先级一样时，根据中断先发生的顺序执行；当抢占优先级不同时，高抢占优先级的中断可以打断正在执行的低抢占优先级的中断；而当抢占优先级相同，而响应优先级不同时，高响应优先级的中断却不可以打断低响应优先级的中断。例如，假设设置中断优先级组为 2，设置中断 3（RTC 中断）的抢占优先级为 2，响应优先级为 1；设置中断 6（外部中断 0）的抢占优先级为 3，响应优先级为 0；设置中断 7（外部中断 1）的抢占优先级为 2，响应优先级为 0。那么这三个中断的优先级顺序为中断 7>中断 3>中断 6，并且中断 3 和中断 7 都可以打断中断 6，但中断 7 和中断 3 不可以相互打断。

2. NVIC 库函数概述

通过前面的介绍，我们已经大致了解了 STM32 中断设置的过程。在实现对中断配置的管理之前，还需要对 NVIC 库函数有一个基本的认识。常用的 NVIC 库函数如表 4.8 所示。

表 4.8　常用的 NVIC 库函数

函　数　名	功 能 描 述
NVIC_DeInit	将外设 NVIC 寄存器重设为默认值
NVIC_SCBDeInit	将外设 SCB 寄存器重设为默认值
NVIC_PriorityGroupConfig	设置优先级分组：抢占优先级和响应优先级
NVIC_Init	根据 NVIC_InitStruct 中指定的参数初始化外设 NVIC 寄存器
NVIC_StructInit	把 NVIC_InitStruct 中的每个参数按默认值填入
NVIC_SETPRIMASK	使能 PRIMASK 优先级：提升执行优先级至 0
NVIC_RESETPRIMASK	失能 PRIMASK 优先级
NVIC_SETFAULTMASK	使能 FAULTMASK 优先级：提升执行优先级至-1
NVIC_RESETFAULTMASK	失能 FAULTMASK 优先级
NVIC_BASEPRICONFIG	改变执行优先级：从 N（可设置的最低优先级）提升至 1
NVIC_GetBASEPRI	返回 BASEPRI 屏蔽值
NVIC_GetCurrentPendingIRQChannel	返回当前待处理 IRQ 标识符
NVIC_GetIRQChannelPendingBilStatus	检查指定的 IRQ 通道待处理位设置与否
NVIC_SetIRQChannelPendingBit	设置指定的 IRQ 通道待处理位
NVIC_ClearIRQChannelPendingBit	清除指定的 IRQ 通道待处理位
NVIC_GetCurrentActiveHandler	返回当前活动的 Handler（IRQ 通道和系统 Handler）的标识符
NVIC_GetIRQChannelActiveBitStatus	检查指定的 IRQ 通道活动位设置与否
NVIC_GetCPUID	返回 ID 号码，Cortex-M3 内核的版本号和实现细节
NVIC_SetVectorTable	设置向量表的位置和偏移
NVIC_GenerateSystemReset	产生一个系统复位
NVIC_GenerateCoreReset	产生一个内核（内核 + NVIC）复位
NVIC_SystemLPConfig	选择系统进入低功耗模式的条件
NVIC_SystemHandlerConfig	使能或失能指定的系统 Handler
NVIC_SystemHandlerPriorityConfig	设置指定的系统 Handler 优先级
NVIC_GetSystemHandlerPendingBitStatus	检查指定的系统 Handler 待处理位设置与否
NVIC_SetSystemHandlerPendingBit	设置系统 Handler 待处理位
NVIC_ClearSystemHandlerPendingBit	消除系统 Handler 待处理位
NVIC_GetSystemHandlerActiveBitStatus	检查指定的系统 Handler 活动位设置与否
NVIC_GetFaultHandlerSources	返回表示出错的系统 Handler 源
NVIC_GetFaultAddress	返回产生表示出错的系统 Handler 所在位置的地址

下面简要介绍一些常用的 NVIC 库函数。

（1）NVIC 初始化设置类函数。

① NVIC_DeInit 函数：该函数将外设 NVIC 寄存器重设为默认值。

<table>
<tr><td>函数原型</td><td colspan="9">void NVIC_DeInit(void)</td></tr>
<tr><td>功能描述</td><td colspan="9">将外设 NVIC 寄存器重设为默认值</td></tr>
<tr><td>输入参数</td><td>无</td><td>输出参数</td><td>无</td><td>返回值</td><td>无</td><td>先决条件</td><td>无</td><td>被调用函数</td><td>无</td></tr>
</table>

例如，重置 NVIC 寄存器为默认的复位值：

```
NVIC_DeInit();
```

② NVIC_SCBDeInit 函数：该函数将外设 SCB 寄存器重设为默认值。

<table>
<tr><td>函数原型</td><td colspan="9">void NVIC_SCBDeInit(void)</td></tr>
<tr><td>功能描述</td><td colspan="9">将外设 SCB 寄存器重设为默认值</td></tr>
<tr><td>输入参数</td><td>无</td><td>输出参数</td><td>无</td><td>返回值</td><td>无</td><td>先决条件</td><td>无</td><td>被调用函数</td><td>无</td></tr>
</table>

例如，重置 SCB 寄存器为默认的复位值：

```
NVIC_SCBDeInit();
```

③ NVIC_PriorityGroupConfig 函数：该函数将优先级分组设置为抢占优先级和响应优先级。

<table>
<tr><td>函数原型</td><td colspan="7">void NVIC_PriorityGroupConfig(uint32_t NVIC_PriorityGroup)</td></tr>
<tr><td>功能描述</td><td colspan="7">设置优先级分组：抢占优先级和响应优先级</td></tr>
<tr><td>输入参数</td><td colspan="7">NVIC_PriorityGroup：优先级分组位长度，其取值定义如表 4.9 所示</td></tr>
<tr><td>输入参数</td><td>无</td><td>返回值</td><td>无</td><td>先决条件</td><td>优先级分组只能设置一次</td><td>被调用函数</td><td>无</td></tr>
</table>

表 4.9　NVIC_PriorityGroup 取值定义

NVIC_PriorityGroup 取值	功 能 描 述
NVIC_PriorityGroup_0	抢占优先级 0 位，响应优先级 4 位
NVIC_PriorityGroup_1	抢占优先级 1 位，响应优先级 3 位
NVIC_PriorityGroup_2	抢占优先级 2 位，响应优先级 2 位
NVIC_PriorityGroup_3	抢占优先级 3 位，响应优先级 1 位
NVIC_PriorityGroup_4	抢占优先级 4 位，响应优先级 0 位

例如，定义抢占优先级 1 位，响应优先级 3 位：

```
NVIC_PriorityGroupConfig(NVIC_PriorityGroup_1);
```

④ NVIC_Init 函数：该函数根据 NVIC_InitStruct 中指定的参数初始化外设 NVIC 寄存器。

<table>
<tr><td>函数原型</td><td colspan="7">void NVIC_Init(NVIC_InitTypeDef* NVIC_InitStruct)</td></tr>
<tr><td>功能描述</td><td colspan="7">根据 NVIC_InitStruct 中指定的参数初始化外设 NVIC 寄存器</td></tr>
<tr><td>输入参数</td><td colspan="7">NVIC_InitStruct：指向结构体 NVIC_InitTypeDef 的指针，包含外设 NVIC 的配置信息</td></tr>
<tr><td>输入参数</td><td>无</td><td>返回值</td><td>无</td><td>先决条件</td><td>优先级分组只能设置一次</td><td>被调用函数</td><td>无</td></tr>
</table>

NVIC_InitTypeDef 结构体定义在 STM32 标准函数库文件中的 misc.h 头文件下，具体定义如下。

```
typedef struct
{
  uint8_t NVIC_IRQChannel;                          //中断通道
```

```
    uint8_t NVIC_IRQChannelPreemptionPriority;    //抢占优先级
    uint8_t NVIC_IRQChannelSubPriority;           //响应优先级
    FunctionalState NVIC_IRQChannelCmd;           //中断使能或失能
} NVIC_InitTypeDef;
```

每个 NVIC_InitTypeDef 结构体成员的功能和相应的取值如下。

- NVIC_IRQChannel。该成员用来使能或失能指定的 IRQ 通道。不同的中断对应不同的 IRQ 通道，在配置过程中一定不可写错，即使程序写错了也不会报错，只会导致不响应中断。NVIC_IRQChannel 的取值可以在 stm32f10x.h 头文件中的 IRQn_Type 结构体中找到。NVIC_IRQChannel 取值定义如表 4.10 所示。

表 4.10　NVIC_IRQChannel 取值定义

NVIC_IRQChannel 取值	功 能 描 述	NVIC_IRQChannel 取值	功 能 描 述
WWDG_IRQChannel	窗口看门狗中断	CAN_SCE_IRQChannel	CAN_SCE 中断
PVD_IRQChannel	PVD 通过 EXTI 探测中断	EXTI9_5_IRQChannel	外部中断线 9-5 中断
TAMPER_IRQChannel	篡改中断	TIM1_BRK_IRQn	TIM1 暂停中断
RTC_IRQChannel	RTC 全局中断	TIM1_UP_IRQChannel	TIM1 刷新中断
FLASHItf_IRQChannel	FLASH 全局中断	TIM1_TRG_COM_IRQChannel	TIM1 触发和通信中断
RCC_IRQChannel	RCC 全局中断	TIM1_CC_IRQChannel	TIM1 捕获比较中断
EXTI0_IRQChannel	外部中断线 0 中断	TIM2_IRQChannel	TIM2 全局中断
EXTI1_IRQChannel	外部中断线 1 中断	TIM3_IRQChannel	TIM3 全局中断
EXTI2_IRQChannel	外部中断线 2 中断	TIM4_IRQChannel	TIM4 全局中断
EXTI3_IRQChannel	外部中断线 3 中断	I2C1_EV_IRQChannel	I2C1 事件中断
EXTI4_IRQChannel	外部中断线 4 中断	I2C1_ER_IRQChannel	I2C1 错误中断
DMAChannel1_IRQChannel	DMA 通道 1 中断	I2C2_EV_IRQChannel	I2C2 事件中断
DMAChannel2_IRQChannel	DMA 通道 2 中断	I2C2_ER_IRQChannel	I2C2 错误中断
DMAChannel3_IRQChannel	DMA 通道 3 中断	SPI1_IRQChannel	SPI1 全局中断
DMAChannel4_IRQChannel	DMA 通道 4 中断	SPI2_IRQChannel	SPI2 全局中断
DMAChannel5_IRQChannel	DMA 通道 5 中断	USART1_IRQChannel	USARTl 全局中断
DMAChannel6_IRQChannel	DMA 通道 6 中断	USART2_IRQChannel	USART2 全局中断
DMAChannel7_IRQChannel	DMA 通道 7 中断	USART3_IRQChannel	USART3 全局中断
ADC_IRQChannel	ADC 全局中断	EXTI15_10_IRQChannel	外部中断线 15-10 中断
USB_HP_CANTX_IRQChannel	USB 高优先级或 CAN 发送中断	RTCAlarm_IRQChannel	RTC 闹钟通过 EXTI 线中断
USB_LP_CAN_RXO_IRQChannel	USB 低优先级或 CAN 接收 0 中断	USBWakeUp_IRQChannel	USB 通过 EXTI 线从悬挂唤醒中断
CAN_RX1_IRQChannel	CAN 接收 1 中断		

- NVIC_IRQChannelPreemptionPriority。该成员用来定义中断的抢占优先级，需要根据优先级分组来确定，不同分组对应的抢占优先级的取值范围在前面已经介绍过了，这里不再详述。

- NVIC_IRQChannelSubPriority。该成员用来定义中断的响应优先级，也需要根据优先级分组来确定。同样，不同分组对应的响应优先级的取值范围在前面也已经介绍过了。
- NVIC_IRQChannelCmd。该成员指定了成员 NVIC_IRQChannel 中定义的 IRQ 通道是使能（ENABLE）还是失能（DISABLE），操作的是 ISER 寄存器和 ICER 寄存器。

例如，设置优先级分组为第 1 组，并定义 USART1 串口中断的抢占优先级为 1，响应优先级为 5：

```
NVIC_InitTypeDef NVIC_InitStructure;
NVIC_PriorityGroupConfig(NVIC_PriorityGroup_1);                    //优先级分组为第 1 组
//定义 USART1 串口中断的抢占优先级为 1，响应优先级为 5
NVIC_InitStructure.NVIC_IRQChannel = USART1_IRQChannel;            //USART1 串口中断
NVIC_InitStructure.NVIC_IRQChannelPreemptionPriority = 1;          //抢占优先级为 1
NVIC_lnitStructure.NVIC_IRQChannelSubPriority = 5;                 //响应优先级位 5
NVIC_InitStructure.NVIC_IRQChannelCmd = ENABLE;                    //IRQ 通道使能
NVIC_Init(&NVIC_InitStructure);                        //根据上述参数初始化 NVIC 寄存器
```

⑤ NVIC_StructInit 函数：该函数把 NVIC_InitStruct 中的每个参数按默认值填入。

函数原型	void NVIC_StructInit(NVIC_InitTypeDef* NVIC_InitStruct)						
功能描述	把 NVIC_InitStruct 中的每个参数按默认值填入，其默认值如表 4.11 所示						
输入参数	NVIC_InitStruct：指向结构体 NVIC_InitTypeDef 的指针，待初始化						
输入参数	无	返回值	无	先决条件	优先级分组只能设置一次	被调用函数	无

表 4.11　NVIC_InitStruct 默认值

NVIC_InitStruct 成员	默　认　值	NVIC_InitStruct 成员	默　认　值
NVIC_IRQChannel	0x00（保留）	NVIC_IRQChannelPreemptionPriority	0
NVIC_IRQChannelSubPriority	0	NVIC_IRQChannelCmd	DISABLE

⑥ NVIC_SetIRQChannelPendingBit 函数：该函数设置指定的 IRQ 通道待处理位。

函数原型	void NVIC_SetIRQChannelPendingBit(uint8_t NVIC_IRQChannel)						
功能描述	设置指定的 IRQ 通道待处理位						
输入参数	NVIC_IRQChannel：待设置的 IRQ 通道待处理位						
输入参数	无	返回值	无	先决条件	无	被调用函数	无

例如，设置 SPI1 的 IRQ 通道待处理位：

```
NVIC_SetIRQChannelPendingBit(SPI1_IRQChannel);
```

（2）NVIC 使能类函数。

① NVIC_SETPRIMASK 函数：该函数用于使能 PRIMASK 优先级。

函数原型	void NVIC_SETPRIMASK(void)								
功能描述	使能 PRIMASK 优先级：提升执行优先级至 0								
输入参数	无	输出参数	无	返回值	无	先决条件	无	被调用函数	__SETPRIMASK()

例如，使能 PRIMASK 优先级：

```
NVIC_SETPRIMASK();
```

② NVIC_RESETPRIMASK 函数：该函数用于失能 PRIMASK 优先级。

函数原型:	void NVIC_RESETPRIMASK(void)								
功能描述:	失能 PRIMASK 优先级								
输入参数	无	输出参数	无	返回值	无	先决条件	无	被调用函数	__RESETPRIMASK()

例如，失能 PRIMASK 优先级：

```
NVIC_RESETPRIMASK();
```

③ NVIC_SETFAULTMASK 函数：该函数用于使能 FAULTMASK 优先级。

函数原型	void NVIC_SETFAULTMASK(void)								
功能描述	使能 FAULTMASK 优先级：提升执行优先级至-1								
输入参数	无	输出参数	无	返回值	无	先决条件	无	被调用函数	__SETFAULTMASK()

④ NVIC_RESETFAULTMASK 函数：该函数用于失能 FAULTMASK 优先级。

函数原型	void NVIC_RESETFAULTMASK(void)								
功能描述	失能 FAULTMASK 优先级								
输入参数	无	输出参数	无	返回值	无	先决条件	无	被调用函数	__RESETFAULTMASK()

⑤ NVIC_SystemHandlerConfig 函数：该函数用于使能或失能指定的系统 Handler。

函数原型	void NVIC_SystemHandlerConfig(uint32_t SystemHandler, FunctionalState NewState)						
功能描述	使能或失能指定的系统 Handler						
输入参数 1	SystemHandler：待使能或失能的系统 Handler，其取值定义如表 4.12 所示						
输入参数 2	NewState：指定系统 Handler 的新状态（可取 ENABLE 或 DISABLE）						
输入参数	无	返回值	无	先决条件	无	被调用函数	无

表 4.12　SystemHandler 取值定义

SystemHandler 取值	功 能 描 述
SystemHandler_MemoryMunage	存储器管理 Handler
SystemHandler_UsageFault	使用错误 Handler
SystemHandler_BusFault	总线错误 Handler

例如，使能存储器管理 Handler：

```
NVIC_SystemHandlerConfig(SystemHandler_MemoryMunage, ENABLE);
```

（3）NVIC 检查选择类函数。

① NVIC_ClearIRQChannelPendingBit 函数：该函数用于清除指定的 IRQ 通道待处理位。

函数原型	void NVIC_ClearIRQChannelPendingBit(uint8_t NVIC_IRQChannel)
功能描述	清除指定的 IRQ 通道待处理位
输入参数	NVIC_IRQChannel：待清除的 IRQ 通道待处理位

输入参数	无	返回值	无	先决条件	无	被调用函数	无

例如，清除 ADC 的 IRQ 通道待处理位：

```
NVIC_ClearIRQChannelPendingBit(ADC_IRQChannel);
```

② NVIC_GenerateSystemReset 函数：该函数用于产生一个系统复位。

函数原型	void NVIC_GenerateSystemReset(void)								
功能描述	产生一个系统复位								
输入参数	无	输出参数	无	返回值	无	先决条件	无	被调用函数	无

例如，使能 PRIMASK 优先级：

```
NVIC_SETPRIMASK();
```

③ NVIC_SystemLPConfig 函数：该函数用于选择系统进入低功耗模式的条件。

函数原型	void NVIC_SystemLPConfig(uint8_t LowPowerMode, FunctionalState NewState)						
功能描述	选择系统进入低功耗模式的条件						
输入参数 1	LowPowerMode：系统进入低功耗模式的新模式，其取值定义如表 4.13 所示						
输入参数 2	NewState：LP 条件的新状态（可取 ENABLE 或 DISABLE）						
输入参数	无	返回值	无	先决条件	无	被调用函数	无

表 4.13　LowPowerMode 取值定义

LowPowerMode 取值	功 能 描 述
NVIC_LP_SEVONPEND	根据待处理请求唤醒
NVIC_LP_SLEEPDEEP	深度睡眠使能
NVIC_LP_SLEEPONEXIT	退出 ISR 后睡眠

例如，选择从中断中唤醒系统：

```
NVIC_SystemLPConfig(NVIC_LP_SEVONPEND, ENABLE);
```

④ NVIC_GetSystemHandlerActiveBitStatus 函数：该函数用于检查指定的系统 Handler 活动位设置与否。

函数原型	ITStatus NVIC_GetSystemHandlerActiveBitStatus(uint32_t SystemHandler)						
功能描述	检查指定的系统 Handler 活动位设置与否						
输入参数	SystemHandler：待检查的系统 Handler 活动位，其取值定义如表 4.14 所示						
输入参数	无	返回值	系统 Handler 活动位的新状态(可取 SET 或 RESET)	先决条件	无	被调用函数	无

表 4.14　SystemHandler 取值定义

SystemHandler 取值	功 能 描 述	SystemHandler 取值	功 能 描 述
SystemHandler_MemoryMunage	存储器管理 Handler	SystemHandler_DebugMonitor	除错监控 Handler
SystemHandler_UsageFault	使用错误 Handler	SystemHandler_PSV	PSV Handler
SystemHandler_BusFault	总线错误 Handler	SystemHandler_SysTick	系统时基定时器 Handler
SystemHandler_SVCall	SVCall Handler		

例如，检查系统 Handler 的总线错误活动位设置与否：

```
ITStatus BusFaultHandlerStatus;
BusFaultHandlerStatus = NVIC_GetSystemHandlerActiveBitStatus(SystemHandler_
BusFault);
```

通过讲解上述几种常用的 NVIC 库函数，基本上就可以使用库函数编程实现中断配置的管理了。在一般的编程配置过程中，并不需要用到上述所有函数，在实际操作中需要注意以下三个编程要点。

- 使能外设某个中断，由具体外设的中断使能相关位进行控制，如串口有发送完成中断和接收完成中断，这两个中断的使能都由串口控制寄存器的中断使能位控制。
- 初始化 NVIC_InitTypeDef 结构体，配置中断优先级分组，设置抢占优先级和响应优先级、使能中断请求等。这部分工作在介绍 NVIC_Init 中断初始化函数的时候已经介绍过了，具体内容可以参照前面配置 USART1 串口中断的例程。
- 编写中断服务函数，在启动 startup_stm32f10x_hd.s 文件时，已经预先为每个中断编写了一个中断服务函数，只是这些中断函数都为空，目的是初始化中断向量列表。这些服务函数在实际应用中需要重新编写，为了方便管理把中断服务函数统一写在 stm32f10xit.c 库文件中。

注意：所编写的中断服务函数的函数名必须与启动文件中预先设置的一样，如果写错，则会在执行过程中找不到中断服务函数的入口，从而直接跳转到启动文件中的预先写好的空函数中，并且进行无限循环，无法实现中断。

以上简要介绍了 NVIC 中断管理与配置的相关概念与方法，如中断的初始化、分组设置、优先级管理、清除中断和查看中断状态等，并在介绍寄存器的基础上简要讲解了常用的 NVIC 库函数，这些知识在以后的嵌入式系统设计实践中会经常用到。

4.2.3　时钟系统与 RCC 控制器

1. STM32 的时钟系统

对于一个微控制器而言，时钟系统就像人的心跳一样重要。STM32 不像 51 单片机那样只需要一个系统时钟，它的时钟系统十分复杂。STM32 的时钟系统知识在《STM32F10x 中文参考手册》中的系统时钟部分有非常详细的讲解，这里只进行简要的总结介绍。

STM32 的时钟系统之所以设计得这么复杂，是因为 STM32 自身就非常复杂，它有非常多的外设，而且并不是所有外设都需要高的时钟频率，如看门狗和 RTC 只需要几十千赫兹的时钟频率。由于在同一个电路中，时钟频率越高，其功耗就越大，抗电磁干扰的能力也会减弱，所以较复杂的单片机一般采取多时钟源的方法来解决这些问题。STM32 的时钟系统图如图 4.1 所示。

从图 4.1 可以看出，STM32 共有 5 个时钟源，即 HSI、HSE、LSI、LSE 和 PLL。根据时钟频率高低，可以将时钟源分为高速时钟源和低速时钟源，其中 HSI、HSE 和 PLL 是高速时钟，LSI 和 LSE 是低速时钟。根据时钟来源不同，可以将时钟源分为外部时钟源和内部时钟源。外部时钟源需要通过外接晶振的方式获取时钟源，HSE 和 LSE 是外部时钟源；其他的是内部时钟源，不需要外接晶振。

下面逐一介绍 STM32 的 5 个时钟源。

（1）高速内部时钟源 HSI，使用 RC 振荡器，频率为 8MHz。

（2）高速外部时钟源 HSE，可以外接石英/陶瓷谐振器或接外部时钟源，频率范围为 4～16 MHz。

（3）低速内部时钟源 LSI，使用 RC 振荡器，频率为 40kHz。独立看门狗（IWDG）的时钟源只能采用 LSI，LSI 还可以作为实时时钟（Real Time Clock，RTC）的时钟源。

（4）低速外部时钟源 LSE，可以外接频率为 32.768kHz 的石英晶体，它主要作为 RTC 的时钟源。

（5）锁相环 PLL 时钟源，其时钟输入源可选择为 HSI/2、HSE 或 HSE/2，通过设置 PLL 的倍频因子，可以对 PLL 的时钟输入源进行倍频，倍频可选择为 2～16 倍，但是最大输出频率不要超过 72MHz。

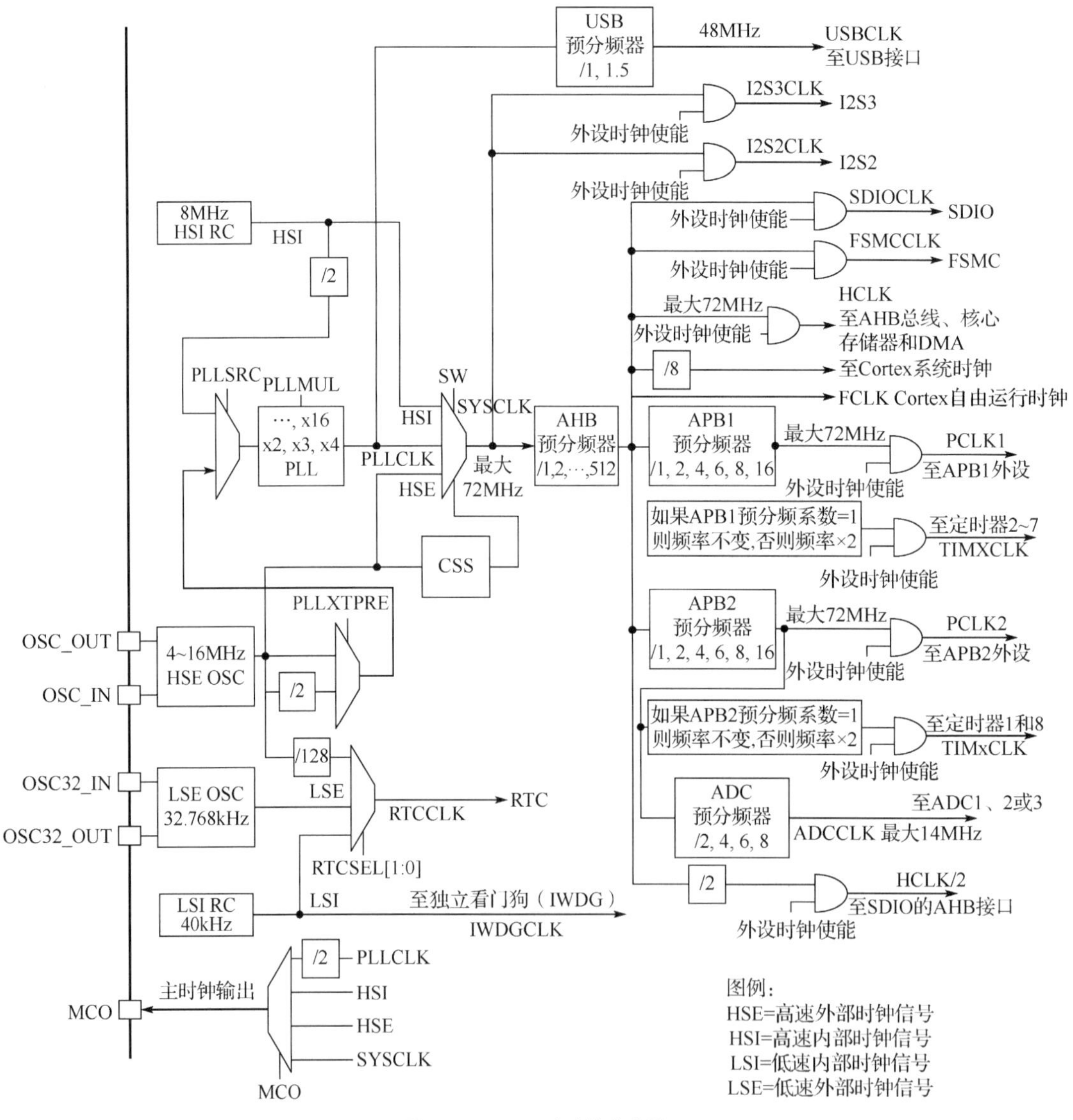

图 4.1　STM32 的时钟系统图

前面简要概括了 STM32 的 5 个时钟源，它们是如何给各个外设和系统提供时钟的呢？在控制

STM32 系统时钟时，需要配置时钟控制器 RCC 的相关寄存器。时钟控制器 RCC 的相关知识将在之后进行详细的介绍。下面逐一讲解如何设置时钟。

（1）系统时钟。

① 锁相环时钟 PLLCLK。前面已经提到了 PLL 的时钟输入源可选择为 HSI/2、HSE 或 HSE/2，而具体使用哪个输入源由时钟配置寄存器 RCC_CFGR 的 bit16，即 PLLSRC 决定，倍频因子由 RCC_CFGR 的 bit21～18，即 PLLMUL[3:0]进行设置。通常 PLL 的时钟来源为 HSE=8MHz，并将倍频因子设置为 9，此时 PLL 时钟频率 PLLCLK 应为 8×9=72MHz，72MHz 也是 ST 官方推荐的稳定运行时钟频率。

② 系统时钟 SYSCLK。系统时钟的来源可以是 HSI、PLLCLK 或 HSE，具体使用哪个输入源可以由时钟配置寄存器 RCC_CFGR 的 bit1～0，即 SW[1:0]设置，一般会选取 PLLCLK 作为系统时钟的来源，即通常取 SYSCLK=PLLCLK=72MHz。72MHz 是系统时钟的最大频率，当然也可以超频使用。但在一般情况下，为了保证系统稳定性，建议不要冒风险使用超频。

③ AHB 总线时钟 HCLK。系统时钟 SYSCLK 经过 AHB 预分频器分频之后得到的时钟称为 AHB 总线时钟，即 HCLK。分频因子可以是[1, 2, 4, 8, 16, 64, 128, 256, 512]，由时钟配置寄存器 RCC_CFGR 的 bit7～4，即 HPRE[3:0]进行设置，通常设置为 1 分频，即 HCLK=SYSCLK=72MHz。大部分片上外设的时钟是经过 HCLK 分频得到的，AHB 总线上外设的时钟设置为多少，需要等到使用该外设时再设置。

④ APB1 总线时钟 PCLK1。APB1 总线时钟 PCLK1 由 HCLK 经过低速 APB1 预分频器得到，分频因子可以是[1, 2, 4, 8, 16]，由时钟配置寄存器 RCC_CFGR 的 bit10～8，即 PRRE1[2:0]进行设置，通常设置为 2 分频，即 PCLK1=HCLK/2=36MHz。APB1 为低速外设总线，其总线时钟 PCLK1 的最高频率为 36MHz，在该总线上挂载着不同的片上低速外设，如电源接口、备份接口、CAN、USB、I^2C1、I^2C2、UART2 和 UART3 等。外设的时钟设置为多少，需要等到使用该外设时再设置。

⑤ APB2 总线时钟 PCLK2。APB2 总线时钟 PCLK2 由 HCLK 经过高速 APB2 预分频器得到，分频因子可以是[1, 2, 4, 8, 16]，由时钟配置寄存器 RCC_CFGR 的 bit13～11，即 PPRE2[2:0]进行设置，通常设置为 1 分频，即 PCLK2=HCLK=72MHz。APB2 为高速外设总线，其总线时钟 PCLK2 的最高频率为 72MHz，该总线上挂载着不同的片上高速外设，如 USART1、SPI1、Timer1、ADC1、ADC2 和全部 GPIO 等。外设的时钟设置为多少，需要等到使用该外设时再设置。

（2）其他时钟。

① USB 时钟。USB 时钟由 PLLCLK 经过 USB 预分频器得到，分频因子可以是 1 或 1.5，由时钟配置寄存器 RCC_CFGR 的 bit22，即 USBPRE 进行设置。USB 时钟的最高频率为 48MHz，根据分频因子推算，PLLCLK 只能是 48MHz 或 72MHz。通常设置 PLLCLK=72MHz，USBCLK=48MHz，即采用 1.5 分频。USB 对时钟要求比较高，所以 PLLCLK 只能由 HSE 倍频得到，而不能使用 HSI 倍频。

② Cortex 内核时钟。Cortex 内核时钟由 HCLK 进行 8 分频得到，为 9MHz。Cortex 内核时钟用来驱动内核的系统定时器 SysTick，SysTick 一般用于操作系统的时钟节拍，也可以用于普通定时。

③ ADC 时钟。ADC 时钟由 PCLK2 经过 ADC 预分频器得到，分频因子可以是[2, 4, 6, 8]，由时钟配置寄存器 RCC_CFGR 的 bit15～14，即 ADCPRE[1:0]进行设置。注意，这里没有 1 分频，并且 ADC 时钟频率最高为 14MHz。如果将 ADC 时钟设置为 14MHz，并将采样周期设置成最短（1.5 个周期），则

ADC 的转换时间将会达到最短，即 1μs，此时 PCLK2 的时钟频率只能是 28MHz、56MHz、84MHz 或 112MHz。由于 PCLK2 最高频率为 72MHz，所以为了使 ADC 的转换时间达到最短，PCLK2 时钟频率只能取 28MHz 或 56MHz。

④ RTC 时钟。从 STM32 的时钟系统图可以看出，RTC 时钟可由 HSE/128 分频得到，也可由低速外部时钟信号 LSE 提供，其频率为 32.768kHz，还可由低速内部时钟信号 LSI 提供。选用哪个时钟由备份域控制寄存器 RCC_BDCR 的 bit9～8，即 RTCSEL[1:0]进行设置。

⑤ 独立看门狗时钟。独立看门狗时钟由 LSI 提供，且只能由 LSI 提供。LSI 提供低速的内部时钟信号，频率为 30～60kHz，通常取 40kHz。

⑥ MCO 时钟输出。在 STM32F1 系列中，由 PA8 引脚复用得到的微控制器时钟输出（Microcontroller Clock Output，MCO）引脚的主要作用是对外提供时钟，相当于一个有源晶振。MCO 的时钟来源可以是 PLLCLK/2、HSI、HSE 或 SYSCLK，具体选哪个由时钟配置寄存器 RCC_CFGR 的 bit26～24，即 MC0[2:0]进行设置。该时钟输出引脚除了对外提供时钟，还可以通过未接示波器监控 MCO 引脚的时钟输出来验证系统时钟配置是否正确。

通过前面对 STM32 系统时钟与其他时钟的简要介绍，可以明确各个时钟源与时钟之间的对应关系。STM32 时钟系统的初始化是在 system_stm32f10x.c 文件的 SystemInit 函数中进行的，在 SystemInit 函数中默认设置的系统时钟大小如下。

① 锁相环时钟 PLLCLK=72MHz；

② 系统时钟 SYSCLK=72MHz；

③ AHB 总线时钟 HCLK（使用 SYSCLK）=72MHz；

④ APB1 总线时钟 PCLK1=36MHz；

⑤ APB2 总线时钟 PCLK2=72MHz。

在设置时钟时，一定要仔细参考 STM32 的时钟系统图，以避免出现不必要的错误。这里需要说明一下，STM32 的系统时钟默认是在 SystemInit 函数的 SetSysClock 函数中进行判断的，而其设置是通过宏定义进行的。SetSysClock 函数如下。

```
static void SetSysClock(void)
{
    #ifdef SYSCLK_FREQ_HSE
    SetSysClockToHSE();
    #elif defined SYSCLK_FREQ_24MHz
    SetSysClockTo24();
    #elif defined SYSCLK_FREQ_36MHz
    SetSysClockTo36();
    #elif defined SYSCLK_FREQ_48MHz
    SetSysClockTo48();
    #elif defined SYSCLK_FREQ_56MHz
    SetSysClockTo56();
    #elif defined SYSCLK_FREQ_72MHz
    SetSysClockTo72();
    #endif
}
```

上述代码非常简单，先判断宏定义的系统时钟频率为多少，再设置为相应的值。例如，默认的系统时钟频率为 72MHz，则设置如下。

```
#define SYSCLK_FREQ_72MHz  72000000
```

如果需要设置为 36MHz，则只需要注释掉上面的代码，然后加入以下代码。

```
#define SYSCLK_FREQ_36MHz  36000000
```

当设置好系统时钟后，可以通过变量 SystemCoreClock 获取系统时钟值。在 system_stm32f10x.c 文件中设置的代码如下。

```
#ifdef SYSCLK_FREQ_HSE
uint32_t SystemCoreClock= SYSCLK_FREQ_HSE;
#elif defined SYSCLK_FREQ_36MHz
uint32_t SystemCoreClock= SYSCLK_FREQ_36MHz;
#elif defined SYSCLK_FREQ_48MHz
uint32_t SystemCoreClock= SYSCLK_FREQ_48MHz;
#elif defined SYSCLK_FREQ_56MHz
uint32_t SystemCoreClock= SYSCLK_FREQ_56MHz;
#elif defined SYSCLK_FREQ_72MHz
uint32_t SystemCoreClock= SYSCLK_FREQ_72MHz;
#else
uint32_t SystemCoreClock= HSI_VALUE;
#endif
```

另外，前面介绍的时钟很多是带使能控制的，如 AHB 总线时钟、Cortex 内核时钟、各种 APB1 外设和 APB2 外设等。当需要使用某个模块时，需要先使能对应的时钟，这些内容在以后的嵌入式系统设计实例中再进一步讲解。

STM32 时钟系统除了初始化在 system_stm32f10x.c 文件中的 SystemInit 函数中进行配置，其他配置主要通过 stm32f10x_rcc.c 库文件来实现，打开这个文件就会发现很多 RCC 时钟配置函数。

2. RCC 时钟控制器

在前面讲解 STM32 时钟系统时，已经涉及了对 RCC 寄存器的相关配置。在 STM32 标准函数库中，RCC 也作为一个结构体，用于实现 STM32 时钟系统的相关配置。

RCC 寄存器说明如表 4.15 所示。

表 4.15　RCC 寄存器说明

RCC 寄存器	说　明	RCC 寄存器	说　明
RCC_CR	时钟控制寄存器	RCC_CFGR	时钟配置寄存器
RCC_CIR	时钟中断寄存器	RCC_APB2RESTR	APB2 外设复位寄存器
RCC_APB1RESTR	APB1 外设复位寄存器	RCC_AHBENR	AHB 外设时钟使能寄存器
RCC_APB2ENR	APB2 外设时钟使能寄存器	RCC_APB1ENR	APB1 外设时钟使能寄存器
RCC_BDCR	备份域控制寄存器	RCC_CSR	控制/状态寄存器

每个寄存器上的不同位被定义为不同的功能。例如，时钟配置寄存器 RCC_CFGR 不同位的定义如下。

（1）bit1～0 定义为 SW[1:0]，由软件置 1 或清 0 来选择系统的时钟源（SYSCLK）。

（2）bit3～2 定义为 SWS[1:0]，由硬件置 1 或清 0 来指示哪一个时钟源被作为系统时钟。

（3）bit7～4 定义为 HPRE[3:0]，由软件置 1 或清 0 来控制 AHB 时钟的预分频系数。

（4）bit10～8 定义为 PPRE1[2:0]，由软件置 1 或清 0 来控制低速 APB1 时钟（PCLK1）的预分频系数。

（5）bit13～11 定义为 PPRE2[2:0]，由软件置 1 或清 0 来控制高速 APB2 时钟（PCLK2）的预分频系数。

（6）bit15～14 定义为 ADCPRE[1:0]，由软件置 1 或清 0 来确定 ADC 的时钟频率。

（7）bit16 定义为 PLLSRC，由软件置 1 或清 0 来选择 PLL 的输入时钟源，只有在关闭 PLL 时才能写入此位。

（8）bit17 定义为 PLLXTPRE，由软件置 1 或清 0 来选择 PREDIV1 分频因子的最低位。

（9）bit21～18 定义为 PLLMUL[3:0]，由软件设置来确定 PLL 的倍频系数，只有在 PLL 关闭的情况下才可被写入。

（10）bit22 定义为 OTGFSPRE，由软件置 1 或清 0 来产生 48MHz 的全速 USB OTG 时钟。在 RCC_APB1ENR 寄存器使能全速 OTG 时钟之前，必须保证该位已经有效。如果全速 OTG 时钟被使能，则该位不能被清 0。

（11）bit27～24 定义为 MCO[3:0]，由软件置 1 或清 0 来设置微控制器的时钟输出。

（12）bit31～28 为保留位，始终读为 0。

RCC 寄存器组中各个寄存器的功能与配置方法的详细描述可以参考《STM32F10x 中文参考手册》中的 RCC 寄存器部分，这里不再详述。

在实际的嵌入式系统设计过程中，主要采用 RCC 库函数完成相关寄存器的配置工作，进而配置 STM32 的时钟系统，如时钟设置、外设复位和时钟管理等。RCC 相关库函数放在 stm32f10x_rcc.c 库文件中，常用的 RCC 库函数有 32 个，如表 4.16 所示。

表 4.16　常用的 RCC 库函数

函　数　名	功 能 描 述
RCC_DeInit	将外设 RCC 寄存器重设为默认值
RCC_HSEConfig	设置外部高速晶振（HSE）
RCC_WaitForHSEStartUp	等待 HSE 起振
RCC_AdjustHSICalibrationValue	调整内部高速晶振（HSI）校准值
RCC_HSICmd	使能或失能内部高速晶振（HSI）
RCC_PLLConfig	设置 PLL 时钟源和倍频系数
RCC_PLLCmd	使能或失能 PLL
RCC_SYSCLKConfig	设置系统时钟（SYSCLK）
RCC_GetSYSCLKSource	返回用作系统时钟的时钟源

续表

函　数　名	功　能　描　述
RCC_HCLKConfig	设置 AHB 时钟（HCLK）
RCC_PCLK1Config	设置低速 AHB 时钟（APB1 总线时钟 PCLK1）
RCC_PCLK2Config	设置高速 AHB 时钟（APB2 总线时钟 PCLK2）
RCC_ITConfig	使能或失能指定的 RCC 中断
RCC_USBCLKConfig	设置 USB 时钟（USBCLK）
RCC_ADCCLKConfig	设置 ADC 时钟（ADCCLK）
RCC_LSEConfig	设置外部低速晶振（LSE）
RCC_LSICmd	使能或失能内部低速晶振（LSI）
RCC_RTCCLKConfig	设置 RTC 时钟（RTCCLK）
RCC_RTCCLKCmd	使能或失能 RTC 时钟
RCC_GetClocksFreq	返回不同片上时钟的频率
RCC_AHBPeriphClockCmd	使能或失能 AHB 外设时钟
RCC_APB2PeriphClockCmd	使能或失能 APB2 外设时钟
RCC_APB1PeriphClockCmd	使能或失能 APB1 外设时钟
RCC_APB2PeriphResetCmd	强制或释放高速 APB（APB2）外设复位
RCC_APB1PeriphResetCmd	强制或释放低速 APB（APB1）外设复位
RCC_BackupResetCmd	强制或释放后备域复位
RCC_ClockSecuritySystemCmd	使能或失能时钟安全系统
RCC_MCOConfig	选择在 MCO 引脚上输出的时钟源
RCC_GetFlagStatus	检查指定的 RCC 标志位设置与否
RCC_ClearFlag	清除 RCC 的复位标志位
RCC_GetITStatus	检查指定的 RCC 中断发生与否
RCC_ClearITPendingBit	清除 RCC 的中断待处理位

下面简要介绍主要的 RCC 库函数。

（1）RCC 初始化相关函数。

① RCC_DeInit 函数：该函数将外设 RCC 寄存器重设为默认值。

函数原型	void RCC_DeInit(void)								
功能描述	将外设 RCC 寄存器重设为默认值								
输入参数	无	输出参数	无	返回值	无	先决条件	无	被调用函数	无

例如，将 RCC 寄存器配置为默认值：

```
RCC_DeInit();
```

② RCC_ClearFlag 函数：该函数用于清除 RCC 的复位标志位。

函数原型	void RCC_ClearFlag(void)
功能描述	清除 RCC 的复位标志位

输入参数	无	输出参数	无	返回值	无	先决条件	无	被调用函数	无
可清除的复位标志	RCC_FLAG_PINRST、RCC_FLAG_PORRST、RCC_FLAG_SFTRST、RCC_FLAG_IWDGRST、RCC_FLAG_WWDGRST 和 RCC_FLAG_LPWRRST								

例如，清除复位标志位：

```
RCC_ClearFlag();
```

③ RCC_GetFlagStatus 函数：该函数用于检查指定的 RCC 标志位设置与否。

函数原型	FlagStatus RCC_GetFlagStatus(uint8_t RCC_FLAG)		
功能描述	检查指定的 RCC 标志位设置与否		
输入参数	RCC_FLAG：待检查的 RCC 标志位，其取值定义如表 4.17 所示		
输出参数	无	返回值	RCC_FLAG 的新状态（可取 SET 或 RESET）;
先决条件	无	被调用函数	无

表 4.17　RCC_FLAG 取值定义

RCC_FLAG 取值	功 能 描 述	RCC_FLAG 取值	功 能 描 述
RCC_FLAG_HSIRDY	HSI 晶振就绪	RCC_FLAG_PORRST	POR/PDR 复位
RCC_FLAG_HSERDY	HSE 晶振就绪	RCC_FLAG_SFTRST	软件复位
RCC_FLAG_PLLRDY	PLL 就绪	RCC_FLAG_IWDGRST	IWDG 复位
RCC_FLAG_LSERDY	LSE 晶振就绪	RCC_FLAG_WWDGRST	WWDG 复位
RCC_FLAG_LSIRDY	LSI 晶振就绪	RCC_FLAG_LPWRRST	低功耗复位
RCC_FLAG_PINRST	引脚复位		

例如，检查 PLL 时钟是否准备就绪：

```
FlagStarus Status;
Status = RCC_GetFlagStatus(RCC_FLAG_PLLRDY);
if(Status == RESET)
{
    //做相关处理
}
else
{
    //做相关处理
}
```

（2）配置高速时钟源相关函数。

① RCC_HSEConfig 函数：该函数用于设置外部高速晶振（HSE）。

函数原型	void RCC_HSEConfig(uint32_t RCC_HSE)			
功能描述	设置外部高速晶振（HSE）			
输入参数	RCC_HSE：HSE 的新状态，其状态定义如表 4.18 所示			
输出参数	无	返回值	无	
先决条件	若 HSE 被直接或通过 PLL 用于系统时钟，则不能被停振	被调用函数	无	

表 4.18　RCC_HSE 状态定义

RCC_HSE 取值	功 能 描 述
RCC_HSE_OFF	HSE 晶振 OFF
RCC_HSE_ON	HSE 晶振 ON
RCC_HSE_Bypass	HSE 晶振被外部时钟旁路

例如，打开外部高速晶振（HSE）：

```
RCC_HSEConfig(RCC_HSE_ON);
```

② RCC_WaitForHSEStartUp 函数：该函数用于等待 HSE 起振。

函数原型	ErrorStatus RCC_WaitForHSEStartUp(void)						
功能描述	等待 HSE 起振（等待直到 HSE 就绪或在超时的情况下退出）						
输入参数	无	输出参数	无	先决条件	无	被调用函数	无
返 回 值	若 HSE 晶振稳定且就绪，则返回 SUCCESS；若 HSE 晶振未就绪，则返回 ERROR						

RCC_WaitForHSEStartUp 的使用步骤如下。

```
ErrorStatus HSEStartUpStatus;
RCC_HSEConfig(RCC_HSE_ON);                       //使能 HSE
HSEStartUpStatus = RCC_WaitForHSEStartUp(); //等待直到 HSE 就绪或在超时的情况下退出

if(HSEStartUpStatus = SUCCESS)
{
    //加入 PLL 和系统时钟的定义
}
else
{
    //加入超时错误处理
}
```

③ RCC_HSICmd 函数：该函数用于使能或失能内部高速晶振（HSI）。

函数原型	void RCC_HSICmd(FunctionalState NewState)				
功能描述	使能或失能内部高速晶振（HSI）				
输入参数	NewState：HSI 的新状态（可取 ENABLE 或 DISABLE）				
输出参数	无	返回值	无	被调用函数	无
先决条件	若 HSI 被直接或通过 PLL 用于系统时钟，或者 FLASH 编写操作进行中，则不能被停振				

例如，使能内部高速晶振（HSI）：

```
RCC_HSICmd(ENABLE);
```

（3）设置 PLL 时钟源和倍频系数。

① RCC_PLLConfig 函数：该函数用于设置 PLL 时钟源和倍频系数。

函数原型	void RCC_PLLConfig(uint32_t RCC_PLLSource, uint32_t RCC_PLLMul)						
功能描述	设置 PLL 时钟源和倍频系数						
输入参数 1	RCC_PLLSource：PLL 的输入时钟源，其取值定义如表 4.19 所示						
输入参数 2	RCC_PLLMul：PLL 的倍频系数，其取值定义如表 4.20 所示						
输入参数	无	返回值	无	先决条件	无	被调用函数	无

表 4.19 RCC_PLLSource 取值定义

RCC_PLLSource 取值	功 能 描 述
RCC_PLLSource_HSI_Div2	PLL 的输入时钟 = HSI 时钟频率/2
RCC_PLLSource_HSE_Div1	PLL 的输入时钟 = HSE 时钟频率
RCC_PLLSource_HSE_Div2	PLL 的输入时钟 = HSE 时钟频率/2

表 4.20 RCC_PLLMul 取值定义

RCC_PLLMul 取值	功 能 描 述	RCC_PLLMul 取值	功 能 描 述
RCC_PLLMul_2	PLL 输入时钟×2	RCC_PLLMul_10	PLL 输入时钟×10
RCC_PLLMul_3	PLL 输入时钟×3	RCC_PLLMul_11	PLL 输入时钟×11
RCC_PLLMul_4	PLL 输入时钟×4	RCC_PLLMul_12	PLL 输入时钟×12
RCC_PLLMul_5	PLL 输入时钟×5	RCC_PLLMul_13	PLL 输入时钟×13
RCC_PLLMul_6	PLL 输入时钟×6	RCC_PLLMul_14	PLL 输入时钟×14
RCC_PLLMul_7	PLL 输入时钟×7	RCC_PLLMul_15	PLL 输入时钟×15
RCC_PLLMul_8	PLL 输入时钟×8	RCC_PLLMul_16	PLL 输入时钟×16
RCC_PLLMul_9	PLL 输入时钟×9		

注意：这里必须正确使用设置，使 PLL 输出时钟频率不得超过 72MHz。

例如，设置 PLL 时钟源为外部高速晶振 HSE（8MHz），并设置 PLL 时钟输出为 72MHz：

```
RCC_PLLConfig(RCC_PLLSource_HSE_Div1, RCC_PLLMul_9);
```

② RCC_PLLCmd 函数：该函数用于使能或失能 PLL。

函数原型	void RCC_PLLCmd(FunctionalState NewState)						
功能描述	使能或失能 PLL						
输入参数	NewState：PLL 的新状态（可取 ENABLE 或 DISABLE）						
输入参数	无	返回值	无	先决条件	如果 PLL 用于系统时钟，那么它必须正常	被调用函数	无

例如，使能 PLL 时钟：

```
RCC_PLLCmd(ENABLE);
```

（4）设置系统时钟相关函数。

① RCC_SYSCLKConfig 函数：该函数用于设置系统时钟（SYSCLK）。

函数原型	void RCC_SYSCLKConfig(uint32_t RCC_SYSCLKSource)						
功能描述	设置系统时钟（SYSCLK）						
输入参数	RCC_SYSCLKSource：用作系统时钟的时钟源，其取值定义如表 4.21 所示						
输入参数	无	返回值	无	先决条件	无	被调用函数	无

表 4.21 RCC_SYSCLKSource 取值定义

RCC_SYSCLKSource 取值	功 能 描 述
RCC_SYSCLKSource_HSI	选择 HSI 作为系统时钟

续表

RCC_SYSCLKSource 取值	功 能 描 述
RCC_SYSCLKSource_HSE	选择 HSE 作为系统时钟
RCC_SYSCLKSource_PLLCLK	选择 PLL 作为系统时钟

例如，选择 PLL 作为系统时钟的时钟源：

```
RCC_SYSCLKConfig(RCC_SYSCLKSource_PLLCLK);
```

② RCC_GetSYSCLKSource 函数：该函数用于返回用作系统时钟的时钟源。

函数原型	uint8_t RCC_GetSYSCLKSource(void)						
功能描述	返回用作系统时钟的时钟源						
输入参数	无	输出参数	无	先决条件	无	被调用函数	无
返 回 值	HSI 作为系统时钟返回 0x00，HSE 作为系统时钟返回 0x04，PLL 作为系统时钟返回 0x08						

例如，检测外部高速时钟 HSE 是否作为系统时钟源：

```
uint8_t Status;
Status = RCC_GetSYSCLKSource();
if(Status != 0x04)
{
    //做相关处理
}
else
{
    //做相关处理
}
```

（5）设置 AHB 时钟相关函数。

① RCC_HCLKConfig 函数：该函数用于设置 AHB 时钟（HCLK）。

函数原型	void RCC_HCLKConfig(uint32_t RCC_HCLK)						
功能描述	设置 AHB 时钟（HCLK）						
输入参数	RCC_HCLK：定义 HCLK，该时钟取自系统时钟 SYSCLK，其取值定义如表 4.22 所示						
输出参数	无	返回值	无	先决条件	无	被调用函数	无

表 4.22　RCC_HCLK 取值定义

RCC_HCLK 取值	功 能 描 述	RCC_HCLK 取值	功 能 描 述
RCC_SYSCLK_Div1	AHB 时钟 = 系统时钟	RCC_SYSCLK_Div64	AHB 时钟 = 系统时钟/64
RCC_SYSCLK_Div2	AHB 时钟 = 系统时钟/2	RCC_SYSCLK_Div128	AHB 时钟 = 系统时钟/128
RCC_SYSCLK_Div4	AHB 时钟 = 系统时钟/4	RCC_SYSCLK_Div256	AHB 时钟 = 系统时钟/256
RCC_SYSCLK_Div8	AHB 时钟 = 系统时钟/8	RCC_SYSCLK_Div512	AHB 时钟 = 系统时钟/512
RCC_SYSCLK_Div16	AHB 时钟 = 系统时钟/16		

例如，设置 AHB 时钟为系统时钟：

```
RCC_HCLKConfig(RCC_SYSCLK_Div1);
```

② RCC_PCLK1Config 函数：该函数用于设置低速 AHB 时钟（APB1 总线时钟 PCLK1）。

函数原型	void RCC_PCLK1Config(uint32_t RCC_PCLK1)

功能描述	设置低速 AHB 时钟（APB1 总线时钟 PCLK1）						
输入参数	RCC_PCLK1：定义 PCLK1，该时钟取自 AHB 时钟 HCLK，其取值定义如表 4.23 所示						
输出参数	无	返回值	无	先决条件	无	被调用函数	无

表 4.23　RCC_PCLK1 取值定义

RCC_PCLK1 取值	功 能 描 述
RCC_HCLK_Div1	PCLK1 时钟 ＝ HCLK
RCC_HCLK_Div2	PCLK1 时钟 ＝ HCLK/2
RCC_HCLK_Div4	PCLK1 时钟 ＝ HCLK/4
RCC_HCLK_Div8	PCLK1 时钟 ＝ HCLK/8
RCC_HCLK_Div16	PCLK1 时钟 ＝ HCLK/16

例如，设置 PCLK1 时钟为系统时钟的 1/2：

```
RCC_PCLK1Config(RCC_HCLK_Div2);
```

③ RCC_PCLK2Config 函数：该函数用于设置高速 AHB 时钟（APB2 总线时钟 PCLK2）。

函数原型	void RCC_PCLK2Config(uint32_t RCC_PCLK2)						
功能描述	设置高速 AHB 时钟（APB2 总线时钟 PCLK2）						
输入参数	RCC_PCLK2：定义 PCLK2，该时钟取自 AHB 时钟 HCLK，其取值定义如表 4.24 所示						
输出参数	无	返回值	无	先决条件	无	被调用函数	无

表 4.24　RCC_PCLK2 取值定义

RCC_PCLK2 取值	功 能 描 述
RCC_HCLK_Div1	PCLK2 时钟 ＝ HCLK
RCC_HCLK_Div2	PCLK2 时钟 ＝ HCLK/2
RCC_HCLK_Div4	PCLK2 时钟 ＝ HCLK/4
RCC_HCLK_Div8	PCLK2 时钟 ＝ HCLK/8
RCC_HCLK_Div16	PCLK2 时钟 ＝ HCLK/16

例如，设置 PCLK2 时钟为系统时钟：

```
RCC_PCLK2Config(RCC_HCLK_Div1);
```

④ RCC_AHBPeriphClockCmd 函数：该函数用于使能或失能 AHB 外设时钟。

函数原型	void RCC_AHBPeriphClockCmd(uint32_t RCC_AHBPeriph, FunctionalState NewState)						
功能描述	使能或失能 AHB 外设时钟						
输入参数 1	RCC_AHBPeriph：门控 AHB 外设时钟，其取值定义如表 4.25 所示						
输入参数 2	NewState：外设时钟的新状态（可取 ENABLE 或 DISABLE）						
输出参数	无	返回值	无	先决条件	无	被调用函数	无

表 4.25　RCC_AHBPeriph 取值定义

RCC_AHBPeriph 取值	功 能 描 述
RCC_AHBPeriph_DMA	DMA 时钟
RCC_AHBPeriph_SRAM	SRAM 时钟
RCC_AHBPeriph_FLITF	FLITF 时钟

例如，使能 DMA 时钟源：

```
RCC_AHBPeriphClockCmd(RCC_AHBPeriph_DMA, ENABLE);
```

⑤ RCC_APB1PeriphClockCmd 函数：该函数用于使能或失能 APB1 外设时钟。

函数原型	void RCC_APB1PeriphClockCmd(uint32_t RCC_APB1Periph, FunctionalState NewState)						
功能描述	使能或失能 APB1 外设时钟						
输入参数 1	RCC_APB1Periph：门控 APB1 外设时钟，其取值定义如表 4.26 所示，可以组合						
输入参数 2	NewState：指定外设时钟的新状态（可取 ENABLE 或 DISABLE）						
输出参数	无	返回值	无	先决条件	无	被调用函数	无

表 4.26　RCC_APB1Periph 取值定义

RCC_APB1Periph 取值	功 能 描 述	RCC_APB1Periph 取值	功 能 描 述
RCC_APB1Periph_TIM2	TIM2 时钟	RCC_APB1Periph_I2C1	I2C1 时钟
RCC_APB1Periph_TIM3	TIM3 时钟	RCC_APB1Periph_I2C2	I2C2 时钟
RCC_APB1Periph_TIM4	TIM4 时钟	RCC_APB1Periph_USB	USB 时钟
RCC_APB1Periph_WWDG	WWDG 时钟	RCC_APB1Periph_CAN	CAN 时钟
RCC_APB1Periph_SPI2	SPI2 时钟	RCC_APB1Periph_BKP	BKP 时钟
RCC_APB1Periph_USART2	USART2 时钟	RCC_APB1Periph_PWR	PWR 时钟
RCC_APB1Periph_USART3	USART3 时钟	RCC_APB1Periph_ALL	全部 APB1 外设时钟

例如，使能 BKP 和 PWR 时钟源：

```
RCC_RCC_APB1PeriphClockCmd(RCC_APB1Periph_BKP | RCC_APB1Periph_PWR, ENABLE);
```

⑥ RCC_APB2PeriphClockCmd 函数：该函数用于使能或失能 APB2 外设时钟。

函数原型	void RCC_APB2PeriphClockCmd(uint32_t RCC_APB2Periph, FunctionalState NewState)						
功能描述	使能或失能 APB2 外设时钟						
输入参数 1	RCC_APB2Periph：门控 APB2 外设时钟，其取值定义如表 4.27 所示，可以组合						
输入参数 2	NewState：指定外设时钟的新状态（可取 ENABLE 或 DISABLE）						
输出参数	无	返回值	无	先决条件	无	被调用函数	无

表 4.27　RCC_APB2Periph 取值定义

RCC_APB2Periph 取值	功 能 描 述	RCC_APB2Periph 取值	功 能 描 述
RCC_APB2Periph_AFIO	复用 I/O 时钟	RCC_APB2Periph_GPIOG	GPIOG 时钟
RCC_APB2Periph_GPIOA	GPIOA 时钟	RCC_APB2Periph_ADC1	ADC1 时钟
RCC_APB2Periph_GPIOB	GPIOB 时钟	RCC_APB2Periph_ADC2	ADC2 时钟
RCC_APB2Periph_GPIOC	GPIOC 时钟	RCC_APB2Periph_TIM1	TIM1 时钟
RCC_APB2Periph_GPIOD	GPIOD 时钟	RCC_APB2Periph_SPI1	SPI1 时钟
RCC_APB2Periph_GPIOE	GPIOE 时钟	RCC_APB2Periph_USART1	USART1 时钟
RCC_APB2Periph_GPIOF	GPIOF 时钟	RCC_APB2Periph_ALL	全部 APB2 外设时钟

例如，使能 GPIOA 和 SPI1 时钟源：

```
RCC_RCC_APB2PeriphClockCmd(RCC_APB2Periph_GPIOA | RCC_APB2Periph_SPI1, ENABLE);
```

（6）设置 USB/ADC 时钟相关函数。

① RCC_USBCLKConfig 函数：该函数用于设置 USB 时钟（USBCLK）。

函数原型	void RCC_USBCLKConfig(uint32_t RCC_USBCLKSource)						
功能描述	设置 USB 时钟（USBCLK）						
输入参数	RCC_USBCLKSource：定义 USBCLK，该时钟源自 PLL 输出，其取值定义如表 4.28 所示						
输出参数	无	返回值	无	先决条件	无	被调用函数	无

表 4.28　RCC_USBCLKSource 取值定义

RCC_USBCLKSource 取值	功 能 描 述
RCC_USBCLKSource_PLLCLK_1Div5	USB 时钟 = PLL 时钟/1.5
RCC_USBCLKSource_PLLCLK_Div1	USB 时钟 = PLL 时钟

例如，设置 USB 时钟为 PLL 时钟的 1/1.5：

```
RCC_USBCLKConfig(RCC_USBCLKSource_PLLCLK_1Div5);
```

② RCC_ADCCLKConfig 函数：该函数用于设置 ADC 时钟（ADCCLK）。

函数原型	void RCC_ADCCLKConfig(uint32_t RCC_ADCCLKSource)						
功能描述	设置 ADC 时钟（ADCCLK）						
输入参数	RCC_ADCCLKSource：定义 ADCCLK，该时钟源自 PCLK2，其取值定义如表 4.29 所示						
输出参数	无	返回值	无	先决条件	无	被调用函数	无

表 4.29　RCC_ADCCLKSource 取值定义

RCC_ADCCLKSource 取值	功 能 描 述
RCC__PCLK2_Div2	ADC 时钟 = PCLK2/2
RCC__PCLK2_Div4	ADC 时钟 = PCLK2/4
RCC__PCLK2_Div6	ADC 时钟 = PCLK2/6
RCC__PCLK2_Div8	ADC 时钟 = PCLK2/8

例如，设置 ADC 时钟为 PCLK2 时钟的 1/2：

```
RCC_ADCCLKConfig(RCC__PCLK2_Div2);
```

（7）配置低速时钟源相关函数。

① RCC_LSEConfig 函数：该函数用于设置外部低速晶振（LSE）。

函数原型	void RCC_LSEConfig(uint32_t RCC_LSE)						
功能描述	设置外部低速晶振（LSE）						
输入参数	RCC_LSE：LSE 的新状态，其状态定义如表 4.30 所示						
输出参数	无	返回值	无	先决条件	无	被调用函数	无

表 4.30　RCC_LSE 状态定义

RCC_LSE 取值	功 能 描 述
RCC_LSE_OFF	LSE 晶振 OFF
RCC_LSE_ON	LSE 晶振 ON
RCC_LSE_Bypass	LSE 晶振被外部时钟旁路

例如，打开外部低速晶振 LSE：

```
RCC_LSEConfig(RCC_LSE_ON);
```

② RCC_LSICmd 函数：该函数用于使能或失能内部低速晶振（LSI）。

函数原型	void RCC_LSICmd(FunctionalState NewState)			
功能描述	使能或失能内部低速晶振（LSI）			
输入参数	NewState：LSI 的新状态（可取 ENABLE 或 DISABLE）			
输出参数	无	返回值	无	
先决条件	若 IWDG 正在运行，则 LSI 不能被失能	被调用函数	无	

例如，使能内部低速晶振 LSI：

```
RCC_LSICmd(ENABLE);
```

（8）设置 RTC 时钟相关函数。

① RCC_RTCCLKConfig 函数：该函数用于设置 RTC 时钟（RTCCLK）。

函数原型	void RCC_RTCCLKConfig(uint32_t RCC_RTCCLKSource)			
功能描述	设置 RTC 时钟（RTCCLK）			
输入参数	RCC_RTCCLKSource：定义 RTCCLK，其取值定义如表 4.31 所示			
输出参数	无	返回值	无	
先决条件	RTC 时钟一经选定就不能更改，除非复位	被调用函数	无	

表 4.31　RCC_RTCCLKSource 取值定义

RCC_RTCCLKSource 取值	功 能 描 述
RCC_RTCCLKSource_LSE	选择 LSE 作为 RTC 时钟
RCC_RTCCLKSource_LSI	选择 LSI 作为 RTC 时钟
RCC_RTCCLKSource_HSE_Div128	选择 HSE 时钟频率的 1/128 作为 RTC 时钟

例如，选择 LSE 作为 RTC 时钟源：

```
RCC_RTCCLKConfig(RCC_RTCCLKSource_LSE);
```

② RCC_RTCCLKCmd 函数：该函数用于使能或失能 RTC 时钟。

函数原型	void RCC_RTCCLKCmd(FunctionalState NewState)
功能描述	使能或失能 RTC 时钟
输入参数	NewState：RTC 时钟的新状态（可取 ENABLE 或 DISABLE）

输出参数	无	返回值	无		
先决条件	必须先选定 RTC 时钟，才能调用			被调用函数	无

例如，使能 RTC 时钟源：

```
RCC_RTCCLKCmd(ENABLE);
```

（9）RCC 中断相关函数。

① RCC_ITConfig 函数：该函数用于使能或失能指定的 RCC 中断。

函数原型	void RCC_ITConfig(uint8_t RCC_IT, FunctionalState NewState)						
功能描述	使能或失能指定的 RCC 中断						
输入参数 1	RCC_IT：待使能或失能的 RCC 中断源，其取值定义 1 如表 4.32 所示						
输入参数 2	NewState：RTC 中断的新状态（可取 ENABLE 或 DISABLE）						
输出参数	无	返回值	无	先决条件	无	被调用函数	无

表 4.32　RCC_IT 取值定义 1

RCC_IT 取值	功 能 描 述	RCC_IT 取值	功 能 描 述
RCC_IT_LSIRDY	LSI 就绪中断	RCC_IT_HSERDY	HSE 就绪中断
RCC_IT_LSERDY	LSE 就绪中断	RCC_IT_PLLRDY	PLL 就绪中断
RCC_IT_HSIRDY	HSI 就绪中断		

例如，使能 PLL 准备中断：

```
RCC_ITConfig(RCC_IT_PLLRDY, ENABLE);
```

② RCC_GetITStatus 函数：该函数用于检查指定的 RCC 中断发生与否。

函数原型	ITStatus RCC_GetITStatus(uint8_t RCC_IT)				
功能描述	检查指定的 RCC 中断发生与否				
输入参数	RCC_IT：待检查的 RCC 中断源，其取值定义 2 如表 4.33 所示				
输出参数	无	先决条件	无	被调用函数	无
返 回 值	RCC_IT 的新状态（可取 SET 或 RESET）				

表 4.33　RCC_IT 取值定义 2

RCC_IT 取值	功 能 描 述	RCC_IT 取值	功 能 描 述
RCC_IT_LSIRDY	LSI 就绪中断	RCC_IT_HSERDY	HSE 就绪中断
RCC_IT_LSERDY	LSE 就绪中断	RCC_IT_PLLRDY	PLL 就绪中断
RCC_IT_HSIRDY	HSI 就绪中断	RCC_IT_CSS	时钟安全系统中断

例如，检查 PLL 中断是否发生：

```
ITStarus Status;
Status = RCC_GetITStatus(RCC_IT_PLLRDY);
if(Status == RESET)
{
    //做相关处理
```

```
}
else
{
    //做相关处理
}
```

③ RCC_ClearITPendingBit 函数：该函数用于清除 RCC 的中断待处理位。

函数原型	void RCC_ClearITPendingBit(uint8_t RCC_IT)					
功能描述	清除 RCC 的中断待处理位					
输入参数	RCC_IT：待清除的 RCC 中断源，其取值定义如表 4.33 所示					
输出参数	无	返回值	无	先决条件	无	被调用函数	无

例如，清除 PLL 中断位：

```
RCC_ClearITPendingBit(RCC_IT_PLLRDY);
```

上述就是主要的 RCC 库函数，在以后的嵌入式系统设计过程中会经常用到。通过对时钟系统和时钟控制器 RCC 的讲解，了解了 STM32 时钟源和各个时钟的特性功能及其配置方法。时钟系统及其相关配置对于 STM32 嵌入式系统设计是至关重要，在嵌入式系统设计实践前，一定要熟练掌握。

在熟悉了 C 语言的相关操作和 STM32 基本知识后，就能够进行简单的 STM32 实例程序设计了。下一章将正式开始讲解嵌入式系统设计实践。

第 5 章

GPIO 端口与外部中断

对于 STM32 嵌入式系统设计而言，最简单和最基本的就是实现对 GPIO（General Purpose Input Output）端口，即通用 I/O 端口的高低电平控制。本章将从 GPIO 端口的电平控制开始，逐步讲解如何实现 GPIO 端口的输入输出和如何控制 STM32 的外部中断，从而开启 STM32 嵌入式系统设计之旅。GPIO 端口与外部中断在 STM32 嵌入式系统设计中占据着非常重要的地位。简单地说，GPIO 端口就是 STM32 的可控制引脚，将 STM32 芯片的 GPIO 端口与外设连接起来即可实现与外部通信、控制和数据采集等功能；而外部中断控制保证 STM32 嵌入式系统中出现的紧急事件能够在第一时间得到处理，保证系统的协调性与稳定性。熟练掌握 GPIO 端口和中断系统的操作与应用，是 STM32 嵌入式系统设计与实践最基础、最重要的部分之一。

5.1 STM32 的 GPIO 端口

5.1.1 GPIO 端口功能与结构

1. GPIO 端口的主要功能

STM32 的 GPIO 端口被分成很多组，每组有 16 个引脚，本书所介绍的 STM32F103ZET6 芯片有 GPIOA～GPIOG 7 组 GPIO 端口，所有 GPIO 端口都具有基本的输入输出功能。下面简要介绍一下相关功能和使用要点。

（1）控制具体端口引脚输出高/低电平，实现开关控制或产生 PWM（脉冲宽度调制）等。

（2）能够实现单独的位设置或位清除，且编程较为简单。

（3）当端口配置为输入模式时，能够检测外部的输入电平，从而判断外设的状态，并且在输入模式下，GPIO 端口具有外部中断/唤醒功能。

（4）具有端口复用功能。在 4.2.1 节中已经介绍过，STM32 有很多内置外设，这些外设的外部功能引脚是与 GPIO 端口引脚进行复用的，GPIO 端口引脚能够作为内置外设的功能引脚使用。

（5）端口复用的重映射功能。端口重映射的概念在 4.2.1 节中也讲解过，通过端口重映射把一些复用功能重映射到其他端口引脚上，从而更好地安排内置外设引脚的走向和功能。

（6）端口的配置具有锁定机制。当配置好 GPIO 端口后，如果在端口位上执行锁定（LOCK）操作，则可以通过程序锁住配置组合，在下一次复位之前，端口位的配置情况不会被改变。

2. GPIO 端口的基本结构

图 5.1 所示为 GPIO 端口的结构框图，这里简要介绍一些电路设计中经常碰到的几种电源符号。

- V_{CC}：C 表示“Circuit”，即电路，指接入电路的电压。
- V_{DD}：D 表示“Device”，即器件，指器件内部的工作电压。
- V_{SS}：S 表示“Series”，即公共连接，通常指电路公共接地端电压。

V_{DD} 正常供电为 3.3V。下面按照图 5.1 简要说明 GPIO 端口的结构部件。

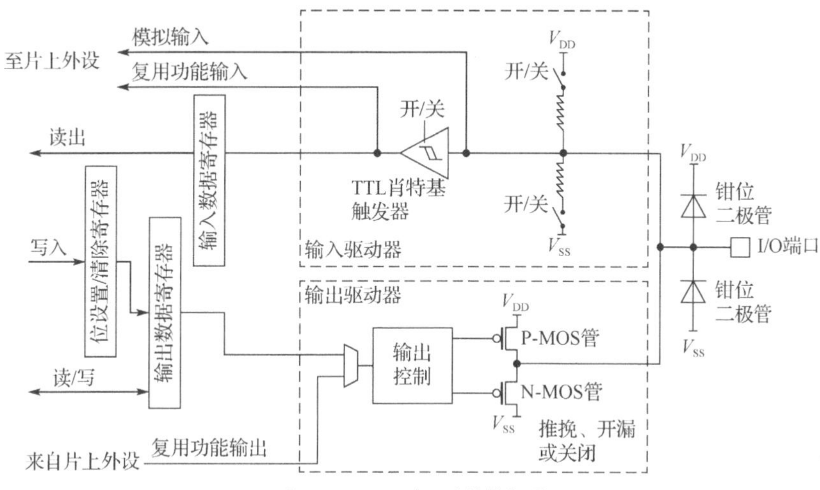

图 5.1　GPIO 端口的结构框图

（1）保护二极管和上/下拉电阻。GPIO 端口内部有两个钳位二极管，可以防止从外部引脚输入的电压过高或过低。当引脚电压高于 V_{DD} 时，上方的二极管会被导通；而当引脚电压低于 V_{SS} 时，下方的二极管会被导通，从而避免不正常电压的导入导致芯片烧毁。虽然有钳位二极管的保护，但并不意味着 STM32 的端口可以直接外接大功率驱动器件，必须进行功率放大并增加隔离电路。

（2）P-MOS 管与 N-MOS 管。GPIO 端口线路经过两个钳位二极管之后，向上流入“输入模式”结构，向下流入“输出模式”结构。先介绍“输出模式”结构，线路经过一个由 P-MOS 管和 N-MOS 管组成的 CMOS 反相器电路，使得 GPIO 端口具有了推挽输出和开漏输出两种输出模式。

推挽输出模式是根据这两个 MOS 管的工作方式来命名的，在“输出模式”结构中输入高电平时，经过反相后，上方的 P-MOS 管导通，下方的 N-MOS 管关闭，对外输出高电平；而在“输出模式”结构中输入低电平时，经过反相后，N-MOS 管导通，P-MOS 管关闭，对外输出低电平。当引脚高低电平切换时，两个 MOS 管轮流导通，P-MOS 管负责灌电流，而 N-MOS 管负责拉电流，使其负载能力和开关速度比普通的方式有很大的提高，因此，该输出模式称为推挽输出。推挽输出模式下的低电平为 0V、高电平为 3.3V。

在开漏输出模式中，P-MOS 管是完全不工作的。如果控制输出为 0（低电平），则 P-MOS 管关闭，

N-MOS 管导通，输出接地。在该模式下无法直接输出高电平，如果控制输出为 1，则 P-MOS 管和 N-MOS 管都关闭，引脚既不输出高电平，也不输出低电平，呈现出高阻态，即在开漏输出模式下，输出 0 时接地，输出 1 时断开。开漏输出模式没有内部上拉电阻，因此在实际应用中通常需要外接上拉电阻（通常采用 4.7～10kΩ）。该输出模式可以方便地实现线与逻辑功能，即当多个开漏模式引脚连接到一起时，只有当所有引脚都输出高阻态时，才由上拉电阻提供高电平（该电平电压即外部上拉电阻所接电源的电压）。若其中一个引脚为低电平，则相当于短路接地，整条线路都为 0V。该输出模式还可以方便地实现不同逻辑电平之间的转换，如 3.3V 与 5V 之间的转换，只需要外接一个上拉电源为 5V 的上拉电阻即可，不需要额外的转换电路。

推挽输出模式一般可以用于输出电平为 0V 或 3.3V 且需要高速切换状态的场合，在 STM32 嵌入式系统应用中，除了必须使用开漏输出模式的场合，一般习惯使用推挽输出模式。开漏输出模式主要应用于 I^2C、SMBUS 通信等需要线与逻辑功能的总线电路或需要进行电平转换的场合中。

（3）输出数据寄存器。由 P-MOS 管和 N-MOS 管组成的 CMOS 反相器电路的输入信号，是由 GPIO 端口的输出数据寄存器 GPIOx_ODR 提供的，因此通过修改输出数据寄存器的值，就可以修改 GPIO 端口引脚的输出电平。当然，置位/复位寄存器 GPIOx_BSRR 也可以通过修改输出数据寄存器的值，影响端口电路的输出。

（4）复用功能输出。GPIO 端口复用功能前面已经介绍过了，因此，GPIO 端口具有复用功能输出的能力。从图 5.1 可以看出，由 STM32 片上外设功能引脚所引出的复用功能输出信号和 GPIO 端口引脚本身的输出数据寄存器都连接到 CMOS 反相器电路的输入端中，由转换开关进行切换选择。例如，使用 USART 进行通信时，需要设置对应的 GPIO 端口进行信息发送，此时可以把该 GPIO 端口配置成 USART 复用功能模式，将该复用功能端口的输出信号与 CMOS 反相器电路相连接，进而可由 USART 外设控制该端口引脚进行数据发送。

（5）输入数据寄存器。在图 5.1 的上半部分可以看到输入模式结构，GPIO 端口经过内部的上/下拉电阻，可以分别配置为上拉输入和下拉输入两种模式，然后与肖特基触发器相连接，经过该触发器之后，模拟信号转化为数字信号，存储在 GPIO 端口的输入数据寄存器 GPIOx_IDR 中。通过读取该寄存器就能够了解 GPIO 端口引脚的电平状态。

（6）复用功能输入。与复用功能输出类似，复用功能输入也在 GPIO 端口复用时才能用到，在使用时，将 GPIO 端口引脚的信号传输到 STM32 的内置片上外设，由该外设读取引脚的状态。以串口通信为例，当需要用到相应的 GPIO 端口引脚作为通信接收引脚时，可以把该 GPIO 端口配置成 USART 复用功能模式，从而使 USART 可以通过该端口引脚接收远端数据。

（7）模拟输入输出。当 GPIO 端口用于 ADC 采集电压的输入通道时，由于经过肖特基触发器后，模拟信号会被转化为数字信号，即只有 0、1 两种状态，所以为了使 ADC 采集到原始的模拟信号，信号源的输入必须跳过肖特基触发器，此时需要使用模拟输入，使信号在不经过肖特基触发器的情况下直接输入。类似地，当 GPIO 端口用于 DAC 作为模拟电压的输出通道时，需要使用模拟输出，从而使 DAC 的模拟信号不需要经过 CMOS 反相器电路，直接输出到端口。

5.1.2 GPIO 工作模式详解

前面对于 GPIO 端口结构的讲解已经涉及了端口工作模式的相关内容，这里再详细归纳一下。GPIO 端口结构决定了 GPIO 端口的工作模式，在库文件 stm32f10x_gpio.h 中对 GPIO 端口工作模式的结构体进行了定义，共有如下八种。

```
typedef enum
{
    GPIO_Mode_AIN = 0x0,                    //模拟输入
    GPIO_Mode_IN_FLOATING = 0x04,           //浮空输入
    GPIO_Mode_IPD = 0x28,                   //下拉输入
    GPIO_Mode_IPU = 0x48,                   //上拉输入
    GPIO_Mode_Out_OD = 0x14,                //开漏输出
    GPIO_Mode_Out_PP = 0x10,                //推挽输出
    GPIO_Mode_AF_OD = 0x1C,                 //复用开漏输出
    GPIO_Mode_AF_PP = 0x18                  //复用推挽输出
} GPIOMode_TypeDef;
```

上述八种细分的 GPIO 端口工作模式可以大致归为以下三类。

（1）输入模式（模拟/浮空/下拉/上拉）。当处于输入模式时，肖特基触发器打开，GPIO 端口输出被禁止，此时可以通过输入数据寄存器 GPIOx_IDR 来读取 GPIO 端口引脚的状态。输入模式可以设置为模拟、浮空、下拉和上拉四种。上拉输入与下拉输入比较好理解，上拉是把电位拉高，而下拉是把电位拉低。上拉输入是将一个不确定的信号通过内置电阻上拉为高电平进行输入，而下拉输入是将一个不确定的信号通过内置电阻下拉为低电平进行输入，GPIO 端口引脚的电平由上拉或下拉决定。浮空输入的电平是不确定的，完全由外部输入决定，一般连接按键的时候会用到这种模式。模拟输入主要用于 ADC 采集，前面已经介绍过了。

（2）输出模式（推挽/开漏）。GPIO 端口的普通输出模式可以分为推挽输出和开漏输出两种。在推挽输出模式中，P-MOS 管和 N-MOS 管轮流工作，通过输出数据寄存器 GPIOx_ODR 可控制端口输出高低电平；在开漏输出模式中，只有 N-MOS 管工作，通过输出数据寄存器 GPIOx_ODR 可控制相应端口输出高阻态或低电平，而且端口的输出速率是可以配置的，可选择 2MHz、10MHz 和 50MHz 等。此处的输出速率是指端口支持的高低电平状态的最高切换频率，支持的频率越高，功耗就会越大。如果功耗要求并不严格，则把速率设置成最大即可。在输出模式时，肖特基触发器是打开的，即输入可用，通过输入数据寄存器 GPIOx_IDR 可以读取端口的实际状态。

（3）复用功能（推挽/开漏）。在复用功能模式中，端口输出使能，其输出速率可以配置，能够工作在推挽或开漏两种模式下，但是此时的输出信号源于其他片上外设，输出数据寄存器 GPIOx_ODR 无效；当端口复用功能模式中的输入可用时，通过输入数据寄存器 GPIOx_IDR 可以获取端口的实际状态，但是一般会直接用外设的寄存器获取该数据信号。

通过对 GPIO 端口寄存器写入不同的参数，可以改变 GPIO 端口的工作模式，在 1.3 节中已经讲解了 STM32 的 GPIO 端口寄存器，每个 GPIO 端口都有七个寄存器，它们分别是配置模式的两个 32 位的端口配置寄存器 CRH 和 CRL、两个 32 位的数据寄存器 IDR 和 ODR、一个 32 位的置位/复位寄存器 BSRR、一个 16 位的复位寄存器 BRR 和一个 32 位的锁存寄存器 LCKR。如果想要了解每个寄存器的详

细使用方法，可以查阅《STM32F10x 中文参考手册》中对应外设的寄存器说明。

32 位的端口配置寄存器 CRH 和 CRL 可以配置每个 GPIO 端口的工作模式和工作速率，每 4 位控制一个 I/O 端口，CRH 控制端口的高 8 位，CRL 控制端口的低 8 位，具体参考 CRH 和 CRL 的寄存器说明。这里以端口配置低寄存器 GPIOx_CRL 为例进行讲解。端口配置低寄存器说明如图 5.2 所示。

端口配置低寄存器(GPIOx_CRL，x=A,B,…,G)
偏移地址：0x00
复位值：0x44444444

31	30	29	28	27	26	25	24	23	22	21	20	19	18	17	16
CNF7[1:0]		MODE7[1:0]		CNF6[1:0]		MODE6[1:0]		CNF5[1:0]		MODE5[1:0]		CNF4[1:0]		MODE4[1:0]	
rw	rw	rw	rw	rw	rw	rw	rw	rw	rw	rw	rw	rw	rw	rw	rw
15	14	13	12	11	10	9	8	7	6	5	4	3	2	1	0
CNF3[1:0]		MODE3[1:0]		CNF2[1:0]		MODE2[1:0]		CNF1[1:0]		MODE1[1:0]		CNF0[1:0]		MODE0[1:0]	
rw	rw	rw	rw	rw	rw	rw	rw	rw	rw	rw	rw	rw	rw	rw	rw

位	说明
位31:30 27:26 23:22 19:18 15:14 11:10 7:6 3:2	CNFy[1:0]：端口x配置位(y=0,1,…,7) (Port x configuration bits) 软件通过这些位配置相应的I/O端口，请参考表17端口位配置表。 在输入模式(MODE[1:0]=00)： 00：模拟输入模式 01：浮空输入模式（复位后的状态） 10：上拉/下拉输入模式 11：保留 在输出模式(MODE[1:0]>00)： 00：通用推挽输出模式 01：通用开漏输出模式 10：复用功能推挽输出模式 11：复用功能开漏输出模式
位29:28 25:24 21:20 17:16 13:12 9:8,5:4 1:0	MODEy[1:0]：端口x的模式位(y=0,1,…,7) (Port x mode bits) 软件通过这些位配置相应的I/O端口，请参考表17端口位配置表。 00：输入模式（复位后的状态） 01：输出模式，最大速率为10MHz 10：输出模式，最大速率为2MHz 11：输出模式，最大速率为50MHz

图 5.2 端口配置低寄存器说明

端口配置低寄存器的复位值为 0x44444444，从图 5.2 可以看出，这个复位值其实是将端口配置为浮空输入模式。STM32 的 CRL 控制着每组 GPIO 端口（A～G）的低 8 位（0～7）引脚的工作模式和工作速率，每个端口均占用 CRL 的 4 位，高 2 位为 CNF，低 2 位为 MODE。这里可以记住几个较为常用的配置，如 0x0 表示模拟输入模式（ADC 采集）、0x3 表示推挽输出模式（可作输出口用，工作速率为 50MHz）、0x8 表示上/下拉输入模式（可作输入端口用）、0xB 表示复用输出（使用 I/O 端口的复用功能，工作速率为 50MHz）。

端口配置高寄存器 CRH 的作用和 CRL 是完全一样的，只是 CRL 控制的是端口中的低 8 位引脚，而 CRH 控制的是端口中的高 8 位引脚，这里不再详述。

5.1.3 GPIO 库函数及其应用

采用库函数对 GPIO 端口进行实际应用系统设计之前，应该对 GPIO 库函数有一个基本的了解。STM32F103ZET6 单片机的 GPIO 端口被分为 A～G 七组，这里将其统一称为 GPIOx，每个端口组包含编号为 0～15 的 16 个引脚。常用的 GPIO 库函数如表 5.1 所示。

表 5.1　常用的 GPIO 库函数

函　数　名	功 能 描 述
GPIO_DeInit	将外设 GPIOx 寄存器重设为默认值
GPIO_Init	根据 GPIO_InitStruct 中指定的参数初始化外设 GPIOx 寄存器
GPIO_SetBits	设置选定端口的一个或多个特定位为高电平
GPIO_ResetBits	设置选定端口的一个或多个特定位为低电平
GPIO_WriteBit	设置或清除指定的数据端口的特定位
GPIO_Write	向指定的 GPIO 端口写入 16 位的数据
GPIO_ReadInputDataBit	读取指定端口引脚的输入值，每次读取一位
GPIO_ReadInputData	读取指定的 GPIO 端口输入值，所读取的是 16 位数据
GPIO_ReadOutputDataBit	读取指定端口引脚的输出值，每次读取一位
GPIO_ReadOutputData	读取指定的 GPIO 端口输出值，所读取的是 16 位数据
GPIO_AFIODeInit	将复用功能（重映射事件控制和 EXTI 设置）重设为默认值
GPIO_StructInit	将 GPIO_InitStruct 中的每一个参数按默认值填入
GPIO_PinLockConfig	锁定 GPIO 端口引脚的设置寄存器
GPIO_EventOutputConfig	选择 GPIO 端口引脚用作事件输出
GPIO_EventOutputCmd	使能或失能事件输出
GPIO_PinRemapConfig	改变指定引脚的映射
GPIO_EXTILineConfig	选择 GPIO 端口引脚用作外部中断线路

1．端口初始化相关函数

（1）GPIO_DeInit 函数：该函数将外设 GPIOx 寄存器重设为默认值。

函数原型	void GPIO_DeInit(GPIO_TypeDef* GPIOx)		
功能描述	将外设 GPIOx 寄存器重设为默认值		
输入参数	GPIOx：x 可以取值为 A,B,···,G，用来选择 GPIO 外设		
输出参数	无	返回值	无
先决条件	无	被调用函数	RCC_APB2PeriphResetCmd()

例如，将外设 GPIOA 配置为复位默认值：

```
GPIO_DeInit(GPIOA);
```

（2）GPIO_Init 函数：该函数对 A～G 中的任意一个端口输入和输出的配置进行设定，通过该函数可以按需要初始化芯片 GPIO 端口。

函数原型	void GPIO_Init (GPIO_TypeDef* GPIOx, GPIO_InitTypeDef* GPIO_InitStruct)						
功能描述	根据 GPIO_InitStruct 中指定的参数初始化外设 GPIOx 寄存器						
输入参数 1	GPIOx：x 可以取值为 A,B,···,G，用来选择 GPIO 外设						
输入参数 2	GPIO_InitStruct：指向结构体 GPIO_InitTypeDef 的指针，包含外设 GPIO 的配置信息						
输出参数	无	返回值	无	先决条件	无	被调用函数	无

GPIO_InitTypeDef 结构体定义于库文件 stm32f10x_gpio.h 中，其内容如下。

```
typedef  struct
{
    u16  GPIO_Pin;
    GPIOSpeed_TypeDef  GPIO_Speed;
    GPIOMode_TypeDef  GPIO_Mode;
} GPIO_InitTypeDef;
```

GPIO_InitTypeDef 结构体主要包括 GPIO_Pin、GPIO_Speed 和 GPIO_Mode 三个成员参数，下面简要介绍一下这三个结构体成员的参数设定。

① GPIO_Pin。它用于选择待配置的 GPIO 端口，使用操作符"|"能够一次选择多个引脚，也可以使用表 5.2 中的任意取值组合。

表 5.2　GPIO_Pin 参数值设定

GPIO_Pin 选择	说　明
GPIO_Pin_None	无引脚被选中
GPIO_Pin_0	选中引脚 0
GPIO_Pin_1	选中引脚 1
GPIO_Pin_2	选中引脚 2
…	…
GPIO_Pin_All	选中全部引脚

② GPIO_Speed。它用于设定 GPIO 端口的最大工作速率，其参数值设定如表 5.3 所示。

表 5.3　GPIO_Speed 参数值设定

GPIO_Speed 选择	说　明
GPIO_Speed_10MHz	最高输出速率为 10MHz
GPIO_Speed_2MHz	最高输出速率为 2MHz
GPIO_Speed_50MHz	最高输出速率为 50MHz

③ GPIO_Mode。它用于设置选中引脚的工作状态，对比 GPIO 端口的八种工作模式，其参数值设定如表 5.4 所示。

表 5.4　GPIO_Mode 参数值设定

GPIO_Mode 选择	说　明
GPIO_Mode_AIN	模拟输入
GPIO_Mode_IN_FLOATING	浮空输入
GPIO_Mode_IPD	下拉输入
GPIO_Mode_IPU	上拉输入
GPIO_Mode_Out_OD	开漏输出
GPIO_Mode_Out_PP	推挽输出

续表

GPIO_Mode 选择	说　明
GPIO_Mode_AF_OD	复用开漏输出
GPIO_Mode_AF_PP	复用推挽输出

例如，配置 GPIOA 端口的引脚 2、引脚 3 为浮空输入，并设置最大工作速率为 10MHz，其方法如下。

```
GPIO_InitTypeDef  GPIO_InitStructure;
GPIO_InitStructure.GPIO_Pin = GPIO_Pin_2|GPIO_Pin_3;    //PA2、PA3 引脚配置
GPIO_InitStructure.GPIO_Speed = GPIO_Speed_10MHz;       //I/O 端口速率为 10MHz
GPIO_InitStructure.GPIO_Mode = GPIO_Mode_IN_FLOATING;   //工作模式为浮空输入
GPIO_Init(GPIOA, &GPIO_ InitStructure);                 //初始化 GPIOA 寄存器
```

GPIO_InitTypeDef 成员参数默认值如表 5.5 所示。

表 5.5　GPIO_InitTypeDef 成员参数默认值

成　员	默 认 值
GPIO_Pin	GPIO_Pin_All
GPIO_Speed	GPIO_Speed_2MHz
GPIO_Mode	GPIO_Mode_IN_FLOATING

（3）GPIO_AFIODeInit 函数：该函数将复用功能（重映射事件控制和 EXTI 设置）重设为默认值。

函数原型	void GPIO_AFIODeInit(void)		
功能描述	将复用功能（重映射事件控制和 EXTI 设置）重设为默认值		
输出参数	无	返回值	无
先决条件	无	被调用函数	RCC_APB2PeriphResetCmd()

例如，将外设复用功能复位为默认值：

```
GPIO_AFIODeInit();
```

（4）GPIO_StructInit 函数：该函数将 GPIO_InitStruct 中的每一个参数按照默认值填入。

函数原型	void GPIO_StructInit(GPIO_InitTypeDef* GPIO_InitStruct)						
功能描述	将 GPIO_InitStruct 中的每一个参数按照默认值填入						
输入参数	GPIO_InitStruct：指向结构体 GPIO_InitTypeDef 的指针，待初始化，其成员参数默认值如表 5.5 所示						
输出参数	无	返回值	无	先决条件	无	被调用函数	无

例如，初始化 GPIO 结构参数：

```
GPIO_InitTypeDef GPIO_InitStructure;
GPIO_StructInit (&GPIO_InitStructure);
```

（5）GPIO_PinLockConfig 函数：该函数锁定 GPIO 端口的设置寄存器。

函数原型	void GPIO_PinLockConfig(GPIO_TypeDef* GPIOx, uint16_t GPIO_Pin)
功能描述	锁定 GPIO 端口的设置寄存器
输入参数 1	GPIOx：x 可以取值为 A,B,⋯,G，用来选择 GPIO 外设

输入参数 2	GPIO_Pin_x：x 可以是 0～15 中的任意一个，用来选择待锁定的端口位						
输出参数	无	返回值	无	先决条件	无	被调用函数	无

例如，锁定 GPIOA 端口的引脚 2 和引脚 3：

```
GPIO_PinLockConfig(GPIOA, GPIO_Pin_2|GPIO_Pin_3);
```

（6）GPIO_PinRemapConfig 函数：该函数改变指定引脚的映射。

函数原型	void GPIO_PinRemapConfig(uint32_t GPIO_Remap, FunctionalState NewState)						
功能描述	改变指定引脚的映射						
输入参数 1	GPIO_Remap：用来选择重映射端口引脚，其取值定义如表 5.6 所示						
输入参数 2	NewState：端口引脚重映射的新状态（可取 ENABLE 或 DISABLE）						
输出参数	无	返回值	无	先决条件	无	被调用函数	无

表 5.6　GPIO_Remap 取值定义

GPIO_Remap 取值	说　明
GPIO_Remap_SPI1	SPI1 复用功能映射
GPIO_Remap_I2C1	I^2C1 复用功能映射
GPIO_Remap_USART1	USART1 复用功能映射
GPIO_Remap_USART2	USART2 复用功能映射
GPIO_FullRemap_USART3	USART3 复用功能完全映射
GPIO_PartialRemap_USART3	USART3 复用功能部分映射
GPIO_FullRemap_TIM1	TIM1 复用功能完全映射
GPIO_PartialRemap1_TIM2	TIM2 复用功能部分映射 1
GPIO_PartialRemap2_TIM2	TIM2 复用功能部分映射 2
GPIO_FullRemap_TIM2	TIM2 复用功能完全映射
GPIO_PartialRemap_TIM3	TIM3 复用功能部分映射
GPIO_FullRemap_TIM3	TIM3 复用功能完全映射
GPIO_Remap_TIM4	TIM4 复用功能映射
GPIO_Remap1_CAN	CAN 复用功能映射 1
GPIO_Remap2_CAN	CAN 复用功能映射 2
GPIO_Remap_PD01	PD01 复用功能映射
GPIO_Remap_SWJ_NoJTRST	除 JTRST 外 SWJ 完全使能（JTAG+SW+DP）
GPIO_Remap_SWJ_JTAGDisable	JTAG-DP 失能+SW-DP 使能
GPIO_Remap_SWJ_Disable	SWJ 完全失能（JTAG+SW-DP）

例如，在 PB8 引脚上映射 I^2C1_SCL，在 PB9 引脚上映射 I^2C1_SDA：

```
GPIO_PinRemapConfig(GPIO_Remap_I2C1, ENABLE);
```

2. GPIO 读/写相关函数

（1）GPIO 端口引脚读/写函数。

① GPIO_SetBits 函数：该函数设置选定端口的一个或多个特定位为高电平。

函数原型	void GPIO_SetBits(GPIO_TypeDef* GPIOx, uint16_t GPIO_Pin)					
功能描述	设置选定端口的一个或多个特定位为高电平（“1”）					
输入参数 1	GPIOx：x 可以取值为 A,B,…,G，用来选择 GPIO 外设					
输入参数 2	GPIO_Pin_x：x 可以是 0～15 中的任意一个，用来选择待设置的端口位					
输出参数	无	返回值	无	先决条件	无	被调用函数	无

例如，设置 GPIOA 端口的引脚 2 和引脚 3 为高电平：

```
GPIO_SetBits(GPIOA, GPIO_Pin_2 | GPIO_Pin_3);
```

② GPIO_ResetBits 函数：该函数设置选定端口的一个或多个特定位为低电平。

函数原型	void GPIO_ResetBits(GPIO_TypeDef* GPIOx, uint16_t GPIO_Pin)						
功能描述	设置选定端口的一个或多个特定位为低电平（“0”）						
输入参数 1	GPIOx：x 可以取值为 A,B,…,G，用来选择 GPIO 外设						
输入参数 2	GPIO_Pin_x：x 可以是 0～15 中的任意一个，用来选择待设置的端口位						
输出参数	无	返回值	无	先决条件	无	被调用函数	无

例如，设置 GPIOA 端口的引脚 2 和引脚 3 为低电平：

```
GPIO_ResetBits(GPIOA, GPIO_Pin_2 | GPIO_Pin_3);
```

③ GPIO_WriteBit 函数：该函数设置或清除指定的数据端口的特定位。

函数原型	void GPIO_WriteBit (GPIO_TypeDef* GPIOx, uint16_t GPIO_Pin, BitAction BitVal)						
功能描述	设置或清除指定的数据端口的特定位						
输入参数 1	GPIOx：x 可以取值为 A,B,…,G，用来选择 GPIO 外设						
输入参数 2	GPIO_Pin_x：x 可以是 0～15 中的任意一个，用来选择待设置或清除的端口位						
输入参数 3	BitVal：指定了待写入的位值是 Bit_SET（高电平）还是 Bit_RESET（低电平）						
输出参数	无	返回值	无	先决条件	无	被调用函数	无

例如，将 GPIOA 端口的引脚 2 置位，将 GPIOB 端口的引脚 3 清除：

```
GPIO_WriteBit(GPIOA, GPIO_Pin_2, Bit_SET);
GPIO_WriteBit(GPIOB, GPIO_Pin_3, Bit_RESET);
```

④ GPIO_ReadInputDataBit 函数：该函数读取指定端口引脚的输入值，每次读取一位，高电平为“1”，低电平为“0”。

函数原型	uint8_t GPIO_ReadInputDataBit(GPIO_TypeDef* GPIOx, uint16_t GPIO_Pin)						
功能描述	读取指定端口引脚的输入值，每次读取一位						
输入参数 1	GPIOx：x 可以取值为 A,B,…,G，用来选择 GPIO 外设						
输入参数 2	GPIO_Pin_x：x 可以是 0～15 中的任意一个，用来选择待读取的端口位						
输出参数	无	返回值	无	先决条件	无	被调用函数	无

例如，读取 GPIOB 端口的引脚 7 的输入值：

```
uint8_t ReadValue_Bit;
```

```
ReadValue_Bit = GPIO_ReadInputDataBit (GPIOB, GPIO_Pin_7);
```

⑤ GPIO_ReadOutputDataBit 函数：该函数读取指定端口引脚的输出值（相当于读取该输出引脚的内部锁存器的值），每次读取一位。

函数原型	uint16_t GPIO_ReadOutputData(GPIO_TypeDef* GPIOx)						
功能描述	读取指定端口引脚的输出值，每次读取一位						
输入参数 1	GPIOx：x 可以取值为 A,B,…,G，用来选择 GPIO 外设						
输入参数 2	GPIO_Pin_x：x 可以是 0～15 中的任意一个，用来选择待读取的端口位						
输出参数	无	返回值	无	先决条件	无	被调用函数	无

例如，读取 GPIOA 端口的引脚 15 的输出值：

```
uint8_t ReadValue_Bit;
ReadValue_Bit = GPIO_ReadOutputDataBit (GPIOA, GPIO_Pin_15);
```

（2）GPIO 端口读/写函数。

① GPIO_ReadInputData 函数：该函数读取指定的 GPIO 端口输入值，所读取的是 16 位数据。

函数原型	uint16_t GPIO_ReadInputData(GPIO_TypeDef* GPIOx)						
功能描述	读取指定的 GPIO 端口输入值，所读取的是 16 位数据						
输入参数	GPIOx：x 可以取值为 A,B,…,G，用来选择 GPIO 外设						
输出参数	无	返回值	无	先决条件	无	被调用函数	无

例如，读取 GPIOA 端口的输入值：

```
/*Read the GPIOC input data port and store it in ReadValue variable*/
uint16_t ReadValue;
ReadValue = GPIO_ReadInputData (GPIOA);
```

② GPIO_Write 函数：该函数向指定的 GPIO 端口写入 16 位的数据。

函数原型	void GPIO_Write(GPIO_TypeDef* GPIOx, uint16_t PortVal)						
功能描述	向指定的 GPIO 端口写入 16 位的数据						
输入参数 1	GPIOx：x 可以取值为 A,B,…,G，用来选择 GPIO 外设						
输入参数 2	PortVal：待写入端口数据寄存器的值						
输出参数	无	返回值	无	先决条件	无	被调用函数	无

例如，向 GPIOA 端口写入 0x1124：

```
GPIO_Write(GPIOA, 0x1124);
```

③ GPIO_ReadOutputData 函数：该函数读取指定的 GPIO 端口输出值，所读取的是 16 位数据。

函数原型	uint16_t GPIO_ReadOutputData(GPIO_TypeDef* GPIOx)						
功能描述	读取指定的 GPIO 端口输出值，所读取的是 16 位数据						
输入参数	GPIOx：x 可以取值为 A,B,…,G，用来选择 GPIO 外设						
输出参数	无	返回值	无	先决条件	无	被调用函数	无

例如，读取 GPIOA 端口的输出值：

```
uint16_t ReadValue;
ReadValue = GPIO_ReadOutputData (GPIOA);
```

3. 输出配置与中断管理函数

（1）事件输出配置使能函数。

① GPIO_EventOutputConfig 函数：该函数选择 GPIO 端口引脚用作事件输出。

函数原型	void GPIO_EventOutputConfig(uint8_t GPIO_PortSource, uint8_t GPIO_PinSource)						
功能描述	选择 GPIO 端口引脚用作事件输出						
输入参数 1	GPIO_PortSourceGPIOx：x 可以取值为 A,B,…,G，用来选择 GPIO 外设						
输入参数 2	GPIO_PinSourcex：x 可以是 0～15 中的任意一个，用来选择事件输出引脚						
输出参数	无	返回值	无	先决条件	无	被调用函数	无

例如，选择 GPIOE 端口的引脚 5 作为事件输出：

```
GPIO_EventOutputConfig (GPIO_PortSourceGPIOE,  GPIO_PinSource5);
```

② GPIO_EventOutputCmd 函数：该函数使能或失能事件输出。

函数原型	void GPIO_EventOutputCmd(FunctionalState NewState)						
功能描述	使能或失能事件输出						
输入参数	NewState：事件输出的新状态（可取 ENABLE 或 DISABLE）						
输出参数	无	返回值	无	先决条件	无	被调用函数	无

例如，允许 GPIOC 端口的引脚 6 作为事件输出：

```
GPIO_EventOutputConfig(GPIO_PortSourceGPIOC, GPIO_PinSource6);
GPIO_EventOutputCmd(ENABLE);
```

（2）GPIO 端口中断管理函数。

GPIO_EXTILineConfig 函数：该函数选择 GPIO 端口引脚用作外部中断线路。

函数原型	void GPIO_EXTILineConfig(uint8_t GPIO_PortSource, uint8_t GPIO_PinSource)						
功能描述	选择 GPIO 端口引脚用作外部中断线路						
输入参数 1	GPIO_PortSourceGPIOx：x 可以取值为 A,B,…,G，用来选择 GPIO 外设						
输入参数 2	GPIO_PinSourcex：x 可以是 0～15 中的任意一个，用来选择外部中断线路						
输出参数	无	返回值	无	先决条件	无	被调用函数	无

例如，选择 GPIOB 端口的引脚 8 作为外部中断线路：

```
GPIO_EXTILineConfig(GPIO_PonSourceGPIOB. GPIO_PinSource8);
```

上述是一些常用的 GPIO 库函数，通过介绍，我们已经基本明确了函数的使用方法，这些 GPIO 库函数在以后的嵌入式系统设计过程中会经常用到，所以一定要熟练掌握。

5.2　外部中断/事件控制器

中断的概念和嵌套向量中断控制器 NVIC 的内容包括中断的初始化、分组设置、优先级管理、清除中断和查看中断状态等。这些内容在第 4 章已经介绍过，这里将基于 NVIC 中断管理进一步讲解 STM32 外部中断/事件控制器（External Interrupt/Event Controller，EXTI）的相关知识和应用。

5.2.1 EXTI 的结构与功能

EXTI 用于管理 STM32 的外部中断/事件线，每个中断/事件线都对应着一个边沿检测器，可以实现输入信号的上升沿检测和下降沿检测。互联型产品系列（如 STM32F107）的 EXTI 由 20 个产生事件/中断请求的边沿检测器组成，而其他产品系列的 EXTI 由 19 个产生事件/中断请求的边沿检测器组成。EXTI 可以实现对每个中断/事件线进行单独配置，每个输入线可以独立地配置输入类型（脉冲或挂起）和对应的触发事件（上升沿、下降沿或双边沿），并可以独立地被屏蔽。

EXTI 的功能结构框图如图 5.3 所示，它包含 EXTI 的核心内容。从图 5.3 中可以看到在很多信号线路上打了一个斜线并标注有“20”字样，这表示在控制器内部类似的信号线路共有 20 个，这与 EXTI 中 20 个产生事件/中断请求的边沿检测器是相对应的。只要明白了其中一个线路的原理，其他 19 个线路的原理也就知晓了。

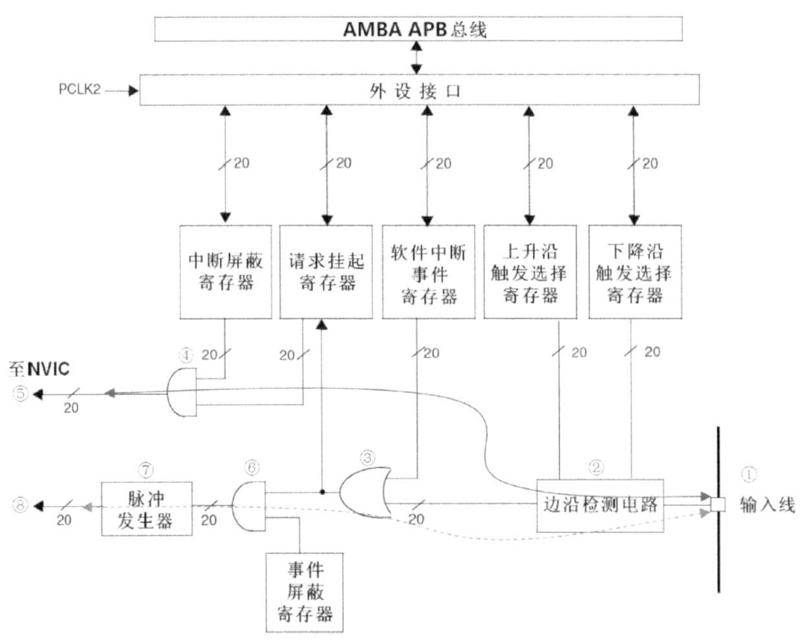

图 5.3 EXTI 的功能结构框图

EXTI 可分为两部分功能，一是产生中断，二是产生事件，这两部分功能从硬件上有所不同。为了方便区分，对图 5.3 中的主要线路进行了编号，并画出了两条指示线，其中实线用来指示 EXTI 产生中断的线路流程，而虚线用来指示 EXTI 产生事件的线路流程。

图 5.3 中实线所指示的线路流程是一个产生中断的线路，最终信号流入 NVIC 内。

编号①是输入线，一般为存在电平变化的信号。EXTI 中断/事件线的输入源如表 5.7 所示，其中 EXTI0 到 EXTI15 16 个中断/事件线对应 GPIOx_Pin0 到 GPIOx_Pin15，EXTI16 连接 PVD 输出，EXTI17

连接 RTC 闹钟事件，EXTI18 连接 USB 唤醒事件，EXTI19 连接以太网唤醒事件，该中断/事件线只适用于互联型 STM32 系列产品。

表 5.7　EXTI 中断/事件线的输入源

中断/事件线	输　入　源	中断/事件线	输　入　源
EXTI0	PX0（X 可以取 A～G）	EXTI10	PX10（X 可以取 A～G）
EXTI1	PX1（X 可以取 A～G）	EXTI11	PX11（X 可以取 A～G）
EXTI2	PX2（X 可以取 A～G）	EXTI12	PX12（X 可以取 A～G）
EXTI3	PX3（X 可以取 A～G）	EXTI13	PX13（X 可以取 A～G）
EXTI4	PX4（X 可以取 A～G）	EXTI14	PX14（X 可以取 A～G）
EXTI5	PX5（X 可以取 A～G）	EXTI15	PX15（X 可以取 A～G）
EXTI6	PX6（X 可以取 A～G）	EXTI16	PVD 输出
EXTI7	PX7（X 可以取 A～G）	EXTI17	RTC 闹钟事件
EXTI8	PX8（X 可以取 A～G）	EXTI18	USB 唤醒事件
EXTI9	PX9（X 可以取 A～G）	EXTI19	以太网唤醒事件

编号②是一个边沿检测电路，它能够根据上升沿触发选择寄存器（EXTI_RTSR）和下降沿触发选择寄存器（EXTI_FTSR）对应位的设置来控制信号触发。边沿检测电路以编号为①的输入线作为信号输入端，当没有检测到有边沿跳变时，会输出无效信号 0；而当检测到边沿跳变时，会输出有效信号 1 给编号为③的或门电路。EXTI_RTSR 和 EXTI_FTSR 两个寄存器用来控制需要检测哪些类型的电平跳变过程，可以是只有上升沿触发、只有下降沿触发或上升沿和下降沿都触发。

编号③是一个或门电路，它有两个信号输入端，其中一个来自编号为②的边沿检测电路，而另一个来自软件中断事件寄存器（EXTI_SWIER）。无论哪一个信号输入端产生有效信号 1，都可以通过或门电路输出 1 给编号④或编号⑥的与门电路。

编号④是一个与门电路，它也有两个信号输入端，其中一个来自编号为③的或门电路，而另一个来自中断屏蔽寄存器（EXTI_IMR）。与门电路要求所有输入都为 1 时才可以输出有效信号 1，因此，如果 EXTI_IMR 设置为 0，则不管或门电路的输出信号是 1 还是 0，最终都将导致编号为④的与门电路输出为 0；而如果 EXTI_IMR 设置为 1，则编号为④的与门电路输出信号完全由编号为③的或门电路输出信号决定，这样就可以方便地通过控制 EXTI_IMR 实现是否产生中断。编号为④的与门电路的输出信号会被保存到挂起寄存器（EXTI_PR）内，如果确定编号为④的与门电路输出为 1，则会把 EXTI_PR 中的对应位置 1。

编号⑤表示将 EXTI_PR 中对应位的内容输出到 NVIC 内，从而实现系统中断/事件控制。

图 5.3 中虚线所指示的线路流程是一个产生事件的线路，最终输出一个脉冲信号。在 EXTI 中，产生事件与产生中断的线路在编号为③的或门电路之前都是共用的，在或门电路之后才有所不同。

编号⑥是一个与门电路，它也有两个信号输入端，其中一个来自编号为③的或门电路，另一个来自事件屏蔽寄存器（EXTI_EMR）。与编号为④的与门电路类似，如果 EXTI_EMR 设置为 0，则不管或门电路的输出信号是 1 还是 0，最终都将导致编号为⑥的与门电路输出为 0；而如果 EXTI_EMR 设置为 1，则编号为⑥的与门电路输出信号完全由编号为③的或门电路输出信号决定，这样就可以方便地通过控制 EXTI_EMR 实现是否产生事件。

编号⑦是一个脉冲发生器电路，其信号输入端是编号为⑥的与门电路。如果输入信号为 0，则脉冲发生器不会输出脉冲；如果输入信号为 1，则脉冲发生器电路会产生一个脉冲信号。

编号⑧表示一个脉冲信号，它是 EXTI 产生事件线路的最终产物。该脉冲信号可以供其他外设电路使用，如定时器 TIMx、模拟数字转换器 ADC 等，用来触发 TIMx 或使 ADC 开始转换。

综上所述，在 EXTI 中，产生中断线路的目的是把输入信号输入 NVIC 中，以便进一步运行中断服务函数，实现相应的功能；而产生事件线路的目的是通过电路信号传输，传送一个脉冲信号给其他外设使用。前者为软件级别，而后者为硬件级别。

5.2.2 EXTI 相关寄存器概述

在使用 STM32 微控制器的外部中断前，需要对 EXTI 相关寄存器进行相应的配置。EXTI 挂载在 APB2 总线上，下面分别介绍 EXTI 相关寄存器。

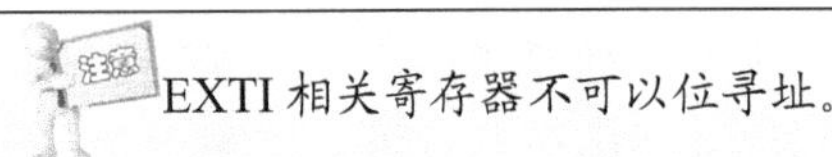

EXTI 相关寄存器不可以位寻址。

（1）中断屏蔽寄存器 EXTI_TMR。它主要用来实现中断/事件线上的中断屏蔽操作。STM32 微控制器是 32 位的内核，因此 EXTI_TMR 的宽度也是 32 位的，但由于 EXTI 只有 20 个中断/事件线，所以仅使用 EXTI_TMR 中的 bit19～0 来分别设置对应中断/事件线上的中断屏蔽。例如，在 EXTI_TMR 的 bitx（x=0,1,⋯,19）上写 0，就可以屏蔽来自中断/事件线 x 上的中断请求。类似地，在 EXTI_TMR 的 bitx 上写 1，就可以开放来自中断/事件线 x 上的中断请求。bit31～20 为系统保留位，必须始终保持复位状态。

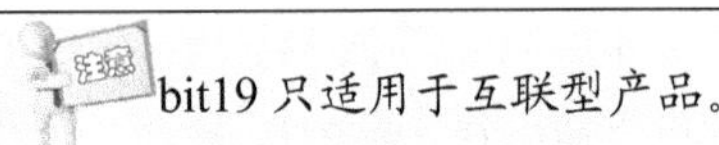

bit19 只适用于互联型产品。

（2）事件屏蔽寄存器 EXTI_EMR。它主要用来实现中断/事件线上的中断屏蔽操作。该寄存器的宽度也是 32 位的，由于 EXTI 只有 20 个中断/事件线，所以仅使用 EXTI_EMR 中的 bit19～0 来分别设置对应中断/事件线上的事件屏蔽。例如，在 EXTI_EMR 的 bitx（x=0,1,⋯,19）上写 0，就可以屏蔽来自中断/事件线 x 上的事件请求。类似地，在 EXTI_TMR 的 bitx 上写 1，就可以开放来自中断/事件线 x 上的事件请求。bit31～20 为系统保留位，必须始终保持复位状态。bit19 只适用于互联型产品。

（3）下降沿触发选择寄存器 EXTI_FTSR。它主要用来设置中断/事件线上的触发脉冲类型为下降沿。由于 EXTI 只有 20 个中断/事件线，所以仅使用 EXTI_FTSR 中的 bit19～0 来分别设置对应中断/事件线上的触发方式。例如，在 EXTI_FTSR 的 bitx（x=0,1,⋯,19）上写 0，就可禁止输入线 x 上的下降沿作为中断或事件的触发信号。类似地，在 EXTI_FTSR 的 bitx 上写 1，则允许输入线 x 上的下降沿作为中断或事件的触发信号。bit31～20 为系统保留位，必须始终保持复位状态。bit19 只适用于互联型产品。

（4）上升沿触发选择寄存器 EXTI_RTSR。它主要用来设置中断/事件线上的触发脉冲类型为上升沿。由于 EXTI 只有 20 个中断/事件线，所以仅使用 EXTI_RTSR 中的 bit19～0 来分别设置对应中断/事件线上的触发方式。例如，在 EXTI_RTSR 的 bitx（x=0,1,⋯,19）上写 0，就可禁止输入线 x 上的上升沿作为中断或事件的触发信号。类似地，在 EXTI_RTSR 的 bitx 上写 1，则允许输入线 x 上的上升沿作为中断或事件的触发信号。bit31～20 为系统保留位，必须始终保持复位状态。

> 说明　由于外部唤醒线也是边沿触发的，所以在这些信号线上不允许出现毛刺信号，否则可能触发系统的外部中断。另外，在对下降沿触发选择寄存器 EXTI_FTSR 进行写操作的过程中，外部中断线上的下降沿触发信号不会被识别，挂起位也不会被置位。在对上升沿触发选择寄存器 EXTI_RTSR 进行写操作的过程也是如此。在同一个中断线上，可以同时将其设置为上升沿触发和下降沿触发，即任何一个边沿都可以触发系统的外部中断。

（5）挂起寄存器 EXTI_PR。它主要用来识别中断/事件线上的中断请求。使用 32 位 EXTI_PR 中的 bit19～0 来分别识别对应中断/事件线上的中断请求。当 EXTI_PR 的 bitx（x=0,1,⋯,19）为 0 时，表示没有发生外部中断的触发请求；当 EXTI_PR 的 bitx 为 1 时，表示发生了中断触发请求。

> 说明　当外部中断/事件线 x 上发生了对应的边沿触发事件时，EXTI_PR 的对应位就会被置为 1，可以通过在该位上再次写入 1 将该位清除，也可以通过改变边沿检测的极性（上升沿触发或下降沿触发）将其清除。如果在该寄存器的对应位上写 0，则不会对该位产生影响。

（6）软件中断事件寄存器 EXTI_SWIER。它主要用来设置中断/事件线上的软件中断，允许通过程序控制来启动相应的中断/事件线。使用 32 位 EXTI_SWIER 中的 bit19～0 来分别设置对应中断/事件线上的软件中断。当 EXTI_SWIER 的 bitx（x=0,1,⋯,19）为 0 时，可以通过对相应位写 1 将 EXTI_PR 中的对应位挂起，此时，如果在 EXTI_IMR 和 EXTI_EMR 中允许该位产生中断，则系统将产生一个中断。同样，bit31～20 为系统保留位，必须始终保持复位状态。

综上所述，为了产生一个外部中断，必须先配置并使能相应的中断线，然后根据需要的边沿检测设置 EXTI_FTSR 和 EXTI_RTSR 两个寄存器，同时在 EXTI_TMR 的相应位上写入 1，以允许中断请求。当外部中断线上发生了期待的边沿时，将会产生一个中断请求，对应的挂起位也随之被置 1。通过在 EXTI_PR 的对应位上再次写 1，可以清除它，也可以通过改变边沿检测的极性对相应的挂起位进行清除。如果要产生一个事件，则必须先配置好并使能相应的事件线，然后根据需要的边沿检测设置好 EXTI_FTSR 和 EXTI_RTSR 两个寄存器，同时在 EXTI_EMR 的相应位上写 1，以允许事件请求。当事件线上发生了需要的边沿时，将产生一个事件请求脉冲，但是对应的挂起位并不会被置 1，可以通过在 EXTI_SWIER 的对应位上写 1，也可以通过软件产生中断/事件请求。

5.2.3　EXTI 相关库函数简介

通过 5.2.2 节的讲解，我们已经大致了解了 STM32 外部中断/事件控制的主要流程和相关寄存器的配置情况。在实际的嵌入式系统设计时，可以采用库函数实现这些配置。常用的 EXTI 库函数如表 5.8 所示。

表 5.8　常用的 EXTI 库函数

函　数　名	功 能 描 述
EXTI_DeInit	将外设 EXTI 寄存器重设为默认值
EXTI_Init	根据 EXTI_InitStruct 中指定的参数初始化外设 EXTI 寄存器
EXTI_StructInit	把 EXTI_InitStruct 中的每一个参数按默认值填入
EXTI_GenerateSWInterrupt	产生一个软件中断
EXTI_GetFlagStatus	检查指定的 EXTI 线路标志位设置与否
EXTI_ClearFlag	清除 EXTI 线路的待处理标志位
EXTI_GetITStatus	检查指定的 EXTI 线路触发请求是否发生
EXTI_ClearITPendingBit	清除 EXTI 线路的待处理位

（1）EXTI_DeInit 函数：该函数将外设 EXTI 寄存器重设为默认值。

函数原型	void EXTI_DeInit(void)								
功能描述	将外设 EXTI 寄存器重设为默认值								
输入参数	无	输出参数	无	返回值	无	先决条件	无	被调用函数	无

例如，重设 EXTI 寄存器为默认的复位值：

```
EXTI_DeInit();
```

（2）EXTI_Init 函数：该函数根据 EXTI_InitStruct 中指定的参数初始化外设 EXTI 寄存器。

函数原型	void EXTI_Init(EXTI_InitTypeDef* EXTI_InitStruct)						
功能描述	根据 EXTI_InitStruct 中指定的参数初始化外设 EXTI 寄存器						
输入参数	EXTI_InitStruct：指向结构体 EXTI_InitTypeDef 的指针，包含外设 EXTI 寄存器的配置信息						
输出参数	无	返回值	无	先决条件	无	被调用函数	无

EXTI_InitTypeDef 结构体定义在 STM32 标准函数库文件中的 stm32f10x_exti.h 头文件下，具体定义如下。

```
typedef struct
{
  uint32_t EXTI_Line;                    //外部中断线路
  EXTIMode_TypeDef EXTI_Mode;            //设置线路模式
  EXTITrigger_TypeDef EXTI_Trigger;      //设置触发边沿
  FunctionalState EXTI_LineCmd;          //线路使能或失能
} EXTI_InitTypeDef;
```

每个 EXTI_InitTypeDef 结构体成员的功能和相应的取值如下。

① EXTI_Line。该成员用来选择待使能或失能的外部线路，EXTI_Line 取值定义如表 5.9 所示。其中外部中断线 19 只适用于互联型 STM32 系列产品。

表 5.9　EXTI_Line 取值定义

EXTI_Line 取值	功能描述	EXTI_Line 取值	功能描述
EXTI_Line0	外部中断线 0	EXTI_Line10	外部中断线 10
EXTI_Line1	外部中断线 1	EXTI_Line11	外部中断线 11
EXTI_Line2	外部中断线 2	EXTI_Line12	外部中断线 12
EXTI_Line3	外部中断线 3	EXTI_Line13	外部中断线 13
EXTI_Line4	外部中断线 4	EXTI_Line14	外部中断线 14
EXTI_Line5	外部中断线 5	EXTI_Line15	外部中断线 15
EXTI_Line6	外部中断线 6	EXTI_Line16	外部中断线 16
EXTI_Line7	外部中断线 7	EXTI_Line17	外部中断线 17
EXTI_Line8	外部中断线 8	EXTI_Line18	外部中断线 18
EXTI_Line9	外部中断线 9	EXTI_Line19	外部中断线 19

② EXTI_Mode。该成员用来设置被使能线路的模式，EXTI_Mode 取值定义如表 5.10 所示。

表 5.10　EXTI_Mode 取值定义

EXTI_Mode 取值	功能描述
EXTI_Mode_Event	设置 EXTI 线路为事件请求
EXTI_Mode_Interrupt	设置 EXTI 线路为中断请求

③ EXTI_Trigger。该成员用来设置被使能线路的触发边沿，其取值定义如表 5.11 所示。

表 5.11　EXTI_Trigger 取值定义

EXTI_Trigger 取值	功能描述
EXTI_Trigger_Rising	设置输入线路上升沿为中断请求
EXTI_Trigger_Falling	设置输入线路下降沿为中断请求
EXTI_Trigger_Rising_Falling	设置输入线路上升沿和下降沿为中断请求

④ EXTI_LineCmd。该成员指定了成员 EXTI_Line 中定义的外部中断线路被使能（ENABLE）还是失能（DISABLE）。

例如，设置外部线路 12 和 14 的下降沿产生中断 5：

```
EXTI_InitTypeDef EXTI_InitStructure;
EXTI_InitStructure.EXTI_Line = EXTI_Line12|EXTI_Line14; //选择外部线路 12 和 14
EXTI_InitStructure.EXTI_Mode = EXTI_Mode_Interrupt;      //设置线路为中断请求
EXTI_InitStructure.EXTI_Trigger = EXTI_Trigger_Falling; //设置线路为下降沿触发
EXTI_InitStructure.EXTI_LineCmd = ENABLE;                //外部线路使能
EXTI_Init(&EXTI_InitStructure);                   //根据上述参数初始化 EXTI 寄存器
```

（3）EXTI_StructInit 函数：该函数把 EXTI_InitStruct 中的每一个参数按默认值填入。

函数原型	void EXTI_StructInit(EXTI_InitTypeDef* EXTI_InitStruct)
功能描述	把 EXTI_InitStruct 中的每一个参数按默认值填入
输入参数	EXTI_InitStruct：指向结构体 EXTI_InitTypeDef 的指针，待初始化，其成员默认值如表 5.12 所示

输出参数	无	返回值	无	先决条件	无	被调用函数	无

表 5.12　EXTI_InitStruct 成员默认值

EXTI_InitStruct 成员	默　认　值	EXTI_InitStruct 成员	默　认　值
EXTI_Line	EXTI_LineNone	EXTI_Mode	EXTI_Mode_Interrupt
EXTI_Trigger	EXTI_Trigger_Falling	EXTI_LineCmd	DISABLE

（4）EXTI_GenerateSWInterrupt 函数：该函数产生一个软件中断。

函数原型	void EXTI_GenerateSWInterrupt(uint32_t EXTI_Line)						
功能描述	产生一个软件中断						
输入参数	EXTI_Line：待使能或失能的 EXTI 线路，EXTI_Linex（x 可以取 0～19）						
输出参数	无	返回值	无	先决条件	无	被调用函数	无

例如，产生一个软件中断请求：

```
EXTI_GenerateSWInterrupt(EXTI_Line4);
```

（5）EXTI_GetFlagStatus 函数：该函数检查指定的 EXTI 线路标志位设置与否。

函数原型	FlagStatus EXTI_GetFlagStatus(uint32_t EXTI_Line)		
功能描述	检查指定的 EXTI 线路标志位设置与否		
输入参数	EXTI_Line：待检查的 EXTI 线路标志位，EXTI_Linex（x 可以取 0～19）		
输出参数	无	返回值	指定 EXTI 线路标志位的新状态（可取 SET 或 RESET）
先决条件	无	被调用函数	无

例如，获取外部中断线路 8 的标志位状态：

```
FlagStatus EXTIStatus;
EXTIStatus = EXTI_GetFlagStatus(EXTI_Line8);
```

（6）EXTI_ClearFlag 函数：该函数清除 EXTI 线路的待处理标志位。

函数原型	void EXTI_ClearFlag(uint32_t EXTI_Line)						
功能描述	清除 EXTI 线路的待处理标志位						
输入参数	EXTI_Line：待清除的 EXTI 线路标志位，EXTI_Linex（x 可以取 0～19）						
输出参数	无	返回值	无	先决条件	无	被调用函数	无

例如，清除外部中断线路 2 的标志位：

```
EXTI_ClearFlag(EXTI_Line2);
```

（7）EXTI_GetITStatus 函数：该函数检查指定的 EXTI 线路触发请求是否发生。

函数原型	ITStatus EXTI_GetITStatus(uint32_t EXTI_Line)		
功能描述	检查指定的 EXTI 线路触发请求是否发生		
输入参数	EXTI_Line：待检查的 EXTI 线路待处理位，EXTI_Linex（x 可以取 0～19）		
输出参数	无	返回值	指定 EXTI 线路待处理位的新状态（可取 SET 或 RESET）
先决条件	无	被调用函数	无

例如，检查外部中断线路 8 的挂起位状态：

```
ITStatus EXTIStatus;
EXTIStatus =  EXTI_GetITStatus(EXTI_Line8);
```

（8）EXTI_ClearITPendingBit 函数：该函数清除 EXTI 线路的待处理位。

函数原型	void EXTI_ClearITPendingBit(uint32_t EXTI_Line)					
功能描述	清除 EXTI 线路的待处理位					
输入参数	EXTI_Line：待清除的 EXTI 线路待处理位，EXTI_Linex（x 可以取 0～19）					
输出参数	无	返回值	无	先决条件	无	被调用函数	无

例如，清除外部中断线路 2 的挂起位：

```
EXTI_ClearITPendingBit(EXTI_Line2);
```

以上均是与 EXTI 相关的库函数，为了方便开发者理解，通过一些简单的例子对其进行了讲解。运用这些 EXTI 库函数即可实现对 STM32 外部中断/事件的管理与控制，从而实现所需要的功能，这些函数在以后的嵌入式系统设计中也会经常用到，需要熟练掌握。

5.3　GPIO 与外部中断控制实践

通过前两节对 GPIO 和 EXTI 相关知识的介绍，我们已经全面了解了 GPIO 端口的使用和外部中断/事件控制。本节将通过嵌入式设计实例对 GPIO 端口的输入/输出功能和 EXTI 外部中断控制进行实践应用。在介绍设计嵌入式系统实例之前，先介绍一下如何将系统设计中经常用到的基础操作，如 GPIO 端口输入/输出宏定义、时钟和中断配置等，汇总编写进一个通用文件中，以备在后面的嵌入式系统设计过程中直接调用。

5.3.1　通用文件的编写与使用

在实际的嵌入式系统设计过程中，一般会用 sys 文件实现 GPIO 端口输入/输出宏定义和系统中断配置等基础操作。本节以 sys 文件为例介绍通用文件的编写和使用方法，在以后的嵌入式系统设计过程中，如果遇到其他经常用到的基础操作，开发者可以自行编写相应的通用文件，以备在后面的嵌入式系统设计过程中直接调用。sys 文件包含 sys.c 和 sys.h 两个文件，sys.h 头文件定义了 STM32 的 GPIO 端口输入宏定义和输出宏定义；按照实际应用需求，sys.c 文件可以定义许多与 STM32 底层硬件相关的设置函数，如系统时钟的配置、中断的配置等。

1. sys 文件的编写

下面简要介绍如何编写 sys 文件并将其放入通用工程模板中。首先，将 3.2.2 节中创建的通用工程模板所在的文件夹打开，在该文件夹中新建一个 System 文件夹，用于存放与通用系统配置相关的文件，之后在 System 文件夹中新建一个 Sys 文件夹，用来存放 sys 文件。其次，打开 Project 文件夹中的 Template.uvprojx 文件，单击 按钮新建一个文件，用于编写相关的延时函数代码，把该文件命名为 sys.c，并保存在之前建立的 System\Sys 文件夹中。在该文件中输入如下代码。

```
#include "sys.h"
/****************************************************************
**函 数 名: WFI_SET
**功能描述: 实现执行汇编指令 WFI
**输入参数: 无
**输出参数: 无
****************************************************************/
void WFI_SET(void)
{
    __ASM volatile("wfi");
}
/****************************************************************
**函 数 名: INTX_DISABLE
**功能描述: 关闭所有中断
**输入参数: 无
**输出参数: 无
****************************************************************/
void INTX_DISABLE(void)
{
    __ASM volatile("cpsid i");
}
/****************************************************************
**函 数 名: INTX_ENABLE
**功能描述: 开启所有中断
**输入参数: 无
**输出参数: 无
****************************************************************/
void INTX_ENABLE(void)
{
    __ASM volatile("cpsie i");
}
/****************************************************************
**函 数 名: MSR_MSP
**功能描述: 设置栈顶地址
**输入参数: 栈顶地址
**输出参数: 无
****************************************************************/
__asm void MSR_MSP(u32 addr)
{
    MSR MSP, r0             //设置主堆栈值
    BX r14
}
```

上述程序代码已经介绍了所编写的函数，分别用于执行 WFI、关闭和开启中断、设置栈顶地址。由于 Thumb 指令集不支持汇编内联，可采用代码中的方法执行相应汇编指令，具体实现过程这里不再详述。我们也可以根据自己的实际应用需要，编写其他通用系统函数到文件中。输入完上述程序代码后，单击“保存”按钮，再通过同样的方法新建一个 sys.h 头文件，也保存在 System\Sys 文件夹中，用来存

放 STM32 的 GPIO 端口输入宏定义和输出宏定义，以方便实现 GPIO 端口的位带操作（这部分内容可以参考 1.3.3 节的内容），并声明相关的函数。在该文件中输入如下代码：

```
#ifndef __SYS_H
#define __SYS_H
#include "stm32f10x.h"

//定义系统文件夹是否支持 UCOS，0-不支持，1-支持
#define SYSTEM_SUPPORT_OS   0
//位带操作
//I/O 端口操作宏定义
#define BITBAND(addr, bitnum) ((addr & 0xF0000000)+0x2000000+((addr &0xFFFFF)
#<<5)+(bitnum<<2))
#define MEM_ADDR(addr)  *((volatile unsigned long  *)(addr))
#define BIT_ADDR(addr, bitnum)   MEM_ADDR(BITBAND(addr, bitnum))
//I/O 端口地址映射
#define GPIOA_ODR_Addr    (GPIOA_BASE+12)        //0x4001080C
#define GPIOB_ODR_Addr    (GPIOB_BASE+12)        //0x40010C0C
#define GPIOC_ODR_Addr    (GPIOC_BASE+12)        //0x4001100C
#define GPIOD_ODR_Addr    (GPIOD_BASE+12)        //0x4001140C
#define GPIOE_ODR_Addr    (GPIOE_BASE+12)        //0x4001180C
#define GPIOF_ODR_Addr    (GPIOF_BASE+12)        //0x40011A0C
#define GPIOG_ODR_Addr    (GPIOG_BASE+12)        //0x40011E0C
#define GPIOA_IDR_Addr    (GPIOA_BASE+8)         //0x40010808
#define GPIOB_IDR_Addr    (GPIOB_BASE+8)         //0x40010C08
#define GPIOC_IDR_Addr    (GPIOC_BASE+8)         //0x40011008
#define GPIOD_IDR_Addr    (GPIOD_BASE+8)         //0x40011408
#define GPIOE_IDR_Addr    (GPIOE_BASE+8)         //0x40011808
#define GPIOF_IDR_Addr    (GPIOF_BASE+8)         //0x40011A08
#define GPIOG_IDR_Addr    (GPIOG_BASE+8)         //0x40011E08
//I/O 端口操作，只对单一的 IO 端口引脚，n 取值为 0～15
#define PAout(n)   BIT_ADDR(GPIOA_ODR_Addr,n)   //输出
#define PAin(n)    BIT_ADDR(GPIOA_IDR_Addr,n)   //输入
#define PBout(n)   BIT_ADDR(GPIOB_ODR_Addr,n)   //输出
#define PBin(n)    BIT_ADDR(GPIOB_IDR_Addr,n)   //输入
#define PCout(n)   BIT_ADDR(GPIOC_ODR_Addr,n)   //输出
#define PCin(n)    BIT_ADDR(GPIOC_IDR_Addr,n)   //输入
#define PDout(n)   BIT_ADDR(GPIOD_ODR_Addr,n)   //输出
#define PDin(n)    BIT_ADDR(GPIOD_IDR_Addr,n)   //输入
#define PEout(n)   BIT_ADDR(GPIOE_ODR_Addr,n)   //输出
#define PEin(n)    BIT_ADDR(GPIOE_IDR_Addr,n)   //输入
#define PFout(n)   BIT_ADDR(GPIOF_ODR_Addr,n)   //输出
#define PFin(n)    BIT_ADDR(GPIOF_IDR_Addr,n)   //输入
#define PGout(n)   BIT_ADDR(GPIOG_ODR_Addr,n)   //输出
#define PGin(n)    BIT_ADDR(GPIOG_IDR_Addr,n)   //输入
//汇编函数
void WFI_SET(void);                              //执行 WFI 指令
void INTX_DISABLE(void);                         //关闭所有中断
void INTX_ENABLE(void);                          //开启所有中断
```

```
void MSR_MSP(u32 addr);                              //设置堆栈地址
#endif
```

接下来，按照 3.2.2 节中添加文件的方法，在“Manage Project Items”对话框中新建一个名为 System 的组，并把 sys.c 文件加入这个组中。新增 System 组和文件，如图 5.4 所示。

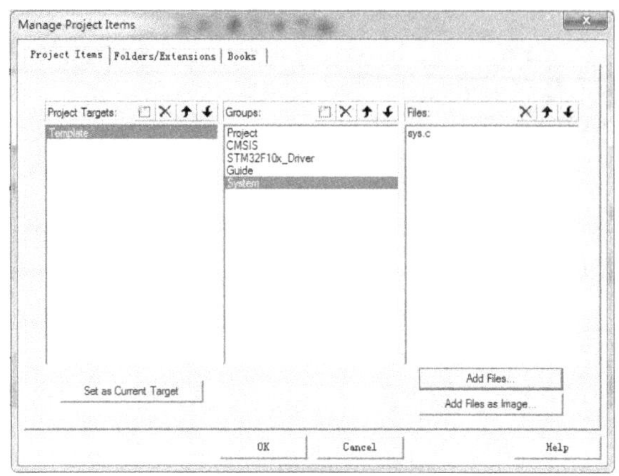

图 5.4　新增 System 组和文件

单击“OK”按钮，回到工程主界面，会发现在 Project Workspace 文件夹中多了一个 System 组，并且在该组中有一个名为 sys.c 的文件。之后用 3.2.2 节中介绍的配置“魔术棒”选项卡的方法，将 sys.h 头文件的路径加入工程中。添加 sys.h 头文件路径如图 5.5 所示。添加完 sys.c 文件和 sys.h 头文件路径，在以后的嵌入式系统设计过程中就可以对 sys 函数进行调用，以实现系统的精准延时。

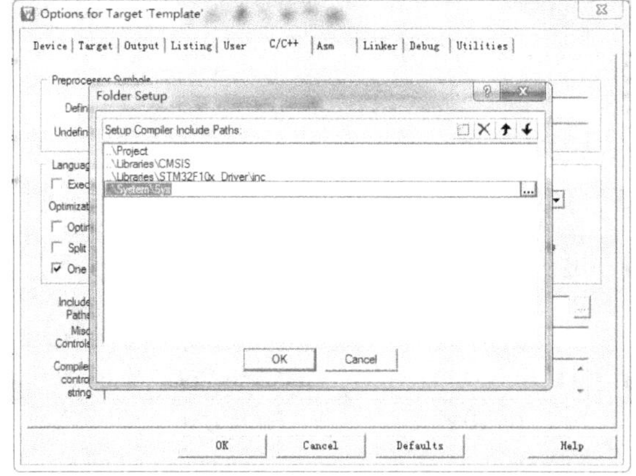

图 5.5　添加 sys.h 头文件路径

2．STM32 低功耗模式

sys.c 文件涉及一个 WFI（Wait for Interrupt）汇编指令，执行该指令后，处理器内核会立即进入低功耗待机状态，直到有 WFI 唤醒事件发生才退出待机状态。

STM32 提供了三种低功耗模式，以达到不同层次的降低功耗的目的，这三种模式如下。

（1）睡眠模式（Cortex-M3 内核停止工作，外设仍在运行）。

（2）停机模式（所有时钟都停止）。

（3）待机模式。

其中，睡眠模式又分为深度睡眠和睡眠。STM32 的低功耗模式如表 5.13 所示。

表 5.13　STM32 的低功耗模式

<table>
<tr><th>模　式</th><th>进　入</th><th>唤　醒</th><th>对 1.8V 区域时钟的影响</th><th>对 V_{DD} 区域时钟的影响</th><th>电压调节器</th></tr>
<tr><td rowspan="2">睡眠（SLEEP-NOW 或 SLEEP-ON-EXTI）</td><td>WFI</td><td>任一中断</td><td rowspan="2">CPU 时钟关，对其他时钟和 ADC 时钟无影响</td><td rowspan="2">无</td><td rowspan="2">开</td></tr>
<tr><td>WFE</td><td>唤醒事件</td></tr>
<tr><td>停机</td><td>PDDS 位和 LPDS 位+SLEEPDEEP 位+WFI 或 WFE</td><td>任一外部中断（在外部中断寄存器中设置）</td><td rowspan="2">关闭所有 1.8V 区域的时钟</td><td rowspan="2">HSI 和 HSE 的振荡器关闭</td><td>开启或处于低功耗模式（依据电源控制寄存器 PWR_CR 的设定）</td></tr>
<tr><td>待机</td><td>PDDS 位+SLEEPDEEP 位+WFI 或 WFE</td><td>WKUP 引脚的上升沿、RTC 闹钟事件、NRST 引脚上的外部复位、IWDG 复位</td><td>关</td></tr>
</table>

从表 5.13 可以看出，进入待机模式的方法主要有设置电源控制寄存器 PWR_CR 中的 PDDS 位、设置 Cortex-M3 系统控制寄存器中的 SLEEPDEEP 位和清除电源控制/状态寄存器 RWR_CSR 中的 WUF 位等，而退出待机模式的方法主要有 WKUP 引脚的上升沿、RTC 闹钟事件、NRST 引脚上的外部复位和 IWDG 复位等。

这里简要介绍一下 WFI 和 WFE（Wait for Event）的区别。WFI 和 WFE 的功能非常类似，都能够让处理器内核进入低功耗模式。对于 WFI 来说，执行完 WFI 指令后，处理器内核直接进入低功耗待机状态，当出现 WFI 唤醒事件（任一中断）时，退出低功耗模式。而 WFE 略微不同，执行完 WFE 指令后，处理器会根据相关事件寄存器的状态做出不同的反应。如果事件寄存器为 1，则该指令会把它清零，并执行该事件，不会进入低功耗模式；而如果事件寄存器为 0，则和 WFI 类似，执行完指令后直接进入低功耗模式，直到有 WFE 唤醒事件发生。待机模式的详细介绍可以查阅《STM32F10x 中文参考手册》中的相关章节。

5.3.2　GPIO 端口输出点亮 LED

1．硬件设计

点亮 LED 使用的是 GPIO 端口的基本输出功能，在嵌入式系统设计过程中，STM32 芯片与 LED 的硬件连接方式如图 5.6 所示。LED 具有单向导通性，从图 5.6 可以看出，LED 阳极通过上拉电阻与电源相连接，阴极与 GPIO 端口引脚相连接。因此，只有当端口引脚输出低电平时，LED 才会导通发光；而当端口引脚输出高电平时，LED 不会被点亮。这里使用两个 LED 灯，其阴极分别与 GPIO 端口的 PA2 和 PA3 引脚相连接，通过分别控制这两个引脚的输出电平的高低转换，实现两个 LED 灯的闪烁。当然，这里的 PA2 和 PA3 引脚也可以换成其他 GPIO 端口引脚，系统程序的控制原理是相同的，更换引脚后，只需要对程序做一些简单的修改即可。

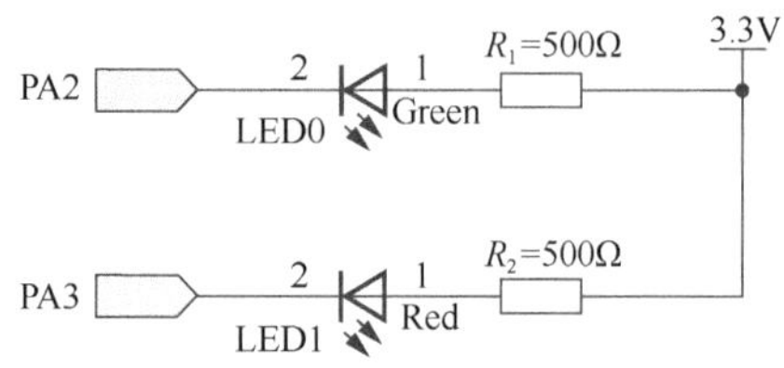

图 5.6 STM32 芯片与 LED 的硬件连接方式

2．软件设计

在后续的软件设计中，一些变量的设置、头文件包含的内容等在前面已经介绍过了，这里只讲解核心部分的代码。为了节省系统设计时间，可以直接给前面所创建的通用工程模板赋值，由于采用的单片机型号一样，基础的设置操作是一致的。为了提高设计效率，在以后进行具体工程设计时，只要单片机型号没有发生改变，就可以直接复制这个工程模板。

为了使设计的工程更有条理，可先将通用工程模板所在的文件夹打开，在该文件夹中新建一个 Hardware 文件夹，用于存放与硬件配置相关的文件；在 Hardware 文件夹中再新建一个 LED 文件夹，用来存放与 LED 配置相关的代码。打开 Project 文件夹，将 Template.uvprojx 文件重命名为 GPIO_LED.uvprojx（不改也可以，改名字只是为了方便区分不同的项目），然后双击打开。与上一节编写 sys 文件一样，这里单击 按钮新建一个文件，用于编写与 LED 相连接的 GPIO 端口配置的相关程序代码，把该文件保存在 Hardware\LED 文件夹中，并命名为 led.c。在该文件中输入如下代码。

```
#include "led.h"

//初始化与 LED 相连接的 PA2 和 PA3 引脚为输出，并使能这两个引脚的时钟
void LED_Init(void)
{
    GPIO_InitTypeDef GPIO_InitStructure;
    RCC_APB2PeriphClockCmd(RCC_APB2Periph_GPIOA, ENABLE);   //使能 PA 引脚时钟
    GPIO_InitStructure.GPIO_Pin = GPIO_Pin_2|GPIO_Pin_3; //PA2、PA3 引脚配置
    GPIO_InitStructure.GPIO_Mode = GPIO_Mode_Out_PP;        //推挽输出
    GPIO_InitStructure.GPIO_Speed = GPIO_Speed_50MHz;     //I/O 端口速率为 50MHz
    GPIO_Init(GPIOA, &GPIO_InitStructure);                  //初始化 GPIOA
    GPIO_SetBits(GPIOA,GPIO_Pin_2);                         //PA2 引脚输出高电平
    GPIO_SetBits(GPIOA,GPIO_Pin_3);                         //PA3 引脚输出高电平
}
```

上述代码只包含了一个函数：void LED_Init(void)，该函数的功能是实现配置 PA2 和 PA3 引脚为推挽输出，前面已经介绍过了，这里不再详述。

> 注意：在配置 STM32 外设时，在任何情况下都要先使能该外设的时钟，GPIO 端口是挂载在 APB2 总线上的外设。在 STM32 标准函数库中对挂载在 APB2 总线上的外设时钟使能是通过函数 RCC_APB2PeriphClockCmd()来实现的，该函数定义在第 4 章提到的 stm32f10x_rcc.c 文件中。RCC 寄存器的相关函数将在第 6 章进行讲解，这里只需要知道该函数能够使能 PE 引脚时钟就可以了。

配置完时钟之后，LED_Init 函数配置了 PA2 和 PA3 的工作模式。因为控制 LED 灯闪烁需要端口引脚在高电平和低电平之间反复切换，所以采用推挽输出模式，并且默认输出高电平，这样就完成了对这两个端口引脚的初始化。

说明　GPIO 端口的初始化参数都在结构体变量 GPIO_InitStructure 中，无论两个引脚是否属于同一端口组，只要其 I/O 端口的工作模式和工作速率一样，对工作模式和工作速率初始化一次就够了。

再按同样的方法，新建一个 led.h 头文件，用于编写与 LED 相关的宏定义，并声明 LED_Init 函数，该文件也保存在 LED 文件夹中。在 led.h 头文件中输入如下代码。

```
#ifndef __LED_H
#define __LED_H
#include "sys.h"

//LED 端口定义
#define LED0 PAout(2) //定义 LED0 为 PA2 输出位，位带操作
#define LED1 PAout(3) //定义 LED1 为 PA3 输出位，位带操作
void LED_Init(void);  //LED 端口初始化

#endif
```

上述代码包含两个关于 PAout 的宏定义，PAout(n)是为了方便进行端口输出位带操作在 sys.h 头文件中对 GPIOA 端口输出进行的宏定义，其代码如下。

```
#define LED0 PAout(2) //定义 LED0 为 PA2 输出位，位带操作
#define LED1 PAout(3) //定义 LED1 为 PA3 输出位，位带操作
```

上述宏定义是基于上一节中所编写的 sys 文件进行的，可以通过对 LED0 和 LED1 赋值直接实现对 PA2 和 PA3 引脚输出高低电平的控制，当然，也可以通过库函数或寄存器操作的方法实现对 PA2 和 PA3 引脚输出高低电平的控制。相比之下，上述位带操作方法的可读性更高。三种方法的对比如下。

（1）位带操作实现 PA2 引脚输出高低电平。

```
LED0 = 1; //通过位带操作控制与 LED0 相连接的 PA2 引脚输出高电平
LED0 = 0; //通过位带操作控制与 LED0 相连接的 PA2 引脚输出低电平
```

（2）库函数方法实现 PA2 引脚输出高低电平。

```
GPIO_SetBits(GPIOA, GPIO_Pin_2);    //控制 PA2 引脚输出高电平，等同于 LED0=1
GPIO_ResetBits(GPIOA, GPIO_Pin_2); //控制 PA2 引脚输出低电平，等同于 LED0=0
```

（3）寄存器操作方法实现 PA2 引脚输出高低电平。

```
GPIOA->BRR = GPIO_Pin_2;     //设置 PA2 引脚输出高电平，等同于 LED0=1
GPIOA->BSRR = GPIO_Pin_2;    //设置 PA2 引脚输出低电平，等同于 LED0=0
```

对于上面三种方法，开发者可以根据自己的喜好选择其中一种即可。在端口速率没有太大区别的情况下，三种方法的效果都是一样的。

接下来，在“Manage Project Items”对话框中新建一个名为 Hardware 的组，并把 led.c 文件加入这个组中，将 led.h 头文件的路径加入工程中。添加完 led.c 文件和 led.h 头文件路径之后，就可以回到工程主界面对主函数进行编程了。打开 main.c 文件，并在该文件中编写如下代码。

```
#include "led.h"
#include "sys.h"

void Delay(uint32_t count)        //定义简单的延时函数
{
    u32 i = 0;
    for(;i<count;i++);
}
int main(void)
{
    LED_Init();                   //初始化与 LEDÁ 连接的 GPIO 端口引脚
    while(1)
    {
        LED0 = 0;
        LED1 = 1;
        Delay(500000);            //延时
        LED0 = 1;
        LED1 = 0;
        Delay(500000);            //延时
    }
}
```

程序代码输入完成后单击“保存”按钮，并单击 按钮进行编译，编译零错误零警告，说明程序编写在逻辑上没有问题。上述程序代码通过“#include "led.h"”包含了 led.h 头文件，使得 LED0、LED1 和 LED_Init 等能在 main 函数中被调用。main 函数首先调用 LED_Init 初始化 PA2 和 PA3 为输出，之后在死循环中利用自己定义的简单延时函数 Delay 实现 LED0 和 LED1 交替闪烁。由于程序涉及定义 LED0 和 LED1 的 PAout(2)和 PAout(3)（定义于 sys.h 头文件中），所以在开始时还需要将 sys.h 头文件包含进来。

以上就是通过 GPIO 端口输出点亮 LED 的系统设计过程，对于程序的软件仿真和硬件调试，读者可以参考第 3 章的内容自行操作，这里不再详述。把代码下载到硬件系统上运行，就可以看到两个 LED 灯不断交替闪烁，说明已成功地利用 GPIO 端口的输出功能控制了 LED 灯的点亮与熄灭。

5.3.3 GPIO 端口输入检测按键

1. 硬件设计

按键检测使用的是 GPIO 端口的基本输入功能。本节按键检测的硬件连接会用到上一节中所连接的两个 LED 灯，在此基础上，再将 PE2 和 PE3 引脚分别与 KEY0 和 KEY1 两个按键连接。GPIO 端口检测按键连接图如图 5.7 所示。当然 PE2 和 PE3 引脚也可以换成其他 GPIO 端口引脚。在嵌入式系统设计过程中，通过 KEY0 和 KEY1 分别控制 LED0 和 LED1 的反复点亮和熄灭，以验证 GPIO 端口是否检测到了按键输入信号。

> 注意 当按键机械触点断开、闭合时，由于触点的弹性作用，按键开关不会马上稳定接通或马上断开，即出现抖动现象。在软件设计过程中，需要采取一些消除抖动的处理措施。

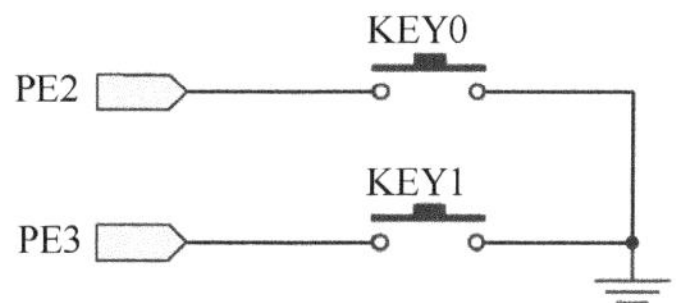

图 5.7　GPIO 端口检测按键连接图

2. 软件设计

在软件设计时，同样可以复制使用前面所创建的通用工程模板，由于这里也需要用到上一节中所连接的两个 LED 灯，所以直接复制使用上一节中的“GPIO 端口输出点亮 LED”工程，这样对于 LED 硬件连接部分的程序代码就不需要重复编写了。为了使设计的工程更有条理，先在 Hardware 文件夹中新建一个 KEY 文件夹，用来存放 KEY 配置的相关代码。

接下来，打开 Project 文件夹，将其中的 Template. uvprojx 文件重命名为 GPIO_KEY.uvprojx，然后双击打开。单击 按钮新建一个文件，用于编写硬件连接的相关配置程序代码，把该文件保存在 Hardware\KEY 文件夹中，并命名为 key.c。在该文件中输入如下代码。

```
#include "key.h"
#include "sys.h"
//按键初始化函数
void KEY_Init(void)                                          //I/O 端口初始化
{
    GPIO_InitTypeDef GPIO_InitStructure;
    RCC_APB2PeriphClockCmd(RCC_APB2Periph_GPIOE,ENABLE);//使能 PE 引脚时钟
    GPIO_InitStructure.GPIO_Pin = GPIO_Pin_2|GPIO_Pin_3;//PE2、PE3 引脚配置
    GPIO_InitStructure.GPIO_Mode = GPIO_Mode_IPU;        //上拉输入
    GPIO_Init(GPIOE, &GPIO_InitStructure);               //初始化 GPIOE
}
//定义简单的延时函数
void Delay(uint32_t count)
{
    u32 i = 0;
    for(;i<count;i++);
}
/**************************************************************
**函 数 名：KEY_Scan
**功能描述：返回按键值
**输入参数：模式控制参数 mode，0 不支持连按；1 支持连按
**输出参数：按键值，0 没有按键按下；1 有按键按下
**说    明：此函数有响应优先级，KEY0>KEY1
**************************************************************/
uint8_t KEY_Scan(uint8_t mode)
{
    static uint8_t key_up=1;                                //按键松开标志
    if(mode) key_up = 1;                                    //支持连按
    if(key_up&&(KEY0==0||KEY1==0))
    {
        Delay(1000);                                        //消除抖动
        key_up = 0;
        if(KEY0==0)return 1;
        else if(KEY1==0)return 2;
    }
```

```
    else if(KEY0==1&&KEY1==1)
      key_up = 1;
    return 0;                                              //无按键按下
}
```

关于上述代码中的 GPIO 端口引脚的相关配置，前面已经详细讲解过，这里不再详述。下面着重讲解一下 KEY_Scan 函数，该函数用来扫描 PE2 和 PE3 引脚是否有按键按下。前面所编写的程序支持两种扫描方式，通过 mode 参数设置：当 mode 为 0 时，KEY_Scan 函数不支持连按，扫描某个按键的输入时，该按键按下之后必须松开，才能第二次触发，否则不会再响应该按键，这样的好处是可以防止按一次按键而引起多次触发；当 mode 为 1 时，KEY_Scan 函数支持连按，如果某个按键一直按下，则会一直返回该按键值，这样可以方便地实现长按检测。

按照同样的方法，再新建一个 key.h 头文件，用于编写与 KEY 相连接的 GPIO 端口的宏定义，并声明相关函数，该文件也保存在 KEY 文件夹中。在 key.h 头文件中输入如下代码。

```
#ifndef __KEY_H
#define __KEY_H
#include "sys.h"

#define KEY0 PEin(2)                        //读取 KEY0
#define KEY1 PEin(3)                        //读取 KEY1
void Delay(uint32_t count);                 //简单延时函数
void KEY_Init(void);                        //按键初始化
uint8_t KEY_Scan(uint8_t);                  //返回按键值

#endif
```

由于后面的主函数也需要用到简单延时函数，所以在 key.h 头文件中对该简单延时函数也做一次声明。上述代码也包含两个用于位带操作的宏定义，PEin(n)是为了方便端口引脚输入位的读取，在 sys.h 头文件中对 GPIOE 端口输入进行的宏定义。通过上述宏定义，可以对 KEY0 和 KEY1 直接读取 PE2 和 PE3 引脚的输入位，从而判断是否有按键按下。当然，这里也可以通过库函数或寄存器操作的方法实现完全一样的功能，采用库函数的实现方法如下。

```
#define KEY0 GPIO_ReadInputDataBit(GPIOE,GPIO_Pin_2) //读取 KEY0
#define KEY1 GPIO_ReadInputDataBit(GPIOE,GPIO_Pin_3) //读取 KEY1
```

> 说明 对于上面三种方法，开发者根据自己的喜好选择一种即可。其中，采用位带操作方法程序的可读性最高；采用库函数方法，程序的可移植性最好；而采用寄存器操作的方法，程序对 CPU 的资源占用最少。但是，在端口速率没有太大要求的情况下，三种方法的效果都是一样的。

接下来，再在“Manage Project Items”对话框中把 key.c 文件加入 Hardware 组中，并将 key.h 头文件的路径加入工程中，之后就可以回到工程主界面对主函数进行编程了。打开 main.c 文件，并在文件中编写如下代码。

```
#include "led.h"
#include "key.h"
#include "sys.h"

int main(void)
```

```
{
    uint8_t key;
    LED_Init();                  //LED 端口初始化
    KEY_Init();                  //初始化与按键连接的硬件接口
    LED0  =0;                    //先点亮 LED0
    while(1)
    {
        key = KEY_Scan(0);       //获得按键值，不支持连按
        if(key)
    {
        switch(key)
        {
            case 1:              //控制 LED0 点亮或熄灭
            LED0 = !LED0;break;
            case 2:              //控制 LED1 点亮或熄灭
            LED1 = !LED1;break;
        }
    }
    else Delay(1000);
    }
}
```

输入完成后单击“保存”按钮，并单击按钮进行编译，程序代码编译零错误零警告。上述程序代码比较简单，首先进行一系列的初始化操作；其次在死循环中调用按键扫描函数 KEY_Scan()扫描按键值；最后根据按键值控制 LED 的反复点亮与熄灭。

以上就是通过 GPIO 端口输入实现按键检测的系统设计过程，对于程序的软件仿真和硬件调试，读者可以自行操作。把代码下载到硬件系统上运行，可以看到 LED0 先被点亮，按一次 KEY0，LED0 熄灭，再按一次，LED0 又被点亮，如此重复；同样，按一次 KEY1，LED1 被点亮，再按一次，LED1 会熄灭，这说明已成功地利用 GPIO 端口的输入功能检测到了外部按键是否被按下。

5.3.4　EXTI 外部中断控制

1．硬件设计

EXTI 外部中断控制电路的设计与 5.3.3 节中按键检测所用到的硬件连接一样，为了能够展现出中断控制效果，这里也需要用到 5.3.2 节中所连接的两个 LED 灯，将 PE2 和 PE3 引脚与 KEY0 和 KEY1 两个按键连接，当然，这里的 PE2 和 PE3 引脚也可以换成其他 GPIO 端口引脚。在嵌入式系统设计过程中，通过 KEY0 和 KEY1 触发相应的外部中断，并通过相应的中断服务函数分别控制 LED0 和 LED1 的点亮和熄灭，从而验证 EXTI 外部中断控制是否正确，所实现的功能与上一节基本相同，但是本节将使用中断来检测按键。

2．软件设计

在软件设计时，同样可以复制使用前面所创建的通用工程模板，当然也可以直接复制使用上一节中的 GPIO 端口输入检测按键工程，这样 LED 和 KEY 硬件连接部分的程序代码就不需要重复编写了。为了使所设计的工程更有条理，先在 Hardware 文件夹中新建一个 EXTI 文件夹，用来存放 EXTI 相关代码。接下来，打开 Project 文件夹，将其中的 Template. uvprojx 文件重命名为 EXTI.uvprojx，然后双击打开。单击按钮新建一个文件，用于编写硬件连接的相关配置程序代码，把该文件保存在之前建立的

Hardware\EXTI 文件夹中，并命名为 exti.c。在该文件中输入如下代码。

```
#include "exti.h"
#include "led.h"
#include "key.h"

//外部中断初始化程序
void EXTIX_Init(void)
{
    EXTI_InitTypeDef EXTI_InitStructure;
    NVIC_InitTypeDef NVIC_InitStructure;
    KEY_Init();                                                 //按键端口初始化
    RCC_APB2PeriphClockCmd(RCC_APB2Periph_AFIO,ENABLE);         //使能复用功能时钟

    //GPIOE.2 中断线和中断初始化配置，下降沿触发
    //设置端口与中断线映射关系
    GPIO_EXTILineConfig(GPIO_PortSourceGPIOE,GPIO_PinSource2);
    EXTI_InitStructure.EXTI_Line = EXTI_Line2;                  //KEY0
    EXTI_InitStructure.EXTI_Mode = EXTI_Mode_Interrupt;         //配置为中断
    EXTI_InitStructure.EXTI_Trigger = EXTI_Trigger_Falling;     //下降沿触发
    EXTI_InitStructure.EXTI_LineCmd = ENABLE;                   //使能中断线
    EXTI_Init(&EXTI_InitStructure);                         //初始化外设 EXTI 寄存器

    //GPIOE.3 中断线和中断初始化配置，下降沿触发
      //设置端口与中断线映射关系
      GPIO_EXTILineConfig(GPIO_PortSourceGPIOE,GPIO_PinSource3);
      EXTI_InitStructure.EXTI_Line=EXTI_Line3;              //KEY0
      EXTI_Init(&EXTI_InitStructure);                       //初始化外设 EXTI 寄存器

    //使能按键 KEY0 所在的外部中断通道
    NVIC_InitStructure.NVIC_IRQChannel = EXTI2_IRQn;
      NVIC_InitStructure.NVIC_IRQChannelPreemptionPriority = 0x02;//抢占优先级 2
      NVIC_InitStructure.NVIC_IRQChannelSubPriority = 0x02; //子优先级 2
      NVIC_InitStructure.NVIC_IRQChannelCmd = ENABLE;           //使能外部中断通道
      NVIC_Init(&NVIC_InitStructure);                       //初始化外设 NVIC 寄存器

      //使能按键 KEY1 所在的外部中断通道
      NVIC_InitStructure.NVIC_IRQChannel = EXTI3_IRQn;
      //抢占优先级 2
      NVIC_InitStructure.NVIC_IRQChannelPreemptionPriority = 0x02;
      NVIC_InitStructure.NVIC_IRQChannelSubPriority = 0x01; //子优先级 1
      NVIC_InitStructure.NVIC_IRQChannelCmd = ENABLE;           //使能外部中断通道
      NVIC_Init(&NVIC_InitStructure);                       //初始化外设 NVIC 寄存器
}
//外部中断 2 服务程序
void EXTI2_IRQHandler(void)
{
```

```
        delay(1000);                                       //消除抖动
        if(KEY0==0)                                        //按键 KEY0
        {
            LED0 = !LED0;
        }
        EXTI_ClearITPendingBit(EXTI_Line2);           //清除 LINE2 上的中断标志位
    }
    //外部中断 3 服务程序
    void EXTI3_IRQHandler(void)
    {
        delay(1000);                                       //消除抖动
        if(KEY1==0)                                        //按键 KEY1
        {
            LED1=!LED1;
        }
        EXTI_ClearITPendingBit(EXTI_Line3);           //清除 LINE3 上的中断标志位
    }
```

上述代码对 EXTI 的相关配置进行了介绍，不再详述，这里着重讲解一下 STM32 使用 I/O 端口外部中断的一般步骤。

（1）初始化 I/O 端口为输入。

（2）开启 AFIO 时钟。

（3）设置 I/O 端口与中断线的映射关系。

（4）初始化线上中断，设置触发条件等。

（5）配置中断分组（NVIC），并使能中断。

（6）编写中断服务函数。

通过以上设置，就可以正常使用外部中断了。

> 说明　STM32 标准函数库还提供了两个函数，用来判断外部中断状态和清除外部状态标志位，即 EXTI_GetFlagStatus 函数和 EXTI_ClearFlag 函数，在 5.2.3 节中已有介绍。它们的作用和上述代码中的 EXTI_GetITStatus 函数和 EXTI_ClearITPendingBit 函数的作用类似，只是 EXTI_GetITStatus 函数会先判断这种中断是否使能，使能了才去判断中断标志位，而 EXTI_GetFlagStatus 函数可以直接判断状态标志位。

按照同样的方法，再新建一个 exti.h 头文件，用于声明相关函数，该文件也保存在 EXTI 文件夹中。在 exti.h 头文件中输入如下代码。

```
    #ifndef __EXTI_H
    #define __EXTI_H
    #include "sys.h"

    void EXTIX_Init(void);        //外部中断初始化
```

```
#endif
```

接下来，再在“Manage Project Items”对话框中把 exti.c 文件加入 Hardware 组中，并将 exti.h 头文件的路径加入工程中，之后就可以回到工程主界面对主函数进行编程了。打开 main.c 文件，并在该文件中编写如下代码。

```
#include "led.h"
#include "key.h"
#include "exti.h"
#include "sys.h"

int main(void)
 {
     //设置 NVIC 中断分组 2:2 位抢占优先级，2 位响应优先级
     NVIC_PriorityGroupConfig(NVIC_PriorityGroup_2);
    LED_Init();                                          //初始化与 LED 连接的硬件接口
    KEY_Init();                                          //初始化与按键连接的硬件接口
    EXTIX_Init();                                        //外部中断初始化
    LED0=0;                                              //首先点亮 LED0
    while(1)
    {
       Delay(1000);                                      //进入死循环
    }
 }
```

输入完成后保存，并单击按钮进行编译，程序代码编译零错误零警告。上述程序代码比较简单，先进行一系列的初始化操作，然后进入死循环中等待，在中断发生后立即执行中断服务函数，做出相应的处理，从而实现与上一节中类似的功能。

以上就是 EXTI 外部中断控制系统设计过程，对于程序的软件仿真和硬件调试，读者可以自行操作，这里不再详述。把代码下载到硬件系统上运行，可以看到 LED0 先被点亮，按一次 KEY0，LED0 被熄灭，再按一次，LED0 又被点亮，如此重复；KEY1 与 KEY0 类似，按一次 KEY1，LED1 被点亮，再按一次，LED1 被熄灭，这就说明所编写的 EXTI 外部中断控制程序正确。

GPIO 端口与外部中断的实践应用就介绍到这里，这是 STM32 嵌入式系统设计与实践最基础、最重要的部分之一，在以后的嵌入式系统设计过程中会经常用到这部分知识，所以一定要熟练掌握。

第 6 章

STM32 定时器/计数器

第 4 章已经讲解了 STM32 的时钟系统，本章将进一步介绍 STM32 定时器/计数器的相关知识。STM32 定时器/计数器主要包括 TIMx 定时器、RTC 实时时钟、SysTick 时钟和看门狗定时器等。其中，不同系列微控制器所拥有的 16 位 TIMx 定时器的个数也不相同，并且每个定时器都是完全独立的，相互之间没有共享任何资源，它们可以同步操作。定时器的同步操作可以实现多个定时器级联和多个定时器并行触发，并适用于多种场合。TIMx 定时器的经典应用包括测量输入信号的脉冲长度（输入捕获）和产生输出波形（输出比较和 PWM 信号）等，通过使用定时器预分频器和 RCC 时钟控制器预分频器，可以使脉冲宽度和波形周期在几微秒到几毫秒之间任意调整。

6.1 STM32 定时器/计数器概述

大容量的 STM32F103 系列产品（如 STM32F103ZET6）主要包含 4 个通用定时器、2 个高级控制定时器、2 个基本定时器、1 个实时时钟、1 个系统时基定时器（SysTick 时钟）和 2 个看门狗定时器。

6.1.1 TIMx 定时器内容解析

TIMx 定时器主要可以分为 TIMx 通用定时器（TIM2、TIM3、TIM4 和 TIM5）、高级定时器（TIM1 和 TIM8）和基本定时器（TIM6 和 TIM7）三类。在 4 个可同步运行的通用定时器中，每个定时器都配备 1 个 16 位自动加载计数器、1 个 16 位可编程预分频器和 4 个独立通道，可以用于使用外部信号控制定时器、产生中断或 DMA、触发输入作为外部时钟或按周期的电流管理等；2 个高级控制定时器也都配备 1 个 16 位自动加载计数器、1 个 16 位可编程预分频器和 4 个独立通道，其结构与通用定时器的结构有许多共同之处，但其功能更加强大，适合更加复杂的应用场合；2 个基本定时器各配备 1 个 16 位自动装载计数器，由各自的可编程预分频器驱动，主要用于产生 DAC 触发信号，也可当作通用的 16 位时基计数器。

TIM1～TIM8 定时器的比较如表 6.1 所示。

表 6.1　TIM1～TIM8 定时器的比较

定　时　器	计数器分辨率	计数器类型	预分频系数	产生 DMA 请求	捕获/比较通道	互补输出
TIM1/TIM8	16 位	向上、向下、向上/向下	1～65535	可以	4	有
TIM2～TIM5	16 位	向上、向下、向上/向下	1～65535	可以	4	有
TIM6/TIM7	16 位	向上	1～65535	可以	0	无

下面对 TIMx 定时器的相关寄存器进行简要的对比，TIM1/TIM8 高级定时器的寄存器说明如表 6.2 所示，TIM2～TIM5 通用定时器的寄存器说明如表 6.3 所示，TIM6/TIM7 基本定时器的寄存器说明如表 6.4 所示。从上述三个表可以看出，这三类定时器拥有许多功能相同的寄存器，但有些寄存器存在差异，高级定时器所拥有的寄存器数量最多，从而决定了其功能最强大。

表 6.2　TIM1/TIM8 高级定时器的寄存器说明

TIM1/TIM8 寄存器	说　　明	TIM1/TIM8 寄存器	说　　明
TIMx_CR1	控制寄存器 1	TIMx_PSC	预分频器
TIMx_CR2	控制寄存器 2	TIMx_ARR	自动重装载寄存器
TIMx_SMCR	从模式控制寄存器	TIMx_RCR	重复计数寄存器
TIMx_DIER	DMA/中断使能寄存器	TIMx_CCR1	捕获/比较寄存器 1
TIMx_SR	状态寄存器	TIMx_CCR2	捕获/比较寄存器 2
TIMx_EGR	事件产生寄存器	TIMx_CCR3	捕获/比较寄存器 3
TIMx_CCMR1	捕获/比较模式寄存器 1	TIMx_CCR4	捕获/比较寄存器 4
TIMx_CCMR2	捕获/比较模式寄存器 2	TIMx_BDTR	刹车和死区寄存器
TIMx_CCER	捕获/比较使能寄存器	TIMx_DCR	DMA 控制寄存器
TIMx_CNT	计数器	TIMx_DMAR	连续模式的 DMA 地址

表 6.3　TIM2～TIM5 通用定时器的寄存器说明

TIM2～TIM5 寄存器	说　　明	TIM2～5 寄存器	说　　明
TIMx_CR1	控制寄存器 1	TIMx_PSC	预分频器
TIMx_CR2	控制寄存器 2	TIMx_ARR	自动重装载寄存器
TIMx_SMCR	从模式控制寄存器	保留	
TIMx_DIER	DMA/中断使能寄存器	TIMx_CCR1	捕获/比较寄存器 1
TIMx_SR	状态寄存器	TIMx_CCR2	捕获/比较寄存器 2
TIMx_EGR	事件产生寄存器	TIMx_CCR3	捕获/比较寄存器 3
TIMx_CCMR1	捕获/比较模式寄存器 1	TIMx_CCR4	捕获/比较寄存器 4
TIMx_CCMR2	捕获/比较模式寄存器 2	保留	
TIMx_CCER	捕获/比较使能寄存器	TIMx_DCR	DMA 控制寄存器
TIMx_CNT	计数器	TIMx_DMAR	连续模式的 DMA 地址

表 6.4　TIM6/TIM7 基本定时器的寄存器说明

TIM6/TIM7 寄存器	说　明	TIM6/TIM7 寄存器	说　明
TIMx_CR1	控制寄存器 1	保留	
TIMx_CR2	控制寄存器 2	保留	
保留		保留	
TIMx_DIER	DMA/中断使能寄存器	TIMx_CNT	计数器
TIMx_SR	状态寄存器	TIMx_PSC	预分频器
TIMx_EGR	事件产生寄存器	TIMx_ARR	自动重装载寄存器

关于上述三类 TIMx 定时器及其相关寄存器的特性、功能模式和应用的内容较多，这里不再详述，在后面嵌入式系统设计实例中用到时再进行讲解。当然，对于每一类定时器及其寄存器的详细介绍，读者可以参阅《STM32F10x 中文参考手册》中 STM32 高级定时器、通用定时器和基本定时器的相关内容。由于通用定时器应用较为广泛，其结构与高级定时器和基本定时器的结构也存在较多的相通之处，这里将主要介绍通用计时器。

通用定时器 TIMx（TIM2～TIM5）的核心为可编程预分频器驱动的 16 位自动重装载计数器，主要由时钟源、时钟单元、捕获/比较通道等组成。通用定时器结构框图如图 6.1 所示。

1．时钟源的选择

通用定时器的时钟可由多种时钟输入源构成，除了内部时钟源，其他三种时钟源均通过 TRGI（触发）输入。通用定时器的时钟输入源如下。

（1）内部时钟源（CK_INT）。

（2）在外部时钟模式 1 选择下，外部输入引脚（TIx）包括外部比较/捕获引脚 TIIF_ED、TI1FP1 和 TI2FP2，计数器在选定引脚的上升沿或下降沿开始计数。

（3）在外部时钟模式 2 选择下，外部触发输入引脚（ETR），计数器在 ETR 引脚的上升沿或下降沿开始计数。

（4）内部触发输入（ITRx，x=0, 1, 2, 3），一个定时器作为另一个定时器的预分频器，如可以配置定时器 TIM1 作为定时器 TIM2 的预分频器。

> 说明　这里定时器的内部时钟源并不是直接来自 APB1 或 APB2，而是来源于输入为 APB1 或 APB2 的一个倍频器。当 APB1 的预分频系数为 1 时，这个倍频器不起作用，定时器的时钟频率等于 APB1 的频率。当 APB1 的预分频系数为其他数值（预分频系数为 2、4、8 或 16）时，这个倍频器才能够发挥作用，定时器的时钟频率等于 APB1 频率的 2 倍。

例如，当 AHB 为 72MHz 时，APB1 的预分频系数必须大于 2，因为 APB1 的最大输出频率只能为 36MHz。如果 APB1 的预分频系数为 2，则由于这个倍频器 2 倍的作用，使得 TIM2～TIM5 仍然能够得到 72MHz 的时钟频率。若 APB1 的输出为 72MHz，则直接取 APB1 的预分频系数为 1 就可以保证 TIM2～TIM5 的时钟频率为 72MHz，但是这样就无法为其他外设提供低频时钟。当设置内部的倍频器时，可以在保证其他外设能够使用较低时钟频率的同时，使 TIM2 ~ TIM5 仍能得到较高的时钟频率。

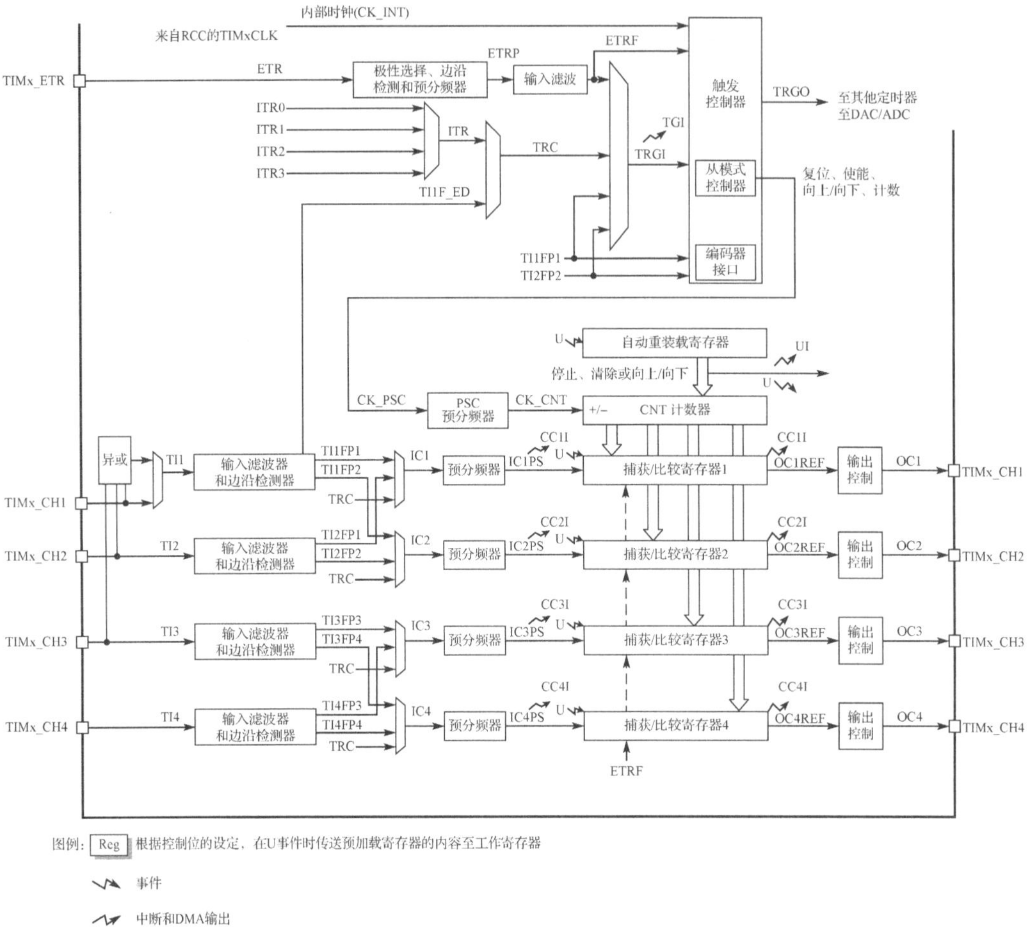

图 6.1　通用定时器结构框图

外部时钟源作为通用定时器的时钟时，包括外部时钟模式 1 和外部时钟模式 2 两种。当从模式控制寄存器 TIMx_SMCR 的 SMS=111 时，外部时钟源模式 1 被选定，计数器可以在选定输入引脚的每个上升沿或下降沿计数。外部时钟源模式 1 示意图如图 6.2 所示。当上升沿出现在 TI2 时，计数器计数一次，且 TIF 标志被设置，在 TI2 的上升沿和计数器实际时钟之间的延时取决于 TI2 输入端的重新同步电路。

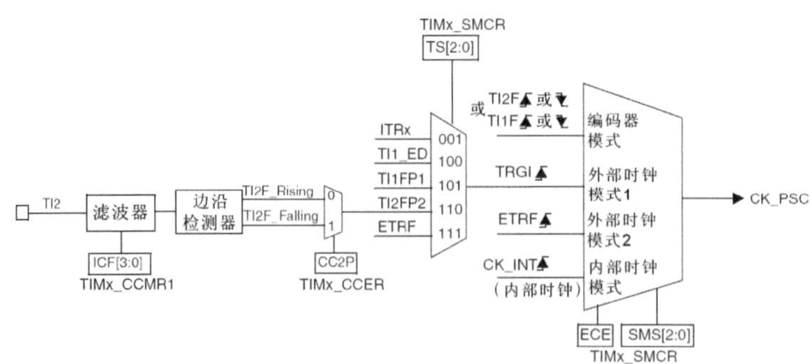

图 6.2　外部时钟源模式 1 示意图

当从模式控制寄存器 TIMx_SMCR 的 ECE=1 时，外部时钟源模式 2 被选定，计数器在 ETR 引脚的上升沿或下降沿开始计数。外部时钟源模式 2 示意图如图 6.3 所示。ETR 信号可以直接作为时钟输入，也可以通过触发输入（TRGI）作为时钟输入，二者效果是一样的。

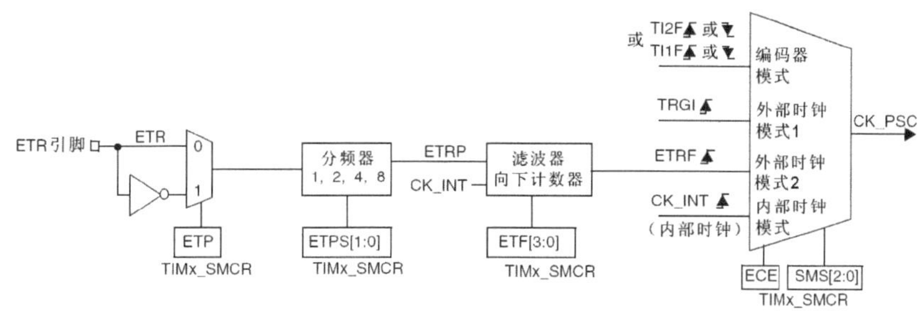

图 6.3　外部时钟源模式 2 示意图

2. 定时器的时基单元

STM32 微控制器的定时器的时基单元可以根据图 6.1 进行解读，从时钟源送来的时钟信号，经过预分频器的分频，降低频率后输出信号 CK_CNT，送入计数器计数。预分频器的分频取值可以是 1～65536 之间的任意数值，一个 72MHz 的输入信号经过分频后，最小可以产生接近 100Hz 的信号。

可编程通用定时器的主要部分是一个 16 位计数器和与其相关的自动重装载寄存器。该计数器可以在时钟控制单元的控制下，进行递增计数、递减计数或中央对齐计数（先递增计数，达到自动重装载寄存器的数值后再递减计数）。通过对时钟控制单元的控制，可以实现直接被清零或在计数值达到自动重装载寄存器的数值后被清零，也可以直接被停止或在计数值达到自动重装载寄存器的数值时被停止，还能够实现暂停一段时间计数后在时钟控制单元的控制下恢复计数等操作。

计数器计满溢出后，自动重装载寄存器 TIMx_ARR 将所保存的初值重新赋给计数器，以实现继续计数。从图 6.1 可以看出，自动重装载寄存器、预分频器和捕获/比较寄存器下面有一个阴影，这表示在物理上这个寄存器对应两个寄存器，一个是程序员可以读/写的寄存器，称为预装载寄存器（Preload Register）；另一个是程序员无法读/写，但是在实际操作中真正起作用的寄存器，称为影子寄存器（Shadow Register）。根据 TIMx_CR1 寄存器中 ARPE 位的设置，当 ARPE=0 时，预装载寄存器的内容可以随时传送到影子寄存器，即两者是连通的；当 ARPE=1 时，只有在每次更新事件时，才把预装载寄存器的内容传送到影子寄存器。

采用预装载寄存器和影子寄存器的好处是，所有真正需要起作用的寄存器（影子寄存器）可以在同一时间（发生更新事件时）被更新为所对应的预装载寄存器的内容，这样可以保证多个通道的操作能够准确同步。设置影子寄存器后，可以保证当前正在进行的操作不受干扰，也可以十分精确地控制电路的时序。另外，所有影子寄存器都可以通过更新事件被刷新，这样可以保证定时器的各个部分能够在同一时刻改变配置，从而实现所有 I/O 通道的同步。例如，STM32 的高级定时器利用这个特性实现三路互补 PWM 信号的同步输出，从而能够完成三相变频电动机的精确控制。

3. 捕获/比较通道

通用定时器上的每一个 TIMx 的捕获/比较通道都有一个捕获/比较寄存器（包含影子寄存器），包括捕获的输入部分（数字滤波、多路复用和预分频器）和输出部分（比较器和输出控制）。当一个通道工作在捕获模式时，该通道的输出部分会自动停止工作；反之，当一个通道工作在比较模式时，该通道的输入部分也会自动停止工作。

（1）捕获通道。当一个通道工作于捕获模式时，输入信号会从引脚经输入滤波、边沿检测和预分频电路后，控制捕获寄存器的操作。当检测到 ICx 信号上相应的边沿后，计数器的当前值会被锁存到捕获/比较寄存器（TIMx_CCRx）中。在捕获事件发生时，相应的 CCxIF 标志位（TIMx_SR 寄存器）被置 1。如果使能中断或 DMA 操作，则将产生中断或 DMA 操作。读取捕获寄存器的内容，可以知道信号发生变化的准确时间。捕获通道主要用来测量脉冲宽度。STM32 的定时器输入通道有一个滤波单元，分别位于每个输入通路和外部触发输入通路上，其作用是滤除输入信号上的高频干扰，它对应 TIMx_CR1 寄存器中的 bit8～9，即 CKD[1:0]。

（2）比较通道。当一个通道工作于比较模式时，程序将比较数值写入比较寄存器，定时器会不停地将该寄存器的内容与计数器的内容进行比较，一旦比较条件成立，就会产生相应的输出。如果使能中断或 DMA 操作，则将产生中断或 DMA 操作；如果使能引脚输出，则会按照控制电路的设置，即按照输出比较模式（TIMx_CCMRx 寄存器中的 OCxM 位）和输出极性（TIMx_CCER 寄存器中的 CCxP 位）的相关定义输出相应的波形。这个通道的重要应用是输出 PWM（Pulse Width Modulation）波形，PWM 控制即脉冲宽度调制技术，通过对一系列脉冲的宽度进行控制而获得所需波形（包含形状和幅值）。

4. 计数器与定时时间的计算

（1）计数器工作模式。

① 向上计数模式。在向上计数模式中，计数器从 0 计数到自动装载值（TIMx_ARR 计数器的内容），然后重新从 0 开始计数，并产生一个计数器溢出事件，每次计数器溢出都可以产生一个更新事件，在 TIMx_EGR 寄存器中设置 UG 位也可以产生一个更新事件。当发生一个更新事件时，所有寄存器都会被更新，同时硬件会依据 URS 位来设置更新标志位（TIMx_SR 寄存器中的 UIF 位），预分频器的缓冲区被置入预装载值（TIMx_PSC 寄存器的内容），当前的自动重装载寄存器也会被重新置入预装载值（TIMx_ARR）。当 TIMx_ARR=0x36 时，计数器在不同时钟频率下的动作如图 6.4 所示。

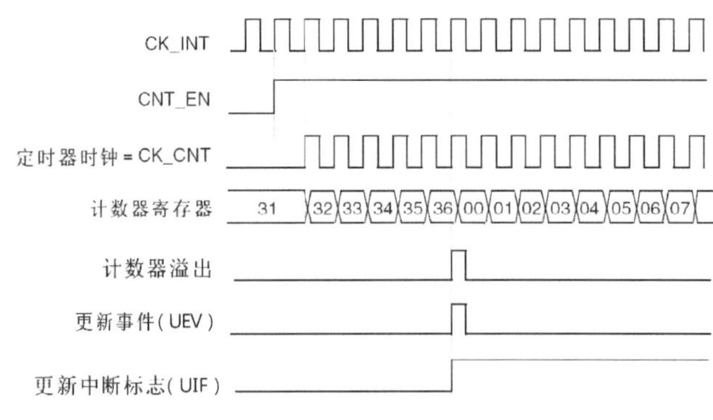

图 6.4　计数器在不同时钟频率下的动作（向上计数模式）

设置 TIMx_CR1 寄存器中的 UDIS 位，可以禁止事件更新，这样可以避免在向预装载寄存器中写入新值时更新影子寄存器，在 UDIS 位被清零之前，不会产生更新事件，但是在应该产生更新事件时，计数器仍会被清零，同时预分频器的计数也被清零（但预分频系数不变）。此外，如果设置了 TIMx_CR1

寄存器中的 URS 位（选择更新请求），设置 UG 位将产生一个更新事件 UEV，但硬件不设置 UIF 标志，即不产生中断或 DMA 请求，这是为了避免当在捕获模式下清除计数器时，产生更新和捕获中断。

② 向下计数模式。在向下计数模式中，计数器从自动装载值（TIMx_ARR 计数器的值）开始向下计数到 0，然后从自动装载值重新开始计数，并且产生一个计数器向下溢出事件。每次计数器溢出时都可以产生更新事件，在 TIMx_EGR 寄存器中设置 UG 位，也可以产生一个更新事件。当发生一个更新事件时，所有寄存器都会被更新，同时硬件会依据 URS 位来设置更新标志位（TIMx_SR 寄存器中的 UIF 位），预分频器的缓冲区被置入预装载值（TIMx_PSC 寄存器的内容），当前的自动重装载寄存器也会被重新置入预装载值（TIMx_ARR 寄存器的内容）。当 TIMx_ARR=0x36 时，计数器在不同时钟频率下的动作如图 6.5 所示。

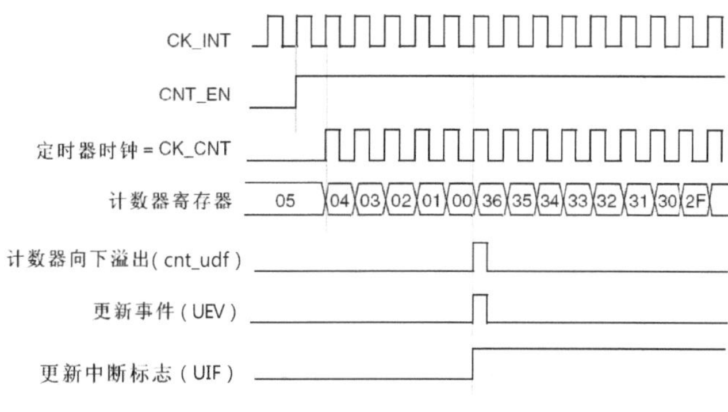

图 6.5　计数器在不同时钟频率下的动作（向下计数模式）

设置 TIMx_CR1 寄存器的 UDIS 位可以禁止 UEV 事件，这样可以避免在向预装载寄存器中写入新值时更新影子寄存器，在 UDIS 位被清零之前不会产生更新事件。和向上计数模式一样，计数器会从当前自动重装载值重新开始计数，同时预分频器的计数器也会重新从 0 开始计数（但预分频系数不变）。同样，如果设置了 TIMx_CR1 寄存器的 URS 位（选择更新请求），设置 UG 位将产生一个更新事件 UEV，但硬件不设置 UIF 标志，则不产生中断或 DMA 请求，这也是为了避免当发生捕获事件并清除计数器时，产生更新和捕获中断。

③ 中央对齐计数模式。在中央对齐计数模式中，计数器从 0 开始计数到自动重装载值（TIMx_ARR 寄存器），产生一个计数器溢出事件，然后向下计数到 1，并且产生一个计数器下溢事件，之后再从 0 开始重新计数。在每次计数上溢和每次计数下溢时都产生一个更新事件，也可以通过设置 TIMx_EGR 寄存器中的 UG 位产生更新事件，然后计数器重新从 0 开始计数，预分频器也重新从 0 开始计数。当发生一个更新事件时，所有寄存器都会被更新，同时硬件会依据 URS 位来设置更新标志位（TIMx_SR 寄存器中的 UIF 位），预分频器的缓冲区被置入预装载值（TIMx_PSC 寄存器的内容），当前的自动重装载寄存器也会被重新置入预装载值（TIMx_ARR 寄存器的内容）。当 TIMx_ARR=0x06 时，计数器在不同时钟频率下的动作如图 6.6 所示。

在中央对齐计数模式中，不能写入 TIMx_CR1 寄存器中的 DIR 方向位，该位由硬件更新并指示当前的计数方向。设置 TIMx_CR1 寄存器的 UDIS 位可以禁止 UEV 事件，这样可以避免当向预装载寄存器中写入新值时更新影子寄存器，在 UDIS 位被清零之前不会产生更新事件，但计数器仍会根据当前自动重装载值，继续向上或向下计数。同样，如果设置了 TIMx_CR1 寄存器中的 URS 位（选择更新请求），设置 UG 位将产生一个更新事件 UEV，但硬件不设置 UIF 标志，即不产生中断或 DMA 请求，这也是为了避免当发生捕获事件并清除计数器时，产生更新和捕获中断。

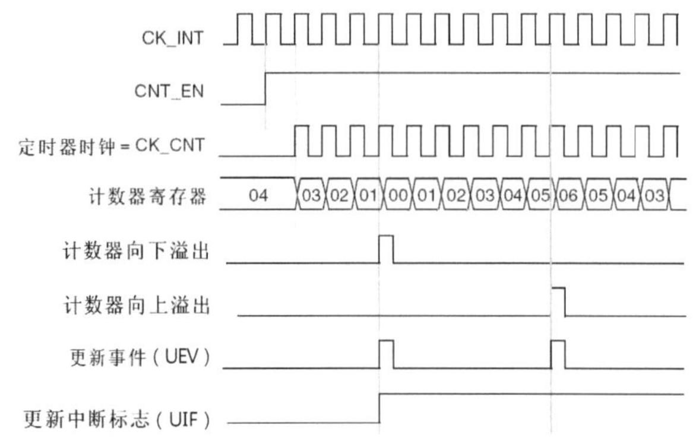

图 6.6 计数器在不同的时钟频率下的动作（中央对齐计数模式）

> 如果因为计数器溢出而产生更新，自动重装载寄存器将在计数器重载入之前被更新，因此下一个周期是预期的值。

（2）定时时间的计算。定时时间由 TIM_TimeBaseInitTypeDef 中的 TIM_Prescaler 和 TIM_Period 进行设定。TIM_Period 表示需要经过 TIM_Period 次计数后才会发生一次更新或中断，而 TIM_Prescaler 表示时钟预分频数。

设脉冲频率为 TIMxCLK，定时公式为

$$T=(\text{TIM\_Period}+1)\times(\text{TIM\_Prescaler}+1)/\text{TIMxCLK}$$

假设系统时钟频率是 72MHz，系统时钟部分的初始化程序为

```
TIM_TimeBaseStructure.TIM_Prescaler = 35999;    //分频 35999
TIM_TimeBaseStructure.TIM_Period=999;            //计数值 999
```

则可以计算其定时时间为

$$T=(\text{TIM\_Period}+1)\times(\text{TIM\_Prescaler}+1)/\text{TIMxCLK}$$

$$=(999+1)\times(35999+1)/72=0.5$$

6.1.2 RTC 定时器的功能与操作

实时时钟（RTC）是一个独立的定时器，该模块有一组连续计数的计数器，在相应软件配置下，能提供日历/时钟和数据存储等功能的专用集成电路。RTC 具有计时准确、耗电量小和体积小等特点，在各种嵌入式系统中常用于记录事件发生的时间和相关信息。

RTC 模块和时钟配置系统（RTC_BDCR 寄存器）处于后备区域，即在系统复位或从待机模式唤醒后，RTC 的设置和时间是维持不变的，修改计数器的值可以重新设置系统当前的时间和日期。需要 RTC 的系统一般不允许时钟停止，所以即使在系统停电时，RTC 也必须能够正常工作，因此 RTC 一般需要电池供电来维持运行。

1. RTC 的功能简介

（1）RTC 的工作特点。STM32 微控制器中的 RTC 是一个独立的定时器，可使用的时钟源主要为 HSE、HSI 和 LSE。STM32 启动后先使用的是 HSI 振荡，在确认 HSE 振荡可用的情况下，才可以转而使用 HSE 振荡。若 HSE 振荡出现问题，则 STM32 可以自动切换回 HSI 振荡，以维持工作。在一般的 RTC 应用系统中，人们希望在系统主电源关闭后，能够用最小的电流消耗来维持 RTC 的运行。如果选择内部 LSI 作为 RTC 的时钟源，则可以节省一个外部 LSE 振荡器，但所付出的代价是需要更大的电流消耗和计时的不准确，因此一般会选择使用外部 32.768kHz 晶振作为 RTC 的专供时钟，为系统提供非常精确的时间计时和非常低的电流消耗。

目前，常用的 32.768kHz 晶振有两种，一种是 12pF 负载电容的晶振，另一种是 6pF 负载电容的晶振。当选用晶振时，需要注意电容的搭配。RTC 可以用来定时报警（闹钟）和时间计时，通过必要的设置就可以利用 RTC 闹钟事件将系统从停止模式下唤醒，这样能够在停止模式下，使系统 CPU 的所有时钟都处于停止状态，从而实现最低的电流消耗。在没有 RTC 唤醒功能的系统中，如果系统要实现定期唤醒功能，则需要有一个定时器运行或外部给一个信号，这样不仅达不到低功耗的目的，还会增加系统成本。

（2）RTC 的结构。RTC 主要由两部分组成，其功能结构框图如图 6.7 所示。第一部分为 APB1 接口，由 APB1 总线时钟驱动，用来和 APB1 总线相连，实现 CPU 和 RTC 的通信，以设置 RTC 寄存器；此部分还包含 1 组 16 位寄存器，可通过 APB1 总线对其进行读/写操作。第二部分为 RTC 的核心部分，由 1 组可编程计数器组成。可编程计数器分为两个主要模块，一个模块是 RTC 预分频模块，包含 1 个 20 位可编程分频器（RTC 预分频器），它可编程产生最长为 1s 的 RTC 时间基准 TR_CLK，如果 RTC_CR 寄存器设置了相应的允许位，则会在每个 TR_CLK 周期中产生 1 个中断（秒中断）；另一个模块是 1 个 32 位可编程计数器，它可被初始化为当前的系统时间，系统时间按 TR_CLK 周期进行累加并与存储在 RTC_ALR 寄存器中的可编程时间进行比较，如果 RTC_CR 寄存器设置了相应的允许位，则比较匹配时将会产生一个闹钟中断。

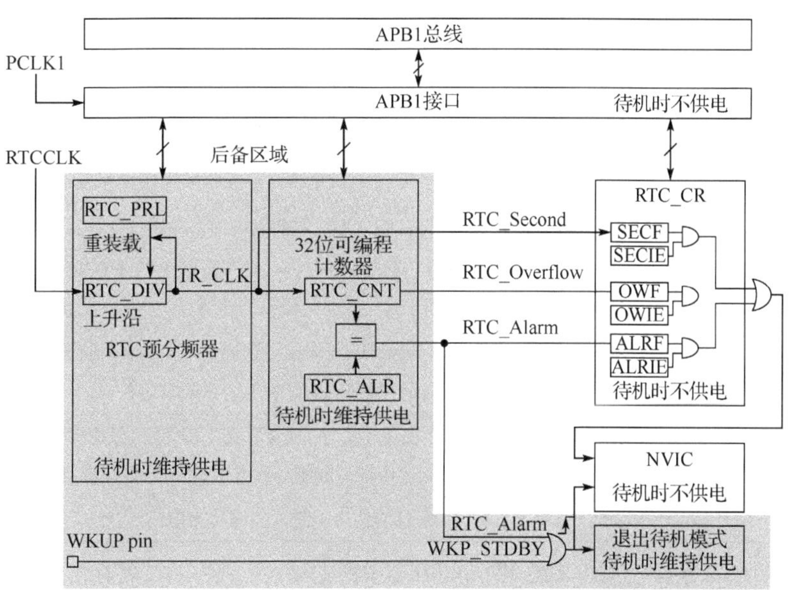

图 6.7　RTC 功能结构框图

2. RTC 的基本操作

（1）RTC 寄存器的读操作。RTC 完全独立于 APB1 接口，软件可以通过 APB1 接口读取 RTC 的预分频值、计数器值和闹钟值，但相关的可读寄存器只有在与 APB1 时钟进行重新同步的 RTC 时钟的上升沿才被更新，RTC 标志位也是如此。这意味着，如果 APB1 接口曾经被关闭，而读操作又是在刚刚重新开启的 APB1 之后进行，则在第一次的内部寄存器更新之前，从 APB1 接口上读出的 RTC 寄存器数值可能已经被破坏了（通常会读到 0）。

下述几种情况会发生这种情形。

① 发生系统复位或电源复位。

② 系统刚从待机模式唤醒。

③ 系统刚从停机模式唤醒。

RTC 的 APB1 接口不受 WFI 和 WFE 等低功耗模式的影响，在所有以上情况（复位、无时钟或断电）中，APB1 接口被禁止时，RTC 仍然保持运行状态。因此，若在读取 RTC 寄存器数值时，RTC 的 APB1 接口处于禁止状态，则软件必须等待 RTC_CRL 寄存器中的 RSF 位（寄存器同步标志位）被硬件置 1 后，才能读取相关内容。RTC 的相关寄存器及其功能描述如表 6.5 所示。有关 RTC 寄存器的详细说明，读者可以自行查阅《STM32F10x 中文参考手册》中 RTC 寄存器描述部分的内容，这里不再详述。

表 6.5 RTC 的相关寄存器及其功能描述

RTC 寄存器	功 能 描 述
RTC 控制寄存器高/低位（RTC_CRH/RTC_CRL）	用于屏蔽相关中断请求。系统复位后，所有中断都被屏蔽，因此可通过写 RTC 寄存器，以确保在初始化后没有中断请求被挂起
RTC 预分频装载寄存器（RTC_PRLH/RTC_PRLL）	用于保存 RTC 预分频器周期计数值。它们受 RTC_CR 寄存器中的 RTOFF 状态位写保护，仅当 RTOFF 状态位的值为 1 时，允许进行写操作
RTC 预分频器余数寄存器（RTC_DIVH/RTC_DIVL）	在 TR_CLK 的每个周期里，RTC 预分频器中计数器的值会被重新设置为 RTC_PRL 寄存器的值。通过读取 RTC_DIV 寄存器，获得预分频计数器的当前值，而不停止预分频计数器的工作，从而获得精确的测量时间。此寄存器是制度寄存器，该寄存器的值在 RTC_PRL 或 RTC_CNT 寄存器的值发生改变后，由硬件重新装载
RTC 计数器寄存器（RTC_CNTH/RTC_ CNTL）	RTC 核心部分有一个 32 位可编程计数器，可通过两个 16 位的寄存器访问；该计数器以预分频器产生的 TR_CLK 时间基准为参考进行计数。RTC_CNT 寄存器用于存放计数器的计数值，它们受 RTC_CR 寄存器中的 RTOFF 状态位写保护，仅当 RTOFF 状态位的值为 1 时，允许写操作。在 RTC_CNTH 或 RTC_CNTL 寄存器上的写操作能够直接装载到相应的可编程计数器上，并且重新装载 RTC 预分频器。当进行读操作时，直接返回计数器内的计数值（系统时间）
RTC 闹钟寄存器（RTC_ALRH/RTC_ ALRL）	当可编程计数器的值与 RTC_ALR 寄存器中的 32 位值相等时，即触发一个闹钟事件，并且产生 RTC 闹钟中断，此寄存器受 RTC_CR 寄存器中的 RTOFF 状态位写保护，仅当 RTOFF 状态位的值为 1 时，允许写操作

（2）配置 RTC 寄存器。设置 RTC_CRL 寄存器中的 CNF 位，使 RTC 寄存器进入配置模式之后，才可以对 RTC_PRL、RTC_CNT 和 RTC_ALR 寄存器进行写操作。另外，任何 RTC 寄存器的写操作都

必须在前一次写操作结束后才能进行。通过查询 RTC_CR 寄存器中的 RTOFF 状态位，判断 RTC 寄存器是否处于更新状态，仅当 RTOFF 状态位的值为 1 时，才可以对 RTC 寄存器进行写操作。

配置 RTC 寄存器的过程如下。

① 查询 RTC_CR 寄存器中的 RTOFF 状态位，直到该位的值变为 1。

② 将 RTC_CRL 寄存器中的 CNF 标志位置 1，进入配置模式。

③ 对一个或多个 RTC 寄存器进行写操作。

④ 清除 CNF 标志位，退出配置模式。

⑤ 再次查询 RTC_CR 寄存器中的 RTOFF 状态位，直至该位的值变为 1，以确认写操作已经完成。

3. RTC 的供电与唤醒

（1）RTC 的供电电源。STM32 微控制器有一个 V_{BAT} 引脚，该引脚可外接 3V 干电池，为 RTC、LSE 振荡器和 PC13、PC14、PC15 供电。当 V_{DD} 断电时，该引脚可以保护备份寄存器中的内容并维持 RTC 的功能，保证主电源被切断后，RTC 可以继续工作。由复位模块中的掉电复位功能控制是否切换到 V_{BAT} 供电，如果实际应用中没有使用外部电池，则 V_{BAT} 必须连接到 V_{DD} 引脚上。

当使用 V_{DD} 供电时，为了保护 V_{BAT} 引脚，建议在外部 V_{BAT} 引脚和电源之间连接一个低压降二极管，如果应用电路没有外接电池，则建议在 V_{BAT} 引脚上外接一个 100nF 的陶瓷电容与 V_{DD} 相连。一般在嵌入式系统设计时，经常会把 RTC 的主电源电路和后备电源电路设计成能够自动切换的形式，即系统上电时，由主电源供电；而系统断电时，自动切换成由后备电源供电。

当由 V_{DD} 供电（内部模拟开关连到 V_{DD} 上）时，以下功能可用。

① PC14 和 PC15 可用于通用 I/O 端口或 LSE 引脚。

② PC13 可作为通用 I/O 端口、TAMPER 引脚、RTC 校准时钟、RTC 闹钟或秒输出。

> 注意　因为模拟开关只能通过较小的电流（3mA），使用 PC13～PC15 的 I/O 端口功能是有限制的，在同一时间内只有一个 I/O 端口可以作为输出，其速率必须限制在 2MHz 以下，最大负载为 30pF，而且这些 I/O 端口不能当作电流源使用（如驱动 LED）。

当由 V_{BAT} 供电（V_{DD} 断电后模拟开关连到 V_{BAT} 上）时，以下功能可用。

① PC14 和 PC15 只能用于 LSE 引脚。

② PC13 可以作为 TAMPER 引脚、RTC 闹钟或秒输出。

（2）低功耗模式下的自动唤醒。RTC 可以在不依靠外部中断的情况下，自动唤醒低功耗模式下的控制器（自动唤醒模式，AWU）。RTC 提供了一个可编程的时间基数，用于周期性从停止或待机模式下唤醒。通过对备份域控制寄存器（RCC_BDCR）的 RTCSEL[1:0]位的设置，可以选择如下两个时钟源来实现此功能。

① 低功耗 32.768kHz 外部晶振（LSE）。该时钟源能够提供一个低功耗且精确的时间基准，在典型情形下功耗小于 1μA。

② 低功耗内部 RC 振荡器（LSI RC）。使用该时钟源可节省一个 32.768kHz 晶振成本，但会增加一

定的功耗。

为了利用 RTC 闹钟事件将系统从停止模式下唤醒，必须进行如下操作（如果将系统从待机模式中唤醒，则不必配置外部中断线 17）。

① 配置外部中断线 17 为上升沿触发。

② 配置 RTC，使其可产生 RTC 闹钟事件。

4．备份寄存器与侵入检测

（1）备份寄存器功能。备份寄存器（BKP）由 42 个 16 位寄存器组成，可用来存储 84 字节的应用程序数据，它们处在后备区域中，在 V_{DD} 电源被切断后，仍然可以由 V_{BAT} 引脚外接电池来维持供电。当系统从待机模式下被唤醒、系统复位或电源复位时，BKP 也不会被复位，并且在系统复位后，后备区域被写保护，以防止可能存在的意外写操作。此外，BKP 还可以用来管理侵入检测和 RTC 校准（在 PC13 引脚上，可输出 RTC 校准时钟、RTC 闹钟脉冲或秒脉冲信号）。

（2）侵入检测。当用电池维持 BKP 中的内容时，如果在侵入引脚 TAMPER（PC13）上检测到电平变化（信号从 0 变成 1 或从 1 变成 0 取决于 BKP_CR 的 TPAL 位），则会产生一个侵入检测事件，侵入检测事件能够将 BKP 中的所有内容清除，以保护重要的数据不被非法窃取。

为了避免侵入事件丢失，侵入检测信号是边沿检测信号与侵入检测允许位的逻辑与关系，因此，在侵入检测引脚被允许前发生的侵入事件也可以被检测到。当 TPAL=0 时，如果在启动侵入检测引脚 TAMPER 前（TPE 位置 1）该引脚已经为高电平，则一旦启动侵入检测功能，即使在 TPE 位置 1 后没有出现上升沿，也会产生一个额外的侵入事件；当 TPAL=1 时，如果在启动侵入检测引脚 TAMPER 前（TPE 位置 1）该引脚已经为低电平，则一旦启动侵入检测功能，即使在 TPE 位置 1 后没有出现下降沿，也会产生一个额外的侵入事件。

> 注意 当 V_{DD} 断开时，侵入检测功能仍然有效，为了避免不必要的复位数据备份寄存器，TAMPER 引脚应该在片外连接到正确的电平上，即当 TPAL=0 时，应该将 TAMPER 引脚拉低；当 TPAL=1 时，应该将 TAMPER 引脚拉高。

设置 BKP_CSR 寄存器的 TPE 位为 1 后，当检测到侵入事件时，会产生一个中断，在一个侵入事件被检测到并被清除后，侵入检测引脚 TAMPER 应该被禁止，在再次写入备份寄存器前重新用 TPE 位启动侵入检测功能。这样，可以阻止软件在侵入检测引脚上仍有侵入事件时对备份寄存器进行写操作。

6.1.3 SysTick 时钟功能介绍

SysTick 位于 STM32 微控制器的内核中，是一个 24 位递减计数器，将其设定初值并使能后，每经过 1 个系统时钟周期，计数值减 1。当计数到 0 时，SysTick 计数器会从 RELOAD 寄存器中自动重装初值并继续向下计数，同时内部的 COUNTFLAG 标志位会置位，从而触发中断（中断响应属于 NVIC 异常，异常号为 15）。在 STM32 的应用中，主要使用内核的 SysTick 作为定时时钟，用于实现延时，而且通过 STM32 的内部 SysTick 实现延时，不会占用中断，也不会占用系统定时器，延时相对精准。

1．SysTick 内部结构

SysTick 时钟的主要优点在于精确定时，如果外部晶振为 8MHz，则通过 PLL 进行 9 倍频后得到的系统时钟频率为 72MHz，将 SysTick 时钟设置为 HCLK 的 8 分频，则系统时基定时器的递减频率为 9MHz。在这个条件下，把系统定时器的初始值设置成 9000，能够产生 1ms 的时间基值，如果开启中断，则能够产生 1ms 的中断。

嵌入式操作系统一般需要 SysTick 定时器产生周期性定时中断，以此作为整个系统的时基，从而为多个任务分配时间段，或者在每个定时器周期的某个时间范围内赋予特定的任务等。此外，操作系统提供的各种定时功能都与 SysTick 定时器有关，因此，在编写程序时最好不要随意访问 SysTick 寄存器，以免扰乱系统工作的正常节拍。

2．SysTick 寄存器解析

SysTick 定时器有 4 个寄存器，它们分别为控制和状态寄存器（SysTick_CTRL）、重装载数值寄存器（SysTick_LOAD）、当前数值寄存器（SysTick_VAL）和校准数值寄存器（SysTick_CALIB），在使用 SysTick 定时器产生定时的时候，只需要配置前 3 个寄存器，校准数值寄存器不需要用到。

SysTick_CTRL 的各位定义如表 6.6 所示。

表 6.6　SysTick_CTRL 的各位定义

位　段	名　称	类　型	复位值	说　　明
16	COUNTFLAG	R	0	如果在上次读取本寄存器后，SysTick 已经数到了 0，则该位为 1；如果读取该位，则该位自动清零
2	CLKSOURCE	R/W	0	时钟源选择位，0=HCLK/8（外部时钟源 STCLK）；1=内核时钟（FCLK）
1	TICKINT	R/W	0	1=SysTick 表示倒数到 0 时产生 SysTick 异常请求；0=SysTick 表示倒数到 0 时无动作，也可以通过读取 COUNTFLAG 标志位来确定计数器是否倒数到 0
0	ENABLE	R/W	0	SysTick 定时器的使能位

SysTick_LOAD 的各位定义如表 6.7 所示。

表 6.7　SysTick_LOAD 的各位定义

位　段	名　　称	类　型	复位值	说　　明
23:0	RELOAD	R/W	0	当倒数到 0 时，将被重装载的值

SysTick_VAL 的各位定义如表 6.8 所示。

表 6.8　SysTick_VAL 的各位定义

位　段	名　　称	类　型	复位值	说　　明
23:0	CURRENT	R/Wc	0	读取时返回当前倒计数的值，写它则使之清零，还会清除 SysTick_CTRL 中的 COUNTFLAG 标志位

SysTick_CALIB 不常用，这里不再详述。

6.1.4 看门狗定时器基本操作

看门狗的作用是在微控制器受到干扰，进入错误状态后，使系统在一定时间间隔内复位。因此看门狗是保证系统长期、可靠和稳应运行的有效措施，目前大部分嵌入式芯片的内部都集成了看门狗定时器，以提高系统运行的可靠性。STM32 微控制器内置了两个看门狗，即独立看门狗（IWDG）和窗口看门狗（WWDG），这两个看门狗提供了更安全、时间更精确和使用更灵活的控制技术，可用来检测和解决由软件错误引起的故障，当计数器达到给定的超时值时，触发一个中断（仅适用于 WWDG）或产生系统复位。

IWDG 有一个 12 位的递减计数器和一个 8 位的预分频器，由 V_{DD} 供电，并由专用的 40kHz 低速内部时钟源（LSI）驱动，即使主时钟发生故障也仍然有效，能够在停机模式或待机模式下运行，可以用于在发生问题时复位整个系统或作为一个自由定时器为应用程序提供超时管理。WWDG 也有一个递减计数器，由 APB1 时钟分频后得到的时钟驱动，通过可配置的时间窗口检测应用程序的非正常行为。因此，IWDG 适合应用于需要看门狗在主程序之外能够完全独立工作，并且对时间精度要求较低的场合；而 WWDG 适合应用于要求看门狗在精确计时窗口起作用的应用程序中。

1. IWDG 定时器基本操作

IWDG 定时器的功能结构框图如图 6.8 所示，它主要由预分频寄存器（IWDG_PR）、状态寄存器（IWDG_SR）、重装载寄存器（IWDG_RLR）、键寄存器（IWDG_KR）和递减计数器等部分组成，其主要部分是 12 位递减计数器，该计数器的最大值为 0xFFF。当该计数器从某个值递减到 0 时，系统会产生一个复位信号，即 IWDG_RESET；如果在计数器没减到 0 之前，刷新了计数器值，则不会产生复位信号，这个动作就是人们经常说的“喂狗”。

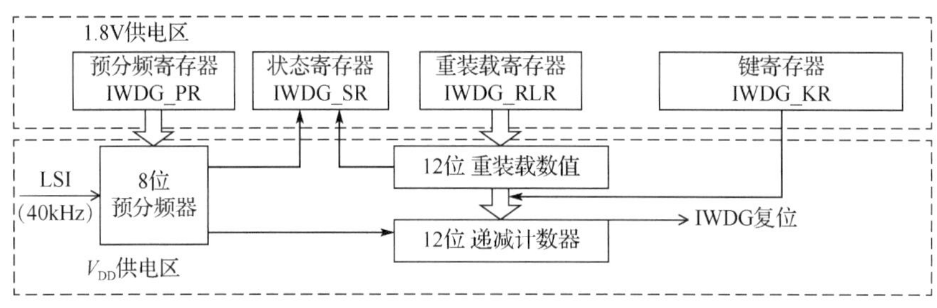

图 6.8　IWDG 定时器的功能结构框图

IWDG 时钟由独立的内部 RC 振荡器（LSI RC）提供，即使主时钟发生故障仍然有效。LSI 的时钟频率一般为 30～60kHz，根据温度和工作场合情况会有一定的漂移，一般取 40kHz，所以 IWDG 的定时时间不是非常精确，只适用于对时间精度要求比较低的场合。12 位递减计数器的时钟由 LSI 经过一个 8 位预分频器得到，可以通过预分频寄存器（IWDG_PR）设置分频因子，分频因子可以是 4、8、16、32、64、128 或 256。12 位递减计数器的时钟频率可以表示为 $40/(4\times 2^{prv})$，其中 prv 表示预分频寄存器的值，每过一个计数器时钟周期，该计数器的值就会减 1。

重装载寄存器（IWDG_RLR）是一个 12 位寄存器，存放着需要重装载到计数器的值，这个值的大小决定着 IWDG 的溢出时间，超时时间可以表示为$[(4 \times 2^{prv})/40] \times rlv$，其中 rlv 表示重装载寄存器的值。

键寄存器（IWDG_KR）是 IWDG 的一个控制寄存器，主要有三种控制方式。通过在键寄存器（IWDG_KR）中写入 0xCCCC 启动 IWDG，从而开始递减计数，该启动方式属于软件启动，一旦 IWDG 启动后，就只能通过复位才能关掉它。无论何时，只要在键寄存器（IWDG_KR）中写入 0xAAAA，就能够实现将重装载寄存器（IWDG_RLR）中的值重新加到计数器中，从而避免产生看门狗复位。预分频寄存器（IWDG_PR）和重装载寄存器（IWDG_RLR）具有写保护功能，如果要修改这两个寄存器，必须先向键寄存器（IWDG_KR）中写入 0x5555。

状态寄存器（IWDG_SR）只有 bit1（RVU）和 bit0（PVU）有效，这两个位只能由硬件操作，软件操作不了，RVU 用来表示看门狗计数器重装载值的更新状态，硬件置 1 表示重装载值的更新正在进行中，更新完毕后由硬件清零；PUV 则用来表示看门狗预分频值的更新状态，硬件置 1 表示预分频值的更新正在进行中，更新完毕后由硬件清零。因此，只有当 RVU、PVU 的值都为 0 时，才可以更新预分频寄存器（IWDG_PR）和重装载寄存器（IWDG_RLR）。

IWDG 定时器可根据程序的复杂程度配置监控时间。表 6.9 所示为 IWDG 在 40kHz 输入时间下配置的时间。

表 6.9　IWDG 在 40kHz 输入时间下配置的时间

预分频系数	PR[2:0]	最短时间/ms RU[11:0]=0x000	最长时间/ms RL[11:0]=0xFFF
4	0	0.1	409.6
8	1	0.2	819.2
16	2	0.4	1638.4
32	3	0.8	3276.8
64	4	1.6	6553.6
128	5	3.2	13107.2
256	6（或 7）	6.4	26214.4

2．WWDG 定时器基本操作

WWDG通常用来监测由外部干扰或不可预见的逻辑条件造成的应用程序背离正常的运行轨迹而产生的软件故障，它和 IWDG 类似，也通过递减计数器不断地递减计数，当减到一个固定值 0x40 时还不进行“喂狗”，就会产生一个 MCU 复位。0x40 即窗口的下限，是一个固定值，不可改变。与 IWDG 不同的是，WWDG 计数器的值在减到某一个特定数值之前出现“喂狗”也会产生复位，这个值称为窗口的上限，可自主设置。只有在 WWDG 计数器的值在窗口上限和下限之间进行“喂狗”才有效，这也是 WWDG 中“窗口”二字的含义。

WWDG 定时器的功能结构框图如图 6.9 所示，它主要由看门狗配置寄存器（WWDG_CFR）、看门狗控制寄存器（WWDG_CR）、看门狗预分频器（WDGTB）、计数器和比较器等部分组成。

WWDG 时钟来源于 PCLK1，由 RCC 时钟控制器开启。计数器时钟由 CK 计时器时钟经过预分频后得到。分频系数由 WWDG_CFR 的 bit8～7，即 WDGTB[1:0]进行配置，可以是[0, 1, 2, 3]。其中，

CK 计时器时钟为 PCLK1/4096，所以计数器时钟频率可以表示为 PCLK1/(4096 × 2^{WDGTB})，每经过一个计数器时钟周期，该计数器中的数值就会减 1。WWDG_CFR 中的窗口寄存器包含窗口的上限值，递减计数器必须在数值小于窗口寄存器中的窗口上限值并且大于 0x3F 时被重新装载才可以避免系统产生复位。因此，应用程序在正常的运行过程中，必须定期将特定数据写入 WWDG_CR 中，以防止系统产生复位。

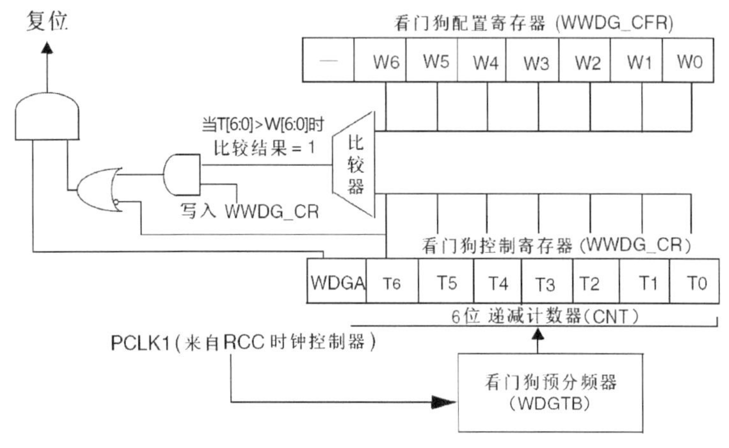

图 6.9　WWDG 定时器的功能结构框图

在系统复位后，WWDG 总是处于关闭状态，设置 WWDG_CR 的 WDGA 位能够开启 WWDG。一旦 WWDG 启动后，就只能通过再次复位才能将它关掉。递减计数器处于自动运行状态，即使 WWDG 被禁止，递减计数器仍然会继续递减计数。计数器的值存放在 WWDG_CR 的 bit6～0 中，即 T[6:0]。当 bit6～0 全部为 1 时，T[6:0]为 0x7F，这是计数器的最大值；当计数器递减到 T6 位变成 0 时，就会从 0x40 变为 0x3F，此时会产生一个看门狗复位。前面已经介绍过，0x40 为 WWDG 的窗口下限值，所以递减计数器的数值只能是 0x40～0x7F。

实际上，真正包含看门狗产生复位之前的计数值的是 T[5:0]，当 WWDG 被启用时，T6 位必须被设置，用来防止计数器递减到 0x40 时立即产生复位。如果使能了提前唤醒中断（WWDG_CFR 的 bit9，即 EWI 位置 1），当递减计数器到达 0x40 时，会产生此中断，可以通过相应的中断服务程序来加载计数器，防止 WWDG 复位，在 WWDG_CR 中写 0 可以清除该中断。

> 注意 WWDG 计数器的值必须在一个范围内才可以进行“喂狗”，其窗口上限值是随时改变的，上限值具体设置为多少是由所监控程序的执行时间决定的。一般将计数器的值设置为最大，而将窗口上限值设置为比所监控程序的执行时间稍大一些即可，这样在执行完所需要监控的程序段之后，就需要进行“喂狗”。如果在窗口时间内没有“喂狗”，那么程序肯定是出问题了，这样就起到了监控的作用。

WWDG 的时序图如图 6.10 所示，从图中可以看出 WWDG 的超时时间计算公式如下：

$$T_{WWDG}=T_{PCLK1} \times 4096 \times 2^{WDGTB} \times (T[5:0]+1)$$

式中，T_{WWDG} 为 WWDG 超时时间；T_{PCLK1} 为 APB1 以 ms 为单位的时钟间隔。PCLK1=36MHz 时的最小/最大超时值如表 6.10 所示。

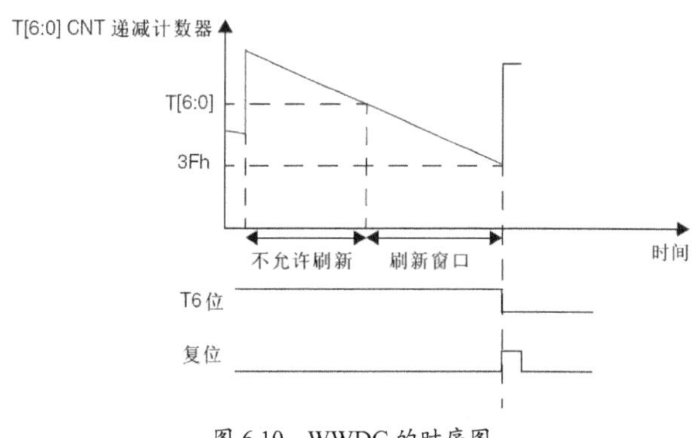

图 6.10　WWDG 的时序图

表 6.10　PCLK1 = 36MHz 时的最小/最大超时值

WDGTB	最小超时值/μs	最大超时值/μs
0	113	7.28
1	227	14.56
2	455	29.12
3	910	58.25

下面讲解一下 WDGTB 取不同值时最小和最大超时时间的计算方法。以 WDGTB=0 为例，当递减计数器 T[6:0]的 bit6 变为 0 时，WWDG 会产生复位。而实际上由于 T[6:0]的 bit6 必须先置 1，因此有效的基数位是 T[5:0]，如果 T[5:0]全部为 0，那么递减计数器再减一次就会产生复位，而这个减 1 的时间等于计数器的周期，即 $T_{PCLK1} \times 4096 \times 2^{WDGTB} = 1/36 \times 4096 \times 2^0 \times 1 = 113.7$（μs），这个就是 WDGTB=0 时最短的超时时间；如果 T[5:0]全部为 1（十进制数的 63），那么需要在 T[5:0]全部递减为 0 后，递减计数器再减一次就会产生复位，而这段时间等于计数器的周期，即 $T_{PCLK1} \times 4096 \times 2^{WDGTB} = 1/36 \times 4096 \times 2^0 \times (63+1) = 7.2768$（ms），这个就是 WDGTB=0 时最长的超时时间。

WDGTB 取其他值时的最小和最大超时时间的计算方法与上述方法相同，不再详述。

6.2　定时器库函数及其应用

6.2.1　TIMx 定时器相关函数

通用定时器是一个通过可编程预分频器驱动的 16 位自动装载计数器。它适用于多种场合，如测量输入信号的脉冲长度（输入采集）或产生输出波形（输出比较和 PWM）。使用定时器预分频器和 RCC 时钟控制预分频器，脉冲长度和波形周期可以在几微秒到几毫秒之间调整。常用的 TIMx 库函数如表 6.11 所示。

表 6.11　常用的 TIMx 库函数

函　数　名	功 能 描 述
TIM_DeInit	将外设 TIMx 寄存器重设为默认值
TIM_TimeBaseInit	根据 TIM_TimeBaseInitStruct 中指定的参数初始化 TIMx 的时间基数单位
TIM_OCInit	根据 TIM_OCInitStruct 中指定的参数初始化外设 TIMx
TIM_ICInit	根据 TIM_ICInitStruct 中指定的参数初始化外设 TIMx
TIM_TimeBaseStructInit	把 TIM_TimeBaseInitStruct 中的每一个参数按默认值填入
TIM_OCStructInit	把 TIM_OCInitStruct 中的每一个参数按默认值填入
TIM_ICStructInit	把 TIM_ICInitStruct 中的每一个参数按默认值填入
TIM_Cmd	使能或失能 TIMx 外设
TIM_ITConfig	使能或失能指定的 TIM 中断
TIM_DMAConfig	设置 TIMx 的 DMA 接口
TIM_DMACmd	使能或失能指定的 TIMx 的 DMA 请求
TIM_InternalClockConfig	设置 TIMx 内部时钟
TIM_ITRxExternalClockConfig	设置 TIMx 内部触发为外部时钟模式
TIM_TIxExternalClockConfig	设置 TIMx 触发为外部时钟
TIM_ETRClockMode1Config	配置 TIMx 外部时钟模式 1
TIM_ETRClockMode2Config	配置 TIMx 外部时钟模式 2
TIM_ETRConfig	配置 TIMx 外部触发
TIM_SelectInputTrigger	选择 TIMx 输入触发源
TIM_PrescalerConfig	设置 TIMx 预分频
TIM_CounterModeConfig	设置 TIMx 计数器模式
TIM_ForcedOC1Config	置 TIMx 输出 1 为活动或非活动电平
TIM_ForcedOC2Config	置 TIMx 输出 2 为活动或非活动电平
TIM_ForcedOC3Config	置 TIMx 输出 3 为活动或非活动电平
TIM_ForcedOC4Config	置 TIMx 输出 4 为活动或非活动电平
TIM_ARRPreloadConfig	使能或失能 TIMx 在 ARR 上的预装载寄存器
TIM_SelectCCDMA	选择 TIMx 外设的捕获/比较 DMA 源
TIM_OC1PreloadConfig	使能或失能 TIMx 在 CCR1 上的预装载寄存器
TIM_OC2PreloadConfig	使能或失能 TIMx 在 CCR2 上的预装载寄存器
TIM_OC3PrcloadConfig	使能或失能 TIMx 在 CCR3 上的预装载寄存器
TIM_OC4PreloadConfig	使能或失能 TIMx 在 CCR4 上的预装载寄存器
TIM_OC1FastConfig	设置 TIMx 捕获/比较 1 快速特征
TIM_OC2FastConfig	设置 TIMx 捕获/比较 2 快速特征
TIM_OC3FastConfig	设置 TIMx 捕获/比较 3 快速特征
TIM_OC4FastConfig	设置 TIMx 捕获/比较 4 快速特征
TIM_ClearOC1Ref	在一个外部事件时清除或保持 OCREF1 信号
TIM_ClearOC2Ref	在一个外部事件时清除或保持 OCREF2 信号

续表

函 数 名	功 能 描 述
TIM_ClearOC3Ref	在一个外部事件时清除或保持 OCREF3 信号
TIM_ClearOC4Ref	在一个外部事件时清除或保持 OCREF4 信号
TIM _UpdateDisableConfig	使能或失能 TIMx 更新事件
TIM_EncoderInterfaceConfig	设置 TIMx 编码界面
TIM_GenerateEvent	设置 TIMx 事件由软件产生
TIM_OC1PolarityConfig	设置 TIMx 通道 1 极性
TIM_OC2PolarityConfig	设置 TIMx 通道 2 极性
TIM_OC3PolarityConfig	设置 TIMx 通道 3 极性
TIM_OC4PolarityConfig	设置 TIMx 通道 4 极性
TIM_UpdateRequestConfig	设置 TIMx 更新请求源
TIM_SelectHallSensor	使能或失能 TIMx 霍尔传感器接口
TIM_SelectOnePulseMode	设置 TIMx 单脉冲模式
TIM_SelectOutputTrigger	选择 TIMx 触发输出模式
TIM_SelectSlaveMode	选择 TIMx 从模式
TIM_SelectMasterSlaveMode	设置或重置 TIMx 主/从模式
TIM_SetCounter	设置 TIMx 计数器寄存器值
TIM_SetAutoreload	设置 TIMx 自动重装载寄存器值
TIM_SetCompare1	设置 TIMx 捕获/比较 1 寄存器值
TIM_SetCompare2	设置 TIMx 捕获/比较 2 寄存器值
TIM_SetCompare3	设置 TIMx 捕获/比较 3 寄存器值
TIM_SetCompare4	设置 TIMx 捕获/比较 4 寄存器值
TIM_SetIC1Prescaler	设置 TIMx 输入捕获 1 预分频
TIM_SetIC2Prescaler	设置 TIMx 输入捕获 2 预分频
TIM_SetIC3Prescaler	设置 TIMx 输入捕获 3 预分频
TIM_SetIC4Prescaler	设置 TIMx 输入捕获 4 预分频
TIM_SetClockDivision	设置 TIMx 的时钟分割值
TIM_GetCapture1	设置 TIMx 输入捕获 1 的值
TIM_GetCapture2	设置 TIMx 输入捕获 2 的值
TIM_GetCapture3	设置 TIMx 输入捕获 3 的值
TIM_GetCapture4	设置 TIMx 输入捕获 4 的值
TIM_GetCounter	获得 TIMx 计数器的值
TIM_GetPrescaler	获得 TIMx 预分频值
TIM_GetFlagStatus	检查指定的 TIM 标志位设置与否
TIM_ClearFlag	清除 TIMx 的待处理标志位
TIM_GetITStatus	检查指定的 TIM 中断发生与否
TIM_ClearITPendingBit	清除 TIMx 的中断待处理位

下面讲解一些常用的 TIMx 库函数，由于 TIMx 库函数较多，这里不对每一个函数都举例说明，仅对个别重要的 TIMx 库函数进行实例讲解。

1. 定时器初始化使能函数

（1）TIM_DeInit 函数：该函数将外设 TIMx 寄存器重设为默认值。

函数原型	void TIM_DeInit(TIM_TypeDef* TIMx)				
功能描述	将外设 TIMx 寄存器重设为默认值				
输入参数	TIMx：x 可以取值为 1,2,⋯,8，用来选择 TIM 外设				
输出参数	无	返回值	无	先决条件	无
被调用函数	RCC_APB1PeriphClockCmd()				

（2）TIM_TimeBaseInit 函数：该函数根据 TIM_TimeBaseInitStruct 中指定的参数初始化 TIMx 的时间基数单位。

函数原型	void TIM_TimeBaseInit(TIM_TypeDef* TIMx, TIM_TimeBaseInitTypeDef* TIM_TimeBaseInitStruct)						
功能描述	根据 TIM_TimeBaseInitStruct 中指定的参数初始化 TIMx 的时间基数单位						
输入参数 1	TIMx：x 可以取值为 1,2,⋯,8，用来选择 TIM 外设						
输入参数 2	TIM_TimeBaseInitStruct：指向结构体 TIM_TimeBaseInitTypeDef 的指针，包含了 TIMx 时间基数单位的配置信息						
输出参数	无	返回值	无	先决条件	无	被调用函数	无

TIM_TimeBaseInitTypeDef 结构体定义在 STM32 标准文件库中的 stm32f10x_tim.h 头文件下，具体定义如下。

```
typedef struct
{
  uint16_t TIM_Prescaler;
  uint16_t TIM_CounterMode;
  uint16_t TIM_Period;
  uint16_t TIM_ClockDivision;
  uint8_t TIM_RepetitionCounter;
} TIM_TimeBaseInitTypeDef;
```

每个 TIM_TimeBaseInitTypeDef 结构体成员的功能和相应的取值如下。

① TIM_Prescaler。该成员用来设置 TIMx 时钟频率的预分频值，其取值必须在 0x0000 和 0xFFFF 之间。

② TIM_CounterMode。该成员用来设置计数器的模式，其取值定义如表 6.12 所示。

表 6.12　TIM_CounterMode 取值定义

TIM_CounterMode 取值	功 能 描 述
TIM_CounterMode_Up	TIMx 向上计数模式
TIM_CounterMode_Down	TIMx 向下计数模式
TIM_CounterMode_CenterAligned1	TIMx 中央对齐模式 1 计数模式
TIM_CounterMode_CenterAligned2	TIMx 中央对齐模式 2 计数模式
TIM_CounterMode_CenterAligned3	TIMx 中央对齐模式 3 计数模式

③ TIM_Period。该成员用来设置在下一个更新事件时加载到自动重新加载寄存器的周期值，其取

值必须在 0x0000 和 0xFFFF 之间。

④ TIM_ClockDivision。该成员用来设置时钟分割，其取值定义如表 6.13 所示。

表 6.13　TIM_ClockDivision 取值定义

TIM_ClockDivision 取值	功 能 描 述
TIM_CKD_DIV1	TDTS=Tck_tim
TIM_CKD_DIV2	TDTS=2Tck_tim
TIM_CKD_DIV4	TDTS=4Tck_tim

⑤ TIM_RepetitionCounter。该成员只适用于高级定时器（TIM1 和 TIM8），用来设置重复计数器的值。每次重复计数寄存器 TIMx_RCR 的向下计数器达到零时，都会生成更新事件，并从 TIMx_RCR 值（N）重新开始计数，这意味着在 PWM 模式下（N+1）对应于边沿对齐模式下的 PWM 周期数或中心对齐模式下半 PWM 周期的数量。该成员只有 8 位，其取值必须在 0x00 和 0xFF 之间。

例如，配置 TIM2 为向上计数模式，并设置重装载寄存器的值为 0xFFFF，预分频值为 16。

```
TIM_TimeBaseinitTypeDef TIM_TimeBaseStructure;
TIM_TimeBaseStructure.TIM_Prescaler = 0xF;                //设置预分频值
TIM_TimeBaseStructure.TIM_CounterMode = TIM_CounterMode_Up;//选择向上计数模式
TIM_TimeBaseStructure.TIM_Period = 0xFFFF;        //设置重装载寄存器的值为 0xFFFF
TIM_TimeBaseStructure.TIM_ClockDivision = 0x0;            //不进行时钟分割
TIM_TimeBaseInit(TIM2, &TIM_TimeBaseStructure);//根据上述参数初始化 TIM2 时间基数
```

（3）TIM_TimeBaseStructInit 函数：该函数把 TIM_TimeBaseInitStruct 中的每一个参数按默认值填入。

函数原型	void TIM_TimeBaseStructInit(TIM_TimeBaseInitTypeDef* TIM_TimeBaseInitStruct)					
功能描述	把 TIM_TimeBaseInitStruct 中的每一个参数按默认值填入					
输入参数	TIM_TimeBaseInitStruct：指向结构体 TIM_TimeBaseInitTypeDef 的指针					
输出参数	无	返回值	无	先决条件	无	被调用函数	无

（4）TIM_OCInit 函数：该函数根据 TIM_OCInitStruct 中指定的参数初始化外设 TIMx。

函数原型	void TIM_OCInit(TIM_TypeDef* TIMx, TIM_OCInitTypeDef* TIM_OCInitStruct)						
功能描述	根据 TIM_OCInitStruct 中指定的参数初始化外设 TIMx						
输入参数 1	TIMx：x 可以取值为 1,2,…,8，用来选择 TIM 外设						
输入参数 2	TIM_OCInitStruct：指向结构体 TIM_OCInitTypeDef 的指针，包含了 TIMx 的配置信息						
输出参数	无	返回值	无	先决条件	无	被调用函数	无

TIM_OCInitTypeDef 结构体定义在 STM32 标准文件库中的 stm32f10x_tim.h 头文件下，具体定义如下。

```
typedef struct
{
  uint16_t TIM_OCMode;
  uint16_t TIM_OutputState;
  uint16_t TIM_OutputNState;
  uint16_t TIM_Pulse;
  uint16_t TIM_OCPolarity;
  uint16_t TIM_OCNPolarity;
  uint16_t TIM_OCIdleState;
```

```
    uint16_t TIM_OCNIdleState;
  } TIM_OCInitTypeDef;
```

每个 TIM_OCInitTypeDef 结构体成员的功能和相应的取值如下。

① TIM_OCMode。该成员用来选择定时器的比较输出模式，它设定的是捕获/比较模式寄存器中 OCxM[2:0]位的值，其取值定义如表 6.14 所示。

表 6.14　TIM_OCMode 取值定义

TIM_OCMode 取值	功 能 描 述	TIM_OCMode 取值	功 能 描 述
TIM_OCMode_Timing	TIMx 输出比较时间模式	TIM_OCMode_Toggle	TIMx 输出比较触发模式
TIM_OCMode_Active	TIMx 输出比较主动模式	TIM_OCMode_PWM1	TIMx 脉冲宽度调制模式 1
TIM_OCMode_Inactive	TIMx 输出比较非主动模式	TIM_OCMode_PWM2	TIMx 脉冲宽度调制模式 2

② TIM_OutputState。该成员用来设置 TIMx 的比较输出状态，它设定的是捕获/比较使能寄存器 TIMx_CCER 中 CCxE 位的值，当取值为 TIM_OutputState_Disable 时，禁止比较输出通道 OCx 输出到外部引脚；当取值为 TIM_OutputState_Enable 时，开启比较输出通道 OCx 输出到对应的外部引脚。

③ TIM_OutputNState。该成员只适用于高级定时器（TIM1 和 TIM8），用来设置 TIMx 的比较互补输出状态。它设定的是捕获/比较使能寄存器 TIMx_CCER 中 CCxNE 位的值，当取值为 TIM_OutputNState_Disable 时，禁止比较互补输出通道 OCxN 输出到外部引脚；当取值为 TIM_OutputNState_Enable 时，开启比较互补输出通道 OCxN 输出到对应的外部引脚。

④ TIM_Pulse。该成员用来设置待装入捕获/比较寄存器的脉冲值，即比较输出脉冲宽度，它的取值必须在 0x0000 和 0xFFFF 之间。

⑤ TIM_OCPolarity。该成员用来设置输出极性，它设定的是捕获/比较使能寄存器 TIMx_CCER 中 CCxP 位的值，当取值为 TIM_OCPolarity_High 时，TIMx 输出比较极性高，即 OCx 为高电平有效；当取值为 TIM_OCPolarity_Low 时，TIM 输出比较极性低，即 OCx 为低电平有效。

⑥ TIM_OCNPolarity。该成员只适用于高级定时器（TIM1 和 TIM8），用来设置比较互补输出极性。它设定的是捕获/比较使能寄存器 TIMx_CCER 中 CCxNP 位的值，当取值为 TIM_OCNPolarity_High 时，OCxN 为高电平有效；当取值为 TIM_OCNPolarity_Low 时，OCxN 为低电平有效。

⑦ TIM_OCIdleState。该成员只适用于高级定时器（TIM1 和 TIM8），用来设置空闲状态下通道输出的电平。它设定的是 TIMx_CR2 寄存器中 OISx 位的值，在空闲状态（TIMx_DBTR 寄存器的 MOE 位为 0）下，当取值为 TIM_OCIdleState_Set 时，经过死区时间后定时器通道输出高电平；当取值为 TIM_OCIdleState_Reset 时，输出低电平。

⑧ TIM_OCNIdleState。该成员只适用于高级定时器（TIM1 和 TIM8），用来设置空闲状态下互补通道输出的电平。它设定的是 TIMx_CR2 寄存器中 OISxN 位的值，在空闲状态（TIMx_DBTR 寄存器的 MOE 位为 0）下，当取值为 TIM_OCNIdleState_Set 时，经过死区时间后定时器互补通道输出高电平；当取值为 TIM_OCNIdleState_Reset 时，输出低电平。

（5）TIM_OCStructInit 函数：该函数把 TIM_OCInitStruct 中的每一个参数按默认值填入。

函数原型	void TIM_OCStructInit(TIM_OCInitTypeDef* TIM_OCInitStruct)						
功能描述	把 TIM_OCInitStruct 中的每一个参数按默认值填入						
输入参数	TIM_OCInitStruct：指向结构体 TIM_OCTypeDef 的指针						
输出参数	无	返回值	无	先决条件	无	被调用函数	无

（6）TIM_ICInit 函数：该函数根据 TIM_ICInitStruct 中指定的参数初始化外设 TIMx。

函数原型	void TIM_ICInit(TIM_TypeDef* TIMx, TIM_ICInitTypeDef* TIM_ICInitStruct)					
功能描述	根据 TIM_ICInitStruct 中指定的参数初始化外设 TIMx					
输入参数 1	TIMx：x 可以取值为 1,2,…,8，用来选择 TIM 外设					
输入参数 2	TIM_ICInitStruct：指向结构体 TIM_ICInitTypeDef 的指针，包含了 TIMx 的配置信息					
输出参数	无	返回值	无	先决条件	无	被调用函数	无

TIM_ICInitTypeDef 结构体也定义在 STM32 标准文件库中的 stm32f10x_tim.h 头文件下，具体定义如下。

```
typedef struct
{
  uint16_t TIM_Channel;
  uint16_t TIM_ICPolarity;
  uint16_t TIM_ICSelection;
  uint16_t TIM_ICPrescaler;
  uint16_t TIM_ICFilter;
} TIM_ICInitTypeDef;
```

每个 TIM_ICInitTypeDef 结构体成员的功能和相应的取值如下。

① TIM_Channel。该成员用来选择定时器的捕获通道 ICx，它设定的是捕获/比较模式寄存器中 CCxS 位的值，其取值定义如表 6.15 所示。

表 6.15　TIM_Channel 取值定义

TIM_Channel 取值	功 能 描 述	TIM_Channel 取值	功 能 描 述
TIM_Channel_1	使能 TIMx 通道 1	TIM_Channel_3	使能 TIMx 通道 3
TIM_Channel_2	使能 TIMx 通道 2	TIM_Channel_4	使能 TIMx 通道 4

② TIM_ICPolarity。该成员用来选择输入捕获的触发边沿，其取值定义如表 6.16 所示。

表 6.16　TIM_ICPolarity 取值定义

TIM_ICPolarity 取值	功 能 描 述
TIM_ICPolarity_Rising	TIMx 输入捕获上升沿
TIM_ICPolarity_Falling	TIMx 输入捕获下降沿

③ TIM_ICSelection。该成员用来选择捕获通道 ICx 的信号输入通道，有 3 个选择，分别为 TIM_ICSelection_DirectTI、TIM_ICSelection_IndirectTI 和 TIM_ICSelection_TRC 的触发边沿。输入通道与捕获通道 ICx 的映射图如图 6.11 所示。如果定时器工作在普通输入捕获模式，则 4 个输入通道都可以使用；如果是 PWM 输入，则只能使用输入通道 1 和输入通道 2。

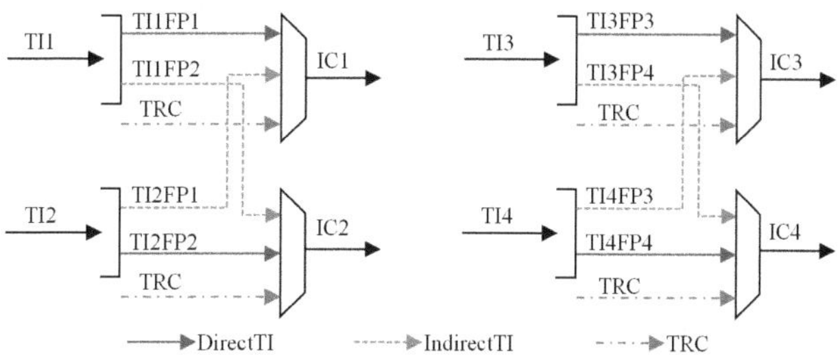

图 6.11　输入通道与捕获通道 ICx 的映射图

④ TIM_ICPrescaler。该成员用来确定输入捕获预分频器，其取值定义如表 6.17 所示。如果需要捕获输入信号的每一个有效边沿，则设置 1 分频即可。

表 6.17　TIM_ICPrescaler 取值定义

TIM_ICPrescaler 取值	功 能 描 述
TIM_ICPSC_DIV1	TIM 捕获在捕获输入上每检测到一个边沿执行一次
TIM_ICPSC_DIV2	TIM 捕获每 2 个事件执行一次
TIM_ICPSC_DIV3	TIM 捕获每 3 个事件执行一次
TIM_ICPSC_DIV4	TIM 捕获每 4 个事件执行一次

⑤ TIM_ICFilter。该成员用来选择输入比较滤波器，它的取值在 0x0 和 0xF 之间，一般不使用滤波器，即将该成员设置为 0。

（7）TIM_ICStructInit 函数：该函数把 TIM_ICInitStruct 中的每一个参数按默认值填入。

函数原型	void TIM_ICStructInit(TIM_ICInitTypeDef* TIM_ICInitStruct)						
功能描述	把 TIM_ICInitStruct 中的每一个参数按默认值填入						
输入参数	TIM_ICInitStruct：指向结构体 TIM_ICTypeDef 的指针						
输出参数	无	返回值	无	先决条件	无	被调用函数	无

（8）TIM_Cmd 函数：该函数使能或失能 TIMx 外设。

函数原型	void TIM_Cmd(TIM_TypeDef* TIMx, FunctionalState NewState)						
功能描述	使能或失能 TIMx 外设						
输入参数 1	TIMx：x 可以取值为 1,2,…,8，用来选择 TIM 外设						
输入参数 2	NewState：指定外设 TIMx 的新状态（可取 ENABLE 或 DISABLE）						
输出参数	无	返回值	无	先决条件	无	被调用函数	无

2. 定时器时钟设置类函数

（1）TIM_InternalClockConfig 函数：该函数设置 TIMx 内部时钟。

函数原型	void TIM_InternalClockConfig(TIM_TypeDef* TIM)						
功能描述	设置 TIMx 内部时钟						
输入参数	TIMx：x 可以取值为 1,2,…,8，用来选择 TIM 外设						
输出参数	无	返回值	无	先决条件	无	被调用函数	无

（2）TIM_SelectInputTrigger 函数：该函数选择 TIMx 输入触发源。

函数原型	void TIM_SelectInputTrigger(TIM_TypeDef* TIMx, uint16_t TIM_InputTriggerSource)						
功能描述	选择 TIMx 输入触发源						
输入参数 1	TIMx：x 可以取值为 1,2,…,8，用来选择 TIM 外设						
输入参数 2	TIM_InputTriggerSource：输入触发源，其取值定义如表 6.18 所示						
输出参数	无	返回值	无	先决条件	无	被调用函数	无

表 6.18　TIM_InputTriggerSource 取值定义

输入源取值	功 能 描 述	输入源取值	功 能 描 述
TIM_TS_ITR0	TIM 内部触发 0	TIM_TS_TI1F_ED	TIM TI1 边沿探测器
TIM_TS_ITR1	TIM 内部触发 1	TIM_TS_TI1FP1	TIM 经滤波定时器输入 1
TIM_TS_ITR2	TIM 内部触发 2	TIM_TS_TI1FP2	TIM 经滤波定时器输入 2
TIM_TS_ITR3	TIM 内部触发 3	TIM_TS_ETRF	TIM 外部触发输入

（3）TIM_PrescalerConfig 函数：该函数设置 TIMx 预分频。

函数原型	void TIM_PrescalerConfig(TIM_TypeDef* TIMx, uint16_t Prescaler, uint16_t TIM_PSCReloadMode)						
功能描述	设置 TIMx 预分频						
输入参数 1	TIMx：x 可以取值为 1,2,…,8，用来选择 TIM 外设						
输入参数 2	TIM_PSCReloadMode：设置预分频重载模式，其取值定义如表 6.19 所示						
输出参数	无	返回值	无	先决条件	无	被调用函数	无

表 6.19　TIM_PSCReloadMode 取值定义

TIM_PSCReloadMode 取值	功 能 描 述
TIM_PSCReloadMode_Update	TIMx 预分频值再更新事件装入
TIM_PSCReloadMode_Immediate	TIMx 预分频值即时装入

3．定时器配置类函数

（1）TIM_CounterModeConfig 函数：该函数设置 TIMx 计数器模式。

函数原型	void TIM_CounterModeConfig(TIM_TypeDef* TIMx, uint16_t TIM_CounterMode)						
功能描述	设置 TIMx 计数器模式						
输入参数 1	TIMx：x 可以取值为 1,2,…,8，用来选择 TIM 外设						
输入参数 2	TIM_CounterMode：待使用的计数器模式，其取值定义如表 6.12 所示						
输出参数	无	返回值	无	先决条件	无	被调用函数	无

（2）TIM_ARRPreloadConfig 函数：该函数使能或失能 TIMx 在 ARR 上的预装载寄存器。

函数原型	void TIM_ARRPreloadConfig(TIM_TypeDef* TIMx, FunctionalState NewState)						
功能描述	使能或失能 TIMx 在 ARR 上的预装载寄存器						
输入参数 1	TIMx：x 可以取值为 1,2,…,8，用来选择 TIM 外设						
输入参数 2	NewState：TIMx_CR1 寄存器中 ARPE 位的新状态（可取 ENABLE 或 DISABLE）						
输出参数	无	返回值	无	先决条件	无	被调用函数	无

（3）TIM_SelectHallSensor 函数：该函数使能或失能 TIMx 霍尔传感器接口。

函数原型	void TIM_SelectHallSensor(TIM_TypeDef* TIMx, FunctionalState NewState)						
功能描述	使能或失能 TIMx 霍尔传感器接口						
输入参数 1	TIMx：x 可以取值为 1,2,…,8，用来选择 TIM 外设						
输入参数 2	NewState：TIMx 霍尔传感器接口的新状态（可取 ENABLE 或 DISABLE）						
输出参数	无	返回值	无	先决条件	无	被调用函数	无

（4）TIM_SelectOnePulseMode 函数：该函数设置 TIMx 单脉冲模式。

函数原型	void TIM_SelectOnePulseMode(TIM_TypeDef* TIMx, uint16_t TIM_OPMode)						
功能描述	设置 TIMx 单脉冲模式						
输入参数 1	TIMx：x 可以取值为 1,2,…,8，用来选择 TIM 外设						
输入参数 2	TIM_OPMode：所设置的 OPM 模式，其取值定义如表 6.20 所示						
输出参数	无	返回值	无	先决条件	无	被调用函数	无

表 6.20　TIM_OPMode 取值定义

TIM_OPMode 取值	功 能 描 述
TIM_OPMode_Repetitive	生成重复的脉冲；在更新事件时计数器不停止
TIM_OPMode_Single	生成单一的脉冲；计数器在下一个更新事件停止

（5）TIM_SelectOutputTrigger 函数：该函数选择 TIMx 触发输出模式。

函数原型	void TIM_SelectOutputTrigger(TIM_TypeDef* TIMx, uint16_t TIM_TRGOSource)						
功能描述	选择 TIMx 触发输出模式						
输入参数 1	TIMx：x 可以取值为 1,2,…,8，用来选择 TIM 外设						
输入参数 2	TIM_TRGOSource：所选择的触发输出模式，其取值定义如表 6.21 所示						
输出参数	无	返回值	无	先决条件	无	被调用函数	无

表 6.21　TIM_TRGOSource 取值定义

TIM_TRGOSource 取值	功 能 描 述
TIM_TRGOSource_Reset	使用寄存器 TIM_EGR 的 UG 位作为触发输出（TRGO）
TIM_TRGOSource_Enable	使用计数器使能 CEN 作为触发输出（TRGO）
TIM_TRGOSource_Update	使用更新事件作为触发输出（TRGO）
TIM_TRGOSource_OC1	一旦捕获或比较匹配发生，当标志位 CC1F 被设置时会触发输出，发送一个确定脉冲（TRGO）
TIM_TRGOSource_OC1Ref	使用 OC1REF 作为触发输出（TRGO）
TIM_TRGOSource_OC2Ref	使用 OC2REF 作为触发输出（TRGO）
TIM_TRGOSource_OC3Ref	使用 OC3REF 作为触发输出（TRGO）
TIM_TRGOSource_OC4Ref	使用 OC4REF 作为触发输出（TRGO）

（6）TIM_SelectSlaveMode 函数：该函数选择 TIMx 从模式。

函数原型	void TIM_SelectSlaveMode(TIM_TypeDef* TIMx, uint16_t TIM_SlaveMode)						
功能描述	选择 TIMx 从模式						
输入参数 1	TIMx：x 可以取值为 1,2,…,8，用来选择 TIM 外设						
输入参数 2	TIM_SlaveMode：TIM 从模式，其取值定义如表 6.22 所示						
输出参数	无	返回值	无	先决条件	无	被调用函数	无

表 6.22　TIM_SlaveMode 取值定义

TIM_SlaveMode 取值	功 能 描 述
TIM_SlaveMode_Reset	选中触发信号（TRGI）的上升沿重初始化计数器并触发寄存器的更新
TIM_SlaveMode_Gated	当触发信号（TRGI）为高电平时，计数器时钟使能

续表

TIM_SlaveMode 取值	功 能 描 述
TIM_SlaveMode_Trigger	计数器在触发信号（TRGI）的上升沿开始
TIM_SlaveMode_Externall	选中触发信号（TRGI）的上升沿作为计数器时钟

（7）TIM_SelectMasterSlaveMode 函数：该函数设置或重置 TIMx 主/从模式。

函数原型	void TIM_SelectMasterSlaveMode(TIM_TypeDef* TIMx, uint16_t TIM_MasterSlaveMode)						
功能描述	设置或重置 TIMx 主/从模式						
输入参数 1	TIMx：x 可以取值为 1,2,…,8，用来选择 TIM 外设						
输入参数 2	TIM_MasterSlaveMode：定时器主/从模式，可取值为 TIM_MasterSlaveMode_Enable 或 TIM_MasterSlaveMode_Disable						
输出参数	无	返回值	无	先决条件	无	被调用函数	无

例如，使能 TIM2 为主/从模式：

```
TIM_SelectMasterSlaveMode(TIM2, TIM_MasterSlaveMode_Enable);
```

（8）TIM_SetCounter 函数：该函数设置 TIMx 计数器寄存器值。

函数原型	void TIM_SetCounter(TIM_TypeDef* TIMx, uint16_t Counter)						
功能描述	设置 TIMx 计数器寄存器值						
输入参数 1	TIMx：x 可以取值为 1,2,…,8，用来选择 TIM 外设						
输入参数 2	Counter：计数器寄存器的新值						
输出参数	无	返回值	无	先决条件	无	被调用函数	无

例如，设置 TIM2 计数器新值为 0xFFFF：

```
uint16_t TIMCounter = 0xFFFF;
TIM_SetCounter(TIM2, TIMCounter);
```

（9）TIM_SetAutoreload 函数：该函数设置 TIMx 自动重装载寄存器值。

函数原型	void TIM_SetAutoreload(TIM_TypeDef* TIMx, uint16_t Autoreload)						
功能描述	设置 TIMx 自动重装载寄存器值						
输入参数 1	TIMx：x 可以取值为 1,2,…,8，用来选择 TIM 外设						
输入参数 2	Autoreload：自动重装载寄存器的新值						
输出参数	无	返回值	无	先决条件	无	被调用函数	无

4．定时器参数获取或清除标志类函数

（1）TIM_GetCounter 函数：该函数获得 TIMx 计数器的值。

函数原型	uint16_t TIM_GetCounter(TIM_TypeDef* TIMx)						
功能描述	获得 TIMx 计数器的值						
输入参数	TIMx：x 可以取值为 1,2,…,8，用来选择 TIM 外设						
输出参数	无	返回值	无	先决条件	无	被调用函数	无

（2）TIM_GetPrescaler 函数：该函数获得 TIMx 预分频值。

函数原型	uint16_t TIM_GetPrescaler(TIM_TypeDef* TIMx)					
功能描述	获得 TIMx 预分频值					
输入参数	TIMx：x 可以取值为 1,2,…,8，用来选择 TIM 外设					
输出参数	无	返回值	无	先决条件	无	被调用函数	无

（3）TIM_GetFlagStatus 函数：该函数检查指定的 TIM 标志位设置与否。

函数原型	FlagStatus TIM_GetFlagStatus(TIM_TypeDef* TIMx, uint16_t TIM_FLAG)		
功能描述	检查指定的 TIM 标志位设置与否		
输入参数 1	TIMx：x 可以取值为 1,2,…,8，用来选择 TIM 外设		
输入参数 2	TIM_FLAG：待检查的 TIM 标志位，其取值定义如表 6.23 所示		
输出参数	无	返回值	对应 TIM 标志位的新状态（可取 SET 或 RESET）
先决条件	无	被调用函数	无

表 6.23　TIM_FLAG 取值定义

TIM_FLAG 取值	功 能 描 述	TIM_FLAG 取值	功 能 描 述
TIM_FLAG_Update	TIM 更新标志位	TIM_FLAG_Trigger	TIM 触发标志位
TIM_FLAG_CC1	TIM 捕获/比较 1 标志位	TIM_FLAG_CC1OF	TIM 捕获/比较 1 溢出标志位
TIM_FLAG_CC2	TIM 捕获/比较 2 标志位	TIM_FLAG_CC2OF	TIM 捕获/比较 2 溢出标志位
TIM_FLAG_CC3	TIM 捕获/比较 3 标志位	TIM_FLAG_CC3OF	TIM 捕获/比较 3 溢出标志位
TIM_FLAG_CC4	TIM 捕获/比较 4 标志位	TIM_FLAG_CC4OF	TIM 捕获/比较 4 溢出标志位

（4）TIM_ClearFlag 函数：该函数清除 TIMx 的待处理标志位。

函数原型	FlagStatus TIM_ClearFlag(TIM_TypeDef* TIMx, uint16_t TIM_FLAG)						
功能描述	清除 TIMx 的待处理标志位						
输入参数 1	TIMx：x 可以取值为 1,2,…,8，用来选择 TIM 外设						
输入参数 2	TIM_FLAG：待清除的 TIM 标志位						
输出参数	无	返回值	无	先决条件	无	被调用函数	无

5．定时器中断类相关函数

（1）TIM_ITConfig 函数：该函数使能或失能指定的 TIM 中断。

函数原型	void TIM_ITConfig(TIM_TypeDef* TIMx, uint16_t TIM_IT, FunctionalState NewState)						
功能描述	使能或失能指定的 TIM 中断						
输入参数 1	TIMx：x 可以取值为 1,2,…,8，用来选择 TIM 外设						
输入参数 2	待使能或失能的 TIM 中断源，TIM_IT 取值定义如表 6.24 所示						
输入参数 3	NewState：TIMx 中断的新状态（可取 ENABLE 或 DISABLE）						
输出参数	无	返回值	无	先决条件	无	被调用函数	无

表 6.24　TIM_IT 取值定义

TIM_IT 取值	功 能 描 述	TIM_IT 取值	功 能 描 述
TIM_IT_Update	TIM 中断源	TIM_IT_CC3	TIM 捕获/比较 3 中断源
TIM_IT_CC1	TIM 捕获/比较 1 中断源	TIM_IT_CC4	TIM 捕获/比较 4 中断源
TIM_IT_CC2	TIM 捕获/比较 2 中断源	TIM_IT_Trigger	TIM 触发中断源

（2）TIM_GetITStatus 函数：该函数检查指定的 TIM 中断发生与否。

函数原型	ITStatus TIM_GetITStatus(TIM_TypeDef* TIMx, uint16_t TIM_IT)		
功能描述	检查指定的 TIM 中断发生与否		
输入参数 1	TIMx：x 可以取值为 1,2,…,8，用来选择 TIM 外设		
输入参数 2	TIM_IT：待检查的 TIM 中断源		
输出参数	无	返回值	对应 TIM 中断源的新状态（可取 SET 或 RESET）
先决条件	无	被调用函数	无

（3）TIM_ClearITPendingBit 函数：该函数清除 TIMx 的中断待处理位。

函数原型	void TIM_ClearITPendingBit(TIM_TypeDef* TIMx, uint16_t TIM_IT)						
功能描述	清除 TIMx 的中断待处理位						
输入参数 1	TIMx：x 可以取值为 1,2,…,8，用来选择 TIM 外设						
输入参数 2	TIM_IT：待清除的 TIM 中断源						
输出参数	无	返回值	无	先决条件	无	被调用函数	无

6.2.2　RTC 与 BKP 相关函数

1．实时时钟相关函数

实时时钟（RTC）是一个独立的定时器。RTC 模块有一组连续计数的计数器，在相应的软件配置下，可提供时钟日历功能。修改计数器的值可以重新设置系统当前的时间和日期。常用的 RTC 库函数如表 6.25 所示。

表 6.25　常用的 RTC 库函数

函　数　名	功 能 描 述
RTC_EnterConfigMode	进入 RTC 配置模式
RTC_ExitConfigMode	退出 RTC 配置模式
RTC_GetCounter	获取 RTC 计数器的值
RTC_SetCounter	设置 RTC 计数器的值
RTC_SetPrescaler	设置 RTC 预分频的值
RTC_SetAlarm	设置 RTC 闹钟的值
RTC_GetDivider	获取 RTC 预分频的分频因子值
RTC_WaitForLastTask	等待最近一次对 RTC 寄存器的写操作完成
RTC_WaitForSynchro	等待 RTC 寄存器与 RTC 的 APB 时钟同步
RTC_GetFlagStatus	检查指定的 RTC 标志位设置与否
RTC_ClearFlag	清除 RTC 的待处理标志位
RTC_GetITStatus	检查指定的 RTC 中断发生与否
RTC_ClearITPendingBit	清除 RTC 的中断待处理位
RTC_ITConfig	使能或失能指定的 RTC 中断

下面讲解常用的 RTC 库函数。

（1）RTC 设置读取类函数。

① RTC_EnterConfigMode 函数：该函数进入 RTC 配置模式。

函数原型	void RTC_EnterConfigMode(void)								
功能描述	进入 RTC 配置模式								
输入参数	无	输出参数	无	返回值	无	先决条件	无	被调用函数	无

② RTC_ExitConfigMode 函数：该函数退出 RTC 配置模式。

函数原型	void RTC_ExitConfigMode(void)								
功能描述	退出 RTC 配置模式								
输入参数	无	输出参数	无	返回值	无	先决条件	无	被调用函数	无

③ RTC_GetCounter 函数：该函数获取 RTC 计数器的值。

函数原型	uint8_t RTC_GetCounter(void)				
功能描述	获取 RTC 计数器的值				
输入参数	无	输出参数	无	返回值	RTC 计数器的值
先决条件	无	被调用函数	无		

④ RTC_SetCounter 函数：该函数设置 RTC 计数器的值。

函数原型	void RTC_SetCounter(uint32_t CounterValue)		
功能描述	设置 RTC 计数器的值		
输入参数	CounterValue：新的 RTC 计数器值		
输出参数	无	返回值	无
先决条件	在使用该函数前，必须先调用函数 RTC_WaitForLastTask()，等待标志位 RTOFF 被设置		
被调用函数	RTC_EnterConfigMode()、RTC_ExitConfigMode()		

例如，设置 RTC 计数器的值为 0xFFFF5555：

```
RTC_WaitForLastTask();                    //等待，直到最后一次 RTC 操作完成
RTC_SetCounter(0xFFFF5555);               //设置 RTC 计数器的值为 0xFFFF5555
```

⑤ RTC_SetPrescaler 函数：该函数设置 RTC 预分频的值。

函数原型	void RTC_SetPrescaler(uint32_t PrescalerValue)		
功能描述	设置 RTC 预分频的值		
输入参数	PrescalerValue：新的 RTC 预分频值		
输出参数	无	返回值	无
先决条件	在使用该函数前，必须先调用函数 RTC_WaitForLastTask()，等待标志位 RTOFF 被设置		
被调用函数	RTC_EnterConfigMode()、RTC_ExitConfigMode()		

例如，设置 RTC 预分频的值为 0x7A12：

```
RTC_WaitForLastTask();                    //等待，直到最后一次 RTC 操作完成
RTC_SetPrescaler(0x7A12);                 //设置 RTC 预分频的值为 0x7A12
```

⑥ RTC_SetAlarm 函数：该函数设置 RTC 闹钟的值。

函数原型	void RTC_SetAlarm(uint32_t AlarmValue)		
功能描述	设置 RTC 闹钟的值		
输入参数	AlarmValue：新的 RTC 闹钟值		
输出参数	无	返回值	无
先决条件	在使用该函数前，必须先调用函数 RTC_WaitForLastTask()，等待标志位 RTOFF 被设置		
被调用函数	RTC_EnterConfigMode()、RTC_ExitConfigMode()		

例如，设置 RTC 闹钟的值为 0x80：

```
RTC_WaitForLastTask();                  //等待，直到最后一次 RTC 操作完成
RTC_SetAlarm(0x80);                     //设置 RTC 闹钟的值为 0x80
```

⑦ RTC_GetDivider 函数：该函数获取 RTC 预分频的分频因子值。

函数原型	uint32_t RTC_GetDivider(void)				
功能描述	获取 RTC 预分频的分频因子值				
输入参数	无	输出参数	无	返回值	RTC 预分频的分频因子值
先决条件	无	被调用函数	无		

（2）RTC 等待检查类函数。

① RTC_WaitForLastTask 函数：该函数等待最近一次对 RTC 寄存器的写操作完成。

函数原型	void RTC_WaitForLastTask(void)								
功能描述	等待最近一次对 RTC 寄存器的写操作完成								
输入参数	无	输出参数	无	返回值	无	先决条件	无	被调用函数	无

② RTC_WaitForSynchro 函数：该函数等待 RTC 寄存器与 RTC 的 APB 时钟同步。

函数原型	void RTC_WaitForSynchro(void)								
功能描述	等待 RTC 寄存器与 RTC 的 APB 时钟同步								
输入参数	无	输出参数	无	返回值	无	先决条件	无	被调用函数	无

（3）RTC 状态检测与中断类函数。

① RTC_GetFlagStatus 函数：该函数检查指定的 RTC 标志位设置与否。

函数原型	FlagStatus RTC_GetFlagStatus(uint16_t RTC_FLAG)		
功能描述	检查指定的 RTC 标志位设置与否		
输入参数	RTC_FLAG：待检查的 RTC 标志位，其取值定义如表 6.26 所示		
输出参数	无	返回值	对应 RTC 标志位的新状态（可取 SET 或 RESET）
先决条件	无	被调用函数	无

表 6.26　RTC_FLAG 取值定义

RTC_FLAG 取值	功 能 描 述	RTC_FLAG 取值	功 能 描 述
RTC_FLAG_RTOFF	RTC 操作 OFF 标志位	RTC_FLAG_RSF	寄存器已同步标志位
RTC_FLAG_OW	溢出中断标志位	RTC_FLAG_SEC	闹钟中断标志位
RTC_FLAG_SEC	秒中断标志位		

② RTC_ClearFlag 函数：该函数清除 RTC 的待处理标志位。

函数原型	void RTC_ClearFlag(uint16_t RTC_FLAG)				
功能描述	清除 RTC 的待处理标志位				
输入参数	RTC_FLAG：待清除的 RTC 标志位				
输出参数	无	返回值	无	被调用函数	无
先决条件	在使用该函数前，必须先调用函数 RTC_WaitForLastTask()，等待标志位 RTOFF 被设置				

例如，清除 RTC 溢出中断标志位：

```
RTC_WaitForLastTask();                    //等待，直到最后一次 RTC 操作完成
RTC_ClearFlag(RTC_FLAG_OW);               //清除 RTC 溢出中断标志位
```

③ RTC_GetITStatus 函数：该函数检查指定的 RTC 中断发生与否。

函数原型	ITStatus RTC_GetITStatus(uint16_t RTC_IT)		
功能描述	检查指定的 RTC 中断发生与否		
输入参数	RTC_IT：待检查的 RTC 中断源，其取值定义如表 6.27 所示		
输出参数	无	返回值	对应 RTC 中断的新状态（可取 SET 或 RESET）
先决条件	无	被调用函数	无

表 6.27　RTC_IT 取值定义

RTC_IT 取值	功 能 描 述
RTC_IT_OW	溢出中断使能
RTC_IT_ALR	闹钟中断使能
RTC_IT_SEC	秒中断使能

④ RTC_ClearITPendingBit 函数：该函数清除 RTC 的中断待处理位。

函数原型	ITStatus RTC_ClearITPendingBit(uint16_t RTC_IT)				
功能描述	清除 RTC 的中断待处理位				
输入参数	RTC_IT：待清除的 RTC 中断待处理位				
输出参数	无	返回值	无	被调用函数	无
先决条件	在使用该函数前，必须先调用函数 RTC_WaitForLastTask()，等待标志位 RTOFF 被设置				

例如，清除 RTC 的秒中断待处理位：

```
RTC_WaitForLastTask();                    //等待，直到最后一次 RTC 操作完成
RTC_ClearITPendingBit(RTC_IT_SEC);        //清除 RTC 秒中断待处理位
```

⑤ RTC_ITConfig 函数：该函数使能或失能指定的 RTC 中断。

函数原型	void RTC_ITConfig(uint16_t RTC_IT, FunctionalState NewState)				
功能描述	使能或失能指定的 RTC 中断				
输入参数 1	RTC_IT：待使能或失能的 RTC 中断源				
输入参数 2	NewState：RTC 中断的新状态（可取 ENABLE 或 DISABLE）				
输出参数	无	返回值	无	被调用函数	无
先决条件	在使用该函数前，必须先调用函数 RTC_WaitForLastTask()，等待标志位 RTOFF 被设置				

例如，使能 RTC 的秒中断：

```
RTC_WaitForLastTask();                    //等待，直到最后一次 RTC 操作完成
RTC_ITConfig(RTC_IT_SEC, ENABLE);        //使能 RTC 的秒中断
```

2. 后备域相关函数

后备域（BKP）是 42 个 16 位的寄存器，可用来存储 84 字节的应用数据。它们处于后备域中，当 V_{DD} 电源被切断时，它们由外接的 V_{BAT} 维持供电。当系统在待机模式下被唤醒、系统复位或电源复位时，它们也不会被复位。

此外，BKP 控制寄存器用来管理侵入检测和 RTC 校准功能。复位后，对各寄存器和 RTC 的访问被禁止，且后备域被保护，以防止可能存在的意外写操作。常用的 BKP 库函数如表 6.28 所示。

表 6.28　常用的 BKP 库函数

函 数 名	功 能 描 述
BKP_DeInit	将外设 BKP 的全部寄存器重设为默认值
BKP_TamperPinLevelConfig	设置侵入检测引脚的有效电平
BKP_TamperPinCmd	使能或失能引脚的侵入检测功能
BKP_ITConfig	使能或失能侵入检测中断
BKP_RTCOutputConfig	选择在侵入检测引脚上输出的 RTC 时钟源
BKP_SetRTCCalibrationValue	设置 RTC 时钟校准值
BKP_WriteBackupRegister	向指定的后备寄存器中写入程序数据
BKP_ReadBackupRegister	从指定的后备寄存器中读出数据
BKP_GetFlagStatus	检查侵入检测引脚事件的标志位被设置与否
BKP_ClearFlag	清除侵入检测引脚事件的待处理标志位
BKP_GetITStatus	检查侵入检测中断发生与否
BKP_ClearITPendingBit	清除侵入检测中断的待处理位

（1）BKP_DeInit 函数：该函数将外设 BKP 的全部寄存器重设为默认值。

函数原型	void BKP_DeInit(void)						
功能描述	将外设 BKP 的全部寄存器重设为默认值						
输入参数	无	输出参数	无	返回值	无	先决条件	无
被调用函数	RCC_BackupResetCmd						

（2）BKP_TamperPinLevelConfig 函数：该函数设置侵入检测引脚的有效电平。

函数原型	void BKP_TamperPinLevelConfig(uint32_t BKP_TamperPinLevel)						
功能描述	设置侵入检测引脚的有效电平						
输入参数	BKP_TamperPinLevel：侵入检测引脚的有效电平，其取值定义如表 6.29 所示						
输出参数	无	返回值	无	先决条件	无	被调用函数	无

表 6.29　BKP_TamperPinLevel 取值定义

BKP_TamperPinLevel 取值	功 能 描 述
BKP_TamperPinLevel_High	侵入检测引脚高电平有效
BKP_TamperPinLevel_Low	侵入检测引脚低电平有效

（3）BKP_TamperPinCmd 函数：该函数使能或失能引脚的侵入检测功能。

<table>
<tr><td>函数原型</td><td colspan="7">void BKP_TamperPinCmd(FunctionalState NewState)</td></tr>
<tr><td>功能描述</td><td colspan="7">使能或失能引脚的侵入检测功能</td></tr>
<tr><td>输入参数</td><td colspan="7">NewState：侵入检测功能的新状态（可取 ENABLE 或 DISABLE）</td></tr>
<tr><td>输出参数</td><td>无</td><td>返回值</td><td>无</td><td>先决条件</td><td>无</td><td>被调用函数</td><td>无</td></tr>
</table>

（4）BKP_ITConfig 函数：该函数使能或失能侵入检测中断。

<table>
<tr><td>函数原型</td><td colspan="7">void BKP_ITConfig(FunctionalState NewState)</td></tr>
<tr><td>功能描述</td><td colspan="7">使能或失能侵入检测中断</td></tr>
<tr><td>输入参数</td><td colspan="7">NewState：侵入检测中断的新状态（可取 ENABLE 或 DISABLE）</td></tr>
<tr><td>输出参数</td><td>无</td><td>返回值</td><td>无</td><td>先决条件</td><td>无</td><td>被调用函数</td><td>无</td></tr>
</table>

（5）BKP_WriteBackupRegister 函数：该函数向指定的后备寄存器中写入程序数据。

<table>
<tr><td>函数原型</td><td colspan="7">void BKP_WriteBackupRegister(uint16_t BKP_DR, uint32_t Data)</td></tr>
<tr><td>功能描述</td><td colspan="7">向指定的后备寄存器中写入程序数据</td></tr>
<tr><td>输入参数 1</td><td colspan="7">BKP_DR：数据后备寄存器，其取值定义如表 6.30 所示</td></tr>
<tr><td>输入参数 2</td><td colspan="7">Data：待写入的数据</td></tr>
<tr><td>输出参数</td><td>无</td><td>返回值</td><td>无</td><td>先决条件</td><td>无</td><td>被调用函数</td><td>无</td></tr>
</table>

表 6.30　BKP_DR 取值定义

BKP_DR 取值	功 能 描 述	BKP_DR 取值	功 能 描 述
BKP_DR1	选中数据寄存器 1	BKP_DR6	选中数据寄存器 6
BKP_DR2	选中数据寄存器 2	BKP_DR7	选中数据寄存器 7
BKP_DR3	选中数据寄存器 3	BKP_DR8	选中数据寄存器 8
BKP_DR4	选中数据寄存器 4	BKP_DR9	选中数据寄存器 9
BKP_DR5	选中数据寄存器 5	BKP_DR10	选中数据寄存器 10

（6）BKP_ReadBackupRegister 函数：该函数从指定的后备寄存器中读出数据。

<table>
<tr><td>函数原型</td><td colspan="3">uint16_tBKP_ReadBackupRegister(uint16_t BKP_DR)</td></tr>
<tr><td>功能描述</td><td colspan="3">从指定的后备寄存器中读出数据</td></tr>
<tr><td>输入参数</td><td colspan="3">BKP_DR：数据后备寄存器</td></tr>
<tr><td>输出参数</td><td>无</td><td>返回值</td><td>指定后备寄存器中的数据</td></tr>
<tr><td>先决条件</td><td>无</td><td>被调用函数</td><td>无</td></tr>
</table>

（7）BKP_GetITStatus 函数：该函数检查侵入检测中断发生与否。

函数原型	ITStatus BKP_GetITStatus(void)		
功能描述	检查侵入检测中断发生与否		
输出参数	无	返回值	对应侵入检测中断标志位的新状态（可取 SET 或 RESET）
先决条件	无	被调用函数	无

（8）BKP_ClearITPendingBit 函数：该函数清除侵入检测中断的待处理位。

函数原型	void BKP_ClearITPendingBit(void)								
功能描述	清除侵入检测中断的待处理位								
输入参数	无	输出参数	无	返回值	无	先决条件	无	被调用函数	无

6.2.3　SysTick 定时器相关函数

STM32F10x 系列内核有一个系统时基定时器（SysTick），它是一个 24 位的递减计数器，具有灵活的控制机制。系统时基定时器设定初始值后，每经过 1 个系统时钟周期，计数就减 1，当减到 0 时，系统时基定时器自动重装初始值，并继续向下计数，同时触发中断，即产生嘀嗒节拍。常用的 SysTick 库函数如表 6.31 所示。

表 6.31　常用的 SysTick 库函数

函　数　名	功 能 描 述
SysTick_CLKSourceConfig	设置 SysTick 时钟源
SysTick_SetReload	设置 SysTick 重装载值
SysTick_CounterCmd	使能或失能 SysTick 计数器
SysTick_ITConfig	使能或失能 SysTick 中断
SysTick_GetCounter	获取 SysTick 计数器的值
SysTick_GetFlagStatus	检查指定的 SysTick 标志位设置与否

（1）SysTick_CLKSourceConfig 函数：该函数设置 SysTick 时钟源。

函数原型	void SysTick_CLKSourceConfig(uint32_t SysTick_CLKSource)						
功能描述	设置 SysTick 时钟源						
输入参数	SysTick_CLKSource：SysTick 时钟源，其取值如表 6.32 所示						
输出参数	无	返回值	无	先决条件	无	被调用函数	无

表 6.32　SysTick_CLKSource 取值定义

SysTick_CLKSource 取值	功 能 描 述
SysTick_CLKSource_HCLK_Div8	SysTick 时钟源为 AHB 总线时钟的 1/8
SysTick_CLKSource_HCLK	SysTick 时钟源为 AHB 总线时钟

（2）SysTick_SetReload 函数：该函数设置 SysTick 重装载值。

函数原型	void SysTick_SetReload(uint32_t Reload)

功能描述	设置 SysTick 重装载值					
输入参数	Reload：重装载值（该参数取值必须在 1～0x00FFFFFF 范围内）					
输出参数	无	返回值	无	先决条件	无	被调用函数	无

（3）SysTick_CounterCmd 函数：该函数使能或失能 SysTick 计数器。

函数原型	void SysTick_CounterCmd(uint32_t SysTick_Counter)						
功能描述	使能或失能 SysTick 计数器						
输入参数	SysTick_Counter：SysTick 计数器的新状态，其取值定义如表 6.33 所示						
输出参数	无	返回值	无	先决条件	无	被调用函数	无

表 6.33　SysTick_Counter 取值定义

SysTick_Counter 取值	功 能 描 述
SysTick_Counter_Disable	失能计数器
SysTick_Counter_Enable	使能计数器
SysTick_Counter_Clear	清除计数器值为 0

（4）SysTick_ITConfig 函数；该函数使能或失能 SysTick 中断。

函数原型	void SysTick_ITConfig(FunctionalState NewState)						
功能描述	使能或失能 SysTick 中断						
输入参数	NewState：SysTick 中断的新状态（可取 ENABLE 或 DISABLE）						
输出参数	无	返回值	无	先决条件	无	被调用函数	无

（5）SysTick_GetCounter 函数：该函数获取 SysTick 计数器的值。

函数原型	uint32_t SysTick_GetCounter(void)		
功能描述	获取 SysTick 计数器的值		
输出参数	无	返回值	SysTick 计数器的值
先决条件	无	被调用函数	无

（6）SysTick_GetFlagStatus 函数：该函数检查指定的 SysTick 标志位设置与否。

函数原型	FlagStatus SysTick_GetFlagStatus(uint8_t SysTick_FLAG)		
功能描述	检查指定的 SysTick 标志位设置与否		
输入参数	SysTick_FLAG：待检查的 SysTick 标志位，其取值定义如表 6.34 所示		
输出参数	无	返回值	对应 SysTick 标志位的新状态（可取 SET 或 RESET）
先决条件	无	被调用函数	无

表 6.34　SysTick_FLAG 取值定义

SysTick_FLAG 取值	功 能 描 述
SysTick_FLAG_COUNT	自上次被读取之后，检测计数器是否计数至 0
SysTick_FLAG_SKEW	由于时钟频率偏差，检测校准精度是否等于 10ms
SysTick_FLAG_NOREF	检测有无外部参考时钟可用

6.2.4 看门狗定时器相关函数

1. 独立看门狗库函数

独立看门狗（IWDG）用来解决软件或硬件引起的处理器故障（如死机等），它可以在停止（Stop）模式和待命（Standby）模式下工作。常用的 IWDG 库函数如表 6.35 所示。

表 6.35　常用的 IWDG 库函数

函 数 名	功 能 描 述
IWDG_WriteAccessCmd	使能或失能对寄存器 IWDG_PR 和 IWDG_RLR 的写操作
IWDG_SetPrescaler	设置 IWDG 预分频值
IWDG_SetReload	设置 IWDG 重装载值
IWDG_ReloadCounter	按照 IWDG 重装载寄存器的值重装载 IWDG 计数器
IWDG_Enable	使能 IWDG
IWDG_GetFlagStatus	检查指定的 IWDG 标志位被设置与否

（1）IWDG_WriteAccessCmd 函数：该函数使能或失能对寄存器 IWDG_PR 和 IWDG_RLR 的写操作。

函数原型	void IWDG_WriteAccessCmd(uint16_t IWDG_WriteAccess)					
功能描述	使能或失能对寄存器 IWDG_PR 和 IWDG_RLR 的写操作					
输入参数	IWDG_WriteAccess：对寄存器 IWDG_PR 和 IWDG_RLR 的写操作的新状态，可取值为 IWDG_WriteAccess_ENABLE 或 IWDG_WriteAccess_DISABLE					
输出参数	无	返回值	无	先决条件	无	被调用函数	无

（2）IWDG_SetPrescaler 函数：该函数设置 IWDG 预分频值。

函数原型	void IWDG_SetPrescaler(uint8_t IWDG_Prescaler)						
功能描述	设置 IWDG 预分频值						
输入参数	IWDG_Prescaler：IWDG 的预分频值，其取值定义如表 6.36 所示						
输出参数	无	返回值	无	先决条件	无	被调用函数	无

表 6.36　IWDG_Prescaler 取值定义

IWDG_Prescaler 取值	功 能 描 述	IWDG_Prescaler 取值	功 能 描 述
IWDG_Prescaler_4	设置 IWDG 预分频值为 4	IWDG_Prescaler_64	设置 IWDG 预分频值为 64
IWDG_Prescaler_8	设置 IWDG 预分频值为 8	IWDG_Prescaler_128	设置 IWDG 预分频值为 128
IWDG_Prescaler_16	设置 IWDG 预分频值为 16	IWDG_Prescaler_256	设置 IWDG 预分频值为 256
IWDG_Prescaler_32	设置 IWDG 预分频值为 32		

（3）IWDG_SetReload 函数：该函数设置 IWDG 重装载值。

函数原型	void IWDG_SetReload(uint16_t IWDG_Reload)
功能描述	设置 IWDG 重装载值
输入参数	IWDG_Reload：IWDG 的重装载值（取值范围为 0x000～xFFF）

输出参数	无	返回值	无	先决条件	无	被调用函数	无

（4）IWDG_ReloadCounter 函数：该函数按照 IWDG 重装载寄存器的值重装载 IWDG 计数器。

函数原型	void IWDG_ReloadCounter(void)								
功能描述	按照 IWDG 重装载寄存器的值重装载 IWDG 计数器								
输入参数	无	输出参数	无	返回值	无	先决条件	无	被调用函数	无

（5）IWDG_Enable 函数：该函数使能 IWDG。

函数原型	void IWDG_Enable(void)								
功能描述	使能 IWDG								
输入参数	无	输出参数	无	返回值	无	先决条件	无	被调用函数	无

（6）IWDG_GetFlagStatus 函数：该函数检查指定的 IWDG 标志位被设置与否。

函数原型	FlagStatus IWDG_GetFlagStatus(uint16_t IWDG_FLAG)		
功能描述	检查指定的 IWDG 标志位被设置与否		
输入参数	IWDG_FLAG：待检查的 IWDG 标志位，可取值为 IWDG_FLAG_PVU（预分频值标志位）或 IWDG_FLAG_RVU（重装载值标志位）		
输出参数	无	返回值	对应 IWDG 标志位的新状态（可取 SET 或 RESET）
先决条件	无	被调用函数	无

2. 窗口看门狗库函数

窗口看门狗（WWDG）常用来检测是否发生过软件错误，通常软件错误是由外部干涉或不可预见的逻辑冲突引起的，这些错误会打断正常的程序流程。常用的 WWDG 库函数如表 6.37 所示。

表 6.37 常用的 WWDG 库函数

函 数 名	功 能 描 述
WWDG_DeInit	将外设 WWDG 寄存器重设为默认值
WWDG_SetPrescaler	设置 WWDG 预分频值
WWDG_SetWindowValue	设置 WWDG 窗口值
WWDG_EnableIT	使能 WWDG 早期唤醒中断（EWI）
WWDG_SetCounter	设置 WWDG 计数器值
WWDG_Enable	使能 WWDG 并装入计数器值
WWDG_GetFlagStatus	检查 WWDG 早期唤醒中断标志位被设置与否
WWDG_ClearFlag	清除早期唤醒中断标志位

（1）WWDG_DeInit 函数：该函数将外设 WWDG 寄存器重设为默认值。

函数原型	void WWDG_DeInit(void)							
功能描述	将外设 WWDG 寄存器重设为默认值							
输入参数	无	输出参数	无	返回值	无	先决条件	无
被调用函数	RCC_APB1PeriphResetCmd()						

（2）WWDG_SetPrescaler 函数：该函数设置 WWDG 预分频值。

函数原型	void WWDG_SetPrescaler(uint32_t WWDG_Prescaler)						
功能描述	设置 WWDG 预分频值						
输入参数	WWDG_Prescaler：WWDG 的预分频值，其取值定义如表 6.38 所示						
输出参数	无	返回值	无	先决条件	无	被调用函数	无

表 6.38 WWDG_Prescaler 取值定义

WWDG_Prescaler 取值	功 能 描 述
WWDG_Prescaler_1	WWDG 计数器时钟为(PCLK/4096)/1
WWDG_Prescaler_2	WWDG 计数器时钟为(PCLK/4096)/2
WWDG_Prescaler_4	WWDG 计数器时钟为(PCLK/4096)/4
WWDG_Prescaler_8	WWDG 计数器时钟为(PCLK/4096)/8

（3）WWDG_SetWindowValue 函数：该函数设置 WWDG 窗口值。

函数原型	void WWDG_SetWindowValue(uint8_t WindowValue)						
功能描述	设置 WWDG 窗口值						
输入参数	WindowValue：指定的窗口值（取值范围为 0x40～0x7F）						
输出参数	无	返回值	无	先决条件	无	被调用函数	无

（4）WWDG_EnableIT 函数：该函数使能 WWDG 早期唤醒中断（EWI）。

函数原型	void WWDG_EnableIT(void)								
功能描述	使能 WWDG 早期唤醒中断（EWI）								
输入参数	无	输出参数	无	返回值	无	先决条件	无	被调用函数	无

（5）WWDG_SetCounter 函数：该函数设置 WWDG 计数器值。

函数原型	void WWDG_SetCounter(uint8_t Counter)						
功能描述	设置 WWDG 计数器值						
输入参数	Counter：指定的 WWDG 计数器值（取值范围为 0x40～0x7F）						
输出参数	无	返回值	无	先决条件	无	被调用函数	无

（6）WWDG_Enable 函数：该函数使能 WWDG 并装入计数器值。

函数原型	void WWDG_Enable(uint8_t Counter)						
功能描述	使能 WWDG 并装入计数器值						
输入参数	Counter：指定的 WWDG 计数器值（取值范围为 0x40～0x7F）						
输出参数	无	返回值	无	先决条件	无	被调用函数	无

（7）WWDG_GetFlagStatus 函数：该函数检查 WWDG 早期唤醒中断标志位被设置与否。

函数原型	FlagStatus WWDG_GetFlagStatus(void)
功能描述	检查 WWDG 早期唤醒中断标志位被设置与否

输出参数	无	返回值	WWDG 早期唤醒中断标志位的新状态（可取 SET 或 RESET）
先决条件	无	被调用函数	无

（8）WWDG_ClearFlag 函数：该函数清除早期唤醒中断标志位。

函数原型	void WWDG_ClearFlag(void)								
功能描述	清除早期唤醒中断标志位								
输入参数	无	输出参数	无	返回值	无	先决条件	无	被调用函数	无

6.3 定时器系统设计与实践

6.3.1 SysTick 定时器实现精准延时

第 5 章通过一个简单的延时函数 Delay 实现了程序中粗略的延时功能，但是该函数无法实现精准延时，在对时间要求比较严格的应用场合，不能使用该延时函数。通过 6.1.3 节了解到，基于 Cortex-M3 内核的微控制器包含一个 SysTick 定时器，其内嵌在 NVIC 中。SysTick 定时器是 24 位的倒计数定时器，当计数到 0 时，将从 RELOAD 寄存器中自动重装载定时初值，只要不把它在 SysTick 定时器和状态寄存器中的使能位清除，就不会停止计数。这样，就可通过 SysTick 定时器实现系统相对精准的延时功能。

从前面编写的例子也可以看出，延时函数在 STM32 嵌入式系统设计实践中的使用频率非常高，因此常利用 SysTick 定时器编写一个通用的 delay 文件，以实现系统的精准延时功能。利用 STM32 的内部 SysTick 定时器实现延时，既不占用中断，也不占用系统定时器。

1. delay 文件的编写

下面介绍如何编写 delay 文件并将其放入通用工程模板中。本次所编写的 delay 文件包括 delay.c 和 delay.h 两个文件，以及 delay_init、void delay_us(uint32_t nus)和 void delay_ms(uint16_t nms)三个函数。与编写 sys 文件类似，打开 3.2.2 节创建的通用工程模板所在的文件夹，在 System 文件夹中再新建一个 Delay 文件夹，用来存放 delay 文件。打开 Project 文件夹中的 Template. uvprojx 文件，单击 按钮新建一个文件，用于编写相关的延时函数代码，并把该文件保存在 System\Delay 文件夹中，并命名为 delay.c，在该文件中输入如下代码。

```
#include "delay.h"
static uint8_t  fac_us = 0;                                //μs 延时倍乘数
static uint16_t fac_ms = 0;                                //ms 延时倍乘数
/*****************************************************************
**函 数 名：delay_init
**功能描述：初始化延时函数，SysTick 的时钟固定为 HCLK 时钟的 1/8
**输入参数：无
**输出参数：无
*****************************************************************/
void delay_init()
{
    SysTick_CLKSourceConfig(SysTick_CLKSource_HCLK_Div8); //选择外部时钟 HCLK/8
    fac_us = SystemCoreClock/8000000;                      //系统时钟频率的 1/8
```

```
    fac_ms = (uint16_t)fac_us*1000;              //代表每个 ms 需要的 SysTick 时钟数
}
/*************************************************************
**函 数 名: delay_us
**功能描述: 延时 nus,nus 为要延时的微秒数
**输入参数: nus
**输出参数: 无
*************************************************************/
void delay_us(uint32_t nus)
{
    uint32_t temp;
    SysTick->LOAD = nus*fac_us;                             //时间加载
    SysTick->VAL=0x00;                                      //清空计数器
    SysTick->CTRL |= SysTick_CTRL_ENABLE_Msk;               //开始倒数
    do
    {
        temp=SysTick->CTRL;
    }while((temp&0x01)&&!(temp&(1<<16)));                   //等待时间到达
    SysTick->CTRL &= ~SysTick_CTRL_ENABLE_Msk;              //关闭计数器
    SysTick->VAL = 0X00;                                    //清空计数器
}
/*************************************************************
**函 数 名: delay_us
**功能描述: 延时 nus,nus 为要延时的微秒数
**输入参数: nus
**输出参数: 无
**说    明: SysTick->LOAD 为 24 位寄存器,所以,最大延时为
            nms<=0xffffff*8*1000/SYSCLK
            SYSCLK 单位为 Hz,nms 单位为 ms,在 72MHz 条件下,nms<=1864
*************************************************************/
void delay_ms(uint16_t nms)
{
    uint32_t temp;
    SysTick->LOAD = (uint32_t)nms*fac_ms;  //时间加载(SysTick->LOAD 为 24bit)
    SysTick->VAL = 0x00;                                    //清空计数器
    SysTick->CTRL |= SysTick_CTRL_ENABLE_Msk ;              //开始倒数
    do
    {
        temp = SysTick->CTRL;
    }while((temp&0x01)&&!(temp&(1<<16)));                   //等待时间到达
    SysTick->CTRL &= ~SysTick_CTRL_ENABLE_Msk;              //关闭计数器
    SysTick->VAL = 0X00;                                    //清空计数器
}
```

上述程序代码已经对所编写的函数进行了相应的介绍，这里不再详述。输入完上述程序代码后保存。再通过同样的方法新建一个 delay.h 头文件，也保存在 System\Delay 文件夹中，用来存放相关宏定义并声明延时函数。在该文件中输入的代码如下。

```
#ifndef __DELAY_H
#define __DELAY_H
#include "sys.h"

void delay_init(void);           //初始化 delay_init 函数
void delay_ms(uint16_t nms);     //初始化 delay_ms 函数
void delay_us(uint32_t nus);     //初始化 delay_us 函数
```

```
#endif
```

接下来，按照 3.2.2 节中添加文件的方法，将 delay.c 文件加入 System 组中，将 delay.h 头文件的路径加入工程中，并在 main.c 文件中包含 delay.h 头文件，把之前的简单延时函数删掉，使用 delay.c 文件中所编写的延时函数完成精确延时，在调用函数前，不要忘记先对 delay_init 函数进行初始化。这样，在以后的嵌入式系统设计过程中可以通过包含 delay.h 头文件并调用相应的延时函数实现系统的精准延时。

2．delay 文件函数

（1）delay_init 函数：用来初始化两个重要参数，即 fac_us 和 fac_ms，同时把 SysTick 的时钟源选择为外部时钟。

在 delay_init 函数中，“SysTick_CLKSourceConfig(SysTick_CLKSource_HCLK_Div8);”这句程序代码把 SysTick 的时钟源选择为外部时钟。

> SysTick 的时钟源自 HCLK 的 8 分频，假设外部晶振为 8MHz，然后倍频到 72MHz，则 SysTick 的时钟频率为 9MHz，即 SysTick 的计数器 VAL 每减 1，就代表时间过了 1/9μs。所以“fac_us = SystemCoreClock/8000000;”这句程序代码就是计算在 SystemCoreClock 时钟频率下延时 1μs 需要多少个 SysTick 时钟周期。同理，“fac_ms=(uint16_t)fac_us*1000;”这句程序代码就是计算延时 1ms 需要多少个 SysTick 时钟周期，它是 1μs 的 1000 倍。初始化将计算出 fac_us 和 fac_ms 的值。

fac_us 为 μs 延时的基数，即延时 1μs，是 SysTick->LOAD 应设置的值。fac_ms 为 ms 延时的基数，即延时 1ms，是 SysTick->LOAD 应设置的值。fac_us 为 8 位整形数据，fac_ms 为 16 位整形数据。Systick 的时钟来自系统时钟 8 分频，因此，如果系统时钟不是 8 的倍数，则会导致延时函数不准确，这也是推荐外部时钟选择 8MHz 的原因。

（2）delay_us 函数：用来延时指定的 μs 数，其参数 nμs 即要延时的微秒数值。从前面所编写的 delay_us 函数代码可以看出，该函数先将要延时的 μs 数换算成 SysTick 的时钟数，写入 LOAD 寄存器；然后清空当前寄存器 VAL 的内容，再开启倒数功能，等到倒数结束，即延时了 nμs；最后关闭 SysTick，清空寄存器 VAL 的值，实现一次延时 nμs 的操作。

> nus 的值不能太大，必须保证 nus<=（2^24）/fac_us，否则会导致延时时间不准确。这里要特别说明一下，“temp&0x01”这句程序代码的作用是判断 SysTick 定时器是否还处于开启状态，避免 SysTick 定时器被意外关闭而导致死循环。

（3）delay_ms 函数：用来延时指定的 ms 数，其参数 nms 即要延时的毫秒数值。从前面所编写的 delay_us 函数代码可以看出，这个函数的部分代码与 delay_us 函数的部分代码大致相同。

> LOAD 寄存器仅是一个 24 位的寄存器，延时的 ms 数不能太长，否则超出了 LOAD 寄存器的范围，高位会被舍去，导致延时不准。最大延迟 ms 数可以通过公式“nms <= 0xffffff*8*1000/SYSCLK”来计算。SYSCLK 的单位为 Hz，nms 的单位为 ms。如果时钟频率为 72MHz，那么 nms 的最大值为 1864ms。若延时超过这个值，建议通过多次调用 delay_ms 函数实现，否则会导致延时不准确。

3．LED 定时交替闪烁

以 5.3.2 节中的“GPIO 输出点亮 LED”为例进行修改。有了 delay 文件之后，就不需要自行编写延时函数，并可以实现 LED 定时交替闪烁。LED 定时交替闪烁硬件连接图如图 6.12 所示，硬件连接部分不变。

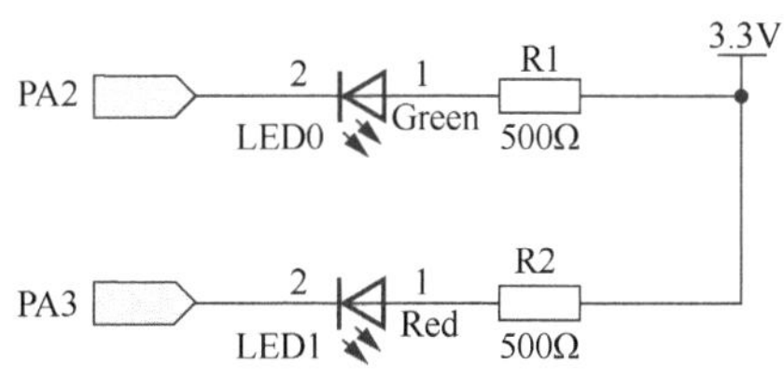

图 6.12　LED 定时交替闪烁硬件连接图

在程序设计时，先将文件名改为 SysTick_LED（便于区分），led.c 文件是对硬件连接端口的初始化，由于硬件连接部分没有变化，所以此部分程序不需要改变。同样，led.h 头文件中的程序代码也不需要改变。但在 main.c 文件中，由于需要调用 delay 文件中的相关函数，所以需要将 delay.c 文件包含进来，并且之前所编写的简单延时函数在这里也不需要了。修改后的程序代码如下。

```
#include "led.h"
#include "sys.h"
#include "delay.h"

int main(void)
{
    LED_Init();                 //初始化与 LEDÁ 连接的 GPIO 端口引脚
    delay_init();               //初始化延时函数

    while(1)
    {
        LED0 = 0;
        LED1 = 1;
        delay_ms(1000);         //延时 1s
        LED0 = 1;
        LED1 = 0;
        delay_ms(1000);         //延时 1s
    }
}
```

输入完程序代码后保存，并单击按钮进行编译，可以看到，程序代码编译显示零错误零警告，说明程序编写在逻辑上没有问题。对程序进行软件仿真和硬件调试，将代码下载到硬件系统上运行，可以看到两个 LED 灯每隔 1s 不断交替闪烁一次，说明所编写的延时函数是正确可用的。另外，还可以通过上述程序实现精准计时功能。读者可以自行尝试相关的设计拓展工作。

6.3.2　看门狗定时器应用

众所周知，STM32 微控制器内部自带了两个看门狗，即独立看门狗（IWDG）和窗口看门狗（WWDG），这两个看门狗提供了更安全、时间更精确和使用更灵活的控制技术，通常用来检测和解决由外部干扰或不可预见的逻辑条件造成的应用程序背离正常的运行序列而产生的软件故障。当计数器达到给定的超时值时，触发一个中断（仅适用于 WWDG）或产生系统复位。

1．独立看门狗

启动 STM32 的 IWDG，可以按如下步骤实现。

（1）取消寄存器写保护。

（2）设置 IWDG 的预分频系数和重装载值。

（3）重装载计数值“喂狗”。

（4）启动看门狗。

为了便于硬件连接，降低学习成本，本例程的 IWDG 设计仍然采用之前的 LED 与 KEY 硬件连接方案，需要用到的硬件有 LED0 和 KEY0，IWDG 实践硬件连接图如图 6.13 所示，与之前的实践例程硬件连接图相同。

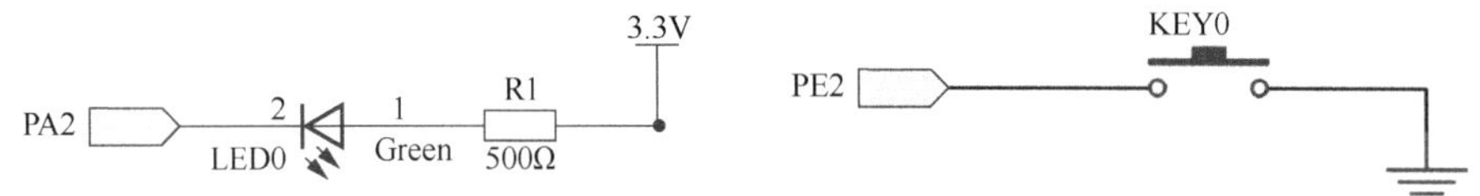

图 6.13　IWDG 实践硬件连接图

通过上述 4 个步骤，就可以启动 STM32 的 IWDG。使能看门狗后，在程序中必须间隔一定时间“喂狗”，否则会导致程序复位。在程序设计过程中，配置看门狗后，LED0 将常亮，如果 KEY0 在规定时间内按下，则进行“喂狗”。只要 KEY0 不停地按下，看门狗就不会产生复位，保持 LED0 常亮。但如果超过看门狗设定的溢出时间，KEY0 还没有按下，则会导致程序重启，这将导致 LED0 熄灭一次。

由于硬件连接部分没有发生改变，所以仍然可以使用第 5 章实践例程中的程序，也可以使用通用工程模板重新编写。先打开 Project 文件夹，将其中的文件名更改为 IWDG.uvprojx，以便于区分，然后双击打开。由于硬件连接没有发生变化，所以 LED 和 KEY 硬件接口配置的程序不需要更改，也可以把这次用不到的 LED1 和 KEY1 硬件连接部分程序配置删除，具体程序这里不再详述。新建一个文件用于编写 IWDG 相关配置程序代码，把该文件保存在 Hardware\IWDG 文件夹中，并命名为 iwdg.c，在该文件中输入如下代码。

```
#include "iwdg.h"

/*****************************************************************
**函 数 名：IWDG_Init
**功能描述：初始化独立看门狗
**输入参数：prv，分频数 0～7，只有低 3 位有效
          rlv，重装载寄存器值，低 11 位有效
**输出参数：无
**说    明：时间计算大概为 Tout=((4*2^prv)*rlv)/40 (ms)
          分频因子=4*2^prv，但最大值只能是 256
*****************************************************************/
void IWDG_Init(uint8_t prv,uint16_t rlv)
{
    //使能对寄存器 IWDG_PR 和 IWDG_RLR 的写操作
    IWDG_WriteAccessCmd(IWDG_WriteAccess_Enable);
   IWDG_SetPrescaler(prv);                              //设置 IWDG 预分频值
```

```
    IWDG_SetReload(rlv);                                    //设置 IWDG 重装载值
    //按照 IWDG 重装载寄存器的值重装载 IWDG 计数器
    IWDG_ReloadCounter();
    IWDG_Enable();                                          //使能 IWDG
}
//喂独立看门狗
void IWDG_Feed(void)
{
     IWDG_ReloadCounter();//reload
}
```

上述代码包含两个函数，其中 void IWDG_Init(uint8_t prv,uint16_t rlv)是 IWDG 初始化函数，即按照前面所介绍的四个步骤初始化独立看门狗，相关的语句说明在代码中已经体现了，这里不再详述。该函数有两个参数，分别用来设置预分频数与重装载寄存器的值。通过这两个参数，我们可以大概知道看门狗复位的时间周期，其计算方法在 6.1.4 节有详细介绍。void IWDG_Feed(void)函数用来“喂狗”，STM32“喂狗”只需要向键值寄存器写入 0xAAAA 即可，即调用 IWDG_ReloadCounter 函数。

再按同样的方法，新建一个 iwdg.h 头文件，用来声明相关函数，从而方便其他文件调用。该文件也保存在 IWDG 文件夹中，在 iwdg.h 头文件中输入如下代码。

```
#ifndef __IWDG_H
#define __IWDG_H
#include "sys.h"

void IWDG_Init(uint8_t prv,uint16_t rlv) ;         //初始化 IWDG
void IWDG_Feed(void);                              //喂 IWDG

#endif
```

接下来，在“Manage Project Items”对话框中把 iwdg.c 文件加入 Hardware 组中，并将 iwdg.h 头文件的路径加入工程中，之后就可以回到工程主界面对主函数进行编程了。打开 main.c 文件，并在文件中编写如下代码。

```
#include "led.h"
#include "delay.h"
#include "key.h"
#include "sys.h"
#include "iwdg.h"

 int main(void)
 {
    //设置 NVIC 中断分组 2:2 位抢占优先级，2 位响应优先级
    NVIC_PriorityGroupConfig(NVIC_PriorityGroup_2);
    delay_init();                         //延时函数初始化
     LED_Init();                          //初始化与 LED 连接的硬件接口
    KEY_Init();                           //按键初始化
    delay_ms(500);                        //延时 0.5s
    IWDG_Init(4,625);                     //设置分频数为 4，重装载值为 625，溢出时间为 1s
    LED0=0;                               //点亮 LED0
    while(1)
    {
        if(KEY_Scan(0)==1)
        {
            IWDG_Feed();                  //如果 WK_UP 按下，则“喂狗”
```

```
        }
        delay_ms(10);
    };
}
```

输入完成后保存，并单击按钮进行编译，可以看到，程序代码编译显示零错误零警告，说明程序编写在逻辑上没有问题。上述程序代码先在主程序中初始化一系列需要用到的代码，然后启动按键输入和看门狗，在看门狗开启后点亮 LED0，并进入死循环等待按键输入，一旦有按键 KEY0 按下就“喂狗”，否则等待 IWDG 复位。

下载代码到硬件后,可以看到LED0不停地闪烁,证明程序在不停地复位,此时若不停地按下KEY0，则可以看到 LED0 常亮，不再闪烁，说明 IWDG“喂狗”成功。

2．窗口看门狗

启动 STM32 的 WWDG，可以按如下步骤实现。

（1）使能 WWDG 时钟，WWDG 与 IWDG 不同，IWDG 有自己独立的 40kHz 时钟，不存在使能问题，而 WWDG 使用的是 PCLK1 的时钟，需要先使能时钟。

（2）设置窗口值和分频数。

（3）开启 WWDG 中断并分组。

（4）设置计数器初值并使能看门狗。

（5）编写中断服务函数并通过该函数“喂狗”。

本次 WWDG 设计采用之前的 LED 硬件连接方案（见图 6.12），通过 LED0 和 LED1 指示 STM32 的复位情况和 WWDG 的“喂狗”情况。使能看门狗之后，由 LED0 指示 STM32 是否被复位，如果复位了，则会点亮 300ms；由 LED1 指示中断“喂狗”，每次中断“喂狗”就点亮或熄灭一次。

由于硬件连接部分相同，所以仍然可以使用第 5 章实践例程中的程序，当然也可以使用通用工程模板重新编写。打开 Project 文件夹，将其中的文件名更改为 WWDG.uvprojx，然后双击打开。由于硬件连接没有发生变化,所以 LED 硬件接口配置的程序不需要更改,新建一个文件 wwdg.c 用于编写 WWDG 相关配置程序代码，并保存在 Hardware\WWDG 文件夹中，代码如下。

```
#include "wwdg.h"
#include "led.h"

//WWDG_CNT 用来保存 WWDG 计数器的设置值，默认为最大值
uint8_t WWDG_CNT=0x7f;
/*****************************************************************
**函 数 名：WWDG_Init
**功能描述：初始化窗口看门狗
**输入参数：tr，T[6:0]，计数器值
          wr，W[6:0]，窗口值
**输出参数：无
**说    明：Fwwdg=PCLK1/(4096*2^wdgtb)
*****************************************************************/
void WWDG_Init(uint8_t tr,uint8_t wr,uint32_t wdgtb)
{
```

```
    RCC_APB1PeriphClockCmd(RCC_APB1Periph_WWDG, ENABLE); //WWDG 时钟使能
    WWDG_CNT=tr&WWDG_CNT;                                //初始化 WWDG_CNT
    WWDG_SetPrescaler(wdgtb);                            //设置 IWDG 预分频值
    WWDG_SetWindowValue(wr);                             //设置窗口值
    WWDG_Enable(WWDG_CNT);                               //使能看门狗，设置计数器
    WWDG_ClearFlag();                                    //清除提前唤醒中断标志位
    WWDG_NVIC_Init();                                    //初始化 WWDG 的 NVIC
    WWDG_EnableIT();                                     //开启 WWDG 中断
}
//重设 WWDG 计数器的值
void WWDG_Set_Counter(uint8_t cnt)
{
    WWDG_Enable(cnt);                                    //使能看门狗，设置计数器
}
//窗口看门狗中断服务程序
void WWDG_NVIC_Init()
{
    NVIC_InitTypeDef NVIC_InitStructure;
    NVIC_InitStructure.NVIC_IRQChannel = WWDG_IRQn;     //WWDG 中断
    //抢占优先级 2，子优先级 3，组 2
    NVIC_InitStructure.NVIC_IRQChannelPreemptionPriority = 2;
    //抢占优先级 2，子优先级 3，组 2
    NVIC_InitStructure.NVIC_IRQChannelSubPriority = 3;
    NVIC_InitStructure.NVIC_IRQChannelCmd=ENABLE;
    NVIC_Init(&NVIC_InitStructure);                      //NVIC 初始化
}
//中断服务函数
void WWDG_IRQHandler(void)
{
    WWDG_SetCounter(WWDG_CNT);                  //重设 WWDG 计数器的值为 WWDG_CNT
    WWDG_ClearFlag();                           //清除提前唤醒中断标志位
    LED1=!LED1;                                 //LED 状态翻转提示“喂狗”成功
}
```

上述代码有四个函数，第一个函数 void WWDG_Init(uint8_t tr,uint8_t wr,uint32_t wdgtb)用来设置 WWDG 的初始化值，包括看门狗计数器的值和看门狗比较值等。该函数是按照前面的五个步骤设计出来的代码，注意这里有一个全局变量 WWDG_CNT，该变量用来保存最初设置的 WWDG_CR 计数器的值，在后续的中断服务函数中，把该数值放回到 WWDG_CR 中。第二个函数 void WWDG_Set_Counter 函数用来重设 WWDG 的计数器值。第三个函数是中断分组函数 void WWDG_NVIC_Init，之前已有讲解，这里不再重复。第四个函数是中断服务函数。在中断服务函数中进行“喂狗”，先重设 WWDG 的计数器值；其次清除提前唤醒中断标志；最后对 LED1 取反，以监测中断服务函数的执行状况。

再按同样的方法新建一个 wwdg.h 头文件，用来声明相关函数，从而方便其他文件调用，该文件也保存在 WWDG 文件夹中。在 wwdg.h 头文件中输入如下代码。

```
#ifndef __WWDG_H
#define __WWDG_H
#include "sys.h"

void WWDG_Init(uint8_t tr,uint8_t wr,uint32_t wdgtb);  //初始化 WWDG
void WWDG_Set_Counter(uint8_t cnt);                     //设置 WWDG 的计数器
void WWDG_NVIC_Init(void);
```

```
#endif
```

接下来，在“Manage Project Items”对话框中把 wwdg.c 文件加入 Hardware 组中，并将 wwdg.h 头文件的路径加入工程中，之后就可以回到工程主界面对主函数进行编程了。打开 main.c 文件，并在文件中编写如下代码。

```
#include "led.h"
#include "sys.h"
#include "delay.h"
#include "wwdg.h"

int main(void)
{
    //设置中断优先级分组为组 2：2 位抢占优先级，2 位响应优先级
    NVIC_PriorityGroupConfig(NVIC_PriorityGroup_2);
    delay_init();                                  //延时函数初始化
     LED_Init();                                   //初始化与 LED 连接的 GPIO 端口引脚
    LED0=1;                                        //先点亮 LED0
    delay_ms(300);                                 //延时 300ms
    //计数器值为 7f，窗口寄存器为 5f，分频数为 8
    WWDG_Init(0X7F,0X5F,WWDG_Prescaler_8);
     while(1)
    {
        LED0=0;                                    //熄灭 LED0
    }
}
```

输入完成后保存，并单击按钮进行编译，可以看到，程序代码编译显示零错误零警告，说明程序编写在逻辑上没有问题。上述代码中已经有相应的注解，这里不再详述。该程序通过 LED0 指示是否正在初始化，而 LED1 用来指示是否发生了中断（是否正常“喂狗”）。先让 LED0 点亮 300ms，然后关闭，用于判断是否有复位发生，在初始化 WWDG 之后进入死循环，关闭 LED1，并等待看门狗中断的触发/复位。若发生故障导致没能正常“喂狗”，则会进行程序复位，并再次点亮 LED0，持续 300ms。

下载代码到硬件后，可以看到 LED0 亮一下之后熄灭，紧接着 LED1 开始不停地闪烁，每秒闪烁 5 次左右，和预期效果一致，说明系统设计是成功的。

6.3.3 定时器中断应用

通过 6.1.1 节的讲解，可以看出 STM32 的定时器功能十分强大，有 TIM1 和 TIM8 高级定时器，也有 TIM2～TIM5 通用定时器，还有 TIM6 和 TIM7 基本定时器。STM32 的通用定时器主要由可编程预分频器（PSC）驱动的 16 位自动装载计数器（CNT）构成，每个通用定时器都是完全独立的，没有任何共享的资源。

STM32 的通用定时器 TIMx（TIM2、TIM3、TIM4 和 TIM5）的主要功能如下。

（1）16 位向上、向下、向上/向下自动装载计数器（TIMx_CNT）。

（2）16 位可编程（可以实时修改）预分频器（TIMx_PSC），计数器时钟频率的分频系数为 1～65 535 范围内的任意数值。

（3）四个独立通道（TIMx_CH1～4）可以用作输入捕获、输出比较、PWM 生成（边缘或中间对齐

模式）和单脉冲模式输出等。

（4）可使用外部信号（TIMx_ETR）控制定时器和定时器互连（可以用一个定时器控制另一个定时器）的同步电路。

（5）如下事件发生时产生中断/DMA。

① 更新，计数器向上溢出/向下溢出，计数器初始化（通过软件或内部/外部触发）；

② 触发事件（计数器启动、停止、初始化或由内部/外部触发计数）；

③ 输入捕获；

④ 输出比较；

⑤ 支持针对定位的增量（正交）编码器和霍尔传感器电路；

⑥ 触发输入作为外部时钟或按周期的电流管理。

在本节的实践应用中，将讲解如何使用定时器中断功能，对于其他功能，读者可以自行探索。在使用 STM32 定时器时，首先需要使能相应的时钟，并初始化定时器参数，在 6.2.1 节中介绍相关库函数时已经介绍了初始化定时器参数，其主要包括定时器的分频系数、计数方式、自动重装载计数周期和时钟分频因子等，这里不再详述；其次设置定时器是否允许中断和中断优先级；最后使能要使用的定时器，并编写中断服务函数。

本例程将使用定时器 TIM3 产生中断，在中断服务函数中翻转 LED0 上的电平，以控制其熄灭，指示定时器产生了中断。硬件连接部分仍然可以采用之前“GPIO 输出点亮 LED”的例程，不需要改动，即 LED0 仍然与 PA2 引脚连接。打开 Project 文件夹，将其中的文件名更改为 TIM_INT.uvprojx，然后双击打开，由于硬件连接没有发生变化，所以 LED 硬件接口配置的程序不需要更改，当然也可以把这次用不到 LED1 硬件连接部分程序配置删除，具体程序这里不再详述。新建一个文件 timer.c，用于编写 TIM3 相关配置程序代码，并保存在 Hardware\TIMER 文件夹中，代码如下。

```
#include "timer.h"
#include "led.h"

/*************************************************************
**函 数 名：TIM3_Int_Init
**功能描述：通用定时器 3 中断初始化
**输入参数：arv，自动重装载值
          cpv，时钟预分频值
**输出参数：无
**说    明：定时时间 T = (arv+1) cpv***********
*************************************************************/
void TIM3_Int_Init(uint16_t arv,uint16_t cpv)
{
    TIM_TimeBaseInitTypeDef  TIM_TimeBaseStructure;
    NVIC_InitTypeDef NVIC_InitStructure;
    RCC_APB1PeriphClockCmd(RCC_APB1Periph_TIM3, ENABLE);    //时钟使能
    //定时器 TIM3 初始化
    //设置在下一个更新事件装入活动的自动重装载寄存器周期的值
    TIM_TimeBaseStructure.TIM_Period = arv;
```

```
    //设置用来作为 TIMx 时钟频率除数的预分频值
    TIM_TimeBaseStructure.TIM_Prescaler = cpv;
    //设置时钟分割:TDTS = Tck_tim
    TIM_TimeBaseStructure.TIM_ClockDivision = TIM_CKD_DIV1;
    //TIM 向上计数模式
    TIM_TimeBaseStructure.TIM_CounterMode = TIM_CounterMode_Up;
    //根据指定的参数初始化 TIMx 的时间基数单位
    TIM_TimeBaseInit(TIM3, &TIM_TimeBaseStructure);
    TIM_ITConfig(TIM3,TIM_IT_Update,ENABLE );//使能指定的 TIM3 中断，允许更新中断
    //中断优先级 NVIC 设置
    NVIC_InitStructure.NVIC_IRQChannel = TIM3_IRQn;          //TIM3 中断
    NVIC_InitStructure.NVIC_IRQChannelPreemptionPriority = 0; //先占优先级 0 级
    NVIC_InitStructure.NVIC_IRQChannelSubPriority = 3;       //从优先级 3 级
    NVIC_InitStructure.NVIC_IRQChannelCmd = ENABLE;          //IRQ 通道被使能
    NVIC_Init(&NVIC_InitStructure);                          //初始化 NVIC 寄存器
    TIM_Cmd(TIM3, ENABLE);                                   //使能 TIM3
}
//定时器 3 中断服务程序
void TIM3_IRQHandler(void)                                   //TIM3 中断
{
    //检查 TIM3 更新中断发生与否
    if (TIM_GetITStatus(TIM3, TIM_IT_Update) != RESET)
    {
        TIM_ClearITPendingBit(TIM3, TIM_IT_Update);    //清除 TIMx 更新中断标志
        LED0 = !LED0;
    }
}
```

上述代码包含一个中断服务函数和一个 TIM3 中断初始化函数。中断服务函数较简单，在每次中断后，判断 TIM3 的中断类型，如果中断类型正确（溢出中断），则执行 LED0 状态的取反。中断初始化函数 void TIM3_Int_Init(uint16_t arv,uint16_t cpv)的作用即前面讲解的启用 TIM3 定时器，该函数的两个参数用来设置 TIM3 的溢出时间。在第 4 章的时钟系统部分讲解过，系统初始化时，在默认的系统初始化函数 SystemInit 中已经初始化 APB1 的时钟为 2 分频，所以 APB1 的时钟频率为 36MHz；由 STM32 的内部时钟树图可知，当 APB1 的时钟分频数为 1 时，TIM2～TIM7 的时钟频率为 APB1 的时钟频率；当 APB1 的时钟分频数不为 1 时，TIM2～TIM7 的时钟频率为 APB1 的时钟频率的两倍，因此 TIM3 的时钟频率为 72MHz。再根据 arv 和 cpv 的值就可以计算中断时间，相应的计算公式在 6.1.1 节中已经介绍过，这里不再讲解。

按同样的方法新建一个 timer.h 头文件，用来声明相关函数，以便其他文件调用，该文件也保存在 TIMER 文件夹中。在 timer.h 头文件中输入如下代码。

```
#ifndef __TIMER_H
#define __TIMER_H
#include "sys.h"

void TIM3_Int_Init(uint16_t arv,uint16_t cpv);      //TIM3 中断初始化

#endif
```

接下来，在“Manage Project Items”项目分组管理界面中把 timer.c 文件加入 Hardware 组中，并将

timer.h 头文件的路径加入工程中，之后就可以回到工程主界面对主函数进行编程了。打开 main.c 文件，并在文件中编写如下代码。

```
#include "led.h"
#include "delay.h"
#include "sys.h"
#include "timer.h"

int main(void)
{
     delay_init();                                          //延时函数初始化
    //设置 NVIC 中断分组 2:2 位抢占优先级，2 位响应优先级
    NVIC_PriorityGroupConfig(NVIC_PriorityGroup_2);
     LED_Init();                                            //LED 端口初始化
    TIM3_Int_Init(4999,7199);                   //10kHz 的计数频率，计数到 5000 为 500ms
  while(1)
    {
       delay_ms(200);                                       //进入死循环
    }
}
```

输入完成后保存，并单击按钮进行编译，可以看到，程序代码编译显示零错误零警告，说明程序编写在逻辑上没有问题。上述代码中已经有相应的注解，对 TIM3 初始化之后即进入死循环等待 TIM3 溢出中断，当 TIM3_CNT 的值等于 TIM3_ARR 时，会产生 TIM3 的更新中断，然后在中断里取反 LED0 的状态，TIM3_CNT 再从 0 开始计数。根据公式，可以算出中断溢出时间为 500ms，即

$$T=[(4999+1)\times(7199+1)]/72=500\ 000\mu s=500ms$$

下载代码到硬件后，可以看到 LED0 不停闪烁，周期大约为 1s，和预期效果一致，说明系统设计是成功的。

6.3.4　PWM 信号的产生

本节讲解如何利用 TIMx 定时器产生 PWM 信号。对于 STM32 定时器的启用，在 6.3.3 节已经进行了介绍，下面主要介绍什么是 PWM。PWM（Pulse Width Modulation）即脉冲宽度调制，简称脉宽调制，是利用微控制器的数字输出对模拟电路进行控制的一种非常有效的技术。简单地说，PWM 就是对脉冲宽度的控制。STM32 的定时器除了 TIM6 和 TIM7，其他定时器都可以用来产生 PWM 输出，其中高级定时器 TIM1 和 TIM8 可以同时产生多达 7 路的 PWM 输出，而通用定时器能同时产生多达 4 路的 PWM 输出，这样，STM32 最多可以同时产生 30 路的 PWM 输出。

本节仅利用 TIM3 的 CH1 产生一路 PWM 输出，如果要产生多路输出，则可以根据本节代码稍做修改。本系统设计的目标是利用 TIM3 的 CH1 输出 PWM，以控制 LED2 的亮度。TIM3_CH1 是默认接在 PA6 引脚上的，所以在系统设计开始前，可以把 LED2 改接到 PA6 引脚上。这里为了更加灵活地进行系统设计，把 LED0 改接到 PB4 引脚上，通过本次设计介绍一下端口重映射的相关操作。端口重映射在第 4 章已经介绍过，TIM3 复用功能重映射如表 6.39 所示。

表 6.39　TIM3 复用功能重映射

复 用 功 能	TIM3_REMAP[1:0]=00 （没有重映射）	TIM3_REMAP[1:0]=01 （部分重映射）	TIM3_REMAP[1:0]=11 （全部重映射）
TIM3_CH1	PA6	PB4	PC6
TIM3_CH2	PA7	PB5	PC7
TIM3_CH3	PB0		PC8
TIM3_CH4	PB1		PC9

在默认条件下，TIM3_REMAP[1:0]为 00，是没有重映射的，所以 TIM3_CH1～TIM3_CH4 分别接在 PA6、PA7、PB0 和 PB1 引脚上。而如果让 TIM3_CH1 映射到 PB4 上，则需要设置 TIM3_REMAP[1:0]=01，即部分重映射。注意，此时 TIM3_CH2 也被映射到 PB5 上了。PWM 信号的产生硬件连接图如图 6.14 所示。

完成硬件连接后，需要开启 TIM3 时钟和复用功能时钟，并配置 PB4 为复用输出；设置 TIM3_CH1 重映射到 PB4 上，并初始化 TIM3；设置相应的自动重装载值和预分频值；最后对 TIM3_CH1 的 PWM 进行相关配置，使能 TIM3 并修改 TIM3_CCR1，以控制占空比，这样可实现系统设计的预期效果。

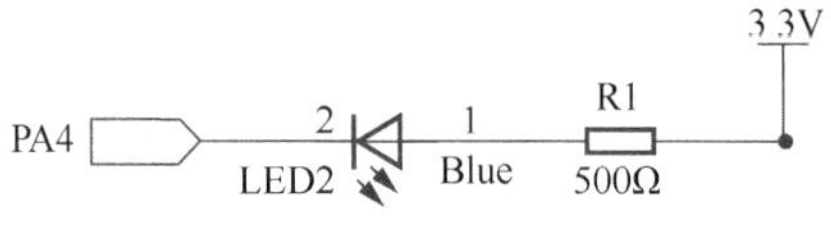

图 6.14　PWM 信号的产生硬件连接图

LED2 硬件连接部分的程序设计可以参考之前 LED0 和 LED1 的相关程序进行编写，这里不再详述。本次系统设计可以在 6.3.3 节中的定时器中断应用程序的基础上进行修改，当然也可以使用通用工程模板重新编写。首先打开 Project 文件夹，将其中的文件名更改为 TIM_PWM.uvprojx，然后双击打开。之后对 LED 硬件接口配置进行简单修改，这里不再详述，并对 timer.c 文件中的代码进行修改，当然也可以直接在原有代码的基础上增加如下代码。

```
#include "timer.h"

/***************************************************************
**函 数 名：TIM3_PWM_Init
**功能描述：通用定时器 3 PWM 部分初始化
**输入参数：arv，自动重装载值
          cpv，时钟预分频值
**输出参数：无
**说    明：定时时间 T = (arv+1) cpv******IMxCLK
***************************************************************/
void TIM3_PWM_Init(uint16_t arv,uint16_t cpv)
{
    GPIO_InitTypeDef GPIO_InitStructure;
    TIM_TimeBaseInitTypeDef  TIM_TimeBaseStructure;
    TIM_OCInitTypeDef  TIM_OCInitStructure;
     RCC_APB1PeriphClockCmd(RCC_APB1Periph_TIM3, ENABLE);  //使能定时器 3 时钟
    //使能 GPIO 外设和 AFIO 复用功能模块时钟
    RCC_APB2PeriphClockCmd(RCC_APB2Periph_GPIOB|RCC_APB2Periph_AFIO, ENABLE);
    //Timer3 部分重映射 TIM3_CH1->PB4
    GPIO_PinRemapConfig(GPIO_PartialRemap_TIM3, ENABLE);
    //设置该引脚为复用输出功能，输出 TIM3_CH1 的 PWM 脉冲波形
    GPIO_InitStructure.GPIO_Pin = GPIO_Pin_4;                  //TIM_CH1
```

```
    GPIO_InitStructure.GPIO_Mode = GPIO_Mode_AF_PP;          //复用推挽输出
    GPIO_InitStructure.GPIO_Speed = GPIO_Speed_50MHz;
    GPIO_Init(GPIOB, &GPIO_InitStructure);                   //初始化 GPIOB
      //初始化 TIM3
    //设置在下一个更新事件装入活动的自动重装载寄存器周期的值
    TIM_TimeBaseStructure.TIM_Period = arv;
    //设置用来作为 TIMx 时钟频率除数的预分频值
    TIM_TimeBaseStructure.TIM_Prescaler =cpv;
    TIM_TimeBaseStructure.TIM_ClockDivision = 0; //设置时钟分割:TDTS = Tck_tim
    //TIM 向上计数模式
    TIM_TimeBaseStructure.TIM_CounterMode = TIM_CounterMode_Up;
    //根据 TIM_TimeBaseInitStruct 中指定的参数初始化 TIMx 的时间基数单位
    TIM_TimeBaseInit(TIM3, &TIM_TimeBaseStructure);
    //初始化 TIM3 Channel1 PWM 模式
    //选择定时器模式: TIM 脉冲宽度调制模式 2
    TIM_OCInitStructure.TIM_OCMode = TIM_OCMode_PWM2;
    //比较输出使能
    TIM_OCInitStructure.TIM_OutputState = TIM_OutputState_Enable;
    //输出极性: TIM 输出比较极性高
    TIM_OCInitStructure.TIM_OCPolarity = TIM_OCPolarity_High;
    TIM_OC1Init(TIM3, &TIM_OCInitStructure);//根据指定的参数初始化外设 TIM3_OC1
    //使能 TIM3 在 CCR2 上的预装载寄存器
    TIM_OC1PreloadConfig(TIM3, TIM_OCPreload_Enable);
    TIM_Cmd(TIM3, ENABLE);                                   //使能 TIM3
}
```

上述代码对 TIM3 的 PWM 输出进行了设置，程序代码中已经有了相应的注解，这里不再详述。

在配置 AFIO 相关寄存器时，必须先开启辅助功能时钟。

按同样的方法新建一个 timer.h 头文件，用来声明相关函数，以便其他文件调用，该文件也保存在 TIMER 文件夹中。在 timer.h 头文件中输入如下代码。

```
#ifndef __TIMER_H
#define __TIMER_H
#include "sys.h"

void TIM3_PWM_Init(uint16_t arv,uint16_t cpv);     //TIM3 PWM 初始化

#endif
```

接下来，在“Manage Project Items”项目分组管理界面中把 timer.c 文件加入 Hardware 组中，并将 timer.h 头文件的路径加入工程中，之后就可以回到工程主界面对主函数进行编程了。打开 main.c 文件，并在文件中编写如下代码。

```
#include "led.h"
#include "delay.h"
#include "sys.h"
#include "timer.h"

int main(void)
{
    uint16_t led2pwmval=0;                                 //存放 LED2 的 PWM 比较值
    uint8_t dir=1;
```

```
    delay_init();                                        //延时函数初始化
    //设置 NVIC 中断分组 2:2 位抢占优先级，2 位响应优先级
    NVIC_PriorityGroupConfig(NVIC_PriorityGroup_2);
     LED_Init();                                         //LED 端口初始化
    TIM3_PWM_Init(899,0);                      //不分频，PWM 频率=72MHz/900=80kHz
    while(1)
    {
         delay_ms(10);
        if(dir)led2pwmval++;
        else led2pwmval--;
         if(led2pwmval>300) dir=0;
        if(led2pwmval==0) dir=1;
        TIM_SetCompare2(TIM3,led2pwmval);
    }
}
```

输入完成后保存，并单击 按钮进行编译，可以看到，程序代码编译显示零错误零警告，说明程序编写在逻辑上没有问题。上述代码中已经有相应的注解，这里不再详述。从死循环函数可以看出，将 led2pwmval 设置为 PWM 比较值，通过 led2pwmval 控制 PWM 的占空比，然后控制 led2pwmval 的值从 0 变到 300，再从 300 变到 0，如此循环，可以控制 LED2 从暗变到亮，然后又从亮变到暗。

下载代码到硬件后，可以看到 LED2 先由暗变亮，到达一定亮度后又会由亮变暗，如此循环，和预期效果一致，说明系统设计是成功的。

对 STM32 定时计数器的实践应用就先讲到这里，这部分知识与嵌入式系统设计是密不可分的，在后面的程序设计中，还会涉及这部分内容，届时会对相关实践应用知识进行进一步的讲解。

第 7 章

USART 串口通信技术

USART（Universal Synchronous/Asynchronous Receiver/Transmitter）即通用同步/异步收发传输器，它利用分数波特率发生器提供较宽范围的波特率参数选择，支持同步单向通信和单线半双工通信，也支持 LIN（局域互联网）智能卡协议、IrDA（红外数据组织）SIRENDEC 规范和调制解调器（CTS/RTS）操作，还允许多个微控制器之间进行数据通信，通过使用多缓存配置的 DMA 方式（多缓冲通信）实现高速数据通信。UART（Universal Asynchronous Receiver/Transmitter）即通用异步收发传输器，与 USART 功能类似，但不支持硬件流控制、同步模式和智能卡模式。在 STM32 中集成了 USART 和 UART，用来提供微控制器与外设之间快速灵活的数据交换功能。

7.1 通信的基本概念详解

7.1.1 通信的分类与概念

计算机与设备之间或集成电路之间常常需要数据传输或信息交换，即通信。除了 USART 串口通信，在本书后面的章节中还会学习到各种各样的通信与接口技术，所以本节先统一介绍一下通信的分类与概念。

1. 串行通信和并行通信

根据数据传送的方式，通信可以分为串行通信和并行通信。串行通信是指设备之间通过少量数据信号线（一般为 8 根以下）、地线和控制信号线，按数据位形式一位一位地进行数据传输的通信方式；而并行通信是指通过使用 8、16、32、64 根或更多的数据线，实现数据的各位同时进行传送的通信方式。串行通信与并行通信如图 7.1 所示。

从图 7.1 可以看出，因为并行通信一次可以传输多位数据，所以在数据传输速率相同的情况下，并行通信所传输的数据量要大得多，适合用于外设与微控制器之间近距离、大量和快速的信息交换。但是当传输距离较远、数据位数较多时，则会使通信线路更加复杂，而且成本较高。与并行通信相比，串行通信虽然传输效率较低，但是能够在很大程度上节省数据传输线，降低硬件成本（特别是在距离远时）和 PCB 的布线面积，并且易于扩展，因此更加适合远距离通信。

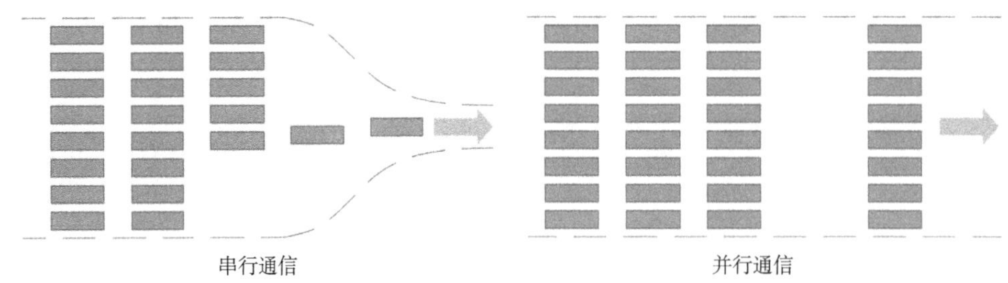

图 7.1 串行通信与并行通信

虽然并行通信传输速率快，但由于并行传输对同步性要求较高，且随着通信速率的提高，信号干扰等问题会显著影响通信性能，因此，随着技术的发展，越来越多的应用场合更加倾向于采用高速率的串行差分传输。

2. 同步通信和异步通信

根据通信中数据的同步方式，通信又可以分为同步通信和异步通信。异步通信时，数据是一帧一帧地传送的，每帧数据包含通信起始位（0）、主体数据、奇偶校验位和停止位（1），传输效率相对较低。在通信过程中，每帧数据中的各位代码之间的时间间隔是固定的，而相邻两帧数据之间的时间间隔是不固定的。为了提高通信效率，可以采用同步通信。与异步通信方式不同，在同步通信方式中，每位字符本身是同步的，而且帧与帧之间的时序也是同步的，将许多字符汇聚成一个字符块，之后在每个字符块（常称为信息帧）之前加上 1 个或 2 个同步字符，再在每个字符块之后加上适当的错误检测数据，最后将信息发送出去。

> 注意：同步通信必须连续传输，不允许有间隙，在传输线上没有字符传输时，需要发送专用的“空闲”字符或同步字符。

根据通信过程中是否使用时钟信号对同步通信和异步通信进行简单的区分。同步通信与异步通信如图 7.2 所示。在同步通信中，收发设备双方会使用一根信号线表示时钟信号，在时钟信号的驱动下双方进行协调，通常双方会统一规定在时钟信号的上升沿或下降沿对数据线进行采样。而在异步通信中，不使用时钟信号进行数据同步，收发设备双方使用各自的时钟，通过在数据信号中穿插一些同步用的信号位，或者把主体数据打包，以数据帧的格式传输数据，在某些通信中还需要双方约定数据的传输速率，以便更好地进行同步。

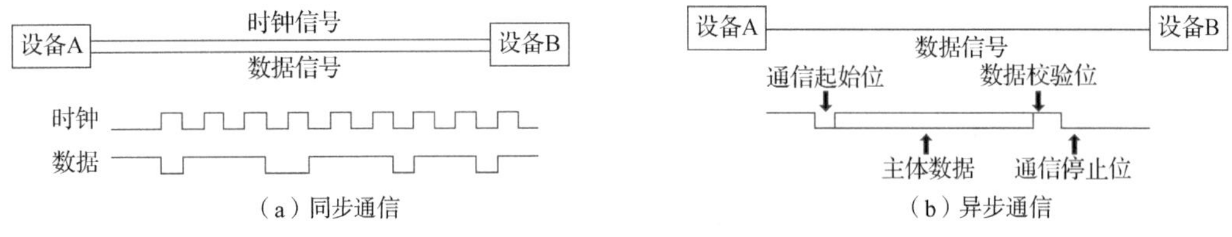

图 7.2 同步通信与异步通信

3. 全双工通信、半双工通信和单工通信

根据数据通信的方向，通信又可以分为全双工通信、半双工通信和单工通信，其说明如表 7.1 所示。

表 7.1　全双工通信、半双工通信和单工通信说明

通 信 方 式	说　　明
全双工	在同一时刻，两个设备之间可以同时收发数据
半双工	两个设备之间可以实现收发数据，但不能在同一时刻进行
单工	在任何时刻都只能进行一个方向的通信

全双工通信、半双工通信和单工通信如图 7.3 所示。全双工通信方式类似于电话的通信方式，通信双方可以同时进行数据的发送和接收；半双工通信方式类似于对讲机的通信方式，某时刻 A 发送信息 B 接收信息，而另一时刻 B 发送信息 A 接收信息，但是双方不能同时发送和接收信息；单工通信方式则类似于无线电广播的通信方式，电台发送信号，收音机接收信号，但收音机不能发送信号，即在单工通信中，一个固定为发送设备，另一个固定为接收设备。

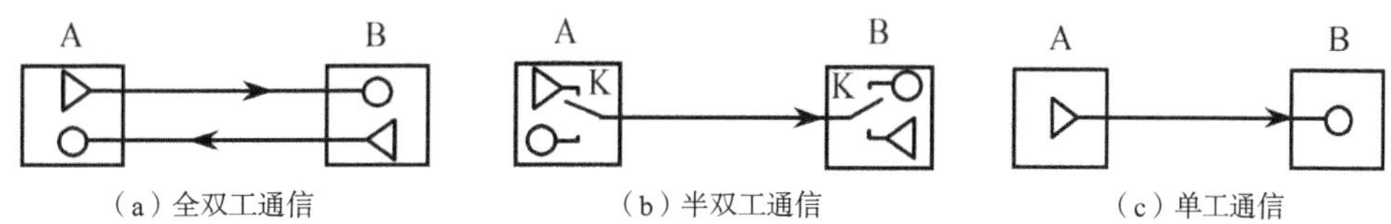

（a）全双工通信　　（b）半双工通信　　（c）单工通信

图 7.3　全双工通信、半双工通信和单工通信

4．比特率和波特率

衡量通信性能的一个非常重要的参数就是通信速率，通常用比特率（Bitrate）来表示，即每秒传输的二进制位数，单位为比特/秒（bit/s）。在实际应用中，容易与比特率混淆的概念是波特率（Baudrate），波特率是指数据信号对载波的调制速率，它用单位时间内载波调制状态改变的次数来表示，其单位为波特（Baud）。在信息传输通道中，把携带数据信息的信号单元叫作码元，而每秒通过信息传输通道传输的码元数就是波特率。

在常见的通信传输中，用 0V 表示数字 0，5V 表示数字 1，那么一个码元就可以表示两种状态：0 和 1，即一个码元对应一个二进制位，此时波特率与比特率是一致的。然而，如果在通信传输中，用 0V、2V、4V 和 6V 分别表示二进制数 00、01、10、11，那么每个码元可以表示四种状态，即一个码元对应着两个二进制位，由于码元数是二进制位数的一半，所以波特率是比特率的一半。波特率与比特率的关系是

比特率=波特率×单个调制状态（码元）对应的二进制位数

很多常见的通信都是用一个码元表示两种状态（如 USART 串口通信等），经常会直接用波特率表示比特率，虽然严格来说没什么错误，但是需要了解它们之间的区别。

7.1.2　串口通信协议解析

串行通信（Serial Communication）布线简单，成本低，并适用于远距离传送而被广泛使用，是一种设备间常用的串行通信方式。由于串行通信简单便捷，大部分电子设备都支持该通信方式，在调试设备时也经常使用该通信方式输出调试信息。

目前常用的串行通信接口标准主要有 RS-232、RS-422 和 RS-485 等。

RS-232 标准是美国电子工业协会（EIA）制定的一种串口通信协议标准，RS-232 接口遵循 EIA 制定的传送电气规格，通常以 ± 12V 的电压驱动信号线，TTL 标准与 RS-232 标准之间的电平转换采用集成电路芯片实现，如 MAX232 等。RS-232 接口与外界设备的连接采用 25 芯（DB25）或 9 芯（DB9）型插接件实现，在实际应用中，并不是每个引脚信号都必须用到。

> 注意 在波特率不高于 9600 Baud 的情况下，通信线路的长度通常要求小于 15m，否则可能会出现数据丢失现象。

RS-422 标准是 RS-232 标准的改进型，它允许在相同传输线上连接多个接收节点，最多可接 10 个节点，即一个主设备和多个从设备，从设备之间不能通信。RS-422 接口支持一点对多点的双向通信，由于其四线接口采用单独的发送和接收通道，因此不必控制数据方向，各装置之间任何必需的信号交换均可以按软件方式（XON/XOFF 握手）或硬件方式（一对单独的双绞线）实现，RS-422 接口的最大传输距离约为 1219m，最大传输速率为 10Mbit/s。

为了扩展应用范围，EIA 在 RS-422 标准的基础上制定了 RS-485 标准，增加了多点、双向通信功能。RS-485 接口最多可以连接 32 个设备，收发器采用平衡发送和差分接收方式，即在发送端，驱动器将 TTL 电平信号转换为差分信号输出，而在接收端，接收器又将差分信号转换成 TTL 电平信号，因此 RS-485 接口具有较好的抑制共模干扰能力，而且接收器能够检测 200mV 的电压，所以数据传输距离为上千米。

RS-485 接口可以采用 2 线或 4 线方式，采用 2 线连接时，可实现真正的多点双向通信；而采用 4 线连接时，与 RS-422 接口一样，只能实现一点对多点的通信，即只能有一个主设备，其他为从设备。

在计算机科学中，大部分复杂的问题可以通过分层来简化，如 STM32 芯片被分为内核层和片上外设，STM32 标准函数库建立在寄存器与应用程序代码之间的软件层上。通信协议同样可以采用分层的方式来理解，一般把通信协议分为物理层和协议层。物理层规定通信系统中具有机械和电子功能部分的特性，以确保原始数据在物理层的传输；协议层则主要规定通信逻辑，统一收发双方的数据打包和解包标准。

下面分别对串口通信协议的物理层和协议层进行讲解。

1. 物理层

串口通信的物理层有很多标准和变种，这里主要讲解较常见的 RS-232 标准。RS-232 标准主要规定了信号的用途、通信接口和信号的电平标准。使用 RS-232 标准的串口设备间常见的通信结构如图 7.4 所示。

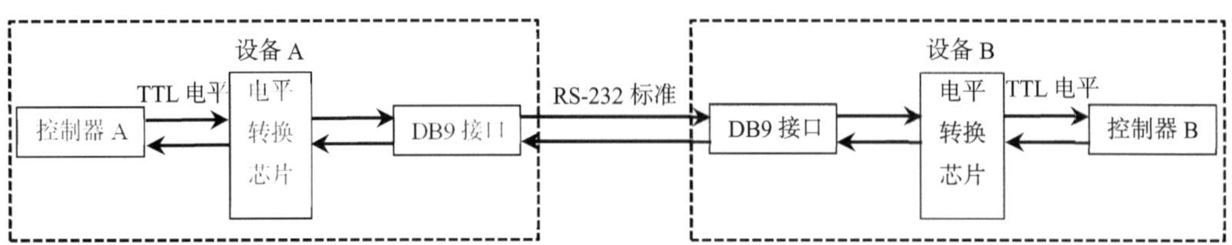

图 7.4 使用 RS-232 标准的串口设备间常见的通信结构

在如图 7.4 所示的通信方式中，两个通信设备之间通过 DB9 接口的串口信号线连接，串口信号线使用 RS-232 标准来传输数据信号。由于 RS-232 标准的电平信号不能被控制器直接识别，所以这些信号要经过电平转换芯片转换成控制器能识别的 TTL 标准电平信号，从而实现通信。

（1）电平标准。根据通信所使用的电平标准不同，串口通信可以分为 TTL 标准和 RS-232 标准。串口通信电平标准如表 7.2 所示。常见的电子电路中使用的是 TTL 标准，即在理想状态下，使用 5V 表示逻辑 1，使用 0V 表示逻辑 0。然而为了增加串口通信的传输距离和抗干扰能力，RS-232 标准使用−15V 表示逻辑 1，+15V 表示逻辑 0，所以常常需要使用电平转换芯片对 TTL 标准和 RS-232 标准的电平信号进行相互转换。

表 7.2　串口通信电平标准

通 信 标 准	电平标准（发送端）	通 信 标 准	电平标准（发送端）
TTL	逻辑 1：2.4～5V 逻辑 0：0～0.5V	RS-232	逻辑 1：−15～−3V 逻辑 0：+3～+15V

（2）RS-232 信号线。RS-232 标准的 DB9 接口（也称 COM 口）中的公头和母头的各个引脚的标准信号线位置排布和名称如图 7.5 所示。由于两个通信设备之间的收发信号（RXD 与 TXD）应交叉相连，所以 DB9 接口母头的收发信号线与公头的收发信号线位置相反。

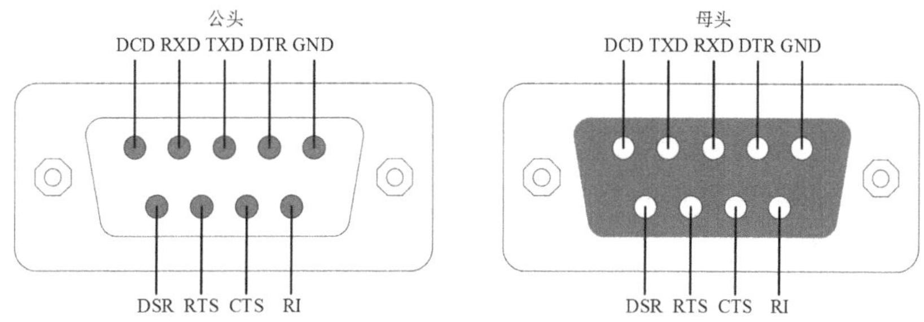

图 7.5　RS-232 标准的 DB9 接口中的公头和母头的各个引脚的标准信号线排布和名称

DB9 接口信号线说明如表 7.3 所示。串口线中的 RTS、CTS、DSR、DTR 和 DCD 信号线均使用逻辑 1 表示信号有效，逻辑 0 表示信号无效。

表 7.3　DB9 接口信号线说明

名　　称	说　　明
DCD	Data Carrier Detect：数据载波检测
RXD	Receive Data：数据接收信号，即输入
TXD	Transmit Data：数据发送信号，即输出
DTR	Data Terminal Ready：数据终端就绪
GND	Ground：接地，两个通信设备之间的低电位可能不一样，这会影响收发双方的电平信号，所以两个串口设备之间必须使用地线连接，即共地
DSR	Data Set Ready：数据发送就绪
RTS	Request To Send：请求发送
CTS	Clear To Send：允许发送
RI	Ring Indicator：响铃指示

在目前的工业控制串口通信中，通常只使用 RXD、TXD 和 GND 三条信号线直接进行数据信号的传输，而 RTS、CTS、DSR、DTR 和 DCD 信号线都被裁剪掉了。

2．协议层

串口通信的数据包由发送设备通过自身的 TXD 信号线传输到接收设备的 RXD 信号线。串口通信的协议层规定了数据包的内容，数据包由起始位、主体数据、校验位和停止位组成，通信双方的数据包格式要约定一致才能正常收发数据。

（1）波特率。在异步通信中，由于没有时钟信号（如 D89 接口中没有时钟信号），所以两个通信设备之间需要约定好波特率，以便对信号进行解码。常见的波特率为 4800 Baud、9600 Baud 和 115 200 Baud 等。

（2）通信的起始信号和停止信号。串口通信的一个数据包从起始信号开始，直到停止信号结束。数据包的起始信号由一个逻辑 0 的数据位表示；而数据包的停止信号可由 0.5、1、1.5 或 2 个逻辑 1 的数据位表示，只要收发双方约定一致即可。

（3）有效数据。在数据包的起始位之后紧跟着的就是要传输的主体数据内容，也称为有效数据，有效数据的长度通常被约定为 5、6、7 或 8 个数据位。

（4）数据校验。在有效数据之后，还有一个可选的数据校验位。由于数据通信相对更加容易受到外部干扰而导致传输数据出现偏差，因此在传输过程中加上校验位可以解决这个问题。常用的校验方法主要有奇校验、偶校验、0 校验、1 校验和无校验等。

奇校验要求有效数据与校验位中“1”的个数为奇数，如一个 8 位长的有效数据为 01101001，其共有 4 个“1”，为达到奇校验效果，校验位为“1”，最后传输的数据是 8 位有效数据加上 1 位校验位，共 9 位。偶校验与奇校验要求刚好相反，要求有效数据和校验位中“1”的个数为偶数，如数据帧 11001010 中的“1”的个数为 4，所以偶校验位应为“0”。0 校验不管有效数据是什么，校验位总为“0”；而 1 校验的校验位总为“1”。

7.2 USART 串口通信概述

STM32F10x 微控制器的 USART 单元提供 2～5 个独立的异步串行通信接口，它们都可以工作于中断和 DMA 模式。在 STM32F103 中内置了 3 个通用同步/异步收发传输器（USART1、USART2 和 USART3）和 2 个通用异步收发传输器（UART4 和 UART5）。

7.2.1 USART 的主要功能与硬件结构

1．USART 的主要功能

USART 提供了一种与工业标准的异步串行数据格式以外的外设进行全双工数据交换的方法。USART1 接口的通信速率可达 4.5Mbit/s，其他接口的通信速率也可达到 2.25Mbit/s。USART1、USART2 和 USART3 接口具有硬件的 CTS 和 RTS 信号管理，兼容 ISO7816 的智能卡模式和 SPI 通信模式。除了

UART5 接口，其他接口都可以使用 DMA 操作。

USART 接口通常通过 3 个引脚（Rx、Tx 和 GND）与其他设备连接在一起，任何 USART 接口的双向通信都至少需要 2 个引脚，即接收数据输入（Rx）引脚和发送数据输出（Tx）引脚。其中，Rx 引脚通过采样技术来区别数据和噪声，从而恢复数据。当发送器被禁止时，Tx 引脚恢复为 I/O 端口配置；当发送器被激活，并且不发送数据时，Tx 引脚处于高电平，在单线和智能卡模式下，该 I/O 端口被同时用于数据的发送和接收。

（1）异步模式下通信配置要求如下。

① 总线在发送或接收前应处于空闲状态。

② 一个起始位。

③ 一个数据字符（8 位或 9 位），最低有效位在前。

④ 0.5、1.5、2 个停止位，由此表明数据帧结束。

⑤ 使用分数波特率发生器（12 位整数和 4 位小数的表示方法）。

⑥ 独立的发送器和接收器使能位。

⑦ 接收缓冲器满、发送缓冲器空和传输结束标志。

⑧ 溢出错误、噪声错误、帧错误和校验错误标志。

⑨ 硬件数据流控制。

⑩ 一个状态寄存器（USART_SR）。

⑪ 一个数据寄存器（USART_DR）。

⑫ 一个比特率寄存器（USART_BRR），12 位整数和 4 位小数。

⑬ 一个智能卡模式下的保护时间寄存器（USART_GTPR）。

（2）同步模式下通信配置要求。同步模式需要用到 SCLK 信号，并将其用作发送器同步传输的时钟，该信号通过发送器时钟输出引脚（CK）输出（在 Start 位和 Stop 位上没有时钟脉冲，软件可选，可以在最后一个数据位送出一个时钟脉冲），数据可以在 Rx 引脚上被同步接收。通过同步传输时钟可以控制带有移位寄存器的外设（如 LCD 驱动器等），时钟相位和极性是软件可编程的。

（3）IrDA 传输模式需要的引脚如下。

① IrDA_RDI：用于 IrDA 模式下的数据输入。

② IrDA_TDO：用于 IrDA 模式下的数据输出。

（4）硬件流控制模式需要的引脚如下。

① nCTS：用于清除发送信号。若 nCTS 是高电平，则在当前数据传输结束时，可以阻断下一次的数据发送。

② nRTS：用于发送请求信号。若 nRTS 是低电平，则表明 USART 已准备好接收数据。

图 7.6 所示为典型串口通信方式示意图。

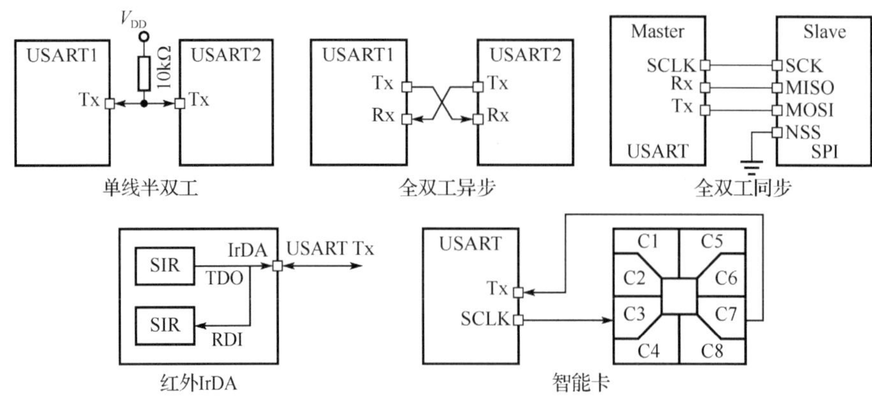

图 7.6 典型串口通信方式示意图

2. USART 的硬件结构

USART 的硬件结构主要分为发送与接收、控制和中断、波特率发生器三大部分，其功能结构框图如图 7.7 所示。

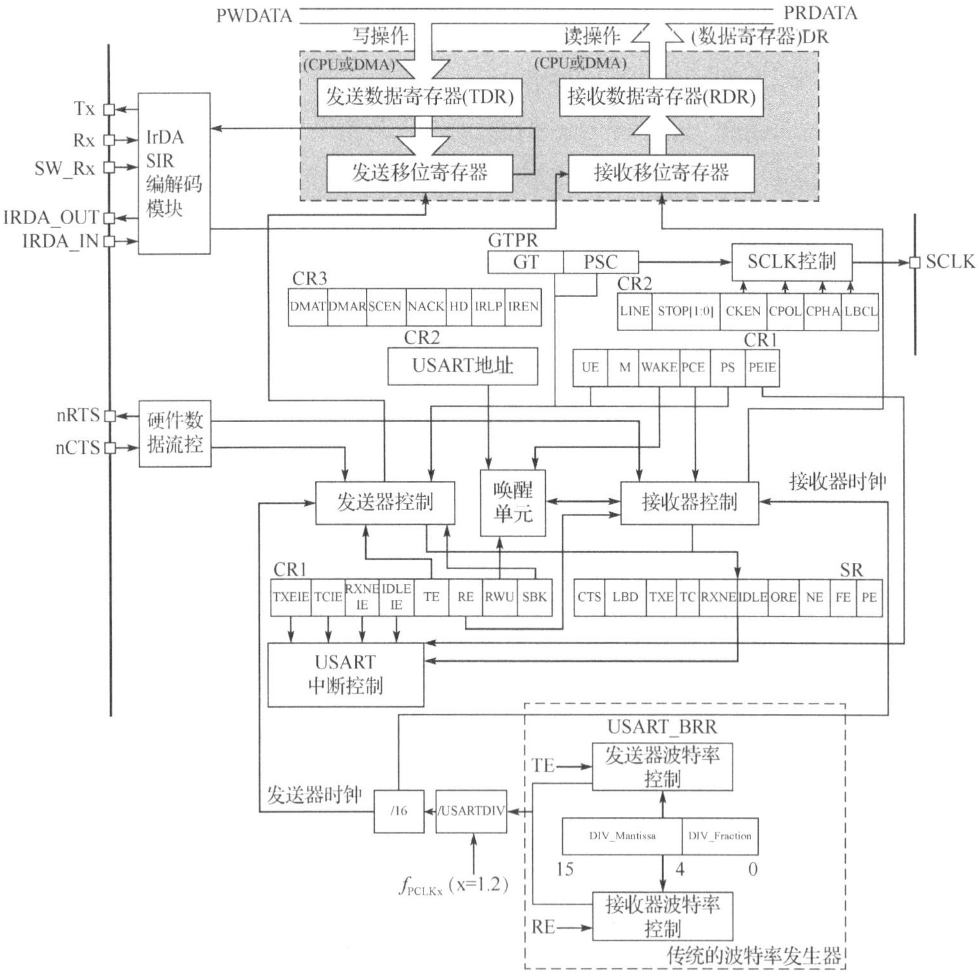

图 7.7 USART 的功能结构框图

（1）发送和接收部分。当需要发送数据时，内核（或 DMA 外设）把数据从内存（变量）写入发送数据寄存器 TDR，再由发送控制器自动把数据从发送数据寄存器 TDR 加载到发送移位寄存器中，之后通过串口线 Tx 把数据逐位地从 Tx 引脚发送出去。当数据从发送数据寄存器 TDR 转移到发送移位寄存器中时，会产生发送数据寄存器 TDR 已空事件 TXE；当数据从发送移位寄存器全部发送出去时，会产生数据发送完成事件 TC，这些事件可以在状态寄存器中查询到。

接收数据是发送数据的一个逆过程，数据先从串口线 Rx 引脚逐位输入接收移位寄存器中，然后自动地把数据转移到接收数据寄存器 RDR 中，最后通过软件（或 DMA 外设）读取到内存（变量）中。

（2）控制和中断部分。发送器与接收器控制部分包括 USART 的 3 个控制寄存器（CR1、CR2 和 CR3）和 1 个状态寄存器（SR），该部分通过向寄存器写入各种控制参数控制发送和接收状态（如奇偶校验位、停止位等）。该部分还包括对 USART 中断的控制，串口的状态在任何时候都可以从状态寄存器中查询到。

（3）波特率发生器。USART 的波特率发生器主要包括发送器波特率控制、接收器波特率控制和波特率时钟分频器等。

7.2.2　USART 寄存器及其使用

STM32 微控制器最多可提供 5 路串口。USART 寄存器说明如表 7.4 所示。

表 7.4　USART 寄存器说明

USART 寄存器	功 能 描 述
USART 状态寄存器（USART_SR）	反映 USART 单元的状态（有用位：bit0～9）
USART 数据寄存器（USART_D）	用来保存接收或发送的数据（有用位：bit0～8）
USART 波特率寄存器（USART_BRR）	用来设置 USART 的波特率（有用位：bit0～15）
USART 控制寄存器 1（USART_CR1）	用来控制 USART（有用位：bit0～13）
USART 控制寄存器 2（USART_CR2）	用来控制 USART（有用位：bit0～14）
USART 控制寄存器 3（USART_CR3）	用来控制 USART（有用位：bit0～10）
USART 保护时间和预分频寄存器（USART_GTPR）	保护时间和预分频（有用位：bit0～15）

USART 寄存器的地址映像和复位值可以在《STM32F10x 中文参考手册》中自行查阅，这些寄存器可用半字（16 位）或字（32 位）的方式进行操作。

1. USART 收发数据

STM32 系列 ARM 处理器可以通过设置 USART_CR1 寄存器中的 M 标志位来选择是 8 位字长还是 9 位字长。USART 串口通信中字符长度的设置如图 7.8 所示。

在 USART 串口通信过程中，Tx 引脚在起始位期间一直保持低电平，而在停止位期间一直保持高电平。在数据帧中，空闲符被认为是一个全 1 的帧，其后紧跟着包含数据的下一个帧的起始位，而断开符是一个帧周期全接收到 0 的数。在断开帧之后，发送器会自动插入一个或两个停止位，即逻辑 1，用于应答起始位。

> 注意 发送和接收数据都是通过波特率产生器驱动的，当发送者和接收者的使能位均被设置为 1 时，则会为彼此分别产生驱动时钟。

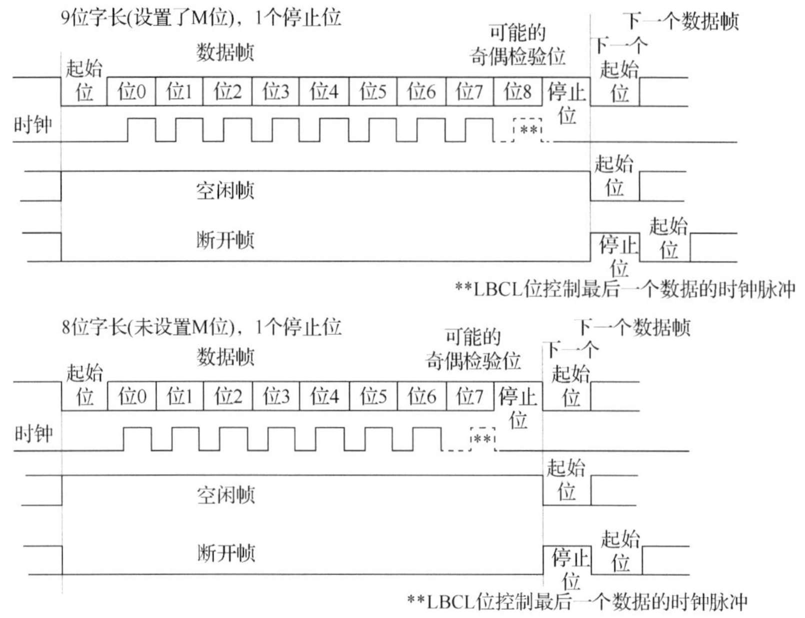

图 7.8　USART 串口通信中字符长度的设置

（1）USART 发送器：可以发送 8 位或 9 位的数据字符，这主要取决于 M 标志位的状态。当发送使能位 TE 被设置为 1 时，发送移位寄存器中的数据在 Tx 引脚输出，相关的时钟脉冲在 SCLK 引脚输出。

① 字符发送。在 USART 发送数据的过程中，Tx 引脚先出现最低有效位。在这种模式下，USART_DR 寄存器组合了一个内部总线和发送移位寄存器之间的缓冲寄存器，即 TDR。在字符发送过程中，每个字符之前都有一个逻辑低电平的起始位，用来分隔发送的字符数目。在 USART 发送字符的过程中，TE 标志位在数据发送期间不能复位。如果在数据发送期间复位 TE 标志位，则会破坏 Tx 引脚上的数据信息，因为此时波特率计数器被冻结，当前发送的数据会丢失。在 TE 标志位使能之后，USART 串口会发送一个空闲帧。

② 可配置的停止位。在 USART 串口通信过程中，每个字符所带的停止位个数可以通过控制寄存器 2 中的第 12 位和第 13 位进行配置。USART 通信中的停止位如图 7.9 所示。配置的内容如下。

- 1 个停止位，系统默认停止位数目为 1。
- 2 个停止位，在通常情况下，USART 在单线和调制解调器模式下支持 2 个停止位。
- 0.5 个停止位，当 USART 在智能卡模式下接收数据时，支持 0.5 个停止位。
- 1.5 个停止位，当 USART 在智能卡模式下发送数据时，支持 1.5 个停止位。

在 USART 通信过程中，空闲帧的发送已经包含了停止位。断开帧可以是 10 个低位（标志位 M = 0）之后加上 1 个对应配置的停止位，也可以是 11 个低位（标志位 M=1）之后加上 1 个对应配置的停止位，但是不能发送长度大于 10 或 11 个低位的长间隙。

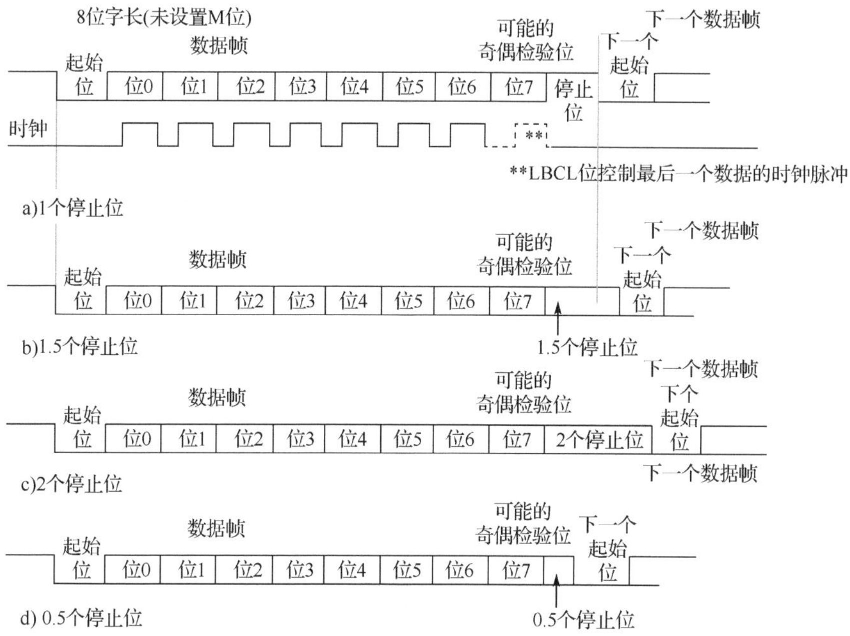

图 7.9　USART 通信中的停止位

通过以下步骤实现对 USART 通信停止位的设置。

- 通过将 USART_CR1 寄存器中的 UE 标志位设置为 1 来使能 USART 串口通信功能。
- 通过配置 USART_CR1 寄存器中的 M 标志位来定义字长（当标志位 M=0 时，字长为 10；当标志位 M=1 时，字长为 11）。
- 停止位的个数可通过 USART_CR2 寄存器配置。
- 如果采用多缓冲通信，则需要选择 USART_CR3 寄存器中的 DMA 使能位，即 DMAT 标志位，可以按照多缓冲通信方式配置 DMA 寄存器。
- 通过设置 USART_CR1 寄存器中的 TE 标志位发送一个空闲帧，将其作为第一次数据发送。
- 通过 USART_BRR 寄存器选择数据通信的波特率。
- 向 USART_DR 寄存器中写入需要发送的字符（这个操作会清除 TXE 标志位），停止位就会自动加在字符的末端。

③ 单字节通信。在 USART 串口单字节通信过程中，清除 TXE 标志位一般是通过向数据寄存器中写入数据来完成的，但 TXE 标志位是由系统硬件设置的，且该标志位用来表明以下内容：数据已经从 TDR 寄存器中转移到移位寄存器，数据发送已经开始；TDR 寄存器是空的；数据已写入 USART_DR 寄存器，而且不会覆盖前面的数据内容。

如果此时 TXEIE 标志位为 1，则表明将产生一个中断。

如果 USART 没有发送数据，向 USART_DR 寄存器中写入一个数据，该数据将直接被放入移位寄存器中，在发送开始时，TXE 标志位也将被设置为 1。当一个数据发送完成，即在结束位之后，TC 标志位将被设置为 1。如果此时 USART_CR1 寄存器中的 TCIE 标志位被设置为 1，则产生一个中断。通过软件的方式清除 TC 标志位，具体操作步骤如下。

- 读一次 USART_SR 寄存器。
- 写一次 USART_DR 寄存器。

④ 间隙字符。在 USART 通信过程中，通过设置 SBK 标志位来发送一个间隙字符，断开帧的长度与 M 标志位有关。如果 SBK 标志位被设置为 1，在完成当前的数据发送之后将在 Tx 线路上发送一个间隙字符，间隙字符发送完成后，由硬件对 SBK 标志位进行复位。USART 在最后一个间隙帧的末端插入 1，以保证下一个帧的起始位能够被识别。

（2）USART 接收器：可以接收 8 位或 9 位的数据，同样，数据字符的长度取决于 USART_CR1 寄存器中的 M 标志位。

① 字符接收。在 USART 数据通信接收期间，Rx 引脚先接收到最低有效位，在这种模式下，USART_DR 寄存器由一个内部总线和接收移位寄存器之间的缓冲区 RDR 构成。USART 字符接收的具体流程如下。

- 通过将 USART_CR1 寄存器中的 UE 标志位设置为 1 来使能 USART。
- 通过配置 USART_CR1 寄存器中的 M 标志位来定义字长。
- 通过 USART_CR2 寄存器配置停止位的个数。
- 如果发生多缓冲通信，则选择 USART_CR3 寄存器中的 DMA 使能位，即 DMAT 标志位，按照多缓冲通信中的配置方法来设置 DMA 寄存器。
- 通过波特率寄存器 USART_BRR 来选择合适的波特率。
- 将 USART_CR1 寄存器中的 RE 标志位设置为 1，即能使接收器开始寻找起始位。

当 USART 通信接口接收到一个字符时，系统将执行如下操作。

- RXNE 标志位被设置为 1，表明移位寄存器中的内容被转移到 RDR 寄存器中，即数据已经接收到并且可供读取。
- 如果 RXNEIE 标志位被设置为 1，则系统会产生一个中断。
- 在数据接收期间，如果发现帧错误、噪声或溢出错误，则错误标志会被设置为 1。
- 在多缓冲接收过程中，RXNE 标志位在每接收到一个字节之后都会被设置为 1，并通过 DMA 使能位读取数据寄存器，以消除该标志位。
- 在单缓冲模式下，RXNE 标志位的消除是通过软件读取 USART_DR 寄存器来完成的，也可以通过直接对其写 0 来完成。

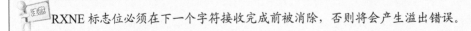

RXNE 标志位必须在下一个字符接收完成前被消除，否则将会产生溢出错误。

② 溢出错误。当 USART 通信接口接收到一个字符，而 RXNE 标志位还没有被复位时，系统将出现溢出错误，即在 RXNE 标志位被消除之前数据不能从移位寄存器转移到 RDR 寄存器中。

当每次接收到一个字节的数据后，RXNE 标志位都会被设置为 1，如果在下一个字节已经被接收或前一次 DMA 请求尚未得到服务响应时，RXNE 标志位同样会产生一个溢出错误。当发生溢出错误时会出现以下情况。

- ORE 标志位被设置为 1。
- RDR 寄存器中的内容不会丢失，在读取 USART_DR 寄存器时，前一个数据仍然保持有效。
- 移位寄存器会被覆盖，在此之后所有溢出期间接收到的数据都会丢失。
- 如果此时 RXNEIE 标志位被设置为 1 或 RXNEIE 和 DMAR 标志位被设置为 1，则系统将会产生一个中断。
- 通过对 USART_SR 寄存器进行读数据操作后，再继续读 USART_DR 寄存器，以实现对 ORE 标志位的复位操作。

③ 噪声错误。在 ARM 处理器中，通过“过采样”技术有效输入数据和噪声，从而实现数据恢复（不可以在同步模式下使用）。当在 USART 数据帧中检测到噪声时，将会产生以下动作状态。

- NE 标志位在 RXNE 标志位的上升沿被设置为 1。
- 无效的数据从移位寄存器转移到 USART_DR 寄存器中。
- 如果是单字节通信，则不会产生中断，但 NE 标志位将和自身产生中断的 RXNE 标志位一起作用。
- 在多缓冲通信中，如果 USART_CR3 寄存器中的 EIE 标志位被设置为 1，则会导致一个系统中断。
- 通过依次读取 USART_SR 寄存器和 USART_DR 寄存器的方式对 NE 标志位进行复位。

2. USART 波特率设置

波特率（严格意义上来说应该是比特率）是串行通信的重要指标，可用于表征数据传输速率，但与字符的实际传输速率不同。字符的实际传输速率是指每秒所传输字符帧的帧数，与字符帧的格式有关。例如，波特率为 1200Baud 的通信系统，若采用 11 数据位字符帧，则字符的实际传输速率为 1200/11=109.09 帧/秒，每位的传输时间为 1/1200s。

接收器和发送器的波特率在 USART 波特率分频器除法因子（USARTDIV）中整数和小数位上的值应设置成相同的值。波特率通过 USART_BRR 寄存器来设置，包括 12 位整数部分和 4 位小数部分。在 USART_BRR 寄存器中，bit[3:0]定义了 USARTDIV 的小数部分，而 bit[15:4]则定义了 USARTDIV 的整数部分。

发送和接收的波特率计算公式如下：

$$\text{波特率} = f_{\text{PCLKx}}/(16 \times \text{USARTDIV})$$

式中，f_{PCLKx}（x=1 或 2）代表外设时钟，PCLK1 用于 USART2、USART3、UART4 和 UART5，而 PCLK2 则用于 USART1。

USARTDIV 是一个无符号的浮点数，可根据所要求的 USARTDIV 的值求出对应的 USART_BRR 寄存器的值。例如，若 USARTDIV 的值为 50.99d（d 表示十进制数），则可通过如下计算获得 USART_BRR 寄存器的值：

$$\text{DIV\_Fraction}=16 \times 0.99\text{d}=15.84\text{d} \approx 16\text{d} = 0\text{x}10$$

$$DIV\_Mantissa=50d=0x32$$

因此小数部分（bit[3:0]）应取为 0x0 并向整数部分进 1，而整数部分（bit[15:4]）应取为 0x33，最终得到的 USART_BRR 寄存器的值为 0x330。

同样，根据 USART_BRR 寄存器的值获得 USARTDIV 的值，如 USART_BRR 寄存器的值为 0x1BC，则经过转换可得 DIV_Mantissa 的值为 27d，而 DIV_Fraction 的值为 12d，则

$$Mantissa(USART\_BRR)=27d$$

$$Fraction(USART\_BRR)=12/16=0.75d$$

所以得到 USARTDIV 的值为 27.75d。

表 7.5 列出了常用的波特率及其误差。

表 7.5　常用的波特率及其误差

波特率期望值/(kbit/s)	f_{PCLKx}=36MHz			f_{PCLKx}=72MHz		
	实　际　值	误　　差	USART_BRR 寄存器的值	实　际　值	误　　差	USART_BRR 寄存器的值
2.4	2.400	0%	937.5	2.400	0%	1875
3.6	3.600	0%	234.375	3.600	0%	468.75
19.2	19.200	0%	117.1875	19.200	0%	234.375
57.6	57.600	0%	39.0625	57.600	0%	78.125
115.2	115.384	0.15%	19.5	115.200	0%	39.625
230.4	230.769	0.16%	9.75	230.769	0.16%	19.5
460	461.538	0.16%	4.875	461.538	0.16%	9.75
921.6	923.076	0.16%	2.4375	923.076	0.16%	4.875
2250	2250	0%	1	2250	0%	2
4500	不可能	不可能	不可能	4500	0%	1

3．USART 硬件流控制

串口之间在传输数据时，经常会出现数据丢失现象。当两台计算机的处理速度不同时，若接收端数据缓冲区已满，则继续发送来的数据会丢失。为了解决数据丢失现象，USART 中设计了硬件流控制。当接收端数据处理能力不足时，会发出不再接收的信号，此时发送端停止发送数据，直至收到可继续发送的信号后再发送数据。因此，硬件流控制可以控制数据传输的进程，从而防止数据丢失。

硬件流控制常用的有 RTS/CTS（请求发送/清除发送）流控制和 DTR/DSR（数据终端就绪/数据设置就绪）流控制。采用 RTS/CTS 流控制时，应将通信两端的 RTS 和 CTS 对应相连，数据终端设备（如计算机等）使用 RTS 来协调数据的发送，而数据通信设备（如调制解调器等）则使用 CTS 来启动或暂停来自数据终端设备的数据流。利用 nCTS 输入和 nRTS 输出可以控制两个设备之间的串行数据流，两个串口之间的硬件流控制连线如图 7.10 所示。

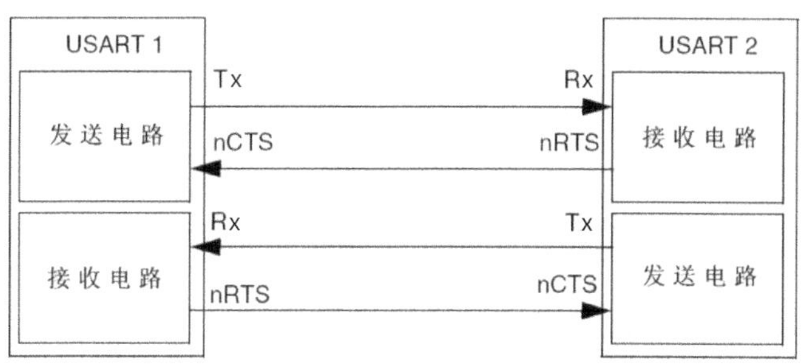

图 7.10　两个串口之间的硬件流控制连线

（1）RTS 流控制。如果 RTS 流控制被使能（RTSE=1），则只要 USART 接收器准备好接收新的数据，nRTS 就变成有效（低电平）。当接收寄存器有数据到达时，nRTS 被释放，由此表明希望在当前帧结束时停止数据传输。

（2）CTS 流控制。如果 CTS 流控制被使能（CTSE=1），则发送器在发送下一帧数据前会检查 nCTS 输入。如果 nCTS 有效（低电平），则发送下一帧数据（假设该数据为准备好的待发送数据，即 TXE=0），否则不发送下一帧数据。若 nCTS 在传输期间变成无效，则当前的传输完成后即停止发送。当 CTSE=1 时，只要 nCTS 输入变换状态，硬件就会自动设置 CTSIE 状态位，表明接收器是否已准备好进行通信；如果此时设置 USART_CR3 寄存器的 CTSIE 状态位，则会产生中断。

4．USART 中断请求与模式配置

（1）中断请求。USART 中断请求如表 7.6 所示。

表 7.6　USART 中断请求

中　　断	中断标志	使能位
发送数据寄存器	TXE	TXEIE
CTS 标志	CTS	CTSIE
发送完成	TC	TCIE
接收数据就绪（可读）	TXNE	TXNEIE
检测到数据溢出	ORE	TXNEIE
检测到空闲线路	IDLE	IDLEIE
奇偶校验错误	PE	PEIE
断开标志	LBD	LBDIE
噪声标志 （多缓冲通信中的溢出错误和帧错误）	NE 或 OTE 或 FE	EIE

只有当使用 DMA 接收数据时，才使用 EIE 标志位。

USART 的各种中断事件被连接到同一个中断向量。发送和接收期间有以下几种中断事件。

- 发送期间的中断事件包括发送完成、清除发送和发送数据寄存器空。

- 接收期间的中断事件包括闲总线检测、溢出错误、接收数据寄存器非空、LIN 断开符号检测、校验错误、噪声标志（仅在多缓冲器通信中）和帧错误（仅在多缓冲器通信中）。

如果设置了对应的使能控制位，这些事件发生时就会各自产生中断。

（2）模式配置。USART 模式配置如表 7.7 所示。

表 7.7　USART 模式配置

USART 模式	USART1	USART2	USART3	USART4	USART5
异步模式	支持	支持	支持	支持	支持
硬件流控制	支持	支持	支持	不支持	不支持
多缓冲通信（DMA）	支持	支持	支持	支持	支持
多处理器通信	支持	支持	支持	支持	支持
同步	支持	支持	支持	不支持	不支持
智能卡	支持	支持	支持	不支持	不支持
半双工（单线模式）	支持	支持	支持	支持	支持
IrDA	支持	支持	支持	支持	支持
LIN	支持	支持	支持	支持	支持

7.2.3　USART 相关库函数简介

在实际应用中，通过相关库函数方便地实现对 USART 的控制和使用。常用的 USART 库函数如表 7.8 所示。

表 7.8　常用的 USART 库函数

函　数　名	功 能 描 述
USART_DeInit	将外设 USARTx 寄存器重设为默认值
USART_Init	根据 USART_InitStruct 中指定的参数初始化外设 USARTx 寄存器
USART_StructInit	把 USART_InitStruct 中的每一个参数按默认值填入
USART_Cmd	使能或失能 USART 外设
USART_ITConfig	使能或失能指定的 USART 中断
USART_DMACmd	使能或失能指定 USART 的 DMA 请求
USART_SetAddress	设置 USART 节点的地址
USART_WakeUpConfig	选择 USART 的唤醒方式
USART_ReceiverWakeUpCmd	检查 USART 是否处于静默模式
USART_LINBreakDetectLengthConfig	设置 USART LIN 中断检测长度
USART_LINCmd	使能或失能 USARTx 的 LIN 模式
USART_SendData	通过外设 USARTx 发送单个数据
USART_ReceiveData	返回 USARTx 最近接收到的数据
USART_SendBreak	发送中断字

续表

函 数 名	功 能 描 述
USART_SetGuardTime	设置指定的 USART 保护时间
USART_SetPrescaler	设置 USART 时钟预分频
USART_SmartCardCmd	使能或失能指定 USART 的智能卡模式
USART_SmartCardNackCmd	使能或失能 NACK 传输
USART_HalfDuplexCmd	使能或失能 USART 半双工模式
USART_IrDAConfig	设置 USART IrDA 模式
USART_IrDACmd	使能或失能 USART IrDA 模式
USART_GetFlagStatus	检查指定的 USART 标志位设置与否
USART_ClearFlag	清除 USARTx 的待处理标志位
USART_GetITStatus	检查指定的 USART 中断发生与否
USART_ClearITPendingBit	清除 USARTx 的中断待处理位

1. USART 初始化类函数

（1）USART_DeInit 函数：该函数将外设 USARTx 寄存器重设为默认值。

函数原型	void USART_DeInit(USART_TypeDef* USARTx)			
功能描述	将外设 USARTx 寄存器重设为默认值			
输入参数	USARTx：此参数可以取 USART1、USART2、USART3、USART4 或 USART5，用来选择 USART 外设			
输出参数	无	返回值	无	先决条件	无
被调用函数	RCC_APB2PeriphResetCmd()、RCC_APB1PeriphResetCmd()			

例如，重置 USART1 寄存器为初始（默认）状态：

```
USART_DeInit(USART1);
```

（2）USART_Init 函数：该函数根据 USART_InitStruct 中指定的参数初始化外设 USARTx 寄存器。

函数原型	void USART_Init(USART_TypeDef* USARTx, USART_InitTypeDef* USART_InitStruct)							
功能描述	根据 USART_InitStruct 中指定的参数初始化外设 USARTx 寄存器							
输入参数 1	USARTx：此参数可以取 USART1、USART2、USART3、USART4 或 USART5，用来选择 USART 外设							
输入参数 2	USART_InitStruct：指向结构体 USART_InitTypeDef 的指针，包含外设 USART 的配置信息							
输出参数	无	返回值	无	先决条件	无	被调用函数	无

USART_InitTypeDef 结构体定义在 STM32 标准函数库文件中的 stm32f10x_usart.h 头文件下，具体定义如下。

```
typedef struct
{
  uint32_t USART_BaudRate;                    //波特率
  uint16_t USART_WordLength;                  //字长
  uint16_t USART_StopBits;                    //停止位
  uint16_t USART_Parity;                      //奇偶校验
  uint16_t USART_Mode;                        //模式
```

```
    uint16_t USART_HardwareFlowControl;         //硬件流控制
} USART_InitTypeDef;
```

每个 USART_InitTypeDef 结构体成员的功能和相应的取值如下。

① USART_BaudRate。该成员用来设置 USART 传输的波特率，波特率可由以下公式计算：

IntegerDivider=(APBClock)/(16 × (USART_InitStruct -USART_BaudRate))

FractionalDivider=((IntegerDivider−((uint32_t)IntegerDivider)) × 16)+0.5

该波特率的值不一定是 9600、14 400、19 200、38 400 和 57 600 等，可以是任意值。

② USART_WordLength。该成员用来设置在一个帧中传输或接收到的数据位数（字长），其取值定义如表 7.9 所示。

③ USART_StopBits。该成员用来定义发送的停止位数目，其取值定义如表 7.10 所示。

表 7.9　USART_WordLength 取值定义

USART_WordLength 取值	功 能 描 述
USART_WordLength_8b	8 位数据
USART_WordLength_9b	9 位数据

表 7.10　USART_StopBits 取值定义

USART_StopBits 取值	功 能 描 述
USART_StopBits_1	在帧结尾传输 1 个停止位
USART_StopBits_0.5	在帧结尾传输 0.5 个停止位
USART_StopBits_2	在帧结尾传输 2 个停止位
USART_StopBits_1.5	在帧结尾传输 1.5 个停止位

④ USART_Parity。该成员用来定义奇偶校验模式，其取值定义如表 7.11 所示。奇偶校验一旦使能，就会在发送数据的 MSB 位插入经过计算的奇偶位（字长为 9 位时的第 9 位或字长为 8 位时的第 8 位）。

表 7.11　USART_Parity 取值定义

USART_Parity 取值	功 能 描 述
USART_Parity_No	无校验
USART_Parity_Even	偶校验模式
USART_Parity_Odd	奇校验模式

⑤ USART_Mode。初始化该成员用来指定发送和接收模式的使能或失能，其取值定义如表 7.12 所示。

表 7.12　USART_Mode 取值定义

USART_Mode 取值	功 能 描 述
USART_Mode_Tx	发送使能
USART_Mode_Rx	接收使能

⑥ USART_HardwareFlowControl。初始化该成员用来指定硬件流控制模式的使能或失能，其取值定义如表 7.13 所示。

表 7.13　USART_HardwareFlowControl 取值定义

USART_HardwareFlowControl 取值	功 能 描 述
USART_HardwareFlowControl_None	无硬件流控制
USART_HardwareFlowControl_RTS	发送请求 RTS 使能
USART_HardwareFlowControl_CTS	清除发送 CTS 使能
USART_HardwareFlowControl_RTS_CTS	RTS 和 CTS 使能

例如，初始化 USART1，设置其为 9600Baud、8 位数据、1 个停止位，奇校验模式，RTS 和 CTS 使能，发送和接收模式使能：

```
USART_InitTypeDef USART_InitStructure;                          //定义结构体
USART_InitStructure.USART_BaudRate = 9600;                      //定义通信速率
USART_InitStructure.USART_WordLength = USART_WordLength_8b; //字长设置为8位数据
USART_InitStructure.USART_StopBits = USART_StopBits_1;          //1 个停止位
USART_InitStructure.USART_Parity = USART_Parity_Odd;            //奇校验模式
USART_InitStructure.USART_HardwareFlowControl =
USART_HardwareFlowControl_RTS_CTS;                              //RTS 和 CTS 使能
//允许发送和接收
USART_InitStructure.USART_Mode = USART_Mode_Tx | USART_Mode_Rx;
USART_Init(USART1, &USART_InitStructure);                       //初始化 USART1
```

（3）USART_StructInit 函数：该函数把 USART_InitStruct 中的每一个参数按默认值填入。

函数原型	void USART_StructInit(USART_InitTypeDef* USART_InitStruct)					
功能描述	把 USART_InitStruct 中的每一个参数按默认值填入					
输入参数	USART_InitStruct：指向结构体 USART_InitTypeDef 的指针，待初始化，其默认值如表 7.14 所示					
输出参数	无	返回值	无	先决条件	无	被调用函数	无

表 7.14　USART_InitStruct 默认值

成　　员	默 认 值
USART_BaudRate	9600
USART_WordLength	USART_WordLength_8b
USART_StopBits	USART_StopBits_1
USART_Parity	USART_Parity_No
USART_Mode	USART_Mode_Tx / USART_Mode_Rx
USART_HardwareFlowControl	USART_HardwareFlowControl_None

例如，恢复 USART1 的默认值：

```
USART_InitTypeDef USART_InitStructure;              //定义结构体
USART_StructInit (&USART_InitStructure);            //恢复默认值
```

2. USART 设置检查相关函数

（1）USART_SetAddress 函数：该函数设置 USART 节点的地址。

函数原型	void USART_SetAddress(USART_TypeDef* USARTx, uint8_t USART_Address)						
功能描述	设置 USART 节点的地址						
输入参数 1	USARTx：此参数可以取 USART1、USART2、USART3、USART4 或 USART5，用来选择 USART 外设						
输入参数 2	USART_Address：指示 USART 节点的地址						
输出参数	无	返回值	无	先决条件	无	被调用函数	无

例如，设置 USART2 节点的地址为 0x05：

```
USART_SetAddress(USART2, 0x05);
```

（2）USART_SetGuardTime 函数：该函数设置指定的 USART 保护时间。

函数原型	void USART_SetGuardTime(USART_TypeDef* USARTx, uint8_t USART_GuardTime)						
功能描述	设置指定的 USART 保护时间						
输入参数 1	USARTx：此参数可以取 USART1、USART2、USART3、USART4 或 USART5，用来选择 USART 外设						
输入参数 2	USART_GuardTime：指定的保护时间						
输出参数	无	返回值	无	先决条件	无	被调用函数	无

例如，设置 USART1 的保护时间为 0x78：

```
USART_SetGuardTime(USART1, 0x78);
```

（3）USART_SetPrescaler 函数：该函数设置 USART 时钟预分频。

函数原型	void USART_SetPrescaler(USART_TypeDef* USARTx, uint8_t USART_Prescaler)						
功能描述	设置 USART 时钟预分频						
输入参数 1	USARTx：此参数可以取 USART1、USART2、USART3、USART4 或 USART5，用来选择 USART 外设						
输入参数 2	USART_Prescaler：所设置的时钟预分频						
输出参数	无	返回值	无	先决条件	无	被调用函数	无

例如，设置 USART1 的时钟预分频值为 0x56：

```
USART_SetPrescaler(USART1, 0x56);
```

（4）USART_SmartCardCmd 函数：该函数使能或失能指定 USART 的智能卡模式。

函数原型	void USART_SmartCardCmd(USART_TypeDef* USARTx, FunctionalState NewState)						
功能描述	使能或失能指定 USART 的智能卡模式						
输入参数 1	USARTx：此参数可以取 USART1、USART2、USART3、USART4 或 USART5，用来选择 USART 外设						
输入参数 2	NewState：USART 智能卡模式的新状态（可取 ENABLE 或 DISABLE）						
输出参数	无	返回值	无	先决条件	无	被调用函数	无

例如，设置 USART2 为智能卡模式：

```
USART_SmartCardCmd(USART2, ENABLE);
```

（5）USART_Cmd 函数：该函数使能或失能 USART 外设。

函数原型	void USART_Cmd(USART_TypeDef* USARTx, FunctionalState NewState)

功能描述	使能或失能 USART 外设						
输入参数 1	USARTx：此参数可以取 USART1、USART2、USART3、USART4 或 USART5，用来选择 USART 外设						
输入参数 2	NewState：外设 USARTx 的新状态（可取 ENABLE 或 DISABLE）						
输出参数	无	返回值	无	先决条件	无	被调用函数	无

（6）USART_GetFlagStatus 函数：该函数检查指定的 USART 标志位设置与否。

函数原型	FlagStatus USART_GetFlagStatus(USART_TypeDef* USARTx, uint16_t USART_FLAG)		
功能描述	检查指定的 USART 标志位设置与否		
输入参数 1	USARTx：此参数可以取 USART1、USART2、USART3、USART4 或 USART5，用来选择 USART 外设		
输入参数 2	USART_FLAG：待检查的 USART 标志位，其取值定义如表 7.15 所示		
输出参数	无	返回值	USART_FLAG 的新状态（可取 SET 或 RESET）
先决条件	无	被调用函数	无

表 7.15　USART_FLAG 取值定义

USART_FLAG 取值	功 能 描 述	USART_FLAG 取值	功 能 描 述
USART_FLAG_CTS	CTS 标志位	USART_FLAG_IDLE	空闲总线标志位
USART_FLAG_LBD	LIN 中断检测标志位	USART_FLAG_ORE	溢出错误标志位
USART_FLAG_TXE	发送数据寄存器空标志位	USART_FLAG_NE	噪声错误标志位
USART_FLAG_TC	发送完成标志位	USART_FLAG_FE	帧错误标志位
USART_FLAG_RXNE	接收数据寄存器非空标志位	USART_FLAG_PE	奇偶错误标志位

例如，检查 USART1 发送标志位的值：

```
FlagStatus Status;
Status = USART_GetFlagStatus(USART1, USART_FLAG_TXE);
```

（7）USART_ClearFlag 函数：该函数清除 USARTx 的待处理标志位。

函数原型	void USART_ClearFlag(USART_TypeDef* USARTx, uint16_t USART_FLAG)						
功能描述	清除 USARTx 的待处理标志位						
输入参数 1	USARTx：此参数可以取 USART1、USART2、USART3、USART4 或 USART5，用来选择 USART 外设						
输入参数 2	USART_FLAG：待清除的 USART 标志位						
输出参数	无	返回值	无	先决条件	无	被调用函数	无

3. USART 输入/输出相关函数

（1）USART_ReceiveData 函数：该函数返回 USARTx 最近接收到的数据。

函数原型	uint8_t USART_ReceiveData(USART_TypeDef* USARTx)						
功能描述	返回 USARTx 最近接收到的数据						
输入参数	USARTx：此参数可以取 USART1、USART2、USART3、USART4 或 USART5，用来选择 USART 外设						
输出参数	无	返回值	无	先决条件	无	被调用函数	无

例如，从 USART2 中读取最新数据：

```
uint8_t RxData;
RxData = USART_ReceiveData(USART2);
```

（2）USART_SendData 函数：该函数通过外设 USARTx 发送单个数据。

函数原型	void USART_SendData(USART_TypeDef* USARTx. uint16_t Data)						
功能描述	通过外设 USARTx 发送单个数据						
输入参数 1	USARTx：此参数可以取 USART1、USART2、USART3、USART4 或 USART5，用来选择 USART 外设						
输入参数 2	Data：待发送的数据						
输出参数	无	返回值	无	先决条件	无	被调用函数	无

例如，从 USART3 发送 0x68 数据：

```
USART_SendData(USART3, 0x45);
```

4. USART 相关中断函数

（1）USART_SendBreak 函数：该函数发送中断字。

函数原型	void USART_SendBreak(USART_TypeDef* USARTx)						
功能描述	发送中断字						
输入参数	USARTx：此参数可以取 USART1、USART2、USART3、USART4 或 USART5，用来选择 USART 外设						
输出参数	无	返回值	无	先决条件	无	被调用函数	无

例如，从 USART1 发送中断字：

```
USART_SendBreak(USART1);
```

（2）USART_ITConfig 函数：该函数使能或失能指定的 USART 中断。

函数原型	void USART_ITConfig(USART_TypeDef* USARTx, uint16_t USART_IT, FunctionalState NewState)						
功能描述	使能或失能指定的 USART 中断						
输入参数 1	USARTx：此参数可以取 USART1、USART2、USART3、USART4 或 USART5，用来选择 USART 外设						
输入参数 2	USART_IT：待使能或失能的 USART 中断源，其取值定义 1 如表 7.16 所示						
输入参数 3	NewState：USARTx 中断的新状态（可取 ENABLE 或 DISABLE）						
输出参数	无	返回值	无	先决条件	无	被调用函数	无

表 7.16　USART_IT 取值定义 1

USART_IT 取值	功 能 描 述	USART_IT 取值	功 能 描 述
USART_IT_PE	奇偶错误中断	USART_IT_IDLE	空闲总线中断
USART_IT_TXE	发送中断	USART_IT_LBD	LIN 中断检测中断
USART_IT_TC	发送完成中断	USART_IT_CTS	CTS 中断
USART_IT_RXNE	接收中断	USART_IT_ERR	错误中断

例如，允许 USART1 接收中断：

```
USART_ITConfig(USART1, USART_IT_RXNE, ENABLE);
```

（3）USART_GetITStatus 函数：该函数检查指定的 USART 中断发生与否。

函数原型	ITStatus USART_GetITStatus(USART_TypeDef* USARTx, uint16_t USART_IT)					
功能描述	检查指定的 USART 中断发生与否					
输入参数 1	USARTx：此参数可以取 USART1、USART2、USART3、USART4 或 USART5，用来选择 USART 外设					
输入参数 2	USART_IT：待检查的 USART 中断源，其取值定义 2 如表 7.17 所示					
输出参数	无	返回值	无	先决条件	无	被调用函数	无

表 7.17　USART_IT 取值定义 2

USART_IT 取值	功 能 描 述	USART_IT 取值	功 能 描 述
USART_IT_PE	奇偶错误中断	USART_IT_IDLE	空闲总线中断
USART_IT_TXE	发送中断	USART_IT_LBD	LIN 中断检测中断
USART_IT_TC	发送完成中断	USART_IT_CTS	CTS 中断
USART_IT_RXNE	接收中断	USART_IT_FE	帧错误中断
USART_IT_ORE	溢出错误中断	USART_IT_NE	噪声错误中断

例如，检查 USART1 溢出中断状态：

```
ITStatus ErrorITStatus;
ErrorITStatus = USART_GetITStatus(USART1, USART_IT_ORE);
```

（4）USART_ClearITPendingBit 函数：该函数清除 USARTx 的中断待处理位。

函数原型	void USART_ClearITPendingBit(USART_TypeDef* USARTx, uint16_t USART_IT)						
功能描述	清除 USARTx 的中断待处理位						
输入参数 1	USARTx：此参数可以取 USART1、USART2、USART3、USART4 或 USART5，用来选择 USART 外设						
输入参数 2	USART_IT：待清除的 USART 中断待处理位，其取值定义 2 如表 7.17 所示						
输出参数	无	返回值	无	先决条件	无	被调用函数	无

7.3　串口通信编程应用实例

7.3.1　串口通信的应用基础

串口作为单片机的重要外部接口，也是软件开发的重要调试手段。在实际应用中，经常需要进行 STM32 微控制器与 PC 之间的数据传输或信息传递等工作，串口通信实现简单，应用方便，在 STM32 嵌入式系统设计中的应用非常广泛。第 5 章引入了一个 sys 通用文件，在以后的程序设计中可以通过调用 sys 文件方便地进行 GPIO 端口位带操作；而第 6 章基于 SysTick 定时器，又引入了一个 delay 通用文件，在后面的 STM32 嵌入式系统设计中，可以通过调用 delay 文件方便地进行精准的延时。同样，串口通信应用十分频繁，也可以编写一个 usart 通用文件并加入之前建立的通用工程模板中，从而在以后的 STM32 嵌入式系统设计中，可以调用该文件并方便地实现串口通信功能。

下面介绍如何编写 usart 文件并将其放入通用工程模板中。与 sys 文件和 delay 文件一样，usart 文件包含 usart.c 和 usart.h 两个文件，通过这两个文件进行串口的初始化和中断接收，这里所编写的 usart

文件只是针对串口 1，如果需要用到串口 2 或其他串口，只需要对代码稍加修改即可。usart.c 包含两个函数，即 void USART1_IRQHandler(void)和 void uart_init(u32 bound)，还有一段针对串口 printf 的支持代码。如果去掉这段代码，则会导致串口 printf 无法使用，虽然软件编译不会报错，但是在硬件上 STM32 是无法启动的，因此这段代码不要修改。

与编写 sys 文件类似，首先将 3.2.2 节中创建的通用工程模板所在的文件夹打开，在 System 文件夹中新建一个 Usart 文件夹，用来存放 usart 文件。之后打开 Project 文件夹中的 Template.uvprojx 文件，单击 按钮新建一个文件，用于编写相关的延时函数代码，并把该文件保存在 System\Usart 文件夹中，并命名为 usart.c。在该文件中输入如下代码。

```
#include "sys.h"
#include "usart.h"
//如果 SYSTEM_SUPPORT_OS 为真，即使用 ucos，则包括下列头文件
#if SYSTEM_SUPPORT_OS
#include "includes.h"                    //ucos 使用
#endif
//加入以下代码，支持 printf 函数，而不需要选择 Use MicroLIB
#if 1
#pragma import(__use_no_semihosting)
//STM32 标准函数库需要的支持函数
struct __FILE
{
    int handle;
};
FILE __stdout;
//定义_sys_exit()，以避免使用半主机模式
_sys_exit(int x)
{
    x = x;
}
//重定义 fputc 函数
int fputc(int ch, FILE *f)
{
    while((USART1->SR&0X40)==0);     //循环发送，直到发送完毕
    USART1->DR = (u8) ch;
    return ch;
}
#endif
//使用 MicroLib 的方法
/*
int fputc(int ch, FILE *f)
{
    USART_SendData(USART1, (uint8_t) ch);

    while (USART_GetFlagStatus(USART1, USART_FLAG_TC) == RESET) {}

    return ch;
}
int GetKey (void)
{

    while (!(USART1->SR & USART_FLAG_RXNE));

    return ((int)(USART1->DR & 0x1FF));
}
```

```
*/
#if USART1_RX_EN                          //如果使能了接收
//串口 1 中断服务程序
//注意，读取 USARTx->SR 可以避免一些不必要的错误
uint8_t USART_RX_BUF[USART_RX_LEN];//接收缓冲，最大为 USART_RX_LEN 个字节
/***************************************************************
**反映接收状态
**bit15，   接收完成标志
**bit14，   接收到 0x0D
**bit13～0，接收到的有效字节数目
***************************************************************/
uint16_t USART_RX_STA=0;                  //接收状态标记
/***************************************************************
**函 数 名：uart_init
**功能描述：初始化串口 1 函数
**输入参数：bound，串口波特率
**输出参数：无
***************************************************************/
void uart_init(uint32_t bound)
{
    //GPIO 端口设置
    GPIO_InitTypeDef GPIO_InitStructure;
    USART_InitTypeDef USART_InitStructure;
    NVIC_InitTypeDef NVIC_InitStructure;
    //使能 USART1，GPIOA 时钟
    RCC_APB2PeriphClockCmd(RCC_APB2Periph_USART1|RCC_APB2Periph_GPIOA, ENABLE);
    //USART1_TX   GPIOA.9 初始化
    GPIO_InitStructure.GPIO_Pin = GPIO_Pin_9;                  //PA9
    GPIO_InitStructure.GPIO_Speed = GPIO_Speed_50MHz;
    GPIO_InitStructure.GPIO_Mode = GPIO_Mode_AF_PP;            //复用推挽输出
    GPIO_Init(GPIOA, &GPIO_InitStructure);                     //初始化 GPIOA.9
    //USART1_RX   GPIOA.10 初始化
    GPIO_InitStructure.GPIO_Pin = GPIO_Pin_10;                 //PA10
    GPIO_InitStructure.GPIO_Mode = GPIO_Mode_IN_FLOATING;      //浮空输入
    GPIO_Init(GPIOA, &GPIO_InitStructure);                     //初始化 GPIOA.10
    //USART1 NVIC 配置
    NVIC_InitStructure.NVIC_IRQChannel = USART1_IRQn;
    NVIC_InitStructure.NVIC_IRQChannelPreemptionPriority = 3;  //抢占优先级 3
    NVIC_InitStructure.NVIC_IRQChannelSubPriority = 3;         //子优先级 3
    NVIC_InitStructure.NVIC_IRQChannelCmd = ENABLE;            //IRQ 通道使能
    NVIC_Init(&NVIC_InitStructure);          //根据指定的参数初始化 NVIC 寄存器
    //USART 初始化设置
    USART_InitStructure.USART_BaudRate = bound;                //串口波特率
    //字长为 8 位数据格式
    USART_InitStructure.USART_WordLength = USART_WordLength_8b;
    USART_InitStructure.USART_StopBits = USART_StopBits_1;     //一个停止位
    USART_InitStructure.USART_Parity = USART_Parity_No;        //无奇偶校验位
    USART_InitStructure.USART_HardwareFlowControl =
    USART_HardwareFlowControl_None;                            //无硬件数据流控制
    USART_InitStructure.USART_Mode = USART_Mode_Rx | USART_Mode_Tx;//收发模式
    USART_Init(USART1, &USART_InitStructure);                  //初始化串口 1
    USART_ITConfig(USART1, USART_IT_RXNE, ENABLE);             //开启串口，接收中断
    USART_Cmd(USART1, ENABLE);                                 //使能串口 1
}
```

```
void USART1_IRQHandler(void)                          //串口 1 中断服务程序
{
    uint8_t Res;
#if SYSTEM_SUPPORT_OS                    //如果 SYSTEM_SUPPORT_OS 为真，则需要支持 OS
    OSIntEnter();
#endif
    //接收中断(接收到的数据必须是以 0x0D 和 0x0A 结尾的)
    if(USART_GetITStatus(USART1, USART_IT_RXNE) != RESET)
    {
        Res =USART_ReceiveData(USART1);                        //读取接收到的数据
        if((USART_RX_STA&0x8000)==0)                           //接收未完成
        {
            if(USART_RX_STA&0x4000)                            //接收到了 0x0D
            {
                if(Res!=0x0a)USART_RX_STA=0;                   //接收错误，重新开始
                else USART_RX_STA|=0x8000;                     //接收完成了
            }
            else                                               //还没收到 0X0D
            {
                if(Res==0x0d)USART_RX_STA|=0x4000;
                else
                {
                    USART_RX_BUF[USART_RX_STA&0X3FFF]=Res;
                    USART_RX_STA++;
                    if(USART_RX_STA>(USART_RX_LEN-1))
                    USART_RX_STA=0;                        //接收数据错误，重新开始接收
                }
            }
        }
    }
#if SYSTEM_SUPPORT_OS                    //如果 SYSTEM_SUPPORT_OS 为真，则需要支持 OS
    OSIntExit();
#endif
}
#endif
```

上述程序代码已经对所编写的函数进行了相应的介绍，下面主要分析一下串口 1 初始化函数。在使用一个内置外设的时候，首先使能相应的 GPIO 时钟，然后使能复用功能时钟和内置外设时钟；初始化相应的 GPIO 端口为特定的工作模式，具体设置为什么模式在第 4 章的端口复用部分介绍过，其模式对应表可以查阅《STM32F10x 中文参考手册》中外设的 GPIO 端口配置部分，USART 端口工作模式配置如表 7.18 所示。因此，使能时钟之后的代码就是将 Tx（PA9）设置为推挽复用输出模式，将 Rx（PA10）设置为浮空输入模式，此部分代码在第 5 章讲解 GPIO 时已经介绍过，这里不再详述。

表 7.18　USART 端口工作模式配置

USART 端口引脚	工作模式配置	GPIO 端口工作模式配置
USART_Tx	全双工模式	推挽复用输出
	半双工同步模式	推挽复用输出
USART_Rx	全双工模式	浮空输入或带上拉输入
	半双工同步模式	未用，可作为通用 I/O

配置好对应的 GPIO 端口后，需要初始化 USART1 的中断，设置抢占优先级和子优先级；设置完优先级后，还需要初始化 USART1 的参数，在 7.2 节讲解串口相关库函数时已经介绍过 USART 参数的

初始化，这里不再详述。

设置完串口中断优先级和初始化串口参数后，需要开启串口中断并使能串口，进而编写对应的终端服务函数。void USART1_IRQHandler 函数是 USART1 的中断响应函数，当串口 1 发生了相应的中断时，就会跳到该函数执行。中断相应函数的名字不能随便定义，一般遵循 MDK 定义的函数名。这些函数名在启动文件 startup_stm32f10x_hd.s 中可以找到。在终端服务函数的函数体中先判断是否接收中断，如果串口接收中断，则读取串口接收到的数据，并分析数据。

对于 USART 的数据接收，这里设计一个简单的接收协议，通过中断服务函数，并配合一个数组 USART_RX_BUF 和一个反映接收状态的全局变量 USART_RX_STA 实现对串口数据的接收管理。USART_RX_BUF 的大小由变量 USART_RX_LEN 来决定，即一次接收的数据最大不能超过 USART_RX_LEN 个字节。USART_RX_STA 是一个 16 位变量，该变量的前 14 位（bit[13:0]）用于累计所接收到的有效数据的个数；而 bit14 则用来反映是否接收到 0x0D 标志；bit15 则用来反映是否接收到 0xA2 标志，即反映是否完成接收。

当接收到发过来的数据时，会将接收到的数据先保存在 USART_RX_BUF 中，同时在 USART_RX_STA 中累计接收到的有效数据的个数。当收到回车符（回车符由 0x0D 和 0x0A 两个字节组成）的第一个字节 0x0D 时，计数器将不再增加，等待 0x0A 的到来。如果 0x0A 没有到来，则认为这次数据接收失败，并重新开始下一次的接收；而如果顺利接收到 0x0A，则标记 USART_RX_STA 的第 15 位，表示完成一次接收，并等待该位被其他程序清除，从而开始下一次的接收。若迟迟没有收到 0x0D，则在接收数据量超过 USART_REC_LEN 时，会丢弃前面的数据，重新接收数据。

在上述代码中，SYSTEM_SUPPORT_OS 用来判断是否使用 UCOS。如果使用了 UCOS，则调用 OSIntEnter 和 OSIntExit 函数，用于实现中断嵌套处理。如果不使用 UCOS，则不调用这两个函数。

输入完上述程序后保存，再通过同样的方法新建一个 usart.h 头文件，也保存在 System\Usart 文件夹中，用来存放相关宏定义并声明串口函数。在该文件中输入的代码如下。

```
#ifndef __USART_H
#define __USART_H
#include "stdio.h"
#include "sys.h"

#define USART_RX_LEN            200         //定义最大接收字节数 200
#define USART1_RX_EN            1           //使能一能一禁止一止，串口 1 接收
//接收缓冲，最大 USART_RX_LEN 个字节，末字节为换行符
extern uint8_t  USART_RX_BUF[USART_RX_LEN];
extern uint16_t USART_RX_STA;               //接收状态标记
void uart_init(uint32_t bound);

#endif
```

USART_RX_LEN 和 USART1_RX_EN 都是定义在 usart.h 头文件中的，当需要使用串口接收时，只需要在 usart.h 头文件中设置 USART1_RX_EN 为 1 即可，而在不使用串口时，可以设置 USART1_RX_EN 为 0，这样能够省出部分 SRAM 和 FLASH。在上述代码中默认设置 USART1_RX_EN 为 1，即开启串口接收。

最后仍然按照 3.2.2 节中添加文件的方法，把 usart.c 文件加入 System 组中，把 usart.h 头文件的路

径加入工程中，在以后的 STM32 嵌入式系统设计中，如果需要用到串口通信，直接在 main.c 文件中添加 usart.h 头文件，并根据工程需要对 usart.c 中所编写的函数进行简单的更改即可。

7.3.2 通过 USART1 接发通信

通过本章 7.2.2 节的讲解,可以看出 STM32 微控制器的串口资源相当丰富,功能也十分强劲。STM32 核心板通常汇集成一个 USB 串口（在一般的开发板中会同时集成 USB 串口和 RS232 串口），该串口的 RXD 和 TXD 分别与 PA9 和 PA10 引脚连接，即串口 1。本节将利用 STM32 核心板上的 USB 串口实现数据的发送与接收，串口设置的一般步骤在上一节中已经介绍过，这里简要总结一下。

（1）USART 时钟使能，GPIO 时钟使能。

（2）USART 复位。

（3）GPIO 端口模式设置。

（4）USART 参数初始化。

（5）开启中断并且初始化 NVIC（需要开启中断才需要这个步骤）。

（6）使能 USART。

（7）编写中断服务函数。

本节需要用到的硬件为 LED0 和 USB 串口，通过 LED0 闪烁指示系统正常运行，并通过串口 1 向 PC 发送“请输入数据并以回车键结束”信息；当通过 PC 向串口 1 发送信息后，串口 1 能够读取该信息并反馈完整接收信息给 PC。

由于LED0的硬件连接部分不需要更改,所以可以直接使用之前例程中的LED硬件接口配置程序，也可以把这次用不到的 LED1 硬件连接部分程序配置删除。本节用到的串口相关配置函数是上一节 usart.c 文件中的程序代码，所以可以直接基于上一节建立的通用工程模板进行修改，具体过程这里不再详述。打开 Project 文件夹，将其中的文件名更改为 USART.uvprojx，然后双击打开，在“Manage Project Items”项目分组管理界面中把之前写好的 led.c 文件加入 Hardware 组中，并将 led.h 头文件的路径加入工程中。双击打开 main.c 文件，并在文件中编写如下代码。

```
#include "led.h"
#include "delay.h"
#include "sys.h"
#include "usart.h"

int main(void)
{
     uint16_t t;
    uint16_t len;
    uint16_t time=0;
    delay_init();                                              //延时函数初始化
    //设置 NVIC 中断分组 2:2 位抢占优先级，2 位响应优先级
```

```
    NVIC_PriorityGroupConfig(NVIC_PriorityGroup_2);
    uart_init(115200);                              //串口初始化波特率为 115 200
     LED_Init();                                    //LED 端口初始化
     while(1)
    {
       if(USART_RX_STA&0x8000)
       {
          len=USART_RX_STA&0x3fff;                  //得到此次接收到的数据长度
          printf("\r\n 您发送的消息为:\r\n\r\n");
          for(t=0;t<len;t++)
          {
             USART_SendData(USART1, USART_RX_BUF[t]);  //向串口 1 发送数据
             //等待发送结束
             while(USART_GetFlagStatus(USART1,USART_FLAG_TC)!=SET);
          }
          printf("\r\n\r\n");                       //插入换行
          USART_RX_STA=0;
       }
       else
       {
          time++;
          if(time%5000==0)
          {
             printf("\r\n 基于 STM32 的嵌入式系统设计与实践\r\n\r\n");
          }
          if(time%200==0)
             printf("请输入数据并以回车键结束\n");
          if(time%30==0)
             LED0=!LED0;                            //LED 闪烁，提示系统正在运行
          delay_ms(10);
       }
    }
}
```

输入完成后保存，并单击 按钮进行编译，可以看到，程序代码编译显示零错误零警告，说明程序编写在逻辑上没有问题。下面重点介绍以下两行代码。

```
USART_SendData(USART1, USART_RX_BUF[t]);                    //向串口 1 发送数据
while(USART_GetFlagStatus(USART1,USART_FLAG_TC)!=SET);      //等待发送结束
```

第一行的意思是发送一个数据到串口 1，第二行的意思是在发送一个数据到串口 1 之后需要检测这个数据是否已经发送完成了。USART_FLAG_TC 是宏定义的数据发送完成标识符。把程序下载到 STM32 微控制器，可以看到 LED0 开始闪烁，说明程序正在运行。在本例程中，若要看串口发送数据的结果，需要用到串口调试助手，这里使用 XCOM V2.2，该软件无须安装，直接可以运行，但是需要安装在有.NETFramework4.0（WIN7 及以上系统自带）或以上版本的环境中。

打开 XCOM V2.2，设置串口为核心板的 USB 串口（CH340 虚拟串口），需要根据自己的设备选择，这里是 COM7。另外，需要注意的是，串口波特率需要设置为 115 200（与程序中所设置的波特率一致）。设置完毕后，可以看到如图 7.11 所示的串口调试助手接收的信息。从图 7.11 可以看出，STM32 微控制器的串口数据发送是没问题的。

usart 文件的程序设计设置了必须输入回车信号，串口才认可已接收到的数据，否则会被认为接收无效，重新开始下一次的接收，所以在发送数据后必须再发送一个回车信号。而 XCOM V2.2 提供的发送方法是通过勾选“发送新行”来实现的，只要勾选了“发送新行”选项，每次发送数据后，XCOM 会自动多发一个回车信号（0X0D+0X0A）。设置好了发送新行，在发送区输入想要发送的文字，然后单击“发送”按钮即可。这里以发送“通过 USART1 接发数据”为例，发送完毕后，可以得到如图 7.12 所示的串口调试助手发送信息反馈，从图中可以看到，发送到串口的消息可以被串口完整地反馈回来，与预期效果一致，说明本次所设计的串口通信系统是成功的。

当然，如果在发送数据时，没有勾选“发送新行”选项，即没有发送回车信号，那么串口在接收过程中会由于一直接收不到回车信号而认为此次接收无效，并继续向 PC 端发送“请输入数据并以回车键结束”信息，不进行任何接收反馈。

图 7.11　串口调试助手接收的信息

图 7.12　串口调试助手发送信息反馈

通过 7.3 节的讲解，我们已经较为全面地了解了 USART 串口通信设计实践的基本步骤与流程，后面在提高篇中引入数据的转换与读/写访问等知识后还会对串口通信进行进一步的应用与讲解。学习完本章之后，读者可以自行开发一些有趣的例程，以实现串口通信的其他功能。

提 高 篇

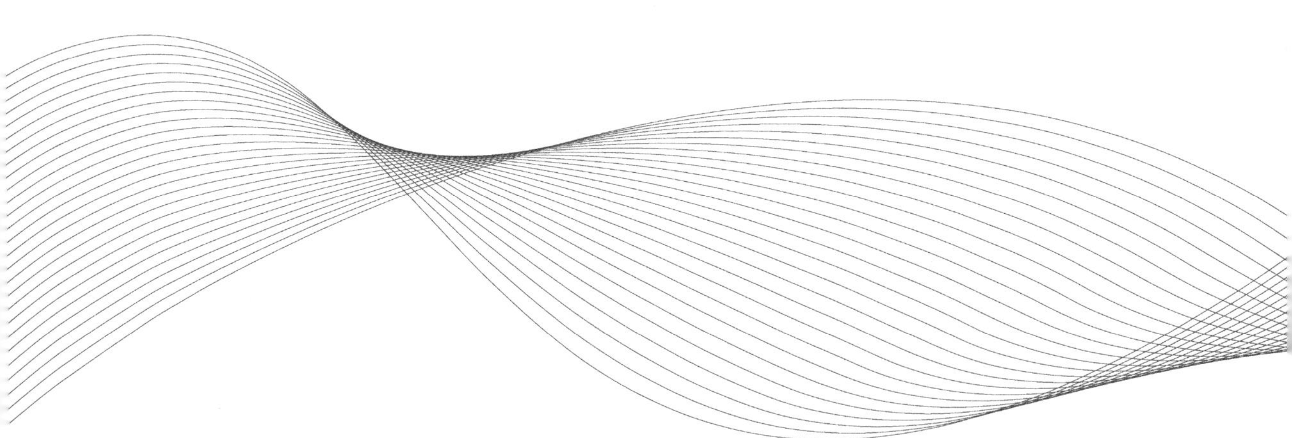

第 8 章

数据的转换与读/写访问

通过入门篇和基础篇的讲解，我们已经比较全面地认识了 STM32，可以进行一些基本的 STM32 嵌入式系统设计实践了。下面将进一步探索 STM32 嵌入式系统设计。在 STM32 嵌入式系统的实际应用中，往往需要对大量数据和信号进行处理，STM32 微控制器提供了便捷有效的数据访问、传输和存储方法，并可以实现模拟信号和数据信号之间的灵活转换。本章将详细讲解 STM32 微控制器中数据和各种信号的访问、传输、存储和转换等操作，包括 DMA 数据访问与传输、STM32 微控制器所特有的可变静态存储控制器 FSMC、A/D 转换器和 D/A 转换器、FLASH 读/写操作等相关知识，从而进一步加深对 STM32 嵌入式系统设计的认识，更灵活地进行设计实践。

8.1 FSMC 模块应用解析

FSMC（Flexible Static Memory Controller）即可变静态存储控制器，是型号后缀为 xC、xD 和 xE 等高存储密度的 STM32 微控制器所特有的存储控制机制。FSMC 之所以称为“可变静态存储控制器”，是因为通过对特殊功能寄存器的设置，FSMC 能够根据不同的外部存储器类型，发出相应的数据/地址/控制信号，以匹配信号的速度，从而使得 STM32 系列微控制器不仅能够应用各种不同类型、不同速度的外部静态存储器，而且能够在不增加外部器件的情况下扩展多种不同类型的静态存储器，以满足系统对存储容量、产品体积和成本的综合要求。

8.1.1 FSMC 的主要功能、结构与总线配置

1. FSMC 的主要功能与结构

（1）主要功能与优势简介。FSMC 能够与同步或异步存储器和 16 位 PC 存储器卡连接，可以将 AHB 传输信号转换成适当的外设协议，以满足访问外设的时序要求。所有外部存储器共享控制器输出的地址、数据和控制信号，每个外设都可以通过一个唯一的片选信号加以区分。FSMC 在任一时刻只访问一个外设。

FSMC 具有下列主要功能。

① 具有静态存储器接口的器件，包括静态随机存储器（SRAM）、只读存储器（ROM）、NOR 闪存、

PSRAM（四个存储器块）。

② 两个 NAND 闪存块，支持硬件 ECC 并可检测多达 8 千字节数据。

③ 16 位的 PC 卡兼容设备。

④ 支持对同步器件的成组（Burst）访问模式，如 NOR 闪存和 PSRAM。

⑤ 8 或 16 位数据总线。

⑥ 每个存储器块都有独立的片选控制，都可以独立配置。

⑦ 时序可编程，以支持各种不同的器件，包括等待周期可编程（多达 15 个周期）、总线恢复周期可编程（多达 15 个周期）、输出使能和写使能延迟可编程（多达 15 个周期）、独立的读/写时序和协议、可支持宽范围的存储器和时序。

⑧ PSRAM 和 SRAM 器件使用的写使能和字节选择输出。

⑨ 将 32 位的 AHB 访问请求转换为连续的 16 或 8 位，以对外部 16 或 8 位器件进行访问。

⑩ 具有 16 个字，每个 32 位宽的字写入 FIFO，允许在写入较慢存储器时释放 AHB 进行其他操作，在开始一次新的 FSMC 操作前，FIFO 要先被清空，通常在系统复位或上电时，应该设置好所有定义外部存储器类型和特性的 FSMC 寄存器，并保持它们的内容不变，也可以在任何时候改变这些设置。

FSMC 具有以下技术优势。

① 支持多种静态存储器类型。STM32 微控制器通过 FSMC 可以与 SRAM、ROM、PSRAM、NOR FLASH 和 NAND 存储器的引脚直接相连。

② 支持丰富的存储操作方法。FSMC 不仅支持多种数据宽度的异步读/写操作，而且支持对 NOR/PSRAM/NAND 存储器的同步突发访问。

③ 支持同时扩展多种存储器。在 FSMC 映射地址空间中，不同的 BANK 是独立的，可用于扩展不同类型的存储器。当系统扩展和使用多个外部存储器时，FSMC 会通过总线悬空延迟时间参数的设置，防止各存储器对总线的访问冲突。

④ 支持更为广泛的存储器型号。通过对 FSMC 的时间参数的设置，扩大系统可用存储器的存取速率范围，提供灵活的存储芯片选择空间。

⑤ 支持代码在 FSMC 扩展的外部存储器中直接运行，而不需要先调入内部 SRAM。

（2）FSMC 的结构。FSMC 包括 AHB 接口（包含 FSMC 配置寄存器）、NOR 闪存和 PSRAM 控制器、NAND 闪存和 PC 卡控制器、外设接口四个主要模块。STM32 微控制器之所以能够支持 NOR FLASH 和 NAND FLASH 两类访问方式完全不同的存储器扩展，是因为 FSMC 内部实际包括 NOR FLASH 和 NAND/PC Card 两个控制器，可以分别支持两种截然不同的存储器访问方式。

下面简要介绍一下 NOR 和 NAND 的区别。

从读取角度而言，NOR FLASH 的读取和常见的 SDRAM 的读取是一样的，可以直接运行装载在 NOR FLASH 中的代码，这样可以减少 SRAM 的容量，节约成本。而 NAND FLASH 没有采取内存的随机读取技术，它的读取是以一次读取一块的形式来进行的，通常一次读取 512 个字节。采用这种技术的 FLASH 比较便宜，但不能直接运行 NAND FLASH 中的代码。因此，大多数使用 NAND FLASH 的开发板除了使用 NAND FLASH，还加上了一块小的 NOR FLASH，用来运行启动代码。

从擦写角度而言， FLASH 闪存是非易失存储器，可以对存储器单元块进行擦写和再编程。任何 FLASH 器件的写入操作只能在空或已擦除的单元内进行，所以在大多数情况下，在写入操作之前必须先执行擦除操作。NAND 器件执行擦除操作十分简单，而 NOR 则要求在擦除前先将目标块内所有位都写为 0。擦除 NOR 器件时是以 64～128KB 的块进行的，执行一个写入/擦除操作的时间约为 5s；而擦除 NAND 器件是以 8～32KB 的块进行的，所以执行相同的操作只需要 4ms，而且执行擦除操作时，块尺寸的不同会进一步拉大 NOR 和 NADN 之间的性能差距。

总的来说，NOR 的读速度比 NAND 的读速度要快一些，而且可以直接运行 NOR FLASH 中的代码，但 NAND 的写入速度要比 NOR 的写入速度快很多，其擦除速度也远比 NOR 的擦除速度快。大多数 FLASH 写入操作都需要先进行擦除操作，NAND 的擦除单元更小，相应的擦除电路更少。另外，NOR FLASH 和 NAND FLASH 的接口也存在差别，NOR FLASH 带有 SRAM 接口，有足够的地址引脚来寻址，所以可以很容易地存取其内部的每个字节；而 NAND 器件则使用复杂的 I/O 端口来串行地存取数据（各个产品或厂商的方法可能各不相同），使用 8 个引脚来传送控制、地址和数据信息。NAND 的读和写操作都采用 512 字节的块，这一点与硬盘管理操作有些类似，因此，基于 NAND 的存储器可以取代硬盘或其他块设备。

在 STM32 微控制器内部，FSMC 的一端通过内部高速总线 AHB 连接到 Cortex-M3 内核上，另一端则是面向扩展存储器的外部总线。内核对外部存储器的访问信号发送到 AHB 总线后，经过 FSMC 转换为符合外部存储器通信规约的信号，送到外部存储器的相应引脚，实现内核与外部存储器之间的数据交互。FSMC 结构框图如图 8.1 所示，它实际上起到了桥梁的作用，既能够进行信号类型的转换，又能够进行信号宽度和时序的调整，屏蔽掉不同存储类型的差异，使之对内核而言没有区别。

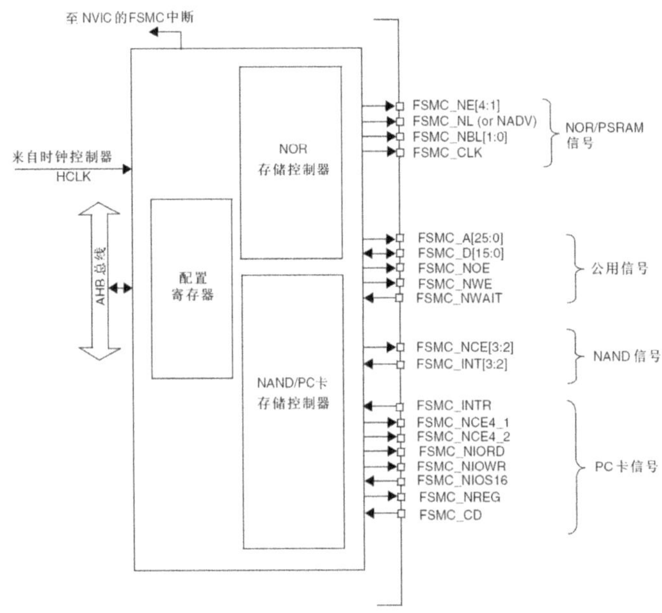

图 8.1　FSMC 结构框图

（3）FSMC 映射地址空间。FSMC 管理 1GB 的映射地址空间，该空间被划分为四个大小为 256MB 的 BANK，每个 BANK 又被划分为四个 64MB 的子 BANK，其映射地址空间如表 8.1 所示。FSMC 的两个控制器管理的映射地址空间不同，NOR FLASH 控制器管理 BANK1，而 NAND/PC Card 控制器则管理 BANK2～BANK4。由于两个控制器管理的存储器类型不同，在扩展时应根据选用的存储器类型确定其映射位置。其中，BANK1 的四个子 BANK 拥有独立的片选线和控制寄存器，可分别扩展一个独立的存储设备；而 BANK2～BANK4 只有一组控制寄存器。

表 8.1　FSMC 映射地址空间

内部控制器	BANK 号	管理的地址范围	支持的设备类型
NOR 存储控制器	BANK1	0x60000000～0x6FFFFFFF	SRAM/ROM NOR FLASH PSRAM
NAND /PC 卡存储控制器	BANK2	0x70000000～0x7FFFFFFF	NAND FLASH
	BANK3	0x80000000～0x8FFFFFFF	
	BANK4	0x90000000～0x9FFFFFFF	PC Card

（4）FSMC 相关寄存器。FSMC 寄存器说明如表 8.2 所示，对于这些特殊功能寄存器的具体操作设置可参考《STM32F10x 中文参考手册》。

表 8.2　FSMC 寄存器说明

FSMC 寄存器	功 能 描 述
SRAM/NOR 闪存片选控制寄存器（FSMC_BCRx，x=1, 2, 3, 4）	SRAM/NOR 闪存控制
SRAM/NOR 闪存片选时序寄存器（FSMC_BTRx，x=1, 2, 3, 4）	SRAM/NOR 闪存读时序控制
SRAM/NOR 闪存写时序寄存器（FSMC_BWTRx，x=1, 2, 3, 4）	SRAM/NOR 闪存写时序控制
PC Card/NAND 闪存控制寄存器（FSMC_PCRx，x=2, 3, 4）	PC Card/NAND 闪存控制
FIFO 状态和中断寄存器（FSMC_SRx，x=2, 3, 4）	反映 FIFO 状态和中断信息
通用存储空间时序寄存器（FSMC_PMEMx，x=2, 3, 4）	通用存储空间时序操作控制
属性存储空间时序寄存器（FSMC_PATTx，x=2, 3, 4）	属性存储空间时序操作控制
I/O 存储空间时序寄存器 4（FSMC_PIO4）	I/O 存储空间时序操作控制

2．FSMC 的总线配置

SRAM/ROM、NOR FLASH 和 PSRAM 类型的外部存储器都是由 FSMC 的 NOR FLASH 控制器管理的，扩展方法基本相同，其中 NOR FLASH 较为复杂。当 FSMC 扩展外部存储器时，除了存储器扩展所需要的硬件电路，还需要进行 FSMC 初始化配置。FSMC 提供大量、细致的可编程参数，以便能够灵活地进行各种不同类型、不同速度的存储器扩展。外部存储器能否正常工作的关键在于能否根据选用的存储器型号，对寄存器进行合理的初始化配置。

（1）确定映射地址空间。根据选用的存储器类型确定扩展使用的映射地址空间。选定映射子 BANK 后，需要确定以下信息。

① 硬件电路中用于选中该存储器的片选线 FSMC_NEx（x 为子 BANK 号，可取 1～4）。

② FSMC 配置中用于配置该外部存储器的特殊功能寄存器号。FSMC 映射与寄存器如表 8.3 所示。

表 8.3　FSMC 映射与寄存器

<table>
<tr><th>内部控制器</th><th>BANK 号</th><th>支持的设备类型</th><th>特殊功能寄存器</th></tr>
<tr><td>NOR FLASH 控制器</td><td>BANK1</td><td>SRAM/ROM
NOR FLASH
PSRAM</td><td>FSMC_BCRx（x=1, 2, 3, 4）
FSMC_BTRx（x=1, 2, 3, 4）
FSMC_BWTRx（x=1, 2, 3, 4）</td></tr>
<tr><td rowspan="3">NAND FLASH /PC Card 控制器</td><td>BANK2</td><td rowspan="2">NAND FLASH</td><td rowspan="3">FSMC_PCRx（x=2, 3, 4）
FSMC_SRx（x=2, 3, 4）
FSMC_PMEMx（x=2, 3, 4）
FSMC_PATTx（x=2, 3, 4）
FSMC_PIO4</td></tr>
<tr><td>BANK3</td></tr>
<tr><td>BANK4</td><td>PC Card</td></tr>
</table>

（2）配置存储器的基本特征。FSMC 根据不同存储器的特征，通过对 FSMC 特殊功能寄存器 FSMC_BCRx（x 为子 BANK 号，可取值为 1～4）中对应控制位的设置，可灵活地进行工作方式和信号的调整。

根据选用的存储器芯片确定需要配置的存储器特征，主要包括如下内容。

① 确定存储器类型是 SRAM/ROM、PSRAM 还是 NOR FLASH。

② 确定存储器芯片的地址和数据引脚是否复用。FSMC 可以直接与 AD0～AD15 复用的存储器相连，且不需要增加外部器件。

③ 确定存储器芯片的数据线宽度。FSMC 支持 8 位或 16 位两种外部数据总线宽度。

④ 对于 NOR FLASH（PSRAM）控制器，确定是否采用同步突发访问方式及其 NWAIT 信号的特性说明（WAITEN、WAITCFG、WAITPOL）。

⑤ 确定存储器芯片的读/写操作是否采用相同的时序参数来确定时序关系。

（3）配置存储器时序参数。FSMC 通过使用可编程的存储器时序参数寄存器，拓宽了可选用的外部存储器的速度范围。FSMC 的 NOR FLASH 控制器支持同步和异步突发两种访问方式。选用同步突发访问方式时，FSMC 将 HCLK 分频后，发送给外部存储器作为同步时钟信号 FSMC_CLK，此时需要设置的时间参数有两个，即 HCLK 与 FSMC_CLK 的分频系数 CLKDIV（可以设置为 2～16 分频）和同步突发访问中获得一个数据所需要的等待延迟 DATLAT；选用异步突发访问方式时，FSMC 主要设置三个时间参数，即地址建立时间 ADDSET、数据建立时间 DATAST 和地址保持时间 ADDHLD。

FSMC 综合了 SRAM/ROM、PSRAM 和 NOR FLASH 等产品的信号特点，定义了四种不同的异步时序模型，当选用不同的时序模型时，需要设置不同的时序参数，具体设置可以参考《STM32F10x 中文参考手册》。在实际扩展时，根据所选用的存储器的特征确定时序模型，确定各时间参数与存储器读/写周期参数指标之间的计算关系，利用该计算关系和存储器芯片数据手册中给定的参数指标，可计算出 FSMC 所需要的各时间参数，从而对时间参数寄存器进行合理的配置。

8.1.2　FSMC 相关库函数概述

FSMC 是 STM32 系列产品采用的一种新型的存储器扩展技术，在外部存储器扩展方面具有独特的优势，可根据系统的应用需要，方便地进行不同类型的大容量静态存储器的扩展。在实际应用中，通过相关库函数方便地实现 FSMC 配置操作。常用的 FSMC 库函数如表 8.4 所示。

表 8.4　常用的 FSMC 库函数

函　数　名	功 能 描 述
FSMC_NORSRAMDeInit	将 FSMC NOR/SRAM 存储区寄存器重设为默认值
FSMC_NANDDeInit	将 FSMC NAND 存储区寄存器重设为默认值
FSMC_PCCARDDeInit	将 FSMC PCCARD 存储区寄存器重设为默认值
FSMC_NORSRAMInit	根据 FSMC_NORSRAMInitStruct 中指定的参数初始化 FSMC NOR/SRAM 存储区
FSMC_NANDInit	根据 FSMC_NANDInitStruct 中指定的参数初始化 FSMC NAND 存储区
FSMC_PCCARDInit	根据 FSMC_PCCARDInitStruct 中指定的参数初始化 FSMC PCCARD 存储区
FSMC_NORSRAMStructInit	把 FSMC_NORSRAMInitStruct 中的每个参数按默认值填入
FSMC_NANDStructInit	把 FSMC_NANDInitStruct 中的每个参数按默认值填入
FSMC_PCCARDStructInit	把 FSMC_PCCARDInitStruct 中的每个参数按默认值填入
FSMC_NORSRAMCmd	使能或失能指定的 NOR/SRAM 存储区
FSMC_NANDCmd	使能或失能指定的 NAND 存储区
FSMC_PCCARDCmd	使能或失能指定的 PC CARD 存储区
FSMC_NANDECCCmd	使能或失能 FSMC NAND 的 ECC 功能
FSMC_GetECC	返回纠错代码寄存器的值
FSMC_ITConfig	使能或失能指定的 FSMC 中断
FSMC_GetFlagStatus	检查指定 FSMC 标志位设置与否
FSMC_ClearFlag	清除 FSMC 的待处理标志位
FSMC_GetITStatus	检查指定的 FSMC 中断是否发生
FSMC_ClearITPendingBit	清除 FSMC 的中断待处理位

下面简要介绍一些常用的 FSMC 库函数。

1．FSMC 初始化与使能类函数

（1）FSMC_NORSRAMDeInit 函数：该函数将 FSMC NOR/SRAM 存储区寄存器重设为默认值。

函数原型	void FSMC_NORSRAMDeInit(uint32_t FSMC_Bank)						
功能描述	将 FSMC NOR/SRAM 存储区寄存器重设为默认值						
输入参数	FSMC_Bank：指定所使用的 FSMC NOR/SRAM 存储区，其取值定义如表 8.5 所示						
输出参数	无	返回值	无	先决条件	无	被调用函数	无

表 8.5　FSMC_Bank 取值定义

FSMC_Bank 取值	功 能 描 述
FSMC_Bank1_NORSRAM1	FSMC 存储区 1 NOR/SRAM1

续表

FSMC_Bank 取值	功 能 描 述
FSMC_Bank1_NORSRAM2	FSMC 存储区 1 NOR/SRAM2
FSMC_Bank1_NORSRAM3	FSMC 存储区 1 NOR/SRAM3
FSMC_Bank1_NORSRAM4	FSMC 存储区 1 NOR/SRAM4

（2）FSMC_NANDDeInit 函数：该函数将 FSMC NAND 存储区寄存器重设为默认值。

函数原型	void FSMC_NANDDeInit(uint32_t FSMC_Bank)						
功能描述	将 FSMC NAND 存储区寄存器重设为默认值						
输入参数	FSMC_Bank：指定所使用的 FSMC NAND 存储区，其取值定义如表 8.6 所示						
输出参数	无	返回值	无	先决条件	无	被调用函数	无

表 8.6　FSMC_Bank 取值定义

FSMC_Bank 取值	功 能 描 述
FSMC_Bank2_NAND	FSMC 存储区 2 NAND
FSMC_Bank3_NAND	FSMC 存储区 3 NAND

（3）FSMC_PCCARDDeInit 函数：该函数将 FSMC PCCARD 存储区寄存器重设为默认值。

函数原型	void FSMC_PCCARDDeInit(void)								
功能描述	将 FSMC PCCARD 存储区寄存器重设为默认值								
输入参数	无	输出参数	无	返回值	无	先决条件	无	被调用函数	无

（4）FSMC_NORSRAMInit 函数：该函数根据 FSMC_NORSRAMInitStruct 中指定的参数初始化 FSMC NOR/SRAM 存储区。

函数原型	void FSMC_NORSRAMInit(FSMC_NORSRAMInitTypeDef* FSMC_NORSRAMInitStruct)						
功能描述	根据 FSMC_NORSRAMInitStruct 中指定的参数初始化 FSMC NOR/SRAM 存储区						
输入参数	FSMC_NORSRAMInitStruct：指向结构体 FSMC_NORSRAMInitTypeDef 的指针，包含 FSMC NOR/SRAM 存储区的配置信息						
输出参数	无	返回值	无	先决条件	无	被调用函数	无

FSMC_NORSRAMInitTypeDef 结构体定义在 STM32 标准函数库文件中的 stm32f10x_fsmc.h 头文件下，具体定义如下。

```
typedef struct
{
  uint32_t FSMC_Bank;                //指定将要使用的 NOR/SRAM 存储区
  uint32_t FSMC_DataAddressMux;      //指定地址和数据值是否在数据总线上多路复用
  uint32_t FSMC_MemoryType;          //设置连接到相应存储区的外部存储器的类型
  uint32_t FSMC_MemoryDataWidth;     //设置外部存储器设备数据宽度
  uint32_t FSMC_BurstAccessMode;//使能或失能闪存的突发访问模式，仅对同步突发闪存有效
  uint32_t FSMC_AsynchronousWait;//在异步传输期间使能或失能等待信号，仅对异步闪存有效
  uint32_t FSMC_WaitSignalPolarity; //指定等待信号极性，仅在以突发模式访问闪存时有效
  uint32_t FSMC_WrapMode;//使能或失能闪存的封装突发访问模式，仅在以突发模式访问闪存时有效
```

```
    //在等待状态之前或在等待状态期间，指定存储器在一个时钟周期内是否激活等待信号，仅在以突发
    //模式访问存储器时有效
    uint32_t FSMC_WaitSignalActive;
    uint32_t FSMC_WriteOperation;      //由 FSMC 使能或失能所选存储区中的写操作
    uint32_t FSMC_WaitSignal;          //通过等待信号使能或失能插入等待状态
    uint32_t FSMC_ExtendedMode;        //使能或失能扩展模式
    uint32_t FSMC_WriteBurst;          //使能或失能突发写入操作
    //未使用扩展模式时，用于写入和读取访问的时序参数
    FSMC_NORSRAMTimingInitTypeDef* FSMC_ReadWriteTimingStruct;
    //使用扩展模式时，用于写入访问的时序参数
    FSMC_NORSRAMTimingInitTypeDef* FSMC_WriteTimingStruct;
  } FSMC_NORSRAMInitTypeDef;
```

这里不再对 FSMC_NORSRAMInitTypeDef 结构体成员的具体功能及其相应的取值逐一讲解，读者可以参阅库帮助文档 stm32f10x_stdperiph_lib_um.cbm。FSMC_NORSRAMInitTypeDef 结构体所涉及的 FSMC_NORSRAMTimingInitTypeDef 结构体也定义在 STM32 标准函数库文件中的 stm32f10x_fsmc.h 头文件下，具体定义如下。

```
  typedef struct
  {
    //定义 HCLK 周期数，以配置地址设置时间，该成员的取值范围为 0x0~0xF
    uint32_t FSMC_AddressSetupTime;
    //定义 HCLK 周期数，以配置地址保持时间，该成员的取值范围为 0x0~0xF
    uint32_t FSMC_AddressHoldTime;
    //定义 HCLK 周期数，以配置数据设置时间，该成员的取值范围为 0x00~0xFF
    uint32_t FSMC_DataSetupTime;
    //定义 HCLK 周期数，以配置总线周转持续时间，该成员的取值范围为 0x0~0xF
    uint32_t FSMC_BusTurnAroundDuration;
    //定义 CLK 时钟输出信号的周期，以 HCLK 周期数来表示，该成员的取值范围为 0x1~0xF
    uint32_t FSMC_CLKDivision;
    //定义在获取第一个数据之前发送到内存的存储时钟周期数，此参数的值取决于内存类型
    uint32_t FSMC_DataLatency;
    uint32_t FSMC_AccessMode;                //指定异步访问模式
  } FSMC_NORSRAMTimingInitTypeDef;
```

（5）FSMC_NANDInit 函数：该函数根据 FSMC_NANDInitStruct 中指定的参数初始化 FSMC NAND 存储区。

函数原型	void FSMC_NANDInit(FSMC_NANDInitTypeDef* FSMC_NANDInitStruct)						
功能描述	根据 FSMC_NANDInitStruct 中指定的参数初始化 FSMC NAND 存储区						
输入参数	FSMC_NANDInitStruct：指向结构体 FSMC_NANDInitTypeDef 的指针，包含 FSMC NAND 存储区的配置信息						
输出参数	无	返回值	无	先决条件	无	被调用函数	无

FSMC_NANDInitTypeDef 结构体定义在 STM32 标准函数库文件中的 stm32f10x_fsmc.h 头文件下，具体定义如下。

```
  typedef struct
  {
    uint32_t FSMC_Bank;                  //指定将要使用的 NAND 存储区
    uint32_t FSMC_Waitfeature;           //使能或失能 NAND 存储区的等待功能
    uint32_t FSMC_MemoryDataWidth;       //设置外部存储器设备数据宽度
    uint32_t FSMC_ECC;                   //使能或失能纠错代码 ECC 计算
```

```
    uint32_t FSMC_ECCPageSize;          //定义扩展 ECC 的页面大小
    //定义 HCLK 周期数，以配置 CLE low 和 RE low 之间的延迟，该成员的取值范围为 0x00~0xFF
    uint32_t FSMC_TCLRSetupTime;
    //定义 HCLK 周期数，以配置 ALE low 和 RE low 之间的延迟，该成员的取值范围为 0x00~0xFF
    uint32_t FSMC_TARSetupTime;
    //FSMC 通用空间定时
    FSMC_NAND_PCCARDTimingInitTypeDef* FSMC_CommonSpaceTimingStruct;
    //FSMC 属性空间定时
    FSMC_NAND_PCCARDTimingInitTypeDef* FSMC_AttributeSpaceTimingStruct;
  } FSMC_NANDInitTypeDef;
```

这里不再对 FSMC_NANDInitTypeDef 结构体成员的具体功能及其相应的取值逐一讲解，读者可以参阅库帮助文档 stm32f10x_stdperiph_lib_um.cbm。

（6）FSMC_PCCARDInit 函数：该函数根据 FSMC_PCCARDInitStruct 中指定的参数初始化 FSMC PCCARD 存储区。

函数原型	void FSMC_PCCARDInit(FSMC_PCCARDInitTypeDef* FSMC_PCCARDInitStruct)						
功能描述	根据 FSMC_PCCARDInitStruct 中指定的参数初始化 FSMC PCCARD 存储区						
输入参数	FSMC_PCCARDInitStruct：指向结构体 FSMC_PCCARDInitTypeDef 的指针，包含 FSMC PCCARD 存储区的配置信息						
输出参数	无	返回值	无	先决条件	无	被调用函数	无

FSMC_PCCARDInitTypeDef 结构体定义也在 STM32 标准函数库文件中的 stm32f10x_fsmc.h 头文件下，具体定义如下。

```
  typedef struct
  {
    uint32_t FSMC_Waitfeature;          //使能或失能存储区的等待功能
    //定义 HCLK 周期数，以配置 CLE low 和 RE low 之间的延迟，该成员的取值范围为 0x00~0xFF
    uint32_t FSMC_TCLRSetupTime;
    //定义 HCLK 周期数，以配置 ALE low 和 RE low 之间的延迟，该成员的取值范围为 0x00~0xFF
    uint32_t FSMC_TARSetupTime;
    //FSMC 通用空间定时
    FSMC_NAND_PCCARDTimingInitTypeDef* FSMC_CommonSpaceTimingStruct;
    //FSMC 属性空间定时
    FSMC_NAND_PCCARDTimingInitTypeDef* FSMC_AttributeSpaceTimingStruct;
    //FSMC I/O 存储器空间定时
    FSMC_NAND_PCCARDTimingInitTypeDef*  FSMC_IOSpaceTimingStruct;
  } FSMC_PCCARDInitTypeDef;
```

这里不再对 FSMC_NANDInitTypeDef 结构体成员的具体功能及其相应的取值逐一讲解，FSMC_NANDInitTypeDef 结构体和 FSMC_PCCARDInitTypeDef 结构体所涉及的 FSMC_NAND_PCCARDTimingInitTypeDef 结构体定义在 stm32f10x_fsmc.h 头文件下，具体定义如下。

```
  typedef struct
  {
    //在 NAND 闪存读或写访问通用、属性或 I/O 存储器空间的命令激活之前，定义 HCLK 周期数，以设
    //置地址（取决于要配置的存储空间时序），该成员的取值范围为 0x00~0xFF
    uint32_t FSMC_SetupTime;
    //定义 HCLK 周期数的最小值，以便用于对 NAND 闪存读或写访问通用、属性或 I/O 存储器空间的命
    //令激活（取决于要配置的存储器空间时序），该成员的取值范围为 0x00~0xFF
    uint32_t FSMC_WaitSetupTime;
```

```
    //在 NAND 读或写访问通用、属性或 I/O 存储器空间的命令解除后，定义保存地址及写访问数据的
    //HCLK 时钟周期数（取决于要配置的存储空间时序），该成员的取值范围为 0x00~0xFF
    uint32_t FSMC_HoldSetupTime;
    //在 NAND 写访问通用、属性或 I/O 存储器空间的命令解除后，定义数据总线保留在 HiZ 中的 HCLK
    //时钟周期数（取决于要配置的存储空间时序），该成员的取值范围为 0x00~0xFF
    uint32_t FSMC_HiZSetupTime;
} FSMC_NAND_PCCARDTimingInitTypeDef;
```

（7）FSMC_NORSRAMStructInit 函数：该函数把 FSMC_NORSRAMInitStruct 中的每个参数按默认值填入。

函数原型	void FSMC_NORSRAMStructInit(FSMC_NORSRAMInitTypeDef* FSMC_NORSRAMInitStruct)					
功能描述	把 FSMC_NORSRAMInitStruct 中的每个参数按默认值填入					
输入参数	FSMC_NORSRAMInitStruct：指向结构体 FSMC_NORSRAMInitTypeDef 的指针，待初始化					
输出参数	无	返回值	无	先决条件	无	被调用函数	无

（8）FSMC_NANDStructInit 函数：该函数把 FSMC_NANDInitStruct 中的每个参数按默认值填入。

函数原型	void FSMC_NANDStructInit(FSMC_NANDInitTypeDef* FSMC_NANDInitStruct)					
功能描述	把 FSMC_NANDInitStruct 中的每个参数按默认值填入					
输入参数	FSMC_NANDInitStruct：指向结构体 FSMC_NANDInitTypeDef 的指针，待初始化					
输出参数	无	返回值	无	先决条件	无	被调用函数	无

（9）FSMC_PCCARDStructInit 函数：该函数把 FSMC_PCCARDInitStruct 中的每个参数按默认值填入。

函数原型	void FSMC_PCCARDStructInit(FSMC_PCCARDInitTypeDef* FSMC_PCCARDInitStruct)					
功能描述	把 FSMC_PCCARDInitStruct 中的每个参数按默认值填入					
输入参数	FSMC_PCCARDInitStruct：指向结构体 FSMC_PCCARDInitTypeDef 的指针，待初始化					
输出参数	无	返回值	无	先决条件	无	被调用函数	无

（10）FSMC_NORSRAMCmd 函数：该函数使能或失能指定的 NOR/SRAM 存储区。

函数原型	void FSMC_NORSRAMCmd(uint32_t FSMC_Bank, FunctionalState NewState)					
功能描述	使能或失能指定的 NOR/SRAM 存储区					
输入参数 1	FSMC_Bank：指定所使用的 FSMC NOR/SRAM 存储区，其取值定义如表 8.7 所示					
输入参数 2	NewState：NOR/SRAM 存储区的新状态（可取 ENABLE 或 DISABLE）					
输出参数	无	返回值	无	先决条件	无	被调用函数	无

（11）FSMC_NANDCmd 函数：该函数使能或失能指定的 NAND 存储区。

函数原型	void FSMC_NANDCmd(uint32_t FSMC_Bank, FunctionalState NewState)					
功能描述	使能或失能指定的 NAND 存储区					
输入参数 1	FSMC_Bank：指定所使用的 FSMC NAND 存储区，其取值定义如表 8.7 所示					
输入参数 2	NewState：NAND 存储区的新状态（可取 ENABLE 或 DISABLE）					
输出参数	无	返回值	无	先决条件	无	被调用函数	无

（12）FSMC_PCCARDCmd 函数：该函数使能或失能指定的 PC CARD 存储区。

函数原型	void FSMC_PCCARDCmd(FunctionalState NewState)						
功能描述	使能或失能指定的 PC CARD 存储区						
输入参数	NewState：PC CARD 存储区的新状态（可取 ENABLE 或 DISABLE）						
输出参数	无	返回值	无	先决条件	无	被调用函数	无

（13）FSMC_NANDECCCmd 函数：该函数使能或失能 FSMC NAND 的 ECC 功能。

函数原型	void FSMC_NANDECCCmd(uint32_t FSMC_Bank, FunctionalState NewState)						
功能描述	使能或失能 FSMC NAND 的 ECC 功能						
输入参数 1	FSMC_Bank：指定所使用的 FSMC NAND 存储区，其取值定义如表 8.7 所示						
输入参数 2	NewState：FSMC NAND ECC 功能的新状态（可取 ENABLE 或 DISABLE）						
输出参数	无	返回值	无	先决条件	无	被调用函数	无

（14）FSMC_GetECC 函数：该函数返回纠错代码寄存器的值。

函数原型	uint32_t FSMC_GetECC(uint32_t FSMC_Bank)						
功能描述	返回纠错代码寄存器的值						
输入参数	FSMC_Bank：指定所使用的 FSMC NAND 存储区，其取值定义如表 8.7 所示						
输出参数	无	返回值	无	先决条件	无	被调用函数	无

表 8.7　FSMC_Bank 取值定义

FSMC_Bank 取值	功 能 描 述
FSMC_Bank2_NAND	FSMC 存储区 2 NAND
FSMC_Bank3_NAND	FSMC 存储区 3 NAND
FSMC_Bank4_PCCARD	FSMC 存储区 4 PCCARD

2. FSMC 标志与中断类函数

（1）FSMC_GetFlagStatus 函数：该函数检查指定 FSMC 标志位设置与否。

函数原型	FlagStatus FSMC_GetFlagStatus(uint32_t FSMC_Bank, uint32_t FSMC_FLAG)		
功能描述	检查指定 FSMC 标志位设置与否		
输入参数 1	FSMC_Bank：指定所使用的 FSMC 存储区，其取值定义如表 8.7 所示		
输入参数 2	FSMC_FLAG：待检查的指定 FSMC 标志位，其取值定义如表 8.8 所示		
输出参数	无	返回值	指定 FSMC 标志位的新状态（可取 SET 或 RESET）
先决条件	无	被调用函数	无

表 8.8　FSMC_FLAG 取值定义

FSMC_FLAG 取值	功 能 描 述
FSMC_FLAG_RisingEdge	上升沿检测标志位
FSMC_FLAG_Level	电平检测标志位

续表

FSMC_FLAG 取值	功 能 描 述
FSMC_FLAG_FallingEdge	下降沿检测标志位
FSMC_FLAG_FEMPT	FIFO 空标志位

（2）FSMC_ClearFlag 函数：该函数清除 FSMC 的待处理标志位。

函数原型	void FSMC_ClearFlag(uint32_t FSMC_Bank, uint32_t FSMC_FLAG)						
功能描述	清除 FSMC 的待处理标志位						
输入参数 1	FSMC_Bank：指定所使用的 FSMC 存储区，其取值定义如表 8.7 所示						
输入参数 2	FSMC_FLAG：待清除的指定 FSMC 标志位，其取值定义如表 8.9 所示						
输出参数	无	返回值	无	先决条件	无	被调用函数	无

表 8.9　FSMC_FLAG 取值定义

FSMC_FLAG 取值	功 能 描 述
FSMC_FLAG_RisingEdge	上升沿检测标志位
FSMC_FLAG_Level	电平检测标志位
FSMC_FLAG_FallingEdge	下降沿检测标志位

（3）FSMC_ITConfig 函数：该函数使能或失能指定的 FSMC 中断。

函数原型	void FSMC_ITConfig(uint32_t FSMC_Bank, uint32_t FSMC_IT, FunctionalState NewState)						
功能描述	使能或失能指定的 FSMC 中断						
输入参数 1	FSMC_Bank：指定所使用的 FSMC 存储区，其取值定义如表 8.7 所示						
输入参数 2	FSMC_IT：待使能或失能指定的 FSMC 中断源，其取值定义如表 8.10 所示						
输入参数 3	NewState：指定 FSMC 中断的新状态（可取 ENABLE 或 DISABLE）						
输出参数	无	返回值	无	先决条件	无	被调用函数	无

表 8.10　FSMC_IT 取值定义

FSMC_IT 取值	功 能 描 述
FSMC_IT_RisingEdge	上升沿检测中断屏蔽
FSMC_IT_Level	电平检测中断屏蔽
FSMC_IT_FallingEdge	下降沿检测中断屏蔽

（4）FSMC_GetITStatus 函数：该函数检查指定的 FSMC 中断是否发生。

函数原型：	ITStatus FSMC_GetITStatus(uint32_t FSMC_Bank, uint32_t FSMC_IT)		
功能描述：	检查指定的 FSMC 中断是否发生		
输入参数 1：	FSMC_Bank：指定所使用的 FSMC 存储区，其取值如表 8.7 所示		
输入参数 2：	FSMC_IT：待检查的指定的 FSMC 中断源		
输出参数	无	返回值	指定 FSMC 中断源的新状态（可取 SET 或 RESET）
先决条件	无	被调用函数	无

（5）FSMC_ClearITPendingBit 函数：该函数清除 FSMC 的中断待处理位。

函数原型	void FSMC_ClearITPendingBit(uint32_t FSMC_Bank, uint32_t FSMC_IT)						
功能描述	清除 FSMC 的中断待处理位						
输入参数 1	FSMC_Bank：指定所使用的 FSMC 存储区，其取值定义如表 8.7 所示						
输入参数 2	FSMC_IT：待清除的指定 FSMC 中断源						
输出参数	无	返回值	无	先决条件	无	被调用函数	无

8.1.3 FSMC 驱动 TFTLCD

由 8.1.1 和 8.1.2 两节的讲解可知，FSMC 能够与同步或异步存储器及 16 位的 PC 存储器卡连接，STM32 的 FSMC 接口支持 SRAM、NAND FLASH、NOR FLASH 和 PSRAM 等存储器。STM32 的 FSMC 将外设分为三类，即 NOR/PSRAM 设备、NAND 设备和 PC 卡设备，它们共用地址数据总线等，通过不同的片选信号来区分不同的设备，如本节用到的 TFTLCD 就是把 FSMC_NE4 作为片选，即将 TFTLCD 当成 SRAM 来控制。

这里介绍一下为什么可以把 TFTLCD 当成 SRAM 来使用。首先了解一下外部 SRAM 的连接。外部 SRAM 的控制一般有地址线（如 A0～A18）、数据线（如 D0～D15）、写信号（WE）、读信号（OE）和片选信号（CS），如果 SRAM 支持字节控制，那么还有 UB/LB 信号。而 TFTLCD 的信号则包括 RS、D0～D15、WR、RD、CS、RST 和 BL 等，其中真正在操作 TFTLCD 时需要用到的只有 RS、D0～D15、WR、RD 和 CS，其操作时序和 SRAM 的控制类似，唯一的不同就是 TFTLCD 有 RS 信号，但没有地址信号。TFTLCD 通过 RS 信号决定传送的数据是数据还是命令，该信号本质上可以理解为一个地址信号，如把 RS 接在 A0 上面，那么当 FSMC 控制器写地址 0 时，A0 会变为 0，对于 TFTLCD 来说，就是写命令；而当 FSMC 写地址 1 时，A0 会变为 1，对于 TFTLCD 来说，就是写数据。这样就把数据和命令区分开了，它们其实就是对应 SRAM 操作的两个连续地址。

在 8.1.1 节中已经讲过，STM32 的 FSMC 将外部存储器划分为 256MB 大小的 4 个存储块（Bank），这次系统设计用到的是 Bank1，所以这里仅讨论 Bank1 的相关配置，其他存储块的配置可参考《STM32F10x 中文参考手册》。对于 STM32 微控制器，FSMC 的 Bank1 被分为 4 个区，每个区管理 64MB 空间，并且都有独立的寄存器对所连接的存储器进行配置。Bank1 的 256MB 空间由 28 根地址线（HADDR[27:0]）进行寻址。这里 HADDR 是内部 AHB 地址总线，其中 HADDR[25:0]来自外部存储器地址 FSMC_A[25:0]，HADDR[26:27]对 4 个区进行寻址。FSMC 的 Bank1 映射与寻址如表 8.11 所示。

表 8.11 FSMC 的 Bank1 映射与寻址

Bank1 片选区	片选信号	地址范围	HADDR	
			[27:28]	[25:0]
第 1 区	FSMC_NE1	0x60000000～0x63FFFFFF	00	FSMC_A[25:0]
第 2 区	FSMC_NE2	0x64000000～0x67FFFFFF	01	
第 3 区	FSMC_NE3	0x68000000～0x6BFFFFFF	10	
第 4 区	FSMC_NE4	0x6C000000～0x6FFFFFFF	11	

在表 8.11 中，要特别注意 HADDR[25:0]的对应关系，当 Bank1 接的是 16 位宽度存储器时，HADDR[25:1]对应 FSMC_A[24:0]；而当 Bank1 接的是 8 位宽度存储器时，HADDR[25:0]对应 FSMC_A[25:0]。不论外部接 8 位还是 16 位宽度的设备，FSMC_A[0]永远接在外设地址 A[0]上。

由于 TFTLCD 使用的是 16 位数据宽度，所以 HADDR[0]并没有用到，只有 HADDR[25:1]是有效的，即 HADDR[25:1]对应 FSMC_A[24:0]，相当于右移一位，这里需要特别注意。另外，HADDR[27:26]的设置是不需要干预的。考虑篇幅原因，这里就不再详述 TFTLCD 的相关知识，读者可查阅产品使用手册。

本节需要用到的硬件主要有 TFTLCD 模块和 LED0，LED0 的硬件连接不需要做任何改动，TFTLCD 模块硬件连接图如图 8.2 所示。有些核心板会直接集成 TFTLCD 模块接口，如果没有则需要自行连接。

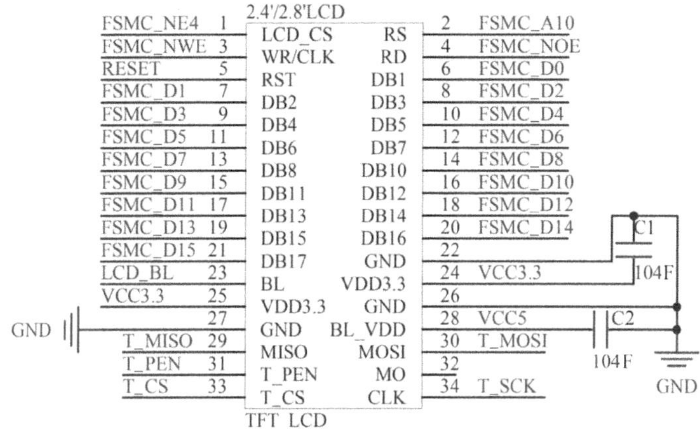

图 8.2 TFTLCD 模块硬件连接图

LCD 尺寸不同，引脚连接也会有细微的变化，可参考图 8.2。STM32 微控制器的 FSMC 和 LCD 引脚映射如表 8.12 所示。

表 8.12 STM32 微控制器的 FSMC 和 LCD 引脚映射

GPIO 端口引脚	FSMC 功能	是否为 LCD 常用引脚
PD4	FSMC_NOE	是（输出使能，连接 LCD 的 RD 引脚）
PD5	FSMC_NWE	是（写使能，连接 LCD 的 RW 引脚）
PD7	FSMC_NE1/FSMC_NCE2	是（NEx 任选一个连接 LCD 的 CS 引脚）
PG9	FSMC_NE2/FSMC_NCE3	是
PG10	FSMC_NCE4_1/FSMC_NE3	是
PG11	FSMC_NCE4_2	否
PG12	FSMC_NE4	是
PF0	FSMC_A0	是（Ax 任选一个连接 LCD 的 RS 引脚）
PF1	FSMC_A1	是（LCD 的 RS=0 表示写寄存器）
PF2	FSMC_A2	是（LCD 的 RS=1 表示写数据 RAM）
PF3	FSMC_A3	是
PF4	FSMC_A4	是
PF5	FSMC_A5	是

续表

GPIO 端口引脚	FSMC 功能	是否为 LCD 常用引脚
PF12	FSMC_A6	是
PF13	FSMC_A7	是
PF14	FSMC_A8	是
PF15	FSMC_A9	是
PG0	FSMC_A10	是
PG1	FSMC_A11	是
PG2	FSMC_A12	是
PG3	FSMC_A13	是
PG4	FSMC_A14	是
PG5	FSMC_A15	是
PD11	FSMC_A16	是
PD12	FSMC_A17	是
PD13	FSMC_A18	是
PE3	FSMC_A19	是
PE4	FSMC_A20	是
PE5	FSMC_A21	是
PE6	FSMC_A22	是
PE2	FSMC_A23	是
PG13	FSMC_A24	是
PG14	FSMC_A25	是
PD14	FSMC_D0	是（连接 LCD 的数据引脚）
PD15	FSMC_D1	是
PD0	FSMC_D2	是
PD1	FSMC_D3	是
PE7	FSMC_D4	是
PE8	FSMC_D5	是
PE9	FSMC_D6	是
PE10	FSMC_D7	是
PE11	FSMC_D8	是
PE12	FSMC_D9	是
PE13	FSMC_D10	是
PE14	FSMC_D11	是
PE15	FSMC_D12	是
PD8	FSMC_D13	是
PD9	FSMC_D14	是
PD10	FSMC_D15	是

续表

GPIO 端口引脚	FSMC 功能	是否为 LCD 常用引脚
PG6	FSMC_INT2	
PG7	FSMC_INT3	
PF6	FSMC_NIORD	
PF7	FSMC_NREG	
PF8	FSMC_NIOWR	
PF9	FSMC_CD	
PF10	FSMC_INTR	
PF11	FSMC_NIOS16	
PD3	FSMC_CLK	
PD6	FSMC_NWAIT	
PE0	FSMC_NBL0	
PE1	FSMC_NBL1	

LED0 硬件连接部分的程序设计不需要做任何改动。打开 Project 文件夹，将其中的文件名更改为 FSMC_LCD.uvprojx，然后双击打开，新建一个 lcd.c 文件，用来编写 LCD 的相关配置程序，并新建一个 lcd.h 头文件，用来定义 LCD 相关结构体，并声明函数，以便其他文件调用。lcd.c 文件和 lcd.h 头文件均保存在 Hardware\LCD 文件夹中。由于代码较多，这里不再罗列，详细内容可参考有关资料，这里仅介绍几个重要的部分。

由前面的介绍可知，TFTLCD 的 RS 引脚接在 FSMC 的 A10 上，CS 引脚接在 FSMC_NE4 上，使用的是 FSMC 中 Bank1 的第 4 区。LCD 操作结构体的定义如下（在 lcd.h 头文件中定义）。

```
typedef struct
{
    vuint16_t LCD_REG;
    vuint16_t LCD_RAM;
} LCD_TypeDef;
//使用 NOR/SRAM 中 Bank1 的第 4 区，地址位 HADDR[27,26]=11，A10 作为数据命令区分线
//注意设置时 STM32 内部会右移一位对齐
#define LCD_BASE   ((uint32_t)(0x6C000000 | 0x000007FE))
#define LCD        ((LCD_TypeDef *) LCD_BASE)
```

LCD_BASE 必须根据自己的外部电路连接来确定，Bank1 的第 4 区从地址 0x6C000000 开始，而 0x000007FE 是 A10 的偏移量，将这个地址强制转换为 LCD_TypeDef 结构体地址，可以得到 LCD_REG 的地址，即 0x6C0007FE，对应 A10 的状态为 0；而 LCD_RAM 的地址为 0x6C000800（结构体地址自增），对应 A10 的状态为 1。所以，当向 LCD 写命令/数据时，可以编写如下代码：

```
LCD->LCD_REG = CMD;      //写命令
LCD->LCD_RAM = DATA;     //写数据
```

而读的时候反过来操作即可，代码如下：

```
CMD = LCD->LCD_REG;      //读 LCD 寄存器
DATA = LCD->LCD_RAM;     //读 LCD 数据
```

CS、WR、RD 和 I/O 端口方向都是由 FSMC 控制的，不需要手动设置。接下来介绍一下 lcd.h 头文件中的另一个重要结构体——lcd_dev（在 lcd.h 头文件中定义）。

```
//LCD 重要参数集
typedef struct
{
    uint16_t width;          //LCD 宽度
    uint16_t height;         //LCD 高度
    uint16_t id;             //LCD ID
    uint8_t  dir;            //横屏还是竖屏控制：0 表示竖屏；1 表示横屏
    uint16_t   wramcmd;      //开始写 gram 指令
    uint16_t  setxcmd;       //设置 x 坐标指令
    uint16_t  setycmd;       //设置 y 坐标指令
}_lcd_dev;
//LCD 参数
extern _lcd_dev lcddev;      //管理 LCD 重要参数
```

lcd_dev 用于保存 LCD 的重要参数信息，如 LCD 的长宽、LCD ID（驱动 IC 型号）和 LCD 横竖屏状态等。这个结构体占用了 10 字节的内存，可以让驱动函数支持不同尺寸的 LCD，同时可以实现 LCD 横竖屏切换等重要功能，所以非常重要。

下面开始介绍 lcd.c 文件中的一些重要函数。

```
/****************************************************************
**函 数 名：LCD_WR_REG
**功能描述：写寄存器函数
**输入参数：regval，寄存器值
**输出参数：无
****************************************************************/
void LCD_WR_REG(uint16_t regval)
{
    LCD->LCD_REG=regval;                //写入要写的寄存器序号
}

/****************************************************************
**函 数 名：LCD_WR_DATA
**功能描述：写 LCD 数据
**输入参数：data，要写入的值
**输出参数：无
****************************************************************/
void LCD_WR_DATA(uint16_t data)
{
    LCD->LCD_RAM=data;
}

/****************************************************************
**函 数 名：LCD_RD_DATA
**功能描述：读 LCD 数据
**输入参数：无
**输出参数：读到的值
****************************************************************/
uint16_t LCD_RD_DATA(void)
{
    vu16 ram;                           //防止被优化
    ram=LCD->LCD_RAM;
```

```
    return ram;
}

/************************************************************
**函 数 名：LCD_WriteReg
**功能描述：写寄存器
**输入参数：LCD_Reg，寄存器地址；LCD_RegValue，要写入的数据
**输出参数：无
************************************************************/
void LCD_WriteReg(uint16_t LCD_Reg,uint16_t LCD_RegValue)
{
    LCD->LCD_REG = LCD_Reg;          //写入要写的寄存器序号
    LCD->LCD_RAM = LCD_RegValue;     //写入数据
}

/************************************************************
**函 数 名：LCD_ReadReg
**功能描述：读寄存器
**输入参数：LCD_Reg，寄存器地址
**输出参数：读到的数据
************************************************************/
uint16_t LCD_ReadReg(uint16_t LCD_Reg)
{
    LCD_WR_REG(LCD_Reg);             //写入要读的寄存器序号
    delay_us(5);
    return LCD_RD_DATA();            //返回读到的值
}

/************************************************************
**函 数 名：LCD_WriteRAM_Prepare
**功能描述：开始写 GRAM
**输入参数：无
**输出参数：无
************************************************************/
void LCD_WriteRAM_Prepare(void)
{
     LCD->LCD_REG=lcddev.wramcmd;
}

/************************************************************
**函 数 名：LCD_WriteRAM
**功能描述：LCD 写 GRAM
**输入参数：RGB_Code，颜色值
**输出参数：无
************************************************************/
void LCD_WriteRAM(uint16_t RGB_Code)
{
    LCD->LCD_RAM = RGB_Code;         //写 16 位 GRAM
}
```

在函数代码前面已经对函数的功能和输入/输出值进行了注解，因为 FSMC 自动控制了 WR、RD 和 CS 等信号，所以上述 7 个函数实现起来非常容易。需要注意的是，上面有几个函数添加了一些对 MDK-O2 优化的支持，如果去掉，则在优化时会出问题。通过这几个简单函数的组合，就可以对 LCD 进行各种操作了。

除了以上 7 个函数，还有坐标设置函数，该函数代码如下。

```
/**************************************************************
**函 数 名：LCD_SetCursor
**功能描述：设置光标位置
**输入参数：Xpos，横坐标；Ypos，纵坐标
**输出参数：无
**************************************************************/
void LCD_SetCursor(uint16_t Xpos, uint16_t Ypos)
{
     if(lcddev.id==0X9341||lcddev.id==0X5310)
    {
       LCD_WR_REG(lcddev.setxcmd);
       LCD_WR_DATA(Xpos>>8);LCD_WR_DATA(Xpos&0XFF);
       LCD_WR_REG(lcddev.setycmd);
       LCD_WR_DATA(Ypos>>8);LCD_WR_DATA(Ypos&0XFF);
    }
    else if(lcddev.id==0X6804)
    {
       if(lcddev.dir==1)Xpos=lcddev.width-1-Xpos;   //横屏时处理
       LCD_WR_REG(lcddev.setxcmd);
       LCD_WR_DATA(Xpos>>8);LCD_WR_DATA(Xpos&0XFF);
       LCD_WR_REG(lcddev.setycmd);
       LCD_WR_DATA(Ypos>>8);LCD_WR_DATA(Ypos&0XFF);
    }
    else if(lcddev.id==0X1963)
    {
       if(lcddev.dir==0)                                //横坐标需要变换
       {
           Xpos=lcddev.width-1-Xpos;
           LCD_WR_REG(lcddev.setxcmd);
           LCD_WR_DATA(0);LCD_WR_DATA(0);
           LCD_WR_DATA(Xpos>>8);LCD_WR_DATA(Xpos&0XFF);
       }
       else
       {
           LCD_WR_REG(lcddev.setxcmd);
           LCD_WR_DATA(Xpos>>8);LCD_WR_DATA(Xpos&0XFF);
           LCD_WR_DATA((lcddev.width-1)>>8);LCD_WR_DATA((lcddev.width-
           1)&0XFF);                    }
       LCD_WR_REG(lcddev.setycmd);
       LCD_WR_DATA(Ypos>>8);LCD_WR_DATA(Ypos&0XFF);
       LCD_WR_DATA((lcddev.height-1)>>8);LCD_WR_DATA((lcddev.height-
       1)&0XFF);

    }
    else if(lcddev.id==0X5510)
    {
       LCD_WR_REG(lcddev.setxcmd);LCD_WR_DATA(Xpos>>8);
       LCD_WR_REG(lcddev.setxcmd+1);LCD_WR_DATA(Xpos&0XFF);
       LCD_WR_REG(lcddev.setycmd);LCD_WR_DATA(Ypos>>8);
       LCD_WR_REG(lcddev.setycmd+1);LCD_WR_DATA(Ypos&0XFF);
    }
    else
    {
       if(lcddev.dir==1)Xpos=lcddev.width-1-Xpos;  //横屏其实就是调转横、纵坐标
       LCD_WriteReg(lcddev.setxcmd, Xpos);
```

```
        LCD_WriteReg(lcddev.setycmd, Ypos);
    }
}
```

坐标设置函数实现了将 LCD 的当前操作点设置到指定坐标(*x*,*y*)，通过该函数即可实现在 LCD 上任意作图。函数中的 lcddev.setxcmd、lcddev.setycmd、lcddev.width 和 lcddev.height 等指令/参数都是在 LCD_Display_Dir 函数里初始化的，该函数根据 lcddev.id 的不同，执行不同的设置。由于篇幅所限，这里不再详述，请读者参考本例程源码。另外，因为 9341、5310、6804、1963 和 5510 等的设置同其他屏有些不太一样，所以需要区别对待。

下面介绍一下画点函数，该函数的实现代码如下。

```
/*************************************************************
**函 数 名：LCD_DrawPoint
**功能描述：画点
**输入参数：x、y，坐标
**输出参数：无
**说    明：POINT_COLOR 为此点的颜色
*************************************************************/
void LCD_DrawPoint(uint16_t x,uint16_t y)
{
    LCD_SetCursor(x,y);                                  //设置光标位置
    LCD_WriteRAM_Prepare();                              //开始写入 GRAM
    LCD->LCD_RAM=POINT_COLOR;
}
```

画点函数先设置坐标，然后往坐标写颜色。其中一个全局变量 POINT_COLOR 用于存放画笔颜色；另一个全局变量 BACK_COLOR 代表 LCD 的背景色。LCD_DrawPoint 函数虽然简单，但是至关重要，几乎所有上层函数都是通过调用这个函数实现的。

有了画点函数，还需要有读点函数，用于读取 LCD 的 GRAM（Graphics RAM，图像寄存器）。读取 TFTLCD 模块数据的函数为 LCD_ReadPoint，该函数直接返回读到的 GRAM 值，使用之前要先设置读取的 GRAM 地址，通过 LCD_SetCursor 函数实现。LCD_ReadPoint 函数的实现代码如下。

```
/*************************************************************
**函 数 名：LCD_ReadPoint
**功能描述：读取某个点的颜色值
**输入参数：x、y，坐标
**输出参数：此点的颜色
*************************************************************/
uint16_t LCD_ReadPoint(uint16_t x,uint16_t y)
{
     uint16_t r=0,g=0,b=0;
    if(x>=lcddev.width||y>=lcddev.height)return 0;  //超过了范围，直接返回
    LCD_SetCursor(x,y);
    if(lcddev.id==0X9341||lcddev.id==0X6804||lcddev.id==0X5310||lcddev.id==
    0X1963)LCD_WR_REG(0X2E);//9341/6804/3510/1963 发送读 GRAM 指令
    else if(lcddev.id==0X5510)LCD_WR_REG(0X2E00);   //5510 发送读 GRAM 指令
    else LCD_WR_REG(0X22);                           //其他 IC 发送读 GRAM 指令
    if(lcddev.id==0X9320)opt_delay(2);               //FOR 9320，延时 2μs
     r=LCD_RD_DATA();
    if(lcddev.id==0X1963)return r;                   //1963 直接读就可以
    opt_delay(2);
```

```
    r=LCD_RD_DATA();                                      //实际坐标颜色
    //9341/NT35310/NT35510 要分 2 次读出
    if(lcddev.id==0X9341||lcddev.id==0X5310||lcddev.id==0X5510)
    {
        opt_delay(2);
        b=LCD_RD_DATA();
        g=r&0XFF;//对于 9341/5310/5510，第一次读取的是 RG 的值，R 在前，G 在后，各占 8 位
        g<<=8;
    }
    if(lcddev.id==0X9325||lcddev.id==0X4535||lcddev.id==0X4531||lcddev.id==
    0XB505||lcddev.id==0XC505)return r;      //这几种 IC 直接返回颜色值
    else if(lcddev.id==0X9341||lcddev.id==0X5310||lcddev.id==0X5510)return
    (((r>>11)<<11)|((g>>10)<<5)|(b>>11));//ILI9341/NT35310/NT35510 需要公式转换一下
    else return LCD_BGR2RGB(r);              //其他 IC
}
```

在 LCD_ReadPoint 函数中，因为代码不止支持一种 LCD 驱动器，所以根据不同的 LCD 驱动器（lcddev.id）型号，执行不同的操作，以实现对各个驱动器兼容，提高函数的通用性。

下面介绍一下字符显示函数 LCD_ShowChar，该函数既能够使 LCD 以叠加方式显示，也能使其以非叠加方式显示。叠加方式显示多用于在显示的图片上再显示字符，而非叠加方式一般用于普通的显示。该函数的实现代码如下。

```
/******************************************************************
**函 数 名：LCD_ShowChar
**功能描述：在指定位置显示一个字符
**输入参数：x、y，起始坐标
           num，要显示的字符，" "--->"~"
           size，字体大小，12/16/24
           mode，叠加方式(1)或非叠加方式(0)
**输出参数：无
******************************************************************/
void LCD_ShowChar(uint16_t x,uint16_t y,uint8_t num,uint8_t size,uint8_t mode)
{
    uint8_t temp,t1,t;
    uint16_t y0=y;
    //得到一个字符对应点阵集所占用的字节数
    uint8_t csize=(size/8+((size%8)?1:0))*(size/2);
     //得到偏移后的值（ASCII 字库是从空格开始取模，所以“-' '”就是对应字符的字库）
     num=num-' ';
    for(t=0;t<csize;t++)
    {
        if(size==12)temp=asc2_1206[num][t];               //调用 1206 字体
        else if(size==16)temp=asc2_1608[num][t];          //调用 1608 字体
        else if(size==24)temp=asc2_2412[num][t];          //调用 2412 字体
        else return;                                      //没有的字库
        for(t1=0;t1<8;t1++)
        {
            if(temp&0x80)LCD_Fast_DrawPoint(x,y,POINT_COLOR);
            else if(mode==0)LCD_Fast_DrawPoint(x,y,BACK_COLOR);
            temp<<=1;
            y++;
            if(y>=lcddev.height)return;                  //超区域了
            if((y-y0)==size)
            {
```

```
                y=y0;
                x++;
                if(x>=lcddev.width)return;              //超区域了
                break;
            }
        }
    }
}
```

在 LCD_ShowChar 函数中，采用快速画点函数 LCD_Fast_DrawPoint 画点显示字符。该函数与 LCD_DrawPoint 函数一样，只是带了颜色参数，且减少了函数调用的时间，详见本例程源码。

最后，介绍一下 TFTLCD 模块的初始化函数 LCD_Init。该函数先初始化 STM32 与 TFTLCD 连接的 I/O 端口，并配置 FSMC 控制器，然后读取 LCD 控制器的型号，根据控制 IC 的型号执行不同的初始化代码，其代码如下。

```
/*************************************************************
**函 数 名：LCD_Init
**功能描述：初始化 LCD
**输入参数：无
**输出参数：无
**说    明：该初始化函数可以初始化各种 ILI93××液晶，但是其他函数是基于 ILI9320 的
*************************************************************/
void LCD_Init(void)
{
    GPIO_InitTypeDef GPIO_InitStructure;
    FSMC_NORSRAMInitTypeDef  FSMC_NORSRAMInitStructure;
    FSMC_NORSRAMTimingInitTypeDef  readWriteTiming;
    FSMC_NORSRAMTimingInitTypeDef  writeTiming;
    RCC_AHBPeriphClockCmd(RCC_AHBPeriph_FSMC,ENABLE);    //使能 FSMC 时钟
    //使能 PORTB、PORTD、PORTE、PORTG 和 AFIO 复用功能时钟
    RCC_APB2PeriphClockCmd(RCC_APB2Periph_GPIOB|RCC_APB2Periph_GPIOD|
    RCC_APB2Periph_GPIOE|RCC_APB2Periph_GPIOG,ENABLE);
    GPIO_InitStructure.GPIO_Pin = GPIO_Pin_0;             //设置 PB0 推挽输出
    GPIO_InitStructure.GPIO_Mode = GPIO_Mode_Out_PP;     //推挽输出
    GPIO_InitStructure.GPIO_Speed = GPIO_Speed_50MHz;
    GPIO_Init(GPIOB, &GPIO_InitStructure);
    //PORTD 复用推挽输出
    GPIO_InitStructure.GPIO_Pin = GPIO_Pin_0|GPIO_Pin_1|GPIO_Pin_4|GPIO_Pin_5|
    GPIO_Pin_8|GPIO_Pin_9|GPIO_Pin_10|GPIO_Pin_14|GPIO_Pin_15;//PORTD 复用推挽输出
    GPIO_InitStructure.GPIO_Mode = GPIO_Mode_AF_PP;      //复用推挽输出
    GPIO_InitStructure.GPIO_Speed = GPIO_Speed_50MHz;
    GPIO_Init(GPIOD, &GPIO_InitStructure);
    //PORTE 复用推挽输出
    GPIO_InitStructure.GPIO_Pin = GPIO_Pin_7|GPIO_Pin_8|GPIO_Pin_9|GPIO_Pin_10|
    GPIO_Pin_11|GPIO_Pin_12|GPIO_Pin_13|GPIO_Pin_14|GPIO_Pin_15;//PORTD 复用推挽输出
    GPIO_InitStructure.GPIO_Mode = GPIO_Mode_AF_PP;      //复用推挽输出
    GPIO_InitStructure.GPIO_Speed = GPIO_Speed_50MHz;
    GPIO_Init(GPIOE, &GPIO_InitStructure);
    //PORTG12 复用推挽输出 A0
    GPIO_InitStructure.GPIO_Pin = GPIO_Pin_0|GPIO_Pin_12;//PORTD 复用推挽输出
    GPIO_InitStructure.GPIO_Mode = GPIO_Mode_AF_PP;      //复用推挽输出
    GPIO_InitStructure.GPIO_Speed = GPIO_Speed_50MHz;
    GPIO_Init(GPIOG, &GPIO_InitStructure);
```

```
//地址建立时间（ADDSET）为 2 个 HCLK，1/36MHz=27ns
readWriteTiming.FSMC_AddressSetupTime = 0x01;
//地址保持时间（ADDHLD）模式 A 未用到
readWriteTiming.FSMC_AddressHoldTime = 0x00;
//数据保存时间为 16 个 HCLK，因为液晶驱动 IC 读数据时，速度不能太快，尤其是 1289 这个 IC
readWriteTiming.FSMC_DataSetupTime = 0x0f;
readWriteTiming.FSMC_BusTurnAroundDuration = 0x00;
readWriteTiming.FSMC_CLKDivision = 0x00;
readWriteTiming.FSMC_DataLatency = 0x00;
readWriteTiming.FSMC_AccessMode = FSMC_AccessMode_A;//模式 A
writeTiming.FSMC_AddressSetupTime = 0x00; //地址建立时间(ADDSET)为 1 个 HCLK
writeTiming.FSMC_AddressHoldTime = 0x00;          //地址保持时间
writeTiming.FSMC_DataSetupTime = 0x03;            //数据保存时间为 4 个 HCLK
writeTiming.FSMC_BusTurnAroundDuration = 0x00;
writeTiming.FSMC_CLKDivision = 0x00;
writeTiming.FSMC_DataLatency = 0x00;
writeTiming.FSMC_AccessMode = FSMC_AccessMode_A;    //模式 A
//这里使用 NE4，也就对应 BTCR[6]、BTCR[7]
FSMC_NORSRAMInitStructure.FSMC_Bank = FSMC_Bank1_NORSRAM4;
FSMC_NORSRAMInitStructure.FSMC_DataAddressMux = FSMC_DataAddressMux_
Disable;                                          //不复用数据地址
FSMC_NORSRAMInitStructure.FSMC_MemoryType =FSMC_MemoryType_SRAM;
//存储器数据宽度为 16 位
FSMC_NORSRAMInitStructure.FSMC_MemoryDataWidth = FSMC_MemoryDataWidth_ 16b;
FSMC_NORSRAMInitStructure.FSMC_BurstAccessMode =FSMC_BurstAccessMode_
Disable;
FSMC_NORSRAMInitStructure.FSMC_WaitSignalPolarity =
FSMC_ WaitSignalPolarity_Low;
FSMC_NORSRAMInitStructure.FSMC_AsynchronousWait =
FSMC_AsynchronousWait_ Disable;
FSMC_NORSRAMInitStructure.FSMC_WrapMode = FSMC_WrapMode_Disable;
FSMC_NORSRAMInitStructure.FSMC_WaitSignalActive = FSMC_WaitSignalActive_
BeforeWaitState;
FSMC_NORSRAMInitStructure.FSMC_WriteOperation = FSMC_WriteOperation_
Enable;
//存储器写使能
FSMC_NORSRAMInitStructure.FSMC_WaitSignal = FSMC_WaitSignal_Disable;
FSMC_NORSRAMInitStructure.FSMC_ExtendedMode = FSMC_ExtendedMode_Enable;
//读/写使用不同的时序
FSMC_NORSRAMInitStructure.FSMC_WriteBurst = FSMC_WriteBurst_Disable;
FSMC_NORSRAMInitStructure.FSMC_ReadWriteTimingStruct = &readWriteTiming;
//读/写时序
FSMC_NORSRAMInitStructure.FSMC_WriteTimingStruct = &writeTiming;//写时序
FSMC_NORSRAMInit(&FSMC_NORSRAMInitStructure);       //初始化 FSMC 配置
FSMC_NORSRAMCmd(FSMC_Bank1_NORSRAM4, ENABLE);       //使能 Bank1
delay_ms(50);                                       //延时 50ms
lcddev.id=LCD_ReadReg(0x0000);  //读 ID (9320/9325/9328/4531/4535 等 IC)
if(lcddev.id<0XFF||lcddev.id==0XFFFF||lcddev.id==0X9300)
//读到 ID 不正确，新增 lcddev.id==0X9300 判断，因为 9341 在未被复位的情况下会被读成 9300
{
    //尝试 9341 ID 的读取
    LCD_WR_REG(0XD3);
    lcddev.id=LCD_RD_DATA();
    lcddev.id=LCD_RD_DATA();                        //读到 0X00
    lcddev.id=LCD_RD_DATA();                        //读取 93
    lcddev.id<<=8;
```

```
        lcddev.id|=LCD_RD_DATA();                               //读取 41
        if(lcddev.id!=0X9341)                                   //非 9341，尝试是不是 6804
        {
            LCD_WR_REG(0XBF);
            lcddev.id=LCD_RD_DATA();
            lcddev.id=LCD_RD_DATA();                            //读回 0X01
            lcddev.id=LCD_RD_DATA();                            //读回 0XD0
            lcddev.id=LCD_RD_DATA();                            //这里读回 0X68
            lcddev.id<<=8;
            lcddev.id|=LCD_RD_DATA();                           //这里读回 0X04
            if(lcddev.id!=0X6804)                   //也不是 6804，尝试是不是 NT35310
            {
                LCD_WR_REG(0XD4);
                lcddev.id=LCD_RD_DATA();
                lcddev.id=LCD_RD_DATA();                        //读回 0X01
                lcddev.id=LCD_RD_DATA();                        //读回 0X53
                lcddev.id<<=8;
                lcddev.id|=LCD_RD_DATA();                       //这里读回 0X10
                if(lcddev.id!=0X5310)           //也不是 NT35310，尝试是不是 NT35510
                {
                    LCD_WR_REG(0XDA00);
                    lcddev.id=LCD_RD_DATA();                    //读回 0X00
                    LCD_WR_REG(0XDB00);
                    lcddev.id=LCD_RD_DATA();                    //读回 0X80
                    lcddev.id<<=8;
                    LCD_WR_REG(0XDC00);
                    lcddev.id|=LCD_RD_DATA();                   //读回 0X00
                    //NT35510 读回的 ID 是 8000H，为了方便区分，强制设置为 5510
                    if(lcddev.id==0x8000)lcddev.id=0x5510;
                    if(lcddev.id!=0X5510)    //也不是 NT5510，尝试是不是 SSD1963
                    {
                        LCD_WR_REG(0XA1);
                        lcddev.id=LCD_RD_DATA();
                        lcddev.id=LCD_RD_DATA();                //读回 0X57
                        lcddev.id<<=8;
                        lcddev.id|=LCD_RD_DATA();               //读回 0X61
                        //SSD1963 读回的 ID 是 5761H，为了方便区分，强制设置为 1963
                        if(lcddev.id==0X5761)lcddev.id=0X1963;
                    }
                }
            }
        }
    }
     printf(" LCD ID:%x\r\n",lcddev.id);                        //打印 LCD ID
    if(lcddev.id==0X9341)                                       //9341 初始化
    {
        ...                                                     //9341 初始化代码
     }
    else if(lcddev.id==0xXXXX)
    {
        ...                                                     //其他 LCD 初始化代码
    }
    LCD_Display_Dir(0);                                         //默认为竖屏
    LCD_LED=1;                                                  //点亮背光
    LCD_Clear(WHITE);
}
```

从初始化代码可以看出，LCD 初始化的主要步骤如下。

① GPIO、FSMC、AFIO 时钟使能。

② GPIO 初始化，GPIO_Init 函数。

③ FSMC 初始化，FSMC_NORSRAMInit 函数。

④ FSMC 使能，FSMC_NORSRAMCmd 函数。

⑤ LCD 驱动器的初始化代码。

LCD Init 函数先对 FSMC 相关 I/O 端口进行初始化，然后对 FSMC 进行初始化（在前面都有介绍），最后根据读到的 LCD ID，对不同的驱动器执行不同的初始化代码。从前面的代码可以看出，这个初始化函数可以针对 10 多款不同的驱动 IC 执行初始化操作，大大提高了整个程序的通用性。在以后的学习中应该多使用这样的方式，从而提高程序的通用性和兼容性。

> 注意 该函数使用了 printf 打印 LCD ID，所以如果主函数没有初始化串口，那么会导致程序死在 printf 中。如果不想用 printf，那么请将它注释掉。

接下来，在“Manage Project Items”项目分组管理界面中把 lcd.c 文件加入 Hardware 组中，并将 lcd.h 头文件和 font.h（包含常用的 ASCII 表）头文件的路径加入工程中，之后就可以回到工程主界面对主函数进行编程了。打开 main.c 文件，并在文件中编写如下代码。

```
#include "led.h"
#include "delay.h"
#include "sys.h"
#include "lcd.h"
#include "usart.h"

int main(void)
{
     uint8_t x=0;
    uint8_t lcd_id[12];                               //存放 LCD ID 字符串
    delay_init();                                     /延时函数初始化
    //设置 NVIC 中断分组 2:2 位抢占优先级，2 位响应优先级
    NVIC_PriorityGroupConfig(NVIC_PriorityGroup_2);
    uart_init(115200);                                //串口初始化为 115 200
     LED_Init();                                      //LED 端口初始化
    LCD_Init();
    POINT_COLOR=RED;
    sprintf((char*)lcd_id,"LCD ID:%04X",lcddev.id); //将 LCD ID 打印到 lcd_id 数组
    while(1)
    {
        switch(x)
        {
            case 0:LCD_Clear(WHITE);      break;
            case 1:LCD_Clear(BLACK);      break;
            case 2:LCD_Clear(BLUE);       break;
            case 3:LCD_Clear(RED);        break;
            case 4:LCD_Clear(MAGENTA);    break;
```

```
            case 5:LCD_Clear(GREEN);      break;
            case 6:LCD_Clear(CYAN);       break;
            case 7:LCD_Clear(YELLOW);     break;
            case 8:LCD_Clear(BRRED);      break;
            case 9:LCD_Clear(GRAY);       break;
            case 10:LCD_Clear(LGRAY);     break;
            case 11:LCD_Clear(BROWN);     break;
        }
        POINT_COLOR=RED;
        LCD_ShowString(30,40,360,24,24,"Embedded System based on STM32");
        LCD_ShowString(30,70,200,16,16,"FSMC_LCD");
        LCD_ShowString(30,100,200,16,16,lcd_id);    //显示 LCD ID
        LCD_ShowString(30,120,200,12,12,"2019/12/16");
        x++;
        if(x==12)x=0;
        LED0=!LED0;
        delay_ms(1000);
    }
}
```

输入完成后保存，并单击按钮进行编译，可以看到，程序代码编译显示零错误零警告，说明程序编写在逻辑上没有问题。该部分代码将显示一些固定的字符，字体大小包括 24×12、16×8 和 12×6 像素三种，同时显示 LCD 驱动 IC 的型号，然后不停地切换背景颜色，每秒切换一次。而 LED0 也会不停地闪烁，以指示程序正在运行。其中用到一个 sprintf 函数，该函数的用法与 printf 函数的用法相同，只是 sprintf 函数把打印内容输出到指定的内存区间上。

下载代码到硬件后，可以看到屏幕的背景是不停切换的，同时 LED0 不停地闪烁，证明代码被正确执行，达到了预期的目的，实现了 TFTLCD 的驱动和字符的显示。

8.2　ADC 的编程应用

ADC（Analog to Digital Converter）即模拟/数字（A/D）转换器，其主要功能是将连续变量的模拟信号转换为离散的数字信号。由于 CPU 只能处理数字信号，因此在对外部的模拟信号进行分析、处理的过程中，必须使用 ADC 模块将外部的模拟信号转换成 CPU 所能处理的数字信号。STM32F10x 系列微控制器芯片上集成有 12 位的 A/D 转换器，它是一种逐次逼近型 A/D 转换器，有 18 个通道，可测量 16 个外部信号源和 2 个内部信号源。各通道的 A/D 转换可以单次、连续、扫描和间断模式执行，ADC 的转换结果可以左对齐或右对齐方式存储在 16 位数据寄存器中。

8.2.1　ADC 的主要操作与特征

1. ADC 的特征与结构

STM32F10x 系列微控制器芯片上的 ADC 的主要特征如下。

（1）ADC 供电电源为 2.4～3.6V，模拟输入范围为 0～3.6V。

（2）转换分辨率为 12 位。

（3）内嵌数据对齐方式。

（4）通道采样间隔时间可编程。

（5）每次 ADC 开始转换前进行一次自校准。

（6）可设置为单次、连续扫描和间断模式。

（7）带 ADC1 和 ADC2 两个 A/D 转换器，有 8 种转换方式。

（8）转换结束发生模拟看门狗事件时产生中断。

（9）规则通道转换期间有 DMA 请求产生。

（10）对于不同的 STM32 微控制器，ADC 转换时间约为 1μs。

STM32 微控制器的 ADC 内部结构主要由模拟输入通道、A/D 转换器、模拟看门狗、ADC 时钟、通道采样时间编程、外部触发转换、DMA 请求、温度传感器、ADC 的上电控制和中断电路等组成。ADC 模块结构如图 8.3 所示。

在外部电路连接中，V_{DDA} 和 V_{SSA} 应该分别连接 V_{DD} 和 V_{SS}。

ADC 寄存器说明如表 8.13 所示，ADC 寄存器每位的详细介绍可以参考《STM32F10x 中文参考手册》。

表 8.13　ADC 寄存器说明

ADC 寄存器	功 能 描 述
状态寄存器（ADC_SR）	获取当前 ADC 的状态
控制寄存器 1（ADC_CR1）	控制 ADC
控制寄存器 2（ADC_CR2）	控制 ADC
采样时间寄存器 1（ADC_SMPR1）	独立选择每个通道（通道 10～18）的采样时间
注入通道数据偏移寄存器 x（ADC_JOFRx，x=1, 2, 3, 4）	定义注入通道的数据偏移量，转换所得的原始数据减去相应偏移量
规则序列寄存器 1（ADC_SQR1）	定义规则转换的序列，包括长度和次序（第 13～16 个转换）
注入序列寄存器（ADC_JSQR）	定义注入转换的序列，包括长度和次序
注入数据寄存器 x（ADC_JDRx，x=1, 2, 3, 4）	保存注入转换所得到的结果
规则数据寄存器（ADC_DR）	保存规则转换所得到的结果

（1）模拟输入通道。ADC 模拟信号通道共有 18 个，可测 16 个外部信号源和 2 个内部信号源。其中，16 个模拟输入通道对应 ADC_IN0～ADC_IN15，2 个内部通道为温度传感器和内部参考电压。ADC 引脚介绍如表 8.14 所示。

表 8.14　ADC 引脚介绍

名　称	信 号 类 型	注　解
V_{REF+}	模拟参考输入电压正极	ADC 使用的正极参考电压，2.4V≤V_{REF+}≤V_{DDA}
V_{REF-}	模拟参考输入电压负极	ADC 使用的负极参考电压，V_{REF-}=V_{SSA}
V_{DDA}	模拟输入电源	等效于 V_{DD} 的模拟电源，2.4V≤V_{DDA}≤V_{DDA}（3.6V）
V_{SSA}	模拟输入电源地	等效于 V_{SS} 的模拟电源地
ADC_IN[15:0]	模拟输入信号	16 个模拟输入通道（ADC_IN0～ADC_IN15）

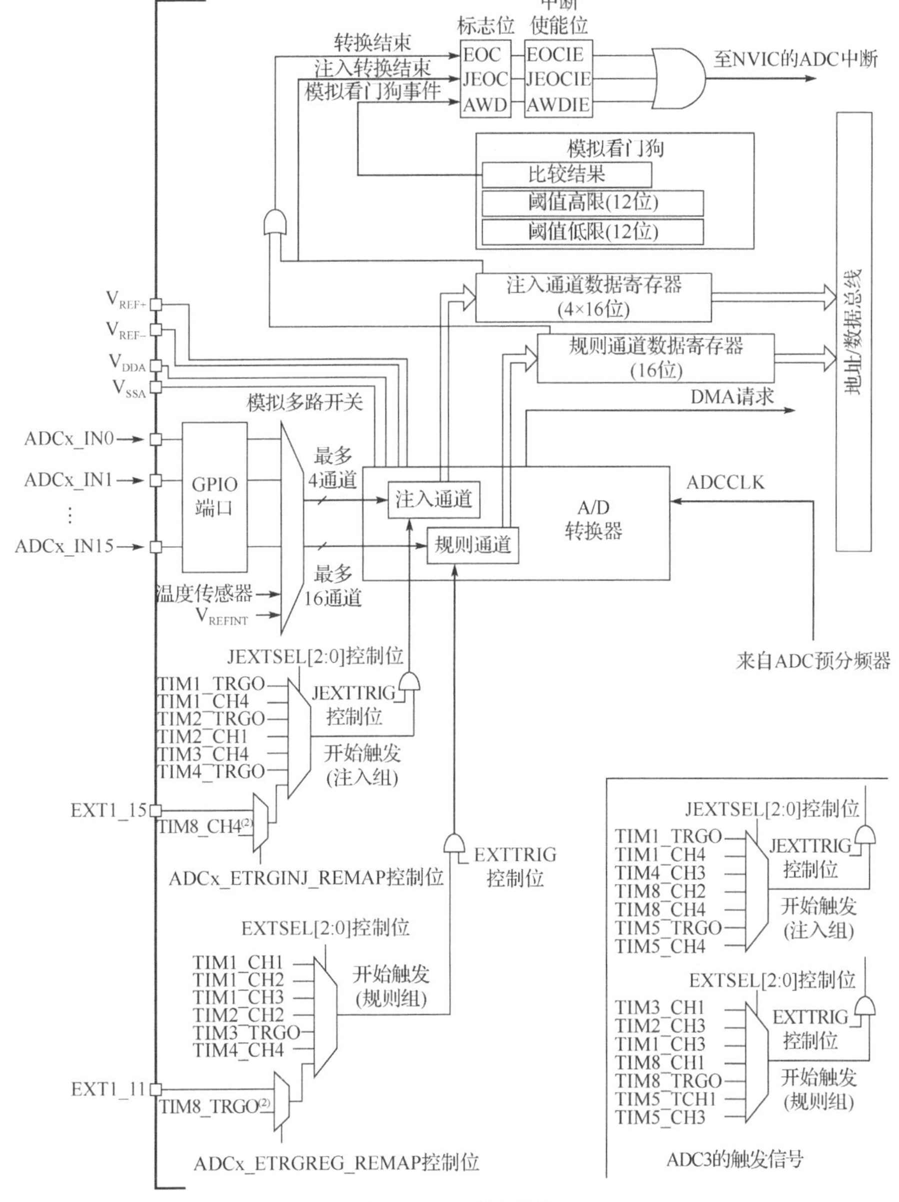

图 8.3　ADC 模块结构

（2）A/D 转换器。ADC 为逐次逼近型 A/D 转换器，分为规则通道和注入通道。每个通道都有相应的触发电路，规则通道的触发电路为规则组，注入通道的触发电路为注入组；每个通道也有相应的转换结果寄存器，分别称为规则通道数据寄存器和注入通道数据寄存器。

（3）模拟看门狗。它用于监控高低电压阈值，可作用于一个、多个或全部转换通道，当检测到的电压低于或高于设定电压阈值时，会产生中断。

（4）ADC 时钟。ADC 时钟由系统时钟控制器控制，与高速外设总线时钟 PCLK2 同步。时钟控制器为 ADC 时钟提供了一个专用的可编程预分频器，默认的分频值为 2。

（5）通道采样时间编程。ADC 使用若干个 ADC_CLK 周期对输入电压采样，采样周期数目可以通过 ADC_SMPR1 和 ADC_SMPR2 寄存器中的 SMP[2:0]位更改，每个通道可以以不同的时间采样。

总转换时间可按如下公式计算：

TCONV=采样时间 + 12.5 个周期

例如，ADCCLK=14MHz，采样时间为 1.5 个周期，则

TCONV=1.5+12.5=14 个周期 = 1μs

（6）外部触发转换。转换可以由外部事件触发（如定时器捕获和 EXTI 线等）。表 8.15 和表 8.16 描述了 ADC1 与 ADC2 用于不同通道（规则通道和注入通道）的外部触发。如果设置了 EXTTRIG 控制位，则外部事件可以触发转换。EXTSEL[2:0]控制位允许应用选择 8 个可能的事件中的某一个可以触发规则和注入组的采样。

表 8.15　ADC1 与 ADC2 用于规则通道的外部触发

触　发　源	类　　型	EXTSEL[2:0]
定时器 1 的 CC1 输出	片上定时器的内部信号	000
定时器 1 的 CC2 输出		001
定时器 1 的 CC3 输出		010
定时器 2 的 CC2 输出		011
定时器 3 的 TRGO 输出		100
定时器 4 的 CC4 输出		101
EXTI 线路 11	外部引脚	110
SWSTART	软件控制位	111

表 8.16　ADC1 与 ADC2 用于注入通道的外部触发

触　发　源	类　　型	EXTSEL[2:0]
定时器 1 的 TRGO 输出	片上定时器的内部信号	000
定时器 1 的 CC4 输出		001
定时器 2 的 TRGO 输出		010
定时器 2 的 CC1 输出		011
定时器 3 的 CC1 输出		100
定时器 4 的 TRGO 输出		101

续表

触 发 源	类　型	EXTSEL[2:0]
EXTI 线路 15	外部引脚	110
SWSTART	软件控制位	111

（7）DMA 请求。因为规则通道转换的值储存在一个唯一的数据寄存器中，所以当转换多个规则通道时，需要使用 DMA 请求，这样可以避免丢失已经存储在 ADC_DR 寄存器中的数据。

只有在规则通道转换结束时，才产生 DMA 请求，并将转换的数据从 ADC_DR 寄存器传输到指定的目的地址。

（8）温度传感器。温度传感器可以用来测量器件内部的温度，在内部与 ADCx_IN16 输入通道连接，该通道将传感器输出的电压转换成数字值。温度传感器的模拟输入采样时间是 17.1μs。

温度传感器的测量范围是-40～125℃，测量精度为 ± 1.5℃，读取温度的步骤如下。

① 选择 ADCx_IN16 输入通道。

② 选择采样时间大于 2.2μs。

③ 设置 ADC 控制寄存器 2（ADC_CR2）的 TSVREFE 位，以唤醒关电模式下的温度传感器。

（9）ADC 的上电控制。通过设置 ADC_CR1 寄存器的 ADON 位可使 ADC 上电。当第一次设置 ADON 位时，它将 ADC 从断电状态下唤醒。通过调用库函数 ADC_Cmd（ADC1, ENABLE）可以实现 ADON 位置位。ADC 上电延迟一段时间后，再次设置 ADON 位时开始转换。

通过消除 ADON 位可以停止转换，并将 ADC 置于断电模式。在这种模式下，ADC 几乎不耗电（仅几微安）。

（10）中断电路。中断电路有 3 种情况可以产生中断，即转换结束、注入转换结束和模拟看门狗事件。ADC 中断说明如表 8.17 所示。当规则组和注入组转换结束时，能产生中断；当模拟看门狗状态位被设置时，也能产生中断，它们都有独立的中断使能位。

表 8.17　ADC 中断说明

ADC 寄存器	事 件 标 志	使能控制位
设置模拟看门狗状态位	AWD	AWDIE
规则组转换结束	EOC	EOCIE
注入组转换结束	JEOC	JEOCIE

2．ADC 通道选择与工作模式

（1）ADC 通道选择。STM32 微控制器的每个 ADC 模块都有 16 个模拟输入通道，可分成 2 组转换，即规则通道和注入通道。在任意多个通道上由以任意顺序进行的一系列转换构成组转换。规则组由多达 16 个转换组成，规则通道和它们的转换顺序在 ADC_SQRx 寄存器中选择，规则组中转换的总数应写入 ADC_SQR1 寄存器的 L[3:0]位中；注入组由多达 4 个转换组成，注入通道和它们的转换顺序在 ADC_JSQR 寄存器中选择，注入组中的转换总数必须写入 ADC_JSQR 寄存器的 L[1:0]位中。

如果 ADC_SQRx 或 ADC_JSQR 寄存器在转换期间被更改，则当前的转换被消除，一个新的转换将会启动。温度传感器与 ADCx_IN16 输入通道相连接，内部参照电压 VREFINT 与 ADCx_IN17 输入通道相连接。ADC 可以按注入通道或规则通道对这两个内部通道进行转换。

（2）ADC 工作模式。STM32 微控制器的每个 ADC 模块可以通过内部的模拟多路开关切换到不同的输入通道并进行转换。按照工作模式划分，ADC 主要有 4 种转换模式，即单次转换模式、连续转换模式、扫描模式和间断模式。

① 单次转换模式。ADC 只执行一次转换的模式称为单次转换模式。该模式既可通过设置 ADC_CR2 寄存器的 ADON 位（只适用于规则通道）启动，也可通过外部触发启动（适用于规则通道或注入通道），这时 CONT 位为 0。

② 连续转换模式。前面的 ADC 转换一结束马上就启动另一次转换的模式称为连续转换模式。该模式通过外部触发启动或通过设置 ADC_CR2 寄存器上的 ADON 位启动。

对于以上两种转换模式，一旦被选通道转换完成，转换结果就会被储存在 16 位的 ADC_DR 寄存器中，EOC（转换结束）标志被设置，如果设置了 EOCIE 位，则会产生中断。ADC 转换时序图如图 8.4 所示，ADC 在开始转换前需要一个稳定时间 t_{STAB}。在开始 ADC 转换和 14 个时钟周期后，EOC 标志被设置，ADC 转换结果存于 16 位 ADC 数据寄存器中。

③ 扫描模式。扫描模式用来扫描一组模拟通道，可通过设置 ADC_CR1 寄存器的 SCAN 位来选择。一旦 SCAN 位被设置，ADC 扫描就可以启动。在每个组的每个通道上执行单次转换，当每次转换结束时，同一组的下一个通道被自动转换。如果设置了 CONT 位，转换不会在选择组的最后一个通道上停止，而是再次从选择组的第一个通道继续转换。如果设置了 DMA 位，在每次转换结束后，DMA 控制器会将规则组通道的转换数据传输到 SRAM 中，而注入通道转换的数据总是存储在 ADC_JDRx 寄存器中。

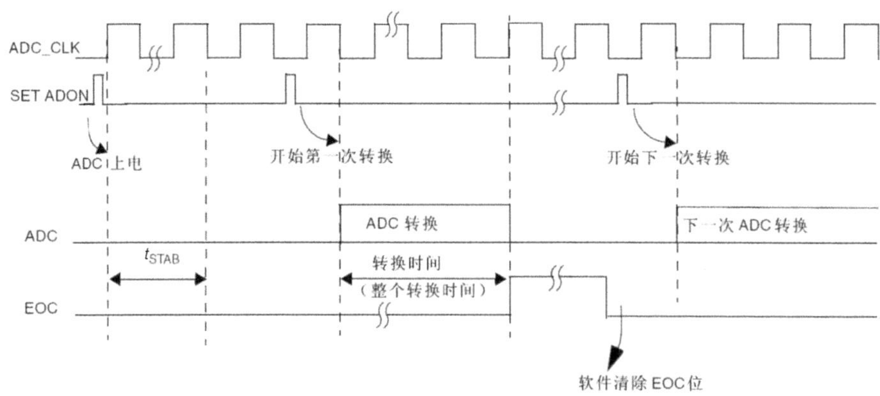

图 8.4　ADC 转换时序图

④ 间断模式。

- 触发注入。消除 ADC_CR1 寄存器的 JAUTO 位，并且设置 SCAN 位，即可使用触发注入功能。利用外部触发或通过设置 ADC_CR2 寄存器的 ADON 位，启动一组规则通道的转换。如果在规则通道转换期间产生外部触发注入，当前转换被复位，则注入通道序列以单次扫描模式被转换。

- 自动注入。如果设置了 JAUTO 位，在规则组通道之后，注入组通道被自动转换，这可以用来转换在 ADC_SQRx 寄存器和 IADC_JSQR 寄存器中设置的多达 20 个转换序列。在该模式下，必须禁止注入通道的外部触发。

3. ADC 的校准与数据对齐

（1）校准。ADC 有一个内置校准模式，校准可大幅度减小因内部电容器的变化而造成的精准度误差。在校准期间，每个电容器都会计算出一个误差修正码（数字值），该码用于消除在随后的转换中每个电容器上产生的误差。通过设置 ADC_CR2 寄存器的 CAL 位可启动校准。一旦校准结束，CAL 位被硬件复位，即可开始正常转换。建议在上电时执行一次 ADC 校准。校准阶段结束后，校准码储存在 ADC_DR 寄存器中。

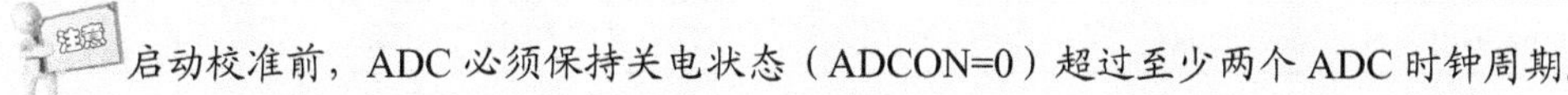

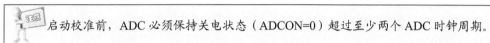

启动校准前，ADC 必须保持关电状态（ADCON=0）超过至少两个 ADC 时钟周期。

（2）数据对齐。ADC_CR2 寄存器中的 ALIGN 位用于选择转换后数据存储的对齐方式。数据既可以左对齐，也可以右对齐。注入组通道转换的数据值已经减去了在 ADC_JOFRx 寄存器中定义的偏移值，因此结果可能是一个负值。SEXT 位是扩展的符号值，对于规则组通道，不需要减去偏移值，因此只有 12 个有效位。

8.2.2　ADC 相关库函数概述

ADC 是一种提供可选择多通道输入、逐次逼近型的 A/D 转换器，分辨率为 12 位，有 18 个通道，可测量 16 个外部信号源和 2 个内部信号源。常用的 ADC 库函数如表 8.18 所示。

表 8.18　常用的 ADC 库函数

函 数 名	功 能 描 述
ADC_DeInit	将外设 ADCx 的全部寄存器重设为默认值
ADC_Init	根据 ADC_InitStruct 中指定的参数初始化外设 ADCx 的寄存器
ADC_StructInit	把 ADC_InitStruct 中的每个参数按默认值填入
ADC_Cmd	使能或失能指定的 ADC
ADC_DMACmd	使能或失能指定 ADC 的 DMA 请求
ADC_ITConfig	使能或失能指定的 ADC 中断
ADC_ResetCalibration	重置指定 ADC 的校准寄存器
ADC_GetResetCalibrationStatus	获取 ADC 重置校准寄存器的状态
ADC_StartCalibration	开始指定 ADC 的校准程序
ADC_GetCalibrationStatus	获取指定 ADC 的校准状态
ADC_SoftwareStartConvCmd	使能或失能指定 ADC 的软件转换启动功能
ADC_GetSoftwareStartConvStatus	获取 ADC 软件转换启动状态
ADC_DiscModeChannelCountConfig	对 ADC 规则组通道配置间断模式
ADC_DiscModeCmd	使能或失能指定 ADC 规则组通道的间断模式
ADC_RegularChannelConfig	设置指定 ADC 规则组通道的转化顺序和采样时间

续表

函 数 名	功 能 描 述
ADC_ExternalTrigConvConfig	使能或失能 ADCx 的经外部触发启动转换功能
ADC_GetConversionValue	返回最近一次 ADCx 规则组的转换结果
ADC_GetDuelModeConversionValue	返回最近一次双 ADC 模式下的转换结果
ADC_AutoInjectedConvCmd	使能或失能指定 ADC 在规则组转化后自动开始注入组转换
ADC_InjectedDiscModeCmd	使能或失能指定 ADC 的注入组间断模式
ADC_ExternalTrigInjectedConvConfig	配置 ADCx 的外部触发启动注入组转换功能
ADC_ExternalTrigInjectedConvCmd	使能或失能 ADCx 的经外部触发启动注入组转换功能
ADC_SoftwareStartInjectedConvCmd	使能或失能 ADCx 软件启动注入组转换功能
ADC_GetSoftwareStartInjectedConvStatus	获取指定 ADC 的软件启动注入组转换状态
ADC_InjectedChannelConfig	设置指定 ADC 注入组通道的转化顺序和采样时间
ADC_InjectedSequencerLengthConfig	设置注入组通道的转换顺序长度
ADC_SetInjectedOffset	设置注入组通道的转换偏移值
ADC_GetInjectedConversionValue	返回 ADC 指定注入通道的转换结果
ADC_AnalogWatchdogCmd	使能或失能指定（单个或全体）规则/注入组通道上的模拟看门狗
ADC_AnalogWatchdogThresholdsConfig	设置模拟看门狗的高/低阈值
ADC_AnalogWatchdogSingleChannelConfig	对单个 ADC 通道设置模拟看门狗
ADC_TampSensorVrefintCmd	使能或失能温度传感器和内部参考电压通道
ADC_GetFlagStatus	检查指定 ADC 标志位设置与否
ADC_ClearFlag	清除 ADCx 的待处理标志位
ADC_GetITStatus	检查指定的 ADC 中断是否发生
ADC_ClearITPendingBit	清除 ADCx 的中断待处理位

下面简要介绍一些常用的 ADC 库函数。

1. ADC 初始化与使能类函数

（1）ADC_DeInit 函数：该函数将外设 ADCx 的全部寄存器重设为默认值。

函数原型	void ADC_DeInit(ADC_TypeDef* ADCx)						
功能描述	将外设 ADCx 的全部寄存器重设为默认值						
输入参数	ADCx：x 可以取值为 1、2 或 3，用来选择 ADC 外设						
输出参数	无	返回值	无	先决条件	无	被调用函数	RCC_APB2PeriphClockCmd()

（2）ADC_Init 函数：该函数根据 ADC_InitStruct 中指定的参数初始化外设 ADCx 的寄存器。

函数原型	void ADC_Init(ADC_TypeDef* ADCx, ADC_InitTypeDef* ADC_InitStruct)						
功能描述	根据 ADC_InitStruct 中指定的参数初始化外设 ADCx 的寄存器						
输入参数 1	ADCx：x 可以取值为 1、2 或 3，用来选择 ADC 外设						
输入参数 2	ADC_InitStruct：指向结构体 ADC_InitTypeDef 的指针，包含指定外设 ADC 的配置信息						
输出参数	无	返回值	无	先决条件	无	被调用函数	无

ADC_InitTypeDef 结构体定义在 STM32 标准函数库文件中的 stm32f10x_adc.h 头文件下，具体定义如下。

```
typedef struct
{
  uint32_t ADC_Mode;                                   //工作模式
  FunctionalState ADC_ScanConvMode;                    //扫描模式
  FunctionalState ADC_ContinuousConvMode;              //连续转换
  uint32_t ADC_ExternalTrigConv;                       //外部触发
  uint32_t ADC_DataAlign;                              //数据对齐方式
  uint8_t ADC_NbrOfChannel;
} ADC_InitTypeDef;
```

每个 ADC_InitTypeDef 结构体成员的功能和相应的取值如下。

① ADC_Mode。该成员用来设置 ADC 工作在独立模式还是双 ADC 模式（有 2 个及以上 ADC 模块的产品可以使用双 ADC 模式），其取值定义如表 8.19 所示。

表 8.19　ADC_Mode 取值定义

ADC_Mode 取值	功 能 描 述
ADC_Mode_Independent	ADC1 和 ADC2 工作在独立模式
ADC_Mode_RegInjecSimult	ADC1 和 ADC2 工作在同步规则模式和同步注入模式
ADC_Mode_RegSimult_AlterTrig	ADC1 和 ADC2 工作在同步规则模式和交替触发模式
ADC_Mode_InjecSimult_FastInterl	ADC1 和 ADC2 工作在同步注入模式和快速交替模式
ADC_Mode_InjecSimult_SlowInterl	ADC1 和 ADC2 工作在同步注入模式和慢速交替模式
ADC_Mode_InjecSimult	ADC1 和 ADC2 工作在同步注入模式
ADC_Mode_RegSimult	ADC1 和 ADC2 工作在同步规则模式
ADC_Mode_FastInterl	ADC1 和 ADC2 工作在快速交替模式
ADC_Mode_SlowInterl	ADC1 和 ADC2 工作在慢速交替模式
ADC_Mode_AlterTrig	ADC1 和 ADC2 工作在交替触发模式

② ADC_ScanConvMode。该成员用来设置 ADC 工作在扫描（多通道）模式还是单次（单通道）模式，可取 ENABLE 或 DISABLE。

③ ADC_ContinuousConvMode。该成员用来设置 ADC 工作在连续转换模式还是单次转换（一次转换后停止，再次触发后进行下一次转换）模式下，可取 ENABLE 或 DISABLE。

④ ADC_ExternalTrigConv。该成员用来设定使用外部触发来启动规则通道的 A/D 转换，其取值定义如表 8.20 所示。

表 8.20　ADC_ExternalTrigConv 取值定义

ADC_ExternalTrigConv 取值	功 能 描 述
ADC_ExternalTrigConv_T1_CC1	选择定时器 1 的捕获/比较 1 作为转换外部触发
ADC_ExternalTrigConv_T1_CC2	选择定时器 1 的捕获/比较 2 作为转换外部触发
ADC_ExternalTrigConv_T1_CC3	选择定时器 1 的捕获/比较 3 作为转换外部触发
ADC_ExternalTrigConv_T2_CC2	选择定时器 2 的捕获/比较 2 作为转换外部触发

续表

ADC_ExternalTrigConv 取值	功 能 描 述
ADC_ExternalTrigConv_T3_TRGO	选择定时器 3 的 TRGO 作为转换外部触发
ADC_ExternalTrigConv_T4_CC4	选择定时器 4 的捕获/比较 4 作为转换外部触发
ADC_ExternalTrigConv_Ext_IT11	选择外部中断线 11 作为转换外部触发
ADC_ExternalTrigConv_None	转换由软件而不是外部触发启动

⑤ ADC_DataAlign。该成员用来设定 ADC 数据是向左对齐还是向右对齐，其取值定义如表 8.21 所示。

表 8.21　ADC_DataAlign 取值定义

ADC_DataAlign 取值	功 能 描 述
ADC_DataAlign_Right	ADC 数据右对齐
ADC_DataAlign_Left	ADC 数据左对齐

⑥ ADC_NbrOfChannel。该成员用来设定顺序进行规则转换的 ADC 通道数目，其数目的取值范围是 1～16。

例如，初始化 ADC1，工作在独立模式，扫描（多通道）模式开启，单次转换，选择外部中断线 11 作为转换外部触发，ADC 数据右对齐，顺序进行规则转换的 ADC 通道数为 16，代码如下。

```
ADC_InitTypeDef ADC_InitStructure;                              //定义结构体
ADC_InitStructure.ADC_Mode = ADC_Mode_Independent;              //工作在独立模式
ADC_InitStructure.ADC_ScanConvMode = ENABLE;                    //工作在扫描模式
ADC_InitStructure.ADC_ContinuousConvMode = DISABLE;             //单次转换
//选择外部中断线 11 作为转换外部触发
ADC_InitStructure.ADC_ExternalTrigConv= ADC_ExternalTrigConv_Ext_IT11;
ADC_InitStructure.ADC_DataAlign = ADC_DataAlign_Right; //ADC 数据右对齐
ADC_InitStructure.ADC_NbrOfChannel = 16;                        //通道数为 16
ADC_Init(ADC1, &ADC_InitStructure);                             //初始化 ADC1
```

（3）ADC_StructInit 函数：该函数把 ADC_InitStruct 中的每个参数按默认值填入。

函数原型	void ADC_StructInit(ADC_InitTypeDef* ADC_InitStruct)						
功能描述	把 ADC_InitStruct 中的每个参数按默认值填入						
输入参数	ADC_InitStruct：指向结构体 ADC_InitTypeDef 的指针，待初始化						
输出参数	无	返回值	无	先决条件	无	被调用函数	无

（4）ADC_Cmd 函数：该函数使能或失能指定的 ADC。

函数原型	void ADC_Cmd(ADC_TypeDef* ADCx, FunctionalState NewState)				
功能描述	使能或失能指定的 ADC				
输入参数 1	ADCx：x 可以取值为 1、2 或 3，用来选择 ADC 外设				
输入参数 2	NewState：指定 ADCx 的新状态（可取 ENABLE 或 DISABLE）				
输出参数	无	返回值	无	被调用函数	无
先决条件	ADC_Cmd 函数只能在其他 ADC 设置函数之后被调用				

（5）ADC_DMACmd 函数：该函数使能或失能指定 ADC 的 DMA 请求。

<table>
<tr><td>函数原型</td><td colspan="7">void ADC_DMACmd(ADC_TypeDef* ADCx, FunctionalState NewState)</td></tr>
<tr><td>功能描述</td><td colspan="7">使能或失能指定 ADC 的 DMA 请求</td></tr>
<tr><td>输入参数 1</td><td colspan="7">ADCx：x 可以取 1 或 3，用来选择 ADC 外设，这里需要注意的是，ADC2 没有 DMA 功能</td></tr>
<tr><td>输入参数 2</td><td colspan="7">NewState：指定 ADC DMA 请求的新状态（可取 ENABLE 或 DISABLE）</td></tr>
<tr><td>输出参数</td><td>无</td><td>返回值</td><td>无</td><td>先决条件</td><td>无</td><td>被调用函数</td><td>无</td></tr>
</table>

（6）ADC_SoftwareStartConvCmd 函数：该函数使能或失能指定 ADC 的软件转换启动功能。

<table>
<tr><td>函数原型</td><td colspan="7">void ADC_SoftwareStartConvCmd(ADC_TypeDef* ADCx, FunctionalState NewState)</td></tr>
<tr><td>功能描述</td><td colspan="7">使能或失能指定 ADC 的软件转换启动功能</td></tr>
<tr><td>输入参数 1</td><td colspan="7">ADCx：x 可以取值为 1、2 或 3，用来选择 ADC 外设</td></tr>
<tr><td>输入参数 2</td><td colspan="7">NewState：指定 ADC 软件转换启动的新状态（可取 ENABLE 或 DISABLE）</td></tr>
<tr><td>输出参数</td><td>无</td><td>返回值</td><td>无</td><td>先决条件</td><td>无</td><td>被调用函数</td><td>无</td></tr>
</table>

（7）ADC_DiscModeCmd 函数：该函数使能或失能指定 ADC 规则组通道的间断模式。

<table>
<tr><td>函数原型</td><td colspan="7">void ADC_DiscModeCmd(ADC_TypeDef* ADCx, FunctionalState NewState)</td></tr>
<tr><td>功能描述</td><td colspan="7">使能或失能指定 ADC 规则组通道的间断模式</td></tr>
<tr><td>输入参数 1</td><td colspan="7">ADCx：x 可以取值为 1、2 或 3，用来选择 ADC 外设</td></tr>
<tr><td>输入参数 2</td><td colspan="7">NewState：指定 ADC 规则组通道上间断模式的新状态（可取 ENABLE 或 DISABLE）</td></tr>
<tr><td>输出参数</td><td>无</td><td>返回值</td><td>无</td><td>先决条件</td><td>无</td><td>被调用函数</td><td>无</td></tr>
</table>

（8）ADC_AutoInjectedConvCmd 函数：该函数使能或失能指定 ADC 在规则组转化后自动开始注入组转换。

<table>
<tr><td>函数原型</td><td colspan="7">void ADC_AutoInjectedConvCmd(ADC_TypeDef* ADCx, FunctionalState NewState)</td></tr>
<tr><td>功能描述</td><td colspan="7">使能或失能指定 ADC 在规则组转化后自动开始注入组转换</td></tr>
<tr><td>输入参数 1</td><td colspan="7">ADCx：x 可以取值为 1、2 或 3，用来选择 ADC 外设</td></tr>
<tr><td>输入参数 2</td><td colspan="7">NewState：指定 ADC 自动注入转化的新状态（可取 ENABLE 或 DISABLE）</td></tr>
<tr><td>输出参数</td><td>无</td><td>返回值</td><td>无</td><td>先决条件</td><td>无</td><td>被调用函数</td><td>无</td></tr>
</table>

例如，使能 ADC2 在规则组转换后自动开始注入转换：

```
ADC_AutoInjectedConvCmd(ADC2, ENABLE);
```

（9）ADC_InjectedDiscModeCmd 函数：该函数使能或失能指定 ADC 的注入组间断模式。

<table>
<tr><td>函数原型</td><td colspan="7">void ADC_InjectedDiscModeCmd(ADC_TypeDef* ADCx, FunctionalState NewState)</td></tr>
<tr><td>功能描述</td><td colspan="7">使能或失能指定 ADC 的注入组间断模式</td></tr>
<tr><td>输入参数 1</td><td colspan="7">ADCx：x 可以取值为 1、2 或 3，用来选择 ADC 外设</td></tr>
<tr><td>输入参数 2</td><td colspan="7">NewState：指定 ADC 注入组通道上间断模式的新状态（可取 ENABLE 或 DISABLE）</td></tr>
<tr><td>输出参数</td><td>无</td><td>返回值</td><td>无</td><td>先决条件</td><td>无</td><td>被调用函数</td><td>无</td></tr>
</table>

（10）ADC_SoftwareStartInjectedConvCmd 函数：该函数使能或失能 ADCx 软件启动注入组转换功能。

函数原型	void ADC_SoftwareStartInjectedConvCmd(ADC_TypeDef* ADCx, FunctionalState NewSt ate)						
功能描述	使能或失能 ADCx 软件启动注入组转换功能						
输入参数 1	ADCx：x 可以取值为 1、2 或 3，用来选择 ADC 外设						
输入参数 2	NewState：指定 ADC 软件触发启动注入转换的新状态（可取 ENABLE 或 DISABLE）						
输出参数	无	返回值	无	先决条件	无	被调用函数	无

2. ADC 设置获取类函数

（1）ADC_ResetCalibration 函数：该函数重置指定 ADC 的校准寄存器。

函数原型	void ADC_ResetCalibration(ADC_TypeDef* ADCx)						
功能描述	重置指定 ADC 的校准寄存器						
输入参数	ADCx：x 可以取值为 1、2 或 3，用来选择 ADC 外设						
输出参数	无	返回值	无	先决条件	无	被调用函数	无

（2）ADC_GetResetCalibrationStatus 函数：该函数获取 ADC 重置校准寄存器的状态。

函数原型	FlagStatus ADC_GetResetCalibrationStatus(ADC_TypeDef* ADCx)		
功能描述	获取 ADC 重置校准寄存器的状态		
输入参数	ADCx：x 可以取值为 1、2 或 3，用来选择 ADC 外设		
输出参数	无	返回值	ADC 重置校准寄存器的新状态（可取 SET 或 RESET）
先决条件	无	被调用函数	无

例如，获取 ADC2 重置校准寄存器的状态：

```
FlagStatus status;
Status = ADC_GetResetCalibrationStatus(ADC2);
```

（3）ADC_StartCalibration 函数：该函数开始指定 ADC 的校准程序。

函数原型	void ADC_StartCalibration(ADC_TypeDef* ADCx)						
功能描述	开始指定 ADC 的校准程序						
输入参数	ADCx：x 可以取值为 1、2 或 3，用来选择 ADC 外设						
输出参数	无	返回值	无	先决条件	无	被调用函数	无

（4）ADC_GetCalibrationStatus 函数：该函数获取指定 ADC 的校准状态。

函数原型	FlagStatus ADC_GetCalibrationStatus(ADC_TypeDef* ADCx)		
功能描述	获取指定 ADC 的校准状态		
输入参数	ADCx：x 可以取值为 1、2 或 3，用来选择 ADC 外设		
输出参数	无	返回值	ADC 校准的新状态（可取 SET 或 RESET）
先决条件	无	被调用函数	无

（5）ADC_GetSoftwareStartConvStatus 函数：该函数获取 ADC 软件转换启动状态。

函数原型	FlagStatus ADC_GetSoftwareStartConvStatus(ADC_TypeDef* ADCx)		
功能描述	获取 ADC 软件转换启动状态		
输入参数	ADCx：x 可以取值为 1、2 或 3，用来选择 ADC 外设		
输出参数	无	返回值	ADC 软件转换启动的新状态（可取 SET 或 RESET）
先决条件	无	被调用函数	无

（6）ADC_RegularChannelConfig 函数：该函数设置指定 ADC 规则组通道的转化顺序和采样时间。

函数原型	void ADC_RegularChannelConfig(ADC_TypeDef* ADCx, uint8_t ADC_Channel, uint8_t Rank, uint8_t ADC_SampleTime)						
功能描述:	设置指定 ADC 规则组通道的转化顺序和采样时间						
输入参数 1	ADCx：x 可以取值为 1、2 或 3，用来选择 ADC 外设						
输入参数 2	ADC_Channel：被设置的 ADC 通道，其取值定义如表 8.22 所示						
输入参数 3	Rank：规则组采样顺序，取值范围为 1～16						
输入参数 4	ADC_SampleTime：指定 ADC 通道的采样时间值，其取值定义如表 8.23 所示						
输出参数	无	返回值	无	先决条件	无	被调用函数	无

表 8.22　ADC_Channel 取值定义

ADC_Channel 取值	功 能 描 述	ADC_Channel 取值	功 能 描 述
ADC_Channel_0	选择 ADC 通道 0	ADC_Channel_9	选择 ADC 通道 9
ADC_Channel_1	选择 ADC 通道 1	ADC_Channel_10	选择 ADC 通道 10
ADC_Channel_2	选择 ADC 通道 2	ADC_Channel_11	选择 ADC 通道 11
ADC_Channel_3	选择 ADC 通道 3	ADC_Channel_12	选择 ADC 通道 12
ADC_Channel_4	选择 ADC 通道 4	ADC_Channel_13	选择 ADC 通道 13
ADC_Channel_5	选择 ADC 通道 5	ADC_Channel_14	选择 ADC 通道 14
ADC_Channel_6	选择 ADC 通道 6	ADC_Channel_15	选择 ADC 通道 15
ADC_Channel_7	选择 ADC 通道 7	ADC_Channel_16	选择 ADC 通道 16
ADC_Channel_8	选择 ADC 通道 8	ADC_Channel_17	选择 ADC 通道 17

表 8.23　ADC_SampleTime 取值定义

ADC_SampleTime 取值	功 能 描 述
ADC_SampleTime_1Cycles5	采样时间为 1.5 倍时钟周期
ADC_SampleTime_7Cycles5	采样时间为 7.5 倍时钟周期
ADC_SampleTime_13Cycles5	采样时间为 13.5 倍时钟周期
ADC_SampleTime_28Cycles5	采样时间为 28.5 倍时钟周期
ADC_SampleTime_41Cycles5	采样时间为 41.5 倍时钟周期
ADC_SampleTime_55Cycles5	采样时间为 55.5 倍时钟周期
ADC_SampleTime_71Cycles5	采样时间为 71.5 倍时钟周期
ADC_SampleTime_239Cycles5	采样时间为 239.5 倍时钟周期

例如，设置 ADC1 的通道 8 的采样时间为 1.5 倍的时钟周期，从第 2 个周期开始转换：

```
ADC_RegularChannelConfig(ADC1, ADC_Channel_8, 2, ADC_SampleTime_1Cycles5);
```

（7）ADC_InjectedChannelConfig 函数：该函数设置指定 ADC 注入组通道的转化顺序和采样时间。

函数原型	void ADC_InjectedChannelConfig(ADC_TypeDef* ADCx, uint8_t ADC_Channel, uint8_t Rank, uint8_t ADC_SampleTime)					
功能描述	设置指定 ADC 注入组通道的转化顺序和采样时间					
输入参数 1	ADCx：x 可以取值为 1、2 或 3，用来选择 ADC 外设					
输入参数 2	ADC_Channel：被设置的 ADC 通道					
输入参数 3	Rank：规则组采样顺序，取值范围为 1～16					
输入参数 4	ADC_SampleTime：指定 ADC 通道的采样时间值					
输出参数	无	返回值	无	先决条件	无	被调用函数	无

例如，设置 ADC1 通道 12 的采样时间为 28.5 倍的时钟周期，第 2 个周期开始转换：

```
ADC_InjectedChannelConfig(ADC1, ADC_Channel_12, 2, ADC_SampleTime_28Cycles5);
```

3. ADC 转换结果类函数

（1）ADC_GetConversionValue 函数：该函数返回最近一次 ADCx 规则组的转换结果。

函数原型	uint16_t ADC_GetConversionValue(ADC_TypeDef* ADCx)						
功能描述	返回最近一次 ADCx 规则组的转换结果						
输入参数	ADCx：x 可以取值为 1、2 或 3，用来选择 ADC 外设						
输出参数	无	返回值	转换结果	先决条件	无	被调用函数	无

例如，返回 ADC1 上一次的转换结果：

```
uint16_t DataValue;
DataValue = ADC_GetConversionValue(ADC1);
```

（2）ADC_GetDuelModeConversionValue 函数：该函数返回最近一次双 ADC 模式下的转换结果。

函数原型：	uint32_t ADC_GetDuelModeConversionValue(void)								
功能描述：	返回最近一次双 ADC 模式下的转换结果								
输入参数	无	输出参数	无	返回值	转换结果	先决条件	无	被调用函数	无

例如，返回 ADC1 和 ADC2 最近一次的转换结果：

```
uint32_t DataValue;
DataValue = ADC_GetDuelModeConversionValue();
```

（3）ADC_GetInjectedConversionValue 函数：该函数返回 ADC 指定注入通道的转换结果。

函数原型	uint16_t ADC_GetInjectedConversionValue(ADC_TypeDef* ADCx, uint8_t ADC_InjectedChannel)						
功能描述	返回 ADC 指定注入通道的转换结果						
输入参数 1	ADCx：x 可以取值为 1、2 或 3，用来选择 ADC 外设						
输入参数 2	ADC_InjectedChannel：转换后的 ADC 注入通道，其取值定义如表 8.24 所示						
输出参数	无	返回值	转换结果	先决条件	无	被调用函数	无

表 8.24　ADC_InjectedChannel 取值定义

ADC_InjectedChannel 取值	功 能 描 述
ADC_InjectedChannel_1	注入通道 1
ADC_InjectedChannel_2	注入通道 2
ADC_InjectedChannel_3	注入通道 3
ADC_InjectedChannel_4	注入通道 4

例如，返回 ADC1 指定注入通道 1 的转换结果：

```
uint16_t InjectedDataValue;
InjectedDataValue = ADC_GetInjectedConversionValue(ADC1, ADC_InjectedChannel_1);
```

4. ADC 标志与中断类函数

（1）ADC_GetFlagStatus 函数：该函数检查指定 ADC 标志位设置与否。

函数原型	FlagStatus ADC_GetFlagStatus(ADC_TypeDef* ADCx, uint8_t ADC_FLAG)		
功能描述	检查指定 ADC 标志位设置与否		
输入参数 1	ADCx：x 可以取值为 1、2 或 3，用来选择 ADC 外设		
输入参数 2	ADC_FLAG：待检查的指定 ADC 标志位，其取值定义如表 8.25 所示		
输出参数	无	返回值	指定 ADC 标志位的新状态（可取 SET 或 RESET）
先决条件	无	被调用函数	无

表 8.25　ADC_FLAG 取值定义

ADC_FLAG 取值	功 能 描 述	ADC_FLAG 取值	功 能 描 述
ADC_FLAG_AWD	模拟看门狗标志位	ADC_FLAG_EOC	转换结束标志位
ADC_FLAG_JEOC	注入组转换结束标志位	ADC_FLAG_JSTRT	注入组转换开始标志位
ADC_FLAG_STRT	规则组转换开始标志位		

例如，检查 ADC1 转换结束标志位是否置位：

```
FlagStatus status;
status = ADC_GetFlagStatus(ADC1, ADC_FLAG_EOC);
```

（2）ADC_ClearFlag 函数：该函数清除 ADCx 的待处理标志位。

函数原型	FlagStatus ADC_ClearFlag(ADC_TypeDef* ADCx, uint8_t ADC_FLAG)						
功能描述	清除 ADCx 的待处理标志位						
输入参数 1	ADCx：x 可以取值为 1、2 或 3，用来选择 ADC 外设						
输入参数 2	ADC_FLAG：待清除的指定 ADC 标志位						
输出参数	无	返回值	无	先决条件	无	被调用函数	无

（3）ADC_ITConfig 函数：该函数使能或失能指定的 ADC 的中断。

函数原型	void ADC_ITConfig(ADC_TypeDef* ADCx, uint16_t ADC_IT, FunctionalState NewState)
功能描述	使能或失能指定的 ADC 中断

输入参数 1	ADCx：x 可以取值为 1、2 或 3，用来选择 ADC 外设						
输入参数 2	ADC_IT：待使能或失能指定的 ADC 中断源，其取值定义如表 8.26 所示						
输入参数 3	NewState：指定 ADC 中断的新状态（可取 ENABLE 或 DISABLE）						
输出参数	无	返回值	无	先决条件	无	被调用函数	无

表 8.26 ADC_IT 取值定义

ADC_IT 取值	功 能 描 述
ADC_IT_EOC	EOC 中断屏蔽
ADC_IT_JEOC	JEOC 中断屏蔽
ADC_IT_AWD	AWD 中断屏蔽

（4）ADC_GetITStatus 函数：该函数检查指定的 ADC 中断是否发生。

函数原型	ITStatus ADC_GetITStatus(ADC_TypeDef* ADCx, uint16_t ADC_IT)		
功能描述	检查指定的 ADC 中断是否发生		
输入参数 1	ADCx：x 可以取值为 1、2 或 3，用来选择 ADC 外设		
输入参数 2	ADC_IT：待检查的指定 ADC 中断源		
输出参数	无	返回值	指定 ADC 中断源的新状态（可取 SET 或 RESET）
先决条件	无	被调用函数	无

（5）ADC_ClearITPendingBit 函数：该函数清除 ADCx 的中断待处理位。

函数原型	void ADC_ClearITPendingBit(ADC_TypeDef* ADCx, uint16_t ADC_IT)						
功能描述	清除 ADCx 的中断待处理位						
输入参数 1	ADCx：x 可以取值为 1、2 或 3，用来选择 ADC 外设						
输入参数 2	ADC_IT：待清除的 ADC 中断源						
输出参数	无	返回值	无	先决条件	无	被调用函数	无

8.2.3 ADC 的编程应用实例

经过前两节的讲解，我们已经比较全面地了解了 STM32 微控制器的 ADC。本节将讲解如何使用库函数来设定使用 ADC1 的通道 1 进行 A/D 转换，使用到的库函数分布在 stm32f10x_adc.c 文件和 stm32f10x_adc.h 头文件中。需要说明的是，STM32F103ZET6 的 ADC 通道 1 在 PA1 端口上，表 8.27 列出了 ADC 通道与 GPIO 的对应关系。

表 8.27 ADC 通道与 GPIO 的对应关系

通 道 号	ADC1	ADC2	ADC3
通道 0	PA0	PA0	PA0
通道 1	PA1	PA1	PA1
通道 2	PA2	PA2	PA2
通道 3	PA3	PA3	PA3

续表

通　道　号	ADC1	ADC2	ADC3
通道 4	PA4	PA4	PF6
通道 5	PA5	PA5	PF7
通道 6	PA6	PA6	PF8
通道 7	PA7	PA7	PF9
通道 8	PB0	PB0	PF10
通道 9	PB1	PB1	
通道 10	PC0	PC0	PC0
通道 11	PC1	PC1	PC1
通道 12	PC2	PC2	PC2
通道 13	PC3	PC3	PC3
通道 14	PC4	PC4	
通道 15	PC5	PC5	
通道 16	温度传感器		
通道 17	内部参照电压		

使用 ADC1 的通道 1 进行 A/D 转换的具体设置步骤如下。

① 开启 PA 端口时钟和 ADC1 时钟，设置 PA1 为模拟输入。

② 复位 ADC1，同时设置 ADC1 分频因子。

③ 初始化 ADC1 参数，设置 ADC1 的工作模式和规则序列的相关信息。

④ 使能 ADC 并校准。

⑤ 读取 ADC 值。

本例程所使用的硬件主要为 ADC、LED0 和上一节使用的 TFTLCD 模块，LED 和 TFTLCD 模块的硬件连接不需要做任何调整，相应地，这两部分的硬件配置程序也不需要任何变动，具体程序代码已经介绍过了。而 ADC 属于 STM32 的内部资源，实际上只需要软件设置就可以正常工作，不过需要在外部连接其端口到被测电压上面。本节通过 ADC1 的通道 1 来读取外部电压值，因为要连接到其他地方测试电压，所以需要 1 根杜邦线，一端与 PA1 连接，另一端与需要测试的电压点相连接（一定要确保该待测电压不大于 3.3V，否则可能烧坏 ADC）。

本例程可以在上一节“FSMC 驱动 TFTLCD”例程中的程序代码基础上修改。打开 Project 文件夹，将其中的文件名更改为 ADC.uvprojx；然后双击打开，LED 和 TFTLCD 的相关配置程序不需要进行更改；新建一个文件 adc.c，用于编写 ADC 相关配置程序代码，并保存在 Hardware\ADC 文件夹中，代码如下。

```
#include "adc.h"
#include "delay.h"

/*****************************************************************
```

```
**函 数 名：Adc_Init
**功能描述：初始化 ADC
**输入参数：无
**输出参数：无
**说    明：这里仅以规则通道为例，默认将开启通道 0～3
**************************************************************/
void  Adc_Init(void)
{
   ADC_InitTypeDef ADC_InitStructure;
   GPIO_InitTypeDef GPIO_InitStructure;
   //使能 ADC1 通道时钟
   RCC_APB2PeriphClockCmd(RCC_APB2Periph_GPIOA | RCC_APB2Periph_ADC1,
   ENABLE );
   //设置 ADC 分频因子 6:72MHz/6=12MHz，ADC 最大不能超过 14MHz
   RCC_ADCCLKConfig(RCC_PCLK2_Div6);
   //PA1 作为模拟通道输入引脚
   GPIO_InitStructure.GPIO_Pin = GPIO_Pin_1;
   GPIO_InitStructure.GPIO_Mode = GPIO_Mode_AIN;   //模拟输入引脚
   GPIO_Init(GPIOA, &GPIO_InitStructure);
   ADC_DeInit(ADC1);                               //复位 ADC1

   //ADC 工作模式:ADC1 和 ADC2 工作在独立模式
   ADC_InitStructure.ADC_Mode = ADC_Mode_Independent;
   ADC_InitStructure.ADC_ScanConvMode = DISABLE;   //A/D 转换工作在单通道模式
   //A/D 转换工作在单次转换模式
   ADC_InitStructure.ADC_ContinuousConvMode = DISABLE;
   //转换由软件而不是外部触发启动
   ADC_InitStructure.ADC_ExternalTrigConv = ADC_ExternalTrigConv_None;
   ADC_InitStructure.ADC_DataAlign = ADC_DataAlign_Right;//ADC 数据右对齐
   ADC_InitStructure.ADC_NbrOfChannel = 1;   //顺序进行规则转换的 ADC 通道的数目
   //根据 ADC_InitStruct 中指定的参数初始化外设 ADCx 的寄存器
   ADC_Init(ADC1, &ADC_InitStructure);
   ADC_Cmd(ADC1, ENABLE);                          //使能指定的 ADC1
   ADC_ResetCalibration(ADC1);                     //使能复位校准
   while(ADC_GetResetCalibrationStatus(ADC1));     //等待复位校准结束
   ADC_StartCalibration(ADC1);                     //开启 ADC 校准
   while(ADC_GetCalibrationStatus(ADC1));          //等待校准结束
}
/**************************************************************
**函 数 名：Get_Adc
**功能描述：获取 ADC 值
**输入参数：ch，通道值，可取 0～3
**输出参数：无
**************************************************************/
uint16_t Get_Adc(uint8_t ch)
{
   //设置指定 ADC 的规则组通道，一个序列，采样时间
   //ADC1 和 ADC 通道，采样时间为 239.5 个周期
   ADC_RegularChannelConfig(ADC1, ch, 1, ADC_SampleTime_239Cycles5);
   ADC_SoftwareStartConvCmd(ADC1, ENABLE);  //使能指定的 ADC1 的软件转换启动功能
   while(!ADC_GetFlagStatus(ADC1, ADC_FLAG_EOC )); //等待转换结束
   return ADC_GetConversionValue(ADC1);      //返回最近一次 ADC1 规则组的转换结果
}
/**************************************************************
**函 数 名：Get_Adc_Average
```

```
**功能描述：多次获取 ADC 值，取平均
**输入参数：ch，通道值，可取 0～3；times，采样总时间
**输出参数：ADC 平均值
*************************************************************/
uint16_t Get_Adc_Average(uint8_t ch,uint8_t times)
{
    uint32_t temp_val=0;
    uint8_t t;
    for(t=0;t<times;t++)
    {
        temp_val+=Get_Adc(ch);
        delay_ms(5);
    }
    return temp_val/times;
}
```

上述代码包含三个函数，在每个函数前都编写了相应的注解。Adc_Init 函数用于初始化 ADC1，基本上是按照前面所讲的步骤进行初始化的，这里仅开通了通道 1；Get_Adc 函数用于读取某个通道的 ADC 值，如读取通道 1 上的 ADC 值，可以通过 Get_Adc(1)来实现；Get_Adc_Average 函数用于多次获取 ADC 值，并取其平均值，从而提高准确度。

之后按同样的方法，新建一个名为 adc.h 的头文件，用来声明相关函数，方便其他文件调用，该文件也保存在 ADC 文件夹中。在 adc.h 头文件中输入如下代码。

```
#ifndef __ADC_H
#define __ADC_H
#include "sys.h"

void Adc_Init(void);                                    //初始化 ADC
uint16_t  Get_Adc(uint8_t ch);                          //获取 ADC 值
uint16_t Get_Adc_Average(uint8_t ch,uint8_t times);     //获取 ADC 平均值

#endif
```

接下来，在“Manage Project Items”项目分组管理界面中把 adc.c 文件加入 Hardware 组中，并将 adc.h 头文件的路径加入工程中，之后就可以回到工程主界面对主函数进行编程了。打开 main.c 文件，并在文件中编写如下代码。

```
#include "led.h"
#include "delay.h"
#include "sys.h"
#include "lcd.h"
#include "usart.h"
#include "adc.h"

int main(void)
{
    uint16_t adcx;
    float temp;
    delay_init();                                       //延时函数初始化
    //设置中断优先级分组为组 2：2 位抢占优先级，2 位响应优先级
    NVIC_PriorityGroupConfig(NVIC_PriorityGroup_2);
    uart_init(115200);                                  //串口初始化为 115 200
```

```
    LED_Init();                                                //LED 端口初始化
    LCD_Init();
    Adc_Init();                                                //ADC 初始化
    POINT_COLOR=RED;                                           //设置字体为红色
    LCD_ShowString(30,40,360,24,24,"Embedded System based on STM32");
    LCD_ShowString(30,70,200,16,16,"ADC");
    LCD_ShowString(30,100,200,12,12,"2019/12/17");
    //显示提示信息
    POINT_COLOR=BLUE;                                          //设置字体为蓝色
    LCD_ShowString(60,130,200,16,16,"ADC_CH1_VAL:");
    LCD_ShowString(60,150,200,16,16,"ADC_CH1_VOL:0.000V");

    while(1)
    {
        adcx=Get_Adc_Average(ADC_Channel_1,10);
        LCD_ShowxNum(156,130,adcx,4,16,0);                     //显示 ADC 值
        temp=(float)adcx*(3.3/4096);
        adcx=temp;
        LCD_ShowxNum(156,150,adcx,1,16,0);                     //显示电压值
        temp-=adcx;
        temp*=1000;
        LCD_ShowxNum(172,150,temp,3,16,0X80);
        LED0=!LED0;
        delay_ms(250);
    }
}
```

输入完成后保存，并单击按钮进行编译，可以看到，程序代码编译显示零错误零警告，说明程序编写在逻辑上没有问题。在 TFTLCD 模块上显示与本例程相关的提示信息，将每隔 250ms 读取一次 ADC 通道 1 的值，并显示读到的 ADC 值（数字量）及其转换成模拟量后的电压值，同时控制 LED0 每隔 250ms 闪烁一次，以提示程序正在运行。

下载代码到硬件后，可以看到 LED0 不停地闪烁，并且在 TFTLCD 模块上显示读到的 ADC 值和所测得的电压值，与预期效果一致，说明系统设计是成功的。关于 ADC 的其他应用，读者可以自行尝试编程。这里再次提醒，在测试过程中待测电压不要大于 3.3V，否则可能烧坏 ADC。

8.3 DAC 的编程应用

DAC（Digital to Analog Converter）即数字/模拟（D/A）转换器，其主要功能是将所输入的数字信号转换为模拟信号输出。DAC 可以配置为 8 位或 12 位模式，也可以与 DMA 控制器配合使用。DAC 工作在 12 位模式时，数据可以设置成左对齐或右对齐。DAC 模块有 2 个输出通道，每个通道都有单独的转换器。在双 DAC 模式下，2 个通道既可以独立地进行转换，也可以同时进行转换并同步更新 2 个通道的输出。DAC 可以通过引脚输入参考电压 V_{REF+}，以获得更精确的转换结果。STM32F103 系列只有大容量芯片才内置有 DAC 功能。

8.3.1　DAC 的主要操作与特征

1. DAC 的特征与结构

STM32F10x 微控制器的 DAC 的主要特征如下。

（1）2 个 D/A 转换器，每个转换器对应 1 个输出通道。

（2）8 位或 12 位单调输出。

（3）12 位模式下数据左对齐或右对齐。

（4）同步更新功能。

（5）生成噪声波形或三角波形。

（6）双 DAC 通道同时或分别转换。

（7）每个通道都有 DMA 功能。

（8）外部触发转换。

（9）输入参考电压 V_{REF+}。

单个 DAC 通道的结构框图如图 8.5 所示，框图的边缘分别是 DAC 的各个引脚。DAC 引脚介绍如表 8.28 所示。

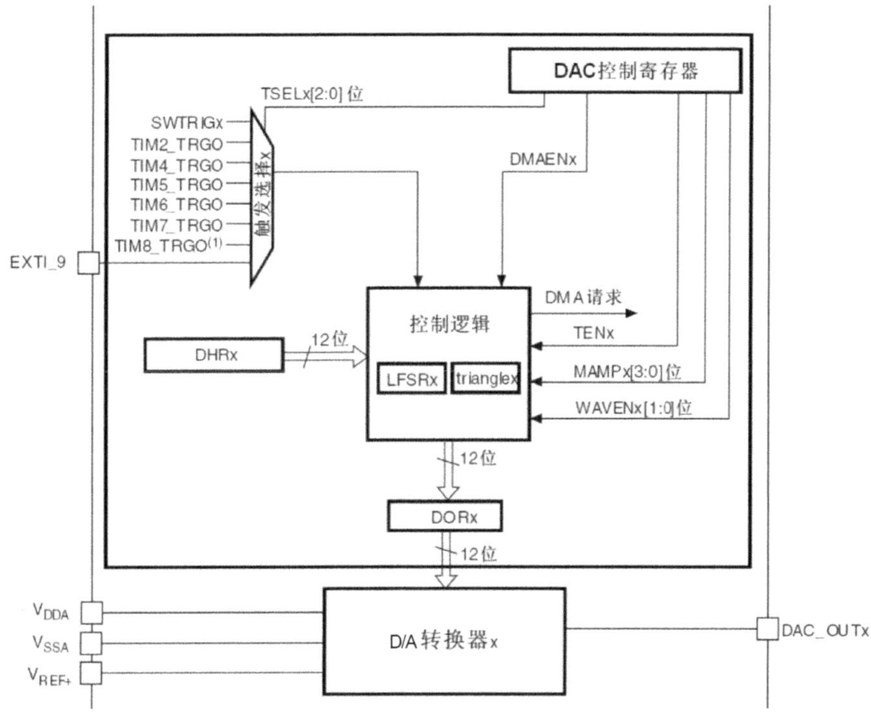

图 8.5　单个 DAC 通道的结构框图

表 8.28　DAC 引脚介绍

名　称	信 号 类 型	注　解
V_{REF+}	模拟参考输入电压正极	ADC 使用的正极参考电压，$2.4V \leq V_{REF+} \leq V_{DDA}$（3.3V）
V_{DDA}	模拟输入电源	模拟电源
V_{SSA}	模拟输入电源地	模拟电源的地线
DAC_OUTx	模拟输出信号	DAC 通道 x 的模拟输出

注意：一旦使能 DACx 通道，相应的 GPIO 端口就会自动与 DAC 的模拟输出相连（DAC_OUTx）。STM32F103ZET6 只有 2 个 DAC_OUTx 引脚，分别为 DAC_OUT1（PA4）和 DAC_OUT2（PA5）。为了避免寄生的干扰和额外的功耗，在 DACx 通道使能之前，对应的 GPIO 端口应当设置成模拟输入。

DAC 寄存器说明如表 8.29 所示。DAC 寄存器中每位的详细介绍可参考《STM32F10x 中文参考手册》。

表 8.29　DAC 寄存器说明

DAC 寄存器	功 能 描 述
控制寄存器（DAC_CR）	控制 DAC
软件触发寄存器（DAC_SWTRIGR）	配置 DAC 通道软件触发使能
DAC 通道 1 的 12 位右对齐数据保持寄存器（DAC_DHR12R1）	保持 DAC 通道 1 的 12 位数据右对齐
DAC 通道 1 的 12 位左对齐数据保持寄存器（DAC_DHR12L1）	保持 DAC 通道 1 的 12 位数据左对齐
DAC 通道 1 的 8 位右对齐数据保持寄存器（DAC_DHR8R1）	保持 DAC 通道 1 的 8 位数据右对齐
DAC 通道 2 的 12 位右对齐数据保持寄存器（DAC_DHR12R2）	保持 DAC 通道 2 的 12 位数据右对齐
DAC 通道 2 的 12 位左对齐数据保持寄存器（DAC_DHR12L2）	保持 DAC 通道 2 的 12 位数据左对齐
DAC 通道 2 的 8 位右对齐数据保持寄存器（DAC_DHR8R2）	保持 DAC 通道 2 的 8 位数据右对齐
双 DAC 的 12 位右对齐数据保持寄存器（DAC_DHR12RD）	保持双 DAC 的 12 位数据右对齐
双 DAC 的 12 位左对齐数据保持寄存器（DAC_DHR12LD）	保持双 DAC 的 12 位数据左对齐
双 DAC 的 8 位右对齐数据保持寄存器（DAC_DHR8RD）	保持双 DAC 的 8 位数据右对齐
DAC 通道 1 数据输出寄存器（DAC_DOR1）	DAC 通道 1 输出数据
DAC 通道 2 数据输出寄存器（DAC_DOR2）	DAC 通道 2 输出数据

2. DAC 的相关操作

（1）使能 DAC 通道。将 DAC_CR 寄存器的 ENx 位置 1 即可实现对 DACx 通道供电，经过一段启动时间 t_{WAKEUP} 后，DACx 通道被使能。另外，ENx 位只会使能或失能 DACx 通道的模拟部分，即使该位被置 0 后，DACx 通道的数字部分也工作。在 STM32 中，DAC 集成了 2 个输出缓存，用来减少输出阻抗，无须外部运放即可直接驱动外部负载。每个 DAC 通道的输出缓存可以通过设置 DAC_CR 寄存器的 BOFFx 位，以使能或关闭。

（2）DAC 数据格式。根据选择的配置模式，数据按照如下所述情况写入指定的寄存器。

单 DAC 通道模式的数据寄存器如图 8.6 所示。单 DACx 通道有如下 3 种情况。

① 8 位数据右对齐：将数据写入寄存器 DAC_DHR8Rx[7:0]位（实际上存入寄存器 DHRx[11:4]位）。

② 12 位数据左对齐：将数据写入寄存器 DAC_DHR12Lx[15:4]位（实际上存入寄存器 DHRx[11:0]位）。

③ 12 位数据右对齐：将数据写入寄存器 DAC_DHR12Rx[11:0]位（实际上存入寄存器 DHRx[11:0]位）。

根据对 DACx 通道的数据保持寄存器的操作，经过相应的移位后，写入的数据被转存到 DHRx 寄存器中（DHRx 是内部的数据保存寄存器 x）。随后，DHRx 寄存器中的内容被自动地传送到 DORx 寄存器，或者通过软件触发或外部事件触发被传送到 DORx 寄存器。

双 DAC 通道模式的数据寄存器如图 8.7 所示。双 DAC 通道也有如下 3 种情况。

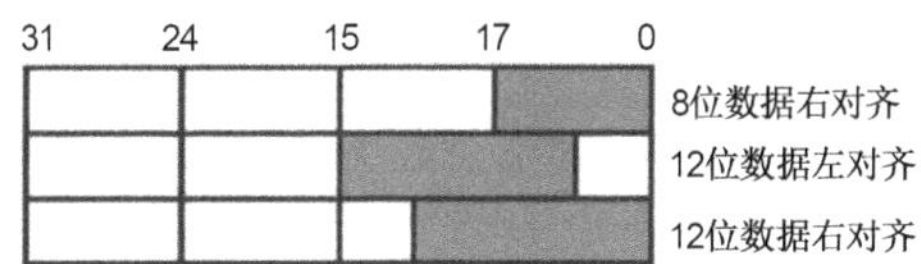

图 8.6　单 DAC 通道模式的数据寄存器

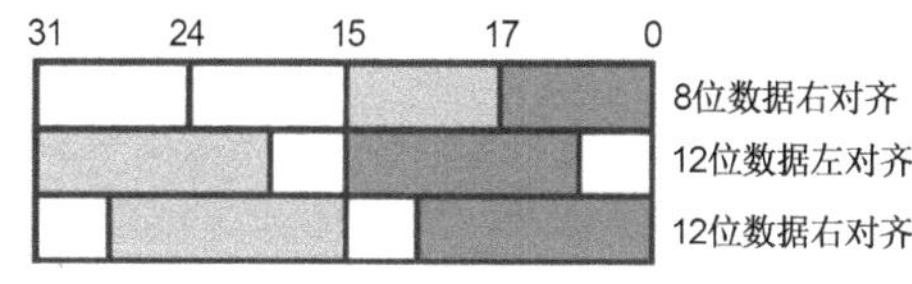

图 8.7　双 DAC 通道模式的数据寄存器

① 8 位数据右对齐：将 DAC 通道 1 数据写入寄存器 DAC_DHR8RD[7:0]位（实际上存入寄存器 DHR1[11:4]位），将 DAC 通道 2 数据写入寄存器 DAC_DHR8RD[15:8]位（实际上存入寄存器 DHR2[11:4]位）。

② 12 位数据左对齐：将 DAC 通道 1 数据写入寄存器 DAC_DHR12LD[15:4]位（实际上存入寄存器 DHR1[11:0]位），将 DAC 通道 2 数据写入寄存器 DAC_DHR12LD[31:20]位（实际上存入寄存器 DHR2[11:0]位）。

③ 12 位数据右对齐：将 DAC 通道 1 数据写入寄存器 DAC_DHR12RD[11:0]位（实际上存入寄存器 DHR1[11:0]位），将 DAC 通道 2 数据写入寄存器 DAC_DHR12RD[27:16]位（实际上存入寄存器 DHR2[11:0]位）。

根据对双 DAC 数据保持寄存器的操作，经过相应的移位后，写入的数据被转存到 DHR1 和 DHR2 寄存器中（DHR1 和 DHR2 是内部的数据保存寄存器 x）。随后，DHR1 和 DHR2 的内容被自动地传送到 DORx 寄存器，或者通过软件触发或外部事件触发被传送到 DORx 寄存器。

（3）DAC 转换。由 DAC 结构框图可以看出，DAC 是由 DORx 寄存器直接控制的，但是不能直接往 DORx 寄存器写入数据，而是通过 DHRx 寄存器间接传给 DORx 寄存器，实现对 DAC 的输出控制，即任何输出到 DAC 通道 x 的数据都必须先写入 DAC_DHRx 寄存器（数据实际写入 DAC_DHR8Rx、DAC_DHR12Lx、DAC_DHR12Rx、DAC_DHR8RD、DAC_DHR12LD 或 DAC_DHR12RD 寄存器）。

如果没有选中外部事件触发，即寄存器 DAC_CR1 的 TENx 位置 0，则存入寄存器 DAC_DHRx 的数据会在一个 APB1 时钟周期后自动传至 DAC_DORx 寄存器；如果选中外部事件触发，即寄存器 DAC_CR1 的 TENx 位置 1，则数据传输会在触发事件发生之后的 3 个 APB1 时钟周期后完成。

一旦数据从 DAC_DHRx 寄存器传至 DAC_DORx 寄存器，在经过时间 $t_{SETTLING}$ 之后，输出即有效，这段时间的长短因电源电压和模拟输出负载的不同而有所变化。当 TEN 位置 0，触发失能时，转换的时间框图如图 8.8 所示。

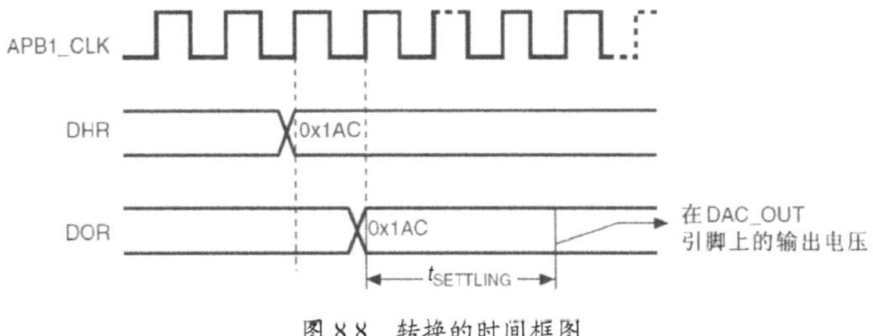

图 8.8 转换的时间框图

当 DAC 的参考电压为 V_{REF+}时，数字输入经过 DAC 被线性地转换为模拟电压输出，其范围为 0～V_{REF+}。任一 DAC 通道引脚上的输出电压满足以下关系：

$$DAC_{输出}=V_{REF+}\times(DOR/4095)$$

（4）选择 DAC 触发。当 TENx 位被设置为 1 时，DAC 转换可以通过某些外部事件触发，如定时器计数器和外部中断线等。配置控制位 TSELx[2:0]可以选择 8 个触发事件之一来触发 DAC 转换。DAC 外部触发如表 8.30 所示。每次 DAC 接口检测到来自选中的定时器 TRGO 输出或外部中断线 9 的上升沿时，最近存放在寄存器 DAC_DHRx 中的数据就会被传送到寄存器 DAC_DORx 中，数据传输会在触发事件发生之后的 3 个 APB1 时钟周期内完成，使寄存器 DAC_DORx 更新为新值。

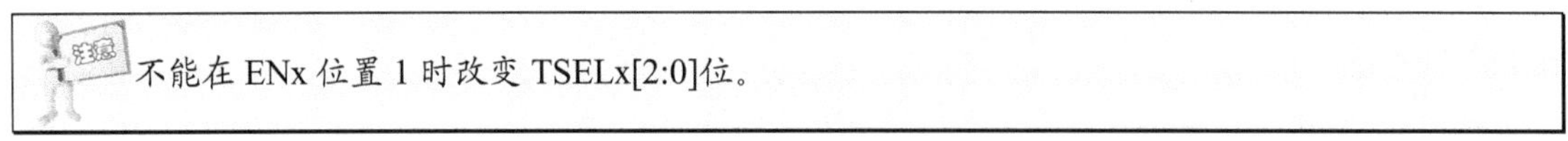

不能在 ENx 位置 1 时改变 TSELx[2:0]位。

表 8.30 DAC 外部触发

触发源	类型	EXTSEL[2:0]
定时器 6 的 TRGO 输出	片上定时器的内部信号	000
互联型产品为定时器 3 的 TRGO 输出或大容量产品为定时器 8 的 TRGO 输出		001
定时器 6 的 TRGO 输出		010
定时器 5 的 TRGO 输出		011
定时器 2 的 TRGO 输出		100
定时器 4 的 TRGO 输出		101
EXTI 线路 9	外部引脚	110
SWSTART	软件控制位	111

如果选择为软件触发，那么一旦 SWTRIG 位被置 1，就会开始转换。在数据从 DAC_DHRx 寄存器传送到 DAC_DORx 寄存器后，SWTRIG 位由硬件自动清零，而且数据从寄存器 DAC_DHRx 传送到寄存器 DAC_DORx 只需一个 APB1 时钟周期。

（5）DMA 请求。STM32 的任一 DAC 通道都具有 DMA 功能，2 个 DMA 通道可分别用于 2 个 DAC 通道的 DMA 请求。若 DMA_ENx 位被置 1，则一旦发生外部事件触发，就会产生一个 DMA 请求，之后 DAC_DHRx 寄存器的数据会被传送到 DAC_DORx 寄存器。

在双 DAC 模式下，如果 2 个通道的 DMA_ENx 位都置 1，则会产生 2 个 DMA 请求。如果只需要一个 DMA 传输，则应只选择其中 1 个 DMA_ENx 位置 1。这样，程序可以在只使用 1 个 DMA 通道的情况下，处理工作在双 DAC 模式的 2 个 DAC 通道。

DAC 的 DMA 请求不会累计，因此如果第 2 个外部触发发生在响应第 1 个外部触发之前，则不能处理第 2 个 DMA 请求，而且也不会报告错误。

（6）噪声波形与三角波形的生成。DAC 可以利用线性反馈移位寄存器 LFSR（Linear Feedback Shift Register）产生幅度变化的伪噪声。首先将 WAVE[1:0]位设置为“01”，选择 DAC 噪声波形生成功能，并在 LFSR 寄存器中预装入值 0xAAA；按照特定算法，在每次触发事件发生之后的 3 个 APB1 时钟周期后更新该寄存器的值，LFSR 寄存器算法如图 8.9 所示。设置 DAC_CR 寄存器的 MAMPx[3:0]位可以屏蔽部分或全部的 LFSR 数据，将 LSFR 的值与 DAC_DHRx 的值相加，去掉溢出位之后即被传输到 DAC_DORx 寄存器中，从而获得噪声波形。如果 LFSR 的值为 0x000，则会装入 1（防锁定机制），将 WAVEx[1:0]位全部置 0 可以复位 LFSR 波形的生成算法。

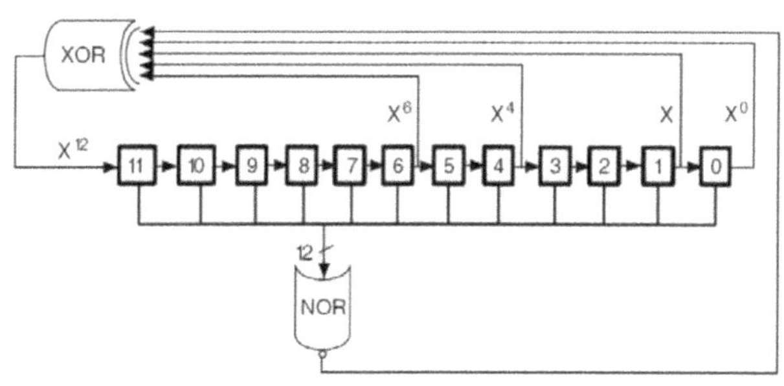

图 8.9　LFSR 寄存器算法

带 LFSR 波形生成的 DAC 转换如图 8.10 所示。

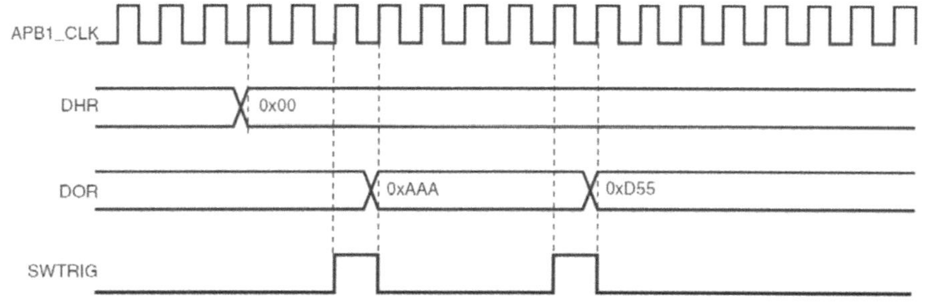

图 8.10　带 LFSR 波形生成的 DAC 转换

为了产生噪声，必须使能 DAC 的外部时间触发，即将 DAC_CR 寄存器的 TENx 位置 1。

利用 DAC 也可以在直流电流或慢变信号上叠加一个小幅度的三角波形。首先设置 WAVEx[1:0]位为“10”，选择 DAC 的三角波形生成功能，并设置 DAC_CR 寄存器的 MAMPx[3:0]位，以选择三角波形的幅度。内部三角波计数器会在每次触发事件发生之后的 3 个 APB1 时钟周期后累加 1，其值与 DAC_DHRx 寄存器的值相加并丢弃溢出位后，被写入 DAC_DORx 寄存器中。当传入 DAC_DORx 寄存器的数值小于 MAMP[3:0]位定义的最大幅度时，三角波计数器逐步累加，一旦达到设置的最大幅度，计数器就会开始递减，达到 0 后再开始累加，周而复始，从而产生三角波形。DAC 三角波形生成示意图如图 8.11 所示。将 WAVEx[1:0]位全部置 0 可以复位三角波形的生成。

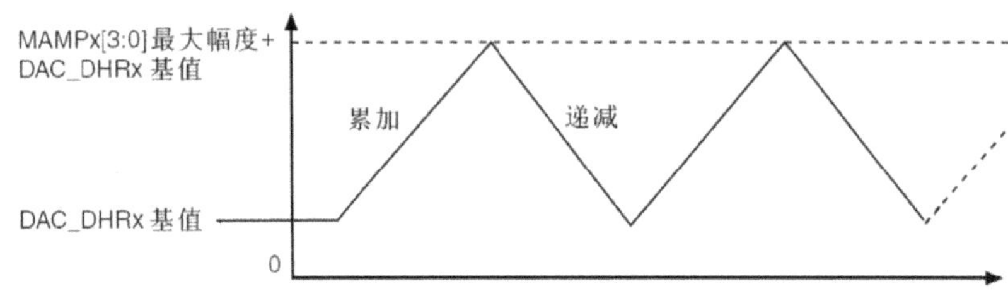

图 8.11　DAC 三角波形生成示意图

需要注意的是，为了产生三角波形，必须使能 DAC 的外部时间触发，即将 DAC_CR 寄存器的 TENx 位置 1。另外，MAMPx[3:0]位必须在使能 DAC 之前进行设置，否则其值不能修改。

（7）双 DAC 通道转换。在需要 2 个 DAC 同时工作的情况下，为了更有效地利用总线带宽，DAC 集成了 3 个供双 DAC 模式使用的寄存器，即 DHR8RD、DHR12RD 和 DHR12LD，这样，只需要访问 1 个寄存器即可同时驱动 2 个 DAC 通道。通过 2 个 DAC 通道和这 3 个双 DAC 专用寄存器可以实现 11 种 DAC 转换模式，而且这 11 种转换模式在只使用 1 个 DAC 通道的情况下，仍然可通过独立的 DHRx 寄存器操作来实现。基于前面对于单 DAC 通道相关操作的介绍，读者可参照《STM32F10x 中文参考手册》对这 11 种双 DAC 转换模式进行解读。

8.3.2　DAC 相关库函数概述

通过上一节的讲解，我们已经基本了解了 DAC。在实际应用中，通过相关库函数实现 DAC 的相关操作。常用的 DAC 库函数如表 8.31 所示。

表 8.31　常用的 DAC 库函数

函　数　名	功 能 描 述
DAC_DeInit	将外设 DAC 寄存器重设为默认值
DAC_Init	根据 DAC_InitStruct 中指定的参数初始化外设 DAC 寄存器
DAC_StructInit	把 DAC_InitStruct 中的每个参数按默认值填入
DAC_ITConfig	使能或失能指定的 DAC 中断
DAC_Cmd	使能或失能指定的 DAC 通道
DAC_DMACmd	使能或失能指定 DAC 通道的 DMA 请求

续表

函 数 名	功 能 描 述
DAC_SoftwareTriggerCmd	使能或失能指定 DAC 通道的软件触发
DAC_DualSoftwareTriggerCmd	使能或失能双 DAC 通道的软件触发
DAC_WaveGenerationCmd	使能或失能指定 DAC 通道的波形产生
DAC_SetChannel1Data	设置 DAC 的通道 1 数据
DAC_SetChannel2Data	设置 DAC 的通道 2 数据
DAC_SetDualChannelData	设置双 DAC 通道数据
DAC_GetDataOutputValue	返回指定 DAC 通道最近一次的数据输出值
DAC_GetFlagStatus	检查指定 DAC 标志位设置与否
DAC_ClearFlag	清除指定 DAC 的待处理标志位
DAC_GetITStatus	检查指定的 DAC 中断是否发生
DAC_ClearITPendingBit	清除指定 DAC 的中断待处理位

下面简要介绍一些常用的 DAC 库函数。

1．DAC 初始化与使能类函数

（1）DAC_DeInit 函数：该函数将外设 DAC 寄存器重新设为默认值。

函数原型	void DAC_DeInit(void)							
功能描述	将外设 DAC 寄存器重设为默认值							
输入参数	无	输出参数	无	返回值	无	先决条件	无	
被调用函数	RCC_APB1PeriphClockCmd()							

（2）DAC_Init 函数：该函数根据 DAC_InitStruct 中指定的参数初始化外设 DAC 寄存器。

函数原型	void DAC_Init(uint32_t DAC_Channel, DAC_InitTypeDef* DAC_InitStruct)							
功能描述	根据 DAC_InitStruct 中指定的参数初始化外设 DAC 寄存器							
输入参数 1	DAC_Channel：选择 DAC 通道，可取值为 DAC_Channel_1 或 DAC_Channel_2							
输入参数 2	DAC_InitStruct：指向结构体 DAC_InitTypeDef 的指针，包含指定外设 DAC 的配置信息							
输出参数	无	返回值	无	先决条件	无	被调用函数	无	

DAC_InitTypeDef 结构体定义在 STM32 标准函数库文件中的 stm32f10x_dac.h 头文件下，具体定义如下。

```
typedef struct
{
  uint32_t DAC_Trigger;                           //外部触发器
  uint32_t DAC_WaveGeneration;                    //产生波形设置
  uint32_t DAC_LFSRUnmask_TriangleAmplitude;      //屏蔽与幅值设置
  uint32_t DAC_OutputBuffer;                      //输出缓存区
} DAC_InitTypeDef;
```

每个 DAC_InitTypeDef 结构体成员的功能和相应的取值如下。

① DAC_Trigger。该成员用来指定所选 DAC 通道的外部触发器，其取值定义如表 8.32 所示。

表 8.32　ADC_Trigger 取值定义

DAC_Trigger 取值	功 能 描 述
DAC_Trigger_None	不需要外部触发
DAC_Trigger_T6_TRGO	TIM6 定时器输出信号触发
DAC_Trigger_T8_TRGO	TIM8 定时器输出信号触发
DAC_Trigger_T3_TRGO	TIM3 定时器输出信号触发
DAC_Trigger_T7_TRGO	TIM7 定时器输出信号触发
DAC_Trigger_T5_TRGO	TIM5 定时器输出信号触发
DAC_Trigger_T15_TRGO	TIM15 定时器输出信号触发
DAC_Trigger_T2_TRGO	TIM2 定时器输出信号触发
DAC_Trigger_T4_TRGO	TIM4 定时器输出信号触发
DAC_Trigger_Ext_IT9	外部中断 9 触发
DAC_Trigger_Software	转换开始由软件触发 DAC 通道

② DAC_WaveGeneration。该成员用来设定所生成的 DAC 通道波形是噪声波形还是三角波形，或者设定不产生波形，其取值定义如表 8.33 所示。

表 8.33　ADC_WaveGeneration 取值定义

ADC_WaveGeneration 取值	功 能 描 述
DAC_WaveGeneration_None	不产生波形
DAC_WaveGeneration_Noise	产生噪声波形
DAC_WaveGeneration_Triangle	产生三角波形

③ DAC_LFSRUnmask_TriangleAmplitude。如果选择了产生噪声波形或三角波形，那么通过该成员可以选择噪声波形的 LFSRUnmask 屏蔽位或三角波的最大幅值，其取值定义如表 8.34 所示。

表 8.34　DAC_LFSRUnmask_TriangleAmplitude 取值定义

DAC_LFSRUnmask_TriangleAmplitude 取值	功 能 描 述
DAC_LFSRUnmask_Bit0	对噪声波屏蔽 DAC 通道 LFSR 位 0
DAC_LFSRUnmask_Bits1_0	对噪声波屏蔽 DAC 通道 LFSR 位[1:0]
DAC_LFSRUnmask_Bits2_0	对噪声波屏蔽 DAC 通道 LFSR 位[2:0]
DAC_LFSRUnmask_Bits3_0	对噪声波屏蔽 DAC 通道 LFSR 位[3:0]
DAC_LFSRUnmask_Bits4_0	对噪声波屏蔽 DAC 通道 LFSR 位[4:0]
DAC_LFSRUnmask_Bits5_0	对噪声波屏蔽 DAC 通道 LFSR 位[5:0]
DAC_LFSRUnmask_Bits6_0	对噪声波屏蔽 DAC 通道 LFSR 位[6:0]
DAC_LFSRUnmask_Bits7_0	对噪声波屏蔽 DAC 通道 LFSR 位[7:0]
DAC_LFSRUnmask_Bits8_0	对噪声波屏蔽 DAC 通道 LFSR 位[8:0]
DAC_LFSRUnmask_Bits9_0	对噪声波屏蔽 DAC 通道 LFSR 位[9:0]
DAC_LFSRUnmask_Bits10_0	对噪声波屏蔽 DAC 通道 LFSR 位[10:0]
DAC_LFSRUnmask_Bits11_0	对噪声波屏蔽 DAC 通道 LFSR 位[11:0]

续表

DAC_LFSRUnmask_TriangleAmplitude 取值	功 能 描 述
DAC_TriangleAmplitude_1	设置三角波幅值为 1
DAC_TriangleAmplitude_3	设置三角波幅值为 3
DAC_TriangleAmplitude_7	设置三角波幅值为 7
DAC_TriangleAmplitude_15	设置三角波幅值为 15
DAC_TriangleAmplitude_31	设置三角波幅值为 31
DAC_TriangleAmplitude_63	设置三角波幅值为 63
DAC_TriangleAmplitude_127	设置三角波幅值为 127
DAC_TriangleAmplitude_255	设置三角波幅值为 255
DAC_TriangleAmplitude_511	设置三角波幅值为 511
DAC_TriangleAmplitude_1023	设置三角波幅值为 1023
DAC_TriangleAmplitude_2047	设置三角波幅值为 2047
DAC_TriangleAmplitude_4095	设置三角波幅值为 4095

④ DAC_OutputBuffer。该成员用来使能或失能 DAC 通道的输出缓冲区，可以取 DAC_OutputBuffer_Enable 或 DAC_OutputBuffer_Disable。

例如，初始化 DAC 通道 1，不需要外部触发，不产生波形，输出缓存区失能：

```
DAC_InitTypeDef DAC_InitStructure;                          //定义结构体
DAC_InitStructure.DAC_Trigger=DAC_Trigger_None;             //不需要外部触发
DAC_InitStructure.DAC_WaveGeneration=DAC_WaveGeneration_None;  //不产生波形
//屏蔽/幅值设置
DAC_InitStructure.DAC_LFSRUnmask_TriangleAmplitude=DAC_LFSRUnmask_Bit0;
DAC_InitStructure.DAC_OutputBuffer=DAC_OutputBuffer_Disable;  //失能输出缓冲区
DAC_Init(DAC_Channel_1,&DAC_InitStructure);                 //初始化 DAC 通道 1
```

（3）DAC_StructInit 函数：该函数把 DAC_InitStruct 中的每个参数按默认值填入。

函数原型	void DAC_StructInit(DAC_InitTypeDef* DAC_InitStruct)					
功能描述	把 DAC_InitStruct 中的每个参数按默认值填入					
输入参数	DAC_InitStruct：指向结构体 DAC_InitTypeDef 的指针，待初始化					
输出参数	无	返回值	无	先决条件	无	被调用函数	无

（4）DAC_Cmd 函数：该函数使能或失能指定的 DAC 通道。

函数原型	void ADC_Cmd(uint32_t DAC_Channel, FunctionalState NewState)						
功能描述	使能或失能指定的 DAC 通道						
输入参数 1	DAC_Channel：选择 DAC 通道，可取值为 DAC_Channel_1 或 DAC_Channel_2						
输入参数 2	NewState：指定 DAC 通道的新状态（可取 ENABLE 或 DISABLE）						
输出参数	无	返回值	无	先决条件	无	被调用函数	无

（5）ADC_DMACmd 函数：该函数使能或失能指定 DAC 通道的 DMA 请求。

函数原型	void DAC_DMACmd(uint32_t DAC_Channel, FunctionalState NewState)

功能描述	使能或失能指定 DAC 通道的 DMA 请求						
输入参数 1	DAC_Channel：选择 DAC 通道，可取值为 DAC_Channel_1 或 DAC_Channel_2						
输入参数 2	NewState：指定 DAC 通道 DMA 请求的新状态（可取 ENABLE 或 DISABLE）						
输出参数	无	返回值	无	先决条件	无	被调用函数	无

（6）DAC_SoftwareTriggerCmd 函数：该函数使能或失能指定 DAC 通道的软件触发。

函数原型	void DAC_SoftwareTriggerCmd(uint32_t DAC_Channel, FunctionalState NewState)						
功能描述	使能或失能指定 DAC 通道的软件触发						
输入参数 1	DAC_Channel：选择 DAC 通道，可取值为 DAC_Channel_1 或 DAC_Channel_2						
输入参数 2	NewState：指定 DAC 通道软件触发的新状态（可取 ENABLE 或 DISABLE）						
输出参数	无	返回值	无	先决条件	无	被调用函数	无

（7）DAC_DualSoftwareTriggerCmd 函数：该函数使能或失能双 DAC 通道的软件触发。

函数原型	void DAC_DualSoftwareTriggerCmd(FunctionalState NewState)						
功能描述	使能或失能双 DAC 通道的软件触发						
输入参数	NewState：指定双 ADC 通道软件触发的新状态（可取 ENABLE 或 DISABLE）						
输出参数	无	返回值	无	先决条件	无	被调用函数	无

（8）DAC_WaveGenerationCmd 函数：该函数使能或失能指定 DAC 通道的波形产生。

函数原型	void DAC_WaveGenerationCmd(uint32_t DAC_Channel, uint32_t DAC_Wave, Functiona lState NewState)						
功能描述	使能或失能指定 DAC 通道的波形产生						
输入参数 1	DAC_Channel：选择 DAC 通道，可取值为 DAC_Channel_1 或 DAC_Channel_2						
输入参数 2	DAC_Wave：指定的波形类型，其取值定义如表 8.35 所示						
输入参数 3	NewState：指定 ADC 通道波形发生的新状态（可取 ENABLE 或 DISABLE）						
输出参数	无	返回值	无	先决条件	无	被调用函数	无

表 8.35　DAC_Wave 取值定义

DAC_Wave 取值	功 能 描 述
DAC_Wave_Noise	产生噪声波形
DAC_Wave_Noise	产生三角波形

2. ADC 设置获取类函数

（1）DAC_SetChannel1Data 函数：该函数设置 DAC 的通道 1 数据。

函数原型	void DAC_SetChannel1Data(uint32_t DAC_Align, uint16_t Data)						
功能描述	设置 DAC 的通道 1 数据						
输入参数 1	DAC_Align：指定的数据对齐方式，其取值定义如表 8.36 所示						
输入参数 2	Data：装入指定数据，保持寄存器中的数值						
输出参数	无	返回值	无	先决条件	无	被调用函数	无

表 8.36　DAC_Align 取值定义

DAC_Align 取值	功 能 描 述
DAC_Align_8b_R	8 位数据右对齐
DAC_Align_12b_L	12 位数据左对齐
DAC_Align_12b_R	12 位数据右对齐

（2）DAC_SetChannel2Data 函数：该函数设置 DAC 的通道 2 数据。

函数原型	void DAC_SetChannel2Data(uint32_t DAC_Align, uint16_t Data)						
功能描述	设置 DAC 的通道 2 数据						
输入参数 1	DAC_Align：指定的数据对齐方式						
输入参数 2	Data：装入指定数据，保持寄存器中的数值						
输出参数	无	返回值	无	先决条件	无	被调用函数	无

（3）SetDualChannelData 函数：该函数设置双 DAC 通道数据。

函数原型	void DAC_SetDualChannelData(uint32_t DAC_Align, uint16_t Data2, uint16_t Data1)						
功能描述	设置双 DAC 通道数据						
输入参数 1	DAC_Align：指定的数据对齐方式						
输入参数 2	Data2：DAC 通道 2 装入指定数据，保持寄存器中的数值						
输入参数 3	Data1：DAC 通道 1 装入指定数据，保持寄存器中的数值						
输出参数	无	返回值	无	先决条件	无	被调用函数	无

（4）DAC_GetDataOutputValue 函数：该函数返回指定 DAC 通道最近一次的数据输出值。

函数原型	uint16_t DAC_GetDataOutputValue(uint32_t DAC_Channel)		
功能描述	返回指定 DAC 通道最近一次的数据输出值		
输入参数	DAC_Channel：选择 DAC 通道，可取值为 DAC_Channel_1 或 DAC_Channel_2		
输出参数	无	返回值	指定 DAC 通道的数据输出值
先决条件	无	被调用函数	无

3．ADC 标志与中断类函数

（1）DAC_GetFlagStatus 函数：该函数检查指定 DAC 标志位设置与否。

函数原型	FlagStatus DAC_GetFlagStatus(uint32_tDAC_Channel, uint32_t DAC_FLAG)		
功能描述	检查指定 DAC 标志位设置与否		
输入参数 1	DAC_Channel：选择 DAC 通道，可取值为 DAC_Channel_1 或 DAC_Channel_2		
输入参数 2	DAC_FLAG：待检查的指定 DAC 标志位，可取值为 DAC_FLAG_DMAUDR，即 DMA 欠载标志位		
输出参数	无	返回值	指定 DAC 标志位的新状态（可取 SET 或 RESET）
先决条件	无	被调用函数	无

（2）DAC_ClearFlag 函数：该函数清除指定 DAC 的待处理标志位。

<table>
<tr><td>函数原型</td><td colspan="7">void DAC_ClearFlag(uint32_t DAC_Channel,uint32_t DAC_FLAG)</td></tr>
<tr><td>功能描述</td><td colspan="7">清除指定 DAC 的待处理标志位</td></tr>
<tr><td>输入参数 1</td><td colspan="7">DAC_Channel：选择 DAC 通道，可取值为 DAC_Channel_1 或 DAC_Channel_2</td></tr>
<tr><td>输入参数 2</td><td colspan="7">DAC_FLAG：待检查的指定 DAC 标志位，可取值为 DAC_FLAG_DMAUDR</td></tr>
<tr><td>输出参数</td><td>无</td><td>返回值</td><td>无</td><td>先决条件</td><td>无</td><td>被调用函数</td><td>无</td></tr>
</table>

（3）DAC_ITConfig 函数：该函数使能或失能指定的 DAC 中断。

<table>
<tr><td>函数原型</td><td colspan="7">void DAC_ITConfig(uint32_t DAC_Channel, uint32_t DAC_IT, FunctionalState NewState)</td></tr>
<tr><td>功能描述</td><td colspan="7">使能或失能指定的 DAC 中断</td></tr>
<tr><td>输入参数 1</td><td colspan="7">DAC_Channel：选择 DAC 通道，可取值为 DAC_Channel_1 或 DAC_Channel_2</td></tr>
<tr><td>输入参数 2</td><td colspan="7">DAC_IT：待使能或失能的指定 DAC 中断源，可取值为 DAC_FLAG_DMAUDR，即 DMA 欠载中断屏蔽</td></tr>
<tr><td>输入参数 3</td><td colspan="7">NewState：指定 DAC 中断的新状态（可取 ENABLE 或 DISABLE）</td></tr>
<tr><td>输出参数</td><td>无</td><td>返回值</td><td>无</td><td>先决条件</td><td>无</td><td>被调用函数</td><td>无</td></tr>
</table>

（4）DAC_GetITStatus 函数：该函数检查指定的 DAC 中断是否发生。

<table>
<tr><td>函数原型</td><td colspan="3">ITStatus DAC_GetITStatus(uint32_t DAC_Channel, uint32_t DAC_IT)</td></tr>
<tr><td>功能描述</td><td colspan="3">检查指定的 DAC 中断是否发生</td></tr>
<tr><td>输入参数 1</td><td colspan="3">DAC_Channel：选择 DAC 通道，可取值为 DAC_Channel_1 或 DAC_Channel_2</td></tr>
<tr><td>输入参数 2</td><td colspan="3">DAC_IT：待检查的指定 DAC 中断源，可取值为 DAC_FLAG_DMAUDR</td></tr>
<tr><td>输出参数</td><td>无</td><td>返回值</td><td>指定 ADC 中断源的新状态（可取 SET 或 RESET）</td></tr>
<tr><td>先决条件</td><td>无</td><td>被调用函数</td><td>无</td></tr>
</table>

（5）DAC_ClearITPendingBit 函数：该函数清除指定 DAC 的中断待处理位。

<table>
<tr><td>函数原型</td><td colspan="7">void DAC_ClearITPendingBit(uint32_t DAC_Channel, uint32_t DAC_IT)</td></tr>
<tr><td>功能描述</td><td colspan="7">清除指定 DAC 的中断待处理位</td></tr>
<tr><td>输入参数 1</td><td colspan="7">DAC_Channel：选择 DAC 通道，可取值为 DAC_Channel_1 或 DAC_Channel_2</td></tr>
<tr><td>输入参数 2</td><td colspan="7">DAC_IT：待清除的 DAC 中断源，可取值为 DAC_FLAG_DMAUDR</td></tr>
<tr><td>输出参数</td><td>无</td><td>返回值</td><td>无</td><td>先决条件</td><td>无</td><td>被调用函数</td><td>无</td></tr>
</table>

8.3.3 DAC 的转换编程应用实例

大容量的 STM32 产品具有内部 DAC，STM32F103ZET6 属于大容量产品，所以它带有 DAC 模块。STM32 的 DAC 模块是 12 位数字输入、电压输出型 DAC，可以配置为 8 位或 12 位模式，也可以与 DMA 控制器配合使用。DAC 工作在 12 位模式时，数据可以设置成左对齐或右对齐模式。DAC 模块有 2 个输出通道，每个通道都有单独的转换器。在双 DAC 模式下，2 个通道既可以独立地进行转换，也可以同时进行转换并同步更新 2 个通道的输出。DAC 可以通过引脚输入参考电压 V_{REF+}，以获得更精确的转换结果。DAC 的基本特征和库函数的相关知识在前两节已经介绍过了，这里不再详述。

本节的系统设计实例将进行 DAC 通道 1 输出的相关设置，STM32F103ZET6 的 DAC 通道 1 在 PA4 引脚上，通道 2 在 PA5 引脚上，实现 DAC 通道 1 输出配置的主要步骤如下。

（1）开启 PA 引脚时钟，设置 PA4 为模拟输入。

（2）使能 DAC1 时钟。

（3）初始化 DAC，设置 DAC 的工作模式。

（4）使能 DAC 转换通道。

（5）设置 DAC 的输出值。

在本例程中，使用 DAC 通道 1 输出模拟电压，ADC 通道 1 对该输出电压进行读取，并显示在 LCD 模块上，DAC 的输出电压通过按键进行设置。由于需要用到 ADC 采集 DAC 的输出电压，所以需要通过硬件把它们连接起来（PA1 与 PA4）。

其他需要用到的硬件主要有 KEY0、LEY1、LED0 和 TFTLCD，这些硬件的连接配置不需要做任何调整，相对应的硬件配置程序也不需要进行任何改动，具体程序代码之前已经介绍过了，这里不再详述。

本例程代码同样可以在上一节“ADC 的编程应用实例”例程中的程序代码基础上进行修改，但是需要加入 KEY0 和 KEY1 的硬件配置程序。打开 Project 文件夹，将其中的文件名更改为 DAC.uvprojx，然后双击打开，新建一个 dac.c 文件，用于编写 DAC 相关配置程序代码，并保存在 Hardware\DAC 文件夹中，代码如下。

```
#include "dac.h"

/***************************************************************
**函 数 名：Dac1_Init
**功能描述：DAC 通道 1 输出初始化
**输入参数：无
**输出参数：无
***************************************************************/
void Dac1_Init(void)
{
    GPIO_InitTypeDef GPIO_InitStructure;
    DAC_InitTypeDef DAC_InitType;
    RCC_APB2PeriphClockCmd(RCC_APB2Periph_GPIOA, ENABLE );//使能 PORTA 通道时钟
      RCC_APB1PeriphClockCmd(RCC_APB1Periph_DAC, ENABLE ); //使能 DAC 通道时钟
    GPIO_InitStructure.GPIO_Pin = GPIO_Pin_4;                  //端口配置
     GPIO_InitStructure.GPIO_Mode = GPIO_Mode_AIN;             //模拟输入
     GPIO_InitStructure.GPIO_Speed = GPIO_Speed_50MHz;
     GPIO_Init(GPIOA, &GPIO_InitStructure);
    GPIO_SetBits(GPIOA,GPIO_Pin_4)    ;                        //PA4 输出高
    DAC_InitType.DAC_Trigger=DAC_Trigger_None;          //不使用触发功能 TEN1=0
    DAC_InitType.DAC_WaveGeneration=DAC_WaveGeneration_None;//不使用波形发生
    //屏蔽、幅值设置
    DAC_InitType.DAC_LFSRUnmask_TriangleAmplitude=DAC_LFSRUnmask_Bit0;
    //DAC1 输出缓存关闭 BOFF1=1
    DAC_InitType.DAC_OutputBuffer=DAC_OutputBuffer_Disable ;
    DAC_Init(DAC_Channel_1,&DAC_InitType);                     //初始化 DAC 通道 1
    DAC_Cmd(DAC_Channel_1, ENABLE);                            //使能 DAC1
```

```
    DAC_SetChannel1Data(DAC_Align_12b_R, 0);      //12 位右对齐数据格式设置 DAC 值
}
/****************************************************************
**函 数 名：Dac1_Set_Vol
**功能描述：设置通道 1 输出电压
**输入参数：vol，电压值，可以取 0～3300，代表 0～3.3V
**输出参数：无
****************************************************************/
void Dac1_Set_Vol(uint16_t vol)
{
    float temp=vol;
    temp/=1000;
    temp=temp*4096/3.3;
    DAC_SetChannel1Data(DAC_Align_12b_R,temp);//12 位右对齐数据格式设置 DAC 值
}
```

上述代码包含 2 个函数，在每个函数前都有相应的注解。Dac1_Init 函数用于初始化 DAC 通道 1，基本上是按照前面所讲的步骤进行初始化的，经过初始化后，可以正常使用 DAC 通道 1；Dac1_Set_Vol 函数用于设置 DAC 通道 1 的输出电压，方便以后系统设计使用。

按同样的方法，新建一个名为 dac.h 的头文件，用来声明相关函数，从而方便其他文件调用，该文件也保存在 DAC 文件夹中。在 dac.h 中输入如下代码。

```
#ifndef __DAC_H
#define __DAC_H
#include "sys.h"

void Dac1_Init(void);                   //DAC 通道 1 输出初始化
void Dac1_Set_Vol(uint16_t vol);    //设置通道 1 输出电压

#endif
```

接下来，在“Manage Project Items”项目分组管理界面中把 dac.c 文件加入 Hardware 组中，并将 dac.h 头文件的路径加入工程中，之后就可以回到工程主界面对主函数进行编程了。打开 main.c 文件，并在文件中编写如下代码。

```
#include "led.h"
#include "delay.h"
#include "key.h"
#include "sys.h"
#include "lcd.h"
#include "usart.h"
#include "dac.h"
#include "adc.h"
#include "usmart.h"

int main(void)
{
    uint16_t adcx;
    float temp;
     uint8_t t=0;
    uint16_t dacval=0;
    uint8_t key;
    delay_init();                                   //延时函数初始化
    //设置中断优先级分组为组 2：2 位抢占优先级，2 位响应优先级
    NVIC_PriorityGroupConfig(NVIC_PriorityGroup_2);
```

```
uart_init(115200);                                 //串口初始化为115 200
KEY_Init();                                        //初始化按键程序
 LED_Init();                                       //LED 端口初始化
LCD_Init();                                        //LCD 初始化
usmart_dev.init(72);                               //初始化 USMART
 Adc_Init();                                       //ADC 初始化
Dac1_Init();                                       //DAC 初始化
POINT_COLOR=RED;                                   //设置字体为红色
LCD_ShowString(30,40,360,24,24,"Embedded System based on STM32");
LCD_ShowString(30,70,200,16,16,"DAC");
LCD_ShowString(30,100,200,12,12,"2019/12/17");
LCD_ShowString(60,130,200,16,16,"KEY0:+  KEY1:-");
//显示提示信息
POINT_COLOR=BLUE;                                  //设置字体为蓝色
LCD_ShowString(60,150,200,16,16,"DAC VAL:");
LCD_ShowString(60,170,200,16,16,"DAC VOL:0.000V");
LCD_ShowString(60,190,200,16,16,"ADC VOL:0.000V");
DAC_SetChannel1Data(DAC_Align_12b_R, 0);    //初始值为0
while(1)
{
   t++;
   key=KEY_Scan(0);
   if(key==1)
   {
      if(dacval<4000)
         dacval+=200;
       DAC_SetChannel1Data(DAC_Align_12b_R, dacval);//设置 DAC 值
   }
   else if(key==2)
   {
      if(dacval>200)
         dacval-=200;
      else
         dacval=0;
        DAC_SetChannel1Data(DAC_Align_12b_R, dacval);//设置 DAC 值
   }
 if(t==10||key==1||key==2)                         //KEY0/KEY1 按下了或定时时间到了
   {
      adcx=DAC_GetDataOutputValue(DAC_Channel_1);//读取前面设置的 DAC 值
      LCD_ShowxNum(124,150,adcx,4,16,0);     //显示 DAC 寄存器值
      temp=(float)adcx*(3.3/4096);           //得到 DAC 电压值
      adcx=temp;
       LCD_ShowxNum(124,170,temp,1,16,0);    //显示电压值整数部分
       temp-=adcx;
      temp*=1000;
      LCD_ShowxNum(140,170,temp,3,16,0X80);//显示电压值的小数部分
       adcx=Get_Adc_Average(ADC_Channel_1,10);//得到 ADC 转换值
      temp=(float)adcx*(3.3/4096);           //得到 ADC 电压值
      adcx=temp;
       LCD_ShowxNum(124,190,temp,1,16,0);    //显示电压值整数部分
       temp-=adcx;
      temp*=1000;
      LCD_ShowxNum(140,190,temp,3,16,0X80); //显示电压值的小数部分
      LED0=!LED0;
      t=0;
   }
```

```
            delay_ms(10);
        }
    }
```

输入完成后保存，并单击 按钮进行编译，可以看到，程序代码编译显示零错误零警告，说明上述程序编写在逻辑上没有问题。在上述代码中，先对需要用到的模块进行初始化，然后显示与 DAC 相关的提示信息，之后即可通过 KEY0 和 KEY1 实现对 DAC 输出的幅值控制（按下 KEY0 增加，按下 KEY1 减小），同时在 TFTLCD 上面显示 DHR12R1 寄存器的值、DAC 设计输出电压和 ADC 采集到的 DAC 输出电压。

下载代码到硬件后，可以看到 LED0 不停地闪烁，提示系统正在运行，并且在 LCD 上显示 DHR12R1 寄存器的值、DAC 设计输出电压值、ADC 采集到的值和 DAC 输出电压值。当按下 KEY0 时，可以看到输出电压增大；而当按下 KEY1 时，可以看到输出电压变小，与预期效果一致，说明系统设计是成功的。

8.4　DMA 数据访问与传输

直接存储器访问（Direct Memory Access，DMA）用来提供外设和存储器之间、存储器和存储器之间的高速数据传输，这里的存储器可以是 SRAM 或 FLASH。数据传输不需要占用 CPU，首先由 CPU 初始化传输动作，而传输动作本身则是由 DMA 控制器实行和完成的，DMA 传输对于高效能嵌入式系统算法和网络是非常重要的。STM32 微控制器最多可以配置 2 个独立的 DMA 控制器，分别为 DMA1 和 DMA2（DMA2 仅存在于大容量产品中），DMA1 有 7 个通道，DMA2 有 5 个通道，每个通道专门用来管理来自一个或多个外设对存储器的访问请求。

8.4.1　DMA 结构与数据配置

1. DMA 控制器的框图剖析

DMA 控制器独立于内核，是一个单独的外设，其特点是在脱离 CPU 的情况下能直接利用数据总线在外设和存储器之间进行数据传输，降低了 CPU 在数据传输过程中的消耗。DMA 的功能结构框图如图 8.12 所示。

从编程的角度看，需要掌握框图中的三部分内容。

（1）DMA 请求。如果外设想要通过 DMA 传输数据，必须先向 DMA 控制器发送 DMA 请求，DMA 控制器收到请求信号后，会给外设一个应答信号，当 DMA 控制器收到应答信号且外设应答之后，会启动 DMA 传输，直到传输完毕。DMA 控制器有 DMA1 和 DMA2 两个控制器，不同 DMA 控制器的通道对应不同的外设请求，这决定了软件编程应该如何设置。

外设 TIMx（x=1,2,3,4）、ADC1、SPI1、SPI/I²S2、I²Cx（x=1,2）或 USARTx（x=1,2,3）等产生的请求可以通过逻辑“或”输入 DMA1 控制器，同一时间只能有一个请求有效。外设的 DMA 请求可以通过设置相应外设寄存器中的控制位被独立地开启或关闭。DMA1 通道请求一览表如表 8.37 所示。

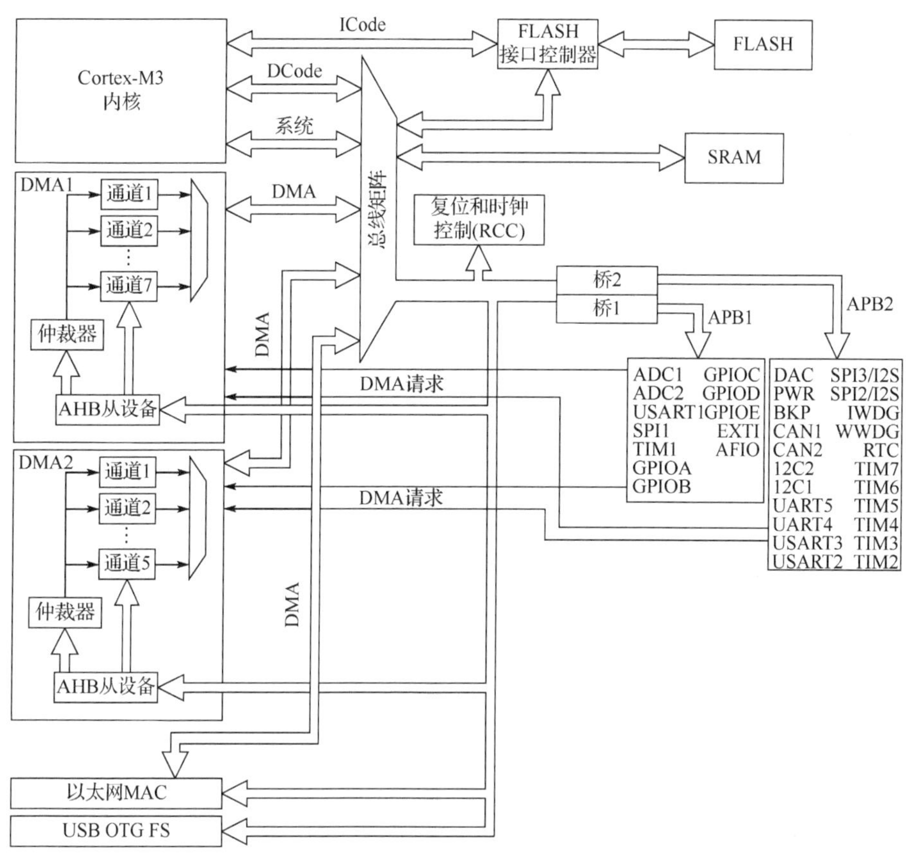

图 8.12　DMA 的功能结构框图

表 8.37　DMA1 通道请求一览表

外　设	通　道　1	通　道　2	通　道　3	通　道　4	通　道　5	通　道　6	通　道　7
ADC1	ADC1						
SPI/I²S		SPI1_RX	SPI1_TX	SPI/I²S2_RX	SPI/I²S2_TX		
USART		USART3_TX	USART3_RX	USART1_TX	USART1_RX	USART2_RX	USART2_TX
I²C				I²C2_TX	I²C2_RX	I²C1_TX	I²C1_RX
TIM1		TIM1_CH1	TIM1_CH2	TIM1_CH4 TIM1_TRIG TIM1_COM	TIM1_UP	TIM1_CH3	
TIM2	TIM2_CH3	TIM2_UP			TIM2_CH1		TIM2_CH2 TIM2_CH4
TIM3		TIM3_CH3	TIM3_CH4 TIM3_UP			TIM3_CH1 TIM3_TRIG	
TIM4	TIM4_CH1			TIM4_CH2	TIM4_CH3		TIM4_UP

外设 TIMx（x=5,6,7,8）、ADC3、SPI/I²S3、UART4、DAC1、DAC2、DAC3 或 SDIO 产生的请求经逻辑“或”输入 DMA2 控制器，同一时间只能有一个请求有效。外设的 DMA 请求可以通过设置相应外设寄存器中的 DMA 控制位被独立地开启或关闭。这里需要明确，DMA2 控制器和相关请求仅存在于大

容量产品和互联型产品中，并且 DAC3、SDIO 和 TIM8 的 DMA 请求只存在于大容量产品中。DMA2 通道请求一览表如表 8.38 所示。

表 8.38 DMA2 通道请求一览表

外　设	通　道　1	通　道　2	通　道　3	通　道　4	通　道　5
ADC3					ADC3
SPI/I²S3	SPI/I²S3_RX	SPI/I²S3_TX			
USAT4			USAT4_RX		USAT4_TX
SDIO				SDIO	
TIM5	TIM5_CH4 TIM5_TRIG	TIM5_CH3 TIM5_UP		TIM5_CH2	TIM5_CH1
TIM6/ ADC 通道 1			TIM6_UP/ ADC 通道 1		
TIM7/ ADC 通道 2				TIM7_UP/ ADC 通道 2	
TIM8	TIM8_CH3 TIM8_UP	TIM8_CH4 TIM8_TRIG TIM8_COM	TIM8_CH1		TIM8_CH2

（2）通道。DMA 控制器具有 12 个独立可编程的通道，DMA1 控制器有 7 个通道，DMA2 控制器有 5 个通道，每个通道对应不同外设的 DMA 请求。虽然每个通道可以接收多个外设的请求，但同一时间只能接收一个请求，不可同时接收多个请求。

（3）仲裁器。当同时有多个 DMA 请求时，会有先后响应顺序的问题，这就需要由仲裁器进行管理。仲裁器管理 DMA 请求分为两个阶段，第 1 阶段属于软件阶段，通过设置 DMA_CCRx 寄存器中的 PL[1:0] 将 DMA 请求划分为四个等级，即低（00）、中（01）、高（10）、最高（11）；第 2 阶段属于硬件阶段，当两个或两个以上的 DMA 请求设置的优先级一样时，它们的优先级取决于通道编号，编号越低，其优先级越高，如通道 0 的优先级高于通道 1 的优先级。在大容量产品和互联型产品中，DMA1 控制器拥有高于 DMA2 控制器的优先级。

2. DMA 相关寄存器

DMA 寄存器说明如表 8.39 所示。

表 8.39 DMA 寄存器说明

DMA 寄存器	功 能 描 述
中断状态寄存器（DMA_ISR）	获取当前 DMA 中断或 DMA 传输的状态
中断标志清除寄存器（DMA_IFCR）	清除寄存器 DMA_ISR 中相应的标志位
通道 x 传输数量寄存器（DMA_CNDTRx，x=1,2,⋯,7）	指示通道 x 待传输的字节数目，范围为 0～65 535
通道 x 配置寄存器（DMA_CCRx，x=1,2,⋯,7）	配置 DMA 通道 x
通道 x 外设地址寄存器（DMA_CPARx，x=1,2,⋯,7）	配置 DMA 通道 x 的外设地址
通道 x 存储器地址寄存器（DMA_CMARx，x=1,2,⋯,7）	配置 DMA 通道 x 的存储器地址

3．DMA 数据配置

使用 DMA 时，核心的问题就是配置要传输的数据，包括数据的传输方向、传输单位、传输的数据量和传输模式（是一次传输还是循环传输）等。

DMA 传输数据的方向有三个，即从外设到存储器、从存储器到外设、从存储器到存储器，具体的方向可以由 DMA_CCR 中的第 4 位（DIR）进行配置，0 表示从外设到存储器，1 表示从存储器到外设。这里涉及的外设地址则由 DMA_CPAR 配置，存储器地址由 DMA_CMAR 配置。

（1）从外设到存储器。以 ADC 采集为例，DMA 外部寄存器的地址对应的就是 ADC 数据寄存器的地址，DMA 存储器的地址就是自定义变量的地址（用来接收、存储 ADC 采集的数据），设置外设为源地址。

（2）从存储器到外设。以串口向计算机发送数据为例，DMA 外部寄存器的地址对应的就是串口数据寄存器的地址，DMA 存储器的地址就是自定义变量的地址（相当于一个缓冲区，用来存储通过串口发送到计算机的数据），设置外设为目的地址。

（3）从存储器到存储器。以内部 FLASH 存储器向内部 SRAM 复制数据为例，DMA 外部寄存器的地址对应的就是内部 FLASH 存储器的地址（这里把内部 FLASH 存储器当作一个外设），DMA 存储器的地址就是自定义变量的地址（相当于一个缓冲区，用来存储来自内部 FLASH 存储器的数据），设置外设（内部 FLASH 存储器）为源地址。与前面两例不同的是，这里还需要把 DMA_CCR 寄存器中的第 14 位（MEM2MEM）存储器到存储器模式配置为 1，启动 M2M 模式。

当配置好数据的传输方向后，还需要知道要传输的数据量是多少，数据的单位是什么。以串口向计算机发送数据为例，可以一次性给计算机发送很多数据，具体传输多少需要由 DMA_CNDTR 寄存器配置，这是一个 32 位寄存器，一次最多能传输 65 535 个数据。为了使数据正确传输，源地址和目的地址存储的数据宽度必须一致，串口数据寄存器是 8 位的，所以待发送数据也必须是 8 位。外设的数据宽度由 DMA_CCRx 寄存器的 PSIZE[1:0]配置，可以是 8 位、16 位或 32 位；而存储器的数据宽度则由 DMA_CCRx 中的 MSIZE[1:0]配置，也可以是 8 位、16 位或 32 位。

在 DMA 控制器的控制下，要想使数据有条不紊地从一个地方传输到另一个地方，还必须正确设置两边数据指针的增量模式。外设的地址指针由 DMA_CCRx 寄存器的 PINC 配置，存储器的地址指针由 MINC 配置。以串口向计算机发送数据为例，要发送的数据很多，每发送完一个数据，存储器的地址指针就加 1。如果串口数据寄存器只有一个，外设的地址指针就固定不变，具体的数据指针的增量模式需要根据实际情况决定。

数据的传输是否完成可以通过查询标志位或通过中断的方式来判断。每个 DMA 通道在 DMA 传输过半、传输完成或传输错误时都会有相应的标志位，如果使能了该类型的中断，则会在相应的情况下产生中断。有关各个标志位的详细描述可以参考《STM32F10x 中文参考手册》中 DMA 中断状态寄存器 DMAISR 的相关资料。

数据传输分为两种模式，即一次传输和循环传输。一次传输在传输一次之后就停止，要想再进行传输，必须关闭 DMA，使能后再重新配置，才能继续传输。循环传输则是在一次传输完成之后又恢复第一次传输时的配置进行循环传输，不断重复。具体模式可通过 DMA_CCRx 寄存器中的 CIRC 循环模式位配置。

8.4.2 DMA 控制器相关库函数

DMA 控制器可以提供 12 个数据通道的访问，由于外设实现了向存储器的映射，因此数据对来自或发向外设的数据传输可以像内存之间的数据传输一样进行管理，在实际操作中可以通过相关库函数实现。常用的 DMA 库函数见如表 8.40 所示。

表 8.40 常用的 DMA 库函数

函 数 名	功 能 描 述
DMA_DeInit	将 DMA 的通道 x 寄存器重设为默认值
DMA_Init	根据 DMA_InitStruct 中指定的参数初始化 DMA 的通道 x 寄存器
DMA_StructInit	把 DMA_InitStruct 中的每一个参数按默认值填入
DMA_Cmd	使能或失能指定的 DMA 通道 x
DMA_ITConfig	使能或失能指定的 DMA 通道 x 中断
DMA_GetCurrDataCounte	返回当前 DMA 通道 x 剩余的待传输数据数目
DMA_GetFlagStatus	检查指定的 DMA 通道 x 标志位设置与否
DMA_ClearFlag	清除 DMA 通道 x 的待处理标志位
DMA_GetITStatus	检查指定的 DMA 通道 x 中断发生与否
DMA_ClearITPendingBit	清除 DMA 通道 x 的中断待处理位

下面简要介绍一些常用的 DMA 库函数。

（1）DMA_DeInit 函数：该函数将 DMA 的通道 x 寄存器重设为默认值。

函数原型	void DMA_DeInit(DMA_Channel_TypeDef* DMA_Channelx)						
功能描述	将 DMA 的通道 x 寄存器重设为默认值						
输入参数	DMA_Channelx：x 可以取值为 1,2,⋯,7，用来选择 DMA 通道 x						
输出参数	无	返回值	无	先决条件	无	被调用函数	RCC_APB2PeriphResetCmd()

例如，重置 DMA 的通道 2 为初始值：

```
DMA_DeInit(DMA_Channel2);
```

（2）DMA_Init 函数：该函数根据 DMA_InitStruct 中指定的参数初始化 DMA 的通道 x 寄存器。

函数原型	void DMA_Init(DMA_Channel_TypeDef* DMA_Channelx, DMA_InitTypeDef* DMA_InitStruct)						
功能描述	根据 DMA_InitStruct 中指定的参数初始化 DMA 的通道 x 寄存器						
输入参数 1	DMA_Channelx：x 可以取值为 1,2,⋯,7，用来选择 DMA 通道 x						
输入参数 2	DMA_InitStruct：指向结构体 DMA_InitTypeDef 的指针，包含外设 DMA 通道 x 的配置信息						
输出参数	无	返回值	无	先决条件	无	被调用函数	无

DMA_InitTypeDef 结构体定义在 STM32 标准函数库文件中的 stm32f10x_dma.h 头文件下，具体定义如下。

```
typedef struct
{
  uint32_t DMA_PeripheralBaseAddr;            //定义外设基地址
  uint32_t DMA_MemoryBaseAddr;                //定义内存基地址
  uint32_t DMA_DIR;                           //定义外设作为数据传输的目的地或来源
  uint32_t DMA_BufferSize;                    //指定 DMA 缓存的大小
  uint32_t DMA_PeripheralInc;                 //设定外设地址寄存器递增与否
  uint32_t DMA_MemoryInc;                     //设定内存地址寄存器递增与否
  uint32_t DMA_PeripheralDataSize;            //设定外设数据宽度
  uint32_t DMA_MemoryDataSize;                //设定内存数据宽度
  uint32_t DMA_Mode;                          //设定工作模式
  uint32_t DMA_Priority;                      //设定软件优先级
  uint32_t DMA_M2M;                           //使能或失能内存到内存传输
} DMA_InitTypeDef;
```

每个 DMA_InitTypeDef 结构体成员的功能和相应的取值如下。

① DMA_PeripheralBaseAddr 与 DMA_MemoryBaseAddr。DMA_PeripheralBaseAddr 用来定义 DMA 外设基地址；而 DMA_MemoryBaseAddr 则用来定义 DMA 内存基地址。

② DMA_DIR。该成员用来定义外设是作为数据传输的目的地还是来源，其取值定义如表 8.41 所示。

表 8.41　DMA_DIR 取值定义

DMA_DIR 取值	功 能 描 述
DMA_DIR_PeripheralDST	外设作为数据传输的目的地
DMA_DIR_PeripheralSRC	外设作为数据传输的来源

③ DMA_BufferSize。该成员用来定义指定 DMA 通道的 DMA 缓存的大小，单位为数据单位，根据数据传输的方向，数据单位等于结构体中参数 DMA_PeripheralDataSize 或参数 DMA_MemoryDataSize 的值。

④ DMA_PeripheralInc 与 DMA_MemoryInc。DMA_PeripheralInc 用来设定外设地址寄存器递增与否，其取值定义如表 8.42 所示；DMA_MemoryInc 用来设定内存地址寄存器递增与否，其取值定义如表 8.43 所示。

表 8.42　DMA_PeripheralInc 取值定义

DMA_PeripheralInc 取值	功 能 描 述
DMA_PeripheralInc_Enable	外设地址寄存器递增
DMA_PeripheralInc_Disable	外设地址寄存器不变

表 8.43　DMA_MemoryInc 取值定义

DMA_MemoryInc 取值	功 能 描 述
DMA_MemoryInc_Enable	内存地址寄存器递增
DMA_MemoryInc_Disable	内存地址寄存器不变

⑤ DMA_PeripheralDataSize 与 DMA_MemoryDataSize。DMA_PeripheralDataSize 用来设定外设数

据宽度，其取值定义如表 8.44 所示；DMA_MemoryDataSize 用来设定内存数据宽度，其取值定义如表 8.45 所示。

表 8.44　DMA_PeripheralDataSize 取值定义

DMA_PeripheralDataSize 取值	功 能 描 述
DMA_PeripheralDataSize_Byte	数据宽度为 8 位
DMA_PeripheralDataSize_HalfWord	数据宽度为 16 位
DMA_PeripheralDataSize_Word	数据宽度为 32 位

表 8.45　DMA_MemoryDataSize 取值定义

DMA_MemoryDataSize 取值	功 能 描 述
DMA_MemoryDataSize_Byte	数据宽度为 8 位
DMA_MemoryDataSize_HalfWord	数据宽度为 16 位
DMA_MemoryDataSize_Word	数据宽度为 32 位

⑥ DMA_Mode。该成员用来设定 DMA 的工作模式，其取值定义如表 8.46 所示。

表 8.46　DMA_Mode 取值定义

DMA_Mode 取值	功 能 描 述
DMA_Mode_Circular	工作在循环缓存模式
DMA_Mode_Normal	工作在正常缓存模式

⑦ DMA_Priority。该成员用来设定 DMA 通道 x 的软件优先级，其取值定义如表 8.47 所示。

表 8.47　DMA_Priority 取值定义

DMA_Priority 取值	功 能 描 述
DMA_Priority_VeryHigh	DMA 通道 x 拥有非常高的优先级
DMA_Priority_High	DMA 通道 x 拥有高优先级
DMA_Priority_Medium	DMA 通道 x 拥有中优先级
DMA_Priority_Low	DMA 通道 x 拥有低优先级

⑧ DMA_M2M。该成员用来使能 DMA 通道的内存到内存传输，其取值定义如表 8.48 所示。

表 8.48　DMA_M2M 取值定义

DMA_M2M 取值	功 能 描 述
DMA_M2M_Enable	DMA 通道 x 设置为内存到内存传输
DMA_M2M_Disable	DMA 通道 x 没有设置为内存到内存传输

例如，根据 DMA_InitStruct 的成员初始化 DMA 的通道 1：

```
DMA_InitTypeDef DMA_InitStructure;
DMA_InitStructure.DMA_PeripheralBaseAddr = 0x40005400;     //定义外设基地址
DMA_InitStructure.DMA_MemoryBaseAddr = 0x20000100;         //定义内存基地址
DMA_InitStructure.DMA_DIR = DMA_DIR_PeripheralSRC;    //定义外设作为数据传输来源
DMA_InitStructure.DMA_BufferSize = 256;             //指定 DMA 缓存 256 个数据单位
```

```
//设定外设地址寄存器不变
DMA_InitStructure.DMA_PeripheralInc = DMA_PeripheralInc_Disable;
DMA_InitStructure.DMA_MemoryInc = DMA_MemoryInc_Enable;//设定内存地址寄存器递增
//设定外设数据宽度为 16 位
DMA_InitStructure.DMA_PeripheralDataSize = DMA_PeripheralDataSize_HalfWord;
//设定内存数据宽度为 16 位
DMA_InitStructure.DMA_MemoryDataSize = DMA_MemoryDataSize_HaltWord;
DMA_InitStructure.DMA_Mode = DMA_Mode_Normal;          //工作在正常缓存模式
DMA_InitStructure.DMA_Priority = DMA_Priority_Medium;  //软件优先级为中级
DMA_InitStructure.DMA_M2M = DMA_M2M_Disable;           //失能内存到内存传输
DMA_Init(DMA_Channel1.&DMA_InitStructure);         //根据上述参数初始化 DMA 通道 1
```

（3）DMA_Cmd 函数：该函数使能或失能指定的 DMA 通道 x。

函数原型	void DMA_Cmd(DMA_Channel_TypeDef* DMA_Channelx, FunctionalState NewState)						
功能描述	使能或失能指定的 DMA 通道 x						
输入参数 1	DMA_Channelx：x 可以取值为 1,2,…,7，用来选择 DMA 通道 x						
输入参数 2	NewState：DMA 通道 x 的新状态（可取 ENABLE 或 DISABLE）						
输出参数	无	返回值	无	先决条件	无	被调用函数	无

例如，使能 DMA 的通道 7：

```
DMA_Cmd(DMA_Channel7, ENABLE);
```

（4）DMA_ITConfig 函数：该函数使能或失能指定的 DMA 通道 x 中断。

函数原型	void DMA_ITConfig(DMA_Channel_TypeDef*DMA_Channelx, uint32_t DMA_IT,FunctionalState NewState)						
功能描述	使能或失能指定的 DMA 通道 x 中断						
输入参数 1	DMA_Channelx：x 可以取值为 1,2,…,7，用来选择 DMA 通道 x						
输入参数 2	DMA_IT：待使能或失能的 DMA 中断源，其取值定义如表 8.49 所示						
输入参数 3	NewState：DMA 通道 x 中断的新状态（可取 ENABLE 或 DISABLE）						
输出参数	无	返回值	无	先决条件	无	被调用函数	无

表 8.49　DMA_IT 取值定义

DMA_IT 取值	功 能 描 述
DMA_IT_TC	传输完成中断屏蔽
DMA_IT_HT	传输过半中断屏蔽
DMA_IT_TE	传输错误中断屏蔽

例如，使能 DMA 通道 3 完整的传输中断：

```
DMA_ITConfig(DMA_Channel3, DMA_IT_TC, ENABLE);
```

8.4.3　DMA 数据传输实例

DMA 数据传输无须 CPU 直接控制传输，也不像中断处理方式那样需要保留现场和恢复现场的过程，通过硬件为 RAM 与 I/O 设备开辟一条直接传送数据的通路，以减轻 CPU 的负荷。STM32 最多有 2 个 DMA 控制器（DMA2 仅存在大容量产品中），DMA1 有 7 个通道，DMA2 有 5 个通道。每个通道专门用来管理来自一个或多个外设对存储器访问的请求，还有一个仲裁器协调各个 DMA 请求的优先权。DMA 结构特征和数据配置等相关知识在前两节已经介绍过，这里不再详述。

STM32F103ZET6 有 2 个 DMA 控制器，即 DMA1 和 DMA2。本节仅针对 DMA1 进行介绍，以通道 4 为例进行系统程序设计实践。DMA1 通道 4 的主要配置步骤如下。

（1）使能 DMA 时钟。

（2）初始化 DMA 通道 4 参数（在 8.4.2 节中详细介绍过）。

（3）使能串口 DMA 发送。

（4）使能 DMA1 通道 4，启动传输。

（5）查询 DMA 传输状态。

本例程将利用外部按键 KEY0 来控制 DMA 的传送，每按一次 KEY0，DMA 就传送一次数据到 USART1，然后在 TFTLCD 模块上显示进度等信息，LED0 仍然用来作为程序运行的指示灯。由于需要用到串口，这里仍然采用 USB 串口，与第 7 章介绍的一样，一定要将该串口的 RXD 和 TXD 分别与 PA9 和 PA10 连接。

参照前面的例程，本例程使用的 LED0、KEY0、USART1 和 TFTLCD 模块的硬件连接不需要任何调整，相关配置程序也不需要任何改动，具体程序代码在之前已经介绍过，这里不再详述。

本例程可以在 8.1.3 节“FSMC 驱动 TFTLCD”例程中的程序代码基础上进行修改，但需要加入 KEY0 的硬件配置程序。打开 Project 文件夹，将其中的文件名更改为 DMA.uvprojx，然后双击打开，新建一个 dma.c 文件，用于编写 DMA 相关配置程序代码，并保存在 Hardware\DMA 文件夹中，代码如下。

```
#include "dma.h"

DMA_InitTypeDef DMA_InitStructure;
uint16_t DMA1_MEM_LEN;        //保存 DMA 每次数据传送的长度
/**************************************************************
**函 数 名：Dma_Config
**功能描述：DMA1 的各通道配置
**输入参数：DMA_CHx，DMA 通道 CHx
          cpar，外设地址
          cmar，存储器地址
          cndtr，数据传输量
**输出参数：无
**说    明：这里的传输形式是固定的，这点要根据不同的情况来修改
          从存储器->外设模式/8 位数据宽度/存储器增量模式
**************************************************************/
void Dma_Config(DMA_Channel_TypeDef* DMA_CHx,uint32_t cpar,uint32_t cmar,
uint16_t cndtr)
{
    RCC_AHBPeriphClockCmd(RCC_AHBPeriph_DMA1, ENABLE);     //使能 DMA 传输

   DMA_DeInit(DMA_CHx);                          //将 DMA 的通道 1 寄存器重设为默认值

   DMA1_MEM_LEN=cndtr;
   DMA_InitStructure.DMA_PeripheralBaseAddr = cpar;        //DMA 外设基地址
   DMA_InitStructure.DMA_MemoryBaseAddr = cmar;            //DMA 内存基地址
   //数据传输方向，从内存读取发送到外设
```

```
        DMA_InitStructure.DMA_DIR = DMA_DIR_PeripheralDST;
        DMA_InitStructure.DMA_BufferSize = cndtr;        //DMA 通道的 DMA 缓存的大小
        //外设地址寄存器不变
        DMA_InitStructure.DMA_PeripheralInc = DMA_PeripheralInc_Disable;
        DMA_InitStructure.DMA_MemoryInc = DMA_MemoryInc_Enable;//内存地址寄存器递增
        //数据宽度为 8 位
        DMA_InitStructure.DMA_PeripheralDataSize = DMA_PeripheralDataSize_Byte;
        //数据宽度为 8 位
        DMA_InitStructure.DMA_MemoryDataSize = DMA_MemoryDataSize_Byte;
        DMA_InitStructure.DMA_Mode = DMA_Mode_Normal;             //工作在正常模式
        //DMA 通道 x 拥有中优先级
        DMA_InitStructure.DMA_Priority = DMA_Priority_Medium;
        //DMA 通道 x 没有设置为内存到内存传输
        DMA_InitStructure.DMA_M2M = DMA_M2M_Disable;
        //根据 DMA_InitStruct 中指定的参数初始化 DMA 的通道 USART1_Tx_DMA_Channel 所标识
        //的寄存器
        DMA_Init(DMA_CHx, &DMA_InitStructure);
    }
    /****************************************************************
    **函 数 名: Dma_Enable
    **功能描述: 使能一次 DMA 传输
    **输入参数: DMA_CHx, DMA 通道 CHx
    **输出参数: 无
    ****************************************************************/
    void Dma_Enable(DMA_Channel_TypeDef*DMA_CHx)
    {
        DMA_Cmd(DMA_CHx, DISABLE );              //关闭 USART1_TX_DMA1 所指示的通道
         DMA_SetCurrDataCounter(DMA_CHx,DMA1_MEM_LEN);//DMA 通道的 DMA 缓存的大小
         DMA_Cmd(DMA_CHx, ENABLE);               //使能 USART1_TX_DMA1 所指示的通道
    }
```

上述代码包含 2 个函数，在每个函数前都编写了相应的注解。Dma_Config 函数用于 DMA 的各通道配置，基本上就是按照前面所讲的步骤进行初始化的。该函数在外部只能修改通道、源地址、目的地址和传输数据量等几个参数，其他设置只能在函数内部修改。Dma_Enable 函数用于设置 DMA 缓存大小并使能 DMA 通道。

按同样的方法，新建一个名为 dma.h 的头文件，用来声明相关函数，从而方便其他文件调用，该文件也保存在 DMA 文件夹中。在 dma.h 头文件中输入如下代码。

```
    #ifndef __DMA_H
    #define __DMA_H
    #include "sys.h"

    void Dma_Config(DMA_Channel_TypeDef*DMA_CHx,uint32_t cpar,uint32_t cmar,uint16_t
cndtr);
    void Dma_Enable(DMA_Channel_TypeDef*DMA_CHx);//使能 DMA1_CHx

    #endif
```

接下来，在“Manage Project Items”分组项目管理界面中把 dma.c 文件加入 Hardware 组中，并将 dma.h 头文件的路径加入工程中，之后就可以回到工程主界面对主函数进行编程了。打开 main.c 文件，并在文件中编写如下代码。

```
    #include "led.h"
    #include "delay.h"
```

```
#include "key.h"
#include "sys.h"
#include "lcd.h"
#include "usart.h"
#include "dma.h"

#define SEND_BUF_SIZE 8200//发送数据长度，最好等于 sizeof(TEXT_TO_SEND)+2 的整数倍
uint8_t SendBuff[SEND_BUF_SIZE]; //发送数据缓冲区
const uint8_t TEXT_TO_SEND[]={"基于 STM2 的嵌入式系统设计与实践 DMA 数据传输"};
int main(void)
{
    uint16_t i;
    uint8_t t=0;
    uint8_t j,mask=0;
    float pro=0;                            //进度
    delay_init();                           //延时函数初始化
    //设置中断优先级分组为组 2: 2 位抢占优先级, 2 位响应优先级
    NVIC_PriorityGroupConfig(NVIC_PriorityGroup_2);
    uart_init(115200);                      //串口初始化为 115 200
    LED_Init();                             //初始化与 LED 连接的硬件接口
    LCD_Init();                             //初始化 LCD
    KEY_Init();                             //按键初始化
    Dma_Config(DMA1_Channel4,(uint32_t)&USART1->DR,(uint32_t)SendBuff,
    SEND_BUF_SIZE);
    POINT_COLOR=RED;                        //设置字体为红色
    LCD_ShowString(30,40,360,24,24,"Embedded System based on STM32");
    LCD_ShowString(30,70,200,16,16,"DMA");
    LCD_ShowString(30,100,200,12,12,"2019/12/17");
    LCD_ShowString(30,130,200,16,16,"KEY0:Start");
    //显示提示信息
    j=sizeof(TEXT_TO_SEND);
    for(i=0;i<SEND_BUF_SIZE;i++)            //填充数据到 SendBuff
    {
        if(t>=j)                            //加入换行符
        {
            if(mask)
            {
                SendBuff[i]=0x0a;
                t=0;
            }
            else
            {
                SendBuff[i]=0x0d;
                mask++;
            }
        }
        else                                //复制 TEXT_TO_SEND 语句
        {
            mask=0;
            SendBuff[i]=TEXT_TO_SEND[t];
            t++;
        }
    }
    POINT_COLOR=BLUE;                       //设置字体为蓝色
    i=0;
```

```
    while(1)
    {
        t=KEY_Scan(0);
        if(t==1)                                    //按下 KEY0
        {
            LCD_ShowString(30,150,200,16,16,"Start Transimit....");
            LCD_ShowString(30,170,200,16,16,"%");     //显示百分号
            printf("\r\nDMA DATA:\r\n");
             USART_DMACmd(USART1,USART_DMAReq_Tx,ENABLE);//使能 USART1 的 DMA 发送
            Dma_Enable(DMA1_Channel4);          //开始一次 DMA 传输
            //等待 DMA 传输完成，此时来做另一件事，点亮 LED0
            //在实际应用中，传输数据期间，可以执行另外的任务
            while(1)
            {
                if(DMA_GetFlagStatus(DMA1_FLAG_TC4)!=RESET) //判断通道 4 传输完成
                {
                    DMA_ClearFlag(DMA1_FLAG_TC4);       //清除通道 4 传输完成标志
                    break;
                }
                pro=DMA_GetCurrDataCounter(DMA1_Channel4);//得到当前还剩余多少个数据
                pro=1-pro/SEND_BUF_SIZE;                //得到百分比
                pro*=100;                               //扩大 100 倍
                LCD_ShowNum(30,170,pro,3,16);
            }
            LCD_ShowNum(30,170,100,3,16);               //显示 100%
            LCD_ShowString(30,150,200,16,16,"Transimit Finished!");//提示传送完成
        }
        i++;
        delay_ms(10);
        if(i==20)
        {
            LED0=!LED0;                                 //提示系统正在运行
            i=0;
        }
    }
}
```

输入完成后保存，并单击 按钮进行编译，可以看到，程序代码编译显示零错误零警告，说明程序编写在逻辑上没有问题。在上述代码中，先初始化内存 SendBuff 的值；然后通过 KEY0 开启串口 DMA 发送，在发送过程中通过 DMA_GetCurrDataCounter 函数获取当前还剩余的数据量（DMA 的相关库函数文件为 stm32f10x_dma.c 和 stm32f10x_dma.h），从而计算传输百分比；最后在传输结束之后清除相应标志位，提示已经传输完成。

下载代码到硬件后，可以看到 LED0 不停地闪烁，提示系统正在运行，并在 LCD 上显示 DMA 数据传输的相关提示信息；打开串口调试助手，然后按下 KEY0 可以看到串口调试助手接收的信息（见图 8.13），同时可以看到 TFTLCD 上显示传输进度等信息，与预期效果一致，说明系统设计是成功的。

关于 DMA 数据传输的设计实践就讲到这里，可以参照本节实践例程探索 DMA 的其他用途。通过本章的学习，熟练掌握 STM32 的 DMA 使用。DMA 不仅能减轻 CPU 的负荷，还能提高数据传输速率，合理地应用 DMA，可以让程序设计变得更加简单。

图 8.13　串口调试助手接收的信息

8.5　嵌入式 FLASH 的读/写操作

STM32 中的存储器主要可以分为随机存取存储器 RAM 和只读存储器 ROM 两大类。RAM 可理解为内存，即程序运行时所占用的存储空间，其特点是掉电后数据会丢失；而 ROM 则可简单地理解为硬盘的存储空间，其特点是掉电后数据不会丢失，所以又称为“非易失性存储器件”。ROM 又包含 FLASH 和 EEPROM 等，因此 FLASH 掉电后数据也不会丢失，这对于 STM32 嵌入式系统设计十分重要。开发应用时所编写的程序也保存在 FLASH 中，为了避免不必要的问题，一般不会轻易允许对 FLASH 内容随意读写。

8.5.1　STM32 的 FLASH 存储器

STM32 的片内 FLASH（通常也称为闪存）不仅能用来存储程序，还能用来存储芯片配置、芯片 ID 和自举程序等，当然 FLASH 也可以用来存储数据。

1．FLASH 的分类

根据用途不同，STM32 的片内 FLASH 可以分成两部分，即主存储块和信息块。主存储块用于存储程序，开发的程序一般就存储在这里。信息块又可以分成系统存储器和选项字节两部分，系统存储器用于存放系统存储器自举模式下的启动程序（BootLoader），当使用 ISP 方式加载程序时，便会执行该启动程序，通常系统存储器区域中的启动程序直接由芯片厂商写入，然后锁死，在之后的开发过程中不可对其进行更改；选项字节用来存储芯片的配置信息和主存储块的保护信息。

2．STM32 产品分类

STM32 根据 FLASH 主存储块容量、页面的不同和系统存储器的不同，分为小容量、中容量、大容量和互联型等产品。这里介绍一下 FLASH 页面的概念，STM32 的 FLASH 主存储块是按页组织的，有的产品每页 1KB，有的产品每页 2KB，页面的典型用途就是按页擦除 FLASH，这与通用 FLASH 的扇区相类似。下面基于 FLASH 页面对 STM32 产品分类做一下简要的介绍。

（1）小容量产品：主存储块为 1～32KB，每页 1KB，系统存储器为 2KB。

（2）中容量产品：主存储块为 64～128KB，每页 1KB，系统存储器为 2KB。

（3）大容量产品：主存储块为 256KB 以上，每页 2KB，系统存储器为 2KB。

（4）互联型产品：主存储块为 256KB 以上，每页 2KB，系统存储器为 18KB。

某一产品属于哪类，可以查数据手册，也可以根据产品系列类型进行简单的区分，如 STM32F101、STM32F102 和 STM32F103 系列产品，根据其主存储块容量，一定是小容量、中容量和大容量产品中的一种，而 STM32F105 和 STM32F107 系列产品属于互联型产品。互联型产品与其他三类的主要不同之处就是 BootLoader 不同，小容量产品、中容量产品和大容量产品的 BootLoader 只有 2KB，只能通过 USART1 进行在系统编程（In System Programming，ISP）；而互联型产品的 BootLoader 有 18KB，可以通过 USAT1、USAT 4 和 CAN 等多种方式进行 ISP。另外，小容量产品和中容量产品的 BootLoader 与大容量产品的 BootLoader 是相同的。

3．ISP 与 IAP

ISP 是指直接在目标电路板上对芯片进行编程，一般需要一个自举程序 BootLoader 来执行，ISP 有时也叫电路中编程或在线编程（In Circuit Programming，ICP）。在应用编程（In Application Programming，IAP）是指最终产品出厂后，由最终用户在使用中对用户程序部分进行编程，实现在线升级。IAP 要求将程序分成两部分：引导程序和用户程序，引导程序总是不变的，IAP 也叫在程序编程。

ISP 与 IAP 的区别在于，ISP 一般是对芯片整片进行重新编程，用的是芯片厂提供的自举程序；而 IAP 只是更新程序的一部分，用的是电器厂开发的 IAP 引导程序。综合来看，ISP 受到的限制更多，由于 IAP 是用户开发的程序，更换程序的时候更容易操作。

4．FPEC 控制器

STM32 通过 FLASH 编程/擦除控制器（FLASH Program/Erase Controller，FPEC）对 FLASH 进行擦除或编程。FPEC 主要通过七个寄存器来操作 FLASH，其寄存器说明如表 8.50 所示。

表 8.50　FPEC 寄存器说明

FPEC 寄存器	功 能 描 述
键寄存器（FLASH_KEYR）	写入键值解锁
选项字节键寄存器（FLASH_OPTKEYR）	写入键值解锁选项字节操作
闪存控制寄存器（FLASH_CR）	选择并启动 FLASH 操作
闪存状态寄存器（FLASH_SR）	查询 FLASH 操作状态
闪存地址寄存器（FLASH_AR）	存储 FLASH 操作地址
选项字节寄存器（FLASH_OBR）	选项字节中主要数据的映象
写保护寄存器（FLASH_WRPR）	选项字节中写保护字节的映象

为了增强安全性，进行某项操作时，需要向某个位置写入特定的数值，以验证该操作是否为安全的操作，这些数值称为键值。STM32 的 FLASH 共有三个键值，如表 8.51 所示。

表 8.51　STM32 的 FLASH 键值

名　称	键　值	功能描述
RDPRT	0x000000A5	用于解除读保护
KEY1	0x45670123	用于解除闪存锁
KEY2	0xCDEF89AB	用于解除闪存锁

在 FLASH_CR 寄存器中，有一个 LOCK 位，当该位为 1 时，不能对 FLASH_CR 进行写操作，也不能擦除和编程 FLASH，这就是闪存锁。当 LOCK 位为 1 时，闪存锁有效，只有向 FLASH_KEYR 依次写入键值 KEY1、KEY2 后，LOCK 位才会被硬件清零，从而解除闪存锁。注意，当 LOCK 位为 1 时，对 FLASH_KEYR 的任何错误写操作（第 1 次不是 KEY1，或者第 2 次不是 KEY2），都将导致闪存锁彻底锁死，一旦闪存锁彻底锁死，在下一次复位前将无法解锁，只有复位后，闪存锁才恢复为一般锁住状态。复位后，LOCK 位会默认为 1，即闪存锁有效，此时，可以解锁。解锁后，进行 FLASH 的擦除编程工作。任何时候都可以通过对 LOCK 位置 1 进行软件加锁，软件加锁与复位加锁一样，都可以解锁。

5．主存储块的擦除与编程

主存储块可以按页擦除，也可以整片擦除。按页擦除可通过 FPEC 的页擦除功能对主存储块的任何一页进行擦除；整片擦除则可以擦除整个主存储块，信息块不受此操作影响。

（1）按页擦除的主要步骤如下。

① 检查 FLASH_SR 寄存器的 BSY 位是否为 0，以确认没有其他正在进行的 FLASH 操作，只有 BSY 位为 0 时，才能继续操作。

② 设置 FLASH_CR 寄存器的 PER 位为 1，选择按页擦除操作。

③ 设置 FLASH_AR 寄存器的值为要擦除页所在地址，从而选择要擦除的页（FLASH_AR 的值在哪一页范围内，就表示要擦除哪一页）。

④ 设置 FLASH_CR 寄存器的 STRT 位为 1，启动擦除操作。

⑤ 等待 FLASH_SR 寄存器的 BSY 位变为 0，表示操作完成。

⑥ 查询 FLASH_SR 寄存器的 EOP 位，当 EOP 位为 1 时，表示操作成功。

⑦ 读出被擦除的页并做验证，擦除完成后所有数据位都为 1。

（2）整片擦除的主要步骤如下。

① 检查 FLASH_SR 寄存器的 BSY 位，以确认没有其他正在进行的 FLASH 操作。

② 设置 FLASH_CR 寄存器的 MER 位为 1，选择整片擦除操作。

③ 设置 FLASH_CR 寄存器的 STRT 位为 1，启动整片擦除操作。

④ 等待 FLASH_SR 寄存器的 BSY 位变为 0，表示操作完成。

⑤ 查询 FLASH_SR 寄存器的 EOP 位，当 EOP 位为 1 时，表示操作成功。

⑥ 读出所有页并做验证，擦除完成后所有数据位都为 1。

对主存储块编程时，每次可以写入 16 位，当 FLASH_CR 寄存器的 PG 位为 1 时，在一个闪存地址写入一个半字（16 位）将启动一次编程；写入任何非半字的数据，FPEC 都会产生总线错误。在编程过程中，当 BSY 位为 1 时，任何读/写闪存的操作都会使 CPU 暂停，直到此次闪存编程结束。

（3）主存储块编程的主要步骤如下。

① 检查 FLASH_SR 寄存器的 BSY 位，以确认没有其他正在进行的编程操作。

② 设置 FLASH_CR 寄存器的 PG 位为 1，选择编程操作。

③ 在指定的地址写入要编程的半字。

④ 等待 FLASH_SR 寄存器的 BSY 位变为 0，表示操作完成。

⑤ 查询 FLASH_SR 寄存器的 EOP 位，当 EOP 位为 1 时，表示操作成功。

⑥ 读出写入的地址并验证写入的数据是否正确。

当进行 FLASH 操作时，需要注意以下事项。

（1）当 BSY 位为 1 时，不能对任何 FPEC 寄存器执行写操作，所以操作前必须检查 BSY 位是否为 0。

（2）STM32 在执行编程操作前，会先检查要编程的地址是否被擦除（其值必须是 0xFFFF），如果没有被擦除，则不执行编程，并置 FLASH_SR 寄存器的 PGERR 位为 1（得到一个警告），唯一例外的情况是编程数据为 0x0000 时，即使未擦除也可以进行编程。

（3）STM32 在某些特殊情况下（如 FPEC 被锁住时），可能根本就没有执行所要的操作，仅仅通过寄存器无法判断操作是否成功，所以为了保险起见，操作后需要读出所有数据进行检查。

（4）在进行 FLASH 操作时，必须保证 HIS 没有被关闭。

6．选项字节

选项字节用于存储芯片的配置信息。目前 STM32F10x 系列产品的选项字节是 16 个字节，在这 16 个字节中，每两个字节组成一个正反对，即字节 1 是字节 0 的反码，字节 3 是字节 2 的反码，以此类推。所以，只要设置 8 个字节即可，系统会将另外的 8 个字节自动填充为反码。也可以说，STM32 的选项字节是 8 个字节，但是占了 16 个字节的空间。FLASH 选项字节的 8 个字节正码如表 8.52 所示。

表 8.52　FLASH 选项字节的 8 个字节正码

名　称	字　节	功能描述
RDP	字节 0	读保护字节，存储对主存储块的读保护设置
USER	字节 2	用户字节，配置看门狗、停机和待机
Data0	字节 4	数据字节 0，自由使用
Data1	字节 6	数据字节 1，自由使用

续表

名　称	字　节	功 能 描 述
WRP0	字节 8	写保护字节 0，存储对主存储块的写保护设置
WRP1	字节 10	写保护字节 1，存储对主存储块的写保护设置
WRP2	字节 12	写保护字节 2，存储对主存储块的写保护设置
WRP3	字节 14	写保护字节 3，存储对主存储块的写保护设置

在 FLASH_CR 寄存器中有一个 OPTWRE 位，当该位为 0 时，不允许进行选项字节操作（擦除和编程等），只有该位为 1 时，才可以进行选项字节操作，称之为选项字节写使能。OPTWRE 位不能软件置 1，但是可以软件清零。在向 FLASH_OPTKEYR 依次写入 KEY1 和 KEY2 之后，硬件会自动对该位置 1，此时允许选项字节操作，对该位置 1 后，可以由软件清零来关闭写使能，复位后对该位置 0。

FLASH_OPTKEYR 的错误操作不会彻底关闭写使能，只要写入正确的键序列，就可以打开写使能，并且在写使能已经打开的情况下，再次进行打开操作不会出错。在进行选项字节操作前，必须先解开闪存锁，然后打开选项字节写使能。下面简要介绍一下选项字节的擦除和编程操作。

（1）选项字节擦除的主要步骤如下。

① 检查 FLASH_SR 寄存器的 BSY 位，以确认没有其他正在进行的 FLASH 操作。

② 解锁 FLASH_CR 寄存器的 OPTWRE 位，即打开写使能。

③ 设置 FLASH_CR 寄存器的 OPTER 位为 1，选择选项字节擦除操作。

④ 设置 FLASH_CR 寄存器的 STRT 位为 1。

⑤ 等待 FLASH_SR 寄存器的 BSY 位变为 0，表示操作完成。

⑥ 查询 FLASH_SR 寄存器的 EOP 位，当 EOP 位为 1 时，表示操作成功。

⑦ 读出选项字节并验证数据。

由于选项字节只有 16 个字节，因此，擦除时整个选项字节都被擦除了。

（2）选项字节编程的主要步骤如下。

① 检查 FLASH_SR 寄存器的 BSY 位，以确认没有其他正在进行的编程操作。

② 解锁 FLASH_CR 寄存器的 OPTWRE 位，即打开写使能。

③ 设置 FLASH_CR 寄存器的 OPTPG 位为 1，选择编程操作。

④ 写入要编程的半字到指定的地址，启动编程操作。

⑤ 等待 FLASH_SR 寄存器的 BSY 位变为 0，表示操作完成。

⑥ 查询 FLASH_SR 寄存器的 EOP 位，当 EOP 位为 1 时，表示操作成功。

⑦ 读出写入的选项字节并验证数据。

对选项字节进行编程时，FPEC 根据写入半字中的低字节并自动计算出相应的高字节（高字节为低字节的反码），并开始编程操作，从而保证选项字节和它的反码始终是正确的。

7．主存储块的保护

通过设置实现对主存储块中的数据进行读保护和写保护。读保护用于保护数据不被非法读出，防止程序泄密；写保护用于保护数据不被非法改写，保证程序正常运行。

（1）主存储块读保护。主存储块开启读保护后，从主存储块启动的程序可以对整个主存储块执行读操作，不允许对主存储块的前 4KB 区域进行擦除编程操作，但允许对 4KB 之后的区域进行擦除编程操作；而从 SRAM 启动的程序不能对主存储块进行读、按页擦除和编程操作，但可以进行主存储块整片擦除操作；使用调试接口不能访问主存储块。这些特性既能阻止主存储器数据的非法读出，又能保证程序的正常运行。

当 RDP 选项字节的值为 RDPRT 键值时，读保护才会关闭，否则读保护就一直是开启的。也就是说，想要关闭读保护，必须将 RDP 选项字节编程为 RDPRT 键值，并且 RDP 由非键值变为键值（由保护变为非保护）时，STM32 将会先擦除整个主存储块，再编程 RDP。

（2）主存储块写保护。STM32 主存储块可以分域进行写保护，如果试图对写保护的域进行擦除或编程操作，在闪存状态寄存器 FLASH_SR 中会返回一个写保护错误标志。STM32 主存储块中的每个域为 4KB，WRP0～WRP3 选项字节中的每一位对应主存储块中的一个域，当对应位为 0 时，写保护有效，可以保护域 0～域 31（共 128KB）。对于主存储块超过 128KB 的产品，WRP3 中的 bit15 保护域 31 和之后的所有域。擦除选项字节会解除主存储块的写保护。

8．选项字节及其寄存器映象

前面介绍 FPEC 时讲到 FLASH_OBR 和 FLASH_WRPR 两个寄存器存储了选项字节的映象，这里对选项字节的本体（在 FLASH 中）和映象（在寄存器中）进行简要的讲解。选项字节的本体只是 FLASH，它的作用是掉电时存储选项字节的内容，真正起作用的是它在寄存器中的映象。也就是说，一个配置是否有效不是看本体，而是看映象。映象是在复位后通过本体的值加载而获得的，加载之后若不再进行复位，映象将不再改变。所以，更改本体的数据不会立即生效，只有复位加载到映象中后才会使配置生效。

> 注意：当更改本体的值，使主存储块读保护变为不保护时，会先擦除整片主存储块，然后改变本体，这是唯一一个改变本体会引发动作的情况。但即使这样，读保护也要经过复位，使本体的值加载到映象之后，才会解除读保护。

8.5.2　FLASH 相关库函数简介

在实际编程中，直接通过库函数完成 FLASH 的相关操作。常用的 FLASH 库函数如表 8.53 所示。

表 8.53　常用的 FLASH 库函数

函　数　名	功 能 描 述
FLASH_SetLatency	设置代码延时值
FLASH_HalfCycleAccessCmd	使能或失能 FLASH 半周期访问
FLASH_PrefetchBufferCmd	使能或失能预取指缓存

续表

函 数 名	功 能 描 述
FLASH_Unlock	解锁 FLASH 编写擦除控制器
FLASH_Lock	锁定 FLASH 编写擦除控制器
FLASH_ErasePage	擦除一个 FLASH 页面
FLASH_EraseAllPages	擦除全部 FLASH 页面
FLASH_EraseOptionBytes	擦除 FLASH 选项字节
FLASH_ProgramWord	在指定地址编写一个字
FLASH_ProgramHalfWord	在指定地址编写半个字
FLASH_ProgramOptionByteData	在指定 FLASH 选项字节地址编写半个字
FLASH_EnableWriteProtection	对期望的页面写保护
FLASH_ReadOutProtection	使能或失能读出保护
FLASH_UserOptionByteConfig	编写 FLASH 用户选项字节（IWDG_SW/RST_STOP/RSTSTDBY）
FLASH_GetUserOptionByte	返回 FLASH 用户选项字节的值
FLASH_GetWriteProtectionOptionByte	返回 FLASH 写保护选项字节的值
FLASH_GetReadOutProtectionStatus	检查 FLASH 读出保护设置与否
FLASH_GetPrefetchBufferStatus	检查 FLASH 预取指缓存设置与否
FLASH_ITConfig	使能或失能指定 FLASH 中断
FLASH_GetFlagStatus	检查指定的 FLASH 标志位设置与否
FLASH_ClearFlag	清除 FLASH 待处理标志位
FLASH_GetStatus	返回 FLASH 状态
FLASH_WaitForLastOperation	等待某个 FLASH 操作完成或发生 TIMEOUT

下面简要介绍一些常用的 FLASH 库函数。

1. FLASH 设置使能类函数

（1）FLASH_SetLatency 函数：该函数设置代码延时值。

函数原型	void FLASH_SetLatency(uint32_t FLASH_Latency)						
功能描述	设置代码延时值						
输入参数	FLASH_Latency：用来指定 FLASH_Latency 的值，其取值定义如表 8.54 所示						
输出参数	无	返回值	无	先决条件	无	被调用函数	无

表 8.54　FLASH_Latency 取值定义

FLASH_Latency 取值	功 能 描 述
FLASH_Latency_0	0 延时周期
FLASH_Latency_1	1 延时周期
FLASH_Latency_2	2 延时周期

例如，配置代码延时值为 2 个延时周期：

```
FLASH_SetLatency(FLASH_Latency_2);
```

（2）FLASH_HalfCycleAccessCmd 函数：该函数使能或失能 FLASH 半周期访问。

函数原型	void FLASH_HalfCycleAccessCmd(uint32_t FLASH_HalfCycleAccess)						
功能描述	使能或失能 FLASH 半周期访问						
输入参数	FLASH_HalfCycleAccess：指定 FLASH_HalfCycle 访问模式，其取值定义如表 8.55 所示						
输出参数	无	返回值	无	先决条件	无	被调用函数	无

表 8.55　FLASH_HalfCycleAccess 取值定义

FLASH_HalfCycleAccess 取值	功 能 描 述
FLASH_HalfCycleAccess_Enable	半周期访问使能
FLASH_HalfCycleAccess_Disable	半周期访问失能

（3）FLASH_PrefetchBufferCmd 函数：该函数使能或失能预取指缓存。

函数原型	void FLASH_PrefetchBufferCmd(uint32_t FLASH_PrefetchBuffer)						
功能描述	使能或失能预取指缓存						
输入参数	FLASH_PrefetchBuffer：预取指缓存状态，其取值定义如表 8.56 所示						
输出参数	无	返回值	无	先决条件	无	被调用函数	无

表 8.56　FLASH_PrefetchBuffer 取值定义

FLASH_PrefetchBuffer 取值	功 能 描 述
FLASH_PrefetchBuffer_Enable	预取指缓存使能
FLASH_PrefetchBuffer_Disable	预取指缓存失能

（4）FLASH_ReadOutProtection 函数：该函数使能或失能读出保护。

函数原型	FLASH_Status FLASH_ReadOutProtection(FunctionalState NewState)		
功能描述	使能或失能读出保护		
输入参数	NewState：读出保护的新状态（可取 ENABLE 或 DISABLE）		
输出参数	无	被调用函数	无
返回值	保护操作状态，可以是 FLASH_BUSY、FLASH_ERROR_PG、FLASH_ERROR_WRP、FLASH_COMPLETE 或 FLASH_TIMEOUT		
先决条件	如果用户在调用本函数之前编写过其他选项字节，那么必须在调用本函数之后重新编写选项字节，因为本操作会擦除所有选项字节		

例如，失能读出保护：

```
FLASH_Status status;
status = FLASH_ReadOutProtection(DISABLE);
```

（5）FLASH_UserOptionByteConfig 函数：该函数编写 FLASH 用户选项字节（IWDG_SW/RST_STOP/RSTSTDBY）。

函数原型	FLASH_Status FLASH_UserOptionByteConfig(uint16_t OB_IWDG, uint16_t OB_STOP, uint16_t OB_STDBY)				
功能描述	编写 FLASH 用户选项字节（IWDG_SW/RST _STOP/RSTSTDBY）				
输入参数 1	OB_IWDG：选择 IWDG 模式，其取值定义如表 8.57 所示				
输入参数 2	OB_STOP：当进入 STOP 模式时产生复位事件，其取值定义如表 8.58 所示				
输入参数 3	OB_STDBY：当进入 Standby 模式时产生复位事件，其取值定义如表 8.59 所示				
输出参数	无	先决条件	无	被调用函数	无
返回值	字节编写状态，可以是 FLASH_BUSY、FLASH_ERROR_PG、FLASH_ERROR_WRP、FLASH_COMPLETE 或 FLASH_TIMEOUT				

表 8.57　OB_IWDG 取值定义

OB_IWDG 取值	功 能 描 述
OB_IWDG_SW	选择软件独立看门狗
OB_IWDG_HW	选择硬件独立看门狗

表 8.58　OB_STOP 取值定义

OB_STOP 取值	功 能 描 述
OB_STOP_NoRST	进入 STOP 模式不产生复位
OB_STOP_RST	进入 STOP 模式产生复位

表 8.59　OB_STDBY 取值定义

OB_STDBY 取值	功 能 描 述
OB_STDBY_NoRST	进入 Standby 模式不产生复位
OB_STDBY_RST	进入 Standby 模式产生复位

例如，失能读出保护：

```
FLASH_Status status;
status = FLASH_UserOptionByteConfig(OB_IWDG_SW, OB_STOP_RST, OB_STDBY_NoRST);
```

2. FLASH 检查擦除类函数

（1）FLASH_Unlock 函数：该函数解锁 FLASH 编写擦除控制器。

函数原型	void FLASH_Unlock(void)								
功能描述	解锁 FLASH 编写擦除控制器								
输入参数	无	输出参数	无	返回值	无	先决条件	无	被调用函数	无

（2）FLASH_Lock 函数：该函数锁定 FLASH 编写擦除控制器。

函数原型	void FLASH_Lock(void)								
功能描述	锁定 FLASH 编写擦除控制器								
输入参数	无	输出参数	无	返回值	无	先决条件	无	被调用函数	无

（3）FLASH_ErasePage 函数：该函数擦除一个 FLASH 页面。

函数原型	FLASH_Status FLASH_ErasePage(uint32_t Page_Address)				
功能描述	擦除一个 FLASH 页面				
输入参数	Page_Address：要擦除的页面地址				
输出参数	无	先决条件	无	被调用函数	无
返回值	擦除页面状态，可以是 FLASH_BUSY、FLASH_ERROR_PG、FLASH_ERROR_WRP、FLASH_COMPLETE 或 FLASH_TIMEOUT				

例如，擦除 FLASH 的 0 页面：

```
FLASH_Status status;
status = FLASH_ErasePage(0x08000000);
```

（4）FLASH_EraseAllPages 函数：该函数擦除全部 FLASH 页面。

函数原型	FLASH_Status FLASH_EraseALLPages(void)						
功能描述	擦除 FLASH 页面						
输入参数	无	输出参数	无	先决条件	无	被调用函数	无
返回值	擦除页面状态，可以是 FLASH_ERROR_PG、FLASH_ERROR_WRP、FLASH_COMPLETE 或 FLASH _TIMEOUT						

例如，擦除 FLASH：

```
FLASH_Status status;
status = FLASH_EraseAllPages();
```

（5）FLASH_EraseOptionBytes 函数：该函数擦除 FLASH 选项字节。

函数原型	FLASH_Status FLASH_EraseOptionBytes(void)						
功能描述	擦除 FLASH 选项字节						
输入参数	无	输出参数	无	先决条件	无	被调用函数	无
返回值	擦除选项字节状态，可以是 FLASH_ERROR_PG、FLASH_ERROR_WRP、FLASH_COMPLETE 或 FLASH _TIMEOUT						

（6）FLASH_GetReadOutProtectionStatus 函数：该函数检查 FLASH 读出保护设置与否。

函数原型	FlagStatus FLASH_GetReadOutProtectionStatus(void)				
功能描述	检查 FLASH 读出保护设置与否				
输入参数	无	输出参数	无	返回值	FLASH 读出保护状态（可取 SET 或 RESET）
先决条件	无	被调用函数	无		

例如，获得 FLASH 读出保护状态：

```
FlagStatus status;
status = FLASH_GetReadOutProtectionStatus();
```

（7）FLASH_GetPrefetchBufferStatus 函数：该函数检查 FLASH 预取指缓存设置与否。

函数原型	FlagStatus FLASH_GetPrefetchBufferStatus(void)
功能描述	检查 FLASH 预取指缓存设置与否

输入参数	无	输出参数	无	返回值	FLASH 预取指缓存状态（可取 SET 或 RESET）
先决条件	无	被调用函数	无		

3. FLASH 数据写入、读出与保护类函数

（1）FLASH_ProgramWord 函数：该函数在指定地址编写一个字。

函数原型	FLASH_Status FLASH_ProgramWord(uint32_t Address, uint32_t Data)				
功能描述	在指定地址编写一个字				
输入参数 1	Address：待编写的地址				
输入参数 2	Data：待写入的数据				
输出参数	无	先决条件	无	被调用函数	无
返回值	编写操作状态，可以是 FLASH_ERROR_PG、FLASH_ERROR_WRP、FLASH_COMPLETE 或 FLASH _TIMEOUT				

例如，在指定 Address1（0x8000000）编写 Data1（0x1234567）：

```
FLASH_Status status;
Uint32_t Data1 = 0x1234567;
uint32_t Address1 = 0x8000000;
status = FLASH_ProgramWord(Address1, Data1);
```

（2）FLASH_ProgramHalfWord 函数：该函数在指定地址编写半个字。

函数原型	FLASH_Status FLASH_ProgramHalfWord(uint32_t Address, uint16_t Data)				
功能描述	在指定地址编写半个字				
输入参数 1	Address：待编写的地址				
输入参数 2	Data：待写入的数据				
输出参数	无	先决条件	无	被调用函数	无
返回值	编写操作状态，可以是 FLASH_ERROR_PG、FLASH_ERROR_WRP、FLASH_COMPLETE 或 FLASH _TIMEOUT				

例如，在指定 Address1（0x8000004）编写 Data1（0x1234）：

```
FLASH_Status status;
Uint16_t Data1 = 0x1234;
uint32_t Address1 = 0x8000004;
status = FLASH_ProgramHalfWord(Address1, Data1);
```

（3）FLASH_ProgramOptionByteData 函数：该函数在指定的 FLASH 选项字节地址编写半个字。

函数原型	FLASH_Status FLASH_ProgramOptionByteData(uint32_t Address, uint8_t Data)				
功能描述	在指定 FLASH 选项字节地址编写半字				
输入参数 1	Address：待编写的地址				
输入参数 2	Data：待写入的数据				
输出参数	无	先决条件	无	被调用函数	无
返回值	编写操作状态，可以是 FLASH_ERROR_PG、FLASH_ERROR_WRP、FLASH_COMPLETE 或 FLASH _TIMEOUT				

例如，写入一个字节到指定位置：

```
FLASH_Status status;
Uint8_t Data1 = 0x12;
uint32_t Address1 = 0x1FFF802;
status = FLASH_ProgramOptionByteData(Address1, Data1);
```

（4）FLASH_EnableWriteProtection 函数：该函数对期望的页面写保护。

函数原型	FLASH_Status FLASH_EnableWriteProtection(uint32_t FLASH_Pages)				
功能描述	对期望的页面写保护				
输入参数	FLASH_Pages：待写保护页面的地址，其取值定义如表 8.60 所示				
输出参数	无	先决条件	无	被调用函数	无
返回值	写保护操作状态，可以是 FLASH_ERROR_PG、FLASH_ERROR_WRP、FLASH_COMPLETE 或 FLASH _TIMEOUT				

表 8.60　FLASH_Pages 取值定义

FLASH_Pages 取值	功 能 描 述
FLASH_WRPort_Pages0to3	写保护页面 0～3
FLASH_WRPort_Pages4to7	写保护页面 4～7
FLASH_WRPort_Pages8to11	写保护页面 8～11
FLASH_WRPort_Pages12to15	写保护页面 12～15
FLASH_WRPort_Pages16to19	写保护页面 16～19
FLASH_WRPort_Pages20to23	写保护页面 20～23
FLASH_WRPort_Pages24to27	写保护页面 24～27
FLASH_WRPort_Pages28to31	写保护页面 28～31
FLASH_WRPort_Pages32to35	写保护页面 32～35
FLASH_WRPort_Pages36to39	写保护页面 36～39
FLASH_WRPort_Pages40to43	写保护页面 40～43
FLASH_WRPort_Pages44to47	写保护页面 44～47
FLASH_WRPort_Pages48to51	写保护页面 48～51
FLASH_WRPort_Pages52to55	写保护页面 52～55
FLASH_WRPort_Pages56to59	写保护页面 56～59
FLASH_WRPort_Pages60to63	写保护页面 60～63
FLASH_WRPort_Pages64to67	写保护页面 64～67
FLASH_WRPort_Pages68to71	写保护页面 68～71
FLASH_WRPort_Pages72to75	写保护页面 72～75
FLASH_WRPort_Pages76to79	写保护页面 76～79
FLASH_WRPort_Pages80to83	写保护页面 80～83
FLASH_WRPort_Pages84to87	写保护页面 84～87
FLASH_WRPort_Pages88to91	写保护页面 88～91

续表

FLASH_Pages 取值	功 能 描 述
FLASH_WRPort_Pages92to95	写保护页面 92～95
FLASH_WRPort_Pages96to99	写保护页面 96～99
FLASH_WRPort_Pages100to103	写保护页面 100～103
FLASH_WRPort_Pages104to107	写保护页面 104～107
FLASH_WRPort_Pages108to111	写保护页面 108～111
FLASH_WRPort_Pages112to115	写保护页面 112～115
FLASH_WRPort_Pages116to119	写保护页面 116～119
FLASH_WRPort_Pages120to123	写保护页面 120～123
FLASH_WRPort_Pages124to127	写保护页面 124～127
FLASH_WRPort_AllPages	写保护全部页面

例如，写保护页面 0～3 和 100～103：

```
FLASH_Status status;
status = FLASH_EnableWriteProtection(FLASH_WRPort_Pages0to3 |
FLASH_WRPort_Pages100to103);
```

（5）FLASH_GetWriteProtectionOptionByte 函数：该函数返回 FLASH 写保护选项字节的值。

函数原型	uint32_t FLASH_GetWriteProtectionOptionByte(void)				
功能描述	返回 FLASH 写保护选项字节的值				
输入参数	无	输出参数	无	返回值	FLASH 写保护选项字节的值
先决条件	无	被调用函数	无		

例如，读取写保护字节的值：

```
uint32_t WriteProtectionValue;
WriteProtectionValue = FLASH_GetWriteProtectionOptionByte();
```

（6）FLASH_GetUserOptionByte 函数：该函数返回 FLASH 用户选项字节的值。

函数原型	uint32_t FLASH_GetUserOptionByte(void)						
功能描述	返回 FLASH 用户选项字节的值						
输入参数	无	输出参数	无	先决条件	无	被调用函数	无
返回值	FLASH 用户选项字节的值：IWDG_SW(Bit0)、RST_STOP(Bit1) 或 RST_STDBY(Bit2)						

例如，读取选项字节的值：

```
uint32_t UserByteValue;
uint32_t IWDGValue, RST_STOPValue, RST_STDBYValue;
UserByteValue = FLASH_GetUserOptionByte();
IWDGValue = UserByteValue & 0x0001;
RST_STOPValue = UserByteValue & 0x0002;
RST_STDBYValue = UserByteValue & 0x0004;
```

4．FLASH 中断标志类函数

（1）FLASH_ITConfig 函数：该函数使能或失能指定 FLASH 中断。

函数原型	void FLASH_ITConfig(uint16_t FLASH_IT, FunctionalState NewState)						
功能描述	使能或失能指定 FLASH 中断						
输入参数 1	FLASH_IT：待使能或失能的指定 FLASH 中断源，其取值定义如表 8.61 所示						
输入参数 2	NewState：指定 FLASH 中断的新状态（可取 ENABLE 或 DISABLE）						
输出参数	无	返回值	无	先决条件	无	被调用函数	无

表 8.61　FLASH_IT 取值定义

FLASH_IT 取值	功 能 描 述
FLASH_IT_ERROR	FPEC 错误中断屏蔽
FLASH_IT_EOP	FLASH 操作结束中断屏蔽

（2）FLASH_GetFlagStatus 函数：该函数检查指定的 FLASH 标志位设置与否。

函数原型	void FLASH_GetFlagStatus(uint16_t FLASH_FLAG)						
功能描述	检查指定的 FLASH 标志位设置与否						
输入参数	FLASH_FLAG：待检查的标志位，其取值定义 1 如表 8.62 所示						
输出参数	无	返回值	无	先决条件	无	被调用函数	无

表 8.62　FLASH_FLAG 取值定义 1

FLASH_FLAG 取值	功 能 描 述
FLASH_FLAG_BSY	FLASH 忙标志位
FLASH_FLAG_PGERR	FLASH 编写错误标志位
FLASH_FLAG_OPTERR	FLASH 选择字节错误标志位
FLASH_FLAG_EOP	FLASH 操作结束标志位
FLASH_FLAG_WRPRTERR	FLASH 页面写保护错误标志位

（3）FLASH_ClearFlag 函数：该函数清除 FLASH 待处理标志位。

函数原型	void FLASH_ClearFlag(uint16_t FLASH_FLAG)						
功能描述	清除 FLASH 待处理标志位						
输入参数	FLASH_FLAG：待清除的标志位，其取值定义 2 如表 8.63 所示						
输出参数	无	返回值	无	先决条件	无	被调用函数	无

表 8.63　FLASH_FLAG 取值定义 2

FLASH_FLAG 取值	功 能 描 述
FLASH_FLAG_BSY	FLASH 忙标志位
FLASH_FLAG_PGERR	FLASH 编写错误标志位
FLASH_FLAG_EOP	FLASH 操作结束标志位
FLASH_FLAG_WRPRTERR	FLASH 页面写保护错误标志位

（4）FLASH_GetStatus 函数：该函数返回 FLASH 状态。

函数原型	FLASH_Status FLASH_GetStatus(void)						
功能描述	返回 FLASH 状态						
输入参数	无	输出参数	无	先决条件	无	被调用函数	无
返回值	FLASH 状态，可以是 FLASH_BUSY、FLASH_ERROR_PG、FLASH_ERROR_WRP、FLASH_COMPLETE 或 FLASH_TIMEOUT						

例如，检查 FLASH 的状态：

```
FLASH_Status status;
status = FLASH_GetStatus();
```

（5）FLASH_WaitForLastOperation 函数：该函数等待某个 FLASH 操作完成或发生 TIMEOUT。

函数原型	FLASH_Status FLASH_WaitForLastOperation(uint32_t Timeout)				
功能描述	等待某个 FLASH 操作完成或发生 TIMEOUT				
输入参数	Timeout：FLASH 编程超时				
输出参数	无	先决条件	无	被调用函数	无
返回值	FLASH 操作状态，可以是 FLASH_ERROR_PG、FLASH_ERROR_WRP、FLASH_COMPLETE 或 FLASH _TIMEOUT				

8.5.3 嵌入式 FLASH 的读/写操作实例

不同型号的 STM32 的 FLASH 容量有所不同，最小的只有 16KB，最大的可达 1024KB，STM32F103ZET6 的 FLASH 容量为 512KB，属于大容量产品。STM32 的 FLASH 相关知识与库函数操作前两节已经介绍过了，本节仅就实践例程进行简要讲解。

前面讲过，在对 FLASH 进行写操作前必须先解锁，解锁操作就是必须在 FLASH_KEYR 寄存器中写入特定的序列（KEY1 和 KEY2）；同样，在 FLASH 的写操作完成之后，要对 FLASH 进行锁定。STM32 标准函数库提供了三个 FLASH 写函数（详见 8.5.2 节），其中 FLASH_ProgramWord 为 32 位字写入函数，其他分别为 16 位半字写入函数和用户选项字节写入函数。这里需要说明的是，32 位字写入实际上是写入两次 16 位数据，写完第一次后地址+2，这与前面讲解的 STM32 闪存的编程每次必须写入 16 位并不矛盾；写入 8 位实际上也占用两个地址，与写入 16 位基本上没有区别。在实际应用中，除了对 FLASH 进行读、写和擦除，还需要通过库函数获取 FLASH 的状态、读取 FLASH 特定地址数据等，这里不再详述，具体库函数讲解见 8.5.2 节。

STM32 本身没有自带 EEPROM，但是具有 IAP（在应用编程）功能，所以可以把它的 FLASH 当成 EEPROM 来使用。在本节的实践例程中，利用 FLASH 模拟 EEPROM，开机时先显示一些提示信息，然后在主循环中检测两个按键，其中一个按键（KEY0）用来执行写入 FLASH 操作，而另一个按键（KEY1）则用来执行读出操作，并在 TFTLCD 模块上显示相关信息。同样，本例程也使用 LED0 闪烁来提示程序正在运行。

参照前面的例程，本例程使用的 KEY0、KEY1、LED0 和 TFTLCD 模块的硬件连接都不需要任何调整，相关配置程序也不需要进行任何改动，具体程序代码在之前已经介绍过，这里不再罗列，同时本例程还需要使用 STM32 的内部 FLASH。

本例程也可以在 8.1.3 节“FSMC 驱动 TFTLCD”例程中程序代码的基础上进行修改，但是需要加入 KEY0 和 KEY1 的硬件配置程序。先打开 Project 文件夹，将其中的文件名更改为 FLASH.uvprojx，然后双击打开，新建一个文件 flash.c，用于编写 FLASH 相关配置程序代码，并保存在 Hardware\FLASH 文件夹中，代码如下。

```
#include "flash.h"
#include "delay.h"

/*************************************************************
**函 数 名：FLASH_ReadHalfWord
**功能描述：读取指定地址的半字（16 位数据）
**输入参数：faddr，读地址
**输出参数：对应的数据
*************************************************************/
uint16_t FLASH_ReadHalfWord(uint32_t faddr)
{
    return *(vu16*)faddr;
}

#if STM32_FLASH_WREN                        //如果使能了写

/*************************************************************
**函 数 名：FLASH_Write_NoCheck
**功能描述：不检查的写入
**输入参数：WriteAddr，起始地址
          pBuffer，数据指针
          NumToWrite，半字（16 位）数
**输出参数：无
*************************************************************/
void  FLASH_Write_NoCheck(uint32_t  WriteAddr,uint16_t  *pBuffer,uint16_t
NumToWrite)
{
    uint16_t i;
    for(i=0;i<NumToWrite;i++)
    {
        FLASH_ProgramHalfWord(WriteAddr,pBuffer[i]);
        WriteAddr+=2;                          //地址增加 2
    }
}

#if STM32_FLASH_SIZE<256
#define STM_SECTOR_SIZE 1024                   //字节
#else
#define STM_SECTOR_SIZE 2048                   //字节
#endif

uint16_t FLASH_BUF[STM_SECTOR_SIZE/2];       //最多是 2KB
/*************************************************************
**函 数 名：FLASH_Read
**功能描述：从指定地址开始读出指定长度的数据
**输入参数：ReadAddr，起始地址
          pBuffer，数据指针
          NumToWrite，半字(16 位)数
**输出参数：无
*************************************************************/
```

```
void FLASH_Read(uint32_t ReadAddr,uint16_t *pBuffer,uint16_t NumToRead)
{
    uint16_t i;
    for(i=0;i<NumToRead;i++)
    {
        pBuffer[i]=FLASH_ReadHalfWord(ReadAddr);//读取 2 个字节
        ReadAddr+=2;                            //偏移 2 个字节
    }
}
/************************************************************
**函 数 名: FLASH_Write
**功能描述: 从指定地址开始写入指定长度的数据
**输入参数: WriteAddr, 起始地址（此地址必须为 2 的倍数）
          pBuffer, 数据指针
          NumToWrite, 半字（16 位）数（要写入的 16 位数据的个数）
**输出参数: 无
************************************************************/
void FLASH_Write(uint32_t WriteAddr,uint16_t *pBuffer,uint16_t NumToWrite)
{
    uint32_t secpos;                                //扇区地址
    uint16_t secoff;                                //扇区内偏移地址
    uint16_t secremain;                             //扇区内剩余地址
     uint16_t i;
    uint32_t offaddr;                               //去掉 0X08000000 后的地址

if(WriteAddr<STM32_FLASH_BASE||(WriteAddr>=(STM32_FLASH_BASE+1024*STM32_FLASH_
SIZE)))return;                                      //非法地址
    FLASH_Unlock();                                 //解锁
    offaddr=WriteAddr-STM32_FLASH_BASE;             //实际偏移地址
    secpos=offaddr/STM_SECTOR_SIZE;      //扇区地址
    secoff=(offaddr%STM_SECTOR_SIZE)/2; //在扇区内的偏移(2 个字节为基本单位)
    secremain=STM_SECTOR_SIZE/2-secoff; //扇区剩余空间大小
    if(NumToWrite<=secremain)secremain=NumToWrite;  //不大于该扇区范围
    while(1)
    {
    //读出整个扇区的内容
    FLASH_Read(secpos*STM_SECTOR_SIZE+STM32_FLASH_BASE,FLASH_BUF,STM_SECTOR_SIZE/2);
        for(i=0;i<secremain;i++)                    //校验数据
        {
            if(FLASH_BUF[secoff+i]!=0XFFFF)break;   //需要擦除
        }
        if(i<secremain)                             //需要擦除
        {
            //擦除这个扇区
            FLASH_ErasePage(secpos*STM_SECTOR_SIZE+STM32_FLASH_BASE);
            for(i=0;i<secremain;i++)                //复制
            {
                FLASH_BUF[i+secoff]=pBuffer[i];
            }       FLASH_Write_NoCheck(secpos*STM_SECTOR_SIZE+STM32_FLASH_
BASE,FLASH_BUF,STM_SECTOR_SIZE/2);                  //写入整个扇区
        //写已经擦除了的，直接写入扇区剩余区间
        }else FLASH_Write_NoCheck(WriteAddr,pBuffer,secremain);
        if(NumToWrite==secremain)break;             //写入结束了
        else                                        //写入未结束
        {
```

```
            secpos++;                                       //扇区地址增 1
            secoff=0;                                       //偏移位置为 0
              pBuffer+=secremain;                           //指针偏移
            WriteAddr+=secremain;                           //写地址偏移
              NumToWrite-=secremain;                        //字节(16 位)数递减
            //下一个扇区还未写完
            if(NumToWrite>(STM_SECTOR_SIZE/2))secremain=STM_SECTOR_SIZE/2;
            else secremain=NumToWrite;                      //下一个扇区可以写完
         }
      };
      FLASH_Lock();                                         //上锁
   }

   #endif
```

上述代码主要包含四个函数，在每个函数前都编写了相应的注解，下面重点介绍一下 FLASH_Write 函数。该函数用于在 STM32 的指定地址写入指定长度的数据，不过该函数对写入地址是有条件的，首先该地址必须是用户代码区以外的地址，其次该地址必须是 2 的倍数。第一个条件比较好理解，如果把用户代码擦除了，那么运行的程序可能就被废了，从而很可能出现死机的情况。第二个条件则是 STM32 的 FLASH 要求，即每次必须写入 16 位，如果所写的地址不是 2 的倍数，那么写入的数据可能就不会写在所要写的地址上了。

另外，该函数的 FLASH_BUF 数组也是根据所用 STM32 的 FLASH 容量确定的，STM32F103ZET6 的 FLASH 是 512KB，所以 STM_SECTOR_SIZE 的值为 512，该数组大小应为 2KB，其他函数这里不再详述。

之后按同样的方法，新建一个名为 flash.h 的头文件，用来进行相关宏定义并声明需要用到的函数，从而方便其他文件调用，该文件也保存在 FLASH 文件夹中。在 flash.h 头文件中输入如下代码。

```
#ifndef __FLASH_H
#define __FLASH_H
#include "sys.h"

//用户根据自己的需要设置
#define STM32_FLASH_SIZE 512              //所选 STM32 的 FLASH 容量大小(单位为 KB)
#define STM32_FLASH_WREN 1                //使能 FLASH 写入(0 不使能; 1 能使能)
#define STM32_FLASH_BASE 0x08000000       //STM32 FLASH 的起始地址
uint16_t FLASH_ReadHalfWord(uint32_t faddr);                   //读出半字
//指定地址开始写入指定长度的数据
void FLASH_WriteLenByte(uint32_t WriteAddr,uint32_t DataToWrite,uint16_t Len);
//指定地址开始读取指定长度的数据
uint32_t FLASH_ReadLenByte(uint32_t ReadAddr,uint16_t Len);
//从指定地址开始写入指定长度的数据
void FLASH_Write(uint32_t WriteAddr,uint16_t *pBuffer,uint16_t NumToWrite);
//从指定地址开始读出指定长度的数据
void FLASH_Read(uint32_t ReadAddr,uint16_t *pBuffer,uint16_t NumToRead);

#endif
```

接下来，在“Manage Project Items”项目分组管理界面中把 flash.c 文件加入 Hardware 组中，并将 flash.h 头文件的路径加入工程中，之后就可以回到工程主界面对主函数进行编程了。打开 main.c 文件，并在文件中编写如下代码。

```
#include "led.h"
#include "delay.h"
#include "key.h"
#include "sys.h"
#include "lcd.h"
#include "usart.h"
#include "flash.h"

//要写入 STM32  FLASH 的字符串数组
const uint8_t TEXT_Buffer[]={"STM32F103ZET6 FLASH"};
#define SIZE sizeof(TEXT_Buffer)        //数组长度
//设置 FLASH 保存地址(必须为偶数，且其值要大于本代码所占用 FLASH 的大小+0X08000000)
#define FLASH_SAVE_ADDR  0X08070000
 int main(void)
 {
   uint8_t key;
   uint16_t i=0;
   uint8_t datatemp[SIZE];
   delay_init();                              //延时函数初始化
   //设置中断优先级分组为组 2：2 位抢占优先级，2 位响应优先级
   NVIC_PriorityGroupConfig(NVIC_PriorityGroup_2);
   uart_init(115200);                         //串口初始化为 115 200
    LED_Init();                               //初始化与 LED 连接的硬件接口
   KEY_Init();                                //初始化按键
   LCD_Init();                                //初始化 LCD
    POINT_COLOR=RED;                          //设置字体为红色
   LCD_ShowString(30,40,360,24,24,"Embedded System based on STM32");
   LCD_ShowString(30,70,200,16,16,"FLASH");
   LCD_ShowString(30,100,200,12,12,"2019/12/18");
   LCD_ShowString(30,130,200,16,16,"KEY0:Write  KEY1:Read");
   while(1)
   {
       key=KEY_Scan(0);
       if(key==1)                             //KEY0 按下，写入 STM32  FLASH
       {
           LCD_Fill(0,170,239,319,WHITE);//清除半屏
            LCD_ShowString(30,170,200,16,16,"Start Write FLASH....");
           FLASH_Write(FLASH_SAVE_ADDR,(uint16_t*)TEXT_Buffer,SIZE);
           //提示传送完成
           LCD_ShowString(30,170,200,16,16,"FLASH Write Finished!");
       }
       if(key==2)                             //KEY1 按下，读取字符串并显示
       {
            LCD_ShowString(30,170,200,16,16,"Start Read FLASH.... ");
           FLASH_Read(FLASH_SAVE_ADDR,(uint16_t*)datatemp,SIZE);
           //提示传送完成
           LCD_ShowString(30,170,200,16,16,"The Data Readed Is:  ");
           LCD_ShowString(30,190,200,16,16,datatemp);//显示读到的字符串
       }
       i++;
       delay_ms(10);
       if(i==20)
       {
           LED0=!LED0;                        //提示系统正在运行
           i=0;
       }
    }
 }
```

输入完成后保存，并单击按钮进行编译，可以看到，程序代码编译显示零错误零警告，说明程序编写在逻辑上没有问题。这部分代码先进行按键扫描，然后分别进行按键的写操作和读操作，同时用 LED0 闪烁指示系统正常运行。

下载代码到硬件后，可以看到 LED0 不停地闪烁，提示系统正在运行，并且在 LCD 上显示 FLASH 读/写操作的相关提示信息，即“KEY1:Write　KEY0:Read”，先按下 KEY0 写入数据，当看到 LCD 上显示“FLASH Write Finished!”时，说明写操作完毕，此时再按下 KEY1 读取数据，可以看到 LCD 上显示所读取的内容，即之前写入的内容“STM32F103ZET6 FLASH”，与预期效果一致，说明系统设计是成功的。

STM32 嵌入式系统设计中的数据转换与读/写访问的相关知识与实践就讲到这里，熟练掌握这部分知识能够使系统设计更加方便灵活。读者可以参照本章介绍，自行设计其他实践例程，以进一步巩固数据转换与读/写访问的基本内容，从而为以后的程序设计奠定扎实的基础。

第 9 章

总线接口与通信技术

本书第 7 章已经对通信的基本概念进行了详细介绍，并对 USART 接口的相关知识和应用进行了讲解，本章将进一步讲解 STM32 中常用的总线接口技术，以便在设计实践过程中灵活选用。总线主要可以分为三种，即内部总线、系统总线和外部总线。内部总线是控制器内部各外围芯片与控制器之间的总线，用于芯片一级的互连；系统总线是控制器中各插件板与系统板之间的总线，用于插件板一级的互连；外部总线则是控制器和外设之间的总线，用于设备一级的互连。除了总线，还有一些接口是多种总线的集合体，之前讲到的 USART 和 UART 就属于常用的总线接口。另外，STM32 还集成了很多用于信息与数据交换的总线接口，如 I^2C、SPI、CAN 和 SDIO 等，本章将逐一进行讲解。

9.1 I^2C 总线的设计与使用

I^2C（Inter Integrated Circuit，内部集成电路）总线即内部集成电路总线，是由 PHILIPS 公司推出的二线制串行扩展总线，用于连接微控制器及其外围设备。I^2C 总线是具备总线仲裁和高低速设备同步等功能的高性能多主机总线，直接用导线连接设备，通信时无须片选信号，任何一个设备都能像主控制器一样工作，使用串行数据 SDA 线和串行时钟 SCL 线在总线和设备之间传递信息或进行双向数据传送。I^2C 总线上的每个设备都有一个独一无二的地址，以供识别，各个设备都可以作为一个发送器或接收器（由器件的功能决定）。I^2C 总线有多种用途，如 CRC 码的生成和校验、SMBus（System Management Bus，系统管理总线）和 PMBus（Power Management Bus，电源管理总线）等。

9.1.1 I^2C 的功能结构与特征

I^2C 提供多主机功能，控制所有 I^2C 总线特定的时序、协议、仲裁和定时，支持标准和快速两种模式，同时与 SMBus 2.0 兼容。根据特定设备的需要，使用 DMA 减轻 CPU 的负荷。

1. I^2C 的主要特征

I^2C 的功能结构框图如图 9.1 所示。I^2C 的主要特征如下。

（1）并行总线/I^2C 总线协议转换器。

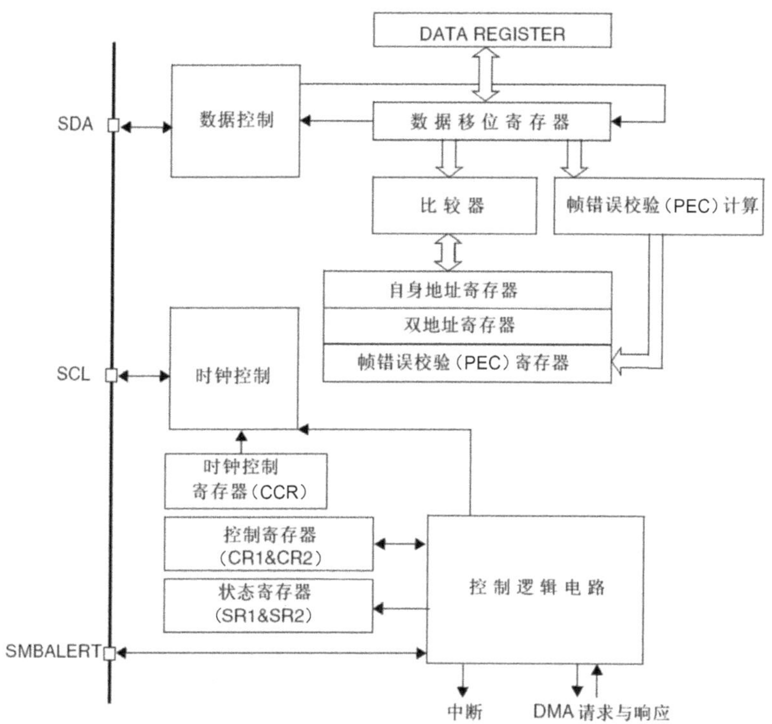

图 9.1　I²C 的功能结构框图

（2）多主机功能，既可作主设备，也可作从设备。

（3）I²C 主设备功能，可产生时钟、产生起始和停止信号。

（4）I²C 从设备功能，具备可编程的 I²C 地址检测、可响应两个从地址的双地址能力和停止位检测。

（5）能够产生和检测 7 位/10 位地址和广播呼叫。

（6）支持不同的通信传输速率，即标准（高达 100kHz）和快速（高达 400kHz）。

（7）状态标志，发送器/接收器模式标志、字节发送结束标志和 I²C 总线忙标志。

（8）错误标志，主模式时的仲裁丢失标志、地址/数据传输后的应答（ACK）错误标志、检测到错位的起始或停止条件和禁止拉长时钟功能时的上溢或下溢标志。

（9）具有两个中断向量，一个用于地址/数据通信成功，另一个用于错误。

（10）可选的拉长时钟功能。

（11）具备单字节缓冲器的 DMA。

（12）可配置 PEC（信息包错误检测）的产生或校验，在发送模式中 PEC 的值可以作为最后一个字节传输，而在接收模式中可用最后一个接收的 PEC 字节进行错误校验。

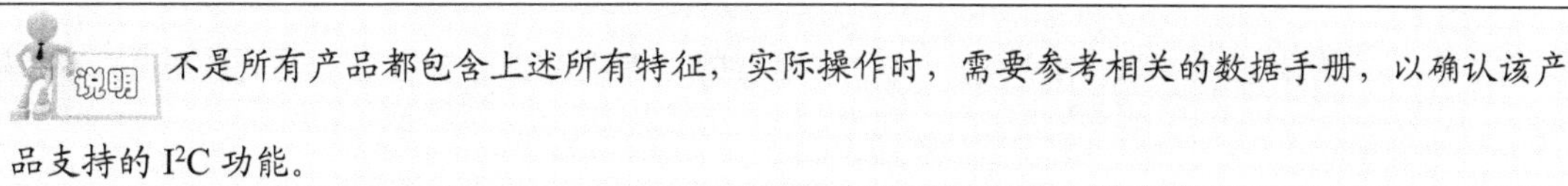

不是所有产品都包含上述所有特征，实际操作时，需要参考相关的数据手册，以确认该产品支持的 I²C 功能。

I^2C 接口可以工作在从发送器模式、从接收器模式、主发送器模式和主接收器模式，在默认情况下工作在从模式，在接口生成起始条件后会自动由从模式切换到主模式。当仲裁丢失或产生停止信号时，则由主模式切换到从模式，并允许多主机功能。

在主模式下，I^2C 接口启动数据传输并产生时钟信号，串行数据传输总是以起始条件开始并以停止条件结束，起始条件和停止条件都是在主模式下由软件控制产生的。而在从模式下，I^2C 接口能识别自己的地址（7 位或 10 位）和广播呼叫地址，软件能够控制使能或失能广播呼叫地址的识别。

在 SDA 线上传输的数据和地址均按 8 位/字节进行传输，高位在前，跟在起始条件后的 1 个字节或 2 个字节是地址（7 位模式为 1 个字节，10 位模式为 2 个字节），地址只在主模式下发送。在 1 个字节传输后的第 9 个时钟期间，接收器必须回送一个应答脉冲（ACK）给发送器（见图 9.2），软件可以使能或失能应答，并可以设置 I^2C 接口的地址（7 位、10 位地址或广播呼叫地址）。

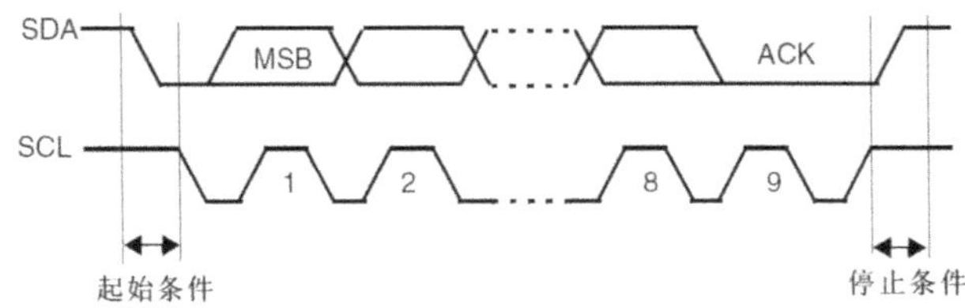

图 9.2　I^2C 总线协议

在图 9.2 中，当 I^2C 接口处于从模式时，为了传输数据，必须检测 SDA 线上的起始条件，起始条件由主设备产生。当 SCL 信号为高电平时，SDA 产生一个由高变低的电平变化，即产生一个起始条件。当 I^2C 总线产生起始条件后，这条总线就被发出起始条件的主设备占用，变为“忙”状态。当 SCL 信号为高电平时，SDA 产生一个由低变高的电平变化，即产生停止条件，停止条件也是由主设备产生的，其作用是停止与某个从设备之间的数据传输。当 I^2C 总线产生一个停止条件后，在几个时钟周期之后这条总线就会被释放，重新回到“空闲”状态。

为了完成 1 个字节的传输操作，接收器应在接收完 1 个字节后发送 ACK 到发送器，从而告诉发送器已收到这个字节。ACK 脉冲信号在 SCL 线上第 9 个时钟处发出（前面 8 个时钟用来完成 1 个字节数据的传输，SCL 线上的时钟都是由主设备产生的）。当发送器接收到 ACK 时，应释放 SDA 信号（将 SDA 置高），接收器在接收完前面 8 位数据后，将 SDA 拉低，发送器探测到 SDA 为低，就认为接收器成功接收了前面的 8 位数据。

I^2C 总线具有多主机控制能力，可对发生在 SDA 线上的总线竞争进行仲裁。I^2C 总线可以挂接多个设备，有时会发生两个或多个主设备同时想占用总线的情况，其仲裁原则是，当多个主设备同时想占用总线时，如果某个主设备发送高电平，而另一个主设备发送低电平，则发送电平与此时 SDA 线上电平不符的那个设备将自动关闭其输出。总线竞争的仲裁是在两个层次上进行的，先是地址位的比较，如果主设备寻址同一个从设备，则进行数据位的比较，从而确保仲裁的可靠性。由于利用 I^2C 总线上的信息进行仲裁，所以不会造成信息丢失。

I^2C 相关寄存器说明如表 9.1 所示，这些寄存器的详细讲解可以参考《STM32F10x 中文参考手册》。

表 9.1　I²C 相关寄存器说明

I²C 寄存器	功 能 描 述
控制寄存器 1（I2C_CR1）	配置 I²C
控制寄存器 2（I2C_CR2）	I²C 时钟频率与中断控制
自身地址寄存器 1（I2C_OAR1）	用于地址模式设置
自身地址寄存器 2（I2C_OAR2）	用于地址模式设置
数据寄存器（I2C_DR）	用于存放待发送或已经收到的数据
状态寄存器 1（I2C_SR1）	反映 I²C 当前工作状态
状态寄存器 2（I2C_SR2）	反映 I²C 当前工作状态
时钟控制寄存器（I2C_CCR）	进行快速/标准模式下 I²C 的时钟控制
TRISE 寄存器（I2C_TRISE）	设置快速/标准模式下的最大上升时间

2．I²C 的功能描述

（1）配置 I²C 为从模式。在默认情况下，I²C 接口总是工作于从模式，由从模式切换到主模式需要产生一个起始条件。为了产生正确的时序，必须在 I2C_CR2 寄存器中设定 I²C 的输入时钟。在标准模式下，输入时钟的频率至少为 2MHz；而在快速模式下，输入时钟的频率至少为 4MHz。一旦检测到起始条件，在 SDA 线上接收到的地址就会被送到移位寄存器中，然后与芯片自己的地址 OAR1 和 OAR2（当 ENDUAL=1 时）或广播呼叫地址（当 ENGC=1 时）进行比较。

注意，在 10 位地址模式下，比较包括头段序列（11110xx0），其中 xx 表示地址中的两个最高有效位。如果头段或地址不匹配，I²C 接口将其忽略并等待另一个起始条件。在头段匹配（仅 10 位模式）的情况下，如果 ACK 位被置 1，I²C 接口会产生一个应答脉冲并等待 8 位从地址。在地址匹配的情况下，如果 ACK 位被置 1，则产生一个应答脉冲。通过硬件设置 ADDR 位，如果此时设置了 ITEVFEN 位，则产生一个中断。若 ENDUAL=1，则软件必须读 DUALF 位，以确认响应了哪个从地址。

在 10 位模式下，接收到地址序列后，从设备总是处于接收器模式。当接收到重复的起始条件，接着收到与地址匹配的头段序列（11110xx0）并且最低位为 1 后，从设备将进入发送器模式。在从模式下 TRA 位指示当前是处于接收器模式还是处于发送器模式。

① 从发送器模式。在接收到地址并清除 ADDR 位后，从发送器将字节从 I2C_DR 寄存器经由内部移位寄存器发送到 SDA 线上。从设备保持 SCL 为低电平，直到 ADDR 位被清除并且待发送数据已写入 I2C_DR 寄存器。当收到应答脉冲时，TXE 位被硬件置位，如果此时设置了 ITEVFEN 位和 ITBUFEN 位，则会产生一个中断。如果 TXE 位被置位，但在下一个数据发送结束之前没有新数据写入 I2C_DR 寄存器中，则 BTF 位会被置位，在清除 BTF 位之前 I²C 接口将保持 SCL 为低电平。读出 I2C_SR1 寄存器之后再写入 I2C_DR 寄存器清除 BTF 位。

② 从接收器模式。在接收到地址并清除 ADDR 位后，从接收器通过内部移位寄存器将从 SDA 线接收到的数据字节存进 I2C_DR 寄存器中。I²C 接口在接收到每个字节后，如果设置了 ACK 位，则产生一个应答脉冲，并通过硬件设置 RxNE=1，如果此时设置了 ITEVFEN 位和 ITBUFEN 位，则会产生一个中断。如果 RxNE 位被置位，并且在接收新的数据结束之前 I2C_DR 寄存器未被读出，则 BTF 位会被置

位，并且在清除 BTF 位之前 I²C 接口将保持 SCL 为低电平。同样，读出 I2C_SR1 寄存器之后再写入 I2C_DR 寄存器清除 BTF 位。

在传输完最后一个数据字节后，主设备会产生一个停止条件，I²C 接口检测到这一条件时，会设置 STOPF=1，如果此时设置了 ITEVFEN 位，则会产生一个中断，然后 I²C 接口等待读 I2C_SR1 寄存器，再写 I2C_CR1 寄存器。

（2）配置 I²C 为主模式。在主模式时，I²C 接口启动数据传输并产生时钟信号，串行数据传输总是以起始条件开始并以停止条件结束。当 BUSY=0 时，通过设置 START 位在总线上产生起始条件即可使设备进入主模式。在主模式下，设置 START 位将在当前字节传输完后由硬件产生一个重开始条件。在主模式下，需要在 I2C_CR2 寄存器中设定 I²C 的输入时钟，以产生正确的时序，并配置时钟控制寄存器和上升时间寄存器，编程 I2C_CR1 寄存器来启动外设，设置 I2C_CR1 寄存器中的 START 位为 1。在标准模式下，产生起始条件的输入时钟频率至少是 2MHz；而在快速模式下，产生起始条件的输入时钟频率至少是 4MHz。

一旦产生开始条件，SB 位会被硬件置位，如果此时设置了 ITEVFEN 位，则会产生一个中断，然后主设备等待读 I2C_SR1 寄存器，紧跟着将从地址写入 I2C_DR 寄存器，从地址通过内部移位寄存器被送到 SDA 线上。在 10 位地址模式时，发送一个头段序列后，ADD10 位被硬件置位，如果此时设置了 ITEVFEN 位，则会产生一个中断，然后主设备等待读 I2C_SR1 寄存器，再将第二个地址字节写入 I2C_DR 寄存器；ADDR 位被硬件置位，如果此时设置了 ITEVFEN 位，则产生一个中断，随后主设备等待一次读 I2C_SR1 寄存器，接着读 I2C_SR2 寄存器。在 7 位地址模式时，只需要发送一个地址字节，一旦该地址字节被发送，ADDR 位就会被硬件置位，如果此时设置了 ITEVFEN 位，则会产生一个中断，随后主设备等待一次读 I2C_SR1 寄存器，接着读 I2C_SR2 寄存器。

根据发送的从地址的最低位，主设备决定是进入发送器模式还是进入接收器模式。在 7 位地址模式时，为了进入发送器模式，主设备发送从地址时置最低位为 0；而为了进入接收器模式，主设备发送从地址时置最低位为 1。在 10 位地址模式时，为了进入发送器模式，主设备先发送头段序列（11110xx0），然后发送最低位为 0 的从地址；而为了进入接收器模式，主设备先发送头段序列（11110xx0），然后发送最低位为 1 的从地址，之后再重新发送一个开始条件，后面跟着头段序列（11110xx1）。TRA 位指示主设备是处于接收器模式还是处于发送器模式。

① 主发送器模式。在发送了地址和清除了 ADDR 位后，主设备通过内部移位寄存器将字节从 I2C_DR 寄存器发送到 SDA 线上，之后主设备等待，直到 TXE 位被清除。当收到应答脉冲时，TXE 位会被硬件置位，如果此时设置了 INEVFEN 位和 ITBUFEN 位，则会产生一个中断。如果 TXE 位被置位并且在上一次数据发送结束之前没有写新的数据字节到 I2C_DR 寄存器，则 BTF 位会被硬件置位，在清除 BTF 位之前 I²C 接口将保持 SCL 为低电平，读出 I2C_SR1 寄存器之后再写入 I2C_DR 寄存器清除 BTF 位。

在 I2C_DR 寄存器中写入最后一个字节后，通过设置 STOP 位产生一个停止条件，然后 I²C 接口将自动回到从模式。

> 注意：当 TXE 位或 BTF 位被置位时，停止条件应安排在出现 EV8_2 事件时。

② 主接收器模式。在发送地址和清除 ADDR 位之后，I²C 接口进入主接收器模式，在此模式下，I²C 接口从 SDA 线接收数据字节，并通过内部移位寄存器送至 I2C_DR 寄存器。在接收每个字节后，如果 ACK 位被置位，则发出一个应答脉冲，并通过硬件设置 RXNE=1，如果此时设置了 INEVFEN 位和 ITBUFEN 位，则会产生一个中断。如果 RXNE 位被置位，并且在接收新数据结束前，I2C_DR 寄存器中的数据没有被读走，硬件将设置 BTF=1，在清除 BTF 位之前 I²C 接口将保持 SCL 为低电平，读出 I2C_SR1 寄存器之后再读出 I2C_DR 寄存器清除 BTF 位。

主设备在从设备接收到最后一个字节后会发送一个 NACK 脉冲，接收到 NACK 脉冲后，从设备释放对 SCL 线和 SDA 线的控制，此时主设备就可以发送一个停止/重起始条件。为了在收到最后一个字节后产生一个 NACK 脉冲，在读完倒数第二个数据字节（倒数第二个 RXNE 事件）之后必须清除 ACK 位。另外，为了产生一个停止/重起始条件，软件必须在读完倒数第二个数据字节之后设置 STOP/START 位，在产生了停止条件后，I²C 接口自动回到从模式。

9.1.2　I²C 相关库函数简介

常用的 I²C 库函数如表 9.2 所示。

表 9.2　常用的 I²C 库函数

函 数 名	功 能 描 述
I2C_DeInit	将外设 I²Cx 寄存器重设为默认值
I2C_Init	根据 I2C_InitStruct 中指定的参数初始化外设 I²Cx 寄存器
I2C_StructInit	把 I2C_InitStruct 中的每个参数按默认值填入
I2C_Cmd	使能或失能 I²C 外设
I2C_DMACmd	使能或失能指定 I²C 的 DMA 请求
I2C_DMALastTransferCmd	使下一次 DMA 传输为最后一次传输
I2C_GenerateSTART	产生 I²Cx 传输 START 条件
I2C_GenerateSTOP	产生 I²Cx 传输 STOP 条件
I2C_AcknowledgeConfig	使能或失能指定 I²C 的应答功能
I2C_OwnAddress2Config	设置指定 I²C 的自身地址 2
I2C_DualAddressCmd	使能或失能指定 I²C 的双地址模式
I2C_GeneralCallCmd	使能或失能指定 I²C 的广播呼叫功能
I2C_ITConfig	使能或失能指定的 I²C 中断
I2C_SendData	通过外设 I²Cx 发送一个数据
I2C_Send7bitAddress	向指定的从 I²C 设备传送地址字
I2C_ReceiveData	返回通过 I²Cx 最近接收的数据
I2C_ReadRegister	读取指定的 I²C 寄存器并返回其值
I2C_SoftwareResetCmd	使能或失能指定 I²C 的软件复位
I2C_SMBusAlertConfig	驱动指定 I²Cx 的 SMBusAlert 引脚电平为高或低
I2C_TransmitPEC	使能或失能指定 I²C 的 PEC 传输

续表

函 数 名	功 能 描 述
I2C_PECPositionConfig	选择指定 I²C 的 PEC 位置
I2C_CalculatePEC	使能或失能指定 I²C 的传输字 PEC 值计算
I2C_GetPEC	返回指定 I²C 的 PEC 值
I2C_ARPCmd	使能或失能指定 I²C 的 ARP
I2C_StretchClockCmd	使能或失能指定 I²C 的时钟延展
I2C_FastModeDutyCycleConfig	选择指定 I²C 的快速模式占空比
I2C_GetLastEvent	返回最近一次 I²C 事件
I2C_CheckEvent	检查最近一次 I²C 事件是否为输入事件
I2C_GetFlagStatus	检查指定的 I²C 标志位设置与否
I2C_ClearFlag	清除 I²Cx 的待处理标志位
I2C_GetITStatus	检查指定的 I²C 中断是否发生
I2C_ClearITPendingBit	清除 I²Cx 的中断待处理位

下面简要介绍一些常用的 I²C 库函数。

1. I²C 初始化与使能类函数

（1）I2C_DeInit 函数：该函数将外设 I²Cx 寄存器重设为默认值。

函数原型	void I2C_DeInit(I2C_TypeDef* I2Cx)				
功能描述	将外设 I²Cx 寄存器重设为默认值				
输入参数	I2Cx：x 可以取值为 1 或 2，用来选择 I²C 外设				
输出参数	无	返回值	无	先决条件	无
被调用函数	RCC_APB1PeriphResetCmd()				

（2）I2C_Init 函数：该函数根据 I2C_InitStruct 中指定的参数初始化外设 I²Cx 寄存器。

函数原型	void I2C_Init(I2C_TypeDef* I2Cx, I2C_InitTypeDef* I2C_InitStruct)						
功能描述	根据 I2C_InitStruct 中指定的参数初始化外设 I²Cx 寄存器						
输入参数 1	I2Cx：x 可以取值为 1 或 2，用来选择 I²C 外设						
输入参数 2	I2C_InitStruct：指向结构体 I2C_InitTypeDef 的指针，包含外设 I²Cx 的配置信息						
输出参数	无	返回值	无	先决条件	无	被调用函数	无

I2C_InitTypeDef 结构体定义在 STM32 标准函数库文件中的 stm32f10x_i2c.h 头文件下，具体定义如下。

```
typedef struct
{
  uint32_t I2C_ClockSpeed;                      //设置时钟频率
  uint16_t I2C_Mode;                            //设置 I²C 模式
  uint16_t I2C_DutyCycle;                       //设置 I²C 占空比
  uint16_t I2C_OwnAddress1;                     //设置第一个设备的地址
  uint16_t I2C_Ack;                             //使能或失能应答
```

```
  uint16_t I2C_AcknowledgedAddress;           //指定应答的地址位数
} I2C_InitTypeDef;
```

每个 I2C_InitTypeDef 结构体成员的功能和相应取值如下。

① I2C_ClockSpeed。该成员用来设置时钟频率，取值不能高于 400kHz。

② I2C_Mode。该成员用来设置 I^2C 的模式，其取值定义如表 9.3 所示。

表 9.3　I2C_Mode 取值定义

I2C_Mode 取值	功 能 描 述
I2C_Mode_I2C	设置 I^2C 为 I^2C 模式，不需要指定主从机
I2C_Mode_SMBusDevice	设置 I^2C 为 SMBus 设备模式（主模式）
I2C_Mode_SMBusHot	设置 I^2C 为 SMBus 主控模式（从模式）

③ I2C_DutyCycle。该成员用来设置 I^2C 的占空比，其取值定义如表 9.4 所示。该参数只有在 I^2C 工作在快速模式（时钟工作频率高于 100kHz）时才有意义。

表 9.4　I2C_DutyCycle 取值定义

I2C_DutyCycle 取值	功 能 描 述
I2C_DutyCycle_16_9	I^2C 快速模式 Tlow/Thigh = 16/9
I2C_DutyCycle_2	I^2C 快速模式 Tlow/Thigh = 2

④ I2C_OwnAddress1。该成员用来设置第一个设备的自身地址，可以是一个 7 位地址或一个 10 位地址。

⑤ I2C_Ack。该成员用来使能或失能应答（ACK），可以取值为 I2C_Ack_Enable 或 I2C_Ack_Disable。

⑥ I2C_AcknowledgedAddress。该成员用来指定应答的地址位数，其取值定义如表 9.5 所示。

表 9.5　I2C_AcknowledgedAddress 取值定义

I2C_AcknowledgedAddress 取值	功 能 描 述
I2C_AcknowledgedAddress_7b	应答 7 位地址
I2C_AcknowledgedAddress_10b	应答 10 位地址

例如，初始化 I^2C1，设置其工作模式为 I^2C 模式，时钟频率为 200kHz，快速模式 Tlow/Thigh=2，第一个设备地址为 10 位地址 0x03A2，使能应答，7 位应答地址如下。

```
I2C_InitTypeDef I2C_InitStructure;                       //定义结构体
I2C_InitStructure.I2C_Mode = I2C_Mode_I2C;               //设置为 I²C 模式
I2C_InitStructure.I2C_ClockSpeed = 200000;               //时钟频率为 200kHz
I2C_In itStructure.I2C_DutyCycle = I2C_DutyCycle_2;//设置 I²C 占空比 Tlow/Thigh = 2
I2C_InitStructure.I2C_OwnAddress1 = 0x03A2;             //第一个设备地址为 0x03A2
I2C_InitStructure.I2C_Ack = I2C_Ack_Enable;              //使能应答
I2C_InitStructure.I2C_AcknowledgedAddress =
I2C_AcknowledgedAddress_7bit;                            //7 位应答地址
I2C_Init (I2C1, &I2C_InitStructure);                     //初始化 I²C1
```

（3）I2C_StructInit 函数：该函数把 I2C_InitStruct 中的每个参数按默认值填入。

函数原型	void I2C_StructInit(I2C_InitTypeDef* I2C_InitStruct)					
功能描述	把 I2C_InitStruct 中的每个参数按默认值填入					
输入参数	I2C_InitStruct：指向结构体 I2C_InitTypeDef 的指针，待初始化，其默认值如表 9.6 所示					
输出参数	无	返回值	无	先决条件	无	被调用函数	无

表 9.6　I2C_InitStruct 默认值

成　员	默　认　值
I2C_ClockSpeed	5000
I2C_Mode	I2C_Mode_I2C
I2C_DutyCycle	I2C_DutyCycle_2
I2C_OwnAddress1	0
I2C_Ack	I2C_Ack_Disable
I2C_AcknowledgedAddress	I2C_AcknowledgedAddress_7bit

（4）I2C_Cmd 函数：该函数使能或失能 I^{2}C 外设。

函数原型	void I2C_Cmd(I2C_TypeDef* I2Cx, FunctionalState NewState)						
功能描述	使能或失能 I^{2}C 外设						
输入参数 1	I2Cx：x 可以取值为 1 或 2，用来选择 I^{2}C 外设						
输入参数 2	NewState：外设 I^{2}Cx 的新状态（可取 ENABLE 或 DISABLE）						
输出参数	无	返回值	无	先决条件	无	被调用函数	无

（5）I2C_DMACmd 函数：该函数使能或失能指定 I^{2}C 的 DMA 请求。

函数原型	void I2C_DMACmd(I2C_TypeDef* I2Cx, FunctionalState NewState)						
功能描述	使能或失能指定 I^{2}C 的 DMA 请求						
输入参数 1	I2Cx：x 可以取值为 1 或 2，用来选择 I^{2}C 外设						
输入参数 2	NewState：I^{2}Cx DMA 请求的新状态（可取 ENABLE 或 DISABLE）						
输出参数	无	返回值	无	先决条件	无	被调用函数	无

（6）I2C_DMALastTransferCmd 函数：该函数使下一次 DMA 传输为最后一次传输。

函数原型	void I2C_DMALastTransferCmd(I2C_TypeDef* I2Cx, FunctionalState NewState)						
功能描述	使下一次 DMA 传输为最后一次传输						
输入参数 1	I2Cx：x 可以取值为 1 或 2，用来选择 I^{2}C 外设						
输入参数 2	NewState：I^{2}Cx DMA 最后一次传输的新状态（可取 ENABLE 或 DISABLE）						
输出参数	无	返回值	无	先决条件	无	被调用函数	无

（7）I2C_AcknowledgeConfig 函数：该函数使能或失能指定 I^{2}C 的应答功能。

函数原型	void I2C_AcknowledgeConfig(I2C_TypeDef* I2Cx, FunctionalState NewState)
功能描述	使能或失能指定 I^{2}C 的应答功能

输入参数 1	I2Cx：x 可以取值为 1 或 2，用来选择 I^{2}C 外设						
输入参数 2	NewState：I^{2}Cx 应答的新状态（可取 ENABLE 或 DISABLE）						
输出参数	无	返回值	无	先决条件	无	被调用函数	无

（8）I2C_DualAddressCmd 函数：该函数使能或失能指定 I^{2}C 的双地址模式。

函数原型	void I2C_DualAddressCmd(I2C_TypeDef* I2Cx, FunctionalState NewState)						
功能描述	使能或失能指定 I^{2}C 的双地址模式						
输入参数 1	I2Cx：x 可以取值为 1 或 2，用来选择 I^{2}C 外设						
输入参数 2	NewState：I^{2}Cx 双地址模式的新状态（可取 ENABLE 或 DISABLE）						
输出参数	无	返回值	无	先决条件	无	被调用函数	无

（9）I2C_SoftwareResetCmd 函数：该函数使能或失能指定 I^{2}C 的软件复位。

函数原型	void I2C_SoftwareResetCmd(I2C_TypeDef* I2Cx, FunctionalState NewState)						
功能描述	使能或失能指定 I^{2}C 的软件复位						
输入参数 1	I2Cx：x 可以取值为 1 或 2，用来选择 I^{2}C 外设						
输入参数 2	NewState：I^{2}Cx 软件复位的新状态（可取 ENABLE 或 DISABLE）						
输出参数	无	返回值	无	先决条件	无	被调用函数	无

（10）I2C_CalculatePEC 函数：该函数使能或失能指定 I^{2}C 的传输字 PEC 值计算。

函数原型	void I2C_CalculatePEC(I2C_TypeDef* I2Cx, FunctionalState NewState)						
功能描述	使能或失能指定 I^{2}C 的传输字 PEC 值计算						
输入参数 1	I2Cx：x 可以取值为 1 或 2，用来选择 I^{2}C 外设						
输入参数 2	NewState：I^{2}Cx 传输字 PEC 值计算的新状态（可取 ENABLE 或 DISABLE）						
输出参数	无	返回值	无	先决条件	无	被调用函数	无

（11）I2C_ARPCmd 函数：该函数使能或失能指定 I^{2}C 的 ARP。

函数原型	void I2C_ARPCmd(I2C_TypeDef* I2Cx, FunctionalState NewState)						
功能描述	使能或失能指定 I^{2}C 的 ARP						
输入参数 1	I2Cx：x 可以取值为 1 或 2，用来选择 I^{2}C 外设						
输入参数 2	NewState：I^{2}Cx ARP 的新状态（可取 ENABLE 或 DISABLE）						
输出参数	无	返回值	无	先决条件	无	被调用函数	无

2. I^{2}C 传输类函数

（1）I2C_GenerateSTART 函数：该函数产生 I^{2}Cx 传输 START 条件。

函数原型	void I2C_GenerateSTART(I2C_TypeDef* I2Cx, FunctionalState NewState)						
功能描述	产生 I^{2}Cx 传输 START 条件						
输入参数 1	I2Cx：x 可以取值为 1 或 2，用来选择 I^{2}C 外设						
输入参数 2	NewState：I^{2}Cx START 条件的新状态（可取 ENABLE 或 DISABLE）						
输出参数	无	返回值	无	先决条件	无	被调用函数	无

（2）I2C_GenerateSTOP 函数：该函数产生 I²Cx 传输 STOP 条件。

函数原型	void I2C_GenerateSTOP(I2C_TypeDef* I2Cx, FunctionalState NewState)						
功能描述	产生 I²Cx 传输 STOP 条件						
输入参数 1	I2Cx：x 可以取值为 1 或 2，用来选择 I²C 外设						
输入参数 2	NewState：I²Cx STOP 条件的新状态（可取 ENABLE 或 DISABLE）						
输出参数	无	返回值	无	先决条件	无	被调用函数	无

（3）I2C_OwnAddress2Config 函数：该函数设置指定 I²C 的自身地址 2。

函数原型	void I2C_OwnAddress2Config(I2C_TypeDef* I2Cx, uint8_t Address)						
功能描述	设置指定 I²C 的自身地址 2						
输入参数 1	I2Cx：x 可以取值为 1 或 2，用来选择 I²C 外设						
输入参数 2	Address：指定 7 位 I²C 自身地址 2						
输出参数	无	返回值	无	先决条件	无	被调用函数	无

（4）I2C_SendData 函数：该函数通过外设 I²Cx 发送一个数据。

函数原型	void I2C_SendData(I2C_TypeDef* I2Cx, uint8_t Data)						
功能描述	通过外设 I²Cx 发送一个数据						
输入参数 1	I2Cx：x 可以取值为 1 或 2，用来选择 I²C 外设						
输入参数 2	Data：待发送的数据						
输出参数	无	返回值	无	先决条件	无	被调用函数	无

例如，在 I²C2 接口上发送 0x5C：

```
I2C_SendData(I2C2, 0x5C);
```

（5）I2C_ReceiveData 函数：该函数返回通过 I²Cx 最近接收的数据。

函数原型	uint8_t I2C_ReceiveData(I2C_TypeDef* I2Cx)						
功能描述	返回通过 I²Cx 最近接收的数据						
输入参数	I2Cx：x 可以取值为 1 或 2，用来选择 I²C 外设						
输出参数	无	返回值	接收到的数据	先决条件	无	被调用函数	无

例如，在 I²C1 接口上读取数据：

```
uint8_t ReceiveData;
ReceiveData = I2C_ReceiveData(I2C1);
```

（6）I2C_Send7bitAddress 函数：该函数向指定的从 I²C 设备传送地址字。

函数原型	void I2C_Send7bitAddress(I2C_TypeDef* I2Cx, uint8_t Address, uint8_t I2C_Direction)						
功能描述	向指定的从 I²C 设备传送地址字						
输入参数 1	I2Cx：x 可以取值为 1 或 2，用来选择 I²C 外设						
输入参数 2	Address：待传输的从 I²C 地址						
输入参数 3	I2C_Direction：设置指定的 I²C 设备工作在发射端还是接收端，其取值定义如表 9.7 所示						
输出参数	无	返回值	无	先决条件	无	被调用函数	无

表 9.7　I2C_Direction 取值定义

I2C_Direction 取值	功 能 描 述
I2C_Direction_Transmitter	选择发送方向
I2C_Direction_Receiver	选择接收方向

例如，在 I²C1 上发送地址 0xA8：

```
I2C_Send7bitAddress(I2C1, 0xA8, I2C_Direction_Transmitter);
```

（7）I2C_ReadRegister 函数：该函数读取指定的 I²C 寄存器并返回其值。

函数原型	uint16_t I2C_ReadRegister(I2C_TypeDef* I2Cx, uint8_t I2C_Register)						
功能描述	读取指定的 I²C 寄存器并返回其值						
输入参数 1	I2Cx：x 可以取值为 1 或 2，用来选择 I²C 外设						
输入参数 2	I2C_Register：待读取的 I²C 寄存器，其取值定义如表 9.8 所示						
输出参数	无	返回值	被读取的寄存器值	先决条件	无	被调用函数	无

表 9.8　I2C_Register 取值定义

I2C_Register 取值	功 能 描 述	I2C_Register 取值	功 能 描 述
I2C_Register_CR1	读取寄存器 I2Cr_CR1	I2C_Register_SR1	读取寄存器 I2Cr_SR1
I2C_Register_CR2	读取寄存器 I2Cr_CR2	I2C_Register_SR2	读取寄存器 I2Cr_SR2
I2C_Register_OAR1	读取寄存器 I2Cr_OAR1	I2C_Register_CCR	读取寄存器 I2Cr_CCR
I2C_Register_OAR2	读取寄存器 I2Cr_OAR2	I2C_Register_TRISE	读取寄存器 I2Cr_TRISE
I2C_Register_DR	读取寄存器 I2Cr_DR		

例如，返回 I²C2 外设 I2Cr_CR1 寄存器的值：

```
uint16_t ReadRegister;
ReadRegister = I2C_ReadRegister(I2C2, I2C_Register_CR1);
```

（8）I2C_SMBusAlertConfig 函数：该函数驱动指定 I²Cx 的 SMBusAlert 引脚电平为高或低。

函数原型	void I2C_SMBusAlertConfig(I2C_TypeDef* I2Cx, uint16_t I2C_SMBusAlert)						
功能描述	驱动指定 I²Cx 的 SMBusAlert 引脚电平为高或低						
输入参数 1	I2Cx：x 可以取值为 1 或 2，用来选择 I²C 外设						
输入参数 2	I2C_SMBusAlert：SMBusAlert 引脚电平，其取值定义如表 9.9 所示						
输出参数	无	返回值	被读取的寄存器值	先决条件	无	被调用函数	无

表 9.9　I2C_SMBusAlert 取值定义

I2C_SMBusAlert 取值	功 能 描 述
I2C_SMBusAlert_Low	驱动 SMBusAlert 引脚电平为低电平
I2C_SMBusAlert_High	驱动 SMBusAlert 引脚电平为高电平

例如，驱动 I²C2 的 SMBusAlert 引脚电平为高：

```
I2C_SMBusAlertConfig(I2C2, I2C_SMBusAlert_High);
```

3. I^2C 标志与中断类函数

（1）I2C_GetFlagStatus 函数：该函数检查指定的 I^2C 标志位设置与否。

函数原型	FlagStatus I2C_GetFlagStatus(I2C_TypeDef* I2Cx, uint32_t I2C_FLAG)		
功能描述	检查指定的 I^2C 标志位设置与否		
输入参数 1	I2Cx：x 可以取值为 1 或 2，用来选择 I^2C 外设		
输入参数 2	I2C_FLAG：待检查的 I^2C 标志位，其取值定义如表 9.10 所示		
输出参数	无	返回值	指定 I^2C 标志位的新状态（可取 SET 或 RESET）
先决条件	无	被调用函数	无

表 9.10　I2C_FLAG 取值定义

I2C_FLAG 取值	功 能 描 述
I2C_FLAG_DUALF	双标志位（从模式）
I2C_FLAG_SMBHOST	SMBus 主报头（从模式）
I2C_FLAG_SMBDEFAULT	SMBus 缺省报头（从模式）
I2C_FLAG_GENCALL	广播报头标志位（从模式）
I2C_FLAG_TRA	发送/接收标志位
I2C_FLAG_BUSY	总线忙标志位
I2C_FLAG_MSL	主/从标志位
I2C_FLAG_SMBALERT	SMBus 报警标志位
I2C_FLAG_TIMEOUT	超时或 Tlow 错误标志位
I2C_FLAG_BTF	字传输完成标志位
I2C_FLAG_PECERR	接收 PEC 错误标志位
I2C_FLAG_OVR	溢出/不足标志位（从模式）
I2C_FLAG_AF	应答错误标志位
I2C_FLAG_ARLO	仲裁丢失标志位（主模式）
I2C_FLAG_BERR	总线错误标志位
I2C_FLAG_TXE	数据寄存器空标志位（发送端）
I2C_FLAG_RXNE	数据寄存器非空标志位（接收端）
I2C_FLAG_STOPF	停止探测标志位（从模式）
I2C_FLAG_ADD10	10 位报头发送（主模式）
I2C_FLAG_SB	起始标志位（主模式）

（2）I2C_ClearFlag 函数：该函数清除 I^2Cx 的待处理标志位。

函数原型	void I2C_ClearFlag(I2C_TypeDef* I2Cx, uint32_t I2C_FLAG)						
功能描述	清除 I^2Cx 的待处理标志位						
输入参数 1	I2Cx：x 可以取值为 1 或 2，用来选择 I^2C 外设						
输入参数 2	I2C_FLAG：待清除的 I^2C 标志位						
输出参数	无	返回值	无	先决条件	无	被调用函数	无

（3）I2C_ITConfig 函数：该函数使能或失能指定的 I²C 中断。

函数原型	void I2C_ITConfig(I2C_TypeDef* I2Cx, uint16_t I2C_IT, FunctionalState NewState)						
功能描述	使能或失能指定的 I²C 中断						
输入参数 1	I2Cx：x 可以取值为 1 或 2，用来选择 I²C 外设						
输入参数 2	I2C_IT：待使能或失能的 I²C 中断源，其取值定义 1 如表 9.11 所示						
输入参数 3	NewState：I²Cx 中断的新状态（可取 ENABLE 或 DISABLE）						
输出参数	无	返回值	无	先决条件	无	被调用函数	无

表 9.11　I2C_IT 取值定义 1

I2C_IT 取值	功 能 描 述
I2C_IT_BUF	缓存中断屏蔽
I2C_IT_EVT	时间中断屏蔽
I2C_IT_ERR	错误中断屏蔽

（4）I2C_GetITStatus 函数：该函数检查指定的 I²C 中断是否发生。

函数原型	ITStatus I2C_GetITStatus(I2C_TypeDef* I2Cx, uint32_t I2C_IT)		
功能描述	检查指定的 I²C 中断是否发生		
输入参数 1	I2Cx：x 可以取值为 1 或 2，用来选择 I²C 外设		
输入参数 2	I2C_IT：待检查的 I²C 中断源，其取值定义 2 如表 9.12 所示		
输出参数	无	返回值	指定 I²C 中断源的新状态（可取 SET 或 RESET）
先决条件	无	被调用函数	无

表 9.12　I2C_IT 取值定义 2

I2C_IT 取值	功 能 描 述
I2C_IT_SMBALERT	SMBus 报警中断屏蔽
I2C_IT_TIMEOUT	超时或 Tlow 错误中断屏蔽
I2C_IT_PECERR	接收 PEC 错误中断屏蔽
I2C_IT_OVR	溢出/不足中断屏蔽（从模式）
I2C_IT_AF	应答错误中断屏蔽
I2C_IT_ARLO	仲裁丢失中断屏蔽（主模式）
I2C_IT_BERR	总线错误中断屏蔽
I2C_IT_TXE	数据寄存器空中断屏蔽（发送端）
I2C_IT_RXNE	数据寄存器非空中断屏蔽（接收端）
I2C_IT_STOPF	停止探测中断屏蔽（从模式）
I2C_IT_ADD10	10 位报头发送（主模式）
I2C_IT_BTF	字传输完成中断屏蔽
I2C_IT_ADDR	地址发送中断屏蔽（主模式）“ADSL”，地址匹配中断屏蔽（从模式）“ENDAD”
I2C_IT_SB	起始位中断屏蔽（主模式）

（5）I2C_ClearITPendingBit 函数：该函数清除 I^2Cx 的中断待处理位。

函数原型	void I2C_ClearITPendingBit(I2C_TypeDef* I2Cx, uint32_t I2C_IT)						
功能描述	清除 I^2Cx 的中断待处理位						
输入参数 1	I2Cx：x 可以取值为 1 或 2，用来选择 I^2C 外设						
输入参数 2	I2C_IT：待清除的 I^2C 中断源，其取值定义 3 如表 9.13 所示						
输出参数	无	返回值	无	先决条件	无	被调用函数	无

表 9.13　I2C_IT 取值定义 3

I2C_IT 取值	功 能 描 述
I2C_IT_SMBALERT	SMBus 报警中断屏蔽
I2C_IT_TIMEOUT	超时或 Tlow 错误中断屏蔽
I2C_IT_PECERR	接收 PEC 错误中断屏蔽
I2C_IT_OVR	溢出/不足中断屏蔽（从模式）
I2C_IT_AF	应答错误中断屏蔽
I2C_IT_ARLO	仲裁丢失中断屏蔽（主模式）
I2C_IT_BERR	总线错误中断屏蔽

9.1.3　利用 I^2C 实现读/写操作

通过前两节的讲解可知，I^2C 总线可用于连接微控制器及其外围设备，是由数据线 SDA 和时钟 SCL 构成的串行总线，可发送和接收数据。I^2C 总线在传送数据过程中有三种信号类型，分别是开始信号、结束信号和应答信号。当 SCL 为高电平时，SDA 由高电平向低电平跳变，开始传送数据，即开始信号；当 SCL 为高电平时，SDA 由低电平向高电平跳变，结束传送数据，即结束信号；接收数据的设备在接收到 8 位数据后，向发送数据的设备发出特定的低电平脉冲，表示已收到数据，即应答信号。

CPU 向受控单元发出一个信号后，等待受控单元发出一个应答信号，CPU 接收到应答信号后，根据实际情况做出是否继续传递信号的判断。若 CPU 未收到应答信号，则判断为受控单元出现故障。I^2C 总线的特征、结构和库函数等的基本知识参见 9.1.1 节和 9.1.2 节的内容，这里不再详述。

本节通过 STM32 实现 24C02 的读/写，这里不使用 STM32 的硬件 I^2C 读/写 24C02，而是通过软件进行模拟。STM32 的硬件 I^2C 较为复杂，而且不稳定，所以不推荐使用。

在本例程中，先在系统开机时检测 24C02 是否存在，然后在主循环中一个按键（KEY0）用来执行 24C02 的写入操作，另一个按键（KEY1）用来执行读出操作，并在 TFTLCD 模块上显示相关信息，用 LED0 提示程序正在运行。设计过程中所使用的 KEY0、KEY1、LED0 和 TFTLCD 模块的硬件连接都不需要进行任何调整，这些硬件的配置程序也不需要进行任何改动，具体程序代码在之前已经介绍过了，这里不再罗列。同时，本例程还需要使用一个 EEPROM 存储器芯片 24C02，其硬件连接图如图 9.3 所示，其中，24C02 芯片的 SCL 和 SDA 分别连在 STM32F103ZET6 的 PB6 和 PB7 引脚上。

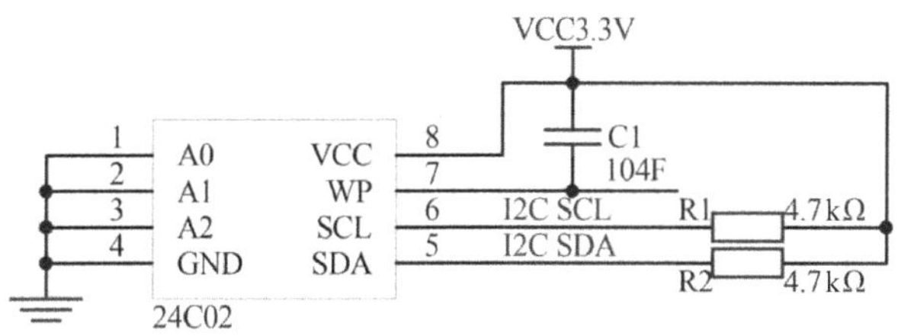

图 9.3　24C02 芯片硬件连接图

本例程可以在第 8 章“嵌入式 FLASH 的读/写操作”例程中程序代码的基础上进行修改，也可以把这次用不到的 FLASH 配置程序删掉。首先打开 Project 文件夹，将其文件名更改为 I2C_RW.uvprojx；然后双击打开，新建一个文件 i2c.c，用于编写 I^2C 相关配置程序代码，并保存在 Hardware\I2C 文件夹中，代码如下。

```
#include "i2c.h"
#include "delay.h"

/****************************************************************
**函 数 名：IIC_Init
**功能描述：初始化 I2C
**输入参数：无
**输出参数：无
****************************************************************/
void IIC_Init(void)
{
    GPIO_InitTypeDef GPIO_InitStructure;
    RCC_APB2PeriphClockCmd(   RCC_APB2Periph_GPIOB, ENABLE );//使能 GPIOB 时钟

    GPIO_InitStructure.GPIO_Pin = GPIO_Pin_6|GPIO_Pin_7;
    GPIO_InitStructure.GPIO_Mode = GPIO_Mode_Out_PP ;       //推挽输出
    GPIO_InitStructure.GPIO_Speed = GPIO_Speed_50MHz;
    GPIO_Init(GPIOB, &GPIO_InitStructure);
    GPIO_SetBits(GPIOB,GPIO_Pin_6|GPIO_Pin_7);          //PB6、PB7 输出高电平
}
/****************************************************************
**函 数 名：IIC_Start
**功能描述：产生 I2C 起始信号
**输入参数：无
**输出参数：无
****************************************************************/
void IIC_Start(void)
{
    SDA_OUT();                  //SDA 线输出
    IIC_SDA=1;
    IIC_SCL=1;
    delay_us(4);
     IIC_SDA=0;                 //START
    delay_us(4);
    IIC_SCL=0;                  //钳住 I²C 总线，准备发送或接收数据
}
/****************************************************************
**函 数 名：IIC_Stop
**功能描述：产生 I2C 停止信号
**输入参数：无
```

```
**输出参数：无
*************************************************************/
void IIC_Stop(void)
{
    SDA_OUT();                    //SDA 线输出
    IIC_SCL=0;
    IIC_SDA=0;                    //STOP
     delay_us(4);
    IIC_SCL=1;
    IIC_SDA=1;                    //发送 I²C 总线结束信号
    delay_us(4);
}
/*************************************************************
**函 数 名：IIC_Wait_Ack
**功能描述：等待应答信号到来
**输入参数：无
**输出参数：1 接收应答失败
          0 接收应答成功
*************************************************************/
uint8_t IIC_Wait_Ack(void)
{
    uint8_t ucErrTime=0;
    SDA_IN();                     //SDA 设置为输入
    IIC_SDA=1;delay_us(1);
    IIC_SCL=1;delay_us(1);
    while(READ_SDA)
    {
        ucErrTime++;
        if(ucErrTime>250)
        {
            IIC_Stop();
            return 1;
        }
    }
    IIC_SCL=0;                    //时钟输出 0
    return 0;
}
/*************************************************************
**函 数 名：IIC_Ack
**功能描述：产生 ACK 应答
**输入参数：无
**输出参数：无
*************************************************************/
void IIC_Ack(void)
{
    IIC_SCL=0;
    SDA_OUT();
    IIC_SDA=0;
    delay_us(2);
    IIC_SCL=1;
    delay_us(2);
    IIC_SCL=0;
}
/*************************************************************
**函 数 名：IIC_NAck
**功能描述：不产生 ACK 应答
**输入参数：无
```

```
**输出参数：无
***********************************************************************/
void IIC_NAck(void)
{
    IIC_SCL=0;
    SDA_OUT();
    IIC_SDA=1;
    delay_us(2);
    IIC_SCL=1;
    delay_us(2);
    IIC_SCL=0;
}
/***********************************************************************
**函 数 名：IIC_Send_Byte
**功能描述：I2C 发送一个字节
**输入参数：无
**输出参数：无
***********************************************************************/
void IIC_Send_Byte(uint8_t txd)
{
    uint8_t t;
    SDA_OUT();
    IIC_SCL=0;                          //拉低时钟开始数据传输
    for(t=0;t<8;t++)
    {
        //IIC_SDA=(txd&0x80)>>7;
        if((txd&0x80)>>7)
            IIC_SDA=1;
        else
            IIC_SDA=0;
        txd<<=1;
        delay_us(2);
        IIC_SCL=1;
        delay_us(2);
        IIC_SCL=0;
        delay_us(2);
    }
}
/***********************************************************************
**函 数 名：IIC_Read_Byte
**功能描述：读一个字节，当 ack=1 时，发送 ACK；当 ack=0 时，发送 nACK
***********************************************************************/
uint8_t IIC_Read_Byte(unsigned char ack)
{
    unsigned char i,receive=0;
    SDA_IN();                           //SDA 设置为输入
    for(i=0;i<8;i++ )
    {
        IIC_SCL=0;
        delay_us(2);
        IIC_SCL=1;
        receive<<=1;
        if(READ_SDA)receive++;
        delay_us(1);
    }
    if (!ack)
        IIC_NAck();                     //发送 nACK
    else
```

```
        IIC_Ack();                    //发送 ACK
    return receive;
}
```

上述主要代码包含 8 个函数，在每个函数前都编写了相应的注解，包括 I²C 的初始化（I/O 端口）、I²C 开始、I²C 结束、ACK 和 I²C 读/写等功能。在其他函数中，只需要调用 i2c.c 中相关的 I²C 函数就可以和外部 I²C 设备通信了，这里并不局限于 24C02，此段代码可以在任何 I²C 设备上使用。

之后按同样的方法，新建一个名为 i2c.h 的头文件，用来进行相关宏定义并声明需要用到的函数，方便其他文件调用，该文件也保存在 I2C 文件夹中。在 i2c.h 头文件中输入如下代码。

```
#ifndef __I2C_H
#define __I2C_H
#include "sys.h"

//I/O 方向设置
#define SDA_IN()  {GPIOB->CRL&=0X0FFFFFFF;GPIOB->CRL|=(uint32_t)8<<28;}
#define SDA_OUT() {GPIOB->CRL&=0X0FFFFFFF;GPIOB->CRL|=(uint32_t)3<<28;}
//I/O 操作函数
#define IIC_SCL    PBout(6)              //SCL
#define IIC_SDA    PBout(7)              //SDA
#define READ_SDA   PBin(7)               //输入 SDA
//IIC 所有操作函数
void IIC_Init(void);                     //初始化 I²C 的 I/O 端口
void IIC_Start(void);                    //发送 I²C 开始信号
void IIC_Stop(void);                     //发送 I²C 停止信号
void IIC_Send_Byte(uint8_t txd);         //I²C 发送一个字节
uint8_t IIC_Read_Byte(unsigned char ack);//I²C 读取一个字节
uint8_t IIC_Wait_Ack(void);              //I²C 等待 ACK 信号
void IIC_Ack(void);                      //I²C 发送 ACK 信号
void IIC_NAck(void);                     //I²C 不发送 ACK 信号
void IIC_Write_One_Byte(uint8_t daddr,uint8_t addr,uint8_t data);
uint8_t IIC_Read_One_Byte(uint8_t daddr,uint8_t addr);

#endif
```

注意，上述代码中有两行为直接通过寄存器操作，即 SDA_IN 和 SDA_OUT 的宏定义，用来设置 I/O 端口的模式是输入还是输出。

再新建一个文件，用于编写 24C02 模块相关配置程序代码，并把该文件保存在 Hardware\24CXX 文件夹中，命名为 24cxx.c。在该文件中输入代码如下。

```
#include "24cxx.h"
#include "delay.h"

/***************************************************************
**函 数 名：IIC24CXX_Init
**功能描述：初始化 IIC 接口
**输入参数：无
**输出参数：无
***************************************************************/
void IIC24CXX_Init(void)
{
    IIC_Init();
}
```

```
/************************************************************
**函 数 名：IIC24CXX_ReadOneByte
**功能描述：在 24CXX 指定地址读出一个数据
**输入参数：ReadAddr，开始读数的地址
**输出参数：读到的数据
************************************************************/
uint8_t IIC24CXX_ReadOneByte(uint16_t ReadAddr)
{
    uint8_t temp=0;

    IIC_Start();
    if(EE_TYPE>EEP24C16)
    {
        IIC_Send_Byte(0XA0);                            //发送写命令
        IIC_Wait_Ack();
        IIC_Send_Byte(ReadAddr>>8);                     //发送高地址
        IIC_Wait_Ack();
    }else IIC_Send_Byte(0XA0+((ReadAddr/256)<<1));  //发送器件地址 0XA0，写数据
    IIC_Wait_Ack();
    IIC_Send_Byte(ReadAddr%256);                        //发送低地址
    IIC_Wait_Ack();
    IIC_Start();
    IIC_Send_Byte(0XA1);                                //进入接收模式
    IIC_Wait_Ack();
    temp=IIC_Read_Byte(0);
    IIC_Stop();                                         //产生一个停止条件
    return temp;
}
/************************************************************
**函 数 名：IIC24CXX_WriteOneByte
**功能描述：在 24CXX 指定地址写入一个数据
**输入参数：WriteAddr，写入数据的目的地址
          DataToWrite，要写入的数据
**输出参数：无
************************************************************/
void IIC24CXX_WriteOneByte(uint16_t WriteAddr,uint8_t DataToWrite)
{
    IIC_Start();
    if(EE_TYPE>EEP24C16)
    {
        IIC_Send_Byte(0XA0);                            //发送写命令
        IIC_Wait_Ack();
        IIC_Send_Byte(WriteAddr>>8);                    //发送高地址
     }else
    {
        IIC_Send_Byte(0XA0+((WriteAddr/256)<<1));   //发送器件地址 0XA0，写数据
    }
    IIC_Wait_Ack();
    IIC_Send_Byte(WriteAddr%256);                       //发送低地址
    IIC_Wait_Ack();
    IIC_Send_Byte(DataToWrite);                         //发送字节
    IIC_Wait_Ack();
    IIC_Stop();                                         //产生一个停止条件
    delay_ms(10);
}
/************************************************************
```

```
**函 数 名: IIC24CXX_WriteLenByte
**功能描述: 在 24CXX 中的指定地址开始写入长度为 Len 的数据
**输入参数: WriteAddr, 写入数据的目的地址
           DataToWrite, 要写入的数据
           Len, 要写入数据的长度, 可以取 2 或 4
**输出参数: 无
*************************************************************/
void IIC24CXX_WriteLenByte(uint16_t WriteAddr,uint32_t DataToWrite,uint8_t Len)
{
    uint8_t t;
    for(t=0;t<Len;t++)
    {
        IIC24CXX_WriteOneByte(WriteAddr+t,(DataToWrite>>(8*t))&0xff);
    }
}
/*************************************************************
**函 数 名: IIC24CXX_ReadLenByte
**功能描述: 在 24CXX 中的指定地址开始读出长度为 Len 的数据
**输入参数: ReadAddr, 开始读出的地址
           Len, 要读出数据的长度, 可以取 2 或 4
**输出参数: 读取的数据
*************************************************************/
uint32_t IIC24CXX_ReadLenByte(uint16_t ReadAddr,uint8_t Len)
{
    uint8_t t;
    uint32_t temp=0;
    for(t=0;t<Len;t++)
    {
        temp<<=8;
        temp+=IIC24CXX_ReadOneByte(ReadAddr+Len-t-1);
    }
    return temp;
}
/*************************************************************
**函 数 名: IIC24CXX_Check
**功能描述: 检查 24CXX 是否正常
**输入参数: ReadAddr, 开始读出的地址
           Len, 要读出数据的长度, 可以取 2 或 4
**输出参数: 1 检测失败、0 检测成功
**说    明: 这里用了 24XX 的最后一个地址 (255) 来存储标志字
           如果用其他 24C 系列, 该地址需要修改
*************************************************************/
uint8_t IIC24CXX_Check(void)
{
    uint8_t temp;
    temp=IIC24CXX_ReadOneByte(255);      //避免每次开机都写 24CXX
    if(temp==0X55)return 0;
    else                                 //排除第一次初始化的情况
    {
        IIC24CXX_WriteOneByte(255,0X55);
        temp=IIC24CXX_ReadOneByte(255);
        if(temp==0X55)return 0;
    }
    return 1;
}
/*************************************************************
```

```
**函 数 名：IIC24CXX_Read
**功能描述：在 24CXX 中的指定地址开始读出指定个数的数据
**输入参数：ReadAddr，开始读出的地址，对 24C02 为 0～255
          pBuffer，数据数组首地址
          NumToRead，要读出数据的个数
**输出参数：无
*************************************************************/
void IIC24CXX_Read(uint16_t ReadAddr,uint8_t *pBuffer,uint16_t NumToRead)
{
   while(NumToRead)
   {
      *pBuffer++=IIC24CXX_ReadOneByte(ReadAddr++);
      NumToRead--;
   }
}
/*************************************************************
**函 数 名：IIC24CXX_Write
**功能描述：在 24CXX 中的指定地址开始写入指定个数的数据
**输入参数：WriteAddr，开始写入的地址，对 24C02 为 0～255
          pBuffer，数据数组首地址
          NumToWrite，要写入数据的个数
**输出参数：无
*************************************************************/
void IIC24CXX_Write(uint16_t WriteAddr,uint8_t *pBuffer,uint16_t NumToWrite)
{
   while(NumToWrite--)
   {
      IIC24CXX_WriteOneByte(WriteAddr,*pBuffer);
      WriteAddr++;
      pBuffer++;
   }
}
```

上述代码实际上是通过 I²C 接口操作 24CXX 芯片的，理论上可以支持 24CXX 所有系列的芯片，不过并没有进行所有芯片的测试。如果读者有兴趣，则可以自行验证其他芯片是否适用。新建一个名为 24cxx.h 的头文件，用来定义相关宏，并声明相关函数，以便其他文件调用。24CXX 芯片的具体型号定义在 24cxx.h 头文件中，通过 EE_TYPE 设置，该文件同样保存在 24CXX 文件夹中。在 24cxx.h 头文件中输入如下代码。

```
#ifndef __24CXX_H
#define __24CXX_H
#include "i2c.h"

#define EEP24C01        127
#define EEP24C02        255
#define EEP24C04        511
#define EEP24C08        1023
#define EEP24C16        2047
#define EEP24C32        4095
#define EEP24C64        8191
#define EEP24C128       16383
#define EEP24C256       32767
#define EE_TYPE     EEP24C02
uint8_t IIC24CXX_ReadOneByte(uint16_t ReadAddr);        //指定地址读取一个字节
//指定地址写入一个字节
void IIC24CXX_WriteOneByte(uint16_t WriteAddr,uint8_t DataToWrite);
```

```
//从指定地址开始写入指定长度的数据
void IIC24CXX_WriteLenByte(uint16_t WriteAddr,uint32_t DataToWrite,uint8_t Len);
//从指定地址开始读取指定长度的数据
uint32_t IIC24CXX_ReadLenByte(uint16_t ReadAddr,uint8_t Len);
//从指定地址开始写入指定长度的数据
void IIC24CXX_Write(uint16_t WriteAddr,uint8_t *pBuffer,uint16_t NumToWrite);
//从指定地址开始读出指定长度的数据
void IIC24CXX_Read(uint16_t ReadAddr,uint8_t *pBuffer,uint16_t NumToRead);
uint8_t IIC24CXX_Check(void);                                  //检查器件
void IIC24CXX_Init(void);                                      //初始化 I²C

#endif
```

接下来，在"Manage Project Items"项目分组管理界面中把 i2c.c 文件和 24cxx.c 文件加入 Hardware 组中，并将 i2c.h 头文件和 24cxx.h 头文件的路径加入工程中，之后就可以回到工程主界面对主函数进行编程了。打开 main.c 文件，并在文件中编写如下代码。

```
#include "led.h"
#include "key.h"
#include "delay.h"
#include "sys.h"
#include "lcd.h"
#include "24cxx.h"

//要写入 24C02 的字符串数组
const uint8_t TEXT_Buffer[]={"STM32F103ZET6 IIC_RW"};
#define SIZE sizeof(TEXT_Buffer)
int main(void)
{
    uint8_t key;
    uint16_t i=0;
    uint8_t datatemp[SIZE];
    delay_init();                       //延时函数初始化
    //设置中断优先级分组为组 2：2 位抢占优先级，2 位响应优先级
    NVIC_PriorityGroupConfig(NVIC_PriorityGroup_2);
    LED_Init();                         //初始化与 LED 连接的硬件接口
    LCD_Init();                         //初始化 LCD
    KEY_Init();                         //按键初始化
    IIC24CXX_Init();                    //I²C 初始化
    POINT_COLOR=RED;                    //设置字体为红色
    LCD_ShowString(30,40,360,24,24,"Embedded System based on STM32");
    LCD_ShowString(30,70,200,16,16,"IIC_RW");
    LCD_ShowString(30,100,200,12,12,"2019/12/18");
    LCD_ShowString(30,130,200,16,16,"KEY0:Write  KEY1:Read");//显示提示信息

    while(IIC24CXX_Check())             //检测不到 24c02
    {
        LCD_ShowString(30,150,200,16,16,"24C02 Check Failed!");
        delay_ms(500);
        LCD_ShowString(30,150,200,16,16,"Please Check!      ");
        delay_ms(500);
        LED0=!LED0;                     //LED0 闪烁
    }
    LCD_ShowString(30,150,200,16,16,"24C02 Ready!");
    POINT_COLOR=BLUE;                   //设置字体为蓝色
    while(1)
```

```
        {
            key=KEY_Scan(0);
            if(key==1)                         //KEY0 按下，写入 24C02
            {
                LCD_Fill(0,170,239,319,WHITE);//清除半屏
                LCD_ShowString(30,170,200,16,16,"Start Write 24C02....");
                IIC24CXX_Write(0,(uint8_t*)TEXT_Buffer,SIZE);
                //提示传送完成
                LCD_ShowString(30,170,200,16,16,"24C02 Write Finished!");
            }
            if(key==2)                         //KEY1 按下，读取字符串并显示
            {
                LCD_ShowString(30,170,200,16,16,"Start Read 24C02.... ");
                IIC24CXX_Read(0,datatemp,SIZE);
                //提示传送完成
                LCD_ShowString(30,170,200,16,16,"The Data Readed Is:  ");
                LCD_ShowString(30,190,200,16,16,datatemp);//显示读到的字符串
            }
            i++;
            delay_ms(10);
            if(i==20)
            {
                LED0=!LED0;                    //提示系统正在运行
                i=0;
            }
        }
    }
```

输入完成后保存，并单击 按钮进行编译，可以看到，程序代码编译显示零错误零警告，说明程序编写在逻辑上没有问题。这部分代码先通过 KEY0 按键控制 24C02 的写入，然后通过另一个按键 KEY1 控制 24C02 的读取，并在 LCD 模块上显示相关信息。

下载代码到硬件后，可以看到 LED0 不停地闪烁，提示系统正在运行。程序在开机时先检测 24C02 芯片是否存在，如果不存在或芯片并没有按规定接在 PB6 和 PB7 引脚上，则会在 LCD 模块上显示错误信息，同时 LED 慢闪。如果正确连接了 24C02 芯片，则会在 LCD 模块上显示 I^2C 相关操作的提示信息，即“KEY1:Write　KEY0:Read”。先按下 KEY0 写入数据，当看到 LCD 模块上显示“24C02 Write Finished!”时，说明写操作完毕，此时再按下 KEY1 读取数据，可以看到 LCD 模块上显示出读取到的内容，即之前写入的内容“STM32F103ZET6 IIC_RW”，与预期效果一致，说明系统设计是成功的。

9.2　SPI 串行外设接口技术

SPI（Serial Peripheral Interface）即串行外围设备接口，是由 Motorola 公司开发的一种高速、全双工、同步的通信总线接口，主要用于微控制器与外围设备芯片之间的连接。SPI 接口可以用来连接存储器、ADC、DAC、实时时钟日历、LCD 驱动器、传感器、音频芯片及其他处理器。在 STM32 等大容量和互联型产品上，SPI 接口可以配置为支持 SPI 协议或 I^2S（Inter-IC Sound，集成电路内置音频总线）音频协议，SPI 接口默认工作在 SPI 模式，可以通过软件把功能从 SPI 模式切换到 I^2S 模式；而小容量和中容量产品则不支持 I^2S 音频协议。

9.2.1 SPI 与 I^2S 的结构与功能

SPI 允许芯片与外设以半/全双工、同步、串行方式通信，此接口可以被配置成主模式，并为外部从设备提供通信时钟（SCK），也可以以多主配置方式工作。SPI 有多种用途，其主要优点在于支持全双工通信，数据传输简单且速率快，但是由于没有指定的流控制，没有应答机制确认是否接收到数据，所以 SPI 协议与 I^2C 总线协议比较，在数据可靠性上存在一定的欠缺。I^2S 协议是一种 3 引脚的同步串行接口通信协议，它支持 4 种音频标准，即飞利浦 I^2S 标准、MSB 双齐标准、LSB 对齐标准和 PCM 标准。在半双工通信中，SPI 可以工作在主、从 2 种模式，当它作为主设备时，可以通过接口向外部的从设备提供时钟信号。

1. SPI 与 I^2S 的主要特征

（1）SPI 的主要特征如下。

① 3 线全双工同步传输。

② 带或不带第 3 根双向数据线的双线单工同步传输。

③ 8 位或 16 位传输帧格式选择。

④ 可配置为主操作或从操作。

⑤ 支持多主模式。

⑥ 8 个主模式波特率预分频系数（最大可配置为 $f_{PCLK}/2$）。

⑦ 从模式频率（最大可配置为 $f_{PCLK}/2$）。

⑧ 主模式和从模式的快速通信。

⑨ 主模式和从模式均可由软件或硬件进行 NSS 管理、主/从操作模式的动态改变。

⑩ 时钟极性和相位可编程。

⑪ 可编程的数据顺序，MSB 在前或 LSB 在前。

⑫ 具有可触发中断的专用发送和接收标志。

⑬ 可设置 SPI 总线忙状态标志。

⑭ 支持可靠通信的硬件 CRC 校验，在发送模式下，CRC 值可以被作为最后一个字节发送，在全双工模式下可以对接收到的最后一个字节自动进行 CRC 校验。

⑮ 具有可触发中断的主模式故障、过载和 CRC 错误标志。

⑯ 具有支持 DMA 功能的 1 字节发送和接收缓冲器，产生发送和接收请求。

（2）I^2S 的主要特征如下。

① 单工通信（仅发送或接收）。

② 可配置为主操作或从操作。

③ 8 位线性可编程预分频器，能够获得精确的音频采样频率（8～96kHz）。

④ 数据格式可以是 16 位、24 位或 32 位。

⑤ 音频信道固定数据包为 16 位（16 位数据帧）或 32 位（16、24 或 32 位数据帧）。

⑥ 时钟极性可编程（稳定态）。

⑦ 从发送模式的下溢标志位和主/从接收模式的溢出标志位。

⑧ 采用 16 位数据寄存器发送和接收，在通道两端各有一个寄存器。

⑨ 支持四种 I^2S 协议，即飞利浦 I^2S 标准、MSB 对齐标准（左对齐）、LSB 对齐标准（右对齐）和 PCM 标准。

⑩ 数据方向总是 MSB 在前。

⑪ 发送和接收都具有 DMA 能力。

⑫ 主时钟可以输出到外部音频设备，频率固定为 256×Fs（Fs 为音频采样频率）。

⑬ 在互联型产品中，两个 I^2S 模块（I^2S2 和 I^2S3）有一个专用的 PLL（PLL3），可以产生更加精准的时钟。

SPI 与 I^2S 相关寄存器说明如表 9.14 所示，这些寄存器的详细说明可以参考《STM32F10x 中文参考手册》。

表 9.14　SPI 与 I^2S 相关寄存器说明

寄　存　器	功 能 描 述
SPI 控制寄存器 1（SPI_CR1）	配置 SPI/I^2S 模式下不使用
SPI 控制寄存器 2（SPI_CR2）	SPI/I^2S 中断与 DMA 控制
SPI 状态寄存器（SPI_SR）	反映 SPI/I^2S 的状态
SPI 数据寄存器（SPI_DR）	用于存放待发送或已经收到的数据
SPI CRC 多项式寄存器（SPI_CRCPR）	存放 CRC 计算时用到的多项式，I^2S 模式下不使用
SPI Rx CRC 寄存器（SPI_RXCRCR）	存放依据接收的字节计算出的 CRC 值，I^2S 模式下不使用
SPI Tx CRC 寄存器（SPI_TXCRCR）	存放依据将要发送的字节计算出的 CRC 值
SPI_I2S 配置寄存器（SPI_I2S_CFGR）	配置 I^2S
SPI_I2S 预分频寄存器（SPI_I2SPR）	设置预分频

2．SPI 功能描述

SPI 的结构框图如图 9.4 所示，其工作模式为主从模式，这种模式通常有一个主设备和一个或多个从设备。

SPI 通过 4 个引脚与外设相连，即 MISO（主设备输入/从设备输出引脚，有时也标为 SDI）、MOSI（主设备输出/从设备输入引脚，有时也标为 SDO）、SCK（串口时钟）和 NSS（从设备选择，有时也标为 CS）。这 4 个引脚的功能描述如下。

MISO：该引脚在从模式下发送数据，在主模式下接收数据。

MOSI：该引脚在主模式下发送数据，在从模式下接收数据。

SCK：串口时钟，用作主设备的输出，从设备的输入。

NSS：作为片选引脚，让主设备可以单独地与特定从设备进行通信，避免数据线上的冲突。

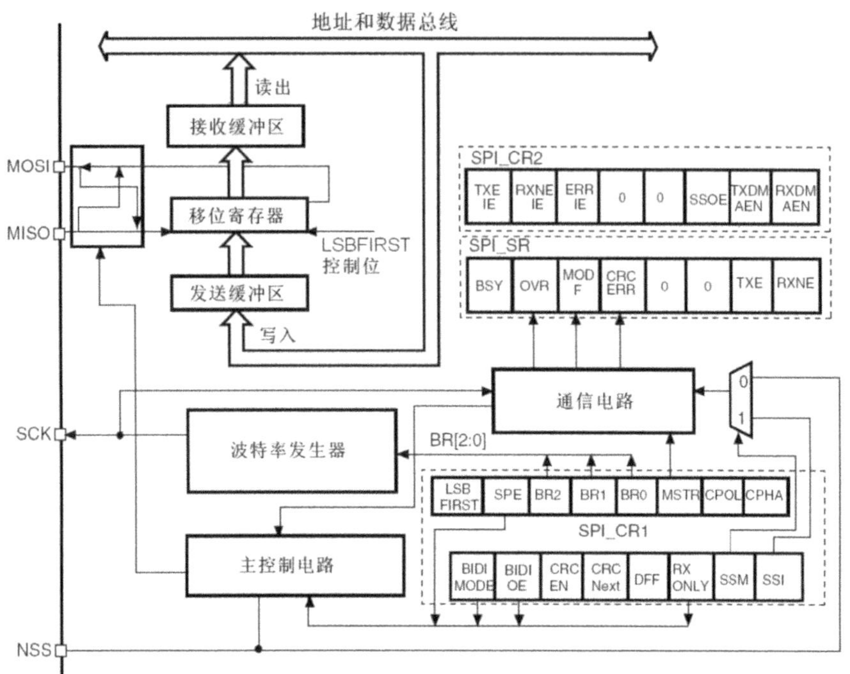

图 9.4　SPI 的结构框图

（1）NSS 引脚管理。NSS 引脚是一个可选的引脚，可用来选择主/从设备。从设备的 NSS 引脚可以由主设备的一个标准 I/O 端口来驱动，使能后（SSOE=1）NSS 引脚可以作为输出引脚，并在 SPI 处于主模式时被拉低，此时连接到主设备 NSS 引脚的从设备 NSS 引脚就会检测到低电平。如果从设备被设置为 NSS 硬件模式，则会自动进入从设备状态。当 SPI 设备配置为主设备，且 NSS 配置为输入引脚（MSTR=1，SSOE=1）时，如果 NSS 被拉低，则这个 SPI 设备进入主模式失败状态，即 MSTR 位被自动清除，设备进入从模式。

NSS 引脚有两种模式，即软件 NSS 模式和硬件 NSS 模式。软件 NSS 模式是指用软件方式（GPIO 端口）来控制 SPI 片选信号。当发送数据时，软件配置片选为低；当结束传输时，软件配置片选为高，从而一个 SPI 可以控制多个从机（多个片选线）。硬件 NSS 模式是指 SPI 自动控制 SPI 的片选信号。当发送数据时，输出低电平；当不发送数据时，输出高电平。但在实际操作中 NSS 无法自己置位和复位，所以一般不选用硬件 NSS 模式。

软件 NSS 模式可以通过设置 SPI_CR1 寄存器的 SSM 位来使能，在这种模式下内部 NSS 信号电平可以通过写 SPI_CR1 寄存器的 SSI 位来驱动。对于硬件 NSS 模式，当 NSS 输出被使能，STM32 工作为主 SPI 模式时，它的 NSS 引脚会被拉低，此时所有与该 NSS 引脚相连的 SPI 设备都会检测到低电平并自动被配置为从 SPI 设备。在硬件 NSS 模式下，通过检测 NSS 引脚可以实现自身主机和从机的切换。

当一个 SPI 设备需要发送广播数据时，它必须拉低 NSS 信号，以通知所有其他设备它是主设备；如果该设备无法拉低 NSS 信号，则意味着总线上有另一个主设备在通信，这时将产生一个硬件失败错误而进入从设备状态。

（2）时钟信号相位和极性。SPI 模块为了与外设进行数据交换，根据外设工作要求，其输出串行同步时钟极性和相位可以配置。时钟极性（CPOL）对传输协议没有重大影响，如果 CPOL=0，则串行同步时钟的空闲状态为低电平；如果 CPOL=1，则串行同步时钟的空闲状态为高电平。时钟相位（CPHA）能够配置，用于选择两种不同的传输协议之一进行数据传输。如果 CPHA=0，则在串行同步时钟的第一个跳变沿（上升或下降）采样数据；如果 CPHA=1，则在串行同步时钟的第二个跳变沿（上升或下降）采样数据。SPI 主模块的时钟和与之通信的外设的时钟相位和极性相一致，不同时钟相位的 SPI 总线数据传输时序如图 9.5 所示。

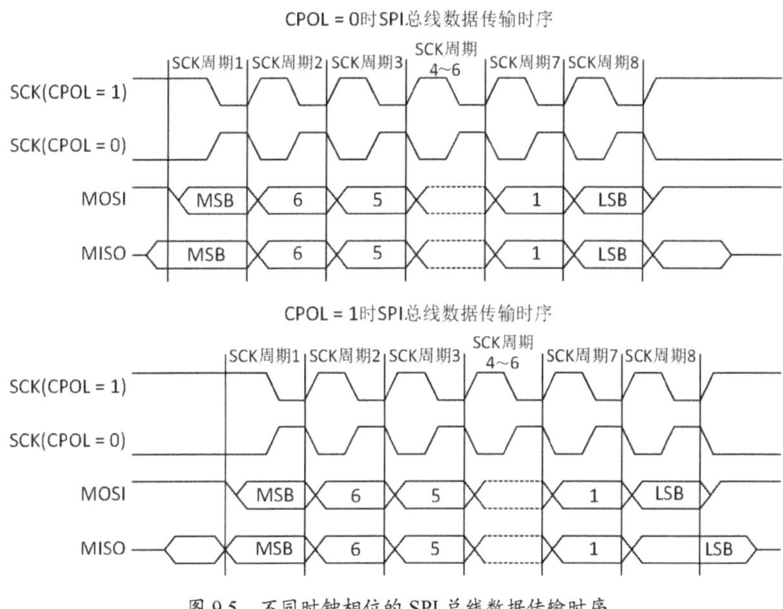

图 9.5　不同时钟相位的 SPI 总线数据传输时序

（3）配置 SPI 为从模式。在从模式下，SCK 引脚用来接收从主设备来的串行时钟，SPI_CR1 寄存器中 BR[2:0]的设置不影响数据传输速率。这里建议在主设备发送串行时钟之前使能 SPI 从设备，否则可能会发生意外的数据传输。在通信时钟的第一个边沿到来之前或正在进行的通信结束之前，从设备的数据寄存器必须就绪，而且在使能从设备和主设备之前，通信时钟的极性必须处于稳定的数值。

SPI 为从模式的主要配置步骤。

① 设置 DFF 位，以定义数据帧格式为 8 位或 16 位。

② 选择 CPOL 位和 CPHA 位，以定义数据传输和串行时钟之间的相位关系，为了保证正确的数据传输，从设备和主设备的 CPOL 位和 CPHA 位必须配置成相同的方式。

③ 帧格式设置（通过 SPI_CR1 寄存器中的 LSBFIRST 位定义 MSB 在前或 LSB 在前）必须与主设备相同。

④ 在硬件 NSS 模式下，在完整的数据帧（8 位或 16 位）传输过程中，NSS 引脚必须为低电平；在软件 NSS 模式下，设置 SPI_CR1 寄存器中的 SSM 位并清除 SSI 位。

⑤ 清除 MSTR 位，设置 SPE 位（SPI_CR1 寄存器），使相应引脚工作于 SPI 模式下。

在上述配置中，MOSI 引脚用于数据输入，MISO 引脚用于数据输出。

在数据发送过程中，数据字被并行地写入发送缓冲器。当从设备接收到时钟信号，并且在 MOSI 引脚上出现第一个数据位时，发送过程即开始（第一个位被发送出去）。此时对于 8 位数据帧格式，还剩余 7 位；而对于 16 位数据帧格式，还剩余 15 位。余下的位会被装进移位寄存器，当发送缓冲器中的数据传输到移位寄存器时，SPI_SP 寄存器的 TXE（发送缓冲寄存器空闲标志）位会被置位。如果设置了 SPI_CR2 寄存器的 TXEIE 位，则会产生中断。

SPI 从模式下的数据传输。

- 配置为全双工模式（BIDIMODE=0 并且 RXONLY=0）。当从设备接收到时钟信号并且第一个数据位出现在它的 MOSI 时，数据传输即开始，随后接收到的数据位依次存入移位寄存器。同时，当发送第一个数据位时，发送缓冲器中的数据被并行地传送到 8 位移位寄存器，随后被串行地发送到 MISO 引脚上。

必须保证在 SPI 主设备开始数据传输之前在发送寄存器中写入要发送的数据。

- 单向的只接收模式（BIDIMODE=0 并且 RXONLY=1）。当从设备接收到时钟信号并且第一个数据位出现在它的 MOSI 时，数据传输开始，随后数据位依次进入移位寄存器，此时只有接收器被激活，不启动发送器，没有数据被串行地传送到 MISO 引脚上。
- 双向模式，发送时（BIDIMODE=1 并且 BIDIOE=1）。当从设备接收到时钟信号并且发送缓冲器中的第一个数据位被传送到 MISO 引脚时，数据传输开始。同时，发送缓冲器中待发送的数据被并行地传送到 8 位移位寄存器中，随后被串行地发送到 MISO 引脚上，必须保证在 SPI 主设备开始数据传输之前在发送寄存器中写入要发送的数据，此时不接收数据。
- 双向模式，接收时（BIDIMODE=1 并且 BIDIOE=0）。当从设备接收到时钟信号并且第一个数据位出现在它的 MOSI 时，数据传输开始，从 MISO 引脚上接收到的数据被串行地传送到 8 位移位寄存器中，然后被并行地传送到 SPI_DR 寄存器（接收缓冲器）中。当不启动发送器时，没有数据被串行地传送到 MISO 引脚上。

对于数据接收而言，当检测到最后一个采样时钟边沿时，表明数据接收完成，SPI_SR 寄存器中的 RXNE（接收缓冲器非空标志）位被置位，移位寄存器中接收到的数据被传送到接收缓冲器。如果设置了 SPI_CR2 寄存器中的 RXNEIE 位，则会产生中断。当读 SPI_DR 寄存器时，SPI 设备将返回接收缓冲器中的数据，同时 RXNE 位被清除。

（4）配置 SPI 为主模式。在主配置下，由 SCK 引脚产生串行时钟。

SPI 为主模式的主要配置步骤如下。

① 通过 SPI_CR1 寄存器的 BR[2:0]位定义串行时钟波特率。

② 选择 CPOL 位和 CPHA 位，定义数据传输和串行时钟间的相位关系。

③ 设置 DFF 位，定义 8 位或 16 位数据帧格式。

④ 配置 SPI_CR1 寄存器的 LSBFIRST 位，定义帧格式，如果需要 NSS 引脚工作在输入模式，对于硬件 NSS 模式，需要在整个数据帧传输期间把 NSS 引脚连接到高电平；而对于软件 NSS 模式，需要设置 SPI_CR1 寄存器的 SSM 位和 SSI 位，如果 NSS 引脚工作在输出模式，则只需要设置 SSOE 位即可。

⑤ 必须设置 MSTR 位和 SPE 位（只有当 NSS 引脚被连到高电平时，这些位才能保持置位）。

在上述配置中，MOSI 引脚用于数据输出，而 MISO 引脚用于数据输入。

在数据发送过程中，当写入数据至发送缓冲器时，发送过程即开始。当发送第一个数据位时，数据通过内部总线被并行地传入移位寄存器，然后串行地移出到 MOSI 引脚上；MSB 在前还是 LSB 在前，取决于 SPI_CR1 寄存器中的 LSBFIRST 位的设置。当数据从发送缓冲器传输到移位寄存器时，TXE 标志将被置位，如果设置了 SPI_CR1 寄存器中的 TXEIE 位，则会产生中断。

SPI 主模式下的数据传输。

- 全双工模式（BIDIMODE=0 并且 RXONLY=0）。当写入数据到 SPI_DR 寄存器（发送缓冲器）后，传输开始。在传送第一位数据的同时，数据被并行地从发送缓冲器传送到 8 位移位寄存器中，然后按顺序被串行地移出到 MOSI 引脚上。同时，MISO 引脚接收到的数据按顺序被串行地移入 8 位移位寄存器中，然后被并行地传送到 SPI_DR 寄存器（接收缓冲器）中。
- 单向的只接收模式（BIDIMODE=0 并且 RXONLY=1）。当 SPE=1 时，传输开始，只有接收器被激活，MISO 引脚接收到的数据按顺序被串行地移入 8 位移位寄存器中，然后被并行地传送到 SPI_DR 寄存器（接收缓冲器）中。
- 双向模式，发送时（BIDIMODE=1 并且 BIDIOE=1）。当写入数据到 SPI_DR 寄存器（发送缓冲器）后，传输开始，在传送第一位数据的同时，数据被并行地从发送缓冲器传送到 8 位移位寄存器中，然后按顺序被串行地移出到 MOSI 引脚上，此时不接收数据。
- 双向模式，接收时（BIDIMODE=1 并且 BIDIOE=0）。当 SPE=1 并且 BIDIOE=0 时，传输开始，MOSI 引脚接收到的数据按顺序被串行地移入 8 位移位寄存器中，然后被并行地传送到 SPI_DR 寄存器（接收缓冲器）中，不激活发送器，没有数据被串行地移出到 MOSI 引脚上。

对于数据接收而言，当检测到最后一个采样时钟边沿时，表明数据接收完成，SPI_SR 寄存器中的 RXNE 位被置位，在移位寄存器中接收到的数据被传送到接收缓冲器。如果设置了 SPI_CR2 寄存器中的 RXNEIE 位，则会产生中断。当读 SPI_DR 寄存器时，SPI 设备将返回接收缓冲器中的数据，同时 RXNE 位被清除。

一旦传输开始，如果下一个将发送的数据被写入发送缓冲器，则可以维持一个连续的传输流。在试图写发送缓冲器之前，需要先确认 TXE 位是否为 1（TXE 位为 1 时才能够写发送缓冲器）。在硬件 NSS 模式下，从设备的 NSS 输入可以由 NSS 引脚控制或由一个通过软件驱动的 GPIO 端口控制。

（5）CRC 的计算。CRC 校验用于保证全双工通信的可靠性，数据发送和数据接收分别使用单独的 CRC 计算器。通过对每个接收位进行可编程的多项式运算来计算 CRC，该计算是在由 SPI_CR1 寄存器中 CPHA 位和 CPOL 位定义的采样时钟边沿上进行的。SPI 接口提供了两种 CRC 计算方法，选择哪种计算方法取决于所选发送或接收的数据帧格式，即 8 位数据帧采用 CRC8，16 位数据帧采用 CRC16。

通过设置 SPI_CR1 寄存器中的 CRCEN 位可以启用 CRC 计算，设置 CRCEN 位的同时复位 CRC 寄存器（SPI_RXCRCR 和 SPI_TXCRCR），当设置了 CRCNEXT 位时，SPI_TXCRCR 中的内容将在当前字节发送后发出。当传输 SPI_TXCRCR 中的内容时，如果在移位寄存器中收到的数据与 SPI_RXCRCR 中的内容出现不匹配，则 SPI_SR 寄存器中的 CRCERR 标志位会被置位。

SPI 通信可以通过以下步骤使用 CRC。

① 设置 CPOL、CPHA、LSBFirst、BR、SSM、SSI 和 MSTR 的值。

② SPI_CRCPR 寄存器输入多项式。

③ 通过设置 SPI_CR1 寄存器 CRCEN 位使能 CRC 计算，该操作同时会清除寄存器 SPI_RXCRCR 和 SPI_TXCRCR。

④ 设置 SPI_CR1 寄存器的 SPE 位，启动 SPI 功能。

⑤ 启动通信并且维持通信，直到只剩最后一个字节或半字。

⑥ 当把最后一个字节或半字写入发送缓冲器时，设置 SPI_CR1 寄存器的 CRCNext 位，指示硬件在发送完成最后一个数据之后，发送 CRC 的值，并在发送 CRC 值期间，停止 CRC 计算。

⑦ 当最后一个字节或半字被发送后，SPI 发送 CRC 值，CRCNext 位被清除，并将接收到的 CRC 值与 SPI_RXCRCR 值进行比较，如果出现不匹配，则设置 SPI_SR 寄存器的 CRCERR 标志位。若设置了 SPI_CR2 寄存器的 ERRIE 位，则会产生中断。

注意：当 SPI 模块处于从设备模式时，需要在时钟稳定之后再使能 CRC 计算，否则可能会得到错误的 CRC 计算结果。为了避免在接收最后的数据和 CRC 值时出错，在发送 CRC 值的过程中应禁止函数调用，必须在发送/接收最后一个数据之前完成设置 CRCNEXT 位的操作。当 SPI 时钟频率较高时，因为 CPU 的操作会影响 SPI 的带宽，建议采用 DMA 模式，以避免降低 SPI 的传输速率。当 STM32 配置为从模式并且使用了硬件 NSS 模式时，NSS 引脚应该在数据传输和 CRC 值传输期间保持为低电平。另外，当从不选中一个从设备（NSS 信号为高电平）转换到选中一个新的从设备（NSS 信号为低电平）时，为了保持主从设备端下次 CRC 计算结果的同步，应清除主从两端的 CRC 值。

按照下列步骤清除 CRC 值。

① 关闭 SPI 模块（SPE=0）。

② 清除 CRCEN 位为 0。

③ 设置 CRCEN 位为 1。

④ 使能 SPI 模块（SPE=1）。

3. I²S 功能描述

I²S 总线又称集成电路内置音频总线，是 PHILIPS 公司为数字音频设备之间的音频数据传输而制定的一种总线标准，该总线专用于音频设备之间的数据传输，广泛应用于各种多媒体系统。I^{2}S 功能结构框图如图 9.6 所示。通过将寄存器 SPI_I2SCFGR 的 I2SMOD 位置 1，即可使能 I^{2}S 功能，此时可以把 SPI 模块用作 I^{2}S 音频接口。I^{2}S 接口与 SPI 接口使用大致相同的引脚、标志和中断。

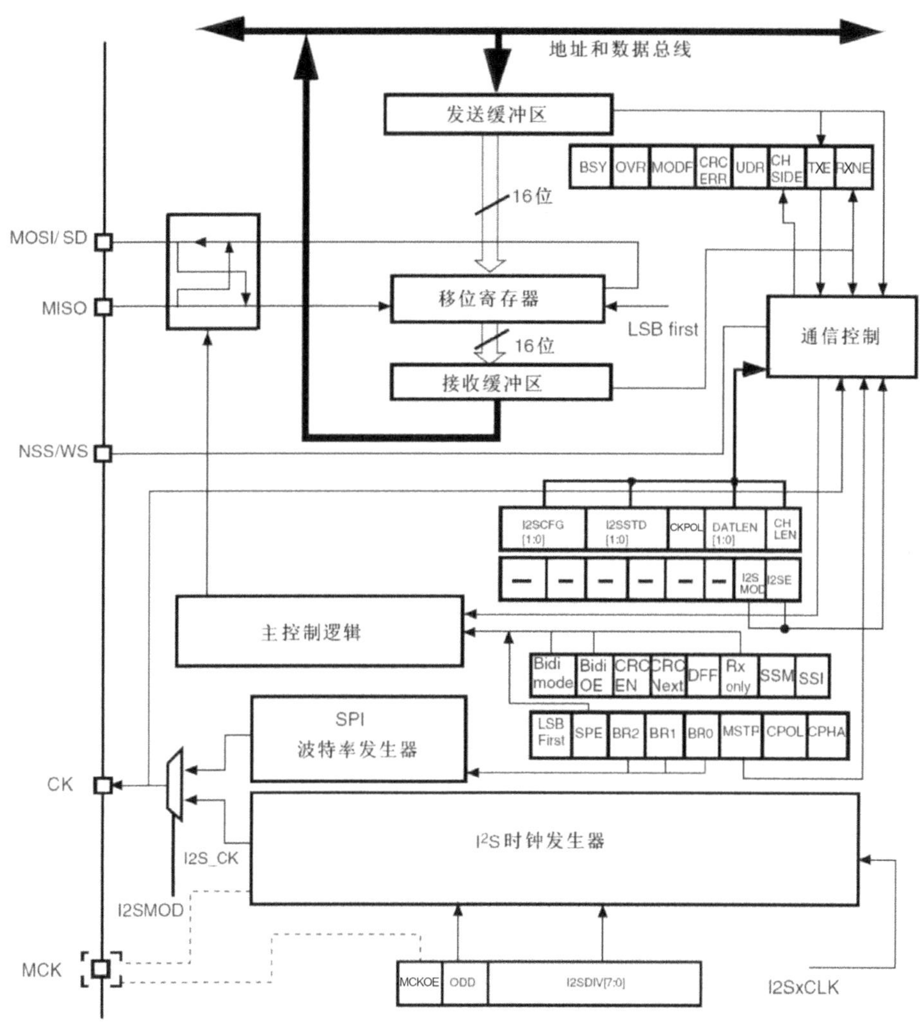

图 9.6　I^{2}S 功能结构框图

I^{2}S 接口与 SPI 接口共用如下三个引脚。

SD：串行数据（映射至 MOSI 引脚），用于发送或接收两个时分复用的数据通道上的数据（仅半双工模式）。

WS：字选择（映射至 NSS 引脚），即帧时钟，用于切换左右声道的数据，WS 频率等于音频信号采样频率（Fs），主模式下作为数据控制信号输出，从模式下作为数据控制信号输入。

CK：串行时钟（映射至 SCK 引脚），即位时钟，主模式下作为时钟信号输出，从模式下作为时钟信号输入，位时钟=采样率×通道数×位数。

当某些外部音频设备需要主时钟时，可以另设一个附加引脚输出时钟，即 MCK：主时钟（独立映射）。当 I^2S 配置为主模式，并且寄存器 SPI_I2SPR 的 MCKOE 位为 1 时，MCK 作为输出额外的时钟信号引脚使用。输出时钟信号的频率预先设置为 256 × Fs。

当 I^2S 设置成主模式时，I^2S 使用自身的时钟发生器产生通信用的时钟信号，这个时钟发生器也是主时钟输出的时钟源。在 I^2S 模式下有两个额外的寄存器，一个是与时钟发生器配置相关的预分频寄存器 SPI_I2SPR；另一个是 I^2S 通用配置寄存器 SPI_I2SCFGR，可用于设置音频标准、主/从模式、数据格式、数据包帧和时钟极性等参数。

在 I^2S 模式下不使用寄存器 SPI_CR1 和所有的 CRC 寄存器，也不使用寄存器 SPI_CR2 的 SSOE 位、寄存器 SPI_SR 的 MODF 位和 CRCERR 位。但 I^2S 使用与 SPI 相同的寄存器 SPI_DR，用作 16 位宽模式数据传输。

（1）I^2S 音频协议。三线总线支持两个声道（左声道和右声道）上音频数据的时分复用，但是只有一个 16 位寄存器用作发送或接收。软件必须在对数据寄存器写入数据时，根据当前传输中的声道写入相应的数据；同样，在读取寄存器数据时，通过检查寄存器 SPI_SR 的 CHSIDE 位判断接收到的数据属于哪个声道。在一般情况下，左声道总是先于右声道发送数据（CHSIDE 位在 PCM 协议下无意义）。

I^2S 音频协议有四种可用的数据和包帧组合，可以通过以下四种数据格式发送数据。

① 16 位数据打包进 16 位帧。

② 16 位数据打包进 32 位帧。

③ 24 位数据打包进 32 位帧。

④ 32 位数据打包进 32 位帧。

当将 16 位数据扩展到 32 位帧时，前 16 位（MSB）是有意义的数据，而后 16 位（LSB）被强制置 0，该操作不需要软件干预，也不需要 DMA 请求（仅需要一次读或写操作）。24 位和 32 位数据帧需要 CPU 对寄存器 SPI_DR 进行两次读或写操作，当使用 DMA 时，同样需要两次 DMA 传输。24 位数据扩展到 32 位后，其低 8 位由硬件置 0。所有的数据格式和通信标准总是先发送最高位（MSB）。

I^2S 接口支持四种音频标准，即 I^2S 飞利浦标准、MSB 对齐标准、LSB 对齐标准和 PCM 标准，可以通过设置寄存器 SPI_I2SCFGR 的 I2SSTD[1:0]位和 PCMSYNC 位来选择，详细的音频标准介绍可查阅《STM32F10x 中文参考手册》。

（2）时钟发生器。I^2S 的比特率确定了在 I^2S 数据线上的数据流和 I^2S 的时钟信号频率，即

$$I^2S\text{ 比特率}=\text{每个声道的比特数}\times\text{声道数目}\times\text{音频采样频率}$$

对于一个具有左右声道的 16 位音频信号，I^2S 比特率的计算如下：

$$I^2S\text{ 比特率}=16\times 2\times Fs$$

如果包长为 32 位，则有

$$I^2S\text{ 比特率}=32\times 2\times Fs$$

音频采样频率定义如图 9.7 所示。在主模式下，为了获得需要的音频频率，需要正确地对线性分频器进行设置。

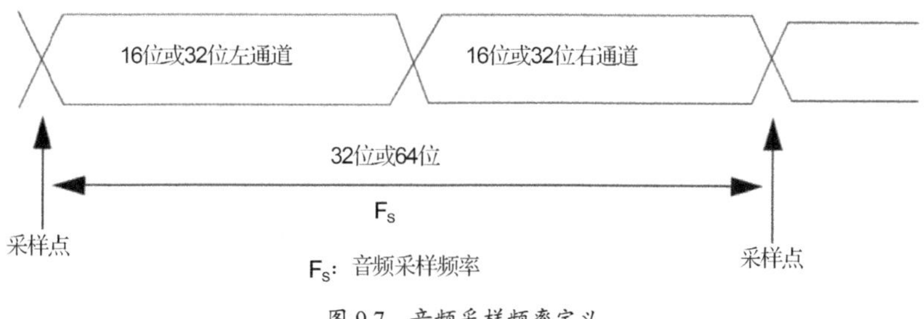

图 9.7　音频采样频率定义

I^2S 时钟发生器的结构可以参考图 9.6，I2SxCLK 中的 x 可以是 2 或 3，I2SxCLK 的时钟源是系统时钟（驱动 AHB 时钟的 HSI、HSE 或 PLL）。对于互联型产品，I2SxCLK 可以来自 SYSCLK 或 PLL3 VCO，从而得到精确的时钟，可以通过 RCC_CFGR2 寄存器的 I2S2SRC 位和 I2S3SRC 位来选择。音频采样频率可以是 96kHz、48kHz、44.1kHz、32kHz、22.05kHz、16kHz、11.025kHz、8kHz 或任何此范围内的数值。为了获得需要的频率，需要按照以下公式设置线性分频器。

① 在需要生成主时钟的情况下（寄存器 SPI_I2SPR 的 MCKOE 位为 1）：

声道的帧长为 16 位时，Fs=I2SxCLK/[(16×2)×(2×I2SDIV+ODD)×8]；

声道的帧长为 32 位时，Fs=I2SxCLK/[(32×2)×(2×I2SDIV+ODD)×4]。

② 在关闭主时钟的情况下（寄存器 SPI_I2SPR 的 MCKOE 位为 0）：

声道的帧长为 16 位时，Fs=I2SxCLK/[(16×2)×(2×I2SDIV+ODD)]；

声道的帧长为 32 位时，Fs=I2SxCLK/[(32×2)×(2×I2SDIV+ODD)]。

（3）配置 I^2S 为主模式。设置 I^2S 工作在主模式，串行时钟由引脚 CK 输出，字选信号由引脚 WS 产生。通过设置寄存器 SPI_I2SPR 的 MCKOE 位选择输出或不输出主时钟 MCK。

I^2S 为主模式的主要配置步骤如下。

① 设置寄存器 SPI_I2SPR 的 I2SDIV[7:0]位，定义与音频采样频率相符的串行时钟波特率，同时定义寄存器 SPI_I2SPR 的 ODD 位。

② 设置 CKPOL 位，定义通信用时钟在空闲时的电平状态，如果需要向外部的 DAC/ADC 音频器件提供主时钟 MCK，则将寄存器 SPI_I2SPR 的 MCKOE 位置 1（按照不同的 MCK 输出状态，计算 I2SDIV 和 ODD 的值）。

③ 设置寄存器 SPI_I2SCFGR 的 I2SMOD 位，以激活 I^2S 功能；设置 I2SSTD[1:0]位和 PCMSYNC 位，选择所用的 I^2S 标准；设置 CHLEN（声道标志）位，选择每个声道的数据位数；还需要设置寄存器 SPI_I2SCFGR 的 I2SCFG[1:0]位，选择 I^2S 主模式和方向（是发送端还是接收端）。

④ 如果需要，可以通过设置寄存器 SPI_CR2 打开所需的中断功能和 DMA 功能。

⑤ 必须将寄存器 SPI_I2SCFGR 的 I2SE 位置 1。

⑥ 引脚 WS 和引脚 CK 需要配置为输出模式，如果寄存器 SPI_I2SPR 的 MCKOE 位为 1，则引脚 MCK 也需要配置成输出模式。

在数据发送过程中，当写入一个半字（16 位）数据至发送缓冲器时，数据发送即开始。假设第一个写入发送缓冲器的数据对应的是左声道数据，当数据从发送缓冲器移到移位寄存器，标志位 TXE 置 1 时，需要把对应右声道的数据写入发送缓冲器。标志位 CHSIDE 提示目前待传输的数据对应哪个声道，其值在 TXE 位置 1 时更新，因此它在 TXE 位为 1 时才有意义。当先左声道后右声道的数据都传输完成后，才是一个完整的数据帧，不可以只传输部分数据帧，如仅有左声道的数据。

在发出第一位数据的同时，半字数据被并行地传送至 16 位移位寄存器，然后后面的位依次按高位在先的顺序从引脚 MOSI/SD 发出。每次数据从发送缓冲器移至移位寄存器时，标志位 TXE 置 1，如果设置了寄存器 SPI_CR2 的 TXEIE 位，则会产生中断。写入数据的操作取决于所选择的 I^2S 标准。为了保证连续的音频数据传输，建议在当前传输完成之前，对寄存器 SPI_DR 写入下一个需要传输的数据；建议当关闭 I^2S 功能时，等待标志位 TXE=1 且 BSY=0 之后，再将 I2SE 位清零。

在数据接收过程中，需要通过配置 I2SCFG[1:0]位选择主接收模式。无论何种数据和声道长度，音频数据总是以 16 位包的形式接收，每次填满接收缓冲器后，标志位 RXNE 置 1，如果设置了寄存器 SPI_CR2 的 RXNEIE 位，则会产生中断。根据配置的数据和声道长度，收到左声道或右声道的数据需要一次或两次把数据传送到接收缓冲器。对寄存器 SPI_DR 进行读操作即可清除 RXNE 标志位，每次接收以后即更新标志位 CHSIDE，它的值取决于 I^2S 单元产生的 WS 信号，读取数据的操作取决于所选择的 I^2S 标准。

如果前一个接收到的数据还没有被读取，又接收到新数据，则会发生上溢，标志位 OVR 被置为 1，如果此时设置了寄存器 SPI_CR2 的 ERRIE 位，则会产生中断，表示发生错误。

若关闭 I^2S 功能，则需要执行特别的操作，以保证 I^2S 模块可以正常地完成传输周期而不会开始新的数据传输。操作过程与数据配置、通道长度和音频协议的模式相关，关闭过程如下。

① 16 位数据扩展到 32 位通道长度（DATLEN=00 并且 CHLEN=1），使用 LSB（低位）对齐模式（I2SSTD=10）。

- 等待倒数第二个（第 n-1 个）RXNE=1。
- 等待 17 个 I^2S 时钟周期（使用软件延迟）。
- 关闭 I^2S（I2SE=0）。

② 16 位数据扩展到 32 位通道长度（DATLEN=00 并且 CHLEN=1），使用 MSB（高位）对齐模式或 PCM 模式（分别为 I2SSTD=00，I2SSTD=01 或 I2SSTD=11）。

- 等待最后一个 RXNE=1。
- 等待一个 I^2S 时钟周期（使用软件延迟）。
- 关闭 I^2S（I2SE=0）。

③ 所有其他 DATLEN 和 CHLEN 的组合，以及 I2SSTD 选择的任意音频模式，使用下述方式关闭 I^2S。

- 等待倒数第二个（第 n-1 个）RXNE=1。
- 等待一个 I^2S 时钟周期（使用软件延迟）。
- 关闭 I^2S（I2SE=0）。

在传输期间 BSY 标志位始终为低电平。

（4）配置 I²S 为从模式。在从模式下，I²S 可以设置成发送和接收模式。从模式配置与主模式配置的流程基本一致。在从模式下，不需要 I²S 接口提供时钟，时钟信号和 WS 信号由外部主 I²S 设备提供，连接到相应的引脚上即可，因此用户无须配置时钟。

I²S 为从模式的主要配置步骤如下。

① 设置寄存器 SPI_I2SCFGR 的 I2SMOD 位，以激活 I²S 功能；设置 I2SSTD[1:0]位，选择所用的 I²S 标准；设置 DATLEN[1:0]位，选择数据的比特数；设置 CHLEN 位，选择每个声道的数据位数；还需要设置寄存器 SPI_I2SCFGR 的 I2SCFG[1:0]位，选择 I²S 从模式的数据方向（是发送端还是接收端）。

② 根据需要，设置寄存器 SPI_CR2，打开所需的中断功能和 DMA 功能。

③ 必须设置寄存器 SPI_I2SCFGR 的 I2SE 位为 1。

在数据发送过程中，当外部主设备发送时钟信号，并且 NSS_WS 信号请求传输数据时，即开始发送。先使能从设备，且写入 I²S 数据寄存器后，外部主设备才能开始通信。对于 I²S 的 MSB 对齐模式和 LSB 对齐模式，第一个写入数据寄存器的数据均对应左声道的数据。当开始通信时，数据从发送缓冲器传送到移位寄存器，之后标志位 TXE 置 1，此时要把对应右声道的数据写入 I²S 数据寄存器。

标志位 CHSIDE 提示当前待传输的数据对应哪个声道。与主模式的发送流程相比，在从模式中，标志位 CHSIDE 取决于来自外部主 I²S 的 WS 信号，该信号为 1 时，表示发送左声道数据。从 I²S 设备在接收到主设备生成的时钟信号之前，需要准备好第一个要发送的数据。

设置 I2SE 位为 1 的时间应当比 CK 引脚上的主 I²S 时钟信号至少早 2 个 PCLK 时钟周期。

当发出第一位数据时，半字数据并行地通过 I²S 内部总线传输至 16 位移位寄存器中，然后其他位依次按高位在先的顺序从引脚 MOSI/SD 发出。每次数据从发送缓冲器传送至移位寄存器时，标志位 TXE 置 1，如果设置了寄存器 SPI_CR2 的 TXEIE 位，则会产生中断。在对发送缓冲器写入数据前，一定要先确认标志位 TXE 是否为 1，写入数据的操作取决于所选中的 I²S 标准。

为了保证连续的音频数据传输，建议在当前传输完成之前，对寄存器 SPI_DR 写入下一个要传输的数据。如果当代表下一个数据传输的第一个时钟边沿到达时，新的数据仍然没有写入寄存器 SPI_DR，下溢标志位会置 1，并可能产生中断，指示软件发送数据错误。如果寄存器 SPI_CR2 的 ERRIE 位为 1，当寄存器 SPI_SR 的标志位 UDR 为高时，则会产生相应的中断，此时应关闭 I²S 功能，然后重新从左声道开始发送数据。

在清除 I2SE 位、关闭 I²S 功能之前，应该先等待 TXE=1 并且 BSY=0。

在数据接收过程中，配置步骤与发送流程基本一致，这里需要通过配置 I2SCFG[1:0]位选择主接收模式。无论何种数据和声道长度，音频数据总是以 16 位包的形式接收，每次填满接收缓冲器，标志位 RXNE 置 1，如果此时设置了寄存器 SPI_CR2 的 RXNEIE 位，则会产生中断。按照不同的数据和声道长

度设置，收到左声道或右声道数据会需要一次或两次传输数据至接收缓冲器。每次接收到数据（从 SPI_DR 寄存器读出）后即更新标志位 CHSIDE，它对应 I²S 单元产生的 WS 信号。读取 SPI_DR 寄存器会清除 RXNE 位，读取数据的操作取决于所选中的 I²S 标准。

当还没有读出前一个接收到的数据，又接收到新数据时，会产生上溢，并设置标志位 OVR 为 1，如果此时设置了寄存器 SPI_CR2 的 ERRIE 位，则会产生中断，指示发生错误。当关闭 I²S 功能时，需要在接收到最后一次 RXNE=1 时将 I2SE 位清零。注意，外部主 I²S 设备需要有通过音频声道发送/接收 16 位或 32 位数据包的功能。另外，DMA 的工作方式在 I²S 模式中除 CRC 功能不可用以外（I²S 模式下没有数据传输保护系统），其他功能与 SPI 模式的功能完全相同。

9.2.2 SPI/I²S 相关库函数简介

根据前面的讲解，SPI 提供与外设同步串行通信的功能，可以配置为支持 SPI 协议或支持 I²S 音频协议。常用的 SPI I²S 库函数如表 9.15 所示。小容量和中容量的 STM32 微控制器没有 I²S 接口，所以使用小容量或中容量的 STM32 微控制器时，不需要考虑 I²S 相关库函数。

表 9.15　SPI/I²S 常用库函数

函 数 名	功 能 描 述
SPI_I2S_DeInit	将外设 SPIx 寄存器重设为默认值（同样影响 I²S）
SPI_Init	根据 SPI_InitStruct 中指定的参数初始化外设 SPIx 寄存器
I2S_Init	根据 I2S_InitStruct 中指定的参数初始化外设 SPIx 寄存器
SPI_StructInit	把 SPI_InitStruct 中的每个参数按默认值填入
I2S_StructInit	把 I2S_InitStruct 中的每个参数按默认值填入
SPI_Cmd	使能或失能 SPI 外设
I2S_Cmd	使能或失能 SPI 外设
SPI_I2S_ITConfig	使能或失能指定的 SPI/I²S 中断
SPI_I2S_DMACmd	使能或失能指定 SPI/I²S 的 DMA 请求
SPI_I2S_SendData	通过外设 SPIx/I²Sx 发送一个数据
SPI_I2S_ReceiveData	返回通过 SPIx/I²Sx 最近接收的数据
SPI_NSSInternalSoftwareConfig	为选定的 SPI 软件配置内部 NSS 引脚
SPI_SSOutputCmd	使能或失能指定的 SPI SS 输出
SPI_DataSizeConfig	设置选定的 SPI 数据大小
SPI_TransmitCRC	发送 SPIx 的 CRC 值
SPI_CalculateCRC	使能或失能指定 SPI 的传输字 CRC 值计算
SPI_GetCRC	返回指定 SPI 的发送或接收 CRC 寄存器值
SPI_GetCRCPolynomial	返回指定 SPI 的 CRC 多项式寄存器值
SPI_BiDirectionalLineConfig	选择指定 SPI 双向模式下的数据传输方向
SPI_I2S_GetFlagStatus	检查指定的 SPI/I²S 标志位设置与否
SPI_I2S_ClearFlag	清除 SPIx/I²Sx 的待处理标志位

续表

函　数　名	功 能 描 述
SPI_I2S_GetITStatus	检查指定的 SPI/I²S 中断是否发生
SPI_I2S_ClearITPendingBit	清除 SPIx/I²Sx 的中断待处理位

下面简要介绍一些常用的 SPI/I²S 库函数。

1．SPI/I²S 初始化与使能类函数

（1）SPI_I2S_DeInit 函数：该函数将外设 SPIx 寄存器重设为默认值（同样影响 I²S）。

函数原型	void SPI_I2S_DeInit(SPI_TypeDef* SPIx)			
功能描述	将外设 SPIx 寄存器重设为默认值（同样影响 I²S）			
输入参数	SPIx：x 可以取值为 1、2 或 3，用来选择 SPI 外设			
输出参数	无	返回值	无	先决条件	无
被调用函数	RCC_APB1PeriphResetCmd()、RCC_APB2PeriphResetCmd()			

（2）SPI_Init 函数：该函数根据 SPI_InitStruct 中指定的参数初始化外设 SPIx 寄存器。

函数原型	void SPI_Init(SPI_TypeDef* SPIx, SPI_InitTypeDef* SPI_InitStruct)						
功能描述	根据 SPI_InitStruct 中指定的参数初始化外设 SPIx 寄存器						
输入参数 1	SPIx：x 可以取值为 1、2 或 3，用来选择 SPI 外设						
输入参数 2	SPI_InitStruct：指向结构体 SPI_InitTypeDef 的指针，包含外设 SPIx 的配置信息						
输出参数	无	返回值	无	先决条件	无	被调用函数	无

SPI_InitTypeDef 结构体定义在 STM32 标准函数库文件中的 stm32f10x_spi.h 头文件下，具体定义如下。

```
typedef struct
{
  uint16_t SPI_Direction;                    //设置 SPI 单向或双向数据
  uint16_t SPI_Mode;                         //设置 SPI 工作模式
  uint16_t SPI_DataSize;                     //设置 SPI 数据大小
  uint16_t SPI_CPOL;                         //设置串行时钟状态
  uint16_t SPI_CPHA;                         //设置位捕获时钟沿
  uint16_t SPI_NSS;                          //设置 NSS 信号管理方式
  uint16_t SPI_BaudRatePrescaler;            //设置波特率预分频值
  uint16_t SPI_FirstBit;                     //定义数据传输起始位
  uint16_t SPI_CRCPolynomial;                //CRC 校验多项式
} SPI_InitTypeDef;
```

每个 SPI_InitTypeDef 结构体成员的功能和相应的取值如下。

① SPI_Direction：该成员用来设置 SPI 单向或双向数据，其取值定义如表 9.16 所示。

表 9.16　SPI_Direction 取值定义

SPI_Direction 取值	功 能 描 述	SPI_Direction 取值	功 能 描 述
SPI_Direction_2Lines_FullDuplex	SPI 设置为双向双线全双工	SPI_Direction_1Lines_Rx	SPI 设置为单线双向接收
SPI_Direction_2Lines_RxOnly	SPI 设置为双线单向接收	SPI_Direction_1Lines_Tx	SPI 设置为单线双向发送

② SPI_Mode：该成员用来设置 SPI 工作模式，其取值定义如表 9.17 所示。

表 9.17　SPI_Mode 取值定义

SPI_Mode 取值	功 能 描 述
SPI_Mode_Master	设置为 SPI 主模式
SPI_Mode_Slave	设置为 SPI 从模式

③ SPI_DataSize：该成员用来设置 SPI 数据大小，其取值定义 1 如表 9.18 所示。

表 9.18　SPI_DataSize 取值定义 1

SPI_DataSize 取值	功 能 描 述
SPI_DataSize_8b	SPI 发送/接收 8 位帧结构
SPI_DataSize_16b	SPI 发送/接收 16 位帧结构

④ SPI_CPOL：该成员用来设定串行时钟状态，可以选择为 SPI_CPOL_High（时钟悬空高）或 SPI_CPOL_Low（时钟悬空低）。

⑤ SPI_CPHA：该成员用来设置位捕获时钟活动沿，其取值定义如表 9.19 所示。

表 9.19　SPI_CPHA 取值定义

SPI_CPHA 取值	功 能 描 述
SPI_CPHA_1Edge	数据捕获于第一个时钟沿
SPI_CPHA_2Edge	数据捕获于第二个时钟沿

⑥ SPI_NSS：该成员用来指定 NSS 信号由硬件（NSS 引脚）还是软件（SSI 位）管理，其取值定义如表 9.20 所示。

表 9.20　SPI_NSS 取值定义

SPI_NSS 取值	功 能 描 述
SPI_NSS_Hard	NSS 信号由外部引脚管理
SPI_NSS_Soft	内部 NSS 信号由 SSI 位控制

⑦ SPI_BaudRatePrescaler：该成员用来指定波特率预分频的值，这个值用来设置发送和接收的 SCK 时钟，其取值定义如表 9.21 所示。

表 9.21　SPI_BaudRatePrescaler 取值定义

SPI_BaudRatePrescaler 取值	功 能 描 述	SPI_BaudRatePrescaler 取值	功 能 描 述
SPI_BaudRatePrescaler_2	波特率预分频值为 2	SPI_BaudRatePrescaler_32	波特率预分频值为 32
SPI_BaudRatePrescaler_4	波特率预分频值为 4	SPI_BaudRatePrescaler_64	波特率预分频值为 64
SPI_BaudRatePrescaler_8	波特率预分频值为 8	SPI_BaudRatePrescaler_128	波特率预分频值为 128
SPI_BaudRatePrescaler_16	波特率预分频值为 16	SPI_BaudRatePrescaler_256	波特率预分频值为 256

通信时钟由主 SPI 时钟分频，不需要设置从 SPI 时钟。

⑧ SPI_FirstBit：该成员用来指定数据传输是从 MSB 位开始还是从 LSB 位开始的，可取值为 SPI_FirstBit_MSB 或 SPI_FirstBit_LSB。

⑨ SPI_CRCPolynomial：该成员用来定义用于 CRC 值计算的多项式。

例如，初始化 SPI1，数据传输设置为双向双线全双工，工作模式为主 SPI，数据大小为 16 位，串行时钟悬空低，数据捕获于第二个时钟沿，内部 NSS 信号由 SSI 位控制，波特率预分频值为 128，数据传输从 MSB 位开始，CRC 校验设置为 7，代码如下。

```
SPI_InitTypeDef SPI_InitStructure;                          //定义结构体
//双向双线全双工
SPI_InitStructure.SPI_Direction = SPI_Direction_2Lines_FullDuplex;
SPI_lnitStructure.SPI_Mode = SPI_Mode_Master;               //SPI 主模式
SPI_InitStructure.SPI_ DataSize = SPI_DatSize_16b;          //发送接收 16 位帧结构
SPI_InitStructure.SPI_CPOL = SPI_CPOL_Low;                  //串行时钟悬空低
SPI_InitStructure.SPI_CPHA = SP1_CPHA_2Edge;                //数据捕获于第二个时钟沿
SPI_InitStructure.SPI_NSS = SPI_NSS_Soft;                   //NSS 信号由 SSI 位控制
//波特率预分频值为 256
SPI_InitStructure.SPI_BaudRatePrescaler = SPI_BaudRatePrescaler_128;
SPI_InitStructurc.SPI_FirstBit = SPI_FirsLBit_MSB;          //数据传输从 MSB 位开始
SPI_InitStructure.SPI_CRCPolynomial = 7;                    //CRC 校验
SPI_Init(SPI1, &SPI_InitStructure);                         //初始化 SPI1
```

（3）SPI_StructInit 函数：该函数把 SPI_InitStruct 中的每个参数按默认值填入。

函数原型	void SPI_StructInit(SPI_InitTypeDef* SPI_InitStruct)						
功能描述	把 SPI_InitStruct 中的每个参数按默认值填入						
输入参数	SPI_InitStruct：指向结构体 SPI_InitTypeDef 的指针，待初始化，其默认值如表 9.22 所示						
输出参数	无	返回值	无	先决条件	无	被调用函数	无

表 9.22　SPI_InitStruct 默认值

成　员	默　认　值	成　员	默　认　值
SPI_Direction	SPI_Direction_2Lines_FullDuplex	SPI_NSS	SPI_NSS_Hard
SPI_Mode	SPI_Mode_Slave	SPI_BaudRatePrescaler	SPI_BaudRatePrescaler_2
SPI_DataSize	SPI_DataSize_8b	SPI_FirstBit	SPI_FirstBit_MSB
SPI_CPOL	SPI_CPOL_Low	SPI_CRCPolynomial	7
SPI_CPHA	SPI_CPHA_1Edge		

（4）I2S_Init 函数：该函数根据 I2S_InitStruct 中指定的参数初始化外设 SPIx 寄存器。

函数原型	void I2S_Init(SPI_TypeDef* SPIx, I2S_InitTypeDef* I2S_InitStruct)						
功能描述	根据 I2S_InitStruct 中指定的参数初始化外设 SPIx 寄存器						
输入参数 1	SPIx：x 可以取值为 2 或 3，用来选择 SPI 外设（在 I^2S 模式下）						
输入参数 2	I2S_InitStruct：指向结构体 I2S_InitTypeDef 的指针，包含外设 SPIx 的配置信息						
输出参数	无	返回值	无	先决条件	无	被调用函数	无

I2S_InitTypeDef 结构体的具体定义如下。

```
typedef struct
{
  uint16_t I2S_Mode;                    //设置 I²S 工作模式
  uint16_t I2S_Standard;                //指定 I²S 通信标准
  uint16_t I2S_DataFormat;              //指定 I²S 通信数据格式
  uint16_t I2S_MCLKOutput;              //是否启用 I²S MCLK 输出
  uint32_t I2S_AudioFreq;               //设置 I²S 通信频率
  uint16_t I2S_CPOL;                    //设置时钟空闲状态
} I2S_InitTypeDef;
```

每个 I2S_InitTypeDef 结构体成员的功能和相应的取值如下。

① I2S_Mode：该成员用来设置 I²S 主/从模式的发送/接收，其取值定义如表 9.23 所示。

表 9.23　I2S_Mode 取值定义

I2S_Mode 取值	功 能 描 述
I2S_Mode_SlaveTx	从模式发送
I2S_Mode_SlaveRx	从模式接收
I2S_Mode_MastreTx	主模式发送
I2S_Mode_MastreRx	主模式接收

② I2S_Standard：该成员用来设定 I²S 通信的标准，其取值定义如表 9.24 所示。

表 9.24　I2S_Standard 取值定义

I2S_Standard 取值	功 能 描 述
I2S_Standard_Phillips	飞利浦 I²S 标准
I2S_Standard_MSB	左（高位）对齐标准
I2S_Standard_LSB	右（低位）对齐标准
I2S_Standard_PCMShort	PCM 模式下的短帧同步
I2S_Standard_PCMLong	PCM 模式下的长帧同步

③ I2S_DataFormat：该成员用来设定 I²S 通信的数据长度，其取值定义如表 9.25 所示。

表 9.25　I2S_DataFormat 取值定义

I2S_DataFormat 取值	功 能 描 述	I2S_DataFormat 取值	功 能 描 述
I2S_DataFormat_16b	待传输数据长度 16 位	I2S_DataFormat_24b	待传输数据长度 24 位
I2S_DataFormat_16bextended	待传输数据长度扩展 16 位	I2S_DataFormat_32b	待传输数据长度 32 位

④ I2S_MCLKOutput：该成员用来使能或失能主设备时钟输出（MCLK），可取值为 I2S_MCLKOutput_Enable 或 I2S_MCLKOutput_Disable。

⑤ I2S_AudioFreq：该成员用来设定 I²S 的通道数据频率，其取值定义如表 9.26 所示。注意，这里并不是把目标频率值直接填入 I2SDIV[7:0]，而是根据 I2SPR 的 ODD 位和 I2SDIV 位计算出填入

I2SDIV[7:0]内的线性分频值，同时 I2SDIV 位的最终值受 MCKOE 控制。

表 9.26　I2S_AudioFreq 取值定义

I2S_AudioFreq 取值	功 能 描 述
I2S_AudioFreq_48k	通道数据频率为 48kHz
I2S_AudioFreq_44k	通道数据频率为 44.1kHz
I2S_AudioFreq_22k	通道数据频率为 22.05kHz
I2S_AudioFreq_16k	通道数据频率为 16kHz
I2S_AudioFreq_8k	通道数据频率为 8kHz
I2S_AudioFreq_Default	通道数据频率为 2kHz

⑥ I2S_CPOL：该成员用来指定 I^2S 的空闲时钟状态，可以选择为 I2S_CPOL_High（I^2S 静止状态始终为高电平）或 I2S_CPOL_Low（I^2S 静止状态始终为低电平）。

（5）I2S_StructInit 函数：该函数把 I2S_InitStruct 中的每个参数按默认值填入。

函数原型	void I2S_StructInit(I2S_InitTypeDef* I2S_InitStruct)					
功能描述	把 I2S_InitStruct 中的每个参数按默认值填入					
输入参数	I2S_InitStruct：指向结构体 I2S_InitTypeDef 的指针，待初始化，其默认值如表 9.27 所示					
输出参数	无	返回值	无	先决条件	无	被调用函数	无

表 9.27　I2S_InitStruct 默认值

成　　员	默 认 值
I2S_Mode	I2S_Mode_SlaveTx
I2S_Standard	I2S_Standard_Phillips
I2S_DataFormat	I2S_DataFormat_16b
I2S_MCLKOutput	I2S_MCLKOutput_Disable
I2S_AudioFreq	I2S_AudioFreq_Default
I2S_CPOL	I2S_CPOL_Low

（6）SPI_Cmd 函数：该函数使能或失能 SPI 外设。

函数原型	void SPI_Cmd(SPI_TypeDef* SPIx, FunctionalState NewState)						
功能描述	使能或失能 SPI 外设						
输入参数 1	SPIx：x 可以取值为 1、2 或 3，用来选择 SPI 外设						
输入参数 2	NewState：外设 SPIx 的新状态（可取 ENABLE 或 DISABLE）						
输出参数	无	返回值	无	先决条件	无	被调用函数	无

（7）I2S_Cmd 函数：该函数使能或失能 SPI 外设（在 I^2S 模式下）。

函数原型	void I2S_Cmd(SPI_TypeDef* SPIx, FunctionalState NewState)
功能描述	使能或失能 SPI 外设（在 I^2S 模式下）
输入参数 1	SPIx：x 可以取值为 2 或 3，用来选择 SPI 外设
输入参数 2	NewState：外设 SPIx 的新状态（可取 ENABLE 或 DISABLE）

输出参数	无	返回值	无	先决条件	无	被调用函数	无

（8）SPI_I2S_DMACmd 函数：该函数使能或失能指定 SPI/I^2S 的 DMA 请求。

函数原型	void SPI_I2S_DMACmd(SPI_TypeDef* SPIx, uint16_t SPI_I2S_DMAReq, FunctionalState NewState)						
功能描述	使能或失能指定 SPI/I^2S 的 DMA 请求						
输入参数 1	SPIx：x 可以取值为 1、2 或 3（在 I^2S 模式下，x 可以取值为 2 或 3），用来选择 SPI 外设						
输入参数 2	SPI_I2S_DMAReq：待使能或失能的 SPI DMA 请求，其取值定义如表 9.28 所示						
输入参数 3	NewState：SPIx/I^2Sx DMA 请求的新状态（可取 ENABLE 或 DISABLE）						
输出参数	无	返回值	无	先决条件	无	被调用函数	无

表 9.28　SPI_I2S_DMAReq 取值定义

SPI_I2S_DMAReq 取值	功 能 描 述
SPI_I2S_DMAReq_Tx	选择 Tx 缓存 DMA 传输请求
SPI_I2S_DMAReq_Rx	选择 Rx 缓存 DMA 传输请求

2．SPI 传输与 CRC 校验类函数

（1）SPI_I2S_SendData 函数：该函数通过外设 SPIx/I^2Sx 发送一个数据。

函数原型	void SPI_I2S_SendData(SPI_TypeDef* SPIx, uint16_t Data)						
功能描述	通过外设 SPIx/I^2Sx 发送一个数据						
输入参数 1	SPIx：x 可以取值为 1、2 或 3（在 I^2S 模式下，x 可以取值为 2 或 3），用来选择 SPI 外设						
输入参数 2	Data：待发送的数据						
输出参数	无	返回值	无	先决条件	无	被调用函数	无

（2）SPI_I2S_ReceiveData 函数：该函数返回通过 SPIx/I^2Sx 最近接收的数据。

函数原型	uint16_t SPI_I2S_ReceiveData(SPI_TypeDef* SPIx)						
功能描述	返回通过 SPIx/I^2Sx 最近接收的数据						
输入参数	SPIx：x 可以取值为 1、2 或 3（在 I^2S 模式下，x 可以取值为 2 或 3），用来选择 SPI 外设						
输出参数	无	返回值	无	先决条件	无	被调用函数	无

（3）SPI_DataSizeConfig 函数：该函数设置选定的 SPI 数据大小。

函数原型	void SPI_DataSizeConfig(SPI_TypeDef* SPIx, uint16_t SPI_DataSize)						
功能描述	设置选定的 SPI 数据大小						
输入参数 1	SPIx：x 可以取值为 1、2 或 3，用来选择 SPI 外设						
输入参数 2	SPI_DataSize：SPI 数据大小，其取值定义 2 如表 9.29 所示						
输出参数	无	返回值	无	先决条件	无	被调用函数	无

表 9.29　SPI_DataSize 取值定义 2

SPI_DataSize 取值	功 能 描 述
SPI_DataSize_8b	设置数据为 8 位
SPI_DataSize_16b	设置数据为 16 位

（4）SPI_TransmitCRC 函数：该函数发送 SPIx 的 CRC 值。

函数原型	void SPI_TransmitCRC(SPI_TypeDef* SPIx)						
功能描述	发送 SPIx 的 CRC 值						
输入参数	SPIx：x 可以取值为 1、2 或 3，用来选择 SPI 外设						
输出参数	无	返回值	无	先决条件	无	被调用函数	无

（5）SPI_CalculateCRC 函数：该函数使能或失能指定 SPI 的传输字 CRC 值计算。

函数原型	void SPI_CalculateCRC(SPI_TypeDef* SPIx, FunctionalState NewState)						
功能描述	使能或失能指定 SPI 的传输字 CRC 值计算						
输入参数 1	SPIx：x 可以取值为 1、2 或 3，用来选择 SPI 外设						
输入参数 2	NewState：SPI CRC 值计算的新状态（可取 ENABLE 或 DISABLE）						
输出参数	无	返回值	无	先决条件	无	被调用函数	无

（6）SPI_GetCRC 函数：该函数返回指定 SPI 的发送或接收 CRC 寄存器值。

函数原型	uint16_t SPI_GetCRC(SPI_TypeDef* SPIx, uint8_t SPI_CRC)						
功能描述	返回指定 SPI 的发送或接收 CRC 寄存器值						
输入参数 1	SPIx：x 可以取值为 1、2 或 3，用来选择 SPI 外设						
输入参数 2	SPI_CRC：待读取的 CRC 寄存器（可取 SPI_CRC_Tx 或 SPI_CRC_Rx）						
输出参数	无	返回值	指定 CRC 寄存器值	先决条件	无	被调用函数	无

3. SPI 标志与中断类函数

（1）SPI_I2S_GetFlagStatus 函数：该函数检查指定的 SPI/I^{2}S 标志位设置与否。

函数原型	FlagStatus SPI_I2S_GetFlagStatus(SPI_TypeDef* SPIx, uint16_t SPI_I2S_FLAG)		
功能描述	检查指定的 SPI/I^{2}S 标志位设置与否		
输入参数 1	SPIx：x 可以取值为 1、2 或 3（在 I^{2}S 模式下，x 可以取值为 2 或 3），用来选择 SPI 外设		
输入参数 2	SPI_I2S_FLAG：待检查的 SPI/I^{2}S 标志位，其取值定义如表 9.30 所示		
输出参数	无	返回值	指定 SPI/I^{2}S 标志位的新状态（可取 SET 或 RESET）
先决条件	无	被调用函数	无

表 9.30　SPI_I2S_FLAG 取值定义

SPI_I2S_FLAG 取值	功 能 描 述	SPI_I2S_FLAG 取值	功 能 描 述
SPI_I2S_FLAG_TXE	发送缓冲器空标志位	SPI_FLAG_MODF	模式错误标志位
SPI_I2S_FLAG_RXNE	接收缓冲器非空标志位	SPI_FLAG_CRCERR	CRC 错误标志位
SPI_I2S_FLAG_BSY	忙标志位	I2S_FLAG_UDR	欠载错误标志位
SPI_I2S_FLAG_OVR	溢出标志位	I2S_FLAG_CHSIDE	侧通道标志位

（2）SPI_I2S_ClearFlag 函数：该函数清除 SPIx 的待处理标志位。

函数原型	void SPI_I2S_ClearFlag(SPI_TypeDef* SPIx, uint16_t SPI_I2S_FLAG)

功能描述	清除 SPIx 的待处理标志位						
输入参数 1	SPIx：x 可以取值为 1、2 或 3，用来选择 SPI 外设						
输入参数 2	SPI_I2S_FLAG：待清除的 SPI 标志位，可取值为 SPI_FLAG_CRCERR						
输出参数	无	返回值	无	先决条件	无	被调用函数	无

（3）SPI_I2S_ITConfig 函数：该函数使能或失能指定的 SPI/I^{2}S 中断。

函数原型	void SPI_I2S_ITConfig(SPI_TypeDef* SPIx, uint8_t SPI_I2S_IT, FunctionalState NewSt ate)						
功能描述	使能或失能指定的 SPI/I^{2}S 中断						
输入参数 1	SPIx：x 可以取值为 1、2 或 3（在 I^{2}S 模式下，x 可以取值为 2 或 3），用来选择 SPI 外设						
输入参数 2	SPI_I2S_IT：待使能或失能的 SPI/I^{2}S 中断源，其取值定义 1 如表 9.31 所示						
输入参数 3	NewState：SPIx/I^{2}Sx 中断的新状态（可取 ENABLE 或 DISABLE）						
输出参数	无	返回值	无	先决条件	无	被调用函数	无

表 9.31　SPI_I2S_IT 取值定义 1

SPI_I2S_IT 取值	功 能 描 述
SPI_I2S_IT_TXE	发送缓冲器空中断屏蔽
SPI_I2S_IT_RXNE	错误中断屏蔽
SPI_I2S_IT_ERR	接收缓冲器非空中断屏蔽

（4）SPI_I2S_GetITStatus 函数：该函数检查指定的 SPI/I^{2}S 中断是否发生。

函数原型	ITStatus SPI_I2S_GetITStatus(SPI_TypeDef* SPIx, uint8_t SPI_I2S_IT)		
功能描述	检查指定的 SPI/I^{2}S 中断是否发生		
输入参数 1	SPIx：x 可以取值为 1、2 或 3（在 I^{2}S 模式下，x 可以取值为 2 或 3），用来选择 SPI 外设		
输入参数 2	SPI_I2S_IT：待检查的 SPI/I^{2}S 中断源，其取值定义 2 如表 9.32 所示		
输出参数	无	返回值	指定 SPI/I^{2}S 中断源的新状态（可取 SET 或 RESET）
先决条件	无	被调用函数	无

表 9.32　SPI_I2S_IT 取值定义 2

SPI_I2S_IT 取值	功 能 描 述	SPI_I2S_IT 取值	功 能 描 述
SPI_I2S_IT_TXE	发送缓冲器空中断屏蔽	SPI_IT_MODF	模式错误中断屏蔽
SPI_I2S_IT_RXNE	错误中断屏蔽	SPI_IT_CRCERR	CRC 错误中断屏蔽
SPI_I2S_IT_ERR	接收缓冲器非空中断屏蔽	I2S_IT_UDR	欠载错误中断屏蔽

（5）SPI_I2S_ClearITPendingBit 函数：该函数清除 SPIx 的中断待处理位。

函数原型	void SPI_I2S_ClearITPendingBit(SPI_TypeDef* SPIx, uint8_t SPI_I2S_IT)						
功能描述	清除 SPIx 的中断待处理位						
输入参数 1	SPIx：x 可以取值为 1、2 或 3，用来选择 SPI 外设						
输入参数 2	SPI_I2S_IT：待清除的 SPI 中断源，可取值为 SPI_IT_CRCERR						
输出参数	无	返回值	无	先决条件	无	被调用函数	无

9.2.3　SPI 读/写串行 FLASH

SPI 接口主要应用在 EEPROM、FLASH、实时时钟、ADC 以及数字信号处理器和数字信号解码器之间的通信，是一种高速、全双工、同步的通信接口，并且在芯片的引脚上只占用四条线，节约了芯片的引脚，同时为 PCB 的布局节省了空间，因此越来越多的芯片集成了这种通信协议。

SPI 接口一般使用四条线通信，即 MISO 信号、MOSI 信号、SCLK 时钟信号和 CS 从设备片选信号，其主要特点是可以同时发出和接收串行数据，可以当作主机或从机工作，提供频率可编程时钟，发送结束中断标志，具有写冲突保护和总线竞争保护等。SPI 的具体工作方式和相关库函数在前两节已经详细讲解了，这里不再详述。

STM32 的 SPI 功能很强大，SPI 时钟频率最高可达 18MHz，支持 DMA，可以配置为 SPI 协议或 I^2S 协议。本节将利用 STM32 的 SPI 读取外部 SPI FLASH 芯片 W25Q128，实现类似上一节“利用 I^2C 实现读/写操作”的功能。在本例程中，使用 STM32 的 SPI2 主模式，SPI2 主模式的配置步骤如下。

（1）使能 SPI2 时钟，配置相关引脚的复用功能。这里使用的是 PB13、PB14 和 PB15 三个引脚（SCK、MISO、MOSI 和 CS 使用软件管理方式），所以需要设置这三个引脚为复用 I/O 端口。

（2）初始化 SPI2，设置 SPI2 工作模式（详见 9.2.2 节）。

（3）使能 SPI2。

（4）SPI 传输数据，即设置数据的发送和接收。

（5）查看 SPI 传输状态。

接下来，介绍一下 W25Q128 芯片，该芯片是华邦公司推出的大容量 SPI FLASH 产品，该系列还有 W25Q80/16/32/64 等产品。本例程所选择的 W25Q128 芯片容量为 128Mbit，即 16MB。W25Q128 芯片将 16MB 的容量分为 256 个块，每个块的大小为 64KB；每个块又分为 16 个扇区，每个扇区的大小为 4KB。W25Q128 芯片的最小擦除单位为一个扇区，即每次必须擦除 4KB。所以需要开辟一个至少 4KB 的缓存区，这对 SRAM 要求比较高，要求芯片必须有 4KB 以上的 SRAM。

W25Q128 芯片的支持电压为 2.7～3.6V，支持标准 SPI，还支持双输出/四输出的 SPI，最高 SPI 时钟频率为 80MHz（双输出时相当于 160MHz，四输出时相当于 320MHz）。关于 W25Q128 芯片的更多介绍，读者可以查阅产品数据手册。

在本例程中，开机时先检测 W25Q128 芯片是否存在，然后在主循环中检测两个按键，其中一个按键（KEY0）用来执行写入操作，而另一个按键（KEY1）则用来执行读出操作，并且在 TFTLCD 模块上显示相关信息。参照前面的例程，本节也使用 LED0 闪烁提示程序正在运行。在设计过程中使用的 KEY0、KEY1、LED0 和 TFTLCD 模块的硬件连接都不需要进行任何调整，相关配置程序也不需要进行任何改动，具体程序代码在前面的例程中已经介绍过了，这里不再罗列。W25Q128 芯片的硬件连接图如图 9.8 所示，其中 A0 引脚与微控制器的 PB12 引脚连接，A1 引脚与 PB14 引脚连接，SCL 引脚与 PB13 引脚连接，而 SDA 引脚则与 PB15 引脚连接。

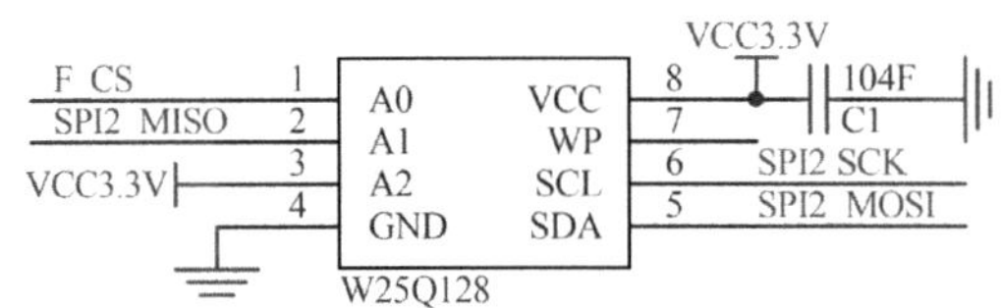

图 9.8　W25Q128 芯片的硬件连接图

本例程可以在上一节“利用 I²C 实现读/写操作”例程中的程序代码基础上进行修改，也可以把用不到的I²C和24C02配置程序删掉。首先打开Project文件夹，将其中的文件名更改为SPI_FLASH.uvprojx，然后双击打开，新建一个文件 spi.c，用于编写 SPI 相关配置程序代码，并保存在 Hardware\SPI 文件夹中，代码如下。

```
#include "spi.h"

/*****************************************************************
**函 数 名：SPI2_ReadWriteByte
**功能描述：SPI2 读/写一个字节
**输入参数：TxData，要写入的字节
**输出参数：读取到的字节
*****************************************************************/
uint8_t SPI2_ReadWriteByte(uint8_t TxData)
{
   uint8_t retry=0;
   //检查指定的 SPI 标志位设置与否
   while (SPI_I2S_GetFlagStatus(SPI2, SPI_I2S_FLAG_TXE) == RESET)
   {
      retry++;
      if(retry>200)return 0;
   }
   SPI_I2S_SendData(SPI2, TxData);                    //通过外设 SPIx 发送一个数据
   retry=0;
   //检查指定的 SPI 标志位设置与否:接受缓存非空标志位
   while (SPI_I2S_GetFlagStatus(SPI2, SPI_I2S_FLAG_RXNE) == RESET)
   {
      retry++;
      if(retry>200)return 0;
   }
   return SPI_I2S_ReceiveData(SPI2);                  //返回通过 SPIx 最近接收的数据
}
/*****************************************************************
**函 数 名：SPI2_Init
**功能描述：SPI 接口初始化，这里针对的是 SPI2 的初始化
**输入参数：无
**输出参数：无
*****************************************************************/
void SPI2_Init(void)
{
   GPIO_InitTypeDef GPIO_InitStructure;
   SPI_InitTypeDef  SPI_InitStructure;
```

```
    RCC_APB2PeriphClockCmd(RCC_APB2Periph_GPIOB, ENABLE );//PORTB 时钟使能
    RCC_APB1PeriphClockCmd(RCC_APB1Periph_SPI2,  ENABLE );//SPI2 时钟使能
    GPIO_InitStructure.GPIO_Pin = GPIO_Pin_13 | GPIO_Pin_14 | GPIO_Pin_15;
    GPIO_InitStructure.GPIO_Mode = GPIO_Mode_AF_PP;  //PB13/14/15 复用推挽输出
    GPIO_InitStructure.GPIO_Speed = GPIO_Speed_50MHz;
    GPIO_Init(GPIOB, &GPIO_InitStructure);                        //初始化 GPIOB
    GPIO_SetBits(GPIOB,GPIO_Pin_13|GPIO_Pin_14|GPIO_Pin_15);//PB13/14/15 上拉
    //设置 SPI 单向或双向的数据模式，SPI 设置为双线双向全双工
    SPI_InitStructure.SPI_Direction = SPI_Direction_2Lines_FullDuplex;
    SPI_InitStructure.SPI_Mode = SPI_Mode_Master;//设置 SPI 工作模式:设置为主 SPI
    //设置 SPI 的数据大小:SPI 发送/接收 8 位帧结构
    SPI_InitStructure.SPI_DataSize = SPI_DataSize_8b;
    SPI_InitStructure.SPI_CPOL = SPI_CPOL_High; //串行同步时钟的空闲状态为高电平
    //串行同步时钟的第二个跳变沿（上升或下降）数据被采样
    SPI_InitStructure.SPI_CPHA = SPI_CPHA_2Edge;
    //NSS 信号由硬件（NSS 引脚）还是软件（使用 SSI 位）管理:内部 NSS 信号由 SSI 位控制
    SPI_InitStructure.SPI_NSS = SPI_NSS_Soft;
    //定义波特率预分频值:波特率预分频值为 256
    SPI_InitStructure.SPI_BaudRatePrescaler = SPI_BaudRatePrescaler_256;
    //指定数据传输从 MSB 位还是 LSB 位开始:数据传输从 MSB 位开始
    SPI_InitStructure.SPI_FirstBit = SPI_FirstBit_MSB;
    SPI_InitStructure.SPI_CRCPolynomial = 7;                   //CRC 值计算的多项式
    //根据 SPI_InitStruct 中指定的参数初始化外设 SPIx 寄存器
    SPI_Init(SPI2, &SPI_InitStructure);
    SPI_Cmd(SPI2, ENABLE);                                     //使能 SPI 外设
    SPI2_ReadWriteByte(0xff);                                  //启动传输
}
/****************************************************************
**函 数 名: SPI2_SetSpeed
**功能描述: SPI2 速度设置函数
**输入参数: SPI_BaudRatePrescaler_2   2 分频
          SPI_BaudRatePrescaler_8   8 分频
          SPI_BaudRatePrescaler_16  16 分频
          SPI_BaudRatePrescaler_256 256 分频
**输出参数: 无
****************************************************************/
void SPI2_SetSpeed(uint8_t SPI_BaudRatePrescaler)
{
    assert_param(IS_SPI_BAUDRATE_PRESCALER(SPI_BaudRatePrescaler));
    SPI2->CR1&=0XFFC7;
    SPI2->CR1|=SPI_BaudRatePrescaler;                          //设置 SPI2 的速度
    SPI_Cmd(SPI2,ENABLE);
}
```

上述代码主要初始化 SPI，这里选择 SPI2，所以在 SPI2_Init 函数中，相关的操作都是针对 SPI2 进行的，初始化步骤和前面介绍的步骤一致，初始化之后就可以使用 SPI2 了。在 SPI2_Init 函数中，把 SPI2 的波特率设置成了最低（36MHz，256 分频时为 140.625kHz）。在外部函数中，通过 SPI2_SetSpeed 函数设置 SPI2 的速度，SPI2_SetSpeed 函数通过寄存器设置方式来实现。因为 STM32 标准函数库没有提供

单独的设置分频系数的函数，所以可以调用 SPI_Init 初始化函数实现分频系数修改。数据发送和接收是通过 SPI2_ReadWriteByte 函数实现的。注意，在 SPI2_Init 函数的最后有一个启动传输代码，该代码的作用是维持 MOSI 为高电平，但是并不是必须的，可以去掉。

按同样的方法新建一个名为 spi.h 的头文件，用来定义相关宏并声明需要用到的函数，方便其他文件调用，该文件也保存在 SPI 文件夹中。在 spi.h 头文件中输入如下代码。

```
#ifndef __SPI_H
#define __SPI_H
#include "sys.h"

void SPI2_Init(void);                                 //初始化 SPI 接口
void SPI2_SetSpeed(uint8_t SpeedSet);                 //设置 SPI 的速度
uint8_t SPI2_ReadWriteByte(uint8_t TxData);           //SPI 总线读/写一个字节

#endif
```

之后再新建一个文件 w25qxx.c，用于编写 W25Q128 模块相关配置程序代码，并保存在 Hardware\W25QXX 文件夹中。由于篇幅有限，不再详述完整的代码，读者可以参考本书的电子版资料。这里仅介绍几个重要的函数，首先是 W25QXX_Read 函数，用于从 W25Q128 的指定地址读出指定长度的数据，代码如下。

```
/*************************************************************
**函 数 名：W25QXX_Read
**功能描述：读取 SPI FLASH
**输入参数：pBuffer，数据存储区
          ReadAddr，开始读取的地址（24 位）
          NumByteToRead，要读取的字节数（最大为 65 535）
**输出参数：无
*************************************************************/
void W25QXX_Read(uint8_t* pBuffer,uint32_t ReadAddr,uint16_t NumByteToRead)
{
    uint16_t i;
    W25QXX_CS=0;                                         //使能器件
    SPI2_ReadWriteByte(W25X_ReadData);                   //发送读取命令
    SPI2_ReadWriteByte((uint8_t)((ReadAddr)>>16));  //发送 24 位地址
    SPI2_ReadWriteByte((uint8_t)((ReadAddr)>>8));
    SPI2_ReadWriteByte((uint8_t)ReadAddr);
    for(i=0;i<NumByteToRead;i++)
    {
        pBuffer[i]=SPI2_ReadWriteByte(0XFF);             //循环读数
    }
    W25QXX_CS=1;
}
```

由于 W25Q128 支持以任意地址（但是不能超过 W25Q128 的地址范围）开始读取数据，所以该函数的代码相对来说比较简单。当发送 24 位地址之后，程序就可以开始循环读数据，其地址会自动增加，但需要注意，不能超出 W25Q128 的地址范围。

接下来，介绍一下 W25QXX_Write 函数，其作用与 W25QXX_Read 函数的作用类似，该函数是用来写数据到 W25Q128 中的，代码如下。

```
uint8_t W25QXX_BUFFER[4096];
/*************************************************************
**函 数 名：W25QXX_Write
**功能描述：写 SPI FLASH，在指定地址开始写入指定长度的数据
**输入参数：pBuffer，数据存储区
          WriteAddr，开始写入的地址（24 位）
          NumByteToWrite，要写入的字节数（最大为 256）
**输出参数：无
*************************************************************/
void W25QXX_Write(uint8_t* pBuffer,uint32_t WriteAddr,uint16_t NumByteToWrite)
{
    uint32_t secpos;
    uint16_t secoff;
    uint16_t secremain;
    uint16_t i;
    uint8_t * W25QXX_BUF;
    W25QXX_BUF=W25QXX_BUFFER;
    secpos=WriteAddr/4096;                          //扇区地址
    secoff=WriteAddr%4096;                          //在扇区内的偏移
    secremain=4096-secoff;                          //扇区剩余空间大小
    //printf("ad:%X,nb:%X\r\n",WriteAddr,NumByteToWrite);//测试用
    if(NumByteToWrite<=secremain)secremain=NumByteToWrite;//不大于 4096 个字节
    while(1)
    {
        W25QXX_Read(W25QXX_BUF,secpos*4096,4096);//读出整个扇区的内容
        for(i=0;i<secremain;i++)                    //校验数据
        {
            if(W25QXX_BUF[secoff+i]!=0XFF)break; //需要擦除
        }
        if(i<secremain)                             //需要擦除
        {
            W25QXX_Erase_Sector(secpos);          //擦除这个扇区
            for(i=0;i<secremain;i++)               //复制
            {
                W25QXX_BUF[i+secoff]=pBuffer[i];
            }
            W25QXX_Write_NoCheck(W25QXX_BUF,secpos*4096,4096);//写入整个扇区

          //写已经擦除了的，直接写入扇区剩余区间
        }else W25QXX_Write_NoCheck(pBuffer,WriteAddr,secremain);
        if(NumByteToWrite==secremain)break;       //写入结束了
        else                                        //写入未结束
        {
            secpos++;                               //扇区地址增 1
            secoff=0;                               //偏移位置为 0
            pBuffer+=secremain;                     //指针偏移
```

```
            WriteAddr+=secremain;                   //写地址偏移
            NumByteToWrite-=secremain;              //字节数递减
            if(NumByteToWrite>4096)secremain=4096;//下一个扇区还是写不完
            else secremain=NumByteToWrite;          //下一个扇区可以写完了
        }
    }
}
```

上述函数可以在 W25Q128 的任意地址开始写入任意长度(但不可超出 W25Q128 的容量)的数据，其主要思路是，首先获得首地址所在的扇区，并计算在扇区内的偏移。其次判断要写入的数据长度是否超过本扇区所剩下的长度，如果不超过，再判断是否需要擦除，如果不需要，则直接写入数据；如果需要擦除，则读出整个扇区，并在偏移处开始写入指定长度的数据，然后擦除这个扇区，再一次性写入。当所需要写入的数据长度超过一个扇区的长度时，需要先按照前面的步骤把扇区剩余部分写完，再在新扇区内执行同样的操作，如此循环，直到写入结束。

之后再新建一个名为 w25qxx.h 的头文件，用来定义相关宏并声明相关函数，方便其他文件调用，并保存在 W25QXX 文件夹中。W25Q128 的一些相关操作的定义就在 w25qxx.h 头文件中，这些命令在 W25Q128 数据手册中有详细介绍。在 w25qxx.h 头文件中输入如下代码。

```
#ifndef __FLASH_H
#define __FLASH_H
#include "sys.h"

#define W25Q80  0XEF13
#define W25Q16  0XEF14
#define W25Q32  0XEF15
#define W25Q64  0XEF16
#define W25Q128 0XEF17

extern uint16_t W25QXX_TYPE;                          //定义 W25QXX 芯片型号

#define W25QXX_CS  PBout(12)                          //W25QXX 的片选信号
//指令表
#define W25X_WriteEnable            0x06
#define W25X_WriteDisable           0x04
#define W25X_ReadStatusReg          0x05
#define W25X_WriteStatusReg         0x01
#define W25X_ReadData               0x03
#define W25X_FastReadData           0x0B
#define W25X_FastReadDual           0x3B
#define W25X_PageProgram            0x02
#define W25X_BlockErase             0xD8
#define W25X_SectorErase            0x20
#define W25X_ChipErase              0xC7
#define W25X_PowerDown              0xB9
#define W25X_ReleasePowerDown       0xAB
#define W25X_DeviceID               0xAB
#define W25X_ManufactDeviceID       0x90
#define W25X_JedecDeviceID          0x9F
```

```
    void W25QXX_Init(void);
    uint16_t  W25QXX_Read_ID(void);                //读取 FLASH ID
    uint8_t  W25QXX_Read_SR(void);                 //读取状态寄存器
    void W25QXX_Write_SR(uint8_t sr);              //写状态寄存器
    void W25QXX_Write_Enable(void);                //写使能
    void W25QXX_Write_Disable(void);               //写保护
    void  W25QXX_Write_NoCheck(uint8_t*  pBuffer,uint32_t  WriteAddr,uint16_t
NumByteToWrite);
    void W25QXX_Read(uint8_t* pBuffer,uint32_t ReadAddr,uint16_t NumByteToRead);
//读取 flash
    void    W25QXX_Write(uint8_t*    pBuffer,uint32_t    WriteAddr,uint16_t
NumByteToWrite);//写入 flash
    void W25QXX_Erase_Chip(void);                  //整片擦除
    void W25QXX_Erase_Sector(uint32_t Dst_Addr);//扇区擦除
    void W25QXX_Wait_Busy(void);                   //等待空闲
    void W25QXX_PowerDown(void);                   //进入掉电模式
    void W25QXX_WAKEUP(void);                      //唤醒

    #endif
```

接下来，在“Manage Project Items”项目分组管理界面中把 spi.c 文件和 w25qxx.c 文件加入 Hardware 组中，并将 spi.h 头文件和 w25qxx.h 头文件的路径加入工程中，之后就可以回到工程主界面对主函数进行编程了。打开 main.c 文件，并在文件中编写如下代码。

```
    #include "led.h"
    #include "key.h"
    #include "delay.h"
    #include "sys.h"
    #include "lcd.h"
    #include "w25qxx.h"

    //要写入 W25Q64 的字符串数组
    const uint8_t TEXT_Buffer[]={"STM32F103ZET6 SPI_FLASH"};
    #define SIZE sizeof(TEXT_Buffer)
     int main(void)
     {
        uint8_t key;
        uint16_t i=0;
        uint8_t datatemp[SIZE];
        uint32_t FLASH_SIZE;
        delay_init();                        //延时函数初始化
        //设置中断优先级分组为组 2：2 位抢占优先级，2 位响应优先级
        NVIC_PriorityGroupConfig(NVIC_PriorityGroup_2);
        LED_Init();                          //初始化与 LED 连接的硬件接口
        LCD_Init();                          //初始化 LCD
        KEY_Init();                          //按键初始化
        W25QXX_Init();                       //W25QXX 初始化
        POINT_COLOR=RED;                     //设置字体为红色
        LCD_ShowString(30,40,360,24,24,"Embedded System based on STM32");
        LCD_ShowString(30,70,200,16,16,"SPI_FLASH");
```

```
    LCD_ShowString(30,100,200,12,12,"2019/12/19");
    LCD_ShowString(30,130,200,16,16,"KEY0:Write  KEY1:Read");//显示提示信息
    while(W25QXX_Read_ID()!=W25Q128) //检测不到 W25Q128
    {
        LCD_ShowString(30,150,200,16,16,"W25Q128 Check Failed!");
        delay_ms(500);
        LCD_ShowString(30,150,200,16,16,"Please Check!        ");
        delay_ms(500);
        LED0=!LED0;                    //LED0 闪烁
    }
    LCD_ShowString(30,150,200,16,16,"W25Q128 Ready!");
    FLASH_SIZE=128*1024*1024;          //FLASH 大小为 16MB
    POINT_COLOR=BLUE;                  //设置字体为蓝色
    while(1)
    {
        key=KEY_Scan(0);
        if(key==1)                     //KEY0 按下，写入 W25QXX
        {
            LCD_Fill(0,170,239,319,WHITE);//清除半屏
            LCD_ShowString(30,170,200,16,16,"Start Write W25Q128…");
            //从倒数第 100 个地址处开始，写入 SIZE 长度的数据
            W25QXX_Write((uint8_t*)TEXT_Buffer,FLASH_SIZE-100,SIZE);
            //提示传送完成
            LCD_ShowString(30,170,200,16,16,"W25Q128 Write Finished!");
        }
        if(key==2)                     //KEY1 按下，读取字符串并显示
        {
            LCD_ShowString(30,170,200,16,16,"Start Read W25Q128.... ");
            //从倒数第 100 个地址处开始，读出 SIZE 个字节
            W25QXX_Read(datatemp,FLASH_SIZE-100,SIZE);
            //提示传送完成
            LCD_ShowString(30,170,200,16,16,"The Data Readed Is:  ");
            LCD_ShowString(30,190,200,16,16,datatemp);      //显示读到的字符串
        }
        i++;
        delay_ms(10);
        if(i==20)
        {
            LED0=!LED0;                //提示系统正在运行
            i=0;
        }
    }
}
```

输入完成后保存，并单击 按钮进行编译，可以看到，程序代码编译显示零错误零警告，说明程序编写在逻辑上没有问题。这部分代码与上一节中“利用 I^2C 实现读/写操作”的主函数代码大同小异，主要代码后面都有相应的注解，这里就不再详述。

本例程写入和读出的是 SPI FLASH，而不是 EEPROM。

下载代码到硬件后，可以看到 LED0 不停地闪烁，提示系统正在运行。程序在开机时会先检测 W25Q128 芯片是否存在，如果不存在或芯片没有按规定连接，则会在 LCD 模块上显示错误信息，同时 LED 慢闪。如果正确连接了 W25Q128 芯片，则在 LCD 模块上会显示 SPI 相关操作的提示信息。先按下 KEY0 写入数据，当 LCD 模块上显示“W25Q128 Write Finished!”时，说明写操作完毕，此时再按下 KEY1 读取数据，可以看到 LCD 模块上显示读取到的内容，即之前所写入的内容“STM32F103ZET6 SPI_FLASH”。

关于 SPI 接口的实践操作就讲到这里，读者可以参考本实例设计其他 SPI 应用实例，以巩固 SPI 读/写通信的相关操作知识。

9.3　CAN 总线的编程与使用

CAN（Controller Area Network，控制器局域网络）总线是德国 BOSCH 公司于 1983 年为汽车应用而开发的一种现场总线，能有效支持分布式控制和实时控制。1993 年 11 月，ISO（国际标准化组织）正式颁布了控制器局域网络 CAN 国际标准——ISO11898。一个由 CAN 总线构成的单一网络理论上可以挂接无数个节点，但在实际应用中，节点数目受网络硬件的电气特性限制，如使用 PHILIPS P82C250 作为 CAN 收发器时，同一网络中最多允许挂接 110 个节点。CAN 总线可提供高达 1Mbit/s 的数据传输速率，当信号传输距离达到 10km 时，仍可提供高达 50kbit/s 的数据传输速率，这使实时控制变得非常容易。另外，硬件的错误检测特性也增强了 CAN 总线的抗电磁干扰能力。

9.3.1　CAN 总线的结构与功能

1. CAN 总线简介

CAN 总线具有良好的实时性能，如今已经在汽车、航空、工业控制和安防等领域得到了广泛应用。CAN 网络的拓扑结构如图 9.9 所示。通信介质可采用双绞线、同轴电缆和光导纤维，常用的是双绞线。通信距离与波特率有关，最大通信距离为 10km，最大通信波特率为 1Mbit/s。CAN 总线仲裁采用 11 位标识和非破坏性位仲裁总线控制机制，可以确定数据块的优先级，保证在网络节点发生冲突时，最高优先级不需要冲突等待。CAN 总线采用多主竞争式总线结构，具有多主站运行、分散仲裁的串行总线和广播通信等特点。由于 CAN 总线上任意节点可在任意时刻主动向网络上的其他节点发送信息而不需要区分主从关系，因此可以在各节点之间实现自由通信。

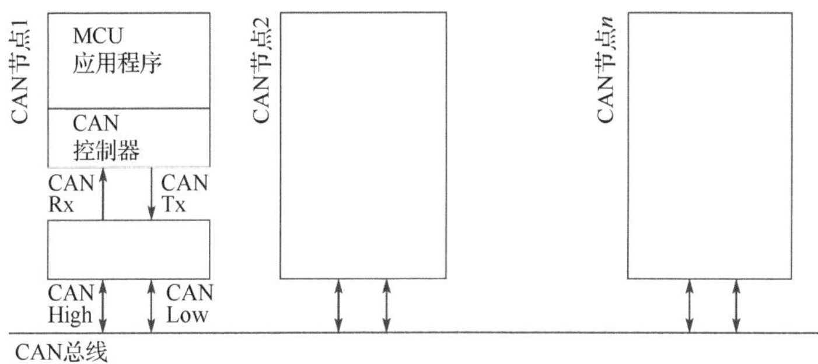

图 9.9　CAN 网络的拓扑结构

CAN 总线信号使用差分电压传送，两条信号线被称为 CAN_H 和 CAN_L，静态时均为 2.5V 左右，此时状态表示为逻辑 1，称为隐性。CAN_H 的电压值比 CAN_L 的电压值高时表示逻辑 0，称为显性，此时电压值通常为 CAN_H=3.5V，CAN_L=1.5V。当显性位和隐性位同时发送时，总线数值将为显性。

CAN 总线的一位时间可以分成四个部分，即同步段、传播时间段、相位缓冲段 1 和相位缓冲段 2。每段时间份额的数目都可以通过 CAN 总线控制器编程控制，而时间份额的大小 t_q 由系统时钟 SCLK 和波特率预分频值 BRP 决定，即 $t_q = \text{BRP/SCLK}$。

（1）同步段。同步段用于同步总线上的各个节点，在此段内期望有一个跳变沿出现（其长度固定）。如果跳变沿出现在同步段之外，那么该跳变沿与同步段之间的长度称为沿相位误差，采样点位于相位缓冲段 1 的末尾和相位缓冲段 2 的开始处。

（2）传播时间段。传播时间段用于补偿总线上信号传播时间和电子控制设备内部的延迟时间，因此为了实现与位流发送节点同步，接收节点必须移相。CAN 总线非破坏性仲裁规定，发送位流的总线节点必须能够收到同步于位流的 CAN 总线节点发送的显性位。

（3）相位缓冲段 1。重同步时可以暂时延长。

（4）相位缓冲段 2。重同步时可以暂时缩短。

同步跳转宽度应小于相位缓冲段。同步段、传播时间段、相位缓冲段 1 和相位缓冲段 2 的设定与 CAN 总线的同步和仲裁等信息有关，其主要思想是，要求各个节点在一定误差范围内保持同步。这里必须考虑各个节点时钟（振荡器）的误差和总线的长度带来的延迟（通常每米延迟 5.5ns）。正确设置 CAN 总线的各个时间段，是保证 CAN 总线良好工作的关键。

2. STM32 的 bxCAN

（1）bxCAN 的基本特征。STM32 的 bxCAN 是基本扩展 CAN（Basic Extended CAN）的缩写，其设计目标是以最小的 CPU 负荷来高效处理收到的大量报文。bxCAN 支持 CAN 协议 2.0A（11 位标识区）和 2.0B（29 位标识区），波特率最高可达 1Mbit/s，支持时间触发通信功能。它同样支持报文发送的优先级要求（优先级特性可软件配置），对于安全性要求高的应用，可提供所有支持时间触发通信模式所需的硬件功能。bxCAN 的主要特征如下。

① 支持 CAN 协议 2.0A 和 2.0B 主动模式，波特率最高可达 1Mbit/s，支持时间触发通信功能。

② 具有 3 个发送邮箱，发送报文的优先级特性可软件配置，并能记录发送 SOF 时刻的时间戳。

③ 具有 3 级深度的 2 个接收 FIFO，而且具有可变的过滤器组。在互联型产品中，CAN1 和 CAN2 分享 28 个过滤器组。其他 STM32 系列产品有 14 个过滤器组，FIFO 溢出处理方式可配置，并能记录接收 SOF 时刻的时间戳。

④ 可支持时间触发通信模式，禁止自动重传模式，具备 16 位自由运行定时器，定时器分辨率可配置，可以在最后 2 个数据字节发送时间戳。

⑤ 中断可屏蔽，邮箱占用 1 块单独的地址空间，便于提高软件效率。

⑥ 双 CAN：CAN1 为主 bxCAN，负责管理从 bxCAN 和 512 字节的 SRAM 存储器之间的通信；

CAN2 为从 bxCAN，不能直接访问 SRAM 存储器，这两个 bxCAN 模块共享 512 字节的 SRAM 存储器。

> 注意 在中容量和大容量产品中，USB 和 CAN 共享一个专用的 512 字节的 SRAM 存储器，用来进行数据的发送和接收，因此在实际操作中不能同时使用 USB 和 CAN（共享的 SRAM 存储器被 USB 和 CAN 模块互斥访问），即 USB 和 CAN 可以用于一个应用中，但不可以同时使用。

CAN 的相关寄存器说明如表 9.33 所示，关于这些寄存器的详细介绍可以自行参考《STM32F10x 中文参考手册》。

表 9.33　CAN 的相关寄存器说明

CAN 寄存器	功 能 描 述
主控制寄存器（CAN_MCR）	设定 CAN 相关工作模式
主状态寄存器（CAN_MSR）	反映 CAN 工作状态
接收 FIFO0 寄存器（CAN_RF0R）	接收 FIFO0 相关控制，并反映其状态和报文数目
接收 FIFO1 寄存器（CAN_RF1R）	接收 FIFO1 相关控制，并反映其状态和报文数目
中断使能寄存器（CAN_IER）	使能或失能 CAN 相关中断位
CAN 位时序寄存器（CAN_BTR）	设置时间单元

在当前的 CAN 应用中，其网络节点数正在不断增加，并且多个 CAN 常常通过网关连接起来，因此整个 CAN 网络中的报文数量（每个节点都需要处理）急剧增加。除了应用层报文，网络管理和诊断报文也被引入。报文包含了将要发送的完整数据信息，bxCAN 共有 3 个发送邮箱供软件来发送报文，发送协调器可根据优先级决定哪个邮箱的报文先发送，并且 bxCAN 可提供 28 或 14 个位宽可变/可配置的标识符过滤器组，通过对它们进行编程，在引脚接收到的报文中选择需要的报文，而把其他报文丢弃。STM32 的 bxCAN 具有 2 个接收 FIFO，每个 FIFO 都可以存放 3 个完整的报文。此外，接收 FIFO 允许 CPU 花很长时间处理应用层任务而不丢失报文。bxCAN 模块可以完全自动地接收和发送 CAN 报文，且完全支持标准标识符（11 位）和扩展标识符（29 位）。

（2）bxCAN 的工作模式。STM32F10x 的 bxCAN 有 3 个主要的工作模式，即初始化模式、正常模式和睡眠模式。

① 初始化模式。软件通过对 CAN_MCR 寄存器的 INRQ 位置 1 来请求 bxCAN 进入初始化模式，然后等待硬件对 CAN_MSR 寄存器的 INAK 位置 1 来确认。软件通过对 CAN_MCR 寄存器的 INRQ 位清 0 来请求 bxCAN 退出初始化模式，当硬件对 CAN_MSR 寄存器的 INAK 位清 0 时，就确认了初始化模式的退出。当 bxCAN 处于初始化模式时，报文的接收和发送都是被禁止的，并且 CANTX 引脚输出隐性位（高电平）。

② 正常模式。在初始化完成后，软件应该让硬件进入正常模式，以便正常接收和发送报文。软件可以通过对 CAN_MCR 寄存器的 INRQ 位进行清 0 来请求从初始化模式进入正常模式，然后等待硬件对 CAN_MSR 寄存器的 INAK 位置 1 来确认。在与 CAN 总线取得同步，即在 CANRX 引脚上监测到 11 个连续的隐性位（等效于总线空闲）后，bxCAN 才能正常接收和发送报文。过滤器初值的设置不需要在初始化模式下进行，但必须在它处在非激活状态下完成（相应的 FACT 位为 0）。而过滤器的位宽和模式

的设置则必须在初始化模式下，即在进入正常模式前完成。

③ 睡眠模式。在硬件复位后，bxCAN 工作在睡眠模式，以节省电能，同时 CANTX 引脚的内部上拉电阻被激活。软件通过对 CAN_MCR 寄存器的 SLEEP 位置 1 来请求进入睡眠模式。在该模式下，bxCAN 的时钟停止，但软件仍然可以访问邮箱寄存器。当 bxCAN 处于睡眠模式时，如果软件通过对 CAN_MCR 寄存器的 INRQ 位置 1 来进入初始化模式，那么必须同时对 SLEEP 位清 0。两种方式可以唤醒 bxCAN（退出睡眠模式），即通过软件对 SLEEP 位清 0 或硬件检测 CAN 总线的活动。

（3）bxCAN 的报文发送与接收。bxCAN 发送报文的流程如下。

① 应用程序选择 1 个空置的发送邮箱。

② 设置标识符、数据长度和待发送数据。

③ 通过 CAN_TIxR 寄存器的 TXRQ 位置 1 来请求发送，TXRQ 位置 1 后，邮箱就不再是空邮箱。

④ 一旦邮箱不再为空置，软件对邮箱寄存器就不再有写的权限，TXRQ 位置 1 后，邮箱马上进入挂号状态，并等待成为最高优先级的邮箱。一旦邮箱的优先级成为最高，其状态就变为预定发送状态。一旦 CAN 总线进入空闲状态，预定发送邮箱中的报文就马上发送，而且当邮箱中的报文成功发送后，该邮箱会马上变为空置。

⑤ 硬件相应地对 CAN_TSR 寄存器的 RQCP 位和 TXOK 位置 1，以表明一次成功发送。

⑥ 如果发送失败，由仲裁引起的失败会对 CAN_TSR 寄存器的 ALST 位置 1，而由发送错误引起的失败则会使 TERR 位置 1。

发送的优先级可以由标识符和发送请求次序决定，当有超过 1 个发送邮箱挂号，其发送顺序由邮箱中报文的标识符决定。根据 CAN 协议，标识符的值最低的报文具有最高优先级，如果标识符的值相等，那么邮箱号小的报文先发送。通过把 CAN_MCR 寄存器的 TXFP 位置 1，可以把发送邮箱配置为发送 FIFO，在该模式下，发送的优先级由发送请求次序决定，这在分段发送时很有用。

接收到的报文被存储在 3 级邮箱深度的 FIFO 中，FIFO 完全由硬件来管理，从而节省了 CPU 的处理负荷，简化了软件并保证了数据的一致性。应用程序只能通过读取 FIFO 输出邮箱来读取 FIFO 中最先收到的报文。根据 CAN 协议，只有当报文被正确接收（直到 EOF 域的最后一位都没有错误）且通过了标识符过滤，该报文才会被认为是有效报文。

一旦向 FIFO 存入一个报文，硬件就会更新 FMP[1:0]位，并且如果 CAN_IER 寄存器中的 FMPIE 位为 1，则会产生一个中断请求。当 FIFO 变满（第 3 个报文被存入）时，CAN_RFxR 寄存器的 FULL 位就被置 1，如果此时 CAN_IER 寄存器的 FFIE 位为 1，那么会产生一个满中断请求。在溢出的情况下，FOVR 位被置 1，并且如果此时 CAN_IER 寄存器的 FOVIE 位为 1，则会产生一个溢出中断请求。

在 bxCAN 的时间触发通信模式下，CAN 硬件的内部定时器被激活，并被用于产生时间戳，分别存储在 CAN_RDTxR 和 CAN_TDTxR 寄存器中。内部定时器在接收和发送的帧起始位的采样点位置被采样，并生成时间戳（标有时间的数据）。

（4）bxCAN 过滤器。

① bxCAN 的过滤器组。在 CAN 协议中，报文的标识符不代表节点的地址，而与报文的内容相关，

因此发送者以广播的形式把报文发送给所有接收者，节点在接收报文时，根据标识符的值决定软件是否需要该报文，如果需要，则该报文被复制到 SRAM 中；如果不需要，则该报文被丢弃且无须软件的干预。

为了满足这一需求，在 STM32 互联型产品中，bxCAN 控制器为应用程序提供了 28 个位宽可变/可配置的过滤器组，在其他产品中，bxCAN 控制器为应用程序提供了 14 个位宽可变/可配置的过滤器组，以便只接收软件需要的报文。每个过滤器组包含 2 个可配置的 32 位寄存器，即 CAN_FxR0 和 CAN_FxR1，通过硬件过滤可以大大节省 CPU 的开销。过滤器组可以配置成屏蔽位模式，此时在 CAN_FxR0 中保存的就是标识符匹配值，而在 CAN_FxR1 中保存的则是屏蔽码，如果 CAN_FxR1 中的某一位为 1，则 CAN_FxR0 中相应的位必须与收到的帧的标识符中的相应位吻合才能通过过滤器，而 CAN_FxR1 中为 0 的位表示 CAN_FxR0 中的相应位可不必与收到的帧进行匹配。过滤器组还可以配置成标识符列表模式，此时 CAN_FxR0 和 CAN_FxR1 中的都是要匹配的标识符，收到的帧的标识符必须与其中的一位吻合才能通过过滤器。

根据配置，每个过滤器组可以有 1、2 或 4 个过滤器。这些过滤器相当于关卡，当收到一条报文时，bxCAN 要先将收到的报文从这些过滤器上“过滤”一次，能通过的报文是有效报文，收进 FIFO 中，而不能通过的报文则是无效报文，会被直接丢弃。所有过滤器都是并联的，即报文只要通过了一个过滤器，就算是有效的。

每个过滤器组有两种工作模式，即标识符列表模式和标识符屏蔽位模式，在标识符列表模式下，收到报文的标识符必须与过滤器的值完全相等，才能通过；而在标识符屏蔽位模式下，可以指定标识符的某些位为某些值时就能通过，即能够限定标识符的通过范围。每个过滤器组有两个 32 位的寄存器，它们用于存储过滤用的标准值，分别是 FxR1 和 FxR2。

在同一组过滤器中，所有过滤器都使用同一种工作模式，每组过滤器中的过滤器宽度都是可变的，可以是 32 位或 16 位。根据工作模式和宽度，一个过滤器组可以变换为以下几种形式。

- 1 个 32 位的屏蔽位模式的过滤器。
- 2 个 32 位的列表模式的过滤器。
- 2 个 16 位的屏蔽位模式的过滤器。
- 4 个 16 位的列表模式的过滤器。

② bxCAN 的 FIFO。STM32F10x 的 bxCAN 有两个 FIFO，分别是 FIFO0 和 FIFO1。每个过滤器组必须关联且只能关联一个 FIFO，复位默认都关联到 FIFO0。所谓关联，是指假如收到的报文通过了某个过滤器，那么该报文会存到与该过滤器相关联的 FIFO 中，从另一个角度来说，每个 FIFO 都关联了一串过滤器组，两个 FIFO 刚好瓜分所有过滤器组。

当收到一个报文时，bxCAN 就将这个报文先与 FIFO0 关联的过滤器比较，如果匹配，则将此报文放入 FIFO0 中；如果不匹配，再将报文与 FIFO1 所关联的过滤器比较。如果匹配，则将此报文放入 FIFO1 中；如果仍然不匹配，则此报文就会被丢弃。每个 FIFO 的所有过滤器都是并联的，只要通过了其中任何一个过滤器，该报文就有效。如果一个报文既符合 FIFO0 的规定，又符合 FIFO1 的规定，则根据操作顺序，它只会放到 FIFO0 中。

对于每个 FIFO，只有激活了的过滤器才起作用，如果一个 FIFO 有 10 个过滤器，但是只激活了 5

个，那么当比较报文时，只使用这 5 个过滤器进行比较。一般要用到某个过滤器时，在初始化阶段就直接将它激活。

> 注意 每个 FIFO 必须至少激活一个过滤器，它才有可能收到报文，如果没有过滤器被激活，那么所有报文都会被丢弃。一般地，如果不想用复杂的过滤功能，FIFO 可以只激活一组过滤器组，且将它设置成 32 位的屏蔽位模式，两个标准值寄存器 FxR1 和 FxR2 都设置成 0，这样所有报文都可以通过。

③ bxCAN 过滤器的编号。在 STM32 的 bxCAN 中，通过过滤器编号加速 CPU 对收到报文的处理，当收到一个有效报文时，bxCAN 会将收到的报文和它所通过的过滤器编号一起存入接收邮箱中。当 CPU 处理报文时，可根据过滤器编号快速地知道该报文的用途，从而做出处理。当然，不用过滤器编号也是可以的，此时 CPU 可以分析收到报文的标识符，从而知道报文的用途，由于标识符所包含的信息较多，所以处理起来会相对慢一些。

STM32 使用以下规则对过滤器进行编号。

- FIFO0 和 FIFO1 过滤器分别独立编号，均从 0 开始按顺序进行编号。
- 对于所有关联同一个 FIFO 的过滤器，不管有没有被激活都统一进行编号。
- 编号从 0 开始，按过滤器组的顺序从小到大编号。
- 在同一过滤器组内，按寄存器进行编号，即 FxR1 配置的过滤器编号小，而 FxR2 配置的过滤器编号大。
- 在同一个寄存器内，按位序进行编号，即位[15:0]配置的过滤器编号小，而位[31:16]配置的过滤器编号大。
- 过滤器编号是弹性的，当更改了设置时，每个过滤器的编号都会改变，但是在设置不变的情况下，各个过滤器的编号是相对稳定的。

这样，每个过滤器在自己的 FIFO 中都有一个特定的编号。如果一个 FIFO 关联了很多过滤器，可能会有一条报文，在几个过滤器上均能通过，在这种情况下，STM32 在使用过滤器时，会按以下顺序进行过滤。

- 位宽为 32 位的过滤器优先级高于位宽为 16 位的过滤器。
- 对于位宽相同的过滤器，标识符列表模式的优先级高于标识符屏蔽位模式的优先级。
- 对于位宽和模式都相同的过滤器，优先级由过滤器号决定，过滤器号小的优先级高。

按照这样的顺序，报文能通过的第一个过滤器的编号就会与该报文一同被存入接收邮箱中。

9.3.2 CAN 相关库函数解析

CAN 的设计目标是以最小的 CPU 负荷来高效处理收到的大量报文，基于上一节的讲解可以知道，CAN 支持报文发送的优先级要求，而对于安全性应用，CAN 可以提供所有支持时间触发通信模式所需要的硬件功能。在实际应用中，采用相关库函数来实现这些功能。常用的 CAN 库函数如表 9.34 所示。

表 9.34　常用的 CAN 库函数

函 数 名	功 能 描 述
CAN_DeInit	将外设 CAN 的全部寄存器重设为默认值
CAN_Init	根据 CAN_InitStruct 中指定的参数初始化外设 CAN 的寄存器
CAN_FilterInit	根据 CAN_FilterInitStruct 中指定的参数初始化外设 CAN 的寄存器
CAN_StructInit	把 CAN_InitStruct 中的每个参数按默认值填入
CAN_ITConfig	使能或失能指定的 CAN 中断
CAN_Transmit	开始一个消息的传输
CAN_TransmitStatus	检查消息传输的状态
CAN_CancelTransmit	取消一个传输请求
CAN_FIFORelease	释放一个 FIFO
CAN_MessagePending	返回待处理信息的数量
CAN_Receive	接收一个消息
CAN_Sleep	使 CAN 进入低功耗模式
CAN_WakeUp	将 CAN 唤醒
CAN_GetFlagStatus	检查指定的 CAN 标志位设置与否
CAN_ClearFlag	清除 CAN 的待处理标志位
CAN_GetITStatus	检查指定的 CAN 中断是否发生
CAN_ClearITPendingBit	清除 CAN 的中断待处理位

下面简要介绍一些常用的 CAN 库函数。

1．CAN 初始化与使能类函数

（1）CAN_DeInit 函数：该函数将外设 CAN 的全部寄存器重设为默认值。

函数原型	void CAN_DeInit(CAN_TypeDef* CANx)			
功能描述	将外设 CAN 的全部寄存器重设为默认值			
输入参数	CANx：x 可以取值为 1 或 2，用来选择 CAN 外设			
输出参数	无	返回值	无	先决条件	无
被调用函数	RCC_APB1PeriphResetCmd()			

（2）CAN_Init 函数：该函数根据 CAN_InitStruct 中指定的参数初始化外设 CAN 的寄存器。

函数原型	uint8_t CAN_Init(CAN_TypeDef* CANx, CAN_InitTypeDef* CAN_InitStruct)				
功能描述	根据 CAN_InitStruct 中指定的参数初始化外设 CAN 的寄存器				
输入参数 1	CANx：x 可以取值为 1 或 2，用来选择 CAN 外设				
输入参数 2	CAN_InitStruct：指向结构体 CAN_InitTypeDef 的指针，包含外设 CANx 的配置信息				
输出参数	无	先决条件	无	被调用函数	无
返回值	指示 CAN 初始化成功与否的常量，即 CAN_InitStatus_Failed 或 CAN_InitStatus_Success				

CAN_InitTypeDef 结构体定义在 STM32 标准函数库文件中的 stm32f10x_can.h 头文件下，具体定义如下。

```
typedef struct
{
  uint16_t CAN_Prescaler;                 //设置时间单位的长度
  uint8_t CAN_Mode;                       //设置工作模式
  uint8_t CAN_SJW;                        //设定重新同步跳跃宽度
  uint8_t CAN_BS1;                        //时间段 1 的时间单位数目
  uint8_t CAN_BS2;                        //时间段 2 的时间单位数目
  FunctionalState CAN_TTCM;               //使能或失能时间触发通信模式
  FunctionalState CAN_ABOM;               //使能或失能自动离线管理
  FunctionalState CAN_AWUM;               //使能或失能自动唤醒模式
  FunctionalState CAN_NART;               //使能或失能非自动重传输模式
  FunctionalState CAN_RFLM;               //使能或失能接收 FIFO 锁定模式
  FunctionalState CAN_TXFP;               //使能或失能发送 FIFO 优先级
} CAN_InitTypeDef;
```

每个 CAN_InitTypeDef 结构体成员的功能和相应的取值如下。

① CAN_Prescaler。该成员用来设置时间单位的长度，其取值范围为 0～1024。

② CAN_Mode。该成员用来设置 CAN 的工作模式，其取值定义如表 9.35 所示。

表 9.35　CAN_Mode 取值定义

CAN_Mode 取值	功 能 描 述
CAN_Mode_Normal	CAN 硬件工作在正常模式
CAN_Mode_Silent	CAN 硬件工作在静默模式
CAN_Mode_LoopBack	CAN 硬件工作在环回模式
CAN_Mode_Silent_LoopBack	CAN 硬件工作在静默环回模式

③ CAN_SJW。该成员用来设定重新同步跳跃宽度（SJW），即允许 CAN 硬件延长或缩短每位，以执行重新同步的实践单位上限，其取值定义如表 9.36 所示。

表 9.36　CAN_SJW 取值定义

CAN_SJW 取值	功 能 描 述
CAN_SJW_1tq	重新同步跳跃宽度为 1 个时间单位
CAN_SJW_2tq	重新同步跳跃宽度为 2 个时间单位
CAN_SJW_3tq	重新同步跳跃宽度为 3 个时间单位
CAN_SJW_4tq	重新同步跳跃宽度为 4 个时间单位

④ CAN_BS1 和 CAN_BS2。CAN_BS1 用来设定时间段 1 的时间单位数目，可以选择为 CAN_BS1_xtq，其中 x 的取值范围为 1～16，用于选择时间单位数目；同样，CAN_BS2 用来设定时间段 2 的时间单位数目，可以选择为 CAN_BS2_xtq，其中 x 的取值范围为 1～16，用来选择时间单位数目。

⑤ CAN_TTCM。该成员用来使能或失能时间触发通信模式，可以取值为 ENABLE 或 DISABLE。

⑥ CAN_ABOM。该成员用来使能或失能自动离线管理，可以取值为 ENABLE 或 DISABLE。

⑦ CAN_AWUM。该成员用来使能或失能自动唤醒模式，可以取值为 ENABLE 或 DISABLE。

⑧ CAN_NART。该成员用来使能或失能非自动重传输模式，可以取值为 ENABLE 或 DISABLE。

⑨ CAN_RFLM 与 CAN_TXFP。CAN_RFLM 用来使能或失能接收 FIFO 锁定模式，可以取值为 ENABLE 或 DISABLE；CAN_TXFP 则用来使能或失能发送 FIFO 优先级，同样可以取值为 ENABLE 或 DISABLE。

例如，初始化 CAN1，设置时间单位长度为 200，工作在正常模式，重新同步跳跃宽度（SJW）为 1 个时间单位，时间段 1 为 9 个时间单位，时间段 2 为 8 个时间单位，接收 FIFO 锁定模式使能：

```
CAN_InitTypeDef CAN_InitStructure;                          //定义结构体
CAN_InitStructure.CAN_Prescaler = 200;                      //时间单位长度为 200
CAN_InitStructure.CAN_Mode = CAN_Mode_Normal;               //工作在正常模式
CAN_InitStructure.CAN_SJW = CAN_SJW_1tq;                    //SJW 为 1 个时间单位
CAN_InitStructure.CAN_BS1 = CAN_BS1_9tq;                    //时间段 1 为 9 个时间单位
CAN_InitStructure.CAN_BS2 = CAN_BS2_8tq;                    //时间段 2 为 8 个时间单位
CAN_InitStructure.CAN_TTCM = DISABLE;                       //时间触发通信模式失能
CAN_InitStructure.CAN_ABOM = DISABLE;                       //自动离线管理失能
CAN_InitStructure.CAN_AWUM = DISABLE;                       //自动唤醒模式失能
CAN_InitStructure.CAN_NART = DISABLE;                       //非自动重传输模式失能
CAN_InitStructure.CAN_RFLM = ENABLE;                        //接收 FIFO 锁定模式使能
CAN_InitStructure.CAN_TXFP = DISABLE;                       //发送 FIFO 优先级失能
CAN_Init(&CAN_InitStructure);                               //初始化 CAN1
```

（3）CAN_FilterInit 函数：该函数根据 CAN_FilterInitStruct 中指定的参数初始化外设 CAN 的寄存器。

函数原型	void CAN_FilterInit(CAN_FilterInitTypeDef* CAN_FilterInitStruct)						
功能描述	根据 CAN_FilterInitStruct 中指定的参数初始化外设 CAN 的寄存器						
输入参数	CAN_FilterInitStruct：指向结构体 CAN_FilterInitTypeDef 的指针，包含外设 CAN 的配置信息						
输出参数	无	返回值	无	先决条件	无	被调用函数	无

CAN_FilterInitTypeDef 结构体也定义在 STM32 标准函数库文件中的 stm32f10x_can.h 头文件下，具体定义如下。

```
typedef struct
{
  uint16_t CAN_FilterIdHigh;                      //设定滤波器标识符
  uint16_t CAN_FilterIdLow;                       //设定滤波器标识符
  uint16_t CAN_FilterMaskIdHigh;                  //设定滤波器屏蔽标识符或滤波器标识符
  uint16_t CAN_FilterMaskIdLow;                   //设定滤波器屏蔽标识符或滤波器标识符
  uint16_t CAN_FilterFIFOAssignment;              //设定指向滤波器的 FIFO
  uint8_t CAN_FilterNumber;                       //指定待初始化的滤波器
  uint8_t CAN_FilterMode;                         //设定滤波器将被初始化到的模式
  uint8_t CAN_FilterScale;                        //设置滤波器位宽
  FunctionalState CAN_FilterActivation;           //使能或失能滤波器
} CAN_FilterInitTypeDef;
```

每个 CAN_FilterInitTypeDef 结构体成员的功能和相应的取值如下。

① CAN_FilterIdHigh。该成员用来设定滤波器标识符（32 位位宽时为其高段位，16 位位宽时为第

一个），其取值范围为 0x0000～0xFFFF。

② CAN_FilterIdLow。该成员用来设定滤波器标识符（32 位位宽时为其低段位，16 位位宽时为第二个），其取值范围为 0x0000～0xFFFF。

③ CAN_FilterMaskIdHigh。该成员用来设定滤波器屏蔽标识符或滤波器标识符（32 位位宽时为其高段位，16 位位宽时为第一个），其取值范围为 0x0000～0xFFFF。

④ CAN_FilterMaskIdLow。该成员用来设定滤波器屏蔽标识符或滤波器标识符（32 位位宽时为其低段位，16 位位宽时为第二个），其取值范围为 0x0000～0xFFFF。

⑤ CAN_FilterFIFOAssignment。该成员用来设定指向滤波器的 FIFO（0 或 1），其取值定义如表 9.37 所示。

表 9.37　CAN_FilterFIFOAssignment 取值定义

CAN_FilterFIFOAssignment 取值	功 能 描 述
CAN_Filter_FIFO0	FIFO0 指向滤波器 x
CAN_Filter_FIFO1	FIFO1 指向滤波器 x

⑥ CAN_FilterNumber。该成员用来指定待初始化的滤波器，其取值范围为 1～13。

⑦ CAN_FilterMode。该成员用来设定滤波器将被初始化到的模式，其取值定义如表 9.38 所示。

表 9.38　CAN_FilterMode 取值定义

CAN_FilterMode 取值	功 能 描 述
CAN_FilterMode_IdMask	标识符屏蔽位模式
CAN_FilterMode_IdList	标识符列表模式

⑧ CAN_FilterScale。该成员用来设置滤波器位宽，其取值定义如表 9.39 所示。

表 9.39　CAN_FilterScale 取值定义

CAN_FilterScale 取值	功 能 描 述
CAN_FilterScale_Two16bit	2 个 16 位滤波器
CAN_FilterScale_One32bit	1 个 32 位滤波器

⑨ CAN_FilterActivation。该成员用来使能或失能滤波器，可以取值为 ENABLE 或 DISABLE。

例如，配置 CAN 滤波器 2，工作在标识符屏蔽位模式，FIFO0 指向滤波器 2，滤波器位宽设置为 1 个 32 位滤波器：

```
CAN_FilterInitTypeDer CAN_FilterInitStructure;                //定义结构体
CAN_FilteriniLStructure.CAN_FilterIdHigh = OxOFOF;
CAN_FilterInitStructure.CAN_FilterIdLow = OxFOFO;
CAN_FilterInitStructure.CAN_FilterMaskIdHigh = OxFFOO;
CAN_FilterInitStructure.CAN_FilterMaskIdLow = OxOOFF;
CAN_FilterInitStructure.CAN_FilterFIFO = CAN_FilterFIFO0;    //FIFO0 指向滤波器 2
CAN_FilterInitStructure.CAN_FilterNumber = 2;                 //选定滤波器 2
```

```
CAN_FilterInitStructure.CAN_FilterMode = CAN_FilterMode_IdMask;//标识符屏蔽位模式
//选定 1 个 32 位滤波器
CAN_FilLerInitStructure.CAN_FilterScale = CAN_FilterScale_One32bit;
CAN_FilterInitStructure.CAN_FilterActivation = ENABLE;      //使能滤波器
CAN_FilterInit(&CAN_InitStructure);                         //初始化滤波器 2
```

（4）CAN_StructInit 函数：该函数把 CAN_InitStruct 中的每个参数按默认值填入。

函数原型	void CAN_StructInit(CAN_InitTypeDef* CAN_InitStruct)						
功能描述	把 CAN_InitStruct 中的每个参数按默认值填入						
输入参数	CAN_InitStruct：指向结构体 CAN_InitTypeDef 的指针，待初始化，其成员默认值如表 9.40 所示						
输出参数	无	返回值	无	先决条件	无	被调用函数	无

表 9.40　CAN_InitStruct 成员默认值

成　员	默 认 值	成　员	默 认 值
CAN_Prescaler	1	CAN_Mode	CAN_Mode_Normal
CAN_SJW	CAN_SJW_1tq	CAN_BS1	CAN_BS1_4tq
CAN_BS2	CAN_BS2_3tq	CAN_TTCM	DISABLE
CAN_ABOM	DISABLE	CAN_AWUM	DISABLE
CAN_NART	DISABLE	CAN_RFLM	DISABLE
CAN_TXFP	DISABLE		

2. CAN 传输类函数

（1）CAN_Transmit 函数：该函数开始一个消息的传输。

函数原型	uint8_t CAN_Transmit(CAN_TypeDef* CANx, CanTxMsg* TxMessage)		
功能描述	开始一个消息的传输		
输入参数 1	CANx：x 可以取值为 1 或 2，用来选择 CAN 外设		
输入参数 2	TxMessage：指向某结构体的指针，该结构包含 CAN id、CAN DLC 和 CAN data		
输出参数	无	返回值	所使用邮箱的号码，如果没有空邮箱，则返回 CAN_NO_MB
先决条件	无	被调用函数	无

CanTxMsg 结构体定义在 STM32 标准函数库文件中的 stm32f10x_can.h 头文件下，具体定义如下。

```
typedef struct
{
  uint32_t StdId;                          //设定标准标识符
  uint32_t ExtId;                          //设定扩展标识符
  uint8_t IDE;                             //设定消息标识符的类型
  uint8_t RTR;                             //设定待传输消息的帧类型
  uint8_t DLC;                             //设定待传输消息的帧长度
  uint8_t Data[8];                         //包含待传输数据
} CanTxMsg;
```

每个 CanTxMsg 结构体成员的功能和相应的取值如下。

① StdId。该成员用来设定标准标识符，其取值范围为 0x0～0x7FF。

② ExtId。该成员用来设定扩展标识符，其取值范围为 0x0～0x1FFFFFFF。

③ IDE。该成员用来设定消息标识符的类型，其取值定义如表 9.41 所示。

表 9.41　IDE 取值定义

IDE 取值	功 能 描 述
CAN_ID_STD	使用标准标识符
CAN_ID_EXT	使用标准标识符 + 扩展标识符

④ RTR。该成员用来设定待传输消息的帧类型，可以选择为 CAN_RTR_DATA（数据帧）或 CAN_RTR_REMOTE（远程帧）。

⑤ DLC。该成员用来设定待传输消息的帧长度，其取值范围为 0～8。

⑥ Data[8]。该成员包含待传输数据，其取值范围为 0x0～0xFF。

例如，使用 CAN 发送数据：

```
CanTxMsg TxMessage;                                          //定义结构体
TxMessage.StdId = 0x1F;
TxMessage.ExtId = 0x00;
TxMessage.IDE = CAN_ID_STD;                                  //使用标准标识符
TxMessage.RTR = CAN_RTR_DATA;                                //待传输消息为数据帧
TxMessage.DLC = 2;
TxMessage.Data[0] = 0xA5;
TxMessage.Data[1] = 0x47;
CAN_Transmit(&TxMessage);
```

（2）CAN_TransmitStatus 函数：该函数检查消息传输的状态。

函数原型	uint8_t CAN_TransmitStatus(CAN_TypeDef* CANx, uint8_t TransmitMailbox)				
功能描述	检查消息传输的状态				
输入参数 1	CANx：x 可以取值为 1 或 2，用来选择 CAN 外设				
输入参数 2	TransmitMailbox：用来传输的邮箱号码				
输出参数	无	先决条件	无	被调用函数	无
返回值	指示 CAN 驱动消息传输成功与否的常量，即 CAN_TxStatus_Ok 或 CAN_TxStatus_Failed				

（3）CAN_CancelTransmit 函数：该函数取消一个传输请求。

函数原型	void CAN_CancelTransmit(CAN_TypeDef* CANx, uint8_t Mailbox)						
功能描述	取消一个传输请求						
输入参数 1	CANx：x 可以取值为 1 或 2，用来选择 CAN 外设						
输入参数 2	Mailbox：邮箱号码						
输出参数	无	返回值	无	先决条件	无	被调用函数	无

（4）CAN_FIFORelease 函数：该函数释放一个 FIFO。

函数原型	void CAN_FIFORelease(CAN_TypeDef* CANx, uint8_t FIFONumber)
功能描述	释放一个 FIFO

<table>
<tr><td>输入参数 1</td><td colspan="7">CANx：x 可以取值为 1 或 2，用来选择 CAN 外设</td></tr>
<tr><td>输入参数 2</td><td colspan="7">FIFONumber：待释放的 FIFO，可取值为 CAN_FIFO0 或 CAN_FIFO1</td></tr>
<tr><td>输出参数</td><td>无</td><td>返回值</td><td>无</td><td>先决条件</td><td>无</td><td>被调用函数</td><td>无</td></tr>
</table>

（5）CAN_MessagePending 函数：该函数返回待处理信息的数量。

<table>
<tr><td>函数原型</td><td colspan="7">uint8_t CAN_MessagePending(CAN_TypeDef* CANx, uint8_t FIFONumber)</td></tr>
<tr><td>功能描述</td><td colspan="7">返回待处理信息的数量</td></tr>
<tr><td>输入参数 1</td><td colspan="7">CANx：x 可以取值为 1 或 2，用来选择 CAN 外设</td></tr>
<tr><td>输入参数 2</td><td colspan="7">FIFONumber：接收 FIFO 编号，可取值为 CAN_FIFO0 或 CAN_FIFO1</td></tr>
<tr><td>输出参数</td><td>无</td><td>返回值</td><td>待处理信息的数量</td><td>先决条件</td><td>无</td><td>被调用函数</td><td>无</td></tr>
</table>

（6）CAN_Receive 函数：该函数接收一个消息。

<table>
<tr><td>函数原型</td><td colspan="7">void CAN_Receive(CAN_TypeDef* CANx, uint8_t FIFONumber, CanRxMsg* RxMessage)</td></tr>
<tr><td>功能描述</td><td colspan="7">接收一个消息</td></tr>
<tr><td>输入参数 1</td><td colspan="7">CANx：x 可以取值为 1 或 2，用来选择 CAN 外设</td></tr>
<tr><td>输入参数 2</td><td colspan="7">FIFONumber：接收 FIFO 编号，可取值为 CAN_FIFO0 或 CAN_FIFO1</td></tr>
<tr><td>输入参数 2</td><td colspan="7">RxMessage：指向某结构体的指针，该结构包含 CAN id、CAN DLC 和 CAN data</td></tr>
<tr><td>输出参数</td><td>无</td><td>返回值</td><td>无</td><td>先决条件</td><td>无</td><td>被调用函数</td><td>无</td></tr>
</table>

CanRxMsg 结构体定义在标准库文件中的 stm32f10x_can.h 头文件下，具体定义如下。

```
typedef struct
{
  uint32_t StdId;                              //设定标准标识符
  uint32_t ExtId;                              //设定扩展标识符
  uint8_t IDE;                                 //设定消息标识符的类型
  uint8_t RTR;                                 //设定待传输消息的帧类型
  uint8_t DLC;                                 //设定待传输消息的帧长度
  uint8_t Data[8];                             //包含待传输数据
} CanRxMsg;
```

CanRxMsg 结构体中的成员的功能和相应取值与 CanTxMsg 结构体中的成员的功能相同，这里不再详述。

（7）CAN_Sleep 函数：该函数使 CAN 进入低功耗模式。

<table>
<tr><td>函数原型：</td><td colspan="6">uint8_t CAN_Sleep(CAN_TypeDef* CANx)</td></tr>
<tr><td>功能描述：</td><td colspan="6">使 CAN 进入低功耗模式</td></tr>
<tr><td>输入参数：</td><td colspan="6">CANx：x 可以取值为 1 或 2，用来选择 CAN 外设</td></tr>
<tr><td>输出参数</td><td>无</td><td>先决条件</td><td>无</td><td>被调用函数</td><td colspan="2">无</td></tr>
<tr><td>返回值</td><td colspan="6">指示 CAN 是否进入低功耗模式的常量，即 CAN_Sleep_Ok 或 CAN_Sleep_Failed</td></tr>
</table>

（8）CAN_WakeUp 函数：该函数将 CAN 唤醒。

函数原型	uint8_t CAN_WakeUp(CAN_TypeDef* CANx)

功能描述	将 CAN 唤醒				
输入参数	CANx：x 可以取值为 1 或 2，用来选择 CAN 外设				
输出参数	无	先决条件	无	被调用函数	无
返回值	指示 CAN 是否被唤醒的常量，即 CAN_WakeUp_Ok 或 CAN_WakeUp_Failed				

3. CAN 标志与中断类函数

（1）CAN_GetFlagStatus 函数：该函数检查指定的 CAN 标志位设置与否。

函数原型	FlagStatus CAN_GetFlagStatus(CAN_TypeDef* CANx, uint32_t CAN_FLAG)		
功能描述	检查指定的 CAN 标志位设置与否		
输入参数 1	CANx：x 可以取值为 1 或 2，用来选择 CAN 外设		
输入参数 2	CAN_FLAG：待检查的 CAN 标志位，其取值定义 1 如表 9.42 所示		
输出参数	无	返回值	指定 CAN 标志位的新状态（可取 SET 或 RESET）
先决条件	无	被调用函数	无

表 9.42　CAN_FLAG 取值定义 1

CAN_FLAG 取值	功 能 描 述	CAN_FLAG 取值	功 能 描 述
CAN_FLAG_EWG	错误警告标志位	CAN_FLAG_FOV0	FIFO0 溢出标志位
CAN_FLAG_EPV	错误被动标志位	CAN_FLAG_FOV1	FIFO1 溢出标志位
CAN_FLAG_BOF	离线标志位	CAN_FLAG_FF0	FIFO0 满标志位
CAN_FLAG_RQCP0	邮箱 1 请求完成标志位	CAN_FLAG_FF1	FIFO1 满标志位
CAN_FLAG_RQCP1	邮箱 2 请求完成标志位	CAN_FLAG_WKU	唤醒标志位
CAN_FLAG_RQCP2	邮箱 3 请求完成标志位	CAN_FLAG_SLAK	低功耗模式标志位
CAN_FLAG_FMP0	FIFO0 消息挂起标志位	CAN_FLAG_LEC	上一个错误代码标志位
CAN_FLAG_FMP1	FIFO1 消息挂起标志位		

（2）CAN_ClearFlag 函数：该函数清除 CAN 的待处理标志位。

函数原型	void CAN_ClearFlag(CAN_TypeDef* CANx, uint32_t CAN_FLAG)						
功能描述	清除 CAN 的待处理标志位						
输入参数 1	CANx：x 可以取值为 1 或 2，用来选择 CAN 外设						
输入参数 2	CAN_FLAG：待检查的 CAN 标志位，其取值定义 2 如表 9.43 所示						
输出参数	无	返回值	无	先决条件	无	被调用函数	无

表 9.43　CAN_FLAG 取值定义 2

CAN_FLAG 取值	功 能 描 述	CAN_FLAG 取值	功 能 描 述
CAN_FLAG_RQCP0	邮箱 1 请求完成标志位	CAN_FLAG_FF0	FIFO0 满标志位
CAN_FLAG_RQCP1	邮箱 2 请求完成标志位	CAN_FLAG_FF1	FIFO1 满标志位
CAN_FLAG_RQCP2	邮箱 3 请求完成标志位	CAN_FLAG_WKU	唤醒标志位
CAN_FLAG_FOV0	FIFO0 溢出标志位	CAN_FLAG_SLAK	低功耗模式标志位
CAN_FLAG_FOV1	FIFO1 溢出标志位	CAN_FLAG_LEC	上一个错误代码标志位

（3）CAN_ITConfig 函数：该函数使能或失能指定的 CAN 中断。

函数原型	void CAN_ITConfig(CAN_TypeDef* CANx, uint32_t CAN_IT, FunctionalState NewState)						
功能描述	使能或失能指定的 CAN 中断						
输入参数 1	CANx：x 可以取值为 1 或 2，用来选择 CAN 外设						
输入参数 2	CAN_IT：待使能或失能的 CAN 中断源，其取值定义 1 如表 9.44 所示						
输入参数 3	NewState：CAN 中断的新状态（可取 ENABLE 或 DISABLE）						
输出参数	无	返回值	无	先决条件	无	被调用函数	无

表 9.44　CAN_IT 取值定义 1

CAN_IT 取值	功 能 描 述	CAN_IT 取值	功 能 描 述
CAN_IT_EWG	错误警告中断屏蔽	CAN_IT_EPV	错误被动中断屏蔽
CAN_IT_TME	传输邮箱空中断屏蔽	CAN_IT_ERR	错误中断屏蔽
CAN_IT_FMP0	FIFO0 消息挂起中断屏蔽	CAN_IT_FMP1	FIFO1 消息挂起中断屏蔽
CAN_IT_FOV0	FIFO0 溢出中断屏蔽	CAN_IT_FOV1	FIFO1 溢出中断屏蔽
CAN_IT_FF0	FIFO0 满中断屏蔽	CAN_IT_FF1	FIFO1 满中断屏蔽
CAN_IT_WKU	唤醒中断屏蔽	CAN_IT_SLK	低功耗模式中断屏蔽
CAN_IT_LEC	上一个错误代码中断屏蔽		

（4）CAN_GetITStatus 函数：该函数检查指定的 CAN 中断是否发生。

函数原型	ITStatus CAN_GetITStatus(CAN_TypeDef* CANx, uint32_t CAN_IT)		
功能描述	检查指定的 CAN 中断是否发生		
输入参数 1	CANx：x 可以取值为 1 或 2，用来选择 CAN 外设		
输入参数 2	CAN_IT：待检查的 CAN 中断源，其取值定义 2 如表 9.45 所示		
输出参数	无	返回值	指定 CAN 中断源的新状态（可取 SET 或 RESET）
先决条件	无	被调用函数	无

表 9.45　CAN_IT 取值定义 2

CAN_IT 取值	功 能 描 述	CAN_IT 取值	功 能 描 述
CAN_IT_EWG	错误警告中断屏蔽	CAN_IT_EPV	错误被动中断屏蔽
CAN_IT_TME	传输邮箱空中断屏蔽	CAN_IT_BOF	离线中断屏蔽
CAN_IT_FMP0	FIFO0 消息挂起中断屏蔽	CAN_IT_FMP1	FIFO1 消息挂起中断屏蔽
CAN_IT_FOV0	FIFO0 溢出中断屏蔽	CAN_IT_FOV1	FIFO1 溢出中断屏蔽
CAN_IT_FF0	FIFO0 满中断屏蔽	CAN_IT_FF1	FIFO1 满中断屏蔽
CAN_IT_WKU	唤醒中断屏蔽	CAN_IT_SLK	低功耗模式中断屏蔽
CAN_IT_LEC	上一个错误代码中断屏蔽	CAN_IT_ERR	错误中断屏蔽

（5）CAN_ClearITPendingBit 函数：该函数清除 CAN 的中断待处理位。

函数原型	void CAN_ClearFlag(CAN_TypeDef* CANx, uint32_t CAN_FLAG)
功能描述	清除 CAN 的中断待处理位

输入参数 1	CANx：x 可以取值为 1 或 2，用来选择 CAN 外设						
输入参数 2	CAN_IT：待清除的 CAN 中断源，其取值定义 3 如表 9.46 所示						
输出参数	无	返回值	无	先决条件	无	被调用函数	无

表 9.46 CAN_IT 取值定义 3

CAN_IT 取值	功 能 描 述	CAN_IT 取值	功 能 描 述
CAN_IT_EWG	错误警告中断屏蔽	CAN_IT_EPV	错误被动中断屏蔽
CAN_IT_TME	传输邮箱空中断屏蔽	CAN_IT_BOF	离线中断屏蔽
CAN_IT_FOV0	FIFO0 溢出中断屏蔽	CAN_IT_FOV1	FIFO1 溢出中断屏蔽
CAN_IT_FF0	FIFO0 满中断屏蔽	CAN_IT_FF1	FIFO1 满中断屏蔽
CAN_IT_WKU	唤醒中断屏蔽	CAN_IT_SLK	低功耗模式中断屏蔽
CAN_IT_LEC	上一个错误代码中断屏蔽	CAN_IT_ERR	错误中断屏蔽

9.3.3 CAN 总线通信编程实现

近年来，CAN 总线的高性能已被认同，并被广泛地应用于工业自动化、船舶、医疗设备、工业设备等领域。CAN 总线是当今自动化领域技术发展的热点之一，被誉为自动化领域的计算机局域网。它的出现为分布式控制系统实现各节点之间实时、可靠的数据通信提供了强有力的技术支持。通过前两节的讲解，我们已经对 CAN 寄存器有了较为全面的了解，这里再做一个简要的介绍，以便后面的系统设计分析。

CAN 寄存器根据两根线上的电位差来判断总线电平，总线电平分为显性电平和隐性电平，发送方通过使总线电平发生变化，将消息发送给接收方。CAN 协议具有多主控制、系统的柔性强、通信速率较快且通信距离远、连接节点多等特点，并具有错误检测、错误通知、错误恢复和故障封闭等功能。CAN 协议的这些特点使得 CAN 总线特别适合工业过程监控设备的互连，因此，越来越受到工业界的重视，并已公认为最有前途的现场总线之一。

CAN 协议经过 ISO 标准化后有两个标准：ISO11898 标准和 ISO11519-2 标准。其中 ISO11898 是针对通信速率为 125Kbps～1Mbps 的高速通信标准，而 ISO11519-2 是针对通信速率为 125Kbps 以下的低速通信标准。本节使用的是 450Kbps 的通信速率，属于 ISO11898 标准，其物理层特性如图 9.10 所示。

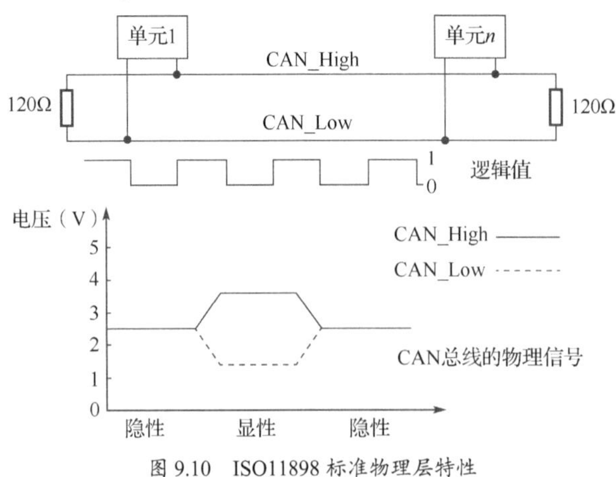

图 9.10 ISO11898 标准物理层特性

从图 9.10 可以看出，显性电平对应逻辑 0，CAN_High 和 CAN_Low 之差约为 2.5V；而隐性电平对应逻辑 1，CAN_High 和 CAN_Low 之差为 0V。在总线上显性电平具有优先权，只要有一个单元输出显性电平，总线上就为显性电平。只有所有单元都输出隐性电平，总线上才为隐性电平（显性电平比隐性电平更强）。另外，在 CAN 总线的起止端各有一个 120Ω 的终端电阻，它们用作阻抗匹配，从而减少回波反射。

CAN 协议是通过数据帧、遥控帧、错误帧、过载帧和间隔帧五种类型的帧进行的。另外，数据帧和遥控帧有标准格式和扩展格式两种，标准格式有 11 位的标识符，扩展格式有 29 位的标识符。各种帧及其功能描述如表 9.47 所示。

表 9.47　各种帧及其功能描述

帧 类 型	功 能 描 述
数据帧	用于发送单元向接收单元传送数据的帧
遥控帧	用于接收单元向具有相同标识符的发送单元请求数据的帧
错误帧	用于当检测出错误时向其他单元通知错误的帧
过载帧	用于接收单元通知其尚未做好接收准备的帧
间隔帧	用于将数据帧和遥控帧与前面的帧分离开来的帧

关于 CAD 协议的知识就介绍到这里，STM32 微控制器自带的是 bxCAN，即基本扩展 CAN，它支持 CAN 协议 2.0A 和 2.0B，它的设计目标是以最小的 CPU 负荷来高效处理收到的大量报文。CAN 总线的功能、操作与库函数相关知识在前两节已经进行了较为深入的讲解，想要了解更详细的内容，读者可以自行查阅《STM32F10x 中文参考手册》。

本节通过 KEY1 按键选择 CAN 工作模式（正常模式/环回模式），然后通过 KEY0 控制数据发送，并通过查询的方法，将接收到的数据显示在 LCD 模块上。如果 CAN 工作模式是环回模式，仅需要 1 个核心板；而如果 CAN 工作模式是正常模式，则需要 2 个核心板，其中一个核心板通过 CAN 总线发送数据，另一个核心板将接收到的数据显示在 LCD 模块上。CAN 总线的初始化配置的主要步骤如下。

（1）使能 CAN 时钟，配置相关引脚的复用功能，这里需要设置 PA11（CAN_RX 引脚）为上拉输入，PA12（CAN_TX 引脚）为复用输出。

（2）设置 CAN 工作模式和波特率等，具体内容见 9.3.2 节。

（3）设置滤波器。

（4）设置发送与接收消息。

（5）获取 CAN 状态。

本例程需要用到的硬件有 KEY0、KEY1、LED0 和 TFTLCD，参照前面的例程，这些硬件的连接方案不需要进行任何更改，相关配置程序也不需要进行改动。本例程还需要用到 CAN 收发芯片 JTA1050，JTA1050 芯片的硬件连接如图 9.11 所示，其中 R 引脚（CAN_RX 引脚）与微控制器的 PA11 引脚连接，而 D 引脚（CAN_TX 引脚）与 PA12 引脚连接。用两根导线将两个核心板上的 CAN_L 和 CAN_L、CAN_H 和 CAN_H 分别连接起来。

> 注意 一定不要接反了，如果将 CAN_L 接到了 CAN_H 上，则会导致通信异常。

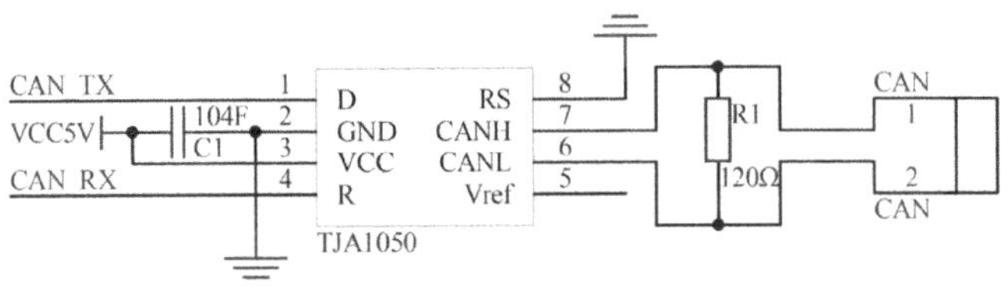

图 9.11　JTA1050 芯片的硬件连接图

本例程同样可以在上一节“SPI 读/写串行 FLASH”例程中程序代码的基础上进行修改，也可以把这次用不到的 SPI 和 W25Q128 配置程序删掉。首先打开 Project 文件夹，将其中的文件名更改为 CAN.uvprojx，然后双击打开，新建一个文件 can.c，用于编写 CAN 相关配置程序代码，并保存在 Hardware\CAN 文件夹中，程序代码如下。

```
#include "can.h"
#include "led.h"
#include "delay.h"
#include "usart.h"

/*****************************************************************
**函 数 名：Can_Mode_Init
**功能描述：CAN 初始化
**输入参数：tsjw，重新同步跳跃时间单元，范围为 CAN_SJW_1tq~ CAN_SJW_4tq
          tbs2，时间段 2 的时间单元，范围为 CAN_BS2_1tq~CAN_BS2_8tq
          tbs1，时间段 1 的时间单元，范围为 CAN_BS1_1tq ~CAN_BS1_16tq
          brp，波特率分频器，范围为 1~1024；  tq=(brp)*tpclk1
          mode，CAN_Mode_Normale 普通模式、CAN_Mode_LoopBack 环回模式
**输出参数：0——初始化成功、其他——初始化失败
**说    明：波特率 = Fpclk1/((tbs1+1+tbs2+1+1)*****
          Fpclk1 的时钟在初始化的时候设置为 36MHz
          如果设置 Can_Mode_Init(CAN_SJW_1tq,CAN_BS2_8tq,CAN_BS1_9tq,4,CAN_
          Mode_LoopBack);则波特率为 36MHz/((8+9+1)*4)=500Kbps
*****************************************************************/
uint8_t Can_Mode_Init(uint8_t tsjw,uint8_t tbs2,uint8_t tbs1,uint16_t
brp,uint8_t mode)
{
    GPIO_InitTypeDef          GPIO_InitStructure;
    CAN_InitTypeDef           CAN_InitStructure;
    CAN_FilterInitTypeDef     CAN_FilterInitStructure;

#if CAN_RX0_INT_ENABLE
    NVIC_InitTypeDef          NVIC_InitStructure;
#endif

    RCC_APB2PeriphClockCmd(RCC_APB2Periph_GPIOA, ENABLE);  //使能 PORTA 时钟
    RCC_APB1PeriphClockCmd(RCC_APB1Periph_CAN1, ENABLE);   //使能 CAN1 时钟
```

```
    GPIO_InitStructure.GPIO_Pin = GPIO_Pin_12;
    GPIO_InitStructure.GPIO_Speed = GPIO_Speed_50MHz;
    GPIO_InitStructure.GPIO_Mode = GPIO_Mode_AF_PP;//复用推挽
    GPIO_Init(GPIOA, &GPIO_InitStructure);          //初始化 I/O 端口
    GPIO_InitStructure.GPIO_Pin = GPIO_Pin_11;
    GPIO_InitStructure.GPIO_Mode = GPIO_Mode_IPU;  //上拉输入
    GPIO_Init(GPIOA, &GPIO_InitStructure);          //初始化 I/O 端口
    //CAN 单元设置
    CAN_InitStructure.CAN_TTCM=DISABLE;             //非时间触发通信模式
    CAN_InitStructure.CAN_ABOM=DISABLE;             //软件自动离线管理
    //睡眠模式通过软件唤醒(清除 CAN->MCR 的 SLEEP 位)
    CAN_InitStructure.CAN_AWUM=DISABLE;
    CAN_InitStructure.CAN_NART=ENABLE;              //禁止报文自动传送
    CAN_InitStructure.CAN_RFLM=DISABLE;             //报文不锁定，新的覆盖旧的
    CAN_InitStructure.CAN_TXFP=DISABLE;             //优先级由报文标识符决定
    CAN_InitStructure.CAN_Mode= mode;   //模式设置，mode:0 普通模式；1 环回模式
    //设置波特率
    CAN_InitStructure.CAN_SJW=tsjw;  //重新同步跳跃宽度(Tsjw)为 tsjw+1 个时间单位
    //Tbs1=tbs1+1 个时间单位 CAN_BS1_1tq ～CAN_BS1_16tq
    CAN_InitStructure.CAN_BS1=tbs1;
    //Tbs2=tbs2+1 个时间单位 CAN_BS2_1tq ～CAN_BS2_8tq
    CAN_InitStructure.CAN_BS2=tbs2;
    CAN_InitStructure.CAN_Prescaler=brp;            //分频系数(Fdiv)为 brp+1
    CAN_Init(CAN1, &CAN_InitStructure);             //初始化 CAN1
    CAN_FilterInitStructure.CAN_FilterNumber=0;     //过滤器 0
    CAN_FilterInitStructure.CAN_FilterMode=CAN_FilterMode_IdMask;//屏蔽位模式
    CAN_FilterInitStructure.CAN_FilterScale=CAN_FilterScale_32bit;//32 位宽
    CAN_FilterInitStructure.CAN_FilterIdHigh=0x0000;//32 位 ID
    CAN_FilterInitStructure.CAN_FilterIdLow=0x0000;
    CAN_FilterInitStructure.CAN_FilterMaskIdHigh=0x0000;//32 位 MASK
    CAN_FilterInitStructure.CAN_FilterMaskIdLow=0x0000;
    //过滤器 0 关联到 FIFO0
    CAN_FilterInitStructure.CAN_FilterFIFOAssignment=CAN_Filter_FIFO0;
    CAN_FilterInitStructure.CAN_FilterActivation=ENABLE;//激活过滤器 0
    CAN_FilterInit(&CAN_FilterInitStructure);       //滤波器初始化

#if CAN_RX0_INT_ENABLE
    CAN_ITConfig(CAN1,CAN_IT_FMP0,ENABLE);          //FIFO0 消息挂号中断允许
    NVIC_InitStructure.NVIC_IRQChannel = USB_LP_CAN1_RX0_IRQn;
    NVIC_InitStructure.NVIC_IRQChannelPreemptionPriority = 1;//主优先级为 1
    NVIC_InitStructure.NVIC_IRQChannelSubPriority = 0;//次优先级为 0
    NVIC_InitStructure.NVIC_IRQChannelCmd = ENABLE;
    NVIC_Init(&NVIC_InitStructure);
#endif

    return 0;
}
```

```
#if CAN_RX0_INT_ENABLE                                    //使能 RX0 中断
/*******************************************************************
**函 数 名: CAN1_RX0_IRQHandler
**功能描述: 中断服务函数
**输入参数: 无
**输出参数: 无
*******************************************************************/
void CAN1_RX0_IRQHandler(void)
{
    CanRxMsg RxMessage;
    int i=0;
    CAN_Receive(CAN1, 0, &RxMessage);
    for(i=0;i<8;i++)
    printf("rxbuf[%d]:%d\r\n",i,RxMessage.Data[i]);
}
#endif

/*******************************************************************
**函 数 名: Can_Send_Msg
**功能描述: CAN 发送一组数据(固定格式:标识符为 0X12, 标准帧, 数据帧)
**输入参数: msg, 数据指针 (最大为 8 字节)
            len, 数据长度 (最大为 8 字节)
**输出参数: 0——发送成功、其他——发送失败
*******************************************************************/
uint8_t Can_Send_Msg(uint8_t* msg,uint8_t len)
{
    uint8_t mbox;
    uint16_t i=0;
    CanTxMsg TxMessage;
    TxMessage.StdId=0x12;                                 //标准标识符
    TxMessage.ExtId=0x12;                                 //设置扩展标识符
    TxMessage.IDE=CAN_Id_Standard;                        //标准帧
    TxMessage.RTR=CAN_RTR_Data;                           //数据帧
    TxMessage.DLC=len;                                    //要发送的数据长度
    for(i=0;i<len;i++)
    TxMessage.Data[i]=msg[i];
    mbox= CAN_Transmit(CAN1, &TxMessage);
    i=0;
    while((CAN_TransmitStatus(CAN1, mbox)==CAN_TxStatus_Failed)&&(i<0XFFF))
    i++;                                                  //等待发送结束
    if(i>=0XFFF)return 1;
    return 0;
}
/*******************************************************************
**函 数 名: Can_Receive_Msg
**功能描述: CAN 口接收数据查询
**输入参数: buf, 数据缓存区
**输出参数: 0——无数据被收到、其他——接收的数据长度
*******************************************************************/
```

```
uint8_t Can_Receive_Msg(uint8_t *buf)
{
    uint32_t i;
    CanRxMsg RxMessage;
    if( CAN_MessagePending(CAN1,CAN_FIFO0)==0)return 0;//没有接收到数据，直接退出
    CAN_Receive(CAN1, CAN_FIFO0, &RxMessage);          //读取数据
    for(i=0;i<8;i++)
    buf[i]=RxMessage.Data[i];
    return RxMessage.DLC;
}
```

上述代码主要包含三个函数。Can_Mode_Init 函数用于 CAN 的初始化，可以设置 CAN 通信的波特率和工作模式等，其初始化过程基本按照前面介绍的步骤进行。同时设计滤波器组 0 工作在 32 位标识符屏蔽模式，从设计值可以看出，该滤波器组不会对任何标识符进行过滤，这样设计主要是为了方便读者进行系统开发。Can_Send_Msg 函数用于 CAN 报文的发送，主要用来设置标识符等信息，写入数据长度和数据，并请求发送，从而实现一次报文的发送。Can_Receive_Msg 函数用于接收数据，并将接收到的数据存放到 buf 中。can.c 文件还包含中断接收配置，通过 can.h 头文件的 CAN_RX0_INT_ENABLE 宏定义，配置是否使能中断接收。本节设计不开启中断接收，其他程序代码较简单，这里就不逐一介绍了，读者自行理解即可。

之后按同样的方法，新建一个名为 can.h 的头文件，也保存在 CAN 文件夹中，用来定义相关宏并声明需要用到的函数，方便其他文件调用。在 can.h 头文件中输入如下代码。

```
#ifndef __CAN_H
#define __CAN_H
#include "sys.h"

//CAN 接收 RX0 中断使能
#define CAN_RX0_INT_ENABLE 0                        //0 不使能；1 使能
uint8_t  Can_Mode_Init(uint8_t  tsjw,uint8_t  tbs2,uint8_t  tbs1,uint16_t
brp,uint8_t mode);uint8_t Can_Send_Msg(uint8_t* msg,uint8_t len); //发送数据
uint8_t Can_Receive_Msg(uint8_t *buf);                          //接收数据

#endif
```

接下来，在“Manage Project Items”项目分组管理界面中把 can.c 文件加入 Hardware 组中，并将 can.h 头文件的路径加入工程中，之后就可以回到工程主界面对主函数进行编程了。打开 main.c 文件，并在文件中编写如下代码。

```
#include "led.h"
#include "delay.h"
#include "key.h"
#include "sys.h"
#include "lcd.h"
#include "can.h"

int main(void)
{
    uint8_t key;
    uint8_t i=0,t=0;
```

```
    uint8_t cnt=0;
    uint8_t canbuf[8];
    uint8_t res;
    //CAN 工作模式; CAN_Mode_Normal(0): 普通模式; CAN_Mode_LoopBack(1): 环回模式
    uint8_t mode=CAN_Mode_LoopBack;
    delay_init();                   //延时函数初始化
    //设置中断优先级分组为组 2: 2 位抢占优先级, 2 位响应优先级
    NVIC_PriorityGroupConfig(NVIC_PriorityGroup_2);
    LED_Init();                     //初始化与 LED 连接的硬件接口
    LCD_Init();                     //初始化 LCD
    KEY_Init();                     //按键初始化
    //CAN 初始化回环模式, 波特率为 500Kbps
   Can_Mode_Init(CAN_SJW_1tq,CAN_BS2_8tq,CAN_BS1_9tq,4,CAN_Mode_LoopBack);
    POINT_COLOR=RED;                //设置字体为红色
    LCD_ShowString(30,40,360,24,24,"Embedded System based on STM32");
    LCD_ShowString(30,70,200,16,16,"CAN");
    LCD_ShowString(30,100,200,12,12,"2019/12/19");
    LCD_ShowString(60,130,200,16,16,"LoopBack Mode");
    LCD_ShowString(60,130,200,16,16,"LoopBack Mode");
    LCD_ShowString(60,150,200,16,16,"KEY0:Send WK_UP:Mode");//显示提示信息

    POINT_COLOR=BLUE;                                   //设置字体为蓝色
    LCD_ShowString(60,170,200,16,16,"Count:");          //显示当前计数值
    LCD_ShowString(60,190,200,16,16,"Send Data:");      //提示发送的数据
    LCD_ShowString(60,250,200,16,16,"Receive Data:");   //提示接收到的数据
    while(1)
    {
        key=KEY_Scan(0);
        if(key==1)                  //KEY0 按下, 发送一次数据
        {
            for(i=0;i<8;i++)
            {
                canbuf[i]=cnt+i;    //填充发送缓冲区
                //显示数据
                if(i<4)LCD_ShowxNum(60+i*32,210,canbuf[i],3,16,0X80);
                //显示数据
                else LCD_ShowxNum(60+(i-4)*32,230,canbuf[i],3,16,0X80);
            }
            res=Can_Send_Msg(canbuf,8); //发送 8 个字节
            if(res)LCD_ShowString(60+80,190,200,16,16,"Failed");//提示发送失败
            else LCD_ShowString(60+80,190,200,16,16,"OK    "); //提示发送成功
        }
        else if(key==2)             //KEY1 按下, 改变 CAN 的工作模式
        {
            mode=!mode;
            //CAN 普通模式初始化, 波特率为 500Kbps
            Can_Mode_Init(CAN_SJW_1tq,CAN_BS2_8tq,CAN_BS1_9tq,4,mode);
            POINT_COLOR=RED;        //设置字体为红色
            if(mode==0)             //普通模式, 需要两个核心板
            {
                LCD_ShowString(60,130,200,16,16,"Nnormal Mode ");
            }else                   //环回模式, 一个核心板就可以测试了
            {
                LCD_ShowString(60,130,200,16,16,"LoopBack Mode");
```

```
            }
            POINT_COLOR=BLUE;                   //设置字体为蓝色
        }
        key=Can_Receive_Msg(canbuf);
        if(key)                                 //接收到有数据
        {
            LCD_Fill(60,270,130,310,WHITE);//清除之前的显示
            for(i=0;i<key;i++)
            {
                //显示数据
                if(i<4)LCD_ShowxNum(60+i*32,270,canbuf[i],3,16,0X80);
                //显示数据
                else LCD_ShowxNum(60+(i-4)*32,290,canbuf[i],3,16,0X80);
            }
        }
        t++;
        delay_ms(10);
        if(t==20)
        {
            LED0=!LED0;                         //提示系统正在运行
            t=0;
            cnt++;
            LCD_ShowxNum(60+48,170,cnt,3,16,0X80); //显示数据
        }
    }
}
```

输入完成后保存，并单击 按钮进行编译，可以看到，程序代码编译显示零错误零警告，说明程序编写在逻辑上没有问题。这部分代码比较简单，就不详细介绍了，这里主要讲解一下 Can_Mode_Init (CAN_SJW_1tq,CAN_BS2_8tq,CAN_BS1_9tq,4,mode)函数。该函数定义在 can.c 文件中，用于设置波特率和 CAN 工作模式，根据前面的波特率计算公式可知，这里的波特率被初始化为 500kbit/s，参数 mode 用于设置 CAN 的工作模式（正常模式/环回模式），通过 KEY1 按键，可以随时切换模式。程序中的 cnt 参数是一个累加数，一旦 KEY0 按键按下，就以这个数为基准连续发送五个数据。当 CAN 总线收到数据时，将其直接显示在 LCD 屏幕上。

下载代码到硬件后，同样可以看到 LED0 不停地闪烁，提示系统正在运行。程序的默认设置为环回模式，此时，按下 KEY0 按键就可以在 LCD 模块上看到核心板通过 CAN 总线自发自收的数据，如果切换为正常模式（通过 KEY1 按键切换），则必须连接两个核心板的 CAN 接口，然后才可以互发数据，同时在两个核心板所连接的 LCD 上也会显示各自发送和接收的数据，设计效果与预期效果一致。

关于 CAN 总线通信的实践操作就讲到这里，希望读者通过本节的讲解能够对 CAN 总线有一个更加深入的认识，其他 CAN 通信应用可以参考本例程自行设计。

9.4　SDIO 接口编程应用解析

SDIO（Secure Digital Input and Output Card）即安全数字输入/输出卡，是在 SD 标准上定义的一种外设接口，STM32F103 系列的大容量（FLASH≥256KB）产品安装有 SDIO 控制器，SD/SDIO MMC 卡

主机模块（SDIO）在 AHB 外设总线与多媒体卡（MMC）、SD 存储卡、SD I/O 卡和 CE-ATA 等设备间提供了操作接口。多媒体卡系统规格书由 MMCA 技术委员会发布，可以在多媒体卡协会的网站上获得。CE-ATA 系统规格书可以在 CE-ATA 工作组的网站（www.ce-ata.org）上获得。

9.4.1 SDIO 接口与 Micro SD 卡

1. SDIO 接口概述

（1）SDIO 接口的主要功能。

① 与多媒体卡系统规格书版本 4.2 全兼容，支持三种不同的数据总线模式，即 1 位（默认）、4 位和 8 位。

② 与较早的多媒体卡系统规格版本全兼容（向前兼容）。

③ 与 SD 存储卡规格版本 2.0 全兼容。

④ 与 SD I/O 卡规格版本 2.0 全兼容，支持两种不同的数据总线模式，即 1 位（默认）和 4 位。

⑤ 完全支持 CE-ATA 功能（与 CE-ATA 数字协议版本 1.1 全兼容）。

⑥ 在 8 位总线模式下数据传输速率可达 48MHz。

⑦ 数据和命令输出使能信号，用于控制外部双向驱动器。

注意 SDIO 接口没有 SPI 串行外设接口兼容的通信模式（关于 SPI 部分的讲解参见 9.2 节的内容）。

在 2.11 版本的多媒体卡系统规格书中，SD 存储卡协议定义为多媒体卡协议的超集，只支持 I/O 模式的 SD 存储卡或复合卡中的 I/O 部分，不支持 SD 存储卡中的很多命令，因为有些命令（如擦除命令等）在 SD I/O 卡中是不起作用的，所以 SDIO 接口不支持这些命令。另外，在 SD 存储卡和 SD I/O 卡中，有些命令是不同的，SDIO 接口也不支持这些命令。详细内容可以参考 SD I/O 卡规格书版本 1.0。使用现有的 MMC 命令机制，在 MMC 接口上可以实现对 CE-ATA 的支持，关于 SDIO 接口的电气和信号定义，读者可以自行查阅 MMC 参考资料。

（2）SDIO 总线。SDIO 总线上的通信是通过传送命令和数据实现的。在 MMC、SD 和 SD I/O 卡总线上的基本操作是命令/响应结构，这样的总线操作可以在命令或总线机制下实现信息交换。SD/SDIO 存储器卡或 CE-ATA 设备上的数据是以数据块的形式传输的，而 MMC 上的数据是以数据块或数据流的形式传输的。

（3）SDIO 的基本结构。SDIO 包含两个部分，即 SDIO 适配器模块和 AHB 总线接口，其结构框图如图 9.12 所示。SDIO 适配器模块实现所有 MMC/SD/SD I/O 卡的相关功能，如时钟的产生、命令和数据的传送等；AHB 总线接口用来操作 SDIO 适配器模块中的寄存器，并产生中断和 DMA 请求信号。

SDIO 可以使用两个时钟信号，即 SDIO 适配器时钟（SDIOCLK=HCLK）和 AHB 总线时钟（HCLK/2），SDIO 引脚说明如表 9.48 所示（适用于 MMC/SD/SD I/O 卡总线）。

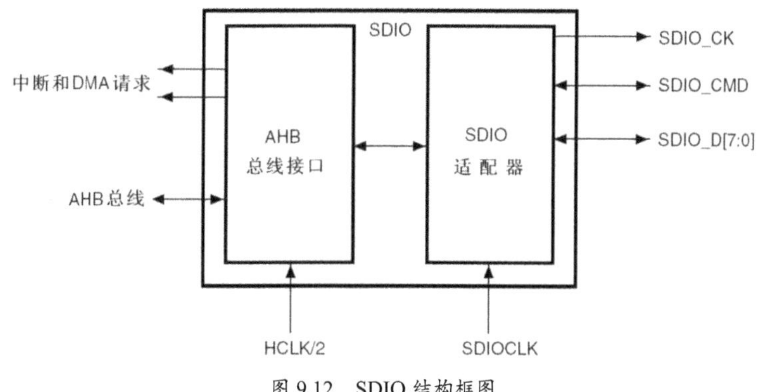

图 9.12　SDIO 结构框图

表 9.48　SDIO 引脚说明

SDIO 引脚	方　　向	说　　明
SDIO_CK	输出	MMC/SD/SD I/O 卡时钟，这是从主机至卡的时钟线
SDIO_CMD	双向	MMC/SD/SD I/O 卡命令，这是双向的命令/响应信号线
SDIO_D[7:0]	双向	MMC/SD/SD I/O 卡数据，这是双向的数据总线

复位后在默认情况下，SDIO_D0 用于数据传输，初始化后主机可以改变数据总线的宽度。如果一个多媒体卡接到了总线上，则 SDIO_D0、SDIO_D[3:0]或 SDIO_D[7:0]可以用于数据传输。MMC V3.31 及之前版本的协议只支持 1 位数据线，所以只能用 SDIO_D0。如果一个 SD 或 SD I/O 卡接到了总线上，则可以通过主机配置数据传输是使用 SDIO_D0 还是使用 SDIO_D[3:0]，所有数据线都需要工作在推挽模式。

SDIO_CMD 有两种操作模式，即用于初始化时的开路模式（仅用于 MMC V3.31 或之前版本）、用于命令传输的推挽模式（SD、SD I/O 卡或 MMC V4.2，MMC V4.2 在初始化时也使用推挽驱动）。

SDIO_CK 是卡的时钟，每个时钟周期在命令和数据线上传输 1 位命令或数据。对于 MMC V3.31 协议，时钟频率可以在 0～20MHz 范围内变化；对于 MMC V4.0/4.2 协议，时钟频率可以在 0～48MHz 范围内变化；而 SD 或 SD I/O 卡的时钟频率可以在 0～25MHz 范围内变化。

（4）SDIO 相关寄存器。SDIO 寄存器说明如表 9.49 所示，关于 SDIO 寄存器的详细介绍可以自行参考《STM32F10x 中文参考手册》。

表 9.49　SDIO 寄存器说明

SDIO 寄存器	功 能 描 述
电源控制寄存器（SDIO_POWER）	控制 SDIO 电源状态
时钟控制寄存器（SDIO_CLKCR）	设置 SDIO 时钟、总线模式和硬件流等
参数寄存器（SDIO_ARG）	存放命令参数（注意：参数必须先于命令写入）
命令寄存器（SDIO_CMD）	设置命令索引和命令类型
命令响应寄存器（SDIO_RESPCMD）	存放接收到的响应命令索引
响应寄存器（SDIO_RESPx，x=1, 2, 3, 4）	存放接收到的卡响应部分的信息
数据定时器寄存器（SDIO_DTIMER）	存储以卡总线时钟（SDIO_CK）为周期的数据超时时间

续表

SDIO 寄存器	功 能 描 述
数据长度寄存器（SDIO_DLEN）	用于设置待传输的数据字节长度
数据控制寄存器（SDIO_DCTRL）	用于控制数据通道状态机
数据计数器寄存器（SDIO_DCOUNT）	返回待传输的数据字节数
状态寄存器（SDIO_STA）	反映 SDIO 控制器的当前状态
清除中断寄存器（SDIO_ICR）	用于清除相应的中断标志位
中断屏蔽寄存器（SDIO_MASK）	用于使能或失能相应的中断
FIFO 计数器寄存器（SDIO_FIFOCNT）	反映将要写入 FIFO 或将要从 FIFO 读出的数据字节数
数据 FIFO 寄存器（SDIO_FIFO）	实现数据发送与接收

2．Micro SD 卡

Micro SD 卡是一种小型的快闪存储器卡，这种记忆卡最初称为 T-FLASH 卡，后改称为 TransFLASH 卡，而现在则称为 Micro SD 卡。Micro SD 卡主要应用于手机、GPS 设备、便携式音乐播放器和一些快闪存储器盘中，可以用来储存个人数据、数字照片、音乐和游戏等，它还内设了版权保护管理系统，使下载音乐、影像和游戏等受到保护。Micro SD 卡引脚如图 9.13 所示，它的控制指令强大，支持 SPI、SDIO 模式，兼容 MMC。Micro SD 卡的 SDIO 模式引脚功能如表 9.50 所示。

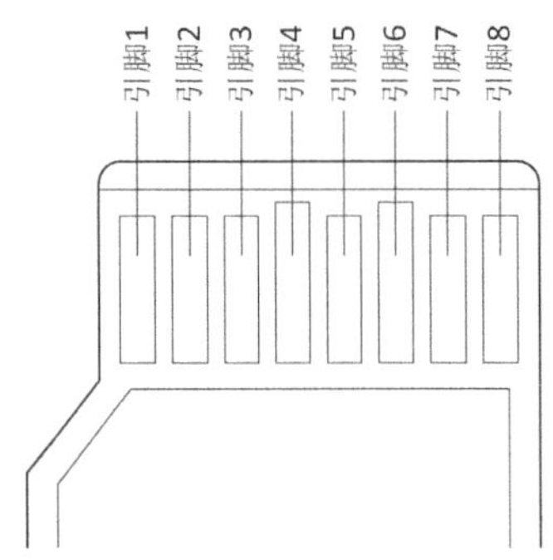

图 9.13　Micro SD 卡引脚

表 9.50　Micro SD 卡的 SDIO 模式引脚功能

引 脚 号	引 脚 名	类 型	注 解
1	DAT2	I/O/PP	数据线（bit2）
2	CD/DAT3	I/O/PP	卡检测/数据线（bit3）
3	CMD	PP	命令响应
4	VDD	S	电源电压
5	CLK	I	时钟
6	VSS	S	电源地
7	DAT0	I/O/PP	数据线（bit0）
8	DAT1	I/O/PP	数据线（bit1）

在表 9.50 的引脚类型中，S 表示电源供电，I 表示输入，O 表示输出，I/O 表示双向（输入/输出），

而 PP 则表示输入或输出使用推挽驱动。Micro SD 卡的 SPI 模式引脚功能如表 9.51 所示。

表 9.51　Micro SD 卡的 SPI 模式引脚功能

引 脚 号	引 脚 名	类　型	注　解
1	RSV	—	—
2	CS	I	片选
3	DI	I	数据输入
4	VDD	S	电源电压
5	SCLK	I	时钟
6	VSS	S	电源地
7	D0	O/PP	数据输出
8	RSV	—	—

（1）Micro SD 卡的初始化步骤如下。

① 配置时钟，慢速一般为 400Hz，设置工作模式。

② 发送 CMD0，进入空闲状态，该指令没有反馈。

③ 发送 CMD8 命令，用于读取卡的接口信息，如果 Micro SD 卡是 SD2.0，则支持 CMD8 命令；如果 Micro SD 卡是 SD1.x，则不支持 CMD8 命令。

④ 发送 CMD55+ACMD41，判断当前电压是否在卡的工作范围内，卡能否识别命令，如果存储器卡为 MMC 卡，则 CMD55 不能被识别，短反馈。

⑤ 发送 CMD2，验证 Micro SD 卡是否接入，长反馈。

⑥ 发送 CMD3，读取 Micro SD 卡的 RCA（地址），短反馈。

⑦ 以 RCA 作为参数，发送 CMD9 读取 CSD，长反馈。

⑧ 发送 CMD7，选中要操作的 Micro SD 卡，短反馈。

⑨ 配置高速时钟，准备数据传输，传输速率一般为 20～25MHz。

⑩ 设置工作为 DMA、中断或查询模式。

（2）Micro SD 卡读数据块操作。在读数据块模式下，数据传输的基本单元是数据块，它的大小在 CSD（READ_BL_LEN）中定义。如果设置了 READ_BL_PARTIAL，则可以传送较小的数据块。较小数据块是指开始和结束地址完全包含在一个物理块中，READ_BL_LEN 定义了物理块的大小。为了保证数据传输正确，每个数据块后都有一个 CRC 校验码。CMD17（READ_SINGLE_BLOCK）启动一次读数据块操作，在传输结束后 Micro SD 卡返回到发送状态。CMD18（READ_MULTIPLE_BLOCK）启动一次连读多个数据块操作。主机可以在多个数据块读操作的任何时候中止操作，而不管操作的类型。发送停止传输命令即可中止操作。

如果在任意一种类型的多数据块读操作中，Micro SD 卡检测到错误（如越界、地址错位或内部错误等），它将停止数据传输并一直处于数据状态，此时，必须由主机发送停止传输命令，以中止该操作，并在停止传输命令的响应中报告读错误。对于一个有确定数目的多数据块传输操作，如果当主机发送停止传输命令时，Micro SD 卡已经传输完操作中的最后一个数据块，此时 Micro SD 卡已经不在数据状态，这会使主机得到一个非法命令的响应。若在主机传送数据块过程中出现累计的数据长度未与物理块对齐的情况，则在不允许块错位时，Micro SD 卡将在出现第一个未对齐的块时检测出一个块对齐错误，并在状态寄存器中设置 ADDRESS_ERROR 错误标志。

读数据块有三种工作模式，即查询模式、中断模式和 DMA 模式，具体内容如下。

① 查询模式。通过查询 RXFIFOE 标志位判断是否能够读取数据，如果该位为 1，则表示所有 32 个接收 FIFO 字都有有效数据，即可读取数据。

② 中断模式。如果提前设置了 SDIO_FLAG_RXFIFOF 中断，则当所有 32 个接收 FIFO 字都有有效数据时将产生中断，可在相应中断服务程序中读取数据。

③ DMA 模式。由于 SDIO 的数据接收使用的是 DMA2 的通道 4（见 8.1 节），因此需要对 DMA2 的通道 4 进行相关配置，具体内容如下。

- 使能 DMA2 控制器并消除所有中断标志位。
- 设置 DMA2 的通道 4 的源地址寄存器为存储器缓冲区的基地址，DMA2 的通道 4 的目的地址寄存器为 SDIO_FIFO 寄存器的地址。
- 设置 DMA2 的通道 4 控制寄存器（存储器递增，非外设递增，外设和源的数据宽度为字宽度）；
- 使能 DMA2 的通道 4。

当设置好 DMA2 的通道 4 后，读取的数据会自动从 Micro SD 卡传输到内存中。配置 DMA2 的通道 4 数据传输完成中断，以通知用户数据传输完成，或者通过查询传输完成标志位等待数据传输完成。

读数据块的具体操作步骤如下。

① 设置数据块大小，短反馈。

② 初始化 SDIO 结构体，配置数据超时时间、数据长度、数据块大小，数据传输方向为从卡到控制器（读数据），数据传输模式为数据块或数据流模式，使能 DPSM。

③ 发送 CMD17 命令读单块数据，发送 CMD18 命令读多块数据。

④ 根据所设置的工作模式读取数据。

（3）Micro SD 卡写数据块操作。执行写数据块命令（CMD24～25）时，主机把一个或多个数据块从主机传送到 Micro SD 卡中，同时在每个数据块的末尾传送一个 CRC 码（循环校验码）。CRC 码是数据通信领域中常用的一种差错校验码，其特征是信息字段和校验字段的长度可以任意选定。一个支持写数据块命令的卡应该始终能够接收由 WRITE_BL_LEN 定义的数据块。如果 CRC 校验错误，Micro SD 卡通过 SDIO_D 信号线指示错误，传送的数据被丢弃而不被写入，所有后续（在多块写模式下）传送的数据块将被忽略。

如果在主机传送数据块过程中出现累计的数据长度未与物理块对齐的情况，当不允许块错位（未设置 CSD 的参数 WRITE_BLK_MISALIGN）时，Micro SD 卡将在出现第一个未对齐的块时检测出一个块对齐错误（设置状态寄存器中的 ADDRESS_ERROR 错误位）。当主机试图写一个写保护区域时，写操作会中止，此时 Micro SD 卡会设置 WP_VIOLATION 位。

设置 CID 和 CSD 寄存器不需要事先设置块的长度，通过 CRC 校验保护传送的数据。如果 CID 或 CSD 寄存器的一部分存储在 ROM 中，则这个不能更改的部分必须与接收缓冲区的对应部分相一致，如果存在不一致的地方，Micro SD 卡将报告一个错误，同时不修改任何寄存器的内容。

在接收一个数据块并完成 CRC 检验后，就可以开始写操作，有些 Micro SD 卡可能需要较长的时间完成写一个数据块的操作。当写缓冲区已满，不能再从新的 WRITE_BLOCK 命令接收新的数据时，Micro SD 卡会把 SDIO_D 信号线拉低。主机可以在任何时候使用 SEND_STATUSCC（CMD13）查询 Micro SD 卡的当前状态，而且 READY_FOR_DATA 状态位可指示 Micro SD 卡是否能接收新的数据或写操作是否还在进行。

主机可以使用 CMD7（选择另一个卡）命令将某个 Micro SD 卡置于断开状态，这样可以释放 SDIO_D 信号线而不中断未完成的写操作。在重新选择了一个 Micro SD 卡时，如果写操作仍然进行并且写缓冲区依然不可使用，它会重新通过拉低 SDIO_D 信号线指示 Micro SD 卡位忙的状态。

写数据块也有三种工作模式，即查询模式、中断模式和 DMA 模式，具体内容如下。

① 查询模式。通过查询 TXFIFOE 标志位来判断是否可以发送数据，如果该位为 1，则表示所有 32 个发送 FIFO 字都没有有效数据，可以将待发送的数据送入 FIFO 中，再发送数据。

② 中断模式。如果使能了 SDIO_FLAG_TXFIFOE 中断，则当所有 32 个发送 FIFO 字都没有有效数据时，将产生中断，可在相应中断服务程序中将待发送的数据送入 FIFO 中，并发送数据。

③ DMA 模式。若使用 DMA2 的通道 5 进行 SDIO 的数据发送，则需要进行如下配置。

- 设置 SDIO 数据长度寄存器（SDIO 数据时钟寄存器应该在执行卡识别过程之前设置好）。
- 设置 SDIO 参数寄存器为 Micro SD 卡中需要传送数据的地址。
- 设置 SDIO 命令寄存器，CmdIndex 置为 24（WRITE_BLOCK）；WaitRest 置为 1（SDIO 卡主机等待响应）；CPSMEN 设置为 1（使能 SDIO 卡主机发送命令）；其他位保持复位值。
- 等待 SDIO_STA[6] = CMDREND 中断，之后对 SDIO 数据寄存器进行设置，将 DTEN 置为 1（使能 SDIO 卡主机发送数据），DTDIR 置为 0（选择控制器至卡方向），DTMODE 置为 0（块数据传送），DMAEN 置为 1（使能 DMA），并将 DBLOCKSIZE 设置为 9（512 字节），其他位保持复位值。
- 等待 SDIO_STA[10] = DBCKEND。

当设置好 DMA2 的通道 5 后，内存中的数据将自动传输到 FIFO 中，并发送至 Micro SD 卡。同样，配置 DMA2 的通道 5 数据传输完成中断，以通知用户数据传输完成，或者通过查询传输完成标志位等待数据传输完成。在实际应用中，对 Micro SD 卡的操作一般是大吞吐量的数据传输，采用 DMA 模式可以有效提高效率。

写数据块的具体操作步骤如下。

① 设置 CID 和 CSD 寄存器时不需要事先设置块长度，通过 CRC 校验保护传送的数据。

② 初始化 SDIO 结构体，配置数据超时时间、数据长度、数据块大小，数据传输方向为从控制器到卡（写数据），数据传输模式为数据块或数据流模式，使能 DPSM。

③ 设置块大小，短反馈。

④ 发送 CMD24 命令写单块数据，发送 CMD25 命令写多块数据。

9.4.2 SDIO 相关库函数概述

SDIO 是在 SD 标准上定义的一种外设接口，它和 SD 卡规范之间的一个重要区别是增加了低速标准，能够以最小的硬件开销支持低速 I/O 能力。常用的 SDIO 相关库函数如表 9.52 所示。

表 9.52 常用的 SDIO 相关库函数

函 数 名	功 能 描 述
SDIO_DeInit	将外设 SDIO 寄存器重设为默认值
SDIO_Init	根据 SDIO_InitStruct 中指定的参数初始化外设 SDIO 寄存器
SDIO_StructInit	把 SDIO_InitStruct 中的每个参数按默认值填入
SDIO_ClockCmd	使能或失能 SDIO 时钟
SDIO_SetPowerState	设置控制器的电源状态
SDIO_GetPowerState	获取控制器的电源状态
SDIO_ITConfig	使能或失能 SDIO 中断
SDIO_DMACmd	使能或失能 SDIO 的 DMA 请求
SDIO_SendCommand	根据 SDIO_CmdInitStruct 中的参数初始化并发送命令
SDIO_CmdStructInit	把 SDIO_CmdInitStruct 中的每个参数按默认值填入
SDIO_GetCommandResponse	返回最新接收响应命令的命令索引
SDIO_DataConfig	根据 SDIO_DataInitStruct 中指定的参数初始化 SDIO 数据路径
SDIO_DataStructInit	把 SDIO_DataInitStruct 中的每个参数按默认值填入
SDIO_GetResponse	返回卡中最新命令的接收响应
SDIO_ReadData	从 RxFIFO 中读取一个数据字
SDIO_WriteData	向 TxFIFO 写入一个数据字
SDIO_GetFIFOCount	返回 FIFO 写入或读出的剩余字数
SDIO_GetDataCounter	返回发送剩余数据的字节数
SDIO_SendCEATACmd	发送 CE-ATA 命令
SDIO_CEATAITCmd	使能或失能 CE-ATA 中断
SDIO_CommandCompletionCmd	使能或失能命令完成信号
SDIO_SendSDIOSuspendCmd	使能或失能 SD I/O 模式中止命令发送
SDIO_SetSDIOReadWaitMode	设置 SD I/O 读取等待模式
SDIO_SetSDIOOperation	使能或失能 SD I/O 模式操作
SDIO_StopSDIOReadWait	停止 SD I/O 读取等待操作
SDIO_StartSDIOReadWait	开启 SD I/O 读取等待操作

续表

函　数　名	功 能 描 述
SDIO_GetFlagStatus	检查指定 SDIO 标志位设置与否
SDIO_ClearFlag	清除 SDIO 的待处理标志位
SDIO_GetITStatus	检查指定的 SDIO 中断是否发生
SDIO_ClearITPendingBit	清除 SDIO 的中断待处理位

下面简要介绍一些常用的 SDIO 库函数。

1. SDIO 初始化与使能类函数

（1）SDIO_DeInit 函数：该函数将外设 SDIO 寄存器重设为默认值。

函数原型	void SDIO_DeInit(void)								
功能描述	将外设 SDIO 寄存器重设为默认值								
输入参数	无	输出参数	无	返回值	无	先决条件	无	被调用函数	无

（2）SDIO_Init 函数：该函数根据 SDIO_InitStruct 中指定的参数初始化外设 SDIO 寄存器。

函数原型	void SDIO_Init(SDIO_InitTypeDef* SDIO_InitStruct)						
功能描述	根据 SDIO_InitStruct 中指定的参数初始化外设 SDIO 寄存器						
输入参数	SDIO_InitStruct：指向结构体 SDIO_InitTypeDef 的指针，包含外设 SDIO 的配置信息						
输出参数	无	返回值	无	先决条件	无	被调用函数	无

SDIO_InitTypeDef 结构体定义在 STM32 标准函数库文件中的 stm32f10x_sdio.h 头文件下，具体定义如下。

```
typedef struct
{
  uint32_t SDIO_ClockEdge;                    //定义时钟边沿
  uint32_t SDIO_ClockBypass;                  //旁路时钟分频器
  uint32_t SDIO_ClockPowerSave;               //设置时钟节能模式
  uint32_t SDIO_BusWide;                      //设置数据线宽度
  uint32_t SDIO_HardwareFlowControl;          //硬件流控制
  uint8_t SDIO_ClockDiv;                      //设置时钟分频系数
} SDIO_InitTypeDef;
```

每个 SDIO_InitTypeDef 结构体成员的功能和相应的取值如下。

① SDIO_ClockEdge。该成员用来设置采集数据时的时钟边沿，其取值定义如表 9.53 所示。

表 9.53　SDIO_ClockEdge 取值定义

SDIO_ClockEdge 取值	功 能 描 述
SDIO_ClockEdge_Rising	在时钟上升沿采集数据
SDIO_ClockEdge_Falling	在时钟下降沿采集数据

② SDIO_ClockBypass。该成员用来设定 SDIO_Clock 是否开启旁路时钟分频器，可取值为 SDIO_ClockBypass_Enable 或 SDIO_ClockBypass_Disable。

③ SDIO_ClockPowerSave。该成员用来设定是否开启 SDIO 的时钟节能模式，可取值为 SDIO_ClockPowerSave_Enable 或 SDIO_ClockPowerSave_Disable。当时钟节能模式开启时，仅在总线活动时才输出 SDIO_CK；当时钟节能模式关闭时，始终输出 SDIO_CK。

④ SDIO_BusWide。该成员用来设定所使用的数据线宽度，其取值定义如表 9.54 所示。

表 9.54　SDIO_BusWide 取值定义

SDIO_BusWide 取值	功 能 描 述
SDIO_BusWide_1b	使用 1 位数据线
SDIO_BusWide_4b	使用 4 位数据线
SDIO_BusWide_8b	使用 8 位数据线

⑤ SDIO_HardwareFlowControl。该成员用来使能或失能 SDIO 硬件流控制，可取值为 SDIO_HardwareFlowControl_Enable 或 SDIO_HardwareFlowControl_Disable。若使能硬件流控制，则当 FIFO 不能发送和接收数据时，数据传输会暂停。

⑥ SDIO_ClockDiv。该成员用来设定 SDIO 的时钟分频系数，其取值范围为 0x00 ～ 0xFF，HCLK 分频后输出到 SDIO_CLK。假设 SDIO_ClockDiv 取值为 CLK_DIV，则 SDIO 控制器的时钟频率计算公式为

$$SDIO\_CK=HCLK / (2 + CLK\_DIV)$$

（3）SDIO_StructInit 函数：该函数把 SDIO_InitStruct 中的每个参数按默认值填入。

函数原型	void SDIO_StructInit(SDIO_InitTypeDef* SDIO_InitStruct)						
功能描述	把 SDIO_InitStruct 中的每个参数按默认值填入						
输入参数	SDIO_InitStruct：指向结构体 SDIO_InitTypeDef 的指针，待初始化，其成员默认值如表 9.55 所示						
输出参数	无	返回值	无	先决条件	无	被调用函数	无

表 9.55　SDIO_InitStruct 成员默认值

成员	默认值	成员	默认值
SDIO_ClockEdge	SDIO_ClockEdge_Rising	SDIO_BusWide	SDIO_BusWide_1b
SDIO_ClockBypass	SDIO_ClockBypass_Disable	SDIO_HardwareFlowControl	SDIO_HardwareFlowControl_Disable
SDIO_ClockPowerSave	SDIO_ClockPowerSave_Disable	SDIO_ClockDiv	0x00

（4）SDIO_ClockCmd 函数：该函数使能或失能 SDIO 时钟。

函数原型	void SDIO_ClockCmd(FunctionalState NewState)						
功能描述	使能或失能 SDIO 时钟						
输入参数	NewState：SDIO 时钟的新状态（可取 ENABLE 或 DISABLE）						
输出参数	无	返回值	无	先决条件	无	被调用函数	无

（5）SDIO_DMACmd 函数：该函数使能或失能 SDIO 的 DMA 请求。

函数原型	void SDIO_ClockCmd(FunctionalState NewState)					
功能描述	使能或失能 SDIO 的 DMA 请求					
输入参数	NewState：SDIO 的 DMA 请求的新状态（可取 ENABLE 或 DISABLE）					
输出参数	无	返回值	无	先决条件	无	被调用函数	无

（6）SDIO_SendCommand 函数：该函数根据 SDIO_CmdInitStruct 中的参数初始化并发送命令。

函数原型	void SDIO_SendCommand(SDIO_CmdInitTypeDef * SDIO_CmdInitStruct)						
功能描述	根据 SDIO_CmdInitStruct 中的参数初始化并发送命令						
输入参数	SDIO_CmdInitStruct：指向结构体 SDIO_CmdInitTypeDef 的指针，包含 SDIO 命令配置信息						
输出参数	无	返回值	无	先决条件	无	被调用函数	无

SDIO_CmdInitTypeDef 结构体定义在 STM32 标准函数库文件中的 stm32f10x_sdio.h 头文件下，具体定义如下。

```
typedef struct
{
  uint32_t SDIO_Argument;                    //指明 SDIO 命令参数
  uint32_t SDIO_CmdIndex;                    //指定 SDIO 命令索引
  uint32_t SDIO_Response;                    //设置命令响应类型
  uint32_t SDIO_Wait;                        //SDIO 等待中断请求
  uint32_t SDIO_CPSM;                        //使能或失能命令通道状态机
} SDIO_CmdInitTypeDef;
```

每个 SDIO_CmdInitTypeDef 结构体成员的功能和相应的取值如下。

① SDIO_Argument。在 SDIO 发送命令时，该成员用来指明 SDIO 命令参数的值，该参数作为命令消息的一部分发送到 Micro SD 卡中。如果命令包含参数，则必须在将命令写入命令寄存器之前将命令参数加载到该寄存器中。

② SDIO_CmdIndex。该成员用来指定下次发送的 SDIO 命令索引，其取值由 SD 卡协议规定，并且必须低于 0x40。

③ SDIO_Response。该成员用来设置发送命令后所得到的响应类型，其取值定义如表 9.56 所示。

④ SDIO_Wait。该成员用来使能或失能 SDIO 的等待中断请求，其取值定义如表 9.57 所示。

表 9.56　SDIO_Response 取值定义

SDIO_Response 取值	功 能 描 述
SDIO_Response_No	无响应
SDIO_Response_Short	短响应
SDIO_Response_Long	长响应

表 9.57　SDIO_Wait 取值定义

SDIO_Wait 取值	功 能 描述
SDIO_Wait_No	不等待，允许超时控制
SDIO_Wait_IT	CPSM 在开始发送一个命令之前等待数据传输结束
SDIO_Wait_Pend	CPSM 关闭命令超时控制并等待中断请求

⑤ SDIO_CPSM。该成员用来使能或失能命令通道状态机（CPSM），可取值为 SDIO_CPSM_Enable 或 SDIO_CPSM_Disable。

（7）SDIO_CmdStructInit 函数：该函数把 SDIO_CmdInitStruct 中的每个参数按默认值填入。

函数原型	void SDIO_CmdStructInit(SDIO_CmdInitTypeDef* SDIO_CmdInitStruct)					
功能描述	把 SDIO_CmdInitStruct 中的每个参数按默认值填入					
输入参数	SDIO_CmdInitStruct：指向结构体 SDIO_CmdInitTypeDef 的指针，待初始化，其成员默认值如表 9.58 所示					
输出参数	无	返回值	无	先决条件	无	被调用函数	无

表 9.58　SDIO_CmdInitStruct 成员默认值

成　员	默 认 值	成　员	默 认 值
SDIO_Argument	0x00	SDIO_Wait	SDIO_Wait_No
SDIO_CmdIndex	0x00	SDIO_CPSM	SDIO_CPSM_Disable
SDIO_Response	SDIO_Response_No		

（8）SDIO_DataConfig 函数：该函数根据 SDIO_DataInitStruct 中指定的参数初始化 SDIO 数据路径。

函数原型	void SDIO_DataConfig(SDIO_DataInitTypeDef* SDIO_DataInitStruct)						
功能描述	根据 SDIO_DataInitStruct 中指定的参数初始化 SDIO 数据路径						
输入参数	SDIO_DataInitStruct：指向结构体 SDIO_DataInitTypeDef 的指针，包含 SDIO 数据路径配置信息						
输出参数	无	返回值	无	先决条件	无	被调用函数	无

SDIO_DataInitTypeDef 结构体定义在 STM32 标准函数库文件中的 stm32f10x_sdio.h 头文件下，具体定义如下。

```
typedef struct
{
  uint32_t SDIO_DataTimeOut;                 //指定数据超时时间
  uint32_t SDIO_DataLength;                  //指定要传输的数据字节数
  uint32_t SDIO_DataBlockSize;               //设置块传输中的数据块长度
  uint32_t SDIO_TransferDir;                 //指明数据传输方向
  uint32_t SDIO_TransferMode;                //设定数据传输模式
  uint32_t SDIO_DPSM;                        //使能或失能数据路径状态机
} SDIO_DataInitTypeDef;
```

每个 SDIO_DataInitTypeDef 结构体成员的功能和相应的取值如下。

① SDIO_DataTimeOut。该成员用来指定卡总线时钟周期中的数据超时时间。

② SDIO_DataLength。该成员用来指定要传输的数据字节数，当数据传输开始时，这个数值被加载到数据计数器中。对于块数据传输，SDIO_DataLength 中的数值必须是数据块长度的倍数。

③ SDIO_DataBlockSize。该成员用来设置块数据传输中的数据块长度，其取值定义如表 9.59 所示。

表 9.59　SDIO_DataBlockSize 取值定义

SDIO_DataBlockSize 取值	功 能 描 述	SDIO_DataBlockSize 取值	功 能 描 述
SDIO_DataBlockSize_1b	1 字节	SDIO_DataBlockSize_4b	4 字节
SDIO_DataBlockSize_2b	2 字节	SDIO_DataBlockSize_8b	8 字节

续表

SDIO_DataBlockSize 取值	功 能 描 述	SDIO_DataBlockSize 取值	功 能 描 述
SDIO_DataBlockSize_16b	16 字节	SDIO_DataBlockSize_1024b	1024 字节
SDIO_DataBlockSize_32b	32 字节	SDIO_DataBlockSize_2048b	2048 字节
SDIO_DataBlockSize_64b	64 字节	SDIO_DataBlockSize_4096b	4096 字节
SDIO_DataBlockSize_128b	128 字节	SDIO_DataBlockSize_8192b	8192 字节
SDIO_DataBlockSize_256b	256 字节	SDIO_DataBlockSize_16384b	16384 字节
SDIO_DataBlockSize_512b	512 字节		

④ SDIO_TransferDir。该成员用来设置数据传输方向，即数据传输是读还是写，其取值定义如表 9.60 所示。

表 9.60　SDIO_TransferDir 取值定义

SDIO_TransferDir 取值	功 能 描 述
SDIO_TransferDir_ToCard	由控制器至卡
SDIO_TransferDir_ToSDIO	由卡至控制器

⑤ SDIO_TransferMode。该成员用来设定数据传输模式，即数据传输是流模式还是块模式，其取值定义如表 9.61 所示。

表 9.61　SDIO_TransferMode 取值定义

SDIO_TransferMode 取值	功 能 描 述
SDIO_TransferMode_Block	块数据传输
SDIO_TransferMode_Stream	流数据传输

⑥ SDIO_DPSM。该成员用来使能或失能数据路径状态机（DPSM），可取值为 SDIO_DPSM_Enable 或 SDIO_DPSM_Disable。

（9）SDIO_DataStructInit 函数：该函数把 SDIO_DataInitStruct 中的每个参数按默认值填入。

函数原型	void SDIO_DataStructInit(SDIO_DataInitTypeDef* SDIO_DataInitStruct)						
功能描述	把 SDIO_DataInitStruct 中的每个参数按默认值填入						
输入参数	SDIO_DataInitStruct：指向结构体 SDIO_DataInitTypeDef 的指针，待初始化，其成员默认值如表 9.62 所示						
输出参数	无	返回值	无	先决条件	无	被调用函数	无

表 9.62　SDIO_DataInitStruct 成员默认值

成　员	默 认 值	成　员	默 认 值
SDIO_DataTimeOut	0xFFFFFFFF	SDIO_TransferDir	SDIO_TransferDir_ToCard
SDIO_DataLength	0x00	SDIO_TransferMode	SDIO_TransferMode_Block
SDIO_DataBlockSize	SDIO_DataBlockSize_1b	SDIO_DPSM	SDIO_DPSM_Disable

（10）SDIO_CommandCompletionCmd 函数：该函数使能或失能命令完成信号。

函数原型	void SDIO_CommandCompletionCmd(FunctionalState NewState)

功能描述	使能或失能命令完成信号					
输入参数	NewState：命令完成信号的新状态（可取 ENABLE 或 DISABLE）					
输出参数	无	返回值	无	先决条件	无	被调用函数	无

2. SDIO 设置获取类函数

（1）SDIO_SetPowerState 函数：该函数设置控制器的电源状态。

函数原型:	void SDIO_SetPowerState(uint32_t SDIO_PowerState)						
功能描述	设置控制器的电源状态						
输入参数	SDIO_PowerState：电源的新状态（可取 SDIO_PowerState_ON 或 SDIO_PowerState_OFF）						
输出参数	无	返回值	无	先决条件	无	被调用函数	无

（2）SDIO_GetPowerState 函数：该函数获取控制器的电源状态。

函数原型	uint32_t SDIO_GetPowerState(void)						
功能描述	获取控制器的电源状态						
输入参数	无	输出参数	无	先决条件	无	被调用函数	无
返回值	0x00：电源关闭（Power OFF） 0x02：电源启动（Power UP） 0x03：电源打开（Power ON）						

（3）SDIO_GetCommandResponse 函数：该函数返回最新接收响应命令的命令索引。

函数原型	uint8_t SDIO_GetCommandResponse(void)								
功能描述	返回最新接收响应命令的命令索引								
输入参数	无	输出参数	无	返回值	无	先决条件	无	被调用函数	无

（4）SDIO_GetResponse 函数：该函数返回卡中最新命令的接收响应。

函数原型	uint32_t SDIO_GetResponse(uint32_t SDIO_RESP)		
功能描述	返回卡中最新命令的接收响应		
输入参数	SDIO_RESP：指定的 SDIO 响应寄存器，其取值定义如表 9.63 所示		
输出参数	无	返回值	相应的响应寄存器值
先决条件	无	被调用函数	无

表 9.63　SDIO_RESP 取值定义

SDIO_RESP 取值	功 能 描 述	SDIO_RESP 取值	功 能 描 述
SDIO_RESP1	响应寄存器 1	SDIO_RESP3	响应寄存器 3
SDIO_RESP2	响应寄存器 2	SDIO_RESP4	响应寄存器 4

（5）SDIO_GetFIFOCount 函数：该函数返回 FIFO 写入或读出的剩余字数。

函数原型	uint32_t SDIO_GetFIFOCount(void)
功能描述	返回 FIFO 写入或读出的剩余字数

输入参数	无	输出参数	无	返回值	剩余的字数
先决条件	无	被调用函数	无		

（6）SDIO_GetDataCounter 函数：该函数返回发送剩余数据的字节数。

函数原型	uint32_t SDIO_GetDataCounter(void)				
功能描述	返回发送剩余数据的字节数				
输入参数	无	输出参数	无	返回值	发送剩余的字节数
先决条件	无	被调用函数	无		

3. SDIO 发送接收类函数

（1）SDIO_ReadData 函数：该函数从 RxFIFO 中读取一个数据字。

函数原型	uint32_t SDIO_ReadData(void)				
功能描述	从 RxFIFO 中读取一个数据字				
输入参数	无	输出参数	无	返回值	接收到的数据
先决条件	无	被调用函数	无		

（2）SDIO_WriteData 函数：该函数向 TxFIFO 写入一个数据字。

函数原型	void SDIO_WriteData(uint32_t Data)						
功能描述	向 TxFIFO 写入一个数据字						
输入参数	Data：待写入的 32 位数据字						
输出参数	无	返回值	无	先决条件	无	被调用函数	无

（3）SDIO_SendCEATACmd 函数：该函数发送 CE-ATA 命令。

函数原型	void SDIO_SendCEATACmd(FunctionalState NewState)						
功能描述	发送 CE-ATA 命令						
输入参数	NewState：CE-ATA 的新状态（可取 ENABLE 或 DISABLE）						
输出参数	无	返回值	无	先决条件	无	被调用函数	无

（4）SDIO_SendSDIOSuspendCmd 函数：该函数使能或失能 SD I/O 模式中止命令发送。

函数原型	void SDIO_SendSDIOSuspendCmd(FunctionalState NewState)						
功能描述	使能或失能 SD I/O 模式中止命令发送						
输入参数	NewState：SD I/O 模式中止命令发送的新状态（可取 ENABLE 或 DISABLE）						
输出参数	无	返回值	无	先决条件	无	被调用函数	无

（5）SDIO_SetSDIOReadWaitMode 函数：该函数设置 SD I/O 读取等待模式。

函数原型	void SDIO_SetSDIOReadWaitMode(uint32_t SDIO_ReadWaitMode)						
功能描述	设置 SD I/O 读取等待模式						
输入参数	SDIO_ReadWaitMode：SD I/O 读取等待操作模式，其取值定义如表 9.64 所示						
输出参数	无	返回值	无	先决条件	无	被调用函数	无

表 9.64 SDIO_ReadWaitMode 取值定义

SDIO_ReadWaitMode 取值	功 能 描 述
SDIO_ReadWaitMode_CLK	通过停止 SDIO_CLK 来控制读取等待
SDIO_ReadWaitMode_DATA2	使用 SDIO_DATA2 进行读取等待控制

（6）SDIO_SetSDIOOperation 函数：该函数使能或失能 SD I/O 模式操作。

函数原型	void SDIO_SetSDIOOperation(FunctionalState NewState)						
功能描述	使能或失能 SD I/O 模式操作						
输入参数	NewState：指定 SDIO 操作的新状态（可取 ENABLE 或 DISABLE）						
输出参数	无	返回值	无	先决条件	无	被调用函数	无

（7）SDIO_StopSDIOReadWait 函数：该函数停止 SD I/O 读取等待操作。

函数原型	void SDIO_StopSDIOReadWait(FunctionalState NewState)						
功能描述	停止 SD I/O 读取等待操作						
输入参数	NewState：停止读取等待操作的新状态（可取 ENABLE 或 DISABLE）						
输出参数	无	返回值	无	先决条件	无	被调用函数	无

（8）SDIO_StartSDIOReadWait 函数：该函数开启 SD I/O 读取等待操作。

函数原型	void SDIO_StartSDIOReadWait(FunctionalState NewState)						
功能描述	开启 SD I/O 读取等待操作						
输入参数	NewState：启动读取等待操作的新状态（可取 ENABLE 或 DISABLE）						
输出参数	无	返回值	无	先决条件	无	被调用函数	无

4．SDIO 标志与中断类函数

（1）SDIO_GetFlagStatus 函数：该函数检查指定 SDIO 标志位设置与否。

函数原型	FlagStatus SDIO_GetFlagStatus(uint32_t SDIO_FLAG)		
功能描述	检查指定 SDIO 标志位设置与否		
输入参数	SDIO_FLAG：待检查的 SDIO 标志位，其取值定义 1 如表 9.65 所示		
输出参数	无	返回值	SDIO 标志位的新状态（可取 SET 或 RESET）
先决条件	无	被调用函数	无

表 9.65 SDIO_FLAG 取值定义 1

SDIO_FLAG 取值	功 能 描 述	SDIO_FLAG 取值	功 能 描 述
SDIO_FLAG_CCRCFAIL	命令响应接收标志位（CRC 校验失败）	SDIO_FLAG_TXACT	数据正在发送标志位
SDIO_FLAG_DCRCFAIL	数据块发送/接收标志位（CRC 校验失败）	SDIO_FLAG_RXACT	数据正在接收标志位
SDIO_FLAG_CTIMEOUT	命令响应超时标志位	SDIO_FLAG_TXFIFOHE	发送 FIFO 半空标志位

续表

SDIO_FLAG 取值	功 能 描 述	SDIO_FLAG 取值	功 能 描 述
SDIO_FLAG_DTIMEOUT	数据超时标志位	SDIO_FLAG_RXFIFOHF	接收 FIFO 半满标志位
SDIO_FLAG_TXUNDERR	发送 FIFO 下溢出错标志位	SDIO_FLAG_TXFIFOF	发送 FIFO 满标志位
SDIO_FLAG_RXOVERR	接收 FIFO 上溢出错标志位	SDIO_FLAG_RXFIFOF	接收 FIFO 满标志位
SDIO_FLAG_CMDREND	命令响应接收标志位（CRC 校验通过）	SDIO_FLAG_TXFIFOE	发送 FIFO 空标志位
SDIO_FLAG_CMDSENT	命令发送标志位（不需要响应）	SDIO_FLAG_RXFIFOE	接收 FIFO 空标志位
SDIO_FLAG_DATAEND	数据传输结束标志位（数据计数器 SDIO_COUNT 为零）	SDIO_FLAG_TXDAVL	发送 FIFO 中的数据有效标志位
SDIO_FLAG_STBITERR	在宽总线模式下所有数据线都未检测到起始位	SDIO_FLAG_RXDAVL	接收 FIFO 中的数据有效标志位
SDIO_FLAG_DBCKEND	数据块发送/接收标志位（CRC 校验通过）	SDIO_FLAG_SDIOIT	SD I/O 中断接收标志位
SDIO_FLAG_CMDACT	命令正在传输标志位	SDIO_FLAG_CEATAEND	CMD61 的 CE-ATA 命令完成信号接收标志位

（2）SDIO_ClearFlag 函数：该函数清除 SDIO 的待处理标志位。

函数原型	void SDIO_ClearFlag(uint32_t SDIO_FLAG)						
功能描述	清除 SDIO 的待处理标志位						
输入参数	SDIO_FLAG：待清除的 SDIO 标志位，其取值定义 2 如表 9.66 所示						
输出参数	无	返回值	无	先决条件	无	被调用函数	无

表 9.66　SDIO_FLAG 取值定义 2

SDIO_FLAG 取值	功 能 描 述
SDIO_FLAG_CCRCFAIL	命令响应接收标志位（CRC 校验失败）
SDIO_FLAG_DCRCFAIL	数据块发送/接收标志位（CRC 校验失败）
SDIO_FLAG_CTIMEOUT	命令响应超时标志位
SDIO_FLAG_DTIMEOUT	数据超时标志位
SDIO_FLAG_TXUNDERR	发送 FIFO 下溢出错标志位
SDIO_FLAG_RXOVERR	接收 FIFO 上溢出错标志位
SDIO_FLAG_CMDREND	命令响应接收标志位（CRC 校验通过）
SDIO_FLAG_CMDSENT	命令发送标志位（不需要响应）
SDIO_FLAG_DATAEND	数据传输结束标志位（数据计数器 SDIO_COUNT 为 0）
SDIO_FLAG_STBITERR	在宽总线模式下所有数据线都未检测到起始位
SDIO_FLAG_DBCKEND	数据块发送/接收标志位（CRC 校验通过）
SDIO_FLAG_SDIOIT	SD I/O 中断接收标志位
SDIO_FLAG_CEATAEND	CMD61 的 CE-ATA 命令完成信号接收标志位

（3）SDIO_ITConfig 函数：该函数使能或失能 SDIO 中断。

函数原型	void SDIO_ITConfig(uint32_t SDIO_IT, FunctionalState NewState)						
功能描述	使能或失能 SDIO 中断						
输入参数 1	SDIO_IT：待使能或失能的 SDIO 中断源，其取值定义 1 如表 9.67 所示						
输入参数 2	NewState：SDIO 中断的新状态（可取 ENABLE 或 DISABLE）						
输出参数	无	返回值	无	先决条件	无	被调用函数	无

表 9.67　SDIO_IT 取值定义 1

SDIO_IT 取值	功 能 描 述
SDIO_IT_CCRCFAIL	命令响应接收中断屏蔽（CRC 校验失败）
SDIO_IT_DCRCFAIL	数据块发送/接收中断屏蔽（CRC 校验失败）
SDIO_IT_CTIMEOUT	命令响应超时中断屏蔽
SDIO_IT_DTIMEOUT	数据超时中断屏蔽
SDIO_IT_TXUNDERR	发送 FIFO 下溢出错中断屏蔽
SDIO_IT_RXOVERR	接收 FIFO 上溢出错中断屏蔽
SDIO_IT_CMDREND	命令响应接收中断屏蔽（CRC 校验通过）
SDIO_IT_CMDSENT	命令发送中断屏蔽（不需要响应）
SDIO_IT_DATAEND	数据传输结束中断屏蔽（数据计数器 SDIO_COUNT 为 0）
SDIO_IT_STBITERR	在宽总线模式下所有数据线都未检测到起始位中断屏蔽
SDIO_IT_DBCKEND	数据块发送/接收中断屏蔽（CRC 校验通过）
SDIO_IT_CMDACT	命令传输过程中断屏蔽
SDIO_IT_TXACT	数据发送过程中断屏蔽
SDIO_IT_RXACT	数据接收过程中断屏蔽
SDIO_IT_TXFIFOHE	发送 FIFO 半空中断屏蔽
SDIO_IT_RXFIFOHF	接收 FIFO 半满中断屏蔽
SDIO_IT_TXFIFOF	发送 FIFO 满中断屏蔽
SDIO_IT_RXFIFOF	接收 FIFO 满中断屏蔽
SDIO_IT_TXFIFOE	发送 FIFO 空中断屏蔽
SDIO_IT_RXFIFOE	接收 FIFO 空中断屏蔽
SDIO_IT_TXDAVL	发送 FIFO 中的数据有效中断屏蔽
SDIO_IT_RXDAVL	接收 FIFO 中的数据有效中断屏蔽
SDIO_IT_SDIOIT	SD I/O 中断接收中断屏蔽
SDIO_IT_CEATAEND	CMD61 的 CE-ATA 命令完成信号接收中断屏蔽

（4）SDIO_CEATAITCmd 函数：该函数使能或失能 CE-ATA 中断。

函数原型	void SDIO_CEATAITCmd(FunctionalState NewState)
功能描述	使能或失能 CE-ATA 中断
输入参数	NewState：CE-ATA 中断的新状态（可取 ENABLE 或 DISABLE）

输出参数	无	返回值	无	先决条件	无	被调用函数	无

（5）SDIO_GetITStatus 函数：该函数检查指定的 SDIO 中断是否发生。

函数原型	ITStatus SDIO_GetITStatus(uint32_t SDIO_IT)		
功能描述	检查指定的 SDIO 中断是否发生		
输入参数	SDIO_IT：待检查的 SDIO 中断源		
输出参数	无	返回值	指定 SDIO 中断源的新状态（可取 SET 或 RESET）
先决条件	无	被调用函数	无

（6）SDIO_ClearITPendingBit 函数：该函数清除 SDIO 的中断待处理位。

函数原型	void SDIO_ClearITPendingBit(uint32_t SDIO_IT)						
功能描述	清除 SDIO 的中断待处理位						
输入参数	SDIO_IT：待清除的 SDIO 中断源，其取值定义 2 如表 9.68 所示						
输出参数	无	返回值	无	先决条件	无	被调用函数	无

表 9.68　SDIO_IT 取值定义 2

SDIO_IT 取值	功 能 描 述
SDIO_IT_CCRCFAIL	命令响应接收中断屏蔽（CRC 校验失败）
SDIO_IT_DCRCFAIL	数据块发送/接收中断屏蔽（CRC 校验失败）
SDIO_IT_CTIMEOUT	命令响应超时中断屏蔽
SDIO_IT_DTIMEOUT	数据超时中断屏蔽
SDIO_IT_TXUNDERR	发送 FIFO 下溢出错中断屏蔽
SDIO_IT_RXOVERR	接收 FIFO 上溢出错中断屏蔽
SDIO_IT_CMDREND	命令响应接收中断屏蔽（CRC 校验通过）
SDIO_IT_CMDSENT	命令发送中断屏蔽（不需要响应）
SDIO_IT_DATAEND	数据传输结束中断屏蔽（数据计数器 SDIO_COUNT 为 0）
SDIO_IT_STBITERR	在宽总线模式下所有数据线都未检测到起始位中断屏蔽
SDIO_IT_SDIOIT	SD I/O 中断接收中断屏蔽
SDIO_IT_CEATAEND	CMD61 的 CE-ATA 命令完成信号接收中断屏蔽

9.4.3　Micro SD 卡操作实践

很多单片机系统需要大容量存储设备来存储数据，目前常用的有 U 盘、FLASH 芯片和 Micro SD 卡等。其中，Micro SD 卡（下面简称 SD 卡）只需要少数几个 I/O 端口即可外扩一个 32GB 以上的外部存储器，支持 SPI/SDIO 驱动，容量从几十兆字节到几十吉字节，选择尺度很大，更换方便，编程简单，并且有多种尺寸（标准的 SD 卡尺寸和 TF 卡尺寸等）可供选择，能满足不同应用的要求，是单片机大容量外部存储器的首选。

STM32F10x 所使用的核心板大多自带了标准的 SD 卡接口，如果没有带也可以方便地进行硬件连接。使用 STM32F1 自带的 SDIO 接口驱动 SD 卡，最高通信速率可达 24MHz，每秒可传输数据 12MB，对于一般应用已经足够了。SDIO 功能结构和库函数的相关知识在前两节已经详细讲解过，这里为了便于后面进行系统设计实践，再简要介绍一下 SDIO 时钟和命令与响应等知识。

从 9.4.1 节中的图 9.8 可以看出，SDIO 共有三个时钟，具体内容如下。

（1）卡时钟（SDIO_CK）。每个卡时钟周期在命令和数据线上传输 1 位命令或数据。对于多媒体卡 V3.31 协议，时钟频率可以在 0～20MHz 范围内变化；对于多媒体卡 V4.0/4.2 协议，时钟频率可以在 0～48MHz 范围内变化；对于 SD 或 SD I/O 卡，时钟频率可以在 0～25MHz 范围内变化。

（2）SDIO 适配器时钟（SDIOCLK）。该时钟用于驱动 SDIO 适配器，其频率等于 AHB 总线频率（HCLK），并用于产生 SDIO_CK 时钟。

（3）AHB 总线接口时钟（HCLK/2）。该时钟用于驱动 SDIO 的 AHB 总线接口，其频率为 HCLK/2。

前面提到根据卡的不同，SD 卡时钟（SDIO_CK）有几个区间，这就涉及时钟频率的设置，SDIO_CK 与 SDIOCLK（HCLK）的关系在 9.4.2 节中介绍过，即

$$SDIO\_CK=SDIOCLK/(2+CLK\_DIV)$$

式中，SDIOCLK 为 HCLK，一般是 72MHz；CLK_DIV 是分配系数，可以通过 SDIO 的 SDIO_CLKCR 寄存器进行设置（确保 SDIO_CK 不超过卡的最大操作时钟频率）。

> 注意 在 SD 卡刚刚初始化时，其时钟频率（SDIO_CK）是不能超过 400kHz 的，否则可能无法完成初始化，但初始化以后，就可以设置时钟频率到最大了（但不可超出 SD 卡的最大操作时钟频率）。

SDIO 的命令分为应用相关命令（ACMD）和通用命令（CMD）两部分，必须先发送通用命令（CMD55），然后才能发送应用相关命令。SDIO 的所有命令和响应都是通过 SDIO_CMD 引脚传输的，任何命令的长度都固定为 48 位，其命令格式如表 9.69 所示。

表 9.69 SDIO 命令格式

位	宽　度	值	说　明
bit47	1	0	起始位
bit46	1	1	传输位
bit[45:40]	6	—	命令索引
bit[39:8]	32	—	参数
bit[7:1]	7	—	CRC7
bit0	1	1	结束位

所有命令都是由 STM32 微控制器发出的，其中起始位、传输位、CRC7 和结束位由 SDIO 硬件控制，需要设置的只有命令索引和参数。命令索引（如 CMD0、CMD1 等）在 SDIO_CMD 寄存器中设置，参数则在 SDIO_ARG 寄存器中设置。

在一般情况下，选中的 SD 卡在接收到命令之后，会回复一个应答（注意，CMD0 是没有应答的），这个应答称为响应，响应也在 CMD 线上串行传输。STM32 的 SDIO 控制器支持两种响应类型，即短响应（48 位）和长响应（136 位）。这两种响应类型都带 CRC 错误检测，对于不带 CRC 错误检测的响应

应该忽略 CRC 错误标志，如 CMD1 的响应。SDIO 短响应命令格式和 SDIO 长响应命令格式分别如表 9.70 和表 9.71 所示。SD 卡的响应主要有五类，即 R1、R2、R3、R6 和 R7，这里不再详述。

表 9.70　SDIO 短响应命令格式

位	宽　度	值	说　明
bit47	1	0	起始位
bit46	1	0	传输位
bit[45:40]	6	—	命令索引
bit[39:8]	32	—	参数
bit[7:1]	7	—	CRC7（或 1111111）
bit0	1	1	结束位

表 9.71　SDIO 长响应命令格式

位	宽　度	值	说　明
bit135	1	0	起始位
bit46	1	1	传输位
bit[133:128]	6	111111	保留
bit[127:1]	127	—	CID 或 CSD（包括内部 CRC7）
bit0	1	1	结束位

接收到响应后，硬件会自动滤除起始位、传输位、CRC7 和结束位等信息。对于短响应，将接收到的命令索引存放在 SDIO_RESPCMD 寄存器中，参数则存放在 SDIO_RESP1 寄存器中；而对于长响应，仅保留 CID/CSD 位域，存放在 SDIO_RESP1～SDIO_RESP4 四个寄存器中。

从机在接收到主机相关命令后，开始发送数据块给主机，所有数据块都带有 CRC 校验值（CRC 校验值由 SDIO 硬件自动处理）。读单个数据块时，收到一个数据块后即可停止，不需要发送停止命令（CMD12）；而读多个数据块时，SD 卡会一直发送数据给主机，直到接到主机发送的停止命令才停止。数据块写操作同数据块读操作基本类似，只是写数据块时，多了一个 SD 卡忙状态的判断，新的数据块必须在 SD 卡空闲时发送。这里的忙信号由 SD 卡拉低 SDIO_D0 来表示，由 SDIO 硬件自动控制，不需要软件处理。

SDIO 时钟和命令与响应的相关知识就介绍到这里，通过上述讲解我们已经基本了解了数据在 SDIO 控制器与 SD 卡之间的传输流程，更多详细的介绍可以自行参考《STM32F10x 中文参考手册》。

下面简要介绍一下 SD 卡的初始化步骤，虽然 9.4.1 节已有介绍，但较为笼统，这里将场景设定为实际应用进行讲解。

无论是什么类型的 SD 卡，都要先执行卡上电（需要设置 SDIO_POWER[1:0] = 11）操作，上电后发送 CMD0 命令对卡进行软复位，之后再发送 CMD8 命令，以区分 SD 卡 2.0，只有 SD 卡 2.0 及其以后的版本支持 CMD8 命令，MMC 卡和 V1.x 卡是不支持该命令的。在发送 CMD8 命令时，通过其自带参数可以设置 VHS 位，从而将主机的供电情况告诉 SD 卡。假设使用参数 0x1AA，即告诉 SD 卡，主机供电为 2.7～3.6V。如果 SD 卡支持 CMD8 命令，且支持该电压范围，则会通过 CMD8 命令的响应（R7）

将部分参数返回主机；如果不支持 CMD8 命令或不支持该电压范围，则不进行响应。

发送完 CMD8 命令后，再发送 ACMD41 命令来进一步确认卡的操作电压范围（注意，发送 ACMD41 命令之前，需要先发送 CMD55 命令），并通过 HCS 位告诉 SD 卡，主机是否支持高容量卡（SDHC）。对于支持 CMD8 命令的 SD 卡，主机通过 ACMD41 命令的参数设置 HCS 位为 1，告诉 SD 卡主机支 SDHC；如果设置为 0，则表示主机不支持 SDHC。如果 SDHC 接收到 HCS 位为 0，则永远不会返回卡就绪状态。对于不支持 CMD8 命令的 SD 卡，HCS 位设置为 0 即可。

SD 卡在接收到 ACMD41 命令后会返回 OCR 寄存器内容，如果是 2.0 的 SD 卡，主机可以通过判断 OCR 寄存器的 CCS 位来判断是 SDHC 还是 SDSC；如果是 V1.x 卡，则忽略该位。OCR 寄存器的最后一位用于告诉主机 SD 卡是否上电完成，如果上电完成，该位将会被置 1。MMC 卡不支持 ACMD41 命令，且不响应 CMD55 命令，只需要在发送 CMD0 命令后，再发送 CMD1 命令（作用同 ACMD41 命令）检查 MMC 卡的 OCR 寄存器，即可实现 MMC 卡的初始化。

之后再发送 CMD2 和 CMD3 命令，用于获得 SD 卡的 CID 寄存器数据和卡相对地址。CMD2 命令用于获得 CID 寄存器的数据，SD 卡在收到 CMD2 命令后，将返回 R2 长响应（136 位），其中包含 128 位有效数据，并将其存放在 SDIO_RESP1～SDIO_RESP4 四个寄存器中，通过读取这四个寄存器，可以获得 SD 卡的 CID 信息。CMD3 命令用于设置卡相对地址（RCA，必须为非 0），对于 SD 卡（非 MMC 卡），在接收到 CMD3 命令后，将返回一个新的 RCA 给主机，以便主机寻址。RCA 的存在允许一个 SDIO 接口挂多个 SD 卡，通过 RCA 区分主机要操作的是哪个卡。对于 MMC 卡而言，不是由 SD 卡自动返回 RCA，而是主机主动设置 MMC 卡的 RCA，即通过 CMD3 命令（带参数，高 16 位用于 RCA 设置），实现 RCA 设置。同样，MMC 卡也支持一个 SDIO 接口挂多个 MMC 卡，MMC 卡的所有 RCA 都是由主机主动设置的，而 SD 卡的 RCA 则是通过 SD 卡发给主机的。

获得 RCA 之后，就可以发送 CMD9 命令（带 RCA 参数），以获得 SD 卡的 CSD 寄存器内容，从 CSD 寄存器可以得到 SD 卡的容量和扇区大小等十分重要的信息。至此，SD 卡的初始化基本就结束了，最后通过 CMD7 命令，选中要操作的 SD 卡，即可开始 SD 卡的读/写操作。对于 SD 卡的其他命令和参数，这里就不再详述。

现在我们对 SDIO 的整个工作流程已经有了比较清晰的理解。本节的系统设计实践在开机时先按照上述初始化步骤初始化 SD 卡，如果 SD 卡的初始化完成，则在 LCD 模块上提示初始化成功。按下 KEY0，读取 SD 卡扇区 0 的数据，然后通过 USART1 发送到计算机；如果 SD 卡初始化未通过，则在 LCD 模块上提示初始化失败。本节同样利用 LED0 指示程序正在运行。

本例程需要用到的硬件为 KEY0、LED0、USART1 和 TFTLCD，参照前面的例程，这些硬件的连接方案不需要进行任何更改，相关配置程序也不需要进行改动。此外，本次系统设计还需要用到一个 SD 卡，SD 卡接口的硬件连接图如图 9.14 所示，其中 DATA0 引脚（SDIO_D0）与控制器的 PC8 引脚连接，DATA1 引脚（SDIO_D1）与控制器的 PC9 引脚连接，DATA2 引脚（SDIO_D2）与控制器的 PC10 引脚连接，DATA3 引脚（SDIO_D3）与控制器的 PC11 引脚连接，CLK 引脚与控制器的 PC12 引脚连接，而 CMD 引脚与控制器的 PD2 引脚连接。

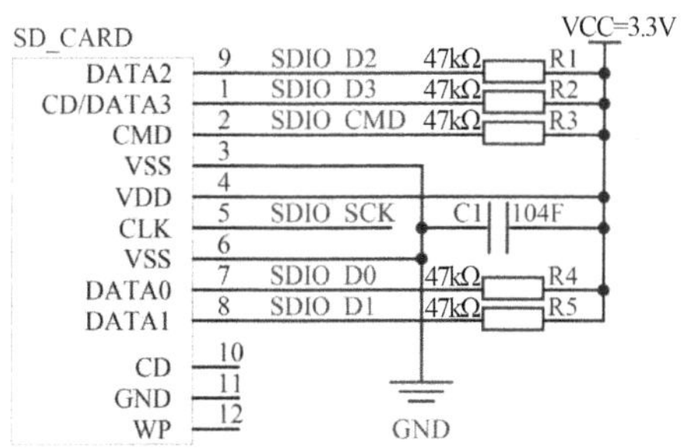

图 9.14　SD 卡接口的硬件连接图

本例程同样可以在上一节“CAN 总线通信编程实现”例程中程序代码的基础上进行修改，也可以把这次用不到的 CAN 配置程序删除。首先打开 Project 文件夹，将其中的文件名更改为 SDIO_SD.uvprojx；其次双击打开，新建一个 sdio.c 文件，用于编写 SDIO 相关配置程序代码；最后新建一个 sdio.h 头文件，用来定义 SDIO 相关结构体，并进行相关宏定义和函数声明，以便其他文件调用，把这两个文件保存在 Hardware\SDIO 文件夹中。由于代码较多，这里不再罗列，读者可以参考电子版资料，这里仅对重要的几个部分进行介绍。

首先介绍一下 SD 卡初始化函数，该函数源码如下。

```
/*****************************************************************
**函 数 名：SD_Init
**功能描述：初始化 SD 卡
**输入参数：无
**输出参数：错误代码（输出为 0 表示无错误）
*****************************************************************/
SD_Error SD_Init(void)
{
    NVIC_InitTypeDef NVIC_InitStructure;
    GPIO_InitTypeDef  GPIO_InitStructure;
    uint8_t clkdiv=0;
    SD_Error errorstatus=SD_OK;
    //SDIO I/O 端口初始化
    //使能 PORTC、PORTD 时钟
    RCC_APB2PeriphClockCmd(RCC_APB2Periph_GPIOC|RCC_APB2Periph_GPIOD,ENABLE);
    //使能 SDIO、DMA2 时钟
    RCC_AHBPeriphClockCmd(RCC_AHBPeriph_SDIO|RCC_AHBPeriph_DMA2,ENABLE);
    GPIO_InitStructure.GPIO_Pin = GPIO_Pin_8|GPIO_Pin_9|GPIO_Pin_10| GPIO_
    Pin_11|GPIO_Pin_12;                                    //PC8～PC12 复用输出
    GPIO_InitStructure.GPIO_Mode = GPIO_Mode_AF_PP;        //复用推挽输出
    GPIO_InitStructure.GPIO_Speed = GPIO_Speed_50MHz;  //I/O 端口速率为 50MHz
    GPIO_Init(GPIOC, &GPIO_InitStructure);        //根据设定参数初始化 PC8～PC12
    GPIO_InitStructure.GPIO_Pin = GPIO_Pin_2;              //复用输出
    GPIO_InitStructure.GPIO_Mode = GPIO_Mode_AF_PP;        //复用推挽输出
    GPIO_InitStructure.GPIO_Speed = GPIO_Speed_50MHz;  //I/O 端口速率为 50MHz
    GPIO_Init(GPIOD, &GPIO_InitStructure);                //根据设定参数初始化 PD2
    GPIO_InitStructure.GPIO_Pin = GPIO_Pin_7;              //PD7 上拉输入
    GPIO_InitStructure.GPIO_Mode = GPIO_Mode_IPU;          //复用推挽输出
    GPIO_InitStructure.GPIO_Speed = GPIO_Speed_50MHz;  //I/O 端口速率为 50MHz
    GPIO_Init(GPIOD, &GPIO_InitStructure);                //根据设定参数初始化 PD7
    //SDIO 外设寄存器设置为默认值
```

```
    SDIO_DeInit();
    NVIC_InitStructure.NVIC_IRQChannel = SDIO_IRQn;      //SDIO 中断配置
    NVIC_InitStructure.NVIC_IRQChannelPreemptionPriority = 0; //抢占优先级 0
    NVIC_InitStructure.NVIC_IRQChannelSubPriority = 0; //子优先级 0
    NVIC_InitStructure.NVIC_IRQChannelCmd = ENABLE;      //使能外部中断通道
    NVIC_Init(&NVIC_InitStructure);//根据 NVIC_InitStruct 中指定的参数初始化外设
                                   //NVIC 寄存器
    errorstatus=SD_PowerON();                            //SD 卡上电
    if(errorstatus==SD_OK)
        errorstatus=SD_InitializeCards();                //初始化 SD 卡
    if(errorstatus==SD_OK)
        errorstatus=SD_GetCardInfo(&SDCardInfo);         //获取卡信息
    if(errorstatus==SD_OK)
        //选中 SD 卡
        errorstatus=SD_SelectDeselect((uint32_t)(SDCardInfo.RCA<<16));
    if(errorstatus==SD_OK)
        //4 位宽度，如果是 MMC 卡，则不能用 4 位模式
        errorstatus=SD_EnableWideBusOperation(1);
    if((errorstatus==SD_OK)||(SDIO_MULTIMEDIA_CARD==CardType))
    {
    if(SDCardInfo.CardType==SDIO_STD_CAPACITY_SD_CARD_V1_1||SDCardInfo.Car
    dType==SDIO_STD_CAPACITY_SD_CARD_V2_0)
        {
            clkdiv=SDIO_TRANSFER_CLK_DIV+6; //V1.1/V2.0 卡，设置最高 72/12=6MHz
        }else clkdiv=SDIO_TRANSFER_CLK_DIV; //SDHC 等其他卡，设置最高 72/6=12MHz
        //设置时钟频率，SDIO 时钟计算公式为 SDIO_CK 时钟=SDIOCLK/(CLK_DIV+2)，其中，
        //SDIOCLK 固定为 48MHz
        SDIO_Clock_Set(clkdiv);
        //errorstatus=SD_SetDeviceMode(SD_DMA_MODE);      //设置为 DMA 模式
        errorstatus=SD_SetDeviceMode(SD_POLLING_MODE); //设置为查询模式
    }
    return errorstatus;
}
```

SD 卡初始化函数首先实现 SDIO 时钟和相关 I/O 端口的初始化，其次对 SDIO 部分寄存器进行清零操作并开始 SD 卡的初始化流程，这个过程在前面已经详细介绍过。首先，通过 SD_PowerON 函数（SD 卡上电函数）完成 SD 卡的上电，并获得 SD 卡的类型（SDHC / SDSC / SDV1.x / MMC）；其次，调用 SD_InitializeCards 函数，完成 SD 卡的初始化。SD_InitializeCards 函数代码如下。

```
/*****************************************************************
**函 数 名：SD_InitializeCards
**功能描述：初始化所有卡，并让卡进入就绪状态
**输入参数：无
**输出参数：错误代码
*****************************************************************/
SD_Error SD_InitializeCards(void)
{
    SD_Error errorstatus=SD_OK;
    uint16_t rca = 0x01;
    //检查电源状态，确保为上电状态
    if(SDIO_GetPowerState()==0)return SD_REQUEST_NOT_APPLICABLE;
    if(SDIO_SECURE_DIGITAL_IO_CARD!=CardType)    //非 SECURE_DIGITAL_IO_CARD
    {
        SDIO_CmdInitStructure.SDIO_Argument = 0x0;//发送 CMD2，取得 CID，长响应
        SDIO_CmdInitStructure.SDIO_CmdIndex = SD_CMD_ALL_SEND_CID;
```

```
        SDIO_CmdInitStructure.SDIO_Response = SDIO_Response_Long;
        SDIO_CmdInitStructure.SDIO_Wait = SDIO_Wait_No;
        SDIO_CmdInitStructure.SDIO_CPSM = SDIO_CPSM_Enable;
        SDIO_SendCommand(&SDIO_CmdInitStructure);   //发送 CMD2，取得 CID，长响应
        errorstatus=CmdResp2Error();                //等待 R2 响应
        if(errorstatus!=SD_OK)return errorstatus;   //响应错误
        CID_Tab[0]=SDIO->RESP1;
        CID_Tab[1]=SDIO->RESP2;
        CID_Tab[2]=SDIO->RESP3;
        CID_Tab[3]=SDIO->RESP4;
    }
    if((SDIO_STD_CAPACITY_SD_CARD_V1_1==CardType)||(SDIO_STD_CAPACITY_SD_
    CARD_V2_0==CardType)||(SDIO_SECURE_DIGITAL_IO_COMBO_CARD==CardType)||
    (SDIO_HIGH_CAPACITY_SD_CARD==CardType))          //判断卡类型
    {
        SDIO_CmdInitStructure.SDIO_Argument = 0x00; //发送 CMD3，短响应
        SDIO_CmdInitStructure.SDIO_CmdIndex = SD_CMD_SET_REL_ADDR; //CMD3
        SDIO_CmdInitStructure.SDIO_Response = SDIO_Response_Short; //R6
        SDIO_CmdInitStructure.SDIO_Wait = SDIO_Wait_No;
        SDIO_CmdInitStructure.SDIO_CPSM = SDIO_CPSM_Enable;
        SDIO_SendCommand(&SDIO_CmdInitStructure);           //发送 CMD3，短响应
        errorstatus=CmdResp6Error(SD_CMD_SET_REL_ADDR,&rca);   //等待 R6 响应
        if(errorstatus!=SD_OK)return errorstatus;              //响应错误

    }
    if (SDIO_MULTIMEDIA_CARD==CardType)
    {
        //发送 CMD3，短响应
        SDIO_CmdInitStructure.SDIO_Argument = (uint32_t)(rca<<16);
        SDIO_CmdInitStructure.SDIO_CmdIndex = SD_CMD_SET_REL_ADDR; //CMD3
        SDIO_CmdInitStructure.SDIO_Response = SDIO_Response_Short; //R6
        SDIO_CmdInitStructure.SDIO_Wait = SDIO_Wait_No;
        SDIO_CmdInitStructure.SDIO_CPSM = SDIO_CPSM_Enable;
        SDIO_SendCommand(&SDIO_CmdInitStructure);            //发送 CMD3,短响应
        errorstatus=CmdResp2Error();                         //等待 R2 响应
        if(errorstatus!=SD_OK)return errorstatus;            //响应错误
    }
    if (SDIO_SECURE_DIGITAL_IO_CARD!=CardType)   //非 SECURE_DIGITAL_IO_CARD
    {
        RCA = rca;
        //发送 CMD9+RCA，取得 CSD，长响应
        SDIO_CmdInitStructure.SDIO_Argument = (uint32_t)(rca << 16);
        SDIO_CmdInitStructure.SDIO_CmdIndex = SD_CMD_SEND_CSD;
        SDIO_CmdInitStructure.SDIO_Response = SDIO_Response_Long;
        SDIO_CmdInitStructure.SDIO_Wait = SDIO_Wait_No;
        SDIO_CmdInitStructure.SDIO_CPSM = SDIO_CPSM_Enable;
        SDIO_SendCommand(&SDIO_CmdInitStructure);

        errorstatus=CmdResp2Error();                         //等待 R2 响应
        if(errorstatus!=SD_OK)return errorstatus;            //响应错误
        CSD_Tab[0]=SDIO->RESP1;
        CSD_Tab[1]=SDIO->RESP2;
        CSD_Tab[2]=SDIO->RESP3;
        CSD_Tab[3]=SDIO->RESP4;
    }
    return SD_OK;                                            //卡初始化成功
}
```

SD_InitializeCards 函数主要发送 CMD2 和 CMD3 命令，获得 CID 寄存器内容和 SD 卡的相对地址，并通过 CMD9 命令获取 CSD 寄存器内容，实际上到这里 SD 卡的初始化就已经完成了。随后，在 SD_Init 函数中先通过调用 SD_GetCardInfo 函数获取 SD 卡相关信息，并通过调用 SD_SelectDeselect 函数选择要操作的卡（CMD7+RCA）；再通过 SD_EnableWideBusOperation 函数设置 SDIO 的数据位宽为 4 位（MMC 卡只能支持 1 位模式）；最后设置 SDIO_CK 时钟的频率，并设置工作模式（DMA/轮询）。

其次介绍一下 SD 卡读块函数，即 SD_ReadBlock，该函数用于从 SD 卡指定地址读出一个块（扇区）数据，函数代码如下。

```
/*************************************************************
**函 数 名：SD_ReadBlock
**功能描述：SD 卡读取一个块
**输入参数：buf，读数据缓存区（必须 4 字节对齐）
          addr，读取地址
          blksize，块大小
**输出参数：错误代码
*************************************************************/
SD_Error SD_ReadBlock(uint8_t *buf,long long addr,uint16_t blksize)
{
    SD_Error errorstatus=SD_OK;
    uint8_t power;
    uint32_t count=0,*tempbuff=(uint32_t*)buf;      //转换为 uint32_t 指针
    uint32_t timeout=SDIO_DATATIMEOUT;
    if(NULL==buf)return SD_INVALID_PARAMETER;
    SDIO->DCTRL=0x0;                                //数据控制寄存器清零(关 DMA)
    if(CardType==SDIO_HIGH_CAPACITY_SD_CARD)        //大容量卡
    {
        blksize=512;
        addr>>=9;
    }
    //清除 DPSM 状态机配置
    SDIO_DataInitStructure.SDIO_DataBlockSize= SDIO_DataBlockSize_1b;
    SDIO_DataInitStructure.SDIO_DataLength= 0 ;
    SDIO_DataInitStructure.SDIO_DataTimeOut=SD_DATATIMEOUT ;
    SDIO_DataInitStructure.SDIO_DPSM=SDIO_DPSM_Enable;
    SDIO_DataInitStructure.SDIO_TransferDir=SDIO_TransferDir_ToCard;
    SDIO_DataInitStructure.SDIO_TransferMode=SDIO_TransferMode_Block;
    SDIO_DataConfig(&SDIO_DataInitStructure);
    if(SDIO->RESP1&SD_CARD_LOCKED)return SD_LOCK_UNLOCK_FAILED;    //卡锁定
    if((blksize>0)&&(blksize<=2048)&&((blksize&(blksize-1))==0))
    {
        power=convert_from_bytes_to_power_of_two(blksize);
        SDIO_CmdInitStructure.SDIO_Argument =  blksize;
        SDIO_CmdInitStructure.SDIO_CmdIndex = SD_CMD_SET_BLOCKLEN;
        SDIO_CmdInitStructure.SDIO_Response = SDIO_Response_Short;
        SDIO_CmdInitStructure.SDIO_Wait = SDIO_Wait_No;
        SDIO_CmdInitStructure.SDIO_CPSM = SDIO_CPSM_Enable;
        //发送 CMD16+设置数据长度为 blksize，短响应
        SDIO_SendCommand(&SDIO_CmdInitStructure);
        errorstatus=CmdResp1Error(SD_CMD_SET_BLOCKLEN);     //等待 R1 响应
        if(errorstatus!=SD_OK)return errorstatus;           //响应错误
    }else return SD_INVALID_PARAMETER;
    SDIO_DataInitStructure.SDIO_DataBlockSize= power<<4;//清除 DPSM 状态机配置
    SDIO_DataInitStructure.SDIO_DataLength= blksize ;
```

```
    SDIO_DataInitStructure.SDIO_DataTimeOut=SD_DATATIMEOUT;
    SDIO_DataInitStructure.SDIO_DPSM=SDIO_DPSM_Enable;
    SDIO_DataInitStructure.SDIO_TransferDir=SDIO_TransferDir_ToSDIO;
    SDIO_DataInitStructure.SDIO_TransferMode=SDIO_TransferMode_Block;
    SDIO_DataConfig(&SDIO_DataInitStructure);
    SDIO_CmdInitStructure.SDIO_Argument =  addr;
    SDIO_CmdInitStructure.SDIO_CmdIndex = SD_CMD_READ_SINGLE_BLOCK;
    SDIO_CmdInitStructure.SDIO_Response = SDIO_Response_Short;
    SDIO_CmdInitStructure.SDIO_Wait = SDIO_Wait_No;
    SDIO_CmdInitStructure.SDIO_CPSM = SDIO_CPSM_Enable;
    //发送 CMD17+从地址参数 addr 中读取数据，短响应
    SDIO_SendCommand(&SDIO_CmdInitStructure);
    errorstatus=CmdResp1Error(SD_CMD_READ_SINGLE_BLOCK);    //等待 R1 响应
    if(errorstatus!=SD_OK)return errorstatus;              //响应错误
    if(DeviceMode==SD_POLLING_MODE)                        //查询模式，轮询数据
    {
        INTX_DISABLE();//关闭总中断（POLLING 模式，严禁中断 SDIO 读/写操作）
        //无上溢/CRC/超时/完成(标志)/起始位错误
        while(!(SDIO->STA&((1<<5)|(1<<1)|(1<<3)|(1<<10)|(1<<9))))
        {
            //接收区半满，表示至少存了 8 个字
            if(SDIO_GetFlagStatus(SDIO_FLAG_RXFIFOHF) != RESET)
            {
                for(count=0;count<8;count++)                //循环读取数据
                {
                    *(tempbuff+count)=SDIO->FIFO;
                }
                tempbuff+=8;
                timeout=0X7FFFFF;                           //读数据溢出时间
            }else                                           //处理超时
            {
                if(timeout==0)return SD_DATA_TIMEOUT;
                timeout--;
            }
        }
        if(SDIO_GetFlagStatus(SDIO_FLAG_DTIMEOUT) != RESET) //数据超时错误
        {
            SDIO_ClearFlag(SDIO_FLAG_DTIMEOUT);             //清错误标志
            return SD_DATA_TIMEOUT;
        }else if(SDIO_GetFlagStatus(SDIO_FLAG_DCRCFAIL) != RESET)//数据块 CRC 错误
        {
            SDIO_ClearFlag(SDIO_FLAG_DCRCFAIL);             //清错误标志
            return SD_DATA_CRC_FAIL;
        //接收 FIFO 上溢错误
        }else if(SDIO_GetFlagStatus(SDIO_FLAG_RXOVERR) != RESET)
        {
            SDIO_ClearFlag(SDIO_FLAG_RXOVERR);              //清错误标志
            return SD_RX_OVERRUN;
        }else if(SDIO_GetFlagStatus(SDIO_FLAG_STBITERR) != RESET)//接收起始位错误
        {
            SDIO_ClearFlag(SDIO_FLAG_STBITERR);             //清错误标志
            return SD_START_BIT_ERR;
        }
        while(SDIO_GetFlagStatus(SDIO_FLAG_RXDAVL) != RESET)//FIFO 还存在可用数据
        {
            *tempbuff=SDIO_ReadData();                      //循环读取数据
            tempbuff++;
```

```
        }
        INTX_ENABLE();                              //开启总中断
        SDIO_ClearFlag(SDIO_STATIC_FLAGS);          //清除所有标记
    }else if(DeviceMode==SD_DMA_MODE)
    {
        SD_DMA_Config((uint32_t*)buf,blksize,DMA_DIR_PeripheralSRC);
        TransferError=SD_OK;
        StopCondition=0;                            //单块读，不需要发送停止传输命令
        TransferEnd=0;                              //传输结束标置位，在中断服务置 1
        SDIO->MASK|=(1<<1)|(1<<3)|(1<<8)|(1<<5)|(1<<9);//配置需要的中断
        SDIO_DMACmd(ENABLE);
    while(((DMA2->ISR&0X2000)==RESET)&&(TransferEnd==0)&&(TransferError==
    SD_OK)&&timeout)timeout--;                      //等待传输完成
        if(timeout==0)return SD_DATA_TIMEOUT;   //超时
        if(TransferError!=SD_OK)errorstatus=TransferError;
    }
    return errorstatus;
}
```

在 SD 卡读块函数中，首先发送 CMD16 命令，用于设置块大小；其次配置 SDIO 控制器读数据的长度；再次发送 CMD17 命令（带地址参数 addr），从指定地址读取一个数据块；最后根据所设置的模式（DMA 模式/轮询模式），从 SDIO_FIFO 中读出数据。

> 注意 addr 的参数类型应为长整型，以支持大于 4GB 的卡，否则操作大于 4GB 的卡可能有问题。在轮询模式下读/写 FIFO 时，应严禁任何中断打断，否则可能导致读/写数据出错，因此在函数中使用了 INTX_DISABLE 函数关闭总中断，在 FIFO 读/写操作结束后，才打开总中断（INTX_ENABLE 函数设置）。

关于 SD_ReadBlock 函数就介绍到这里，除此之外，sdio.c 文件中还有三个底层读/写函数，即 SD_ReadMultiBlocks（用于多块读）、SD_WriteBlock（用于单块写）和 SD_WriteMultiBlocks（用于多块写）。无论哪个函数，其数据 buf 的地址都必须是 4 字节对齐的，限于篇幅，这里就不再详述，可以查阅本例程的电子源代码。

最后讲解一下 SDIO 与文件系统的两个接口函数，即 SD_ReadDisk 和 SD_WriteDisk，这两个函数的代码如下。

```
/*************************************************************
**函 数 名：SD_ReadDisk
**功能描述：读 SD 卡
**输入参数：buf，读数据缓存区
          sector，扇区地址
          cnt，扇区个数
**输出参数：错误状态
*************************************************************/
uint8_t SD_ReadDisk(uint8_t*buf,uint32_t sector,uint8_t cnt)
{
    uint8_t sta=SD_OK;
    long long lsector=sector;
    uint8_t n;
    lsector<<=9;
```

```
    if((uint32_t)buf%4!=0)
    {
        for(n=0;n<cnt;n++)
        {
            //单个 sector 的读操作
            sta=SD_ReadBlock(SDIO_DATA_BUFFER,lsector+512*n,512);
            memcpy(buf,SDIO_DATA_BUFFER,512);
            buf+=512;
        }
    }else
    {
        if(cnt==1)sta=SD_ReadBlock(buf,lsector,512);    //单个 sector 的读操作
        else sta=SD_ReadMultiBlocks(buf,lsector,512,cnt);//多个 sector
    }
    return sta;
}
/**************************************************************
**函 数 名：SD_WriteDisk
**功能描述：读 SD 卡
**输入参数：buf，写数据缓存区
          sector，扇区地址
          cnt，扇区个数
**输出参数：错误状态
**************************************************************/
uint8_t SD_WriteDisk(uint8_t*buf,uint32_t sector,uint8_t cnt)
{
    uint8_t sta=SD_OK;
    uint8_t n;
    long long lsector=sector;
    lsector<<=9;
    if((uint32_t)buf%4!=0)
    {
        for(n=0;n<cnt;n++)
        {
            memcpy(SDIO_DATA_BUFFER,buf,512);
            //单个 sector 的写操作
            sta=SD_WriteBlock(SDIO_DATA_BUFFER,lsector+512*n,512);
            buf+=512;
        }
    }else
    {
        if(cnt==1)sta=SD_WriteBlock(buf,lsector,512);  //单个 sector 的写操作
        else sta=SD_WriteMultiBlocks(buf,lsector,512,cnt); //多个 sector
    }
    return sta;
}
```

上述两个函数在下一章将会用到，这里提前介绍一下。在上述代码中，SD_ReadDisk 函数用于读数据，通过调用 SD_ReadBlock 和 SD_ReadMultiBlocks 来实现；SD_WriteDisk 函数用于写数据，通过调用 SD_WriteBlock 和 SD_WriteMultiBlocks 来实现。注意，这两个函数都做了 4 字节对齐判断，如果不是 4 字节对齐，则通过一个 4 字节对齐缓存（SDIO_DATA_BUFFER）作为数据过渡，以确保传递给底层读/写函数的 buf 是 4 字节对齐的。事实上，这两个函数在本例程中是用不到的，在 sdio.c 文件中放入这两个

函数，只是为了方便读者在学习完本章知识后，能够编写在更复杂的应用时直接调用。

sdio.h 头文件中的程序代码也比较多，这里就不再罗列，该文件定义了 SDIO 的相关标志位、传输频率、工作模式和函数声明等内容，读者可以自行参考电子版资料。由于本例程会用到内存的申请和释放等操作，所以在编写主函数前，需要先编写与内存管理相关的一些程序代码。

在编写程序前，先对内存管理进行一个简要的讲解，内存管理是指软件运行时对计算机内存资源的分配和使用技术。内存管理的主要目的是如何高效、快速地分配，并且在适当的时候释放和回收内存资源。内存管理的实现方法有很多种，但是最终要实现两种用途，即内存申请和内存释放。这里主要讲解一下分块式内存管理，如图 9.15 所示。

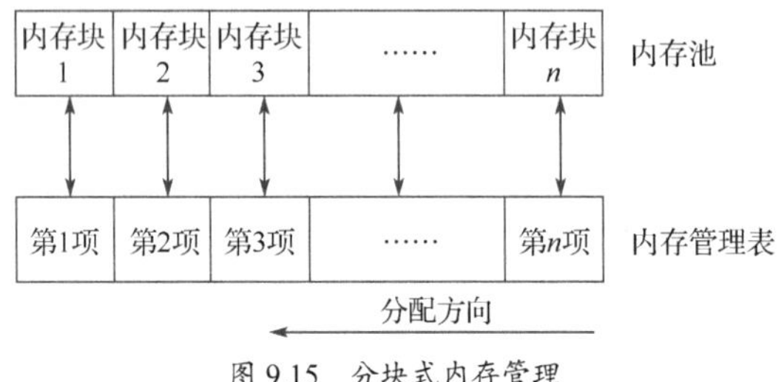

图 9.15 分块式内存管理

分块式内存管理由内存池和内存管理表两部分组成。内存池被等分为 *n* 块，对应的内存管理表的项值也为 *n*，内存管理表的每一项对应内存池的一个内存块。当内存管理表的项值为 0 时，代表对应的内存块未被占用；而当内存管理表的项值不为 0 时，代表对应的内存块已经被占用，其数值代表被连续占用的内存块数。内存分配方向如图 9.15 所示，是从顶至底的分配方向，即从末端开始找空内存。当内存管理刚初始化时，内存表全部清零，表示没有任何内存块被占用。

（1）分配原理。当使用指针 p 调用内存申请函数申请内存时，首先判断指针 p 要分配的内存块数 *m*；其次从第 *n* 项开始，向下查找，直到找到 *m* 块连续的空内存块（对应内存管理表的项值为 0）；再次将这 *m* 个内存管理表项的值都设置为 *m*（标记被占用）；最后，把这个空内存块的地址返回指针 p，完成一次分配。注意，如果内存不够（找到最后也没有找到连续的 *m* 块空闲内存），则可以返回 NULL 给指针 p，表示分配失败。

（2）释放原理。当指针 p 申请的内存用完，需要释放时，需要通过调用内存释放函数实现。内存释放函数先判断指针 p 指向的内存地址所对应的内存块，然后找到对应的内存管理表项目，得到指针 p 所占用的内存块数目 *m*（内存管理表项目的值就是所分配内存块的数目），将这 *m* 个内存管理表的项值都清零，完成一次内存释放。

关于分块式内存管理的原理就介绍到这里，之后再新建一个文件用于编写内存管理块相关配置程序代码，并将该文件保存在 Hardware\MEM 文件夹中，命名为 mem.c。在该文件中输入如下代码。

```
#include "mem.h"

//内存池(32 字节对齐)
__align(32) uint8_t mem1base[MEM1_MAX_SIZE];          //内部 SRAM 内存池
//外部 SRAM 内存池
__align(32) uint8_t mem2base[MEM2_MAX_SIZE] __attribute__((at(0X68000000)));
//内存管理表
```

```
    uint16_t mem1mapbase[MEM1_ALLOC_TABLE_SIZE];        //内部 SRAM 内存池 MAP
    //外部 SRAM 内存池 MAP
    uint16_t  mem2mapbase[MEM2_ALLOC_TABLE_SIZE]  __attribute__((at(0X68000000+
MEM2_MAX_SIZE)));
    //内存管理参数
    const uint32_t memtblsize[SRAMBANK]={MEM1_ALLOC_TABLE_SIZE,MEM2_ALLOC_
    TABLE_SIZE};                                        //内存表大小
    //内存分块大小
    const uint32_t memblksize[SRAMBANK]={MEM1_BLOCK_SIZE,MEM2_BLOCK_SIZE};
    const uint32_t memsize[SRAMBANK]={MEM1_MAX_SIZE,MEM2_MAX_SIZE}; //内存总大小
    //内存管理控制器
    struct _m_mallco_dev mallco_dev=
    {
        Mem_Init,                                       //内存初始化
        Mem_Perused,                                    //内存使用率
        mem1base,mem2base,                              //内存池
        mem1mapbase,mem2mapbase,                        //内存管理状态表
        0,0,                                            //内存管理未就绪
    };
    /*****************************************************************
    **函 数 名：Mem_Copy
    **功能描述：复制内存
    **输入参数：*des，目的地址
              *src，源地址
              n，需要复制的内存长度（单位为字节）
    **输出参数：无
    *****************************************************************/
    void Mem_Copy(void *des,void *src,uint32_t n)
    {
        uint8_t *xdes=des;
        uint8_t *xsrc=src;
        while(n--)*xdes++=*xsrc++;
    }
    /*****************************************************************
    **函 数 名：Mem_Set
    **功能描述：复制内存
    **输入参数：*s，内存首地址
              c，要设置的值
              count，需要设置的内存大小（单位为字节）
    **输出参数：无
    *****************************************************************/
    void Mem_Set(void *s,uint8_t c,uint32_t count)
    {
        uint8_t *xs = s;
        while(count--)*xs++=c;
    }
    /*****************************************************************
    **函 数 名：Mem_Init
    **功能描述：内存管理初始化
    **输入参数：memx，所属内存块
    **输出参数：无
    *****************************************************************/
    void Mem_Init(uint8_t memx)
    {
        Mem_Set(mallco_dev.memmap[memx], 0,memtblsize[memx]*2);//内存管理状态表数据清零
```

```
    Mem_Set(mallco_dev.membase[memx], 0,memsize[memx]);   //内存池所有数据清零
    mallco_dev.memrdy[memx]=1;                            //内存管理初始化 OK
}
/*****************************************************************
**函 数 名：Mem_Perused
**功能描述：获取内存使用率
**输入参数：memx，所属内存块
**输出参数：使用率，0～100
*****************************************************************/
uint8_t Mem_Perused(uint8_t memx)
{
    uint32_t used=0;
    uint32_t i;
    for(i=0;i<memtblsize[memx];i++)
    {
        if(mallco_dev.memmap[memx][i])used++;
    }
    return (used*100)/(memtblsize[memx]);
}
/*****************************************************************
**函 数 名：Mem_Malloc
**功能描述：内存分配（内部调用）
**输入参数：memx，所属内存块
          size，要分配的内存大小（单位为字节）
**输出参数：0XFFFFFFFF 字错误、其他一内存偏移地址
*****************************************************************/
uint32_t Mem_Malloc(uint8_t memx,uint32_t size)
{
    signed long offset=0;
    uint32_t nmemb;                                     //需要的内存块数
    uint32_t cmemb=0;                                   //连续空内存块数
    uint32_t i;
    if(!mallco_dev.memrdy[memx])mallco_dev.init(memx);//未初始化，先执行初始化
    if(size==0)return 0XFFFFFFFF;                       //不需要分配
    nmemb=size/memblksize[memx];                        //获取需要分配的连续内存块数
    if(size%memblksize[memx])nmemb++;
    for(offset=memtblsize[memx]-1;offset>=0;offset--) //搜索整个内存控制区
    {
        if(!mallco_dev.memmap[memx][offset])cmemb++; //连续空内存块数增加
        else cmemb=0;                                   //连续内存块清零
        if(cmemb==nmemb)                                //找到了连续 nmemb 个空内存块
        {
            for(i=0;i<nmemb;i++)                        //标注内存块非空
            {
                mallco_dev.memmap[memx][offset+i]=nmemb;
            }
            return (offset*memblksize[memx]);           //返回偏移地址
        }
    }
    return 0XFFFFFFFF;                                  //未找到符合分配条件的内存块
}
/*****************************************************************
**函 数 名：Mem_Free
**功能描述：释放内存（内部调用）
**输入参数：memx，所属内存块
          offset，内存地址偏移
```

```
**输出参数：0 释放成功，1 释放失败
****************************************************************/
uint8_t Mem_Free(uint8_t memx,uint32_t offset)
{
    int i;
    if(!mallco_dev.memrdy[memx])                        //未初始化，先执行初始化
    {
        mallco_dev.init(memx);
        return 1;                                       //未初始化
    }
    if(offset<memsize[memx])                            //偏移在内存池内
    {
        int index=offset/memblksize[memx];              //偏移所在内存块号码
        int nmemb=mallco_dev.memmap[memx][index];       //内存块数量
        for(i=0;i<nmemb;i++)                            //内存块清零
    {
        mallco_dev.memmap[memx][index+i]=0;
    }
    return 0;
    }else return 2;                                     //偏移超区了
}
/****************************************************************
**函 数 名：Free
**功能描述：释放内存（外部调用）
**输入参数：memx，所属内存块
          ptr，内存首地址
**输出参数：0 释放成功，1 释放失败
****************************************************************/
void Free(uint8_t memx,void *ptr)
{
    uint32_t offset;
    if(ptr==NULL)return;                                //地址为 0
    offset=(uint32_t)ptr-(uint32_t)mallco_dev.membase[memx];
    Mem_Free(memx,offset);                              //释放内存
}
/****************************************************************
**函 数 名：*Malloc
**功能描述：分配内存（外部调用）
**输入参数：memx，所属内存块
          size，要分配的内存大小（单位为字节）
**输出参数：分配到的内存首地址
****************************************************************/
void *Malloc(uint8_t memx,uint32_t size)
{
    uint32_t offset;
    offset=Mem_Malloc(memx,size);
    if(offset==0XFFFFFFFF)return NULL;
    else return (void*)((uint32_t)mallco_dev.membase[memx]+offset);
}
/****************************************************************
**函 数 名：*Realloc
**功能描述：重新分配内存（外部调用）
**输入参数：memx，所属内存块
          *ptr，旧内存首地址
          size，要分配的内存大小（单位为字节）
**输出参数：新分配到的内存首地址
```

```
***************************************************************/
void *Realloc(uint8_t memx,void *ptr,uint32_t size)
{
    uint32_t offset;
    offset=Mem_Malloc(memx,size);
    if(offset==0XFFFFFFFF)return NULL;
    else
    {
        //拷贝旧内存内容到新内存
        Mem_Copy((void*)((uint32_t)mallco_dev.membase[memx]+offset),ptr, size);
        Free(memx,ptr);                                         //释放旧内存
        //返回新内存首地址
        return (void*)((uint32_t)mallco_dev.membase[memx]+offset);
    }
}
```

在程序代码中，通过内存管理控制器 mallco_dev 结构体（定义在 mem.h 头文件中）实现对两个内存池（内部 SRAM 内存池和外部 SRAM 内存池）的管理控制，具体定义见上述代码。MEM1_MAX_SIZE 和 MEM2_MAX_SIZE 是在 mem.h 头文件中定义的内存池大小，外部 SRAM 内存池指定地址为 0X68000000，即从外部 SRAM 内存池的首地址开始，而内部内存池指定地址则由编译器自动分配。__align(32)用来定义内存池为 32 字节对齐，以适应各种不同场合的需求。

上述代码的核心函数为 Mem_malloc 和 Mem_free，分别用于内存申请和内存释放，其思路就是前面介绍的分配和释放内存的方法。不过这两个函数只适用于内部调用，外部调用使用的是 Malloc 和 Free 两个函数，事实上这两个函数才是本节真正要用到的函数，其他函数可以方便读者在以后的实践拓展中使用，主要代码后面都有注解，这里就不再详述。

之后按同样的方法，新建一个名为 mem.h 的头文件，用来定义结构体和相关的宏，并进行相关函数的声明，从而方便其他文件调用，该文件也保存在 MEM 文件夹中。在 mem.h 头文件中输入如下代码。

```
#ifndef __MEM_H
#define __MEM_H
#include "stm32f10x.h"

#ifndef NULL
#define NULL 0
#endif

//定义两个内存池
#define SRAMIN      0                        //内部内存池
#define SRAMEX      1                        //外部内存池
#define SRAMBANK    2                        //定义支持的 SRAM 块数
//mem1 内存参数设定，mem1 的内存池处于内部 SRAM 中
#define MEM1_BLOCK_SIZE     32               //内存块大小为 32 字节
#define MEM1_MAX_SIZE       40*1024          //最大管理内存为 40KB
//内存管理状态表大小
#define MEM1_ALLOC_TABLE_SIZE   MEM1_MAX_SIZE/MEM1_BLOCK_SIZE
//mem2 内存参数设定，mem2 的内存池处于外部 SRAM 中
#define MEM2_BLOCK_SIZE     32               //内存块大小为 32 字节
#define MEM2_MAX_SIZE       960 *1024        //最大管理内存为 960KB
//内存管理状态表大小
```

```
#define MEM2_ALLOC_TABLE_SIZE  MEM2_MAX_SIZE/MEM2_BLOCK_SIZE
//内存管理控制器
struct _m_mallco_dev
{
    void (*init)(uint8_t);                  //初始化
    uint8_t (*perused)(uint8_t);            //内存使用率
    uint8_t *membase[SRAMBANK];             //内存池管理 SRAMBANK 个区域的内存
    uint16_t *memmap[SRAMBANK];             //内存管理状态表
    uint8_t memrdy[SRAMBANK];               //内存管理是否就绪
};
extern struct _m_mallco_dev mallco_dev;//在 mallco.c 文件中定义
void Mem_Set(void *s,uint8_t c,uint32_t count); //设置内存
void Mem_Copy(void *des,void *src,uint32_t n); //复制内存
void Mem_Init(uint8_t memx);                //内存管理初始化函数(外/内部调用)
uint32_t Mem_Malloc(uint8_t memx,uint32_t size);//内存分配(内部调用)
uint8_t Mem_Free(uint8_t memx,uint32_t offset);//内存释放(内部调用)
uint8_t Mem_Perused(uint8_t memx);                  //获得内存使用率(外/内部调用)
//用户调用函数
void Free(uint8_t memx,void *ptr);                  //内存释放(外部调用)
void *Malloc(uint8_t memx,uint32_t size);           //内存分配(外部调用)
void *Realloc(uint8_t memx,void *ptr,uint32_t size);//重新分配内存(外部调用)

#endif
```

上述代码定义了很多关键数据，如内存块大小、内存池总大小、内存池的内存管理状态表大小等，可以看出，内存分块越小，内存管理状态表就越大。当分块为 2 字节 1 个块时，内存管理状态表就和内存池一样大了，这显然是不合适的，这里取 32 字节，比例为 1：16，这样内存管理表就相对较小了。

接下来，在“Manage Project Items”项目分组管理界面中把 spio.c 文件和 mem.c 文件加入 Hardware 组中，并将 spio.h 头文件和 mem.h 头文件的路径加入工程中，之后就可以回到工程主界面对主函数进行编程了。打开 main.c 文件，并在文件中编写如下代码。

```
#include "led.h"
#include "delay.h"
#include "key.h"
#include "sys.h"
#include "usart.h"
#include "lcd.h"
#include "sdio.h"
#include "mem.h"

//通过串口打印 SD 卡相关信息
void show_sdcard_info(void)
{
    switch(SDCardInfo.CardType)
    {
        case SDIO_STD_CAPACITY_SD_CARD_V1_1:printf("Card Type:SDSC V1.1\
        r\n");break;
        case SDIO_STD_CAPACITY_SD_CARD_V2_0:printf("Card Type:SDSC V2.0\
        r\n");break;
        case SDIO_HIGH_CAPACITY_SD_CARD:printf("Card Type:SDHC V2.0\
        r\n");break;
        case SDIO_MULTIMEDIA_CARD:printf("Card Type:MMC Card\r\n");break;
    }
```

```
    //制造商 ID
    printf("Card ManufacturerID:%d\r\n",SDCardInfo.SD_cid.ManufacturerID);
    printf("Card RCA:%d\r\n",SDCardInfo.RCA);  //卡相对地址
    //显示容量
    printf("Card Capacity:%d MB\r\n",(uint32_t)(SDCardInfo.CardCapacity>> 20));
    printf("Card BlockSize:%d\r\n\r\n",SDCardInfo.CardBlockSize);//显示块大小
}
int main(void)
{
    uint8_t key;
    uint32_t sd_size;
    uint8_t t=0;
    uint8_t *buf=0;
    delay_init();                                   //延时函数初始化
    //设置中断优先级分组为组 2：2 位抢占优先级，2 位响应优先级
    NVIC_PriorityGroupConfig(NVIC_PriorityGroup_2);
    uart_init(115200);                              //串口初始化为 115 200
    LED_Init();                                     //初始化与 LED 连接的硬件接口
    KEY_Init();                                     //初始化按键
    LCD_Init();                                     //初始化 LCD
    Mem_Init(SRAMIN);                               //初始化内部内存池
    POINT_COLOR=RED;                                //设置字体为红色
    LCD_ShowString(30,40,360,24,24,"Embedded System based on STM32");
    LCD_ShowString(30,70,200,16,16,"SDIO_SD");
    LCD_ShowString(30,100,200,12,12,"2019/12/19");
    LCD_ShowString(30,130,200,16,16,"KEY0:Read Sector 0");
    while(SD_Init())                                //检测不到 SD 卡
    {
        LCD_ShowString(30,150,200,16,16,"SD Card Error!");
        delay_ms(500);
        LCD_ShowString(30,150,200,16,16,"Please Check! ");
        delay_ms(500);
        LED0=!LED0;                                 //LED0 闪烁
    }
    show_sdcard_info();                             //打印 SD 卡相关信息
    POINT_COLOR=BLUE;                               //设置字体为蓝色
    //检测 SD 卡成功
    LCD_ShowString(30,150,200,16,16,"SD Card OK");
    LCD_ShowString(30,170,200,16,16,"SD Card Size:MB");
    LCD_ShowNum(30+13*8,170,SDCardInfo.CardCapacity>>20,5,16);//显示SD卡容量
    while(1)
    {
        key=KEY_Scan(0);
        if(key==1)                                  //KEY0 按下
        {
            buf=mymalloc(0,512);                    //申请内存
            if(buf==0)
            {
                printf("failed\r\n");
                continue;
            }
            if(SD_ReadDisk(buf,0,1)==0)             //读取 0 扇区的内容
            {
                LCD_ShowString(30,190,200,16,16,"USART1 Sending Data...");
                printf("SECTOR 0 DATA:\r\n");
                //打印 0 扇区数据
                for(sd_size=0;sd_size<512;sd_size++)printf("%x ",buf[sd_size]);
```

```
                printf("\r\nDATA ENDED\r\n");
                LCD_ShowString(30,190,200,16,16,"USART1 Send Data Over!");
            }
            Free(0,buf);                                //释放内存
        }
        t++;
        delay_ms(10);
        if(t==20)
        {
            LED0=!LED0;                                 //提示系统正在运行
            t=0;
        }
    }
}
```

输入完成后保存，并单击 按钮进行编译，可以看到，程序代码编译显示零错误零警告，说明程序编写在逻辑上没有问题。在上述程序中，show_sdcard_info 函数用于从串口输出 SD 卡相关信息；而在主函数中，先初始化 SD 卡，初始化成功后，再调用 show_sdcard_info 函数，输出 SD 卡相关信息，并在 LCD 模块上显示 SD 卡容量，然后进入死循环。如果 KEY0 按下，则通过 SD_ReadDisk 函数读取 SD 卡的 0 扇区（物理磁盘，0 扇区），并将数据通过串口打印出来。

下载代码到硬件后，可以看到 LED0 不停地闪烁，提示系统正在运行，程序在开机时会先检测 SD 卡是否存在，若不存在或芯片并没有按规定连接，则会在 LCD 模块上显示错误信息；若正确连接了 SD 卡，则会在 LCD 模块上显示相关操作提示信息和 SD 卡的容量。接下来打开串口调试助手，并按下 KEY0，读取并发送 SD 卡的 0 扇区数据，之后在串口调试助手中就可以看到从核心板发过来的数据了，如图 9.16 所示。注意，不同的 SD 卡读出来的 0 扇区数据可能会不一样，所以读者在进行本例程测试时，在串口助手中显示出来的 0 扇区数据可能会和图 9.16 显示出来的 0 扇区数据有所不同。

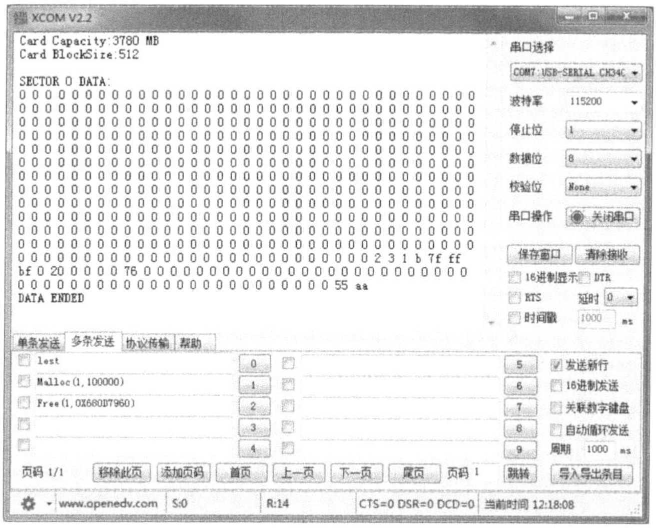

图 9.16　串口调试助手接收的信息

关于 SDIO 接口和 SD 卡的实践操作就讲到这里，在本节的程序代码中，还有很多函数可以供读者进行更加深入的拓展设计开发。希望读者在学习完本章知识后，自行设计其他例程，以巩固 SDIO 接口和 SD 卡的使用操作方法。

综　合　篇

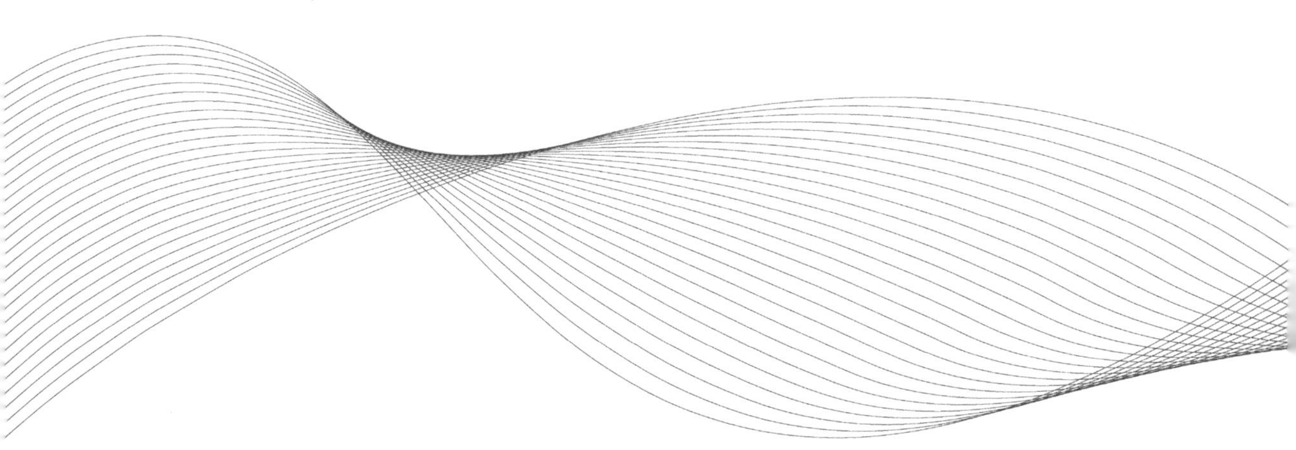

第 10 章

嵌入式系统综合设计实例

前面几章已经对 STM32 微控制器的结构、原理、功能和简单应用等进行了详细的讲解，本章将以综合设计实践为主，通过典型实例加深读者对 STM32 微控制器的功能结构的理解和应用。所选实例均包含基本的逻辑电路和相关的程序代码，可方便地应用到实际产品开发中，本章在内容安排上遵循由浅入深、由易到难的原则，从简单的 USB 读卡器实例到较为复杂的无线通信实例，均体现了从了解微控制器基本原理到能够根据应用需求设计出实用系统的不同阶段的学习要求。

10.1 USB 读卡器设计实例

10.1.1 USB 标准及结构简介

USB（Universal Serial Bus）即通用串行总线，是一个外部总线标准，用于规范计算机与外设的连接和通信，于 1994 年底由英特尔、康柏、IBM 和 Microsoft 等多家公司联合提出。USB 发展到现在已经有 USB1.0/1.1/2.0/3.0/3.1 等多个版本，当前使用较多的是 USB2.0 和 USB3.0（3.1）版本。

标准 USB 由四根线组成，除 VCC/GND 外，另外两根线为 D+和 D−数据线，这两根数据线采用差分电压的方式进行数据传输。在 USB 主机上，D+和 D−都接了 15kΩ 的下拉电阻，因此在没有设备接入时，D+和 D−均为低电平状态。对于 USB 设备而言，如果是高速设备，会在 D+数据线上接一个 1.5kΩ 的电阻到 VCC；而如果是低速设备，则会在 D−上接一个 1.5kΩ 的电阻到 VCC，当设备连接到主机时，能够及时判断设备是否已接入，并可以判断出所接入的设备是高速设备还是低速设备。

STM32 微控制器自带了 USB 控制器，完全符合 USB2.0 规范。STM32F1 及其更低系列产品的 MCU 仅自带 USBDevice（USB 从控制器）；而 STM32F4 及其更高系列产品的 MCU 既可以支持 USBHost，也可以支持 USBDevice。

主机与 STM32 微控制器之间的数据传输通过共享一专用的数据缓冲区来完成，该数据缓冲区能够被 USB 外设直接访问，其大小由所使用的端点数目和每个端点最大的数据分组大小决定，每个端点最大可使用 512 个字节缓冲区（专用的 512 字节，与 CAN 接口共用），最多可用于 16 个单向或 8 个双向端点。USB 模块同 PC 主机通信，根据 USB 规范实现令牌分组检测及数据发送/接收处理，整个传输格式如 CRC 的生成和校验等均由硬件完成。

数据缓冲区的每个端点都有一个缓冲区描述块，用于描述该端点使用的缓冲区地址、大小和需要传输的字节数。在需要传输数据并且端点已配置的情况下，当 USB 模块识别出一个有效的功能/端点的令牌分组时，随即发生相关的数据传输。USB 模块通过一个内部的 16 位寄存器实现端口与专用缓冲区的数据交换，当数据传输结束时，USB 模块将触发与端点相关的中断，其中断映射单元能够将可能产生中断的 USB 事件映射到三个不同的 NVIC 请求线上，即

（1）USB 低优先级中断（通道 20），可由所有 USB 事件触发，固件在处理中断前应当首先确定中断源。

（2）USB 高优先级中断（通道 19），由同步和双缓冲批量传输的正确传输事件触发，其目的是保证最大的传输速率。

（3）USB 唤醒中断（通道 42），由 USB 挂起模式的唤醒事件触发。

USB 设备功能结构框图如图 10.1 所示。

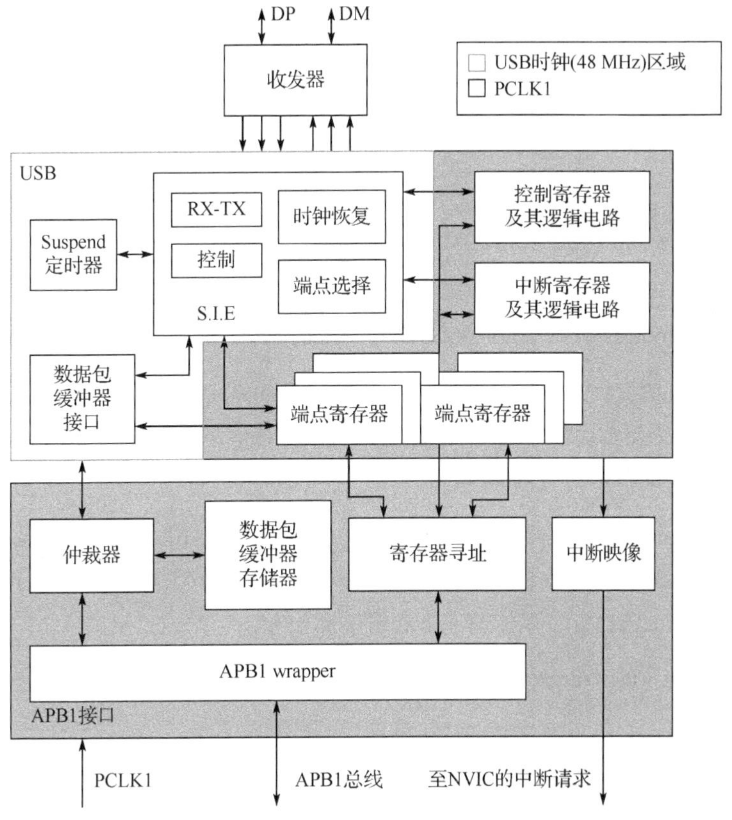

图 10.1　USB 设备功能结构框图

关于 STM32 微控制器上 USB 模块的其他介绍，读者可参考《STM32F10x 中文参考手册》的相关内容，这里不再详述。若要正常使用 STM32F1 的 USB，则必须编写相应的 USB 驱动，而 ST 提供了一套完整的 USB 驱动库（见电子版资料），通过使用该驱动库，可以在不详细了解 USB 整个驱动的情况

下，方便地实现所需的功能，大大缩短了开发时间和精力。

10.1.2 USB 读卡器硬件设计

本实例将实现 STM32 的 USB 读/写 SD 卡功能。开机时先对 SD 卡和片上 SPI FLASH 进行检测，如果存在，则获取其容量，并在 LCD 模块上进行显示；如果不存在，则报错，之后开始 USB 配置，在配置成功之后连接计算机即可发现两个可移动磁盘。用 LED1 指示 USB 正在读/写 SD 卡，并在 LCD 模块上显示出来，用 LED0 指示程序正在运行。需要用到的硬件资源有指示灯 LED0、指示灯 LED1、USART1、TFTLCD 模块、USB SLAVE 接口、SD 卡和片上 SPI FLASH 等。

除 USB SLAVE 接口外，其余硬件均与前面章节中简单例程的硬件连接方式相同，这里不再详述，下面主要讲解一下 USB 接口与 STM32 的硬件连接，如图 10.2 所示。

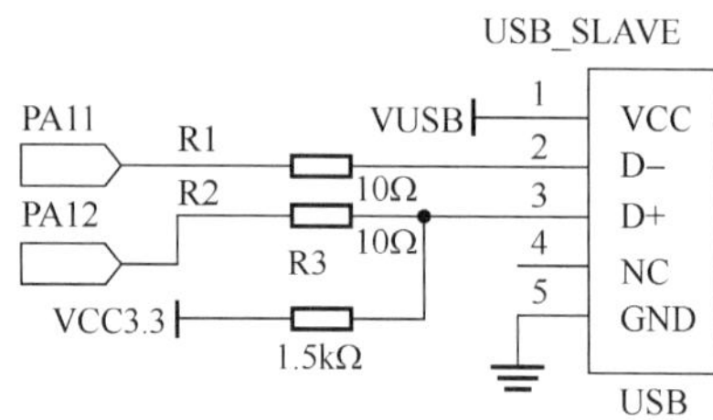

图 10.2 USB 接口与 STM32 的硬件连接

从图 10.2 可以看出，STM32 微控制器的 PA11 和 PA12 分别连接到 USB 接口的 D−和 D+数据线上。

10.1.3 USB 读卡器编程实现

本实例可在官方 USBMass_Storage 例程的基础上进行改进来实现，在 MDK 的安装目录下可以找到（...\MDK\ARM\Examples\ST\STM32F10xUSBLib\Demos\Mass_Storage）。

USB Mass Storage 类支持 Bulk-Only（BOT）传输和 Control/Bulk/Interrupt（CBI）传输两个传输协议。由于 Mass Storage 类规范定义了两个类规定的请求，即 Get_Max_LUN 和 Mass Storage Reset，所有的 Mass Storage 类设备都必须支持这两个请求。

Get_Max_LUN（bmRequestType = 10100001b，bRequest= 11111110b）用来确认设备支持的逻辑单元数，其中 Max LUN 的值必须是 0～15。注意，LUN 是从 0 开始的，主机不能向不存在的 LUN 发送 CBW，在设计过程中定义 Max LUN 为 1，即代表 2 个逻辑单元。

Mass Storage Reset（bmRequestType = 00100001b，bRequest=11111111b）用来复位 Mass Storage 设备及其相关接口。

在支持 BOT 传输的 Mass Storage 设备接口中，当接口类代码 bInterfaceClass=08h 时，表示为 Mass Storage 设备；当接口类子代码 bInterfaceSubClass=06h 时，表示设备支持 SCSI Primary Command-2（SPC-2）。协议代码 bInterfaceProtocol 有 0x00、0x01 和 0x50 三种，前两种需要使用中断传输，最后一种仅使用批量传输。

支持 BOT 的设备必须最少支持三个 endpoint，即 Control、Bulk-In 和 Bulk-Out。USB2.0 的规范定

义了控制端点 0。Bulk-In 端点用于从设备向主机传送数据（本实例使用端点 1 来实现），Bulk-Out 端点用于从主机向设备传送数据（本实例使用端点 2 来实现）。

ST 官方例程通过 USB 来读/写 SD 卡（SDIO 方式）和 NAND FALSH，支持两个逻辑单元。本实例在官方例程的基础上，只修改 SD 驱动部分代码（改为 SPI），并将对 NAND FLASH 的操作修改为对片上 SPI FLASH 的操作。对底层磁盘的读/写在 mass_mal.c 文件中实现，所以只需要修改该文件中的 MAL_Init、MAL_Write、MAL_Read 和 MAL_GetStatus 四个函数，使之与 SD 卡和片上 SPI FLASH 对应起来即可。

本章对 SD 卡和 SPI FLASH 的操作都采用 SPI 方式，所以速度相对 SDIO 和 FSMC 控制的 NAND FLASH 来说，会慢一些。

为了便于操作，在前面 FSMC 驱动 TFTLCD 例程的基础上，编写 USB 读卡器实例的应用程序。首先，在 Hardware 文件夹中，新建 USB 文件夹，并复制官方 USB 驱动库相关代码到该文件夹中，即 hw_config.c、usb_desc.c、usb_endp.c、usb_pwr.c、usb_istr.c 和 usb_prop.ct 六个文件，同时复制 hw_config.h、platform_config.h、usb_conf.h、usb_desc.h、usb_istr.h、usb_prop.h 和 usb_pwr.h 七个头文件到该文件夹中。

之后根据 ST 官方 Virtual_COM_Port 例程，在本实例的基础上新建分组，并添加相关代码，具体细节这里不再详述。代码移植时，需要重点修改的是头文件夹中的代码，源文件夹中的代码一般不用修改。下面简单介绍一下 USB 的几个相关源文件。

（1）usb_regs.c 文件：主要负责 USB 控制寄存器的底层操作，有各种 USB 寄存器的底层操作函数。

（2）usb_init.c 文件：只有一个函数，即 USB_Init，用于 USB 控制器的初始化，不过对 USB 控制器的初始化是通过 USB_Init 调用其他文件的函数实现的，这样能够使代码更加规范。

（3）usb_int.c 文件：只有两个函数 CTR_LP 和 CTR_HP，CTR_LP 负责 USB 低优先级中断的处理，CTR_HP 负责 USB 高优先级中断的处理。

（4）usb_mem.c 文件：用于处理 PMA 数据，PMA 全称为 Packetmemoryarea，是 STM32 内部用于 USB/CAN 的专用数据缓冲区。该文件只有两个函数，即 PMAToUserBufferCopy 和 UserToPMABufferCopy，分别用于将 USB 端点的数据传送到主机和将主机的数据传送到 USB 端点。

（5）usb_croe.c 文件：用于处理 USB2.0 协议。

（6）usb_sil.c 文件：为 USB 端点提供简化的读/写访问函数。

以上几个文件具有很强的独立性，除特殊情况外，不需要用户修改，直接调用内部的函数即可。接着介绍 CONFIG 文件夹中的几个文件。

（1）hw_config.c 文件：用于硬件配置，如初始化 USB 时钟、USB 中断和低功耗模式处理等。

（2）usb_desc.c 文件：用于 VirtualCom 描述符的处理。

（3）usb_endp.c 文件：用于非控制传输，处理正确传输中断回调函数。

（4）usb_pwr.c 文件：用于 USB 控制器的电源管理。

（5）usb_istr.c 文件：用于处理 USB 中断。

（6）usb_prop.c 文件：用于处理所有 VirtualCom 的相关事件，如 VirtualCom 的初始化和复位等操作。

另外，官方例程用 stm32_it.c 处理 USB 相关中断，如两个中断服务函数，一个是 USB_LP_CAN1_RX0_IRQHandler 函数，该函数调用 USB_Istr 函数，用于处理 USB 发生的各种中断；另一个是 USBWakeUp_IRQHandler 函数，该函数仅用于实现清除中断标志。

以上代码，有些是经过修改了的，并非完全照搬官方例程。

在工程中加入头文件（包含路径），打开 main.c 文件，对主函数程序进行的修改如下。

```
extern uint8_t Max_Lun;                        //支持的磁盘个数，0 表示 1 个，1 表示 2 个
 int main(void)
 {
    uint8_t offline_cnt=0;
    uint8_t tct=0;
    uint8_t USB_STA;
    uint8_t Divece_STA;

    delay_init();                              //延时函数初始化
    //设置中断优先级分组为组 2：2 位抢占优先级，2 位响应优先级
    NVIC_PriorityGroupConfig(NVIC_PriorityGroup_2);
    uart_init(115200);                         //串口初始化为 115 200
    LED_Init();                                //初始化与 LED 连接的硬件接口
    LCD_Init();                                //初始化 LCD
    W25QXX_Init();                             //初始化 W25Q128
    Mem_init(SRAMIN);                          //初始化内部内存池

    POINT_COLOR=RED;                           //设置字体为红色
    LCD_ShowString(30,50,200,16,16,"USB Card Reader TEST");
    W25QXX_Init();
    if(SD_Init())
    {
        Max_Lun=0;                             //SD 卡错误，仅有一个磁盘
        LCD_ShowString(30,130,200,16,16,"SD Card Error!");     //检测SD卡错误
    }else                                      //SD 卡正常
    {
        LCD_ShowString(30,130,200,16,16,"SD Card Size:     MB");
        //得到 SD 卡容量（字节），当 SD 卡容量超过 4GB 时，需要用两个 uint32_t 来表示
        Mass_Memory_Size[1]=SDCardInfo.CardCapacity;
        //因为在 Init 里面设置了 SD 卡的操作字节为 512 个，所以这里一定是 512 个字节
        Mass_Block_Size[1] =512;
        Mass_Block_Count[1]=Mass_Memory_Size[1]/Mass_Block_Size[1];
        LCD_ShowNum(134,130,Mass_Memory_Size[1]>>20,5,16); //显示 SD 卡容量
    }
    if(W25QXX_TYPE!=W25Q128)LCD_ShowString(30,130,200,16,16,"W25Q128
Error!");                                      //检测 SD 卡错误
    else                                       //SPI FLASH 正常
    {
```

```
     Mass_Memory_Size[0]=1024*1024*12;//前 12MB
     Mass_Block_Size[0] =512;          //设置 SPI FLASH 的操作扇区大小为 512 字节
     Mass_Block_Count[0]=Mass_Memory_Size[0]/Mass_Block_Size[0];
     LCD_ShowString(30,150,200,16,16,"SPI FLASH Size:12MB");
  }
  delay_ms(1800);
  USB_Port_Set(0);                                              //USB 断开
  delay_ms(700);
  USB_Port_Set(1);                                              //USB 再次连接
  LCD_ShowString(30,170,200,16,16,"USB Connecting...");  //提示 USB 开始连接
  //为 USB 数据缓存区申请内存
  Data_Buffer=mymalloc(SRAMIN,BULK_MAX_PACKET_SIZE*2*4);
  Bulk_Data_Buff=mymalloc(SRAMIN,BULK_MAX_PACKET_SIZE);  //申请内存
  //USB 配置
  USB_Interrupts_Config();
  Set_USBClock();
  USB_Init();
  delay_ms(1800);
  while(1)
  {
      delay_ms(1);
      if(USB_STA!=USB_STATUS_REG)                               //状态改变
      {
          LCD_Fill(30,190,240,190+16,WHITE);                    //清除显示
          if(USB_STATUS_REG&0x01)
          {
              //提示 USB 正在写入数据
              LCD_ShowString(30,190,200,16,16,"USB Writing...");
          }
          if(USB_STATUS_REG&0x02)
          {
              //提示 USB 正在读取数据
              LCD_ShowString(30,190,200,16,16,"USB Reading...");
          }
          if(USB_STATUS_REG&0x04)LCD_ShowString(30,210,200,16,16,"USB
          Write Err ");                                         //提示写入错误
          else LCD_Fill(30,210,240,210+16,WHITE);               //清除显示
          if(USB_STATUS_REG&0x08)LCD_ShowString(30,230,200,16,16,"USB
          Read  Err ");                                         //提示读取错误
          else LCD_Fill(30,230,240,230+16,WHITE);               //清除显示
          USB_STA=USB_STATUS_REG;                               //记录最后的状态
      }
      if(Divece_STA!=bDeviceState)
      {
          if(bDeviceState==CONFIGURED)LCD_ShowString(30,170,200,16,16,
          "USB Connected    ");//提示 USB 连接已经建立
          //提示 USB 断开
          else LCD_ShowString(30,170,200,16,16,"USB DisConnected ");
          Divece_STA=bDeviceState;
      }
      tct++;
      if(tct==200)
      {
          tct=0;
          LED0=!LED0;                                           //提示系统在运行
          if(USB_STATUS_REG&0x10)
          {
```

```
                    offline_cnt=0;                      //USB 连接，清除 offline 计数器
                    bDeviceState=CONFIGURED;
                }else                                   //没有得到轮询
                {
                    offline_cnt++;
                    //2s 内没收到在线标记即代表 USB 断开
                    if(offline_cnt>10)bDeviceState=UNCONNECTED;
                }
                USB_STATUS_REG=0;
            }
        }
    }
```

通过上述代码可以实现之前在硬件设计部分描述的功能。这里用到了一个全局变量 USB_STATUS_REG，用来标记 USB 的相关状态，这样就可以在 LCD 模块上显示当前 USB 的状态。其他文件中的程序设计可以参照电子版资料，这里不再罗列。

在代码编译成功之后，下载代码到 STM32F103ZET6 微控制器，在 USB 配置成功后（假设已经插入 SD 卡），在 LCD 模块上显示 SD 卡和片上 SPI FLASH 的容量，通过 USB 与计算机连接，会发现计算机提示发现新硬件，并自动安装驱动。等待 USB 配置成功后，LED1 不亮而 LED0 闪烁，并且在计算机上可以看到新的磁盘。

打开计算机中的设备管理器，在通用串行总线控制器里面可以发现多出了一个 USB Mass Storage Device，同时看到磁盘驱动器中多了两个磁盘，分别对应 SD 卡和片上 SPI FLASH。此时通过计算机读/写 SD 卡或 SPI FLASH 中的内容，在执行读/写操作时，LED1 亮，并且会在 LCD 模块上显示当前的读/写状态，说明利用 STM32 微控制器设计的 USB 读卡器是成功的。

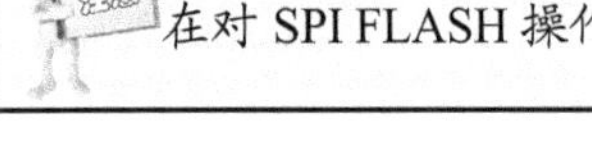

在对 SPI FLASH 操作的时候，最好不要频繁地往里面写数据，否则很容易损坏 SPI FLASH。

10.2 摄像头应用设计实例

10.2.1 摄像头硬件简介

本节利用 STM32 微控制器与图像传感器实现摄像头功能。在硬件选型上，选择 OV7670 摄像头作为主要硬件，该摄像头是 OmniVision 公司生产的一种 1/6 英寸的 CMOS VGA 图像传感器，具有体积小和工作电压低等优点，提供单片 VGA 摄像头和影像处理器的所有功能。通过 SCCB 总线控制，可以输出整帧、子采样和取窗口等方式的各种分辨率 8 位影像数据。该摄像头的 VGA 图像最高可达到 30 帧/秒，可以完全控制图像质量、数据格式和传输方式，所有图像处理功能过程，如伽马曲线、白平衡、亮度和色度等，都可以通过 SCCB 接口编程。OmmiVision 图像传感器应用独有的传感器技术，通过减少或消除光学或电子缺陷（如固定图案噪声、拖尾和浮散等），提高图像质量，能够得到清晰稳定的彩色图像。

OV7670 摄像头的主要特点如下。

（1）高灵敏度、低电压，适合嵌入式应用。

（2）拥有标准的 SCCB 接口，兼容 IIC 接口。

（3）支持 RawRGB、RGB（GBR4:2:2，RGB565/RGB555/RGB444）、YUV（4:2:2）和 YCbCr（4:2:2）等输出格式。

④ 支持 VGA、CIF 和从 CIF 到 40 像素×30 像素的各种尺寸输出。

⑤ 支持自动曝光控制、自动增益控制、自动白平衡、自动消除灯光条纹和自动黑电平校准等自动控制功能，同时支持色饱和度、色相、伽马和锐度等设置。

⑥ 支持闪光灯和图像缩放。

OmmiVision 图像传感器包括以下功能模块。

（1）感光整列（Image Array）：OV7670 摄像头共有 656×488 个像素，其中 640×480 个像素有效（有效像素为 30W）。

（2）时序发生器（Video Timing Generator）：其功能包括整列控制和帧率发生（七种不同格式输出）、内部信号发生器和分布、帧率时序、自动曝光控制和输出外部时序（VSYNC、HREF/HSYNC 和 PCLK）。

（3）模拟信号处理（Analog Processing）：包括所有模拟功能，并包括自动增益（AGC）和自动白平衡（AWB）。

（4）A/D 转换器：原始的信号经过模拟处理器模块之后，分 G 和 BR 两路进入一个 10 位的 A/D 转换器，A/D 转换器的工作频率为 12MHz，与像素频率完全同步（转换的频率和帧率有关）。除了 A/D 转换器，模拟处理器模块还有黑电平校正（BLC）、U/V 通道延迟和 A/D 范围控制三个功能，可通过 A/D 范围乘积和 A/D 范围控制共同设置 A/D 的范围和最大值，允许用户根据应用调整图像的亮度。

（5）测试图案发生器（Test Pattern Generator）：其功能包括八种彩色条图案、渐变至黑白彩色条图案和输出脚移位“1”。

（6）数字处理器（DSP）：数字处理器控制由原始信号插值到 RGB 信号的过程，并控制图像质量，如边缘锐化（二维高通滤波器）、颜色空间转换（原始信号到 RGB 信号或 YUV/YCbYCr 信号）、RGB 色彩矩阵消除串扰、色相和饱和度的控制、黑/白点补偿、降噪、镜头补偿、可编程的伽马及 10 位～8 位数据转换等。

（7）缩放功能（Image Scaler）：该模块按照预先设置的格式要求输出数据，能将 YUV/RGB 信号从 VGA 缩小到 CIF 以下的任何尺寸。

（8）数字视频接口（Digital Video Port）：通过寄存器 COM2[1:0]，调节 IOL/IOH 的驱动电流，以适应用户的负载。

（9）SCCB 接口（SCCB Interface）：控制图像传感器芯片的运行。

（10）LED 和闪光灯的输出控制（LED and Storbe FLASH Control Output）：OV7670 摄像头有闪光灯模式，可以控制外接闪光灯或闪光 LED 的工作。

OV7670 摄像头的寄存器通过 SCCB 时序访问并设置，SCCB 时序和 IIC 时序十分相似，这里不再详述，具体内容可以查阅该摄像头的数据手册。

下面简单讲解 OV7670 摄像头的图像数据输出格式，首先介绍如下几个定义。

（1）VGA：分辨率为 640×480 的输出模式。

（2）QVGA：分辨率为 320×240 的输出格式，即本实例需要用到的格式。

（3）QQVGA：分辨率为 160×120 的输出格式。

（4）PCLK：像素时钟，一个 PCLK 时钟输出一个像素（或半个像素）。

（5）VSYNC：帧同步信号。

（6）HREF/HSYNC：行同步信号。

OV7670 摄像头的图像数据输出（通过 D[7:0]）是在 PCLK、VSYNC 和 HREF/HSYNC 的控制下进行的，其行输出时序图如图 10.3 所示。

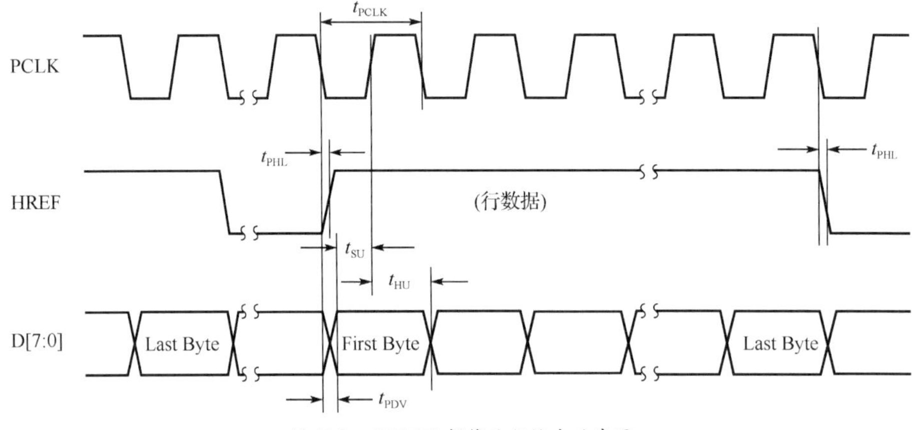

图 10.3　OV7670 摄像头行输出时序图

从图 10.3 中可以看出，图像数据在 HREF 为高时输出。当 HREF 变高后，每过一个 PCLK 时钟，输出一个字节数据。例如，采用 VGA 时序，RGB565 格式输出，每两个字节组成一个像素的颜色（高字节在前，低字节在后），这样每行输出共有 640×2 个 PCLK 时钟周期，输出 640×2 个字节。OV7670 摄像头在 VGA 模式下的帧时序图如图 10.4 所示。

图 10.4 清楚地表示了 OV7670 摄像头在 VGA 模式下的数据输出。注意，图 10.4 中的 HSYNC 和 HREF 是由同一个引脚产生的信号，只是在不同场合下，使用的信号方式不同，本实例用到的是 HREF。

由于 OV7670 摄像头的像素时钟（PCLK）最高可达 24MHz，使用 STM32F103ZET6 的 I/O 端口直接实现抓取是非常困难的，并且 CPU 的占用率较高，可通过降低 PCLK 输出频率来实现 I/O 端口抓取，但是这对摄像头的性能有影响。为了解决这一问题，当前的 OV7670 摄像头通常集成了一个 FIFO 芯片，在使用过程中并不是通过微控制器直接抓取来自 OV7670 摄像头的数据，而是通过 FIFO 芯片对数据进行读取并暂存图像数据，从而方便获取图像数据，而不再需要微控制器具有高速 I/O 端口，也不会耗费较多的 CPU 资源。

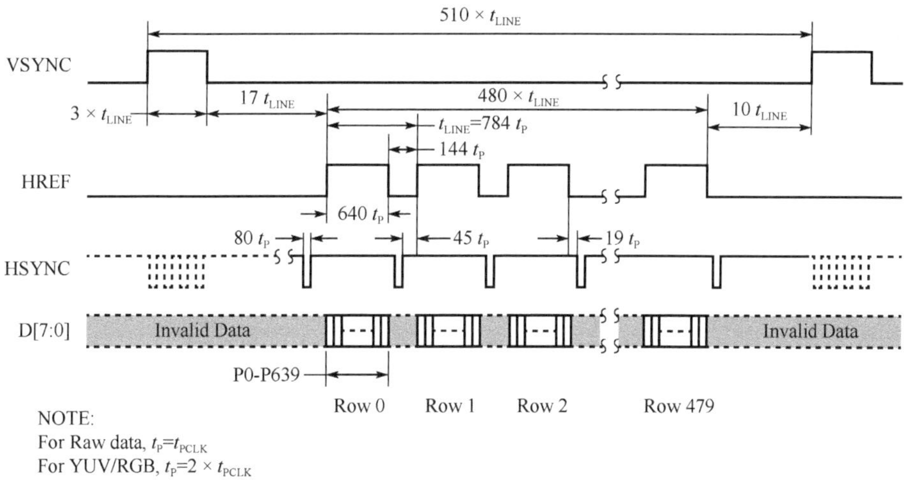

图 10.4　OV7670 摄像头在 VGA 模式下的帧时序图

10.2.2　摄像头应用硬件设计

本实例将使用 OV7670 摄像头模块的 QVGA 输出（320×240），与前面例程所使用的 TFTLCD 模块分辨率一致，一帧输出就是一屏数据，提高整体运行速度的同时不浪费资源。OV7670 摄像头模块的引脚功能简介如表 10.1 所示。

表 10.1　OV7670 摄像头模块的引脚功能简介

信 号 引 脚	功 能 描 述	信 号 引 脚	功 能 描 述
VCC3.3	模块供电引脚，接 3.3V 电源	FIFO_WEN	FIFO 写使能
GND	模块地线	FIFO_WRST	FIFO 写指针复位
OV_SCL	SCCB 通信时钟信号	FIFO_RRST	FIFO 读指针复位
OV_SDA	SCCB 通信数据信号	FIFO_OE	FIFO 输出使能（片选）
FIFO_D[7:0]	FIFO 输出数据（8 位）	OV_VSYNC	OV7670 帧同步信号
FIFO_RCLK	读 FIFO 时钟		

本实例主要实现在开机后初始化摄像头模块。若摄像头模块初始化成功，则在 LCD 模块上显示摄像头模块所拍摄到的内容，通过 KEY0 设置光照模式，通过 KEY1 设置色饱和度，通过 KEY2 设置亮度，通过 KEY3 设置对比度，通过 TPAD 设置特效（共七种特效），并通过串口查看当前的帧率（这里是指 LCD 模块显示的帧率，而不是指 OV7670 摄像头的输出帧率），通过 LED0 指示程序运行状态。

需要用到的硬件资源主要有指示灯 LED0、KEY0～KEY4 按键、USART1、TFTLCD 模块和摄像头模块。对于按键部分，KEY0 和 KEY1 可直接使用原来的硬件连接方式，在此基础上再设置 KEY2、KEY3 和 KEY4，按同样的方式分别与 STM32 微控制器的 PE4、PE5 和 PE6 引脚相连接。

下面主要介绍 OV7670 摄像头模块与 STM32 微控制器的硬件连接。OV7670 摄像头引脚与 STM32 微控制器的连接图如图 10.5 所示。

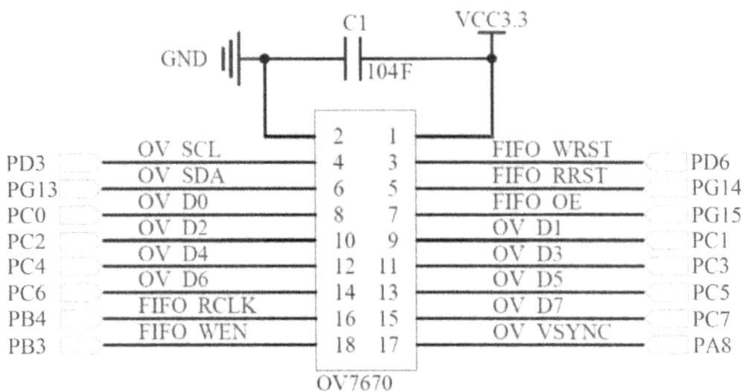

图 10.5 OV7670 摄像头引脚与 STM32 微控制器的连接图

OV7670 摄像头引脚与 STM32 微控制器的连接关系如表 10.2 所示。

表 10.2 OV7670 摄像头引脚与 STM32 微控制器的连接关系

信 号 引 脚	连 接 引 脚	信 号 引 脚	连 接 引 脚
VCC3.3	VCC3.3	FIFO_WEN	PB3
GND	GND	FIFO_WRST	PD6
OV_SCL	PD3	FIFO_RRST	PG14
OV_SDA	PG13	FIFO_OE	PG15
FIFO_D[7:0]	PC[7:0]	OV_VSYNC	PA8
FIFO_RCLK	PB4		

10.2.3 摄像头应用编程实现

在 Hardware 文件夹中，新建 OV7670 文件夹，在该文件夹中新建 ov7670.c 和 sccb.c 两个源文件，用于编写 OV7670 和 SCCB（串行摄像机控制总线）的相关配置程序，并建立头文件 ov7670.h、sccb.h 和 ov7670cfg.h，其中 ov7670cfg.h 头文件仅用于存储初始化序列寄存器及其对应的值。具体程序内容可以参考电子版资料，这里仅讲解几个重要的问题。

ov7670.c 文件中的 OV7670_Init 函数代码如下。

```
uint8_t OV7670_Init(void)
{
    uint8_t temp;
    uint16_t i=0;
    //设置 I/O 端口
    GPIO_InitTypeDef  GPIO_InitStructure;

RCC_APB2PeriphClockCmd(RCC_APB2Periph_GPIOA|RCC_APB2Periph_GPIOB|RCC_APB2P
eriph_GPIOC|RCC_APB2Periph_GPIOD|RCC_APB2Periph_GPIOG|RCC_APB2Periph_AFIO,
ENABLE);                                                          //使能相关端口时钟
    GPIO_InitStructure.GPIO_Pin  = GPIO_Pin_8;                    //PA8 上拉输入
    GPIO_InitStructure.GPIO_Mode = GPIO_Mode_IPU;
    GPIO_InitStructure.GPIO_Speed = GPIO_Speed_50MHz;
    GPIO_Init(GPIOA, &GPIO_InitStructure);
    GPIO_SetBits(GPIOA,GPIO_Pin_8);
    GPIO_InitStructure.GPIO_Pin = GPIO_Pin_3|GPIO_Pin_4;      //端口配置
    GPIO_InitStructure.GPIO_Mode = GPIO_Mode_Out_PP;          //推挽输出
```

```
    GPIO_Init(GPIOB, &GPIO_InitStructure);
    GPIO_SetBits(GPIOB,GPIO_Pin_3|GPIO_Pin_4);
    GPIO_InitStructure.GPIO_Pin  = 0xff;         //PC0～PC7 上拉输入
    GPIO_InitStructure.GPIO_Mode = GPIO_Mode_IPU;
    GPIO_Init(GPIOC, &GPIO_InitStructure);
    GPIO_InitStructure.GPIO_Pin  = GPIO_Pin_6;
    GPIO_InitStructure.GPIO_Mode = GPIO_Mode_Out_PP;
    GPIO_Init(GPIOD, &GPIO_InitStructure);
    GPIO_SetBits(GPIOD,GPIO_Pin_6);
    GPIO_InitStructure.GPIO_Pin  = GPIO_Pin_14|GPIO_Pin_15;
    GPIO_InitStructure.GPIO_Mode = GPIO_Mode_Out_PP;
    GPIO_Init(GPIOG, &GPIO_InitStructure);
    GPIO_SetBits(GPIOG,GPIO_Pin_14|GPIO_Pin_15);
    GPIO_PinRemapConfig(GPIO_Remap_SWJ_JTAGDisable,ENABLE);//SWD
    SCCB_Init();                                 //初始化 SCCB 的 I/O 端口
    if(SCCB_WR_Reg(0x12,0x80))return 1;          //复位 SCCB
    delay_ms(50);
    //读取产品型号
    temp=SCCB_RD_Reg(0x0b);
    if(temp!=0x73)return 2;
    temp=SCCB_RD_Reg(0x0a);
    if(temp!=0x76)return 2;
    //初始化序列
    for(i=0;i<sizeof(ov7670_init_reg_tbl)/sizeof(ov7670_init_reg_tbl[0]);i++)
    {
        SCCB_WR_Reg(ov7670_init_reg_tbl[i][0],ov7670_init_reg_tbl[i][1]);
    }
    return 0x00;
}
```

上述部分代码先初始化与 OV7670 相关的 I/O 端口（包括 SCCB），然后完成 OV7670 相关寄存器序列的初始化。OV7670 相关寄存器很多，本实例用到的配置序列存放在 ov7670_init_reg_tbl 数组中，该数组是一个二维数组，用于存储初始化序列寄存器及其对应的值，该数组存放在 ov7670cfg.h 头文件中。具体程序代码不再详述，这里简单讲解一下程序设计结构。在数组中每个条目的第一个字节为寄存器地址，第二个字节为对应寄存器需要设定的值，如{0x3a,0x04}表示在 0X03 地址中写入 0X04。按此进行所有寄存器（110 多个寄存器）的配置，即完成 OV7670 的初始化。本实例在 QVGA 模式下配置 OV7670 相关寄存器，RGB565 格式输出，完成初始化之后需要开始读取 OV7670 的数据。

由于上述例程还用到了帧率（LCD 模块显示的帧率）统计和中断处理，所以需要修改 timer.c、timer.h、exti.c 和 exti.h 等文件。

在 timer.c 文件中，新增 TIM6_Int_Init 和 TIM6_IRQHandler 两个函数，用于统计帧率，增加的代码如下。

```
uint8_t ov_frame;                                    //统计帧数
//定时器 6 中断服务程序
void TIM6_IRQHandler(void)
{
    if (TIM_GetITStatus(TIM6, TIM_IT_Update) != RESET)//检查指定的 TIM 中断发生与否
    {
        printf("frame:%dfps\r\n",ov_frame);          //打印帧率
        ov_frame=0;
    }
    TIM_ClearITPendingBit(TIM6, TIM_IT_Update  );   //清除 TIMx 的中断待处理位
```

```
}
/*************************************************************
**函 数 名：TIM6_Int_Init
**功能描述：基本定时器 6 中断初始化（这里时钟选择为 APB1 的 2 倍，而 APB1 为 36MHz）
**输入参数：arr，自动重装值
          psc，时钟预分频数
**输出参数：无
*************************************************************/
void TIM6_Int_Init(uint16_t arr,uint16_t psc)
{
    TIM_TimeBaseInitTypeDef  TIM_TimeBaseStructure;
    NVIC_InitTypeDef NVIC_InitStructure;
    RCC_APB1PeriphClockCmd(RCC_APB1Periph_TIM6, ENABLE); //时钟使能
    //设置在下一个更新事件中装入活动的自动重装载寄存器周期的值
    TIM_TimeBaseStructure.TIM_Period = arr;
    //设置用来作为 TIMx 时钟频率除数的预分频值，10kHz 的计数频率
    TIM_TimeBaseStructure.TIM_Prescaler =psc;
    TIM_TimeBaseStructure.TIM_ClockDivision = 0; //设置时钟分割:TDTS = Tck_tim
    //TIM 向上计数模式
    TIM_TimeBaseStructure.TIM_CounterMode = TIM_CounterMode_Up;
    //根据 TIM_TimeBaseInitStruct 中指定的参数初始化 TIMx 的时间基数单位
    TIM_TimeBaseInit(TIM6, &TIM_TimeBaseStructure);
    //使能定时器 6 更新触发中断
    TIM_ITConfig( TIM6,TIM_IT_Update|TIM_IT_Trigger,ENABLE);
    TIM_Cmd(TIM6, ENABLE);                                //使能 TIMx 外设
    NVIC_InitStructure.NVIC_IRQChannel = TIM6_IRQn;       //TIM3 中断
    NVIC_InitStructure.NVIC_IRQChannelPreemptionPriority = 1;//先占优先级 0 级
    NVIC_InitStructure.NVIC_IRQChannelSubPriority = 3; //从优先级 3 级
    NVIC_InitStructure.NVIC_IRQChannelCmd = ENABLE;       //IRQ 通道被使能
    //根据 NVIC_InitStruct 中指定的参数初始化外设 NVIC 寄存器
    NVIC_Init(&NVIC_InitStructure);
}
```

在上述程序中，通过基本定时器 TIM6 来统计帧率，每隔 1s 中断一次并打印 ov_frame 的值，进而利用 ov_frame 统计 LCD 帧率。再在 timer.h 头文件中添加 TIM6_Int_Init 函数的定义，即可完成对 timer.c 和 timer.h 的修改。而在 exti.c 文件中添加 EXTI8_Init 和 EXTI9_5_IRQHandler 函数，用于 OV7670 模块的 FIFO 写控制。exti.c 文件中的新增代码如下。

```
uint8_t ov_sta;                                 //帧中断标记
//外部中断 5～9 服务程序
void EXTI9_5_IRQHandler(void)
{
    if(EXTI_GetITStatus(EXTI_Line8)==SET)   //中断线 8
    {
        OV7670_WRST=0;                          //复位写指针
        OV7670_WRST=1;
        OV7670_WREN=1;                          //允许写入 FIFO
        ov_sta++;                               //帧中断加 1
    }
    EXTI_ClearITPendingBit(EXTI_Line8);       //清除 EXTI8 线路挂起位
}
//外部中断 8 初始化
void EXTI8_Init(void)
{
```

```
    EXTI_InitTypeDef EXTI_InitStructure;
    NVIC_InitTypeDef NVIC_InitStructure;
    GPIO_EXTILineConfig(GPIO_PortSourceGPIOA,GPIO_PinSource8);//PA8 对中断线 8
    EXTI_InitStructure.EXTI_Line=EXTI_Line8;
    EXTI_InitStructure.EXTI_Mode = EXTI_Mode_Interrupt;
    EXTI_InitStructure.EXTI_Trigger = EXTI_Trigger_Rising;
    EXTI_InitStructure.EXTI_LineCmd = ENABLE;
    //根据 EXTI_InitStruct 中指定的参数初始化外设 EXTI 寄存器
    EXTI_Init(&EXTI_InitStructure);
    //使能按键所在的外部中断通道
    NVIC_InitStructure.NVIC_IRQChannel = EXTI9_5_IRQn;
    NVIC_InitStructure.NVIC_IRQChannelPreemptionPriority = 0;//抢占优先级 0
    NVIC_InitStructure.NVIC_IRQChannelSubPriority = 0;      //子优先级 0
    NVIC_InitStructure.NVIC_IRQChannelCmd = ENABLE;         //使能外部中断通道
    //根据 NVIC_InitStruct 中指定的参数初始化外设 NVIC 寄存器
    NVIC_Init(&NVIC_InitStructure);
}
```

由于 OV7670 摄像头的帧同步信号与 STM32 微控制器的 PA8 引脚相连接，所以这里配置 PA8 作为中断输入。因为 STM32 微控制器的外部中断 5～9 共用一个中断服务函数（EXTI9_5_IRQHandler），所以该函数需要先判断中断是否来自中断线 8，再做处理。

当帧中断到来时，先判断 ov_sta 的值是否为 0，如果为 0，则说明可以往 FIFO 中写入数据，执行复位 FIFO 写指针，并允许 FIFO 写入，此时 AL422B 从地址 0 开始，存储新一帧的图像数据，然后设置 ov_sta 加 1 即可，标记新的一帧数据正在存储中。如果检测到 ov_sta 不为 0，则说明之前存储在 FIFO 里面的一帧数据还未被读取过，直接禁止 FIFO 写入，等待单片机读取 FIFO 数据，以免覆盖数据。STM32 微控制器只需要判断 ov_sta 是否大于 0，进而读取 FIFO 中的数据。读完一帧数据后，设置 ov_sta 为 0，以免重复读取，还可以进行 FIFO 新一帧数据的写入。

之后再在 exti.h 头文件中添加 EXTI8_Init 函数的定义，即可完成对 exti.c 和 exti.h 的修改。最后，打开 main.c 文件，编写代码如下。

```
int main(void)
{
    uint8_t key;
    uint8_t lightmode=0,saturation=2,brightness=2,contrast=2;
    uint8_t effect=0;
    uint8_t i=0;
    uint8_t msgbuf[15];                 //消息缓存区
    uint8_t tm=0;
    delay_init();                       //延时函数初始化
    //设置中断优先级分组为组 2：2 位抢占优先级，2 位响应优先级
    NVIC_PriorityGroupConfig(NVIC_PriorityGroup_2);
    uart_init(115200);                  //串口初始化为 115 200
    usmart_dev.init(72);                //初始化 USMART
    LED_Init();                         //初始化与 LED 连接的硬件接口
    KEY_Init();                         //初始化按键
    LCD_Init();                         //初始化 LCD
    POINT_COLOR=RED;                    //设置字体为红色
    LCD_ShowString(30,50,200,16,16,"OV7670 TEST");
```

```
    LCD_ShowString(30,90,200,16,16,"KEY0:Light Mode");
    LCD_ShowString(30,110,200,16,16,"KEY1:Saturation");
    LCD_ShowString(30,130,200,16,16,"KEY2:Brightness");
    LCD_ShowString(30,150,200,16,16,"KEY3:Contrast");
    LCD_ShowString(30,170,200,16,16,"KEY4:Effects");
    LCD_ShowString(30,190,200,16,16,"OV7670 Init...");
    while(OV7670_Init())                    //初始化 OV7670
    {
        LCD_ShowString(30,220,200,16,16,"OV7670 Error!!");
        delay_ms(200);
        LCD_Fill(30,230,239,246,WHITE);
        delay_ms(200);
    }
    LCD_ShowString(30,230,200,16,16,"OV7670 Init OK");
    delay_ms(1500);
    OV7670_Light_Mode(lightmode);
    OV7670_Color_Saturation(saturation);
    OV7670_Brightness(brightness);
    OV7670_Contrast(contrast);
    OV7670_Special_Effects(effect);
    TIM6_Int_Init(10000,7199);              //10kHz 计数频率，1s 中断

    EXTI8_Init();                           //使能定时器捕获
    OV7670_Window_Set(12,176,240,320);  //设置窗口
    OV7670_CS=0;
    LCD_Clear(BLACK);
    while(1)
    {
        key=KEY_Scan(0);                    //不支持连按
        if(key)
        {
            tm=20;
            switch(key)
            {
                case KEY0_PRES:             //灯光模式 Light Mode
                    lightmode++;
                    if(lightmode>4)lightmode=0;
                    OV7670_Light_Mode(lightmode);
                    sprintf((char*)msgbuf,"%s",LMODE_TBL[lightmode]);
                    break;
                case KEY1_PRES:             //饱和度 Saturation
                    saturation++;
                    if(saturation>4)saturation=0;
                    OV7670_Color_Saturation(saturation);
                    sprintf((char*)msgbuf,"Saturation:%d",(signed char)
                    saturation-2);
                    break;
                case KEY2_PRES:             //亮度 Brightness
                    brightness++;
                    if(brightness>4)brightness=0;
                    OV7670_Brightness(brightness);
```

```
                    sprintf((char*)msgbuf,"Brightness:%d",(signed char)
                    brightness-2);
                    break;
                case KEY3_PRES:          //对比度 Contrast
                    contrast++;
                    if(contrast>4)contrast=0;
                    OV7670_Contrast(contrast);
                    sprintf((char*)msgbuf,"Contrast:%d",(signed char)
                    contrast-2);
                    break;
                case KEY4_PRES:          //检测到 KEY4
                    effect++;
                    if(effect>6)effect=0;
                    OV7670_Special_Effects(effect);//设置特效
                    sprintf((char*)msgbuf,"%s",EFFECTS_TBL[effect]);
                    tm=20;
            }
        }
        camera_refresh();                //更新显示
        if(tm)
        {
            LCD_ShowString((lcddev.width-240)/2+30,(lcddev.height-320)/2+60,
            200,16,16,msgbuf);
            tm--;
        }
        i++;
        if(i==15)                        //LED0 闪烁
        {
            i=0;
            LED0=!LED0;
        }
    }
}
```

上述代码中除了 mian 函数，还有一个 camera_refresh 函数，该函数用于读取摄像头模块自带的 FIFO 中的数据，并显示在 LCD 模块上。分辨率大于 320×240 的屏幕通过开窗函数（LCD_Set_Window）将显示区域开窗在屏幕的正中央。需要注意的是，为了提高 FIFO 的读取速度，在设计过程中选择快速 I/O 端口控制实现对 FIFO_RCK 的控制，关键代码如下。

```
#define OV7670_RCK_H    GPIOB->BSRR=1<<4    //设置读数据时钟高电平
#define OV7670_RCK_L    GPIOB->BRR=1<<4     //设置读数据时钟低电平
```

OV7670_RCK_H 和 OV7670_RCK_L 用到了 BSRR 和 BRR 两个寄存器，能够实现快速 I/O 端口设置，从而提高了读取速度。在设计过程中使用 USMART 设置摄像头的参数，在 usmart_nametab 中添加 SCCB_WR_Reg 和 SCCB_RD_Reg 两个函数，即可轻松实现摄像头的调试。

代码编译成功之后，即可下载到 STM32 微控制器上进行硬件调试。在操作无误的情况下，在 LCD 模块上会显示摄像头调试的相关信息，随后进入监控界面。通过不同的按键设置摄像头的相关参数和模式，进而得到不同的成像效果；同时通过 USMART 调用 SCCB_WR_Reg 等函数设置 OV7670 相关寄存器，以达到调试 OV7670 摄像头的目的。

10.3 音乐播放器设计实例

10.3.1 音频解码芯片简介

本节将利用 STM32 微控制器实现一个简单的音乐播放器。为了能够支持多种音乐格式并取得良好的播放效果，选用 VS1053 音频解码芯片作为本实例的主要实现硬件。该芯片是继 VS1003 后荷兰 VLSI 公司出品的又一款高性能解码芯片，可实现对 MP3、OGG、WMA、FLAC、WAV、AAC 和 MIDI 等音频格式的解码，同时支持 ADPCM 和 OGG 等格式的编码，其性能相对 VS1003 的性能有较大提升。VS1053 拥有一个高性能的 DSP 处理器核 VS_DSP，16KB 的指令 RAM 和 0.5KB 的数据 RAM，通过 SPI 控制，具有八个可用的 I/O 端口和一个串口，芯片内部还自带一个可变采样率的立体声 ADC、一个高性能立体声 DAC 和一个音频耳机放大器。

VS1053 音频解码芯片的特性如下。

（1）支持众多音频格式解码，如 OGG、MP3、WMA、WAV、FLAC（须加载 patch）、MIDI 和 AAC 等。

（2）对话筒输入或线路输入的音频信号进行 OGG（须加载 patch）和 IMAADPCM 编码。

（3）具备高低音控制，且功耗低。

（4）带有 EarSpeaker 空间效果（用耳机虚拟现场空间效果）。

（5）单时钟操作 12～13MHz，内部 PLL 锁相环时钟倍频器。

（6）内含高性能片上立体声 DAC，两声道间无相位差。

（7）过零交叉侦测和平滑的音量调整。

（8）内含能驱动 30Ω负载的耳机驱动器。

（9）模拟和数字 I/O 单独供电。

（10）可扩展外部 DAC 的 I^2S 接口，用于控制数据的串行接口（SPI）。

（11）可被用作微控制器的从机。

（12）特殊应用的 SPI FLASH 引导。

（13）供调试用途的 UART 接口。

（14）新功能可以通过软件和八个 GPIO 添加。

VS1053 音频解码芯片的封装引脚和 VS1003 音频解码芯片的封装引脚完全兼容，因此读者在实际开发过程中可以方便地选择并更改硬件，完全不用修改电路板。

> 注意 VS1003 音频解码芯片的 CVDD 是 2.5V，而 VS1053 音频解码芯片的 CVDD 是 1.8V，因此使用不同的音频解码芯片，需要对稳压芯片进行相应的变更。

VS1053 音频解码芯片通过 SPI 接口接收输入的音频数据流，它可以是一个系统的从机，也可以作为独立的主机，本实例只把它当成从机使用。在设计过程中，通过 SPI 接口向 VS1053 音频解码芯片不断输入音频数据，即可自动进行解码，并由输出通道输出音乐，此时接入耳机便可听到所播放的音乐。

VS1053 音频解码芯片的 SPI 接口支持两种模式，即 VS1002 有效模式和 VS1001 兼容模式。本实例使用 VS1002 有效模式，此模式也是 VS1053 的默认模式。表 10.3 所示为 VS1053 音频解码芯片的 SPI 端口信号线功能描述。VS1053 音频解码芯片的 SPI 数据传送分为 SDI 和 SCI 两种，分别用来传输数据和命令。SDI 和前面章节中介绍的 SPI 协议一样，但 VS1053 音频解码芯片的数据传输是通过 DREQ 控制的，主机在判断 DREQ 有效（高电平）之后，直接发送即可（一次可以发送 32 个字节）。当传输命令时，SCI 串行总线命令接口包含一个指令字节、一个地址字节和一个 16 位的数据字，读/写操作可以读/写单个寄存器，在 SCK 的上升沿读出数据位，所以主机必须在下降沿刷新数据。

表 10.3　VS1053 音频解码芯片的 SPI 端口信号线功能描述

SDI 引脚	SCI 引脚	功 能 描 述
XDCS	XCS	低电平有效片选输入，高电平强制使串行接口进入 Standby 模式，结束当前操作。高电平也强制使串行输出 SO 变成高阻态。如果 SM_SDISHARE 为 1，不使用 XDCS，但是此信号在 XCS 中产生
SCK		串行时钟输入，串行时钟也使用内部的寄存器接口主时钟，SCK 可以被门控或是连续的。对任一情况，在 XCS 变为低电平后，SCK 上的第一个上升沿标志的第一位数据被写入
SI		串行输入，如果片选有效，则 SI 在 SCK 的上升沿处采样
—	SO	串行输出，在读操作时，数据在 SCK 的下降沿处从该引脚移出，在写操作时为高阻态

SCI 的字节数据总是高位在前、低位在后。第一个指令字节只包含两个指令，即读指令和写指令，读为 0X03，写为 0X02。典型的 SCI 读时序图如图 10.6 所示。

从图 10.6 可以看出，从 VS1053 音频解码芯片中读取数据时需要先拉低 XCS（VS_XCS），然后发送读指令（0X03），再发送一个地址，最后在 SO（VS_MISO）上即可读到输出的数据，而 SI（VS_MOSI）上的数据会被忽略。

典型的 SCI 写时序图如图 10.7 所示，SCI 的写时序图与读时序图基本类似，都是先发指令，再发地址。不过写时序中的指令是写指令（0X02），并且数据通过 SI 写入 VS1053 音频解码芯片，SO 一直维持低电平。在图 10.6 和图 10.7 中，DREQ 信号都产生了一个短暂的低脉冲，即执行时间，当写入和读出 VS1053 音频解码芯片中的数据之后，该芯片需要利用这一短暂的时间来处理内部事件，该时间不允许被外部打断。因此，在 SCI 操作之前，最好先判断 DREQ 是否为高电平，如果不是，则需要等待 DREQ 变为高电平才可以进行 SCI 操作。

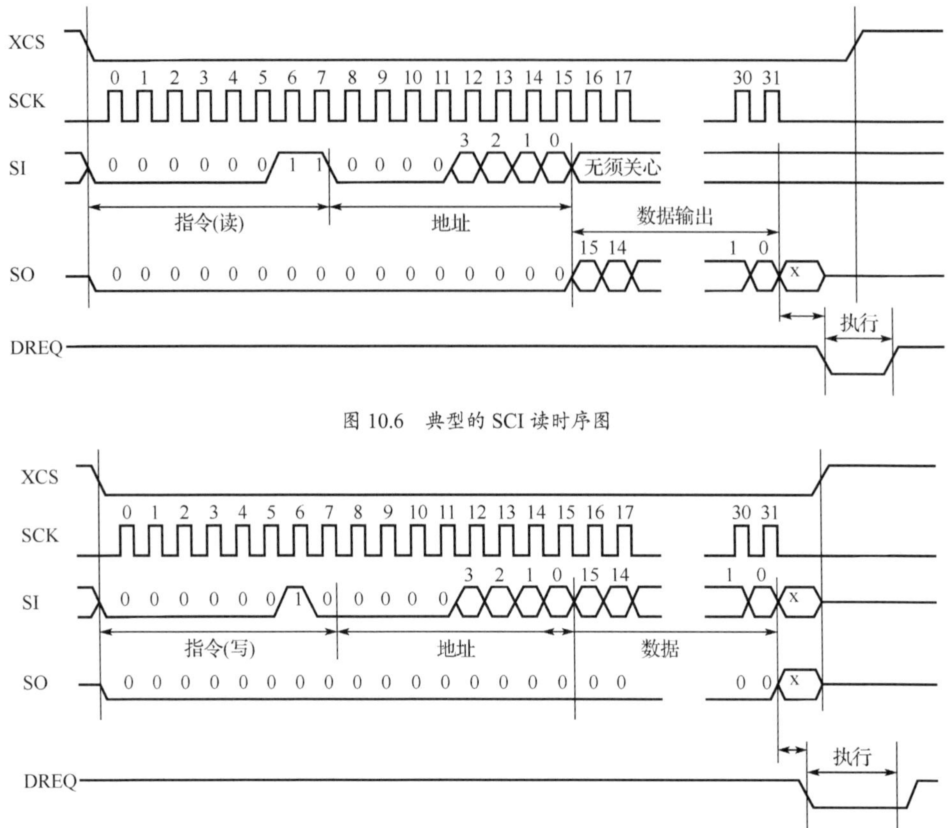

图 10.6　典型的 SCI 读时序图

图 10.7　典型的 SCI 写时序图

VS1053 音频解码芯片的具体操作同样需要通过寄存器控制实现，因此在进行开发之前必须先了解其寄存器。VS1053 音频解码芯片的 SCI 寄存器说明如表 10.4 所示。

表 10.4　VS1053 音频解码芯片的 SCI 寄存器说明

寄　存　器	缩　　写	类　　型	复　位　值	功 能 描 述
0X00	RW	0X0800	MODE	模式控制
0X01	RW	0X000C	STATUS	VS0153 状态
0X02	RW	0X0000	BASS	内置低音/高音控制
0X03	RW	0X0000	CLOCKF	时钟频率+倍频数
0X04	RW	0X0000	DECODE_TIME	解码时间长度（s）
0X05	RW	0X0000	AUDATA	各种音频数据
0X06	RW	0X0000	WRAM	RAM 写/读
0X07	RW	0X0000	WRAMADDR	RAM 写/读的基地址
0X08	R	0X0000	HDAT0	流的数据标头 0
0X09	R	0X0000	HDAT1	流的数据标头 1
0X0A	RW	0X0000	AIADDR	应用程序起始地址
0X0B	RW	0X0000	VOL	音量控制

续表

寄存器	缩写	类型	复位值	功能描述
0X0C	RW	0X0000	AICTRL0	应用控制寄存器 0
0X0D	RW	0X0000	AICTRL1	应用控制寄存器 1
0X0E	RW	0X0000	AICTRL2	应用控制寄存器 2
0X0F	RW	0X0000	AICTRL3	应用控制寄存器 3

对于具体的寄存器操作位，这里不再详述，仅简单介绍几个本实例需要用到的寄存器，其他寄存器的详细讲解可以自行参考 VS1053 音频解码芯片数据手册。MODE 寄存器用于控制 VS1053 音频解码芯片的操作，是关键的寄存器之一，该寄存器的复位值为 0x0800，即默认设置为 VS1053 新模式。表 10.5 所示是 MODE 寄存器的各位描述。

表 10.5　MODE 寄存器的各位描述

位	0	1	2	3	4	5	6	7
名称	SM_DIFF	SM_LAYER12	SM_RESET	SM_CANCEL	SM_EARSPEAKER_LO	SM_TEST	SM_STREAM	SM_EARSPEAKER_HI
功能	差分	允许 MPEG I&II	软件复位	取消当前文件的解码	EarSpeaker 低设定	允许 SDI 测试	流模式	EarSpeaker 高设定
描述	0，正常的同相音频；1，左通道反向	0，不允许；1，允许	0，不复位；1，复位	0，不取消；1，取消	0，关闭；1，激活	0，禁止；1，允许	0，不是；1，是	0，关闭；1，激活
位	8	9	10	11	12	13	14	15
名称	SM_DACT	SM_SDIORD	SM_SDISHARE	SM_SDINEW	SM_ADPCM	—	SM_LINE1	SM_CLK_RANCE
功能	DCLK 有效边沿	SDI 位顺序	共享 SPI 片选	VS1002 本地 SPI 模式	ADPCM 激活	—	MICP/线路 1 选择	输入时钟范围
描述	0，上升沿；1，下降沿	0，MSB 在前；1，MSB 在后	0，不共享；1，共享	0，非本地模式；1，本地模式	0，不激活；1，激活	—	0，MICP；1，LINE1	0，12～13MHz；1，24～26MHz

在本实例设计过程中，除了 SM_RESET 和 SM_SDINEW 寄存器位，其他位使用默认的即可。SM_RESET 可提供一次软复位，在设计过程中可利用该寄存器位在每播放一首歌曲之后，进行一次软复位。SM_SDINEW 是模式设置位，这里选择的是 VS1002 新模式（本地模式），即设置该位为 1。

BASS 寄存器可用于设置 VS1053 音频解码芯片的高低音效，该寄存器的各位功能描述如表 10.6 所示，通过该寄存器相关位的设置，可实现随意配置自己喜欢的音效。

表 10.6　BASS 寄存器的各位功能描述

寄存器名称	位	功能描述
ST_AMPLITUDE	15:12	高音控制，1.5dB 步进（-8～7，0 表示关闭）

续表

寄存器名称	位	功能描述
ST_FREQLIMIT	11:8	最低频限 1000Hz 步进（0～15）
SB_AMPLITUDE	7:4	低音加重，1dB 步进（0～15，0 表示关闭）
SB_FREQLIMIT	3:0	最低频限 10Hz 步进（2～15）

VS1053 音频解码芯片的 EarSpeaker 效果由 MODE 寄存器控制。

CLOCKF 寄存器用来设置时钟频率、倍频等相关信息，其寄存器各位描述如表 10.7 所示。

表 10.7　CLOCKF 寄存器各位描述

寄存器名称	位	功能描述	说　明
SC_MULT	15:13	时钟倍频数	CLKI = XTALI × (SC_MULT × 0.5 + 1)
SC_ADD	12:11	允许倍频	倍频增量 = SC_ADD × 0.5
SC_FREQ	10:0	时钟频率	当时钟频率不为 12.288MHz 时，为外部时钟的频率；当外部时钟的频率为 12.288MHz 时，此部分设置为 0 即可

DECODE_TIME 寄存器是一个存放解码时间的寄存器，以秒为单位，通过读取该寄存器的值即可得到解码时间。因为解码时间是一个累计时间，所以需要在每首歌播放之前将它清空，以得到这首歌的准确解码时间。

VOL 寄存器用于控制 VS1053 音频解码芯片的输出音量，可以分别控制左右声道的音量，每个声道的控制范围为 0～254，每个增量代表 0.5dB 的衰减，所以该值越小代表音量越大。例如，设置 VOL 寄存器的值为 0X0000，对应的音量最大；而设置 VOL 寄存器的值为 0XFEFE，对应的音量最小。

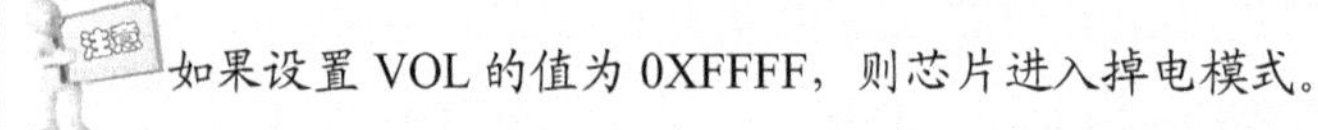

如果设置 VOL 的值为 0XFFFF，则芯片进入掉电模式。

上述寄存器的简单介绍已经明确了 VS1053 音频解码芯片的简单操作，下面讲解如何通过简单的步骤来控制 VS1053 音频解码芯片播放一首歌曲。

（1）复位 VS1053：包括硬件复位和软件复位，能够使 VS1053 音频解码芯片的状态回到原始状态，准备解码下一首歌曲。这里建议在每首歌曲播放之前都执行一次硬件复位和软件复位，以获得更好的播放效果。

（2）配置相关寄存器：通常需要配置的寄存器包括 VS1053 的模式寄存器（MODE）、时钟寄存器（CLOCKF）、音调寄存器（BASS）和音量寄存器（VOL）等。

（3）发送音频数据：经过以上两步配置以后，便可向 VS1053 音频解码芯片输入音频数据，只要是 VS1053 音频解码支持的音频格式均可直接输入，该芯片会自行识别并播放。但是发送数据要在 DREQ 信号的控制下有序进行，当 DREQ 为高时，向 VS1053 音频解码器发送 32 字节数据，然后继续等待 DREQ 再次变为高电平，直到音频数据发送完。

经过上述三个步骤即可实现音乐播放功能。

10.3.2　音乐播放器硬件设计

本节实例需要在开机后，先初始化各外设，然后检测字库是否存在，如果检测无问题，则开始循环播放 SD 卡 MUSIC 文件夹中的歌曲（需要在系统运行前先在 SD 卡根目录中建立一个 MUSIC 文件夹，并将需要播放的歌曲存放在里面），在 TFTLCD 模块上显示歌曲名字、播放时间、歌曲总时长、歌曲总数目和当前歌曲的编号等信息。通过 KEY0 选择下一曲，KEY1 用于选择上一曲，KEY2 和 KEY3 则分别用来调节高低音量。用 LED0 指示程序的运行状态，并用 LED1 指示 VS1053 音频解码芯片正在初始化。

需要用到的硬件资源有指示灯 LED0、指示灯 LED1、按键 KEY1～KEY3、USART1、TFTLCD、SD 卡、SPI FLASH、VS1053 音频解码模块和 TDA1308 耳机功放模块等。音乐播放通过接入耳机来实现，因此在本实例设计之前还需准备一副耳机。按键、指示灯、LCD、串口和 SD 卡等硬件连接方式在前面章节已经介绍过，这里不再重复介绍，重点讲解 VS1053、TDA1308 和 HT6872 三个模块。

VS1053 模块的硬件连接电路图如图 10.8 所示。

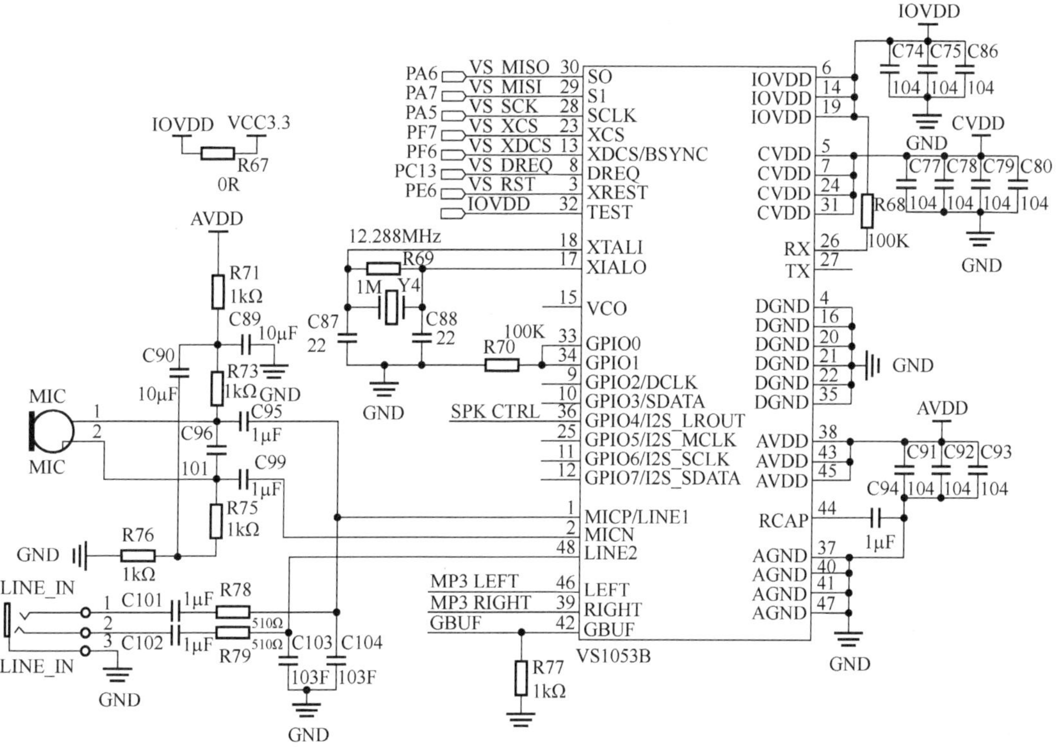

图 10.8　VS1053 模块的硬件连接电路图

VS1053 模块通过 VS_MISO、VS_MOSI、VS_SCK、VS_XCS、VS_XDCS、VS_DREQ 和 VS_RST 七根线同 STM32 连接，连接关系如表 10.8 所示。

表 10.8　VS1053 模块引脚连接关系

信号引脚	连接引脚	信号引脚	连接引脚
VS_MISO	PA6	VS_XDCS	PF6
VS_MOSI	PA7	VS_DREQ	PC13

续表

信 号 引 脚	连 接 引 脚	信 号 引 脚	连 接 引 脚
VS_SCK	PA5	VS_RST	PE6
VS_XCS	PF7		

VS_RST 是 VS1053 模块的复位信号线，低电平有效；VS_DREQ 为数据请求信号，用来通知主机 VS1053 模块是否能够接收数据；VS_MISO、VS_MOSI 和 VS_SCK 则是 VS1053 的 SPI 接口，在 VS_XCS 和 VS_XDCS 下执行不同的操作。

TDA1308 模块是一个 AB 类的耳机功放芯片，用于驱动耳机，其硬件连接图如图 10.9 所示。

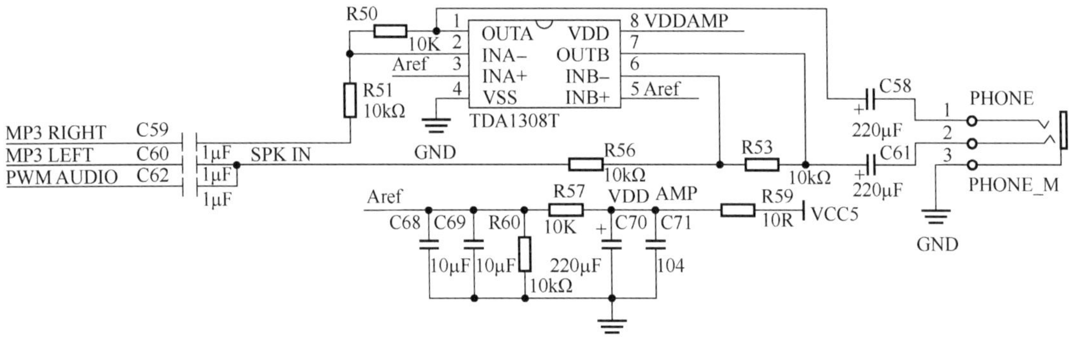

图 10.9 TDA1308 模块硬件连接图

MP3_RIGHT 和 MP3_LEFT 是来自 VS1053 模块的音频输出，经过 TDA1308 模块功放后，输出到 PHONE 接口，用于驱动耳机。PWM_AUDIO 则连接多功能接口 AIN，可用于外接音频输入或 PWM 音频。注意，PWM_AUDIO 仅输入了 TDA1308 模块的一个声道，所以当插上耳机的时候，只有一边有声音。SPK_IN 则连接到 HT6872 模块，用于 HT6872 模块的输入。

10.3.3 音乐播放器编程实现

首先在 Hardware 文件夹中新建一个 MUSIC 文件夹，同时在该文件夹中创建 mp3player.c、vs10xx.c、mp3player.h 和 vs10xx.h 四个文件。需要编写的程序代码比较多，这里仅介绍一些重要的代码，其他代码请参考电子版资料。vs10xx.c 文件用于存放 VS1053 模块的相关配置程序，其中 VS_Soft_Reset 函数用于 VS1053 模块的软件复位，具体代码如下。

```
void VS_Soft_Reset(void)
{
    uint8_t retry=0;
    while(VS_DQ==0);                          //等待软件复位结束
    VS_SPI_ReadWriteByte(0Xff);               //启动传输
    retry=0;
    while(VS_RD_Reg(SPI_MODE)!=0x0800)        //软件复位，新模式
    {
        VS_WR_Cmd(SPI_MODE,0x0804);           //软件复位，新模式
        delay_ms(2);                          //等待至少 1.35ms
        if(retry++>100)break;
    }
    while(VS_DQ==0);                          //等待软件复位结束
```

```
    retry=0;
    while(VS_RD_Reg(SPI_CLOCKF)!=0X9800)    //设置 VS10XX 的时钟，3 倍频，1.5xADD
    {
        VS_WR_Cmd(SPI_CLOCKF,0X9800);       //设置 VS10XX 的时钟，3 倍频，1.5xADD
        if(retry++>100)break;
    }
    delay_ms(20);
}
```

该函数首先配置 VS1053 模块的模式并执行软件复位操作，在软件复位结束之后，再设置时钟，完成一次软件复位。

VS_WR_Cmd 函数用于向 VS1053 模块发送命令，具体代码如下。

```
void VS_WR_Cmd(uint8_t address,uint16_t data)
{
    while(VS_DQ==0);                                //等待空闲
    VS_SPI_SpeedLow();                              //低速
    VS_XDCS=1;
    VS_XCS=0;
    VS_SPI_ReadWriteByte(VS_WRITE_COMMAND);        //发送 VS10XX 的写命令
    VS_SPI_ReadWriteByte(address);                 //地址
    VS_SPI_ReadWriteByte(data>>8);                 //发送高八位
    VS_SPI_ReadWriteByte(data);                    //第八位
    VS_XCS=1;
    VS_SPI_SpeedHigh();                            //高速
}
```

该函数用于向 VS1053 模块发送命令，这里要注意 VS1053 模块的写操作要比读操作的速度快一些，虽然写寄存器的速度最快可以达到 1/4CLKI，但是经实测速度为 1/4CLKI 的时候会出错，所以在写寄存器时最好把 SPI 速度调慢，然后在发送音频数据的时候，就可用 1/4CLKI 的速度了。

VS_RD_Reg 函数用于读取 VS1053 寄存器的内容，具体代码如下。

```
uint16_t VS_RD_Reg(uint8_t address)
{
    uint16_t temp=0;
   while(VS_DQ==0);                                //非等待空闲状态
    VS_SPI_SpeedLow();                             //低速
    VS_XDCS=1;
    VS_XCS=0;
    VS_SPI_ReadWriteByte(VS_READ_COMMAND); //发送 VS10XX 的读命令
    VS_SPI_ReadWriteByte(address);                 //地址
    temp=VS_SPI_ReadWriteByte(0xff);               //读取高字节
    temp=temp<<8;
    temp+=VS_SPI_ReadWriteByte(0xff);              //读取低字节
    VS_XCS=1;
    VS_SPI_SpeedHigh();                            //高速
  return temp;
}
```

该函数的作用与 VS_WR_Cmd 函数的作用相反，用于读取寄存器的值。在这里不再详述 vs10xx.c 文件中的其他函数，读者可参阅电子版资料。

mp3player.c 文件用于存放音乐播放器的相关配置程序，这里仅详细介绍 mp3_play_song 函数，其他代码可参阅电子版资料，具体代码如下。

```
uint8_t mp3_play_song(uint8_t *pname)
{
    FIL* fmp3;
    uint16_t br;
    uint8_t res,rval;
    uint8_t *databuf;
    uint16_t i=0;
    uint8_t key;
    rval=0;
    fmp3=(FIL*)mymalloc(SRAMIN,sizeof(FIL));    //申请内存
    databuf=(uint8_t*)mymalloc(SRAMIN,4096);    //开辟 4096 字节的内存区域
    if(databuf==NULL||fmp3==NULL)rval=0XFF ;    //内存申请失败
    if(rval==0)
    {
        VS_Restart_Play();                      //重启播放
        VS_Set_All();                           //设置音量等信息
        VS_Reset_DecodeTime();                  //复位解码时间
        res=f_typetell(pname);                  //得到文件后缀

        if(res==0x4c)                           //如果是 flac，加载 patch
        {
            VS_Load_Patch((uint16_t*)vs1053b_patch,VS1053B_PATCHLEN);
        }
        res=f_open(fmp3,(const TCHAR*)pname,FA_READ);//打开文件
        if(res==0)                              //打开成功
        {
            VS_SPI_SpeedHigh();                 //高速
            while(rval==0)
            {
                res=f_read(fmp3,databuf,4096,(UINT*)&br);//读出 4096 个字节
                i=0;
                do                              //主播放循环
                {
                    if(VS_Send_MusicData(databuf+i)==0)//给 VS10XX 发送音频数据
                    {
                        i+=32;
                    }else
                    {
                        key=KEY_Scan(0);
                        switch(key)
                        {
                            case KEY0_PRES:
                                rval=1;         //下一曲
                                break;
                            case KEY1_PRES:
                                rval=2;         //上一曲
                                break;
                            case KEY2_PRES:     //音量增加
                                if(vsset.mvol<250)
                                {
                                    vsset.mvol+=5;
                                    VS_Set_Vol(vsset.mvol);
                                }else vsset.mvol=250;
```

```
                                //音量限制在 100～250，显示的时候，按照公式(vol-
                                //100)/5 显示，即 0～30
                                mp3_vol_show((vsset.mvol-100)/5);
                                break;
                            case KEY3_PRES:           //音量减
                                if(vsset.mvol>100)
                                {
                                    vsset.mvol-=5;
                                    VS_Set_Vol(vsset.mvol);
                                }else vsset.mvol=100;
                                //音量限制在 100～250，显示的时候，按照公式(vol-
                                //100)/5 显示，即 0～30
                                mp3_vol_show((vsset.mvol-100)/5);
                                break;
                        }
                        mp3_msg_show(fmp3->fsize);  //显示信息
                    }
                }while(i<4096);                        //循环发送 4096 个字节
                if(br!=4096||res!=0)
                {
                    rval=0;
                    break;                             //读完了
                }
            }
            f_close(fmp3);
        }else rval=0XFF;                               //出现错误
    }
    myfree(SRAMIN,databuf);
    myfree(SRAMIN,fmp3);
    return rval;
}
```

上述函数是解码 MP3 的核心函数，该函数在初始化 VS1053 模块后，能够根据文件格式选择是否加载 patch（如果是 flac 格式，则需要加载 patch），最后在死循环中等待 DREQ 信号的到来，每次 VS_DQ 变高，就通过 VS_Send_MusicData 函数向 VS1053 模块发送 32 个字节，直到整个文件读完。此段代码还包含了对按键的处理（音量调节、上一首和下一首）及显示当前播放歌曲的一些状态（码率、播放时间和总时间）。

最后，在 main.c 文件中编写主函数代码，代码如下。

```
int main(void)
 {
    delay_init();                    //延时函数初始化
    //设置中断优先级分组为组 2：2 位抢占优先级，2 位响应优先级
    NVIC_PriorityGroupConfig(NVIC_PriorityGroup_2);
    uart_init(115200);               //串口初始化为 115 200
    LED_Init();                      //初始化与 LED 连接的硬件接口
    KEY_Init();                      //初始化按键
    LCD_Init();                      //初始化 LCD
    W25QXX_Init();                   //初始化 W25Q128
    VS_Init();                       //初始化 VS1053
    my_mem_init(SRAMIN);             //初始化内部内存池
    exfuns_init();                   //为 fatfs 相关变量申请内存
    f_mount(fs[0],"0:",1);           //挂载 SD 卡
```

```
    f_mount(fs[1],"1:",1);          //挂载 FLASH
    POINT_COLOR=RED;
    while(font_init())              //检查字库
    {
        LCD_ShowString(30,50,200,16,16,"Font Error!");
        delay_ms(200);
        LCD_Fill(30,50,240,66,WHITE);//清除显示
    }
    Show_Str(30,50,200,16,"音乐播放器实验",16,0);
    Show_Str(30,90,200,16,"KEY0:NEXT   KEY1:PREV",16,0);
    Show_Str(30,120,200,16,"KEY2:VOL+ KEY3:VOL-",16,0);
    while(1)
    {
        LED1=0;
        Show_Str(30,170,200,16,"存储器测试...",16,0);
        printf("Ram Test:0X%04X\r\n",VS_Ram_Test());//打印 RAM 测试结果
        Show_Str(30,170,200,16,"正弦波测试...",16,0);
        VS_Sine_Test();
        Show_Str(30,170,200,16,"<<音乐播放器>>",16,0);
        LED1=1;
        mp3_play();
    }
}
```

在主函数中，先检测外部 FLASH 是否存在字库，然后执行 VS1053 模块的 RAM 测试和正弦测试，待这两个测试结束后即调用 mp3_play 函数，开始播放 SD 卡的 MUSIC 文件夹中的音乐。

在代码编译成功之后，将代码下载到 STM32 微控制器上，连接耳机进行验证，在设计无误的情况下，程序先执行字库检测，然后对 VS1053 模块进行 RAM 测试和正弦测试。当检测到 SD 卡根目录的 MUSIC 文件夹中存在有效的音频文件（VS1053 模块所支持的格式）时，即可开始自动播放音乐，同时在 LCD 上显示音乐数量、名称、播放时间、总时长、码率和音量等信息，且 LED0 会随着音乐的播放每 2s 闪烁一次。

至此，一个简单的音乐播放器就完成了，可在此基础上进一步改进和完善，实现一个更加实用的音乐播放器。

10.4 无线通信设计实例

10.4.1 无线通信模块简介

本节实例将利用两块 STM32 微控制器实现无线数据传输，其中一块 STM32 微控制器用于发送数据，另一块 STM32 微控制器则用于接收数据。无线通信功能主要通过 NRF24L01 无线模块来实现，该芯片的主要特点如下。

（1）2.4GB 全球开放的 ISM 频段，免许可证使用。

（2）最高工作速率为 2Mbps，高效的 GFSK 调制，抗干扰能力强。

（3）125 个可选的频道，满足多点通信和调频通信的需要。

（4）内置 CRC 检错和点对多点的通信地址控制。

（5）低工作电压（1.9～3.6V）。

（6）可设置自动应答，确保数据可靠传输。

该芯片通过 SPI 接口与外部微控制器进行通信，最大 SPI 速率可达 10MHz。本实例用到的模块是深圳云佳科技生产的 NRF24L01 模块。该模块的 VCC 引脚所能承受的电压范围为 1.9～3.6V，但在设计过程中建议不要超过 3.6V，否则可能烧坏模块，一般选择片上 3.3V 电压比较合适。除了 VCC 和 GND 引脚，其他引脚都可以和 5V 微控制器的 GPIO 端口直接连接。关于 NRF24L01 模块的详细介绍，可以查阅 NRF24L01 技术手册，这里不再详述。

10.4.2　无线通信硬件设计

本节实例需要在开机时先检测 NRF24L01 模块是否存在，当检测到 NRF24L01 模块后，根据 KEY0 和 KEY1 的设置决定模块的具体工作模式。设定好工作模式后，开始不断发送/接收数据，同样使用 LED0 来指示程序正在运行。

需要用到的硬件资源有指示灯 LED0、按键 KEY0 和 KEY1、TFTLCD 及 NRF24L01 模块。前面几个硬件的连接方式已经介绍过，这里不再详述。NRF24L01 模块可通过无线接口与 STM32 微控制器连接，其硬件连接图如图 10.10 所示。

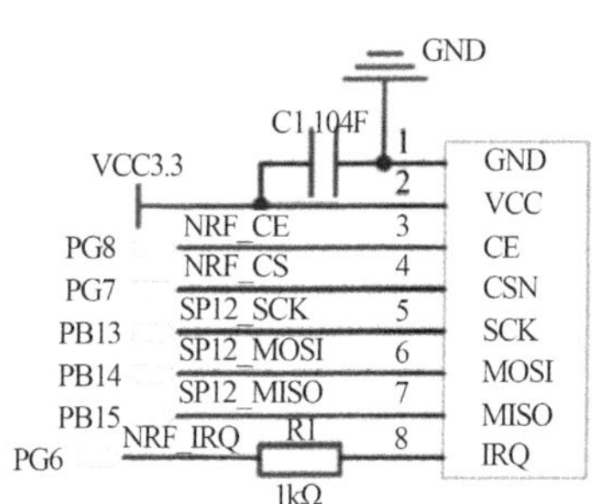

图 10.10　NRF24L01 模块硬件连接图

这里的无线接口使用 SPI2 来实现，由于无线通信是双向的，所以至少要有两个模块同时工作才能对通信效果进行验证，这里使用两套 STM32 微控制器和两套 NRF24L01 模块进行测试。

10.4.3　无线通信编程实现

首先在 Hardware 文件夹中新建一个 24L01 文件夹，同时在该文件夹中创建 24l01.c 文件和 24l01.h 头文件，所有与 24L01 相关的驱动代码和定义都在这两个文件中实现。由于 24L01 是通过 SPI 接口通信的，需要在该文件夹中加入前面例程中的 SPI 驱动文件 spi.c 和 spi.h。在 24l01.c 文件中编写的代码如下。

```
u8 NRF24L01_Write_Reg(u8 reg,u8 value)
{
    u8 status;
    NRF24L01_CSN=0;                      //使能 SPI 传输
    status =SPI2_ReadWriteByte(reg);     //发送寄存器号
    SPI2_ReadWriteByte(value);           //写入寄存器的值
```

```
    NRF24L01_CSN=1;                          //禁止 SPI 传输
    return(status);                          //返回状态值
}
u8 NRF24L01_Read_Reg(u8 reg)
{
    u8 reg_val;
    NRF24L01_CSN = 0;                        //使能 SPI 传输
    SPI2_ReadWriteByte(reg);                 //发送寄存器号
    reg_val=SPI2_ReadWriteByte(0XFF);        //读取寄存器内容
    NRF24L01_CSN = 1;                        //禁止 SPI 传输
    return(reg_val);                         //返回状态值
}
u8 NRF24L01_Read_Buf(u8 reg,u8 *pBuf,u8 len)
{
    u8 status,u8_ctr;
    NRF24L01_CSN = 0;                        //使能 SPI 传输
    status=SPI2_ReadWriteByte(reg);          //发送寄存器值(位置)，并读取状态值
    //读出数据
    for(u8_ctr=0;u8_ctr<len;u8_ctr++)pBuf[u8_ctr]=SPI2_ReadWriteByte(0XFF);
    NRF24L01_CSN=1;                          //关闭 SPI 传输
    return status;                           //返回读到的状态值
}
u8 NRF24L01_Write_Buf(u8 reg, u8 *pBuf, u8 len)
{
    u8 status,u8_ctr;
    NRF24L01_CSN = 0;                        //使能 SPI 传输
    status = SPI2_ReadWriteByte(reg);        //发送寄存器值(位置)，并读取状态值
    for(u8_ctr=0; u8_ctr<len; u8_ctr++)SPI2_ReadWriteByte(*pBuf++);//写入数据
    NRF24L01_CSN = 1;                        //关闭 SPI 传输
    return status;                           //返回读到的状态值
}
u8 NRF24L01_TxPacket(u8 *txbuf)
{
    u8 sta;
    //SPI 速率为 9MHz（24L01 的最大 SPI 时钟为 10MHz）
    SPI2_SetSpeed(SPI_BaudRatePrescaler_8);
    NRF24L01_CE=0;
    //写数据到 TX BUF  32 个字节
    NRF24L01_Write_Buf(WR_TX_PLOAD,txbuf,TX_PLOAD_WIDTH);
    NRF24L01_CE=1;                           //启动发送
    while(NRF24L01_IRQ!=0);                  //等待发送完成
    sta=NRF24L01_Read_Reg(STATUS);           //读取状态寄存器的值
    NRF24L01_Write_Reg(NRF_WRITE_REG+STATUS,sta); //清除 TX_DS 或 MAX_RT 中断标志
    if(sta&MAX_TX)                           //达到最大重发次数
    {
        NRF24L01_Write_Reg(FLUSH_TX,0xff);//清除 TX FIFO 寄存器
        return MAX_TX;
    }
    if(sta&TX_OK)                            //发送完成
    {
```

```
        return TX_OK;
    }
    return 0xff;                                    //其他原因发送失败
}
u8 NRF24L01_RxPacket(u8 *rxbuf)
{
    u8 sta;
    //SPI 速率为 9MHz（24L01 的最大 SPI 时钟为 10MHz）
    SPI2_SetSpeed(SPI_BaudRatePrescaler_8);
    sta=NRF24L01_Read_Reg(STATUS);              //读取状态寄存器的值
    NRF24L01_Write_Reg(NRF_WRITE_REG+STATUS,sta);//清除 TX_DS 或 MAX_RT 中断标志
    if(sta&RX_OK)                               //接收到数据
    {
        NRF24L01_Read_Buf(RD_RX_PLOAD,rxbuf,RX_PLOAD_WIDTH);//读取数据
        NRF24L01_Write_Reg(FLUSH_RX,0xff); //清除 RX  FIFO 寄存器
        return 0;
    }
    return 1;                                   //没收到任何数据
}
void NRF24L01_RX_Mode(void)
{
    NRF24L01_CE=0;
    //写 RX 节点地址
    NRF24L01_Write_Buf(NRF_WRITE_REG+RX_ADDR_P0,(u8*)RX_ADDRESS,RX_ADR_WIDTH);

    NRF24L01_Write_Reg(NRF_WRITE_REG+EN_AA,0x01);        //使能通道 0 的自动应答
    NRF24L01_Write_Reg(NRF_WRITE_REG+EN_RXADDR,0x01);  //使能通道 0 的接收地址
    NRF24L01_Write_Reg(NRF_WRITE_REG+RF_CH,40);          //设置 RF 通信频率
    //选择通道 0 的有效数据宽度
    NRF24L01_Write_Reg(NRF_WRITE_REG+RX_PW_P0,RX_PLOAD_WIDTH);
    //设置 TX 发射参数，0dB 增益，2Mbps，低噪声增益开启
    NRF24L01_Write_Reg(NRF_WRITE_REG+RF_SETUP,0x0f);
    NRF24L01_Write_Reg(NRF_WRITE_REG+CONFIG, 0x0f);     //配置基本工作模式的参数
    NRF24L01_CE = 1;                                     //CE 为高，进入接收模式
}
void NRF24L01_TX_Mode(void)
{
    NRF24L01_CE=0;
    //写 TX 节点地址
    NRF24L01_Write_Buf(NRF_WRITE_REG+TX_ADDR,(u8*)TX_ADDRESS,TX_ADR_WIDTH);
    //设置 TX 节点地址,主要为了使能 ACK
    NRF24L01_Write_Buf(NRF_WRITE_REG+RX_ADDR_P0,(u8*)RX_ADDRESS,RX_ADR_WIDTH);

    NRF24L01_Write_Reg(NRF_WRITE_REG+EN_AA,0x01);        //使能通道 0 的自动应答
    NRF24L01_Write_Reg(NRF_WRITE_REG+EN_RXADDR,0x01);  //使能通道 0 的接收地址
    //设置自动重发间隔时间:500μs + 86μs; 最大自动重发次数:10 次
    NRF24L01_Write_Reg(NRF_WRITE_REG+SETUP_RETR,0x1a);
    NRF24L01_Write_Reg(NRF_WRITE_REG+RF_CH,40);          //设置 RF 通道为 40
```

```
    //设置 TX 发射参数，0dB 增益，2Mbps，低噪声增益开启
    NRF24L01_Write_Reg(NRF_WRITE_REG+RF_SETUP,0x0f);
    NRF24L01_Write_Reg(NRF_WRITE_REG+CONFIG,0x0e); //配置基本工作模式的参数;
    NRF24L01_CE=1;                                  //CE 为高，10μs 后启动发送
}
```

上述代码已有相应的注解，这里不再详述。但是要注意，在 NRF24L01_Init 函数中调用了 SPI2_Init() 函数，对于 NRF24L01 的 SPI 通信时序而言，在 SCK 空闲时 SPI 是低电平，而数据在 SCK 的上升沿被读/写。所以需要设置 SPI 的 CPOL 和 CPHA 均为 0，以满足 NRF24L01 对 SPI 操作的要求。

在 24l01.h 头文件中定义了一些 24L01 的命令字和函数声明，同时还通过 TX_PLOAD_WIDTH 和 RX_PLOAD_WIDTH 决定了发射和接收的数据宽度，即每次发射和接收的有效字节数，具体程序代码不再详述。NRF24L01 模块每次最多传输 32 个字节，再多的字节传输需要多次完成。

其次在 main.c 主函数文件中编写如下代码。

```
int main(void)
 {
    u8 key,mode;
    u16 t=0;
    u8 tmp_buf[33];
    delay_init();              //延时函数初始化
    //设置中断优先级分组为组 2：2 位抢占优先级，2 位响应优先级
    NVIC_PriorityGroupConfig(NVIC_PriorityGroup_2);
    uart_init(115200);         //串口初始化为 115 200
    LED_Init();                //初始化与 LED 连接的硬件接口
    KEY_Init();                //初始化按键
    LCD_Init();                //初始化 LCD
    NRF24L01_Init();           //初始化 NRF24L01
    POINT_COLOR=RED;           //设置字体为红色
    LCD_ShowString(30,50,200,16,16,"NRF24L01 TEST");
    while(NRF24L01_Check())
    {
        LCD_ShowString(30,130,200,16,16,"NRF24L01 Error");
        delay_ms(200);
        LCD_Fill(30,130,239,130+16,WHITE);
        delay_ms(200);
    }
    LCD_ShowString(30,130,200,16,16,"NRF24L01 OK");
    while(1)
    {
        key=KEY_Scan(0);
        if(key==KEY0_PRES)
        {
            mode=0;
            break;
        }else if(key==KEY1_PRES)
        {
            mode=1;
            break;
```

```
            }
            t++;
            if(t==100)LCD_ShowString(10,150,230,16,16,"KEY0:RX_Mode
KEY1:TX_Mode");                              //闪烁显示提示信息
            if(t==200)
            {
                LCD_Fill(10,150,230,150+16,WHITE);
                t=0;
            }
            delay_ms(5);
        }
        LCD_Fill(10,150,240,166,WHITE);//清空上面的显示
        POINT_COLOR=BLUE;                    //设置字体为蓝色
        if(mode==0)                          //RX 模式
        {
            LCD_ShowString(30,150,200,16,16,"NRF24L01 RX_Mode");
            LCD_ShowString(30,170,200,16,16,"Received DATA:");
            NRF24L01_RX_Mode();
            while(1)
            {
                if(NRF24L01_RxPacket(tmp_buf)==0)   //一旦接收到信息，就显示出来
                {
                    tmp_buf[32]=0;        //加入字符串结束符
                    LCD_ShowString(0,190,lcddev.width-1,32,16,tmp_buf);
                }else delay_us(100);
                t++;
                if(t==10000)              //大约 1s 改变一次状态
                {
                    t=0;
                    LED0=!LED0;
                }
            };
        }else//TX 模式
        {
            LCD_ShowString(30,150,200,16,16,"NRF24L01 TX_Mode");
            NRF24L01_TX_Mode();
            mode=' ';                     //从空格键开始
            while(1)
            {
                if(NRF24L01_TxPacket(tmp_buf)==TX_OK)
                {
                    LCD_ShowString(30,170,239,32,16,"Sended DATA:");
                    LCD_ShowString(0,190,lcddev.width-1,32,16,tmp_buf);
                    key=mode;
                    for(t=0;t<32;t++)
                    {
                        key++;
                        if(key>('~'))key=' ';
                        tmp_buf[t]=key;
                    }
                    mode++;
```

```
                    if(mode>'~')mode=' ';
                    tmp_buf[32]=0;                                      //加入结束符
                }else
                {
                    LCD_Fill(0,170,lcddev.width,170+16*3,WHITE);    //清空显示

                    LCD_ShowString(30,170,lcddev.width-1,32,16,"Send Failed ");
                };
                LED0=!LED0;
                delay_ms(1500);
            };
        }
    }
```

通过以上代码即可实现无线通信功能。程序运行时先通过 NRF24L01_Check 函数检测 NRF24L01 模块是否存在，如果存在，则通过按键来选择 NRF24L01 模块的工作模式，即确定是发送模式（KEY1）还是接收模式（KEY0）；确定模式之后即可执行相应的数据发送/接收处理。

在代码编译成功之后，下载代码到 STM32 微控制器上，若操作无误，可在 LCD 上显示无线通信例程的相关内容，通过 KEY0 和 KEY1 选择 NRF24L01 模块所要进入的工作模式，将两个微控制器中的一个作为发送端，另一个作为接收端。设置完工作模式后，即可实现两个微控制器之间的信息通信。

至此，本书的所有讲解就结束了，由于书中每一个章节的例程都联系密切，设计实践例程与理论讲解紧密贴合，由简单到综合，后面章节中的例程往往会包含多个前面章节所涉及的知识和模块，所以希望读者在学习过程中能够循序渐进，切实学好每一部分知识，最后再尝试综合例程部分的设计。当熟练掌握每一个模块的实践操作要点之后，读者可自行尝试设计更加复杂的工程实例，以巩固 STM32 嵌入式系统设计的相关知识。

附录 A

STM32F103ZET6 芯片的引脚功能定义

引脚编号	引脚名称	类型[1]	电平[2]	主功能[3]（复位后）	可选的复用功能	
					默认复用功能	重映射功能
1	PE2	I/O	FT	PE2	TRACECK/FSMC_A23	
2	PE3	I/O	FT	PE3	TRACED0/FSMC_A19	
3	PE4	I/O	FT	PE4	TRACED1/FSMC_A20	
4	PE5	I/O	FT	PE5	TRACED2/FSMC_A21	
5	PE6	I/O	FT	PE6	TRACED3/FSMC_A22	
6	VBAT	S		VBAT		
7	PC13-TAMPER-RTC[4]	I/O		PC13[5]	TAMPER-RTC	
8	PC14-OSC32_IN[4]	I/O		PC14[5]	OSC32_IN	
9	PC15-OSC32_OUT[4]	I/O		PC15[5]	OSC32_OUT	
10	PF0	I/O	FT	PF0	FSMC_A0	
11	PF1	I/O	FT	PF1	FSMC_A1	
12	PF2	I/O	FT	PF2	FSMC_A2	
13	PF3	I/O	FT	PF3	FSMC_A3	
14	PF4	I/O	FT	PF4	FSMC_A4	
15	PF5	I/O	FT	PF5	FSMC_A5	
16	V_{SS_5}	S		V_{SS_5}		
17	V_{DD_5}	S		V_{DD_5}		
18	PF6	I/O		PF6	ADC3_IN4/FSMC_NIORD	
19	PF7	I/O		PF7	ADC3_IN5/FSMC_NREG	
20	PF8	I/O		PF8	ADC3_IN6/FSMC_NIOWR	
21	PF9	I/O		PF9	ADC3_IN7/FSMC_CD	
22	PF10	I/O		PF10	ADC3_IN8/FSMC_INTR	
23	OSC_IN	I		OSC_IN		
24	OSC_OUT	O		OSC_OUT		
25	NRST	I/O		NRST		

续表

引脚编号	引脚名称	类型[(1)]	电平[(2)]	主功能[(3)]（复位后）	可选的复用功能	
					默认复用功能	重映射功能
26	PC0	I/O		PC0	ADC123_IN10	
27	PC1	I/O		PC1	ADC123_IN11	
28	PC2	I/O		PC2	ADC123_IN12	
29	PC3	I/O		PC3[(6)]	ADC123_IN13	
30	V_{SSA}	S		V_{SSA}		
31	V_{REF-}	S		V_{REF-}		
32	V_{REF+}	S		V_{REF+}		
33	V_{DDA}	S		V_{DDA}		
34	PA0-WKUP	I/O		PA0	WKUP/USART2_CTS[(7)]/ ADC123_IN0/ TIM2_CH1_ETR/ TIM5_CH1/TIM8_ETR	
35	PA1	I/O		PA1	USART2_RTS[(7)]/ ADC123_IN1/TIM5_CH2/ TIM2_CH2[(7)]	
36	PA2	I/O		PA2	USART2_TX[(7)]/TIM5_CH3/ ADC123_IN2/TIM2_CH3[(7)]	
37	PA3	I/O		PA3	USART2_RX[(7)]/TIM5_CH4/ ADC123_IN3/TIM2_CH4[(7)]	
38	V_{SS_4}	S		V_{SS_4}		
39	V_{DD_4}	S		V_{DD_4}		
40	PA4	I/O		PA4	SPI1_NSS[(7)]/ USART2_CK[(7)]/DAC_OUT1/ ADC12_IN4	
41	PA5	I/O		PA5	SPI1_SCK[(7)]/DAC_OUT2/ ADC12_IN5	
42	PA6	I/O		PA6	SPI1_MISO[(7)]/TIM8_BKIN/ ADC12_IN6/TIM3_CH1[(7)]	TIM1_BKIN
43	PA7	I/O		PA7	SPI1_MOSI[(7)]/TIM8_CH1N/ ADC12_IN7/TIM3_CH2[(7)]	TIM1_CH1N
44	PC4	I/O		PC4	ADC12_IN14	
45	PC5	I/O		PC5	ADC12_IN15	
46	PB0	I/O		PB0	ADC12_IN8/TIM3_CH3/ TIM8_CH2N	TIM1_CH2N
47	PB1	I/O		PB1	ADC12_IN9/TIM3_CH4[(7)]/ T IM8_CH3N	TIM1_CH3N

续表

引脚编号	引脚名称	类型(1)	电平(2)	主功能(3)（复位后）	可选的复用功能	
					默认复用功能	重映射功能
48	PB2	I/O	FT	PB2/BOOT1		
49	PF11	I/O	FT	PF11	FSMC_NIOS16	
50	PF12	I/O	FT	PF12	FSMC_A6	
51	V_{SS_6}	S		V_{SS_6}		
52	V_{DD_6}	S		V_{DD_6}		
53	PF13	I/O	FT	PF13	FSMC_A7	
54	PF14	I/O	FT	PF14	FSMC_A8	
55	PF15	I/O	FT	PF15	FSMC_A9	
56	PG0	I/O	FT	PG0	FSMC_A10	
57	PG1	I/O	FT	PG1	FSMC_A11	
58	PE7	I/O	FT	PE7	FSMC_D4	TIM1_ETR
59	PE8	I/O	FT	PE8	FSMC_D5	TIM1_CH1N
60	PE9	I/O	FT	PE9	FSMC_D6	TIM1_CH1
61	V_{SS_7}	S		V_{SS_7}		
62	V_{DD_7}	S		V_{DD_7}		
63	PE10	I/O	FT	PE10	FSMC_D7	TIM1_CH2N
64	PE11	I/O	FT	PE11	FSMC_D8	TIM1_CH2
65	PE12	I/O	FT	PE12	FSMC_D9	TIM1_CH3N
66	PE13	I/O	FT	PE13	FSMC_D10	TIM1_CH3
67	PE14	I/O	FT	PE14	FSMC_D11	TIM1_CH4
68	PE15	I/O	FT	PE15	FSMC_D12	TIM1_BKIN
69	PB10	I/O	FT	PB10	I2C2_SCL/USART3_TX(7)	TIM2_CH3
70	PB11	I/O	FT	PB11	I2C2_SDA/USART3_RX(7)	TIM2_CH4
71	V_{SS_1}	S		V_{SS_1}		
72	V_{DD_1}	S		V_{DD_1}		
73	PB12	I/O	FT	PB12	SPI2_NSS/I2S2_WS/ I2C2_SMBA/USART3_CK(7) /TIM1_BKIN(7)	
74	PB13	I/O	FT	PB13	SPI2_SCK/I2S2_CK/ USART3_CTS(7)/ TIM1_CH1N	
75	PB14	I/O	FT	PB14	SPI2_MISO/TIM1_CH2N/ USART3_RTS(7)	
76	PB15	I/O	FT	PB15	SPI2_MOSI/ I2S2_SD/TIM1_CH3N(7)	

续表

引脚编号	引脚名称	类型[1]	电平[2]	主功能[3]（复位后）	可选的复用功能	
					默认复用功能	重映射功能
77	PD8	I/O	FT	PD8	FSMC_D13	USART3_TX
78	PD9	I/O	FT	PD9	FSMC_D14	USART3_RX
79	PD10	I/O	FT	PD10	FSMC_D15	USART3_CK
80	PD11	I/O	FT	PD11	FSMC_A16	USART3_CTS
81	PD12	I/O	FT	PD12	FSMC_A17	TIM4_CH1/U
82	PD13	I/O	FT	PD13	FSMC_A18	TIM4_CH2
83	V_{SS_8}	S		V_{SS_8}		
84	V_{DD_8}	S		V_{DD_8}		
85	PD14	I/O	FT	PD14	FSMC_D0	TIM4_CH3
86	PD15	I/O	FT	PD15	FSMC_D1	TIM4_CH4
87	PG2	I/O	FT	PG2	FSMC_A12	
88	PG3	I/O	FT	PG3	FSMC_A13	
89	PG4	I/O	FT	PG4	FSMC_A14	
90	PG5	I/O	FT	PG5	FSMC_A15	
91	PG6	I/O	FT	PG6	FSMC_INT2	
92	PG7	I/O	FT	PG7	FSMC_INT3	
93	PG8	I/O	FT	PG8		
94	V_{SS_9}	S		V_{SS_9}		
95	V_{DD_9}	S		V_{DD_9}		
96	PC6	I/O	FT	PC6	I2S2_MCK/TIM8_CH1/SDIO_D6	TIM3_CH1
97	PC7	I/O	FT	PC7	I2S3_MCK/TIM8_CH2/SDIO_D7	TIM3_CH2
98	PC8	I/O	FT	PC8	TIM8_CH3/SDIO_D0	TIM3_CH3
99	PC9	I/O	FT	PC9	TIM8_CH4/SDIO_D1	TIM3_CH4
100	PA8	I/O	FT	PA8	USART1_CK/TIM1_CH1[7]/MCO	
101	PA9	I/O	FT	PA9	USART1_TX[7]/TIM1_CH2[7]	
102	PA10	I/O	FT	PA10	USART1_RX[7]/TIM1_CH3[7]	
103	PA11	I/O	FT	PA11	USART1_CTS/USBDM/CAN_RX[7]/TIM1_CH4[7]	
104	PA12	I/O	FT	PA12	USART1_RTS/USBDP/CAN_TX[7]/TIM1_ETR[7]	
105	PA13	I/O	FT	JTMSSWDIO		PA13
106	NC					

续表

引脚编号	引脚名称	类型(1)	电平(2)	主功能(3)（复位后）	可选的复用功能	
					默认复用功能	重映射功能
107	V_{SS_2}	S		V_{SS_2}		
108	V_{DD_2}	S		V_{DD_2}		
109	PA14	I/O	FT	JTCKSWCLK		PA14
110	PA15	I/O	FT	JTDI	SPI3_NSS/I2S3_WS	TIM2_CH1_E
111	PC10	I/O	FT	PC10	UART4_TX/SDIO_D2	USART3_TX
112	PC11	I/O	FT	PC11	UART4_RX/SDIO_D3	USART3_RX
113	PC12	I/O	FT	PC12	UART5_TX/SDIO_CK	USART3_CK
114	PD0	I/O	FT	OSC_IN(8)	FSMC_D2(9)	CAN_RX
115	PD1	I/O	FT	OSC_OUT(8)	FSMC_D3(9)	CAN_TX
116	PD2	I/O	FT	PD2	TIM3_ETR/UART5_RX/SDIO_CMD	
117	PD3	I/O	FT	PD3	FSMC_CLK	USART2_CTS
118	PD4	I/O	FT	PD4	FSMC_NOE	USART2_RTS
119	PD5	I/O	FT	PD5	FSMC_NWE	USART2_TX
120	V_{SS_10}	S		V_{SS_10}		
121	V_{DD_10}	S		V_{DD_10}		
122	PD6	I/O	FT	PD6	FSMC_NWAIT	USART2_RX
123	PD7	I/O	FT	PD7	FSMC_NE1/FSMC_NCE2	USART2_CK
124	PG9	I/O	FT	PG9	FSMC_NE2/FSMC_NCE3	
125	PG10	I/O	FT	PG10	FSMC_NCE4_1/FSMC_NE3	
126	PG11	I/O	FT	PG11	FSMC_NCE4_2	
127	PG12	I/O	FT	PG12	FSMC_NE4	
128	PG13	I/O	FT	PG13	FSMC_A24	
129	PG14	I/O	FT	PG14	FSMC_A25	
130	V_{SS_11}	S		V_{SS_11}		
131	V_{DD_11}	S		V_{DD_11}		
132	PG15	I/O	FT	PG15		
133	PB3	I/O	FT	JTDO	SPI3_SCK/I2S3_CK	PB3/TRACESWO
134	PB4	I/O	FT	NJTRST	SPI3_MISO	PB4/TIM3_CH1
135	PB5	I/O		PB5	I2C1_SMBA/SPI3_MOSI/I2S3_SD	TIM3_CH2/SPI1_MOSI
136	PB6	I/O	FT	PB6	I2C1_SCL(7)/TIM4_CH1(7)	USART_TX
137	PB7	I/O	FT	PB7	I2C1_SDA(7)/FSMC_NADV/TIM4_CH2(7)	USART_RX
138	BOOT0	I		BOOT0		
139	PB8	I/O	FT	PB8	TIM4_CH3(7)/SDIO_D4	I2C1_SCL/C

续表

引脚编号	引脚名称	类型[1]	电平[2]	主功能[3]（复位后）	可选的复用功能	
					默认复用功能	重映射功能
140	PB9	I/O	FT	PB9	TIM4_CH4[7]/SDIO_D5	I2C1_SDA/C
141	PE0	I/O	FT	PE0	TIM4_ETR/FSMC_NBL0	
142	PE1	I/O	FT	PE1	FSMC_NBL1	
143	V_{SS_3}	S		V_{SS_3}		
144	V_{DD_3}	S		V_{DD_3}		

说明：

（1）I—输入，O—输出，S—电源，HiZ—高阻。

（2）FT—可承受 5V 电压。

（3）有些功能仅在部分型号芯片中支持。

（4）PC13、PC14 和 PC15 引脚通过电源开关供电，而这个电源开关只能够吸收有限的电流（3mA），因此这三个引脚作为输出引脚时有以下限制。

① 在同一时间只有一个引脚能作为输出。

② 作为输出引脚时只能工作在 2MHz 模式下。

③ 最大驱动负载为 30pF，并且不能作为电流源（如驱动 LED）。

（5）这些引脚在备份区域第一次上电时处于主功能状态下，之后即使复位，引脚的状态也由备份区域寄存器控制（这些寄存器不会被主复位系统所复位）。关于如何控制这些 I/O 端口的具体信息，请参考《STM32F10x 中文参考手册》的电池备份区域和 BKP 寄存器的相关章节。

（6）与 LQFP64 的封装不同，WLCSP 的封装没有 PC3 引脚，但提供了 V_{REF+}引脚。

（7）此类复用功能能够由软件配置到其他引脚上（如果相应的封装型号有此引脚），详细信息请参考《STM32F10x 中文参考手册》的复用功能 I/O 章节和调试设置章节。

（8）LQFP64 封装的引脚 5 和引脚 6 在芯片复位后默认配置为 OSC_IN 和 OSC_OUT 功能引脚。软件可以重新设置这两个引脚为 PD0 和 PD1 功能，但对于 LQFP100/BGA100 封装和 LQFP144/BGA144 封装，由于 PD0 和 PD1 为固有的功能引脚，因此没有必要再由软件进行重映像设置。更多详细信息请参考《STM32F10x 中文参考手册》的复用功能 I/O 章节和调试设置章节。

（9）LPFP64 封装的产品没有 FSMC 功能。

注意：表中引脚名称出现的 ADC12_INx（x 表示 4 ~ 9 或 14 ~ 15 范围内的整数），表示这个引脚可以是 ADC1_INx 或 ADC2_INx。例如，ADC12_IN9 表示该引脚既可以配置为 ADC1_IN9，也可以配置为 ADC2_IN9；同样，ADC123_INx（x 表示 0 ~ 3 或 10 ~ 13 之间的整数），表示这个引脚可以是 ADC1_INx 或 ADC2_INx 或 ADC3_INx。另外，引脚 PA0 对应的复用功能中的 TIM2_CH1_ETR，表示可以配置该功能为 TIM2_TI1 或 TIM2_ETR；同理，PA15 对应的重映射复用功能的名称 TIM2_CH1_ETR，具有相同的意义。

参考文献

[1] 张勇. ARM Cortex-M3 嵌入式开发与实践 基于 STM32F103[M]. 北京：清华大学出版社，2017.

[2] 桑楠. 嵌入式系统原理及应用开发技术[M]. 北京：北京航空航天大学出版社，2002.

[3] 刘火良, 杨森. STM32 库开发实战指南 基于 STM32F103[M]. 北京：机械工业出版社，2017.

[4] STMicroelectronics. STM32F10x 参考手册[EB/OL]. http: //www.st.com.

[5] 蒙博宇. STM32 自学笔记[M]. 北京：北京航空航天大学出版社，2012.

[6] 杨振江. 基于 STM32 ARM 处理器的编程技术[M]. 西安：西安电子科技大学出版社，2016.

[7] 刘一. 基于 STM32 的嵌入式系统设计[M]. 北京：中国铁道出版社，2015.

[8] 张洋，刘军，严汉宇. 原子教你玩 STM32 库函数版[M]. 北京：北京航空航天大学出版社，2013.

[9] 黄智伟. 嵌入式系统中的模拟电路设计[M]. 北京：电子工业出版社，2011.

反侵权盗版声明

举报电话：（010）88254396；（010）88258888

传　　真：（010）88254397

E-mail：　dbqq@phei.com.cn

通信地址：北京市海淀区万寿路 173 信箱

　　　　　电子工业出版社总编办公室

邮　　编：100036